高等教育“十二五”规划教材

通风安全学

（第三版）

主　编　张国枢

中国矿业大学出版社

·徐州·

内 容 提 要

本书是高等教育“十二五”规划教材，是对煤炭高校“九五”规划教材《通风安全学》的修订版。全书分三编，共十七章。第一编矿井通风，介绍了矿井通风的基础理论、通风动力、通风网络与风量调节、通风系统与通风设计和空气调节等；第二编矿井安全，介绍了瓦斯、火灾、矿尘、水害四大矿山灾害的防治理论与技术，以及矿山应急救援；第三编通风安全检测与现代化管理，介绍了通风安全检测仪表与技术、通风安全管理及安全生产方针与法规。

本书可供煤炭高等院校采矿工程及相关专业作教材使用，也可供从事煤炭工业科研、设计、管理及工程技术人员参考使用。

图书在版编目(CIP)数据

通风安全学 / 张国枢主编 . — 3版. — 徐州 :中国矿业大学出版社，2021.1

ISBN 978 - 7 - 5646 - 4962 - 3

Ⅰ. ①通… Ⅱ. ①张… Ⅲ. ①矿山通风—安全技术—高等学校—教材 Ⅳ. ①TD72

中国版本图书馆 CIP 数据核字(2021)第 026704 号

书　　名　通风安全学
主　　编　张国枢
责任编辑　马跃龙　黄本斌
出版发行　中国矿业大学出版社有限责任公司
　　　　　（江苏省徐州市解放南路　邮编 221008）
营销热线　(0516)83884103　83885105
出版服务　(0516)83995789　83884920
网　　址　http://www.cumtp.com　**E-mail**:cumtpvip@cumtp.com
印　　刷　日照报业印刷有限公司
开　　本　787 mm×1092 mm　1/16　**印张**　31　**字数**　766 千字
版次印次　2021 年 1 月第 3 版　2021 年 1 月第 1 次印刷
定　　价　55.00 元
（图书出现印装质量问题，本社负责调换）

《通风安全学》(第三版)
修订人员名单

主　编：张国枢

参加修订人员名单(以姓氏笔画为序)

赵耀江　戴广龙

《通风安全学》(第二版)
修订人员名单

主　编：张国枢

参加修订人员名单（以姓氏笔画为序）

田水承　刘泽功　李湖生

杨运良　陈开岩　谭允祯

戴广龙

《通风安全学》(第一版)
编撰审人员名单

主　　编：张国枢

副 主 编：谭允祯　陈开岩　刘泽功　杨运良

编著人员：张国枢　谭允祯　陈开岩　刘泽功

杨运良　王海桥　田水承　陈　平

邵　辉　吴　强　李湖生　赵耀江

戴广龙

审　　稿：王省身

前　言

（第三版）

《通风安全学》自2010年第二版修订以来，我国煤矿在设计、建设、生产和安全管理方面的法规作了与时俱进的修订，并废除了部分法规；通风安全的理论、技术和装备有了新的发展，《通风安全学》第二版中的部分内容已经落后或过时，为适应新形势下的教学需要，特此进行本次修订。

本次修订目标是：(1) 内容符合现有相关的法规、规范和标准；(2) 专业术语的定义（概念）更准确；(3) 对过时的内容（数据）进行删除（如第三章矿井等积孔等）；(4) 对原作中有误的文字和图表进行勘正；(5) 内容更能反映矿山通风安全学科的新技术、新设备和仪器发展变化；(6) 对个别章节名称进行修改，以体现其内容的实质。

赵耀江教授和戴广龙教授在百忙中参加了本次修订工作，使用过本教材的老师提出了宝贵的修改意见和建议，中国矿业大学出版社的领导和马跃龙编审对本教材的修订再版给予大力支持，在此特表示衷心感谢。

我衷心希望本书的修订出版能促进矿井通风安全学科的繁荣，提高从业科技工作者的水平、为改变我国煤矿安全状况做出贡献。

这次虽然花了较多时间和精力做了很多内容修订，但由于时间、水平和精力上的局限，以及其他种种原因，结果恐仍不能令人满意，希望读者提出意见、建议。

主　编

2019年8月

前　言

（第二版）

《通风安全学》自2000年出版以来，其重印次数之多、发行量之大的事实表明，不仅在我国的煤炭高等教育、教学过程中发挥了教科书的重要作用，而且成为矿山广大工程技术人员和管理工作者最重要的学习资源之一，影响范围深广，得到广大读者的厚爱。值得庆幸的是，该书于2010年荣获“全国煤炭高等教育优秀教材奖”一等奖；并被煤炭高等教育教材建设委员会遴选进入“十二五”规划。

近年来，矿山通风安全的理论和技术得到了长足发展。《通风安全学》中的部分内容已经落后或过时，不能满足教学需求，为此对原教材进行了修订。

本次修订的指导思想是：能反映矿山通风安全学科的新技术、新设备和仪器发展变化，介绍最为典型的示范技术，贯穿理论与实践相结合的精神，进行系统的理论和知识阐述；用新法规和标准替代过时的法规和标准，体现近年来安全法规的发展；同时删除部分相对落后的技术、设备等内容，修订原书中各类文字错误；基本保持原有理论和知识体系，以及理论性强、技术典型和理论与实践相结合的特点。

主要修订(增删)内容有：

第二章对例2-4-3的图和表进行修改。

第四章增加对旋轴流式风机的内容、新型风机型号和特性曲线；对轴流式风机工作原理一节进行修订；第五节的节名由“通风机工况点及其经济运行”改为“通风机工况点及安全经济运行”，对其内容做了相应改动。

第五章的章名改为“矿井通风网络与通风系统分析”，除对部分内容和文字做了修订之外，增加了第一节矿井通风网络图和通风系统图，针对目前出现的大型和特大型矿井生产模式，以及计算机和信息技术在通风中的技术发展，在第五章中增加了“通风系统数字化和复杂通风系统分析”等内容。

第六章局部通风，对第一节局部通风方法进行修订，对第三节局部通风设备中局部通风机内容做了更新，并将第三节中的“风筒阻力计算”和“风筒漏风”内容移至第四节中，分别改为“风筒风阻计算”和“风筒漏风参数计算”。

第七章增加了一节通风能力核定。

第九章矿井瓦斯做了重大修改，其原因是近年来我国治理瓦斯技术有了较大进展，新颁布的规范和规定较多，其内容基本上进行了重新组织，在“瓦斯涌出影响因素”一节中增加了“(三)瓦斯抽采方法及其抽采量”内容，体现了先进的瓦斯治理理念对涌出的影响，突出了人的主观能动作用。

第十章火灾防治中，更新了知识，对防灭火新技术做了补充。第四节的节名改为“火灾预测与预警”，增加“采空区自燃参数观测”；将第六节“灌浆与阻化剂防火”改为“防灭火材料与应用”，增加“三相泡沫及其应用、胶体防灭火材料及应用和其他防灭火材料”；在第十节“惰气防灭火”中增加“混合注氮和置换注氮”新内容。

第十三章的章名由“矿山救护”改为“矿山应急救援”，增加第一节矿山应急救援体系、第二节矿山应急救援预案，对第三节矿山救护队一节中改写为“现场工作流程”，救护仪器一节中增加了“正压氧呼吸器”和新的生命探测仪。

第十四章通风安全检测仪器仪表一章中做了知识和产品更新，补充了水银气压计，对第六节的结构做了较大调整，对矿井安全监测系统内容做了较大修改，增强了技术性和知识性。

第十五章通风安全技术测定一章中，增加了“第九节煤层瓦斯含量测定”；在用“解析法”计算瓦斯损失量的方法上，对《地勘时期煤层瓦斯含量测定方法》规范中的方法进行改进，提高了精确性，体现了科学性。

第十六章矿井通风安全管理中，增加了安全理念和矿井安全隐患管理等内容，并对原书中过时的内容进行了修订和补充。

第十七章安全生产方针与法规中，用新法规更新了过时的法规；对《煤矿安全规程》部分内容进行改写。

我衷心希望本书的修订出版能促进矿井通风安全学科的繁荣，为改变我国煤矿安全状况做出贡献。

本次除部分原书作者参加修订外，使用过本教材的老师提出了宝贵的修改意见和建议，中国矿业大学出版社的领导和编辑同志对本教材的修订再版也给予大力支持，在此特表示衷心的感谢。这次虽然做了较多内容修订，但由于时间和精力上的局限，以及其他种种原因，书中可能仍有不能令人满意之处，希望广大读者提出意见、建议。

作　者

2009 年 7 月

前 言

(第一版)

本书是全国煤炭高等学校采矿工程专业《通风安全学》课程的“九五”规划教材,与《煤矿开采学》或《采矿学》配套使用。本书编写的指导思想是:教材内容面向21世纪,充分反映近年来国内外矿山通风安全的最新技术发展和较为成熟的科研成果;力求体现煤与非煤结合,既适应本科采矿工程专业教学需要,又适应现场管理需要,为提高我国采矿工程技术和管理人员的通风与安全技术和知识水平做出应有的贡献。

整个教材内容力求少而精,深入浅出。以传授基础理论和基本知识为主,并适当阐述典型的应用技术,以求理论与实践相结合。

全国通风安全界知名专家、中国矿业大学王省身教授对书稿进行了审校,提出了许多宝贵的意见和建议,并对其内容和文字进行了细致的修改,这对提高书稿质量起到了重要保证作用,在此谨表衷心谢意。

参加本书编写的院校有:淮南工业学院、山东科技大学、中国矿业大学、焦作工学院、西安科技学院、黑龙江矿业学院、湘潭工学院和太原理工大学。本书在编写过程中得到原煤炭部教材规划室吕聪主任、淮南工业学院及其他编者所在学校、教研室领导和同志们的大力支持,在此特表示感谢。

中华人民共和国成立50多年来,尤其是改革开放20多年来,我国的矿山通风安全理论和技术得到迅速发展,通风与安全教材亦有过较多版本,各有特色。本次编写过程中吸收了以前诸教材的优点,参阅了国内外近年来发表的科技文献。为此特向文献作者们表示感谢。

由于编者水平有限,加之时间紧迫,错误和不妥之处在所难免,恳请读者不吝指正。

作 者

1999年6月

主要符号表

序号	符号	意义
1	ρ	空气密度(可用下标区分不同状态和性质的气体密度)
2	$\rho_v \rho_s$	饱和水蒸气含量
3	φ	相对湿度
4	δ	相似比例系数(可用下标表示不同物理量的比例系数)
5	γ	重力相对密度,水的汽化潜热
6	α	摩擦阻力系数,对流放热系数,导温系数
7	μ	绝对黏度
8	ν	运动黏度
9	τ	时间
10	λ	沿程阻力系数,导热系数
11	ξ	局部阻力系数,瓦斯的压缩系数
12	Δ	纵口径
13	ω	角速度
14	ψ	壁面潮湿率
15	ε	粗糙因子
16	θ	湿润边界角
17	c_p	比定压热容
18	C	浓度(可用下标区分各种浓度)
19	Δ	差值,增量
20	A	产量
21	A^c	煤的灰分
22	M	质量,质量流量
23	m	质量流量,煤层厚度
24	I	比焓
25	V^c	煤的挥发分
26	V	体积,容积,速度
27	v	空气的流速
28	υ	空气的比体积
29	g	重力加速度;加下标后表示各种参数增深率
30	G	重量,产尘量
31	G_0	巷道暴露面的瓦斯初始涌出强度
32	P	压力,绝对静压
33	h_v	动压
34	p	各种比和比率,有效风量率
35	ΔP	煤的瓦斯放散指数
36	h	相对静压,阻力
37	h_t	相对全压
38	h_{Rd}	通风机装置阻力
39	h_R	通风阻力
40	h_{vd}	通风机装置动压
41	h_{vf}	通风机动压
42	h_l	局部阻力
43	h_f	摩擦阻力
44	H_{sd}	通风机装置静压
45	H_{td}	通风机装置全压
46	H_s	通风机静压
47	H_t	通风机全压
48	H_N	自然风压
49	$\overline{H}$	通风机压力系数
50	$\overline{H_t}$	通风机全压系数
51	$\overline{H_s}$	通风机静压系数
52	H_f	火风压
53	H	深度
54	Z	高程
55	S	面积
56	D	直径
57	d	比重,含湿量,管道直径
58	d_e	当量直径
59	R_w	水力半径
60	R_f	摩擦风阻
61	R_l	局部风阻,漏风风阻
62	R_m	矿井总风阻
63	R	风阻(下标表示不同类型)
64	T	热力学温度
65	t	温度
66	Q	体积流量,风量,发热量,瓦斯涌出量(可加下标表示不同性质的量)
67	Q_m	矿井风量
68	Q_f	主要通风机工作风量

续表

序号	符　号	意　义	序号	符　号	意　义
69	Q_d	采区总风量	90	$\overline{N}$	通风机功率系数
70	Q_l	外部漏风风量	91	E	机械能(下标表示区别类型)
71	Q_h	掘进工作面风量,小时注浆量	92	n	转速,状态指数
72	Q_w	采煤工作面风量,注水流量	93	q	回路风量,比注水量
73	Q_o	其他用风地点风量	94	W	煤的水分
74	Q_r	独立通风硐室风量	95	F_f	浮力
75	Q_a	局部通风机风量	96	f	岩石硬度系数,黏滞力
76	Q_g	瓦斯绝对涌出量	97	F	卡他度常数
77	U	周长	98	$F_{d \cdot w}$	尘-液界面的表面张力
78	q_g	相对瓦斯涌出量	99	X	煤层瓦斯含量
79	L_p	声压级	100	$F_{w \cdot a}$	液-气界面的表面张力
80	L	长度	101	X_o	煤的剩余瓦斯量
81	η_s	静压效率	102	X_f	煤的游离瓦斯含量
82	η	效率,漏风率	103	K_τ	巷壁的不稳定传热系数
83	η_m	电机效率	104	K	各种系数和比率(加下标区分)
84	η_t	风机全压效率	105	Bi	比欧准数
85	η_v	容积效率	106	K_d,K_w	干、湿卡他度
86	η_{tr}	传动效率	107	Re	雷诺数
87	a,b	煤的瓦斯吸附常数	108	R_0	通用气体常数
88	η_h	水力效率	109	$Ku\tau$	基尔比契夫准数
89	N	功率,混合气体的爆炸界限	110	Fo	傅里叶数

目　录

附　录

第一编

矿井通风

第一章 矿井空气

利用机械或自然通风为动力，使地面空气源源不断地进入井下，并在井巷中做定向和定量地流动，最后将污浊空气排出矿井的全过程就称为矿井通风。

矿井通风是保障矿井安全生产的最主要的技术手段之一。其主要功能有：将新鲜空气源源不断地送到井下各个作业地点，供给人员呼吸、稀释和排除井下各种有毒、有害气体和矿尘、降低高温环境的风温。总之，就是创造良好、安全的矿内工作环境，保障井下作业人员的身体健康和劳动安全。

为此，本章将着重阐述矿井空气的主要成分，井下各种常见的有害气体，矿井空气的安全标准以及矿井气候环境等主要问题，为进一步学习矿井通风的基本理论奠定基础。

第一节 矿井空气成分

地面空气进入矿井以后即称为矿井空气。矿井空气由于受到井下各种自然因素和生产过程的影响，其与地面空气在成分和质量上有着程度不同的区别。

一、地面空气的组成

地面空气是由干空气和水蒸气组成的混合气体，通常称为湿空气。

干空气是指完全不含有水蒸气的空气，它是由氧气、氮气、二氧化碳、氩气、氖气和其他一些微量气体所组成的混合气体。干空气的组成成分比较稳定，其主要成分如表 1-1-1 所列。

表 1-1-1 地表大气主要组成成分

气体成分	按体积计/%	按质量计/%	备注
氧气(O_2)	20.96	23.23	惰性稀有气体氦气、氖气、氩气、氪气、氙气等计入氮气中
氮气(N_2)	79.00	76.71	
二氧化碳(CO_2)	0.04	0.06	

湿空气中仅含有少量的水蒸气，但其含量的变化会引起湿空气的物理性质和状态发生变化。

二、矿井空气的主要成分及基本性质

地面空气进入矿井以后，由于受到污染，其成分和性质要发生一系列的变化，如氧浓度降低，二氧化碳浓度增加；混入各种有毒、有害气体和矿尘；空气的状态参数(温度、湿度、压

力等)发生改变等。一般来说,将井巷中经过用风地点以前、受污染程度较轻的进风巷道内的空气,称为新鲜空气;经过用风地点以后、受污染程度较重的回风巷道内的空气,称为污浊空气。

尽管矿井空气与地面空气相比,在性质上存在许多差异,但在新鲜空气中其主要成分仍然是氧气、氮气和二氧化碳。

(一) 氧气(O_2)

氧气是维持人体正常生理机能所需要的气体。人类在生命活动过程中,必须不断吸入氧气,呼出二氧化碳。人体维持正常生命过程所需的氧气量,取决于人的体质、精神状态和劳动强度等。一般情况下,人体需氧量与劳动强度的关系如表 1-1-2 所列。

表 1-1-2 人体需氧量与劳动强度的关系

劳动强度	呼吸空气量/($L \cdot min^{-1}$)	氧气消耗量/($L \cdot min^{-1}$)
休息	6～15	0.2～0.4
轻劳动	20～25	0.6～1.0
中度劳动	30～40	1.2～1.6
重劳动	40～60	1.8～2.4
极重劳动	40～80	2.5～3.0

当空气中的氧气浓度降低时,人体就可能产生不良的生理反应,出现种种不舒适的症状,严重时可能导致缺氧死亡。人体缺氧症状与空气中氧气浓度的关系如表 1-1-3 所列。

表 1-1-3 人体缺氧症状与空气中氧气浓度的关系

氧气浓度(体积)/%	主 要 症 状
17	静止时无影响,工作时能引起喘息和呼吸困难
15	呼吸及心跳急促,耳鸣目眩,感觉和判断能力降低,失去劳动能力
10～12	失去理智,时间稍长有生命危险
6～9	失去知觉,呼吸停止,如不及时抢救几分钟内可能导致死亡

造成矿井空气中氧气浓度降低的主要原因有:人员呼吸;煤岩和其他有机物的缓慢氧化、煤炭自燃、瓦斯与煤尘爆炸等耗氧;煤岩和生产过程中产生的各种有害气体,也使空气中的氧气浓度相对降低。在井下通风不良地点的空气中的氧浓度可能显著降低,如果不经检查而贸然进入,就可能引起人员的缺氧窒息。缺氧窒息是造成矿井人员伤亡的原因之一。

(二) 二氧化碳(CO_2)

二氧化碳不助燃,也不能供人呼吸,略带酸臭味。二氧化碳比空气重(与空气的相对密度为 1.52),在风速较小的巷道中,底板附近浓度较大;在风速较大的巷道中,一般能与空气均匀地混合。

在新鲜空气中含有微量的二氧化碳对人体是无害的。二氧化碳对人体的呼吸中枢神经有刺激作用，如果空气中完全不含有二氧化碳，则人体的正常呼吸功能就不能维持。所以在抢救遇险者进行人工输氧时，往往要在氧气中加入5%的二氧化碳，以刺激遇险者的呼吸机能。但当空气中二氧化碳的浓度过高时，也将使空气中的氧气浓度相对降低，轻则使人呼吸加快，呼吸量增加，严重时也可能造成人员中毒或窒息。空气中二氧化碳对人体的危害程度与浓度的关系如表1-1-4所列。

表1-1-4　二氧化碳中毒症状与浓度的关系

二氧化碳浓度(体积)/%	主要症状
1	呼吸加深，但对工作效率无明显影响
3	呼吸急促，心跳加快，头痛，人体很快疲劳
5	呼吸困难，头痛，恶心，呕吐，耳鸣
6	严重喘息，极度虚弱无力
7～9	动作不协调，大约10 min可发生昏迷
9～11	几分钟内可导致死亡

矿井空气中二氧化碳的主要来源：煤和有机物的氧化；人员呼吸；碳酸性岩石分解；炸药爆破；煤炭自燃；瓦斯、煤尘爆炸等。此外，有的煤层和岩层中也能长期连续地放出二氧化碳，有的甚至能与煤岩粉一起突然大量喷出，给矿井带来极大的危害。例如吉林省营城煤矿五井，曾在1975年6月发生过1起二氧化碳和岩石突出的事故，突出岩石1 005 t，二氧化碳10 000～14 000 m^3。

（三）氮气(N_2)

氮气是一种惰性气体，是新鲜空气中的主要成分，它本身无毒、不助燃，也不供呼吸。但空气中若氮气浓度升高，则势必造成氧气浓度相对降低，从而也可能导致人员的窒息性伤害。正因为氮气为惰性气体，因此又可将其用于井下防灭火和防止瓦斯爆炸。

矿井空气中氮气主要来源是：井下爆破和生物的腐烂，有些煤岩层中也有氮气涌出。

三、矿井空气主要成分的质量(浓度)标准

由于矿井空气质量对人员健康和矿井安全有着重要的影响，所以《煤矿安全规程》对矿井空气主要成分(氧气、二氧化碳)的浓度标准做出了明确的规定：采掘工作面进风流中的氧气浓度不得低于20%；二氧化碳浓度不得超过0.5%。

第二节　矿井空气中有害气体

矿井中常见的有害气体主要有一氧化碳(CO)、硫化氢(H_2S)、二氧化氮(NO_2)、二氧化硫(SO_2)、氨气(NH_3)、氢气(H_2)等。这些有害气体对井下作业人员的生命安全和身体健康危害极大，必须引起高度的重视。本节将重点讨论矿井空气中常见有害气体的基本性质及安全标准。

一、矿井空气中常见有害气体的基本性质

（一）一氧化碳(CO)

一氧化碳是一种无色、无味、无臭的气体，与空气的相对密度为0.97，微溶于水，能与空气均匀地混合。一氧化碳能燃烧，当空气中一氧化碳浓度在13%～75%时有爆炸的危险。

一氧化碳与人体血液中血红素的亲和力比氧大250～300倍(血红素是人体血液中携带氧气和排出二氧化碳的细胞)。一旦一氧化碳进入人体后，首先就与血液中的血红素相结合，因而减少了血红素与氧结合的机会，使血红素失去输氧的功能，从而造成人体血液"窒息"。所以，医学上又将一氧化碳称为血液窒息性气体。人体吸入一氧化碳后的中毒程度与空气中一氧化碳浓度和时间的关系如表1-2-1所列，由于一氧化碳与血红素结合后，生成鲜红色的碳氧血红素，故一氧化碳中毒最显著的特征是中毒者黏膜和皮肤均呈樱桃红色。

表1-2-1 一氧化碳中毒症状与浓度的关系

一氧化碳浓度(体积)/%	主要症状
0.02	2～3 h内可能引起轻微头痛
0.08	40 min内出现头痛，眩晕和恶心。2 h内发生体温和血压下降，脉搏微弱，出冷汗，可能出现昏迷
0.32	5～10 min内出现头痛，眩晕。半小时内可能出现昏迷并有死亡危险
1.28	几分钟内出现昏迷和死亡

空气中一氧化碳的主要来源有：井下爆破；矿井火灾；煤炭自燃以及煤尘、瓦斯爆炸事故等。

（二）硫化氢(H_2S)

硫化氢无色、微甜、有浓烈的臭鸡蛋味，当空气中浓度达到0.000 1%即可嗅到，但当浓度较高时，因嗅觉神经中毒麻痹，反而嗅不到。硫化氢与空气的相对密度为1.19，易溶于水，在常温、常压下1个体积的水可溶解2.5个体积的硫化氢，所以它可能积存于旧巷的积水中。硫化氢能燃烧，空气中硫化氢浓度为4.3%～45.5%时有爆炸危险。

硫化氢剧毒，有强烈的刺激作用，不但能引起鼻炎、气管炎和肺水肿，而且还能阻碍生物的氧化过程，使人体缺氧。当空气中硫化氢浓度较低时，主要以腐蚀刺激作用为主；浓度较高时，能引起人体迅速昏迷或死亡，腐蚀刺激作用往往不明显。硫化氢中毒症状与浓度的关系如表1-2-2所列。

表1-2-2 硫化氢中毒症状与浓度的关系

硫化氢浓度(体积)/%	主要症状
0.002 5～0.003	有强烈臭味
0.005～0.010	1～2 h内出现眼及呼吸道刺激症状，臭味"减弱"或"消失"
0.015～0.020	出现恶心，呕吐，头晕，四肢无力，反应迟钝。眼及呼吸道有强烈刺激症状
0.035～0.045	0.5～1 h内出现严重中毒，可发生肺炎、支气管炎及肺水肿，有死亡危险
0.06～0.07	很快昏迷，短时间内死亡

空气中硫化氢的主要来源:有机物腐烂;含硫矿物的水解;矿物氧化和燃烧;从老空区和旧巷积水中逸出;我国有些矿区煤层中也有硫化氢涌出。

(三) 二氧化氮(NO_2)

二氧化氮是一种褐红色的气体,有强烈的刺激气味,与空气的相对密度为 1.59,易溶于水。

二氧化氮溶于水后生成腐蚀性很强的硝酸,对眼睛、呼吸道黏膜和肺部组织有强烈的刺激及腐蚀作用,严重时可引起肺水肿。二氧化氮中毒有潜伏期,有的在严重中毒时尚无明显感觉,还可坚持工作。但经过 6~24 h 后发作,中毒者指头出现黄色斑点,并出现严重的咳嗽、头痛、呕吐甚至死亡。二氧化氮中毒症状与浓度的关系如表 1-2-3 所列。

表 1-2-3 二氧化氮中毒症状与浓度的关系

二氧化氮浓度(体积)/%	主 要 症 状
0.004	2~4 h 内可出现咳嗽症状
0.006	短时间内感到喉咙刺激,咳嗽,胸疼
0.010	短时间内出现严重中毒症状,神经麻痹,严重咳嗽,恶心,呕吐
0.025	短时间内可能出现死亡

空气中二氧化氮的主要来源:井下爆破工作等。

(四) 二氧化硫(SO_2)

二氧化硫无色、有强烈的硫黄气味及酸味,当空气中二氧化硫浓度达到 0.000 5%即可嗅到。其与空气的相对密度为 2.22,在风速较小时,易积聚于巷道的底部。二氧化硫易溶于水,在常温、常压下 1 个体积的水可溶解 4 个体积的二氧化硫。

二氧化硫遇水后生成亚硫酸,对眼睛及呼吸系统黏膜有强烈的刺激作用,可引起喉炎和肺水肿。当空气中二氧化硫浓度达到 0.002%时,眼及呼吸器官即感到有强烈的刺激;浓度达到 0.05%时,短时间内即有生命危险。

空气中二氧化硫的主要来源:含硫矿物的氧化与自燃;在含硫矿物中爆破;从含硫矿层中涌出。

(五) 氨气(NH_3)

氨气是一种无色、有浓烈臭味的气体,与空气的相对密度为 0.59,易溶于水,空气浓度中达 30%时有爆炸危险。

氨气对皮肤和呼吸道黏膜有刺激作用,可引起喉头水肿。

空气中氨气的主要来源:爆破工作,用水灭火等;部分岩层中也有氨气涌出。

(六) 氢气(H_2)

氢气无色、无味、无毒,与空气的相对密度为 0.07。氢气能自燃,其点燃温度比甲烷低 100~200 ℃,当空气中氢气浓度为 4%~74%时有爆炸危险。

空气中氢气的主要来源:井下蓄电池充电时可放出氢气;有些中等变质的煤层中也有氢气涌出。

二、矿井空气中有害气体的安全浓度标准

矿井空气中有害气体对井下作业人员的生命安全危害极大，因此《煤矿安全规程》对常见有害气体的安全标准都做了明确的规定，其值如表 1-2-4 所列。制定这些标准时，都留有较大的安全系数。因此，只要我们能够严格遵守《煤矿安全规程》规定，不违章作业，就完全可以避免有害气体对人体的侵害。

表 1-2-4　矿井空气中有害气体的最高容许浓度

有害气体名称	符　　号	最高容许浓度/%
一氧化碳	CO	0.002 4
氧化氮(换算成二氧化氮)	NO_2	0.000 25
二氧化硫	SO_2	0.000 5
硫化氢	H_2S	0.000 66
氨气	NH_3	0.004

第三节　矿井气候

矿井气候是指矿井空气的温度、湿度和风速这三个参数的综合作用产生的工作环境。矿井气候环境对井下作业人员的身体健康和劳动安全有重要的影响。

一、矿井气候对人体热平衡的影响

新陈代谢是人类生命活动的基本过程之一。人从食物中摄取营养，在体内进行缓慢氧化而生成热量，其中一部分用来维持人体自身的生理机能活动以及满足对外做功的需要，其余部分必须通过散热的方式排出体外，才能保持人体正常的生理功能。

人体散热主要是通过人体皮肤表面与外界的对流、辐射和汗液蒸发这三种基本形式进行的。对流散热主要取决于周围空气的温度和流速；辐射散热主要取决于周围物体的表面温度差；蒸发散热主要取决于周围空气的相对湿度和流速。在正常情况下，人体依靠自身的调节机能，使产热量和散热量之间保持着动平衡，体温维持在 36.5～37 ℃之间。人体的这种热平衡关系可表示如下：

$$q_m - q_w = q_d + q_z + q_f + q_{ch} \tag{1-3-1}$$

式中　q_m——人体在新陈代谢过程中的产热量，取决于人体活动量的大小；

q_w——人体用于做功而消耗的热量，$q_m - q_w$ 为必须从体内排出的多余热量，它因人体的活动强度不同而异；

q_d——人体对流散热量，当空气温度低于人体表面温度时，q_d 为正，反之为负；

q_z——汗液蒸发和呼出水蒸气所带出的热量；

q_f——人体与周围物体表面间的辐射换热量，q_f 可能为正，也可能为负；

q_{ch}——由热量转化而来没有排出体外的能量。

当人体处于热平衡状态时，$q_{ch}=0$，这时人体因保持了热平衡而感到舒适；当受外界环境影响，人体这种热平衡被破坏时，就将导致人体的体温升高（$q_{ch}>0$）或降低（$q_{ch}<0$），从而产生种种不舒适的症状，严重时甚至可能导致疾病和生命危险。

二、影响矿井气候环境的因素

矿井气候环境中温度、湿度和风速三参数是影响人体热平衡的主要因素。

空气温度对人体对流散热起着主要作用。当气温低于体温时，对流和辐射是人体的主要散热方式，温差越大，对流散热量越多；当气温等于体温时，对流散热完全停止，蒸发成了人体的主要散热方式；当气温高于体温时，人体依靠对流不仅不能散热，反而要从外界吸热，这时蒸发几乎成为人体唯一的散热方式。

相对湿度影响人体蒸发散热的效果。随着气温的升高，蒸发散热的作用越来越强。当气温较高时，人体主要依靠蒸发散热来维持人体热平衡。此时若相对湿度较大，汗液就难于蒸发，不能起到蒸发散热的作用，人体就会感到闷热，因为只有在汗液蒸发过程中才能带走较多的热量。当气温较低时，若相对湿度较大，又由于空气潮湿增强了导热，会加剧空气对人体的冷感。

风速影响人体的对流散热和蒸发散热的效果。对流换热强度随风速而增大。当气温低于体温时，风速越大，对流散热量也越大；当气温高于体温时，风速越大，对流散热量也越大，同时蒸发散热、散湿的效果也随风速的增大而增强。如有风的天气，晾衣服干得快就是这个道理。

可见，矿井气候环境对人体热平衡的影响是一种综合的作用，各参数之间相互联系、相互影响。如人处在气温高、湿度大、风速小的高温潮湿环境中，这三者的散热效果都很差，这时由于人体散热太慢，体内产热量得不到及时散发，就会使人出现体温升高、心率加快、身体不舒服等症状，严重时可导致中暑甚至死亡。相反，如人处在气温低、湿度小、风速大的低温干燥环境中，这三者的散热效果都很强，这时由于人体散热过快，就会使人体的体温降低，引起感冒或其他疾病。因此，调节和改善矿井气候环境是矿井通风的基本任务之一。

三、矿井气候环境的安全标准

制定矿井气候环境的安全标准，涉及国家政策、劳动卫生、劳动生理心理学以及现有的国家技术经济条件。目前，世界各国关于矿井气候环境的安全标准差别很大。现将我国及其他一些国家的规定标准简介如下：

（一）我国现行的矿井气候环境安全标准

我国现行评价矿井气候环境的指标是干球温度。《煤矿安全规程》规定：进风井口以下的空气温度（干球温度，下同）必须在 2 ℃以上；当采掘工作面空气温度超过 26 ℃、机电设备硐室超过 30 ℃时，必须缩短超温地点工作人员的工作时间，并给予高温保健待遇。当采掘工作面的空气温度超过 30 ℃、机电设备硐室超过 34 ℃时，必须停止作业。

我国各类矿山对矿井气候环境的安全标准作出了相应的规定，如表 1-3-1 所列。

表 1-3-1　我国矿井温度的安全标准

类　别	最高容许干球温度/℃			
	煤矿	金属矿	化学矿	铀矿
采掘工作面	26	27	26	26
机电硐室	30			
特殊条件下			30	30
热水型和高硫矿井		27.5		

（二）国外一些国家的矿井气候环境安全标准

世界主要产煤国家对矿井气候环境的评价指标并不统一。主要采用的指标有：干球温度、湿球温度、同感温度等(表 1-3-2)。从世界主要产煤国家矿井气候环境安全标准来看，我国法定的矿井气候允许值最低。但因客观条件的限制，这一规定往往较难实现。因此，如何根据我国的具体国情，选定科学而符合我国实际情况的标准，还有待进一步研究。

表 1-3-2　世界主要产煤国家矿井气候环境的安全标准

国　别	最高容许温度/℃	备　注
俄罗斯	干球温度 $t \leqslant 26$ $t \leqslant 25$ $t \leqslant 25$	煤矿，相对湿度 $\varphi < 90\%$ 时 煤矿，$\varphi > 90\%$ 时 化学矿，金属矿
德国	同感温度 $t_e \leqslant 25$ $25 < t_e \leqslant 29$ $29 < t_e \leqslant 30$ $30 < t_e \leqslant 32$ $t_e > 32$	允许值 限作业 6 h 限作业 5 h，每小时休息 10 min 限作业 5 h，每小时休息 20 min 禁止作业
美国	同感温度 $t_e \leqslant 32$ $t_e > 32$	煤矿，允许值 禁止作业
英国	湿球温度 $t_w \leqslant 27.8$ 同感温度 $t_e \leqslant 29.4$	允许值
波兰	干球温度 $t \leqslant 26$ $t > 26$ $28 < t \leqslant 33$	煤矿 劳动定额可减免 4% 限作业 6 h
印度	干球温度 $t < 32$ $32 \leqslant t \leqslant 35$	允许值 限作业 5 h

复习思考题

1-1　试述地面空气的主要成分及其占比。矿井空气与地面空气有何区别？

1-2　氧气有哪些性质？造成矿井空气中氧气浓度减少的主要原因有哪些？

1-3 矿井空气中常见的有害气体有哪些？《煤矿安全规程》对矿井空气中有害气体的最高容许浓度有哪些具体规定？

1-4 CO 有哪些性质？试说明 CO 对人体的危害以及矿井空气中 CO 的主要来源。

1-5 什么叫矿井气候环境？简述气候环境对人体热平衡的影响。

1-6 简述评价矿井气候环境的主要指标及优缺点。

1-7 《煤矿安全规程》对矿井空气的温度是如何规定的？

1-8 某矿一采煤工作面 CO_2 的绝对涌出量为 7.56 m^3/min，当供风量为 850 m^3/min 时，问该工作面回风流中 CO_2 浓度为多少？能否进行正常工作？

1-9 井下空气中，按体积计 CO 浓度不得超过 0.002 4%，试将体积浓度 C_v(%)换算为 0 ℃、压力为 101 325 Pa 状态下的质量浓度 C_m(mg/m^3)。

第二章　矿井空气流动基本理论

矿井空气流动的基本理论主要研究矿井空气沿井巷流动过程中宏观力学参数的变化规律以及能量的转换关系。本章将介绍空气的主要物理参数、性质，讨论空气在流动过程中所具有的能量（压力）及其能量的变化。根据热力学第一定律和能量守恒及转换定律，结合矿井风流流动的特点，推导了矿井空气流动过程中的能量方程，介绍了能量方程在矿井通风中的应用。

第一节　空气主要物理参数

正确理解和掌握空气的主要物理性质是学习矿井通风的基础。与矿井通风密切相关的空气物理性质有：温度、压力（压强）、密度、比容、黏性、湿度、焓等。

一、温度

温度是描述物体冷热状态的物理量。测量温度的标尺简称温标。国际单位制还规定摄氏（Celsius）温标为实用温标，用 t 表示，单位为摄氏度，代号为℃。热力学绝对温标的单位为 K（Kelvin），用符号 T 表示。热力学温标规定纯水三态点温度（即气、液、固三相平衡态时的温度）为基本定点，定义为 273.15 K，每 1 K 为三相点温度的 1/273.15。

摄氏温标的每 1 ℃与热力学温标的每 1 K 完全相同，它们之间的关系为：

$$T = 273.15 + t \tag{2-1-1}$$

温度是矿井表征气候条件的主要参数之一。《煤矿安全规程》对温度的规定参见第一章第三节（矿井气候环境的安全标准）。

二、压力（大气压）

在地面大气中，垂直作用在单位面积上的力叫作空气压力，也称为大气压，用符号 P 表示。其大小取决于在重力场中的空间位置、空气温度、湿度（相对湿度）和气体成分等参数，因此，大气压随时间和地区变化而变化。

压力的大小可以用仪表测定。

压力的单位为 Pa（帕斯卡，$1\ \text{Pa}=1\ \text{N/m}^2$），压力较大时可采用 kPa（$1\ \text{kPa}=10^3\ \text{Pa}$）、MPa（$1\ \text{MPa}=10^3\ \text{kPa}=10^6\ \text{Pa}$）。其他压力单位参见附录。

同一时刻在同一水平面、小范围内可以认为大气压是相同的。如安徽淮南地区一昼夜内空气压力的变化为 0.27～0.40 kPa；一年中的空气压力变化可高达 4.0～5.3 kPa。

三、密度、比体积(比容)

空气具有质量。单位体积空气所具有的质量称为空气的密度,用符号 ρ 表示。空气可以看作是均质流体,故:

$$\rho=\frac{M}{V} \tag{2-1-2}$$

式中 ρ——空气的密度,kg/m^3;

M——空气的质量,kg;

V——空气的体积,m^3。

一般地说,当空气的温度和压力改变时,其体积会发生变化。所以空气的密度是随温度、压力而变化的,从而可以得出空气的密度是空间点坐标和时间的函数。如在大气压 P_0 为 101 325 Pa、气温为 0 ℃(273.15 K)时,干空气的密度 ρ_0 为 1.293 kg/m^3。

湿空气的密度是 1 m^3 空气中所含干空气质量和水蒸气质量之和:

$$\rho=\rho_d+\rho_v \tag{2-1-3}$$

式中 ρ_d——1 m^3 空气中干空气的质量,kg/m^3;

ρ_v——1 m^3 空气中水蒸气的质量,kg/m^3。

由气体状态方程和道尔顿分压定律可以得出湿空气的密度计算公式:

$$\rho=0.003\ 484\frac{P}{273.15+t}\left(1-\frac{0.378\varphi P_s}{P}\right) \tag{2-1-4}$$

式中 P——空气的压力,Pa;

t——空气的温度,℃;

P_s——温度 t 时饱和水蒸气的分压,Pa;

φ——相对湿度,用小数表示。

由式(2-1-4)可见,无论是在地面和在矿井通风中,空气密度随压力增大而增大、随温度和湿度增大而减小。

空气的比体积是指单位质量空气所占有的体积,用符号 υ(m^3/kg)表示,即:

$$\upsilon=\frac{V}{M}=\frac{1}{\rho} \tag{2-1-5}$$

比体积和密度互为倒数,它们是一个状态参数的两种表达方式。

四、黏性

当流体层间发生相对运动时,在流体内部两个流体层的接触面上,便产生黏性阻力(内摩擦力)以阻止相对运动,流体具有的这一性质,称作流体的黏性。例如,空气在管道内做层流流动时,管壁附近的流速较小,向管道轴线方向流速逐渐增大(图 2-1-1)。在垂直流动方向上,设有厚度为 dy(m),速度为 u(m/s),速度增量为 du(m/s)的分层,在流动方向上的速度梯度为 du/dy(s^{-1}),由牛顿内摩擦定律得:

$$F=\mu\cdot S\cdot\frac{\mathrm{d}u}{\mathrm{d}y} \tag{2-1-6}$$

式中　F——内摩擦力，N；

S——流层之间的接触面积，m^2；

μ——动力黏度(或称绝对黏度)，Pa·s。

由上式可知，当流体处于静止状态或流层间无相对运动时，$du/dy=0$，则 $F=0$。

在矿井通风中还常用运动黏度，用符号 ν(m^2/s)表示：

$$\nu=\frac{\mu}{\rho} \tag{2-1-7}$$

温度是影响流体黏性的主要因素之一，但对气体和液体的影响不同。气体的黏性随温度的升高而增大；液体的黏性随温度的升高而减小，如图 2-1-2 所示。

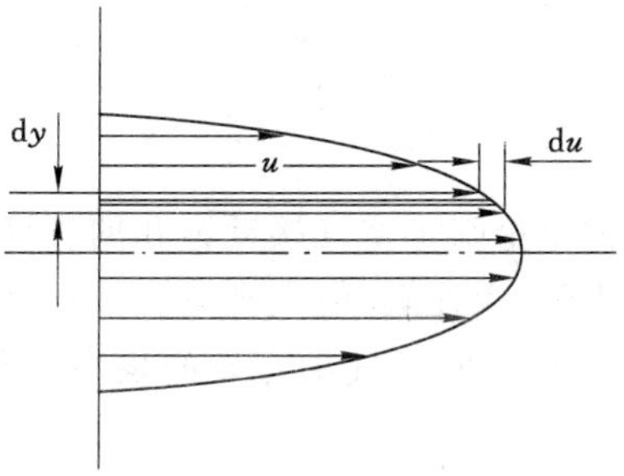

图 2-1-1　层流速度分布

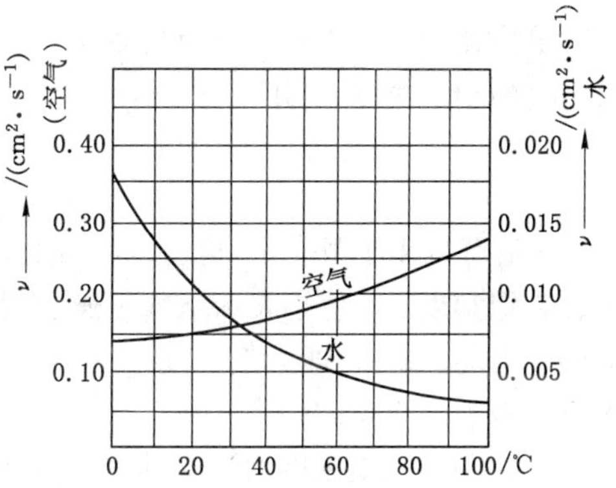

图 2-1-2　运动黏度与温度变化关系

在实际应用中，压力对流体的黏性影响很小，可以忽略。由式(2-1-7)可知，对可压缩流体，运动黏度 ν 和密度 ρ 有关，即 ν 和压力有关，因此在考虑流体的可压缩性时常采用[动力]黏度 μ 而不采用运动黏度 ν。表 2-1-1 为几种有关流体的黏度。

表 2-1-1　几种流体的黏度(0.1 MPa，t=20 ℃)

流体名称	[动力]黏度 μ/(Pa·s)	运动黏度 ν/($m^2\cdot s^{-1}$)
空气	1.808×10^{-5}	1.501×10^{-5}
氮气(N_2)	1.76×10^{-5}	1.41×10^{-5}
氧气(O_2)	2.04×10^{-5}	1.43×10^{-5}
甲烷(CH_4)	1.08×10^{-5}	1.52×10^{-5}
水	1.005×10^{-3}	1.007×10^{-6}

五、湿度

空气的湿度表示空气中所含水蒸气量的多少或潮湿程度，表示空气湿度的方法有绝对湿度、相对湿度和含湿量三种。

(一) 绝对湿度

每立方米空气中所含水蒸气的质量叫作空气的绝对湿度。其单位与密度单位相同，其值等于水蒸气在其分压力与温度下的密度，用符号 ρ_v 表示：

$$\rho_v = \frac{M_v}{V} \tag{2-1-8}$$

式中 M_v——水蒸气的质量，kg；

V——空气的体积，m^3。

在一定的温度和压力下，单位体积空气所能容纳的水蒸气量是有极限的，超过这一极限值，多余的水蒸气就会凝结成液体水。这种含有极限值水蒸气的湿空气叫饱和空气，其所含的水蒸气量叫饱和湿度，用 ρ_s 表示；此时的水蒸气分压叫饱和水蒸气压，用 P_s 表示。绝对湿度虽然反映了空气中实际所含水蒸气量的大小，但不能反映空气的干湿程度。

（二）相对湿度（φ）

单位体积空气中实际含有的水蒸气量（ρ_v）与其同温度下的饱和水蒸气含量（ρ_s）之比称为空气的相对湿度，可用下式表示：

$$\varphi = \frac{\rho_v}{\rho_s} \tag{2-1-9}$$

φ 值可以用小数表示，也可以用百分数表示。其大小反映了空气接近饱和的程度，故也称之为饱和度。φ 值小表示空气干燥，吸收水分的能力强；反之，φ 值大则空气潮湿，吸收水分的能力弱。$\varphi=0$ 即为干空气，$\varphi=1$ 即为饱和空气。水分向空气中蒸发的快慢和相对湿度直接有关。

不饱和空气随温度的下降其相对湿度逐渐增大。冷却达到 $\varphi=1$ 时的温度称为露点。再继续冷却，空气中的水蒸气就会因过饱和而凝结成水珠。反之，当空气温度升高时，空气的相对湿度将会减小。

（三）含湿量[d，kg/kg(d. a)]

含有 1 kg 干空气的湿空气中所含水蒸气的质量(kg)称为空气的含湿量，可用下式计算：

$$d = \frac{\rho_v}{\rho_d} \tag{2-1-10}$$

将 $\rho_v = \dfrac{\varphi P_s}{461T}$，$\rho_d = \dfrac{P-\varphi P_s}{287T}$ 代入式(2-1-10)得：

$$d = 0.622\,\frac{\varphi P_s}{P-\varphi P_s} \tag{2-1-11}$$

式中符号意义同前。

六、焓

焓是一个复合的状态参数，它是内能 u 和压力功 PV 之和，焓也称热焓。湿空气的焓是以 1 kg 干空气作为基础而表示的，它是 1 kg 干空气的焓(i_d)和 d kg 水蒸气的焓(i_v)的总和，用符号 i 表示，单位为 kJ/kg(d. a)，即：

$$i = i_d + d \cdot i_v \tag{2-1-12}$$

式中 i_d——1 kg 干空气的焓，也称空气的湿热或感热{$i_d=1.004\,5t$(kJ/kg)，1.004 5 是干空气的平均定压质量比热容[kJ/(kg·K)]，t 是空气的温度(℃)}；

i_v——1 kg 水蒸气的焓{$i_v=2\,501+1.85t$(kJ/kg)，2 501 是水蒸气的汽化潜热

(kJ/kg),1.85 是常温下水蒸气的平均定压质量比热容[kJ/(kg·K)]}。

将干空气和水蒸气的焓值代入式(2-1-12),可得湿空气的焓为:

$$i = 1.0045t + d(2501 + 1.85t) \qquad (2\text{-}1\text{-}13)$$

在实际应用中,为简化计算,可使用焓湿图(附录四　i-d 曲线图)。

在矿井通风和空气调节工程中,对空气的加热或冷却,一般都是在定压条件下进行的。所以,空气处理过程中吸收或放出的热量,均可用过程前后的焓差来计算。

第二节　风流能量与压力

能量与压力是通风工程中两个重要的基本概念,它们既密切相关又有区别。风流之所以能在井巷中流动,其根本的原因是流动路线上存在着促使空气流动的能量差。当空气的能量对外做功有力的表现时,我们就把它称为压力。压力是可以感测的。因此,压力是单位体积空气具有对外做功的机械能。

一、风流能量与压力

(一) 静压能—静压

1. 静压能与静压

在矿井通风中,静压力的概念与物理学中的压强相同,即单位面积上受到的垂直作用力。静压力也可称为是静压能,它们在数值上大小相等。

风流的静压大小受重力、通风机的工作方式及其工作压力、阻力、所在断面的动压变化等因素影响。

2. 静压特点

① 无论是静止的空气还是流动的空气都具有静压力;

② 风流中任一点的静压各向同值,且垂直于作用面;

③ 风流的静压可以用仪表测量,反映了单位体积风流所具有的对外做功的静压能的多少。如说风流的压力为 101 332 Pa,则指每 1 m^3 风流具有 101 332 J 的静压能。

(二) 位能

风流的位能是由重力产生、且相对某一基准面而具有的一种能量。如图 2-2-1 所示的井巷中,欲求 1—1 相对 2—2 两断面的位能 E_{PO12},取 2—2 断面为基准面,若空气密度随深度呈线性变化时,则:

$$E_{PO12} = \frac{1}{2}Zg(\rho_1 + \rho_2), \quad J/m^3 \qquad (2\text{-}2\text{-}1)$$

若空气密度随深度呈非线性变化时,则:

$$E_{PO12} = \int_2^1 \rho_i g \, dZ_i, \quad J/m^3 \qquad (2\text{-}2\text{-}2)$$

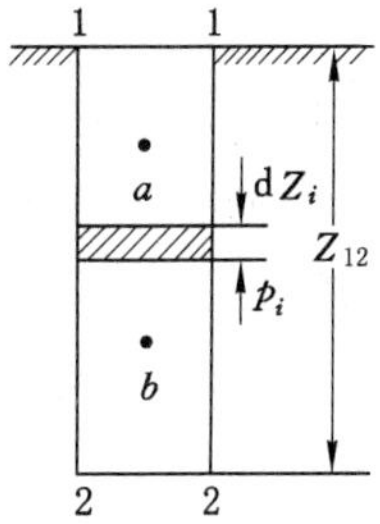

图 2-2-1　位能计算图

由此可见,1—1、2—2 两断面间的位能差就等于 1—1、2—2 两断面间单位面积上的空气柱重量。

位能不能用仪表直接测量。在实践中,两断面间的位能可通过测定两断面间的标高差 Z 和平均空气密度计算得到的。如在 1—1、2—2 断面间均匀地布置 1、a、b、2 四个测点。分别测出这四点的静压(P)、温度(t)、相对湿度(φ)及测点间的高差,计算出各点的密度和各测段的平均密度。再由式(2-2-3)计算其位能。

$$\begin{aligned} E_{P012} &= \rho_{1a} \cdot Z_{1a} \cdot g + \rho_{ab} \cdot Z_{ab} \cdot g + \rho_{b2} \cdot Z_{b2} \cdot g \\ &= \sum \rho_{ij} \cdot Z_{ij} \cdot g, \quad \mathrm{J/m^3} \end{aligned} \tag{2-2-3}$$

测点间距视具体条件而定,密度变化大时,间距尽量小。

位能具有以下特点:

① 位能随所选基准面的变化而变化。在讨论位能时,必须首先选定基准面。一般应将基准面选在所研究系统风流流经的最低水平。

② 位能是一种潜在的能量。不能像静压那样用仪表进行直接测量,只能通过测定高差及空气柱的平均密度来计算。

③ 位能和静压可以相互转化,当空气由标高高的断面流至标高低的断面时位能转化为静压;反之,当空气由标高低的断面流至标高高的断面时部分静压转化为位能。在进行能量转化时遵循能量守恒定律。

(三)动能—动压

当空气流动时,除了位能和静压能外,还有空气定向运动的动能,用 E_v 表示,J/m³;其动能所转化显现的压力叫作动压或称速压,用符号 h_v 表示,单位 Pa。

动能—动压的计算公式。设某点 i 的空气密度为 ρ_i(kg/m³),其定向运动的流速亦即风速为 v_i(m/s),则单位体积空气所具有的动能为 E_{vi}:

$$E_{vi} = \frac{1}{2}\rho_i v_i^2, \quad \mathrm{J/m^3} \tag{2-2-4}$$

E_{vi} 对外所呈现的动压 h_{vi} 为:

$$h_{vi} = \frac{1}{2}\rho_i v_i^2, \quad \mathrm{Pa} \tag{2-2-5}$$

由此可见,动压是单位体积空气在做宏观定向运动时所具有的能够对外做功的动能的多少。

动压特点:

① 动压总是大于零。

② 动压具有方向性。流动方向上的动压最大,故在测量动压时,应使感压孔迎着风流方向。否则,测量值小于动压最大值(即真值)。当感压孔所在面平行流动方向时,则测得动压为零。

③ 在同一流动断面上,由于风速分布的不均匀性,各点的风速不相等,所以其动压值不等。

④ 某断面动压即为该断面平均风速计算值。

二、风流点压力

(一)静压的测算基准

风流的静压有两种测算基准:① 以真空零点为基准;② 以当地当时同标高的大气压力为测算基准。前者测值为绝对压力,用 P 表示,后者为相对压力,用 h 表示。如图 2-2-2 所示，当地同标高的大气压 P_0，A、B 两点分别为压入式和抽出式通风风筒中两点，其绝对压力分别为 P_A 和 P_B。

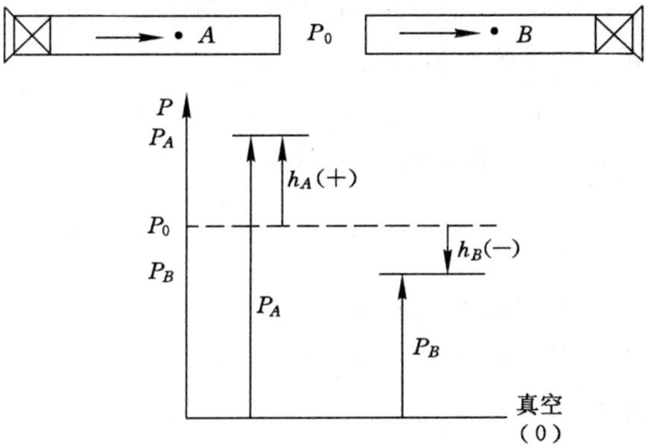

图 2-2-2　静压测量基准

风流的绝对压力(P)、相对压力(h)和与其对应的大气压(P_0)三者之间的关系如下式：

$$h = P - P_0 \tag{2-2-6}$$

无论是抽出式通风还是压入式通风，管道中风流的绝对静压 P 始终大于当地同标高的大气压 P_0，为正；相对压力：压入式通风 h_A 为正值，抽出式通风 h_B 为负值。

（二）风流点压力及其相互关系

井巷和通风管道中风流的点压力是指测点的单位体积(1 m^3)空气所具有的压力。点压力分类与计算式如图 2-2-3 所示。

风流点压力
- 静压
  - 绝对静压 P(绝对压力以真空零点为测量基准)
  - 相对静压 h($h=P-P_0$)(相对压力以当地同标高大气压力 P_0 为测量基准)
- 动压(h_v)
- 全压
  - 绝对全压 P_t($P_t=P+h_v$)
  - 相对全压 h_t($h_t=h+h_v=P_t-P_0$)

图 2-2-3　风流的点压力分类与计算式

压入式和抽出式通风风流中某点各种压力之间的相互关系分别如图 2-2-4(a)和(b)

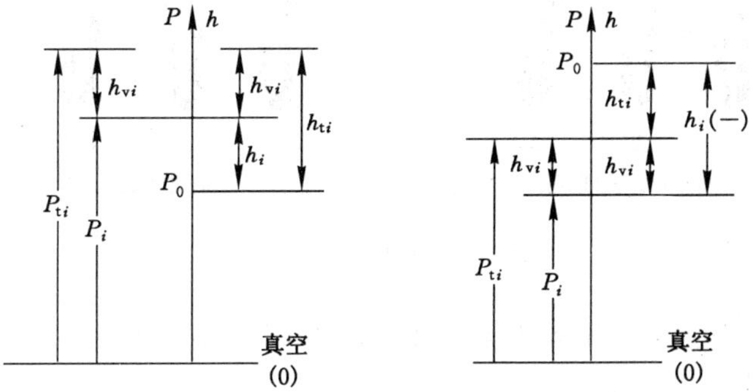

(a) 压入式通风　(b) 抽出式通风

图 2-2-4　风流各种点压力与大气压之间相互关系

所示。

对于抽出式通风,相对全压、相对静压和动压之间关系可以写成:

$$h_{ti}(负)=h_i(负)+h_{vi} \tag{2-2-7}$$

在实际应用中,习惯取 h_{ti}、h_i 的绝对值,即:

$$|h_{ti}|=|h_i|-h_{vi};\ |h_{ti}|<|h_i| \tag{2-2-8}$$

由于 $h_v>0$,故无论是压入式还是抽出式通风,风流中任一点 i 的绝对全压恒大于其绝对静压,即:

$$P_{ti}>P_i \tag{2-2-9}$$

在压入式风道中($P_{ti}>P_{0i}$)$h_{ti}=P_{ti}-P_{0i}>0$

在抽出式风道中($P_{ti}<P_{0i}$)$h_{ti}=P_{ti}-P_{0i}<0$

(三) 风流点压力测定

测定风流点压力的常用器具是压差计和皮托管。

压差计是度量压力差或相对压力的仪器。在矿井通风中测定较大压差时,常用U形水柱计;测值较小或要求测定精度较高时,则用各种倾斜压差计或补偿式微压计;现在,一些先进的电子微压计正在进入通风测量中。有关仪器的使用参见第十四章第二节相关内容。

皮托管是一种感受和传递压力的工具。它由两个同心管(一般为圆形)组成,其结构如图2-2-5所示。尖端孔口 a 为全压孔,与标着(+)号的接头相通;侧壁小孔 b 为静压孔,与标着(-)号的接头相通。

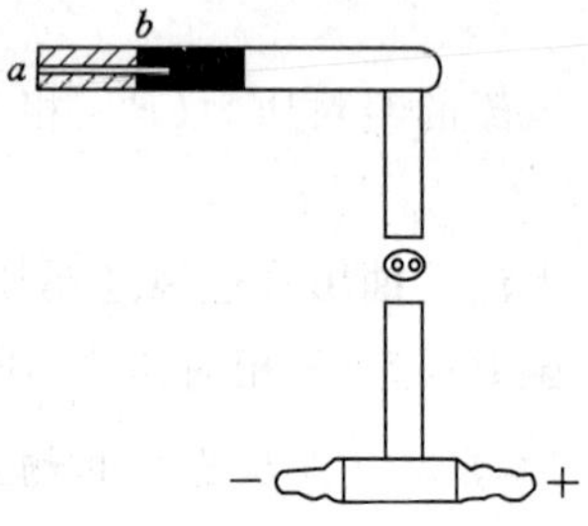

图2-2-5 皮托管

测压时,将皮托管插入风筒,如图2-2-6所示。将皮托管尖端孔口 a 在 i 点正对风流,感受该点的静压(P_i)和动压 h_{vi},即感受 i 点的全压 P_{ti};侧壁孔口 b 平行于风流方向,只感受 i 点的绝对静压 P_i。

图2-2-6 点压力测定

图2-2-6(a)、(b)分别表示压入式和抽出式通风风筒中 i 点的相对全压、相对静压和动压测定方法及其原理。

用胶皮管分别将皮托管的(+)、(-)接头如图所示方法连至U形压差计上,(1)、(2)、

(3)分别测定的是相对静压、动压和相对全压。

当胶皮管内空气密度与其外大气的空气密度近似相等、且水柱计与风道距离较近(胶皮管内空气柱重量可忽略)、无论是抽出式通风还是压入式通风,3个水柱计测量参数为:

水柱计(1)接皮托管(一)端口,其液面感受风流的绝对静压、未接胶皮管端的液面感受大气压,测量相对静压;

水柱计(2)分别接皮托管(+)、(+)接头的液面分别感受风流的绝对静压和绝对全压,测量风流的动压;

水柱计(3)接皮托管(+)端口的液面感受风流的绝对全压、未接胶皮管端的液面感受的是大气压,测量相对全压。

试问在测定中,水柱计的放置位置是否对测值 h 有影响,请读者考虑。

例　如图2-2-3中压入式通风风筒中某点 i 的 $h_i=1\ 000$ Pa,$h_{vi}=150$ Pa,风筒外与 i 点同标高的 $P_{0i}=101\ 332$ Pa,求:

(1) i 点的绝对静压 P_i;

(2) i 点的相对全压 h_{ti};

(3) i 点的绝对全压 P_{ti}。

解　(1) $P_i=P_{0i}+h_i=101\ 332+1\ 000=102\ 332$ (Pa)

(2) $h_{ti}=h_i+h_{vi}=1\ 000+150=1\ 150$ (Pa)

(3) $P_{ti}=P_{0i}+h_{ti}=P_i+h_{vi}=101\ 332+1\ 150=102\ 482$ (Pa)

例　如图2-2-3中抽出式通风风筒中某点 i 的 $h_i=1\ 000$ Pa,$h_{vi}=150$ Pa,风筒外与 i 点同标高的 $P_{0i}=101\ 332$ Pa,求:

(1) i 点的绝对静压 P_i;

(2) i 点的相对全压 h_{ti};

(3) i 点的绝对全压 P_{ti}。

解　(1) $P_i=P_{0i}+h_i=101\ 332-1\ 000=100\ 332$ (Pa)

(2) $|h_{ti}|=|h_i|-h_{vi}=1\ 000-150=850$ (Pa)

(3) $P_{ti}=P_{0i}+h_{ti}=101\ 332-850=100\ 482$ (Pa)

第三节　通风能量方程

当空气在井巷中流动时,将会受到通风阻力的作用,消耗其能量;为保证空气连续不断地流动,就必须有通风动力对空气做功,使通风动力与通风阻力相平衡。本节将重点讨论矿井通风中空气流动的压力和能量变化规律,导出矿井风流运动的连续性方程和能量方程。

一、空气流动连续性方程

质量守恒是自然界中基本的客观规律之一。在矿井巷道中流动的风流充满它所流经的空间,且内部无空隙,具有连续性;流动参数不随时间变化,属稳定流;风流在井巷中的流动在无点源或点汇存在时,根据质量守恒定律,即流入某空间的流体质量等于流出其空间的流体质量。

在图2-3-1中,在井巷中风流从1断面流向2断面,且做定常流动时(即在流动过程中不漏风又无补给)，则两个过流断面的空气质量流量相等，即：

$$\rho_1 v_1 S_1 = \rho_2 v_2 S_2 \tag{2-3-1}$$

式中 ρ_1,ρ_2——1,2 断面上空气的平均密度，kg/m^3；

v_1,v_2——1,2 断面上空气的平均流速，m/s；

S_1,S_2——1,2 断面的断面积，m^2。

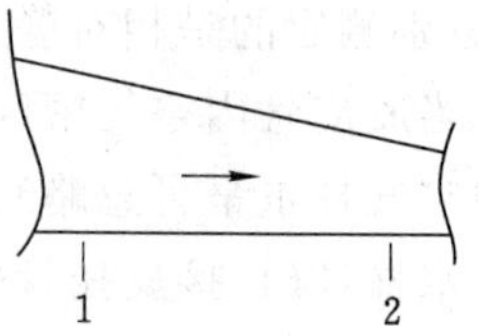

图 2-3-1 一元稳定流连续性

任一过流断面的质量流量为 M_i(kg/s)，则：

$$M_i = \text{const} \tag{2-3-2}$$

空气流动的连续性方程为井巷风量的测算提供了理论依据。

例 风流在如图 2-3-1 的井巷中由断面 1 流至断面 2 时，已知 $S_1=10\ \text{m}^2$，$S_2=8\ \text{m}^2$，$v_1=3$ m/s，1,2 断面的空气密度分别为：$\rho_1=1.18$ kg/m^3，$\rho_2=1.20$ kg/m^3，求：

① 1,2 断面上通过的质量流量 M_1、M_2；

② 1,2 断面上通过的体积流量 Q_1、Q_2；

③ 2 断面上的平均流速。

解 ① $M_1=M_2=v_1S_1\rho_1=3\times10\times1.18=35.4$ (kg/s)

② $Q_1=v_1S_1=3\times10=30$ (m^3/s)

$Q_2=M_2/\rho_2=35.4/1.20=29.5$ (m^3/s)

③ $v_2=Q_2/S_2=29.5/8=3.69$ (m/s)

二、可压缩流体能量方程

能量方程表达了空气在流动过程中的压能、动能和位能的变化规律，是能量守恒和转换定律在矿井通风中的应用。

在矿井通风系统中，严格地说空气的密度是变化的，即矿井风流是可压缩的。当外力对它做功增加其机械能的同时，也增加了风流的内(热)能。因此，在研究矿井风流流动时，风流的机械能加上其内(热)能才能使能量守恒及转换定律成立。

(一) 单位质量(1 kg)流体能量方程

1. 能量组成(讨论 1 kg 空气所具有的能量)

在井巷通风中，风流的能量由机械能(静压能、动压能、位能)和内能组成，常用 1 kg 空气或 1 m^3 空气所具有的能量表示。

(1) 风流具有的机械能

风流具有的机械能已在本章第二节讨论过，它包括动压能、静压能和位能。

(2) 风流具有的内能

风流的内能是风流内部储存能的简称，它是风流内部所具有的分子内动能与分子位能之和。

用 u 表示 1 kg 空气所具有的内能，J/kg。

$$u = f(T, \upsilon) \tag{2-3-3}$$

式中 T——空气的温度，K；

υ——空气的比体积，m^3/kg。

根据压力(P)、温度(T)和比体积(υ)三者之间的关系，空气的内能还可写成：

$$u=f(T,P);u=f(P,\upsilon) \tag{2-3-4}$$

由式(2-3-3)和式(2-3-4)可知，空气的内能是空气状态参数的函数。

2. 风流流动过程中能量分析

风流在如图 2-3-2 所示的井巷中流动，设 1、2 断面的参数分别为风流的绝对静压 P_1、P_2(Pa)；风流的平均流速 v_1、v_2(m/s)；风流的内能 u_1、u_2(J/kg)；风流的密度 ρ_1、ρ_2(kg/m^3)；距基准面的高程 Z_1、Z_2(m)。

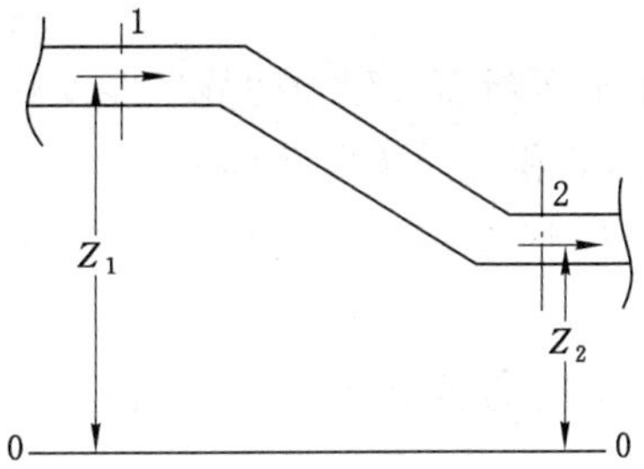

图 2-3-2

对风流在 1、2 断面上及流经 1、2 断面间时的能量分析如下：

在 1 断面上，1 kg 空气所具有的能量为：

$$\frac{P_1}{\rho_1}+\frac{v_1^2}{2}+g\cdot Z_1+u_1,\quad \text{J/kg}$$

风流流经 1→2 断面间，到达 2 断面时的能量为：

$$\frac{P_2}{\rho_2}+\frac{v_2^2}{2}+g\cdot Z_2+u_2,\quad \text{J/kg}$$

1 kg 空气由 1 断面流至 2 断面的过程中，克服流动阻力消耗的能量为 L_R(J/kg)[这部分被消耗的能量将转化成热能 q_R(J/kg)，仍存在于空气中]；另外还有地温(通过井巷壁面或淋水等其他途径)、机电设备等传给 1 kg 空气的热量为 q(J/kg)；这些热量将增加空气的内能并使空气膨胀做功；假设 1→2 断面间无其他动力源(如局部通风机等)。

3. 可压缩空气单位质量(1 kg)流量的能量方程

当风流在井巷中做一维稳定流动时，根据能量守恒及转换定律可得：

$$\frac{P_1}{\rho_1}+\frac{v_1^2}{2}+gZ_1+u_1+q_R=\frac{P_2}{\rho_2}+\frac{v_2^2}{2}+gZ_2+u_2+L_R \tag{2-3-5}$$

根据热力学第一定律，传给空气的热量(q_R+q)，一部分用于增加空气的内能，一部分使空气膨胀对外做功，即：

$$q_R+q=u_2-u_1+\int_1^2 P\,\mathrm{d}\upsilon \tag{2-3-6}$$

式中　υ——空气的比体积，m^3/kg。

又因为：

$$\frac{P_2}{\rho_2}-\frac{P_1}{\rho_1}=P_2\upsilon_2-P_1\upsilon_1=\int_1^2\mathrm{d}(P\upsilon)=\int_1^2 P\,\mathrm{d}\upsilon+\int_1^2\upsilon\,\mathrm{d}P \tag{2-3-7}$$

将式(2-3-6)、式(2-3-7)代入式(2-3-5)，并整理得：

$$L_R=-\int_1^2\upsilon\,\mathrm{d}P+\left(\frac{v_1^2}{2}-\frac{v_2^2}{2}\right)+g(Z_1-Z_2)$$

$$=\int_2^1\upsilon\,\mathrm{d}P+\left(\frac{v_1^2}{2}-\frac{v_2^2}{2}\right)+g(Z_1-Z_2),\quad \text{J/kg} \tag{2-3-8}$$

式(2-3-8)就是单位质量可压缩空气在无压源的井巷中流动时能量方程的一般形式。如果图 2-3-2 中 1、2 断面间有压源(如局部通风机等)L_t(J/kg)存在，则其能量方程为：

$$L_R=\int_2^1\upsilon\,\mathrm{d}P+\left(\frac{v_1^2}{2}-\frac{v_2^2}{2}\right)+g(Z_1-Z_2)+L_t \tag{2-3-9}$$

4. 关于单位质量可压缩空气能量方程的讨论

在式(2-3-8)和式(2-3-9)中，$\int_2^1 \upsilon \mathrm{d}P = \int_2^1 \frac{1}{\rho}\mathrm{d}P$ 称为伯努利积分项，它反映了风流从1断面流至2断面过程中的静压能变化，它与空气流动过程的状态密切相关。对于不同的状态过程，其积分结果是不同的。

对于多变过程，过程指数为 n，其多变过程方程式为：

$$P\upsilon^n = \text{const} \tag{2-3-10}$$

不同的多变过程有不同的过程指数 n，n 值可以在 $0\sim\pm\infty$ 范围内变化。

当 $n=0$ 时，$P=\text{const}$，即为定压过程，$\int_2^1 \upsilon \mathrm{d}P = 0$；

当 $n=1$ 时，$P\upsilon=\text{const}$，即为等温过程，$\int_2^1 \upsilon \mathrm{d}P = P_1\upsilon_1 \ln\frac{P_1}{P_2}$；

当 $n=k=1.41$ 时，$P\upsilon^k=\text{const}$，即为等熵过程；

当 $n=\pm\infty$ 时，$\upsilon=\text{const}$，即为等容过程，$\int_2^1 \upsilon \mathrm{d}P = \upsilon(P_1-P_2)$。

实际多变过程中其 n 值是变化的。在深井的通风中，如果其 n 值变化较大时，可把通风流程分成若干段(各段的 n 值均不相等)，在每一段中的 n 值可以近似认为不变。当 n 为定值时，对式(2-3-10)微分，则有：$nP\upsilon^{n-1}\mathrm{d}\upsilon + \upsilon^n \mathrm{d}P = 0$ 或 $\frac{\mathrm{d}P}{P} + n\frac{\mathrm{d}\upsilon}{\upsilon} = 0$，即

$$n = -\frac{\mathrm{d}\ln P}{\mathrm{d}\ln \upsilon} = -\frac{\Delta \ln P}{\Delta \ln \upsilon} = \frac{\ln P_1 - \ln P_2}{\ln \upsilon_2 - \ln \upsilon_1} = \frac{\ln P_1 - \ln P_2}{\ln \rho_1 - \ln \rho_2} \tag{2-3-11}$$

按式(2-3-11)可由邻近的两个实测的状态求得此过程的 n 值。

由式(2-3-10)和 $\upsilon=\frac{1}{\rho}$ 得：

$P\upsilon^n = \frac{P}{\rho^n} = \frac{P_1}{\rho_1^n} = \frac{P_2}{\rho_2^n} = \cdots = \text{const}$，故有：

$$\upsilon = \frac{1}{\rho} = \frac{1}{\rho_1}\left(\frac{P_1}{P}\right)^{\frac{1}{n}} = \frac{1}{\rho_2}\left(\frac{P_2}{P}\right)^{\frac{1}{n}} = \cdots = \text{const} \tag{2-3-12}$$

将式(2-3-12)代入积分项并由积分公式 $\int x^{\mu}\mathrm{d}x = \frac{x^{\mu+1}}{\mu+1} + c$ 积分得：

$$\int_2^1 \upsilon \mathrm{d}P = \int_2^1 \frac{P_1^{\frac{1}{n}}}{\rho_1} \cdot \frac{1}{P^{\frac{1}{n}}}\mathrm{d}P = \frac{P_1^{\frac{1}{n}}}{\rho_1}\int_2^1 \frac{1}{P^{\frac{1}{n}}}\mathrm{d}P = \frac{P_1^{\frac{1}{n}}}{\rho_1} \cdot \frac{n}{n-1} \cdot \left(P_1^{\frac{n-1}{n}} - P_2^{\frac{n-1}{n}}\right)$$

$$= \frac{n}{n-1}\left(\frac{P_1}{\rho_1} - \frac{P_2}{\rho_2}\right)$$

将上式代入式(2-3-8)和式(2-3-9)得：

$$L_R = \frac{n}{n-1}\left(\frac{P_1}{\rho_1} - \frac{P_2}{\rho_2}\right) + \left(\frac{v_1^2}{2} - \frac{v_2^2}{2}\right) + g(Z_1 - Z_2), \quad \text{J/kg} \tag{2-3-13}$$

$$L_R = \frac{n}{n-1}\left(\frac{P_1}{\rho_1} - \frac{P_2}{\rho_2}\right) + \left(\frac{v_1^2}{2} - \frac{v_2^2}{2}\right) + g(Z_1 - Z_2) + L_t, \quad \text{J/kg} \tag{2-3-14}$$

令
$$\frac{n}{n-1}\left(\frac{P_1}{\rho_1}-\frac{P_2}{\rho_2}\right)=\frac{P_1-P_2}{\rho_m} \tag{2-3-15}$$

式中 ρ_m 表示 1、2 断面间按状态过程考虑的空气平均密度，由式(2-3-15)和式(2-3-11)得：

$$\rho_m=\frac{P_1-P_2}{\frac{n}{n-1}\left(\frac{P_1}{\rho_1}-\frac{P_2}{\rho_2}\right)}=\frac{P_1-P_2}{\frac{\ln\frac{P_1}{P_2}}{\ln\frac{P_1/\rho_1}{P_2/\rho_2}}\left(\frac{P_1}{\rho_1}-\frac{P_2}{\rho_2}\right)} \tag{2-3-16}$$

则单位质量流量的能量方程又可表示为：

$$L_R=\frac{P_1-P_2}{\rho_m}+\left(\frac{v_1^2}{2}-\frac{v_2^2}{2}\right)+g(Z_1-Z_2),\quad \text{J/kg} \tag{2-3-17}$$

$$L_R=\frac{P_1-P_2}{\rho_m}+\left(\frac{v_1^2}{2}-\frac{v_2^2}{2}\right)+g(Z_1-Z_2)+L_t,\quad \text{J/kg} \tag{2-3-18}$$

（二）单位体积(1 m^3)流体能量方程

上面我们详细讨论了单位质量流体的能量方程，但在我国矿井通风中习惯使用单位体积(1 m^3)流体的能量方程。在考虑空气的可压缩性时，那么 1 m^3 空气流动过程中的能量损失[h_R,J/m^3(Pa)，即通风阻力]可由 1 kg 空气流动过程中的能量损失(L_R)乘以按流动过程状态考虑计算的空气密度 ρ_m，即：$h_R=L_R\cdot\rho_m$；并将式(2-3-17)和式(2-3-18)代入得：

$$h_R=P_1-P_2+\left(\frac{v_1^2}{2}-\frac{v_2^2}{2}\right)\rho_m+g\rho_m(Z_1-Z_2),\quad \text{J/m}^3 \tag{2-3-19}$$

$$h_R=P_1-P_2+\left(\frac{v_1^2}{2}-\frac{v_2^2}{2}\right)\rho_m+g\rho_m(Z_1-Z_2)+H_t,\quad \text{J/m}^3 \tag{2-3-20}$$

式(2-3-19)和式(2-3-20)就是单位体积流体的能量方程，其中式(2-3-20)是有压源(H_t)时的能量方程。下面就单位体积流体能量方程的使用加以讨论：

(1) 1 m^3 空气在流动过程中的能量损失(通风阻力)等于两断面间的机械能差，状态过程的影响反映在动压差和位能差中(用 ρ_m 这个参数表示)，这是与单位质量流体的能量方程的不同之处，在应用时应给予注意。

(2) $g\rho_m(Z_1-Z_2)$或写成$\int_2^1\rho g\,dZ$ 是 1、2 断面的位能差。当 1、2 断面的标高差较大时，该项数值在方程中往往占有很大的比重，必须准确测算(关于位能测算在本章第二节中已经讨论过)。需要强调指出的是关于基准面的选择。基准面的选择一般选在所讨论系统的最低水平，也即保证各点位能值均为正。

如图 2-3-3 所示的通风系统，如要求 1、2 断面的位能差，基准面可选在 2 的位置。

$$E_{P012}=\int_2^1\rho g\,dZ=\rho_{m12}gZ_{12}$$

而要求 1、3 两断面的位能差，其基准面应选在 0—0 位置。

$$E_{P013}=\int_3^1\rho g\,dZ=\rho_{m10}gZ_{10}-\rho_{m30}gZ_{30}$$

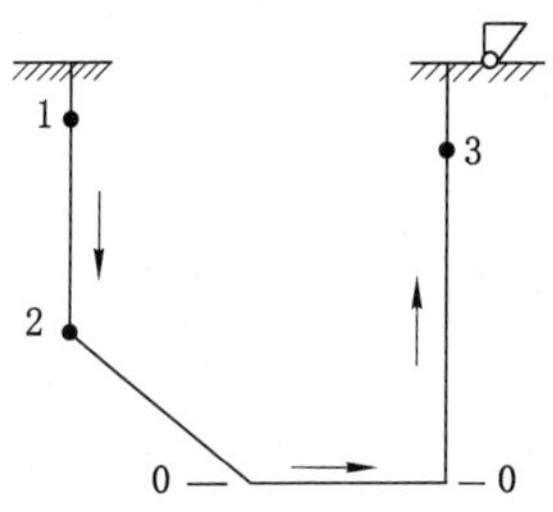

图 2-3-3

(3) $\left(\frac{v_1^2}{2}-\frac{v_2^2}{2}\right)\rho_m$ 是1、2两断面上的动能差。

a. 在矿井通风中，因其动能差较小，故在实际应用时，式中 ρ_m 可分别用各自断面上的密度代替 ρ_m 计算其动能差。

b. 式(2-3-19)和式(2-3-20)中的 v_1、v_2 分别为1、2断面上的平均风速。由于井巷断面上风速分布的不均匀性，用断面平均风速计算出来的断面总动能与断面实际总动能不等，需用动能系数 K_v 加以修正。动能系数是断面实际总动能与用断面平均风速计算出的总动能的比。

$$K_v=\frac{\int_s \rho\frac{u^2}{2}u\,ds}{\rho\frac{v^2}{2}vS}=\frac{\int_s u^3 ds}{v^3 S} \tag{2-3-21}$$

式中 u——微小面积 ds 上的风速，其他符号意义同前。

在实际应用时，为了测算动能系数 K_v，把断面分成若干微小面积(分得越小越好)，分别测出每一微小面积上的 u_i 和 s_i，测出断面平均风速 v 和断面积 S，用下式计算 K_v：

$$K_v=\frac{\sum_{i=1}^{n}u_i^3 s_i}{v^3 S} \tag{2-3-22}$$

断面上风速分布愈不均匀，K_v 的值愈大。在矿井条件下，K_v 一般为1.02～1.05。由于动能差项很小，在应用能量方程时，可取 K_v 为1。只有在进行空气动力学研究时，才实际测定 K_v 值。

在进行了上述两项简化处理后，单位体积流体的能量方程可近似地写成：

$$h_R\approx(P_1-P_2)+\left(\frac{v_1^2}{2}\rho_1-\frac{v_2^2}{2}\rho_2\right)+(g\rho_{m1}Z_1-g\rho_{m2}Z_2),\quad \text{J/m}^3 \tag{2-3-23}$$

$$h_R\approx(P_1-P_2)+\left(\frac{v_1^2}{2}\rho_1-\frac{v_2^2}{2}\rho_2\right)+(g\rho_{m1}Z_1-g\rho_{m2}Z_2)+H_t,\quad \text{J/m}^3 \tag{2-3-24}$$

(三) 关于应用能量方程的几点说明

从能量方程的推导过程可知，方程是在一定的条件下导出的，并对它做了适当的简化。因此，在应用能量方程时应根据矿井的实际条件，正确理解能量方程中各参数的物理意义，灵活应用。

(1) 能量方程的意义是，表示1 kg(或1 m^3)空气由1断面流向2断面的过程中所消耗的能量(通风阻力)等于流经1、2断面间空气总机械能(静压能、动压能和位能)的变化量。

(2) 风流流动必须是稳定流，即断面上的参数不随时间的变化而变化；所研究的始、末断面要选在缓变流场上。

(3) 风流总是从总能量(机械能)大的地方流向总能量小的地方。在判断风流方向时，应用始末两断面上的总能量来进行，而不能只看其中的某一项。如不知风流方向，列能量方程时，应先假设风流方向，如果计算出的能量损失(通风阻力)为正，说明风流方向假设正确；如果为负，则风流方向假设错误。

(4) 选择合适的基准面。

(5) 在始、末断面间有压源时，压源的作用方向与风流的方向一致，压源为正，说明压源对风流做功；如果两者方向相反，压源为负，则压源成为通风阻力。

(6) 单位质量或单位体积流量的能量方程只适用1、2断面间流量不变的条件，对于流动过程中有流量变化的情况，应按总能量的守恒与转换定律列方程。如图2-3-4所示的情况，当 $Q_1=Q_2+Q_3$ 时，则

$$Q_1\left(\rho_{1m}Z_1g+P_1+\frac{v_1^2}{2}\rho_1\right)=Q_2\left(\rho_{2m}Z_2g+P_2+\frac{v_2^2}{2}\rho_2\right)+$$

$$Q_3\left(\rho_{3m}Z_3g+P_3+\frac{v_3^2}{2}\rho_3\right)+Q_2\cdot h_{R12}+Q_3\cdot h_{R13}$$

(7) 应用能量方程时要注意各项单位的一致性。

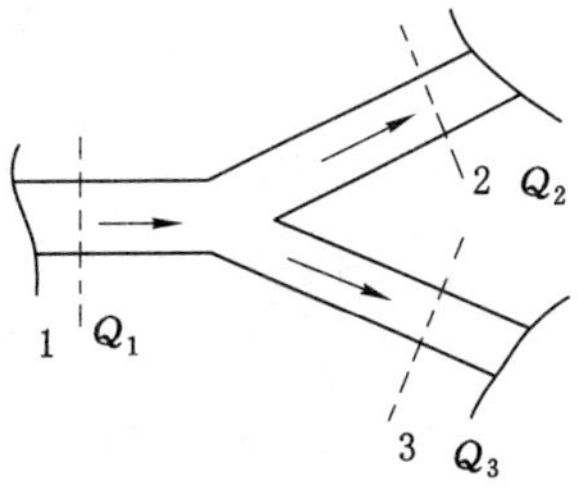

图 2-3-4

例 在某一通风井巷中，测得1、2两断面的绝对静压分别为101 324.7 Pa和101 858 Pa，若 $S_1=S_2$，两断面间的高差 $Z_1-Z_2=100$ m，巷道中 $\rho_{m12}=1.2\ kg/m^3$，求：1、2两断面间的通风阻力，并判断风流方向。

解 假设风流方向1→2，列能量方程：

$$h_{R12}=(P_1-P_2)+\left(\frac{v_1^2}{2}\rho_1-\frac{v_2^2}{2}\rho_2\right)+(Z_1-Z_2)g\rho_{m12}$$

$$=(101\ 324.7-101\ 858)+0+100\times9.81\times1.2$$

$$=643.9\ (J/m^3)$$

由于阻力值为正，所以原假设风流方向正确，即1→2。

例 在进风上山中测得1、2两断面的有关参数，绝对静压分别为 $P_1=106\ 657.6$ Pa，$P_2=101\ 324.72$ Pa；标高差 $Z_1-Z_2=-400$ m；气温 $t_1=15$ ℃，$t_2=20$ ℃；空气的相对湿度 $\varphi_1=70\%$，$\varphi_2=80\%$；断面平均风速：$v_1=5.5$ m/s，$v_2=5$ m/s；求通风阻力 L_R、h_R。

解 查饱和水蒸气分压表得：$t_1=15$ ℃时，$P_{s1}=1\ 704$ Pa；$t_2=20$ ℃时，$P_{s2}=2\ 337$ Pa。由式(2-1-4)求1、2断面的空气密度：

$$\rho_1=0.003\ 484\times\frac{106\ 657.6}{288.15}\times\left(1-\frac{0.378\times0.7\times1\ 704}{106\ 657.6}\right)=1.284\ 1\ (kg/m^3)$$

$$\rho_2=0.003\ 484\times\frac{101\ 324.72}{293.15}\times\left(1-\frac{0.378\times0.8\times2\ 337}{101\ 324.72}\right)=1.195\ 8\ (kg/m^3)$$

由式(2-3-11)，得：

$$n=\frac{\ln P_1-\ln P_2}{\ln\rho_1-\ln\rho_2}=\frac{\ln106\ 657.6-\ln101\ 324.72}{\ln1.284\ 1-\ln1.195\ 8}=0.72$$

通风阻力为：

$$L_R=\frac{n}{n-1}\left(\frac{P_1}{\rho_1}-\frac{P_2}{\rho_2}\right)+\left(\frac{v_1^2}{2}-\frac{v_2^2}{2}\right)+g(Z_1-Z_2)$$

$$=\frac{0.72}{0.72-1}\times\left(\frac{106\ 657.6}{1.284\ 1}-\frac{101\ 324.72}{1.195\ 8}\right)+\left(\frac{5.5^2}{2}-\frac{5^2}{2}\right)+9.81\times(-400)$$

$$=382.26\ (J/kg)$$

由式(2-3-16),得

$$\rho_m=\frac{P_1-P_2}{\frac{n}{n-1}\left(\frac{P_1}{\rho_1}-\frac{P_2}{\rho_2}\right)}=\frac{P_1-P_2}{\frac{\ln\frac{P_1}{P_2}}{\ln\frac{P_1/\rho_1}{P_2/\rho_2}}\left(\frac{P_1}{\rho_1}-\frac{P_2}{\rho_2}\right)}$$

$$=\frac{106\ 657.6-101\ 324.72}{\frac{\ln\frac{106\ 657.6}{101\ 324.72}}{\ln\frac{106\ 657.6/1.284\ 1}{101\ 324.72/1.195\ 8}}\left(\frac{106\ 657.6}{1.284\ 1}-\frac{101\ 324.72}{1.195\ 8}\right)}$$

$$=1.238\ 77\ (\mathrm{kg/m^3})$$

$$h_R=P_1-P_2+\left(\frac{v_1^2}{2}-\frac{v_2^2}{2}\right)\rho_m+g\rho_m(Z_1-Z_2)$$

$$=106\ 657.6-101\ 324.72+\left(\frac{5.5^2}{2}-\frac{5^2}{2}\right)\times 1.238\ 77+9.81\times 1.238\ 77\times(-400)$$

$$=475.19\ (\mathrm{J/m^3})$$

或 $h_R=L_R\cdot\rho_m=382.26\times 1.238\ 77=473.53\ (\mathrm{J/m^3})$。

第四节 能量方程在矿井通风中的应用

能量方程是通风工程的理论基础,应用极广。通风工程中的各种技术测定与技术管理无不与它密切相关,正确理解、掌握和应用能量方程是至关重要的。本节将结合通风工程中的实际应用,对通风能量(压力)坡度线进行必要的讨论。

通风能量(压力)坡度线是对能量方程的图形描述。从图形上比较直观地反映了空气在流动过程中能量(压力)沿程的变化规律、通风能量(压力)和通风阻力之间的相互关系以及相互转换。正确理解和掌握通风能量(压力)坡度线,将有助于加深对能量方程的理解。通风能量(压力)坡度线是通风管理和均压防灭火的有力工具。

一、水平风道的通风能量(压力)坡度线

(一) 能量(压力)坡度线作法

如图 2-4-1 所示的通风机—水平风道系统,通风机做压—抽式工作,水平风道在抽出段有一断面突然扩大和突然缩小,在水平风道出风口安装了一个喇叭形扩散器。为了绘制能量(压力)坡度线,必须沿风道布置测点(测点所得数据应满足绘图要求)。在图 2-4-1 中的水平风道上选取 11 个测点,分别在各个测点测出风流的相对静压、有关断面的动压、风道断面积及与风道同标高的大气压,计算出各点的相对全压。

1. 入口断面与出口断面两个边界条件

入口断面处　风流入口断面处的绝对全压等于大气压(可用能量方程加以证明,对入口断面的内外侧列能量方程并忽略极小的入口流动损失),即:

$$P_{tin}=P_0,\text{所以},h_{tin}=0,h_{in}=-h_{vin}$$

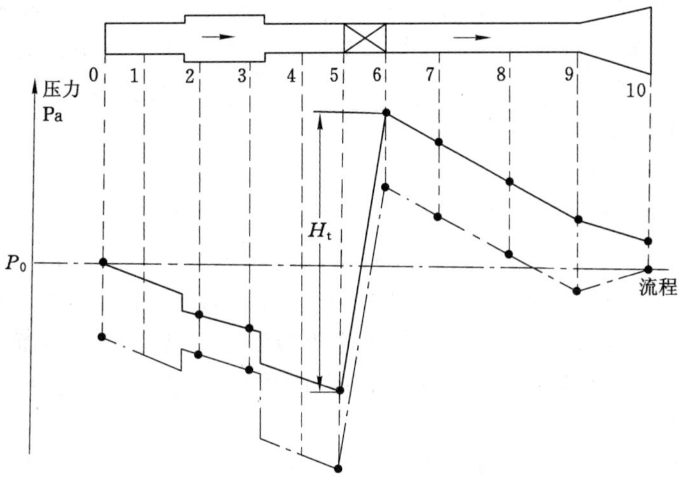

图 2-4-1　水平风道的能量(压力)坡度线

出口断面处　风流出口断面处的绝对静压等于大气压(可用能量方程加以证明,对出口断面的内外侧列能量方程并忽略极小的出口流动损失),即:

$$P_{ex}=P_0\text{,所以,}h_{ex}=0,h_{tex}=h_{vex}$$

2. 有关参数计算

应用式(2-2-6)～式(2-2-8)计算有关参数。为使计算简明,作图方便,可采用列表的方式进行。

3. 作图

以纵坐标为压力(相对压力或绝对压力),横坐标为风流流程。将各测点的相对静压和相对全压与其流程的关系描绘在坐标图中,最后将图上的同名参数点用直线或曲线连接起来如图 2-4-1 所示,就得到所要绘制的能量(压力)坡度线。

这里需要说明,在绘制能量(压力)坡度线时用直线连接,表示风道的几何参数不变[能量(压力)坡度线的坡度不变]。此外,在作图中还假设局部阻力只产生在突变的断面上,但实际情况并非如此。读者应能正确理解并灵活应用。

(二) 能量(压力)坡度线的分析

1. 通风阻力与能量(压力)坡度线的关系

如上述所讨论的例子中,由于风道是水平的,故各断面间无位能差。由能量方程可知,任意两断面间的通风阻力就等于两断面的全压差:

$$\begin{aligned}h_{Ri\sim j}&=(P_i-P_j)+(h_{vi}-h_{vj})=P_{ti}-P_{tj}\\&=h_{ti}-h_{tj}\quad(P_{0i}=P_{0j})\end{aligned}\tag{2-4-1}$$

a. 抽出段　求入口断面至 i 断面的通风阻力,由式(2-4-1)得:

$$h_{R1\sim i}=h_{t1}-h_{ti}=-h_{ti}\quad(h_{t1}=0)\tag{2-4-2}$$

由式(2-4-2)知,在抽出段入口至任意断面 i 的通风阻力($h_{R1\sim i}$)就等于该断面的相对全压(h_{ti})的绝对值,可从能量(压力)坡度线上直观地看出其通风阻力的大小。

b. 压入段　求任意断面 i 至出口的通风阻力,由式(2-4-1)得:

$$h_{Ri\sim 10}=h_{ti}-h_{t10}=h_{ti}-h_{v10}\quad(h_{10}=0)\tag{2-4-3}$$

由式(2-4-3)知，在压入段任意断面 i 至出口的通风阻力($h_{Ri\sim10}$)等于该断面的相对全压(h_{ti})减去出口断面的动压(h_{v10})，从能量(压力)坡度线上直观地看出其通风阻力的大小。

2. 能量(压力)坡度线直观明了地表达了风流流动过程中的能量变化

从能量(压力)坡度线上可以看出：

绝对全压(相对全压)沿程是逐渐减小的；绝对静压(相对静压)沿程分布是随动压的大小变化而变化；在全压一定的条件下，风流在流动过程中其静压和动压(注意在非水平巷道还有位能)可以相互转换；在断面小的地方，静压将有一部分转化为动压；反之，在断面大的地方，将有一部分动压转化为静压；所以静压坡度线沿程是起伏变化的，而非单调下降，这在能量(压力)坡度线上可清楚地看出。因此，在判断风流流动方向时，水平巷道应用全压，倾斜巷道使用全能量。

水平风道中任意两断面间的通风阻力等于全压坡度线上两断面间的全压降低值，通风阻力越大，其全压值下降越多。

3. 扩散器回收动能

所谓扩散器回收动能，就是在风流出口加设一段断面逐渐扩大的风道，使得出口风速变小，从而达到减小流入大气的风流动能(由于流入大气的动能没有做功，所以也称之为动能损失)。扩散器安设是否合理，可用回收的动能值(Δh_v)与扩散器自身的通风阻力(h_{Rd})相比较来确定，即：

$$\Delta h_v = h_{vex} - h'_{vex} > h_{Rd} \qquad 合理$$

$$\Delta h_v = h_{vex} - h'_{vex} < h_{Rd} \qquad 不合理$$

式中 h_{vex}——没有安设扩散器时的出口动能；

h'_{vex}——安设扩散器后的出口动能；

h_{Rd}——扩散器自身的通风阻力；

Δh_v——扩散器回收的动能值。

在压入段为何出现相对静压为负值的现象，下面用能量方程加以说明。

如图 2-4-1 所示，对 9～10 段列能量方程：

$$h_{R9\sim10} = P_9 + h_{v9} - P_{10} - h_{v10} = P_9 + h_{v9} - P_0 - h_{v10} = h_9 + h_{v9} - h_{v10}$$

$$h_9 = h_{R9\sim10} - (h_{v9} - h_{v10})$$

如果：$h_{v9} - h_{v10} > h_{R9\sim10}$，则，

$$h_9 < 0 \ (为负值)$$

据此，测定扩散器中的相对静压值就可判断扩散器的安装是否合理，相对静压的负值越大，其扩散器回收动能的效果就越好。但应注意，相对全压仍为正值。

二、通风系统风流能量(压力)坡度线

(一) 通风系统风流能量坡度线

绘制矿井通风系统风流的能量坡度线(一般用绝对压力)的方法是沿风流流程布设若干测点，测出各点的绝对静压、风速、温度、湿度、标高等参数，计算出各点的动压、位能和总能量；然后在压力(纵坐标)—风流流程(横坐标)坐标图上描出各测点，将同名参数点用折线连接起来，即是所要绘制的通风系统风流能量(压力)坡度线。

下面以图 2-4-2 所示的简化通风系统为例，说明矿井通风系统中有高度变化的风流路线上能量(压力)坡度线的画法。

(1) 确定基准面。在图 2-4-2 所示的通风系统中，以最低水平 2—3 为基准面。

(2) 测算出各断面的总压能(包括静压、动压和相对基准面的位能)，列入表 2-4-1(表中各压力的大小用图 2-4-3 中的线段表示)。

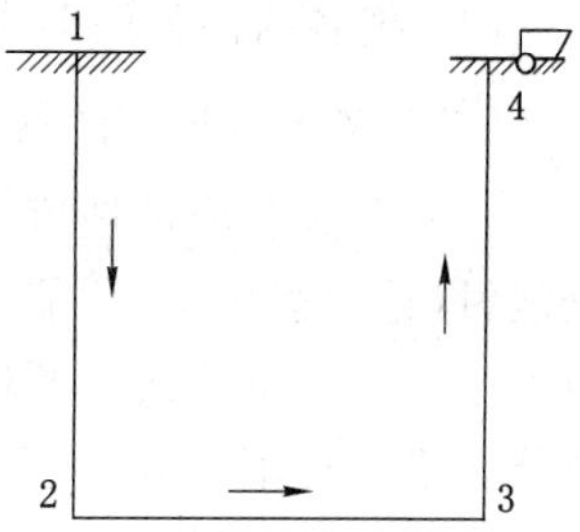

图 2-4-2　简化的通风系统

表 2-4-1　各断面的总压能

测点	静压 (P) /Pa	动压 (h_v)/Pa	位能 $(Z\rho g)$/Pa	总压能 /Pa	阻力 (h_{Ri-j})/Pa
1	$1\sim a_2$	$a_2\sim a_1$	$a_1\sim a_0$	$1\sim a$	0
2	$2\sim b_2$	$b_2\sim b_1$	0	$2\sim b$	$b\sim b_0$
3	$3\sim c_2$	$c_2\sim c_1$	0	$3\sim c$	$(c\sim c_0)-(b\sim b_0)$
4	$4\sim d_2$	$d_2\sim d_1$	$e\sim d_0$	$4\sim d$	$(d\sim d_0)-(c\sim c_0)$

(3) 选择坐标系和适当的比例。以压能为纵坐标，风流流程为横坐标，把各断面的静压、动压和位能描在图 2-4-3 的坐标系中，即得 1、2、3、4 断面的总能量，分别用 a、b、c、d 点表示；a_1、b_1、c_1、d_1 点分别表示各断面的全压能，其中 b_1、c_1 和 b、c 重合；a_2、b_2、c_2、d_2 点分别表示各断面的静压能。

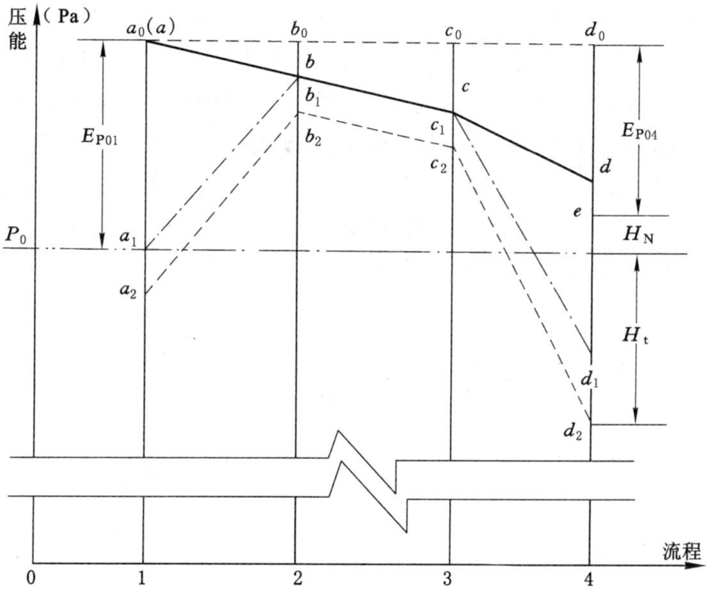

—— 实线 $a-b-c-d$ 表示风流全能量坡度线；

— · — · — 点划线 $a_1-b_1-c_1-d_1$ 全压坡度线；

— — — — 虚线 $a_2-b_2-c_2-d_2$ 静压坡度线。

图 2-4-3　矿井通风系统压力坡度线

(4) 把各断面的同名参数点用折线连接起来，即得 1—2—3—4 流程上的压力坡度线。

（二）矿井通风系统能量坡度线分析（参见图 2-4-3）

(1) 风流全能量坡度线 $a—b—c—d$ 清楚地反映了风流在流动过程中，沿程各断面上全能量（绝对静压 P、位能 $\rho_m gZ$ 和动能 h_v）与通风阻力 h_R 之间的关系。全能量坡度线的坡度反映了流动路线上的通风阻力分布状况，坡度越大，单位长度井巷上的通风阻力越大。全能量沿程逐渐下降，从风流入口至某断面的通风阻力就等于该断面上全能量的下降值，任意两断面间的通风阻力等于这两个断面全能量下降值的差。当风流不流动时，其全能量坡度线为水平直线（图 2-4-3 中 $a_0—b_0—c_0—d_0$）。

(2) 绝对全压和绝对静压坡度线的变化与全能量坡度线的变化不同，其坡度线变化有起伏，如 1～2 段风流由上向下流动，位能逐渐减小，静压逐渐增大；在 3～4 段其压力坡度线变化正好相反，静压逐渐减小，位能逐渐增大。这充分说明，风流在有高差变化的井巷流动时，其静压和位能之间可以相互转化。

(3) $(E_{P01}-E_{P04})$是自然风压(H_N)；$d_0\sim d$ 等于通风系统阻力。

综上所述，从能量（压力）坡度线可以清楚地看到风流沿程各断面能量的大小、各种能量的变化。特别是在复杂通风网络中，利用能量（压力）坡度线可以直观地比较任意两点间的能量大小，判断风流方向。这对分析研究局部系统的均压防灭火和控制瓦斯涌出是有力的措施。

例 如图 2-4-4 所示的同采工作面简化系统，风流在 1 点分为两路：一路流经 1—2—3—4（2—3 为工作面Ⅰ）；另一路流经 1—5—6—4（5—6 为工作面Ⅱ）。两路风流在回风巷汇合后进入回风上山。如果某一工作面或其采空区出现有害气体是否会影响另一工作面？

解 要回答这一问题，可以借助压力坡度线来进行分析。为了绘制压力坡度线，必须对该局部系统进行有关的测定。根据系统特点，沿风流流经的两条路线分别布置测点，测算出各点的总压能。根据测算的结果即可绘出压力坡度线，见图 2-4-5。由压力坡度线可见，1—2—3—4 线路上各点风流的全能量大于 1—5—6—4 线路上各对应点风流的全能量。所以工作面Ⅰ通过其采空区向工作面Ⅱ漏风，如果工作面Ⅰ或其采空区发生火灾时其有害气体将会流向工作面Ⅱ，影响工作面Ⅱ的安全生产。

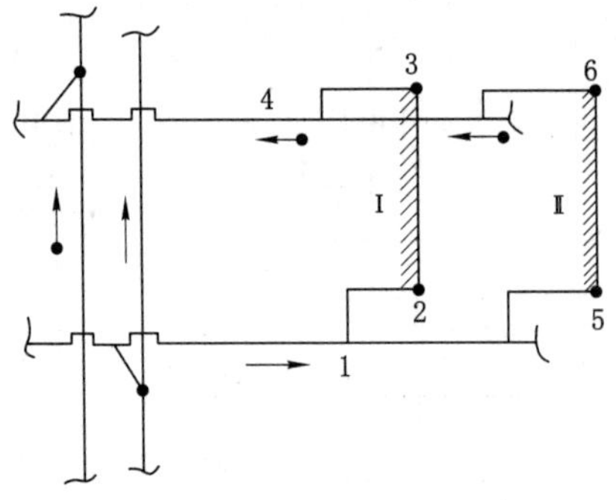

图 2-4-4　同采工作面系统示意图

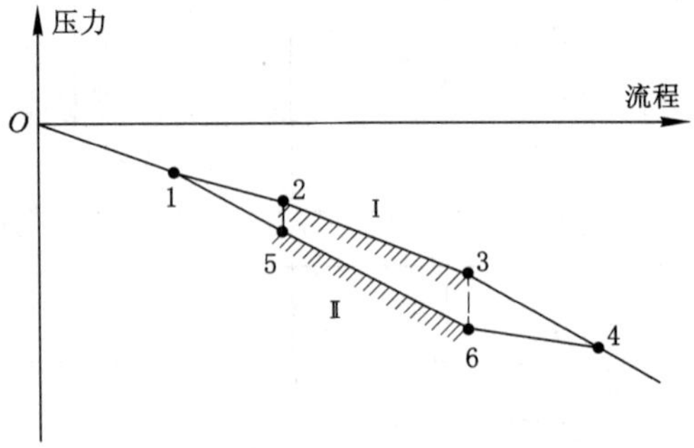

图 2-4-5　同采工作面系统压力坡度线图

三、通风系统网络相对压能图和相对等熵静压图

在上面例题中讲述了压力坡度线的应用，但对于较复杂的通风系统，由于井巷分支多，结构复杂，用压力坡度线表示就会出现坡度线相互交错，给使用带来不便。为此提出了使用通风系统网络相对压能图或相对等熵静压图。

通风系统网络相对压能图实质上就是节点赋予压能值的通风系统网络图（有关通风系统网络图将在第五章讨论）；通风系统网络相对压能图各节点的压能值是相对于某一基准面所具有的总能量值；或是相对某一参考面（如进风井口等）之间的通风阻力。通风系统网络相对压能图的绘制与能量（压力）坡度线的绘制基本相同，用压差计法或气压计法测算出各风路上各节点之间的通风阻力或各点相对参考点的压能值；以压能为纵坐标，横坐标为无标量的坐标系，把各点的纵坐标值描绘在其等压线上，并确定节点在横坐标上的适当位置，以网络结构为依据，能清晰反映各节点相对位置为原则，即得通风系统网络相对压能图。

波兰学者提出了用相对等熵静压图来表示通风系统中风流各点的能位关系。即假设大气压随高度变化属理想的绝热等熵过程，根据气体状态方程和静力学原理可以导出不同标高处的大气压计算公式，从而求得等熵条件下的大气压，即等熵静压 $\overline{P}_i$：

$$\overline{P}_i = P_0\left[1+\left(\frac{n-1}{n}\right)\frac{\rho_0 g Z_i}{P_0}\right]^{\frac{n}{n-1}} \tag{2-4-4}$$

式中　P_0——地面大气压；

ρ_0——空气密度；

$\overline{P}_i$——深度 Z_i 处的等熵静压；

n——过程指数（绝热过程 n 为 1.41）。

则只要实测出通风系统中风流 i 点的绝对静压 P_i，它与对应高度的等熵静压之差就是相对等熵静压 $\overline{h}_i$：

$$\overline{h}_i = P_i - \overline{P}_i \tag{2-4-5}$$

以相对等熵静压 $\overline{h}_i$ 为纵坐标，横坐标无标量，按通风系统结构布置，即可画出相对等熵静压图。

综上所述，通风系统网络相对压能图与相对等熵静压图的作法和使用很相似。应该注意，无论是使用节点间的压能降低值（即通风阻力），还是相对等熵静压，当通道中存在有热源时，应给予注意。

例　某矿井通风系统如图 2-4-6 所示，根据通风阻力测定资料计算整理得各节点相对于基准面 1 的压能降低值（通风阻力）见表 2-4-2，试画出该系统的相对压能图。

表 2-4-2　各节点的相对压能值

节　点	1	2	3	4	5	6	7	8
相对压能/Pa	0	150	350	700	1 050	450	800	1 400

解　如图 2-4-7 所示，在平面坐标系中，以相对压能为纵坐标，选择适当比例画出各节点的等压线；然后在等压线上确定相应节点的适当位置，最后按图 2-4-6 的结构连接各节点

即得相对压能图。

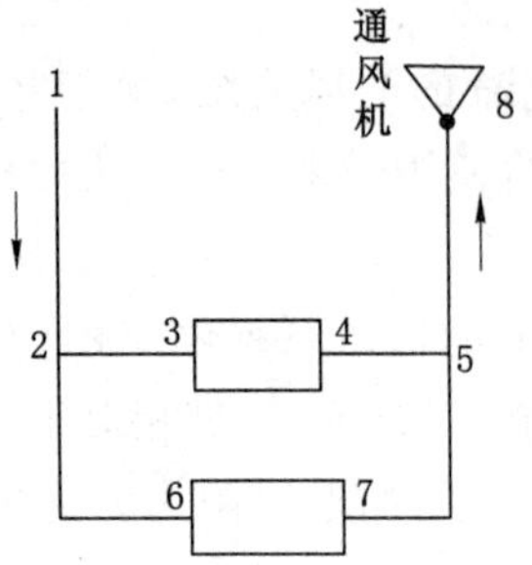

图 2-4-6　某矿井简化通风系统示意图

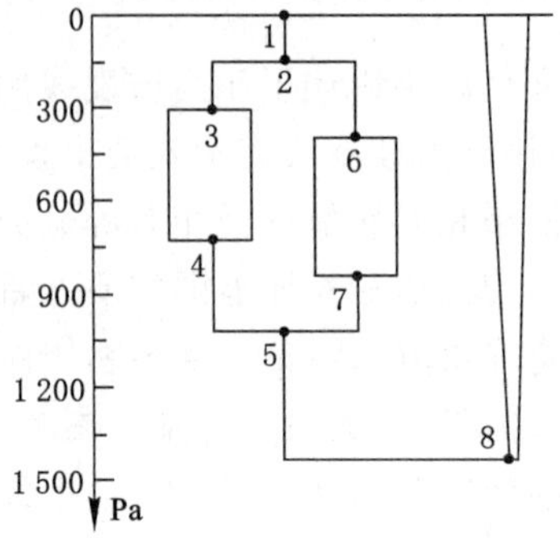

图 2-4-7　与图 2-4-6 相对应的相对压能图

从图 2-4-7 的相对压能图上可以清楚地看出通风系统风流的压能分布、各节点能量高低及通风机压力等情况。应该注意，在相对压能图上，自下而上风流的能量是逐渐减小的，即下边节点的能量大于上边节点的能量。如图中 4、7 两节点，4 点能量大于 7 点能量，如果 4、7 节点间有通道存在，风流(或漏风)将从 4 点流向 7 点。

复习思考题

2-1　说明影响空气密度大小的主要因素。压力和温度相同的干空气与湿空气相比，哪种空气的密度大，为什么？

2-2　何谓风流的静压，它是怎样产生的？受哪些因素影响？说明其单位。

2-3　何谓空气的重力位能？如何较精确计算？说明其单位。

2-4　简述绝对压力和相对压力的概念，如何较准确地测定风流的点压力？为什么在正压通风中断面上某点的相对全压大于相对静压；而在负压通风中断面某点的相对全压小于相对静压？

2-5　试述能量方程中各项的物理意义。

2-6　用压差计法测定通风阻力，当两断面相等时，为什么压差计的读数就等于通风阻力？

2-7　动能校正系数的意义是什么？在通风工程计算中为什么可以不考虑动能系数？

2-8　分别叙述在单位质量和单位体积流体能量方程中，风流的状态变化过程是怎样反映的？

2-9　为什么风道入口断面的绝对全压可认为等于入口外面的大气压(或绝对静压)，风道出口断面的绝对静压等于出口外面的大气压(或绝对静压)？

2-10　抽出式通风矿井的主要通风机为什么要外接扩散器？扩散器安装有效的条件是什么？

2-11　作为通风动力的通风机全压在克服风道通风阻力中起什么作用？已知通风机的进出口断面上的全压如何求算通风机全压？

2-12　用压差计法测定通风阻力时，如果胶皮管中的空气温度大于井巷中的空气温度，测出的压差是否等于通风阻力？偏大还是偏小？

2-13　已知矿内空气的绝对静压 P 等于 103 991 Pa，空气温度 t 为 18 ℃，相对湿度 φ 为 75%，求空气的密度、比容和重力密度。（$\rho=1.238\ 0$ kg/m^3，$\upsilon=0.807\ 8$ m^3/kg，$\gamma=12.132\ 4$ N/m^3）

2-14　通风机作抽压式工作，在抽出段测得某点的相对静压为 600 Pa，动压为 150 Pa；在压入段测得相对静压为 600 Pa，动压为 150 Pa；风道外与测点同标高点的大气压为 101 324 Pa，求抽出段和压入段测点的相对全压、绝对静压和绝对全压。（抽出段：$h_t=$ 450 Pa，$P=$ 100 724 Pa，$P_t=$ 100 874 Pa；压入段：$h_t=$ 750 Pa，$P=$ 101 924 Pa，$P_t=$ 102 074 Pa）

2-15　已知一进风斜井进风口 1 处的大气压 $P_{01}=$101 324 Pa，1～2 段的空气平均密度 $\rho_{m1\sim2}=1.25$ kg/m^3，$Z_{1\sim2}=400$ m，测得 $h_{R1\sim2}=45$ Pa，$h_{v1}=h_{v2}=5$ Pa，求 2 点的绝对静压 P_2。（$P_2=$106 174 Pa）

2-16　在一段断面不同的水平巷道中，用压差计法测得两断面的静压差为 70 Pa，断面 1 的断面积为 8 m^2，其平均风速 3.5 m/s，断面 2 的断面积为 5 m^2，空气的平均密度为 1.25 kg/m^3，求该段巷道的通风阻力。（$h_{R1\sim2}=58.06$ Pa）

2-17　如图（图题 2-17）所示的通风系统，已知大气压 $P_{01}=P_{04}=P_{05}=$101 324 Pa，测得 4 断面的相对静压为 3 000 Pa，矿井风量 Q 为 100 m^3/s，$S_1=20$ m^2，$S_4=5$ m^2，$\rho_{m1\sim2}=$ 1.25 kg/m^3，$\rho_{m3\sim4}=1.19$ kg/m^3，井深 $Z=300$ m，扩散器出口动压 $h_{v5}=50$ Pa，求矿井通风阻力 $h_{R1\sim4}$ 和通风机全压 H_t。（$h_{R1\sim4}=$2 938.58 Pa，$H_t=$2 988 Pa）

2-18　如图（图题 2-18）所示的简化通风系统，已测得通风阻力 $h_{R1\sim2}=250$ Pa，$h_{R2\sim3}=$ 150 Pa，$h_{R2\sim4}=80$ Pa，$h_{R4\sim5}=120$ Pa，$h_{R5\sim7}=150$ Pa，$h_{R3\sim6}=120$ Pa，$h_{R6\sim7}=80$ Pa，$h_{R7\sim8}=$ 350 Pa，试画出其通风系统网络相对压能图，如果 A、B 之间有漏风通道，请在图上标出其漏风方向。

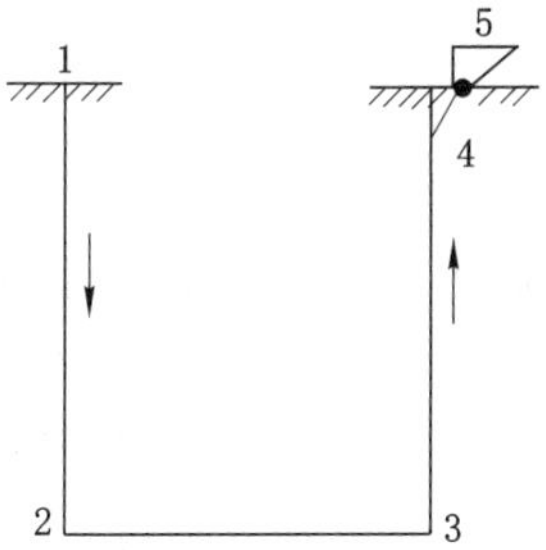

图题 2-17

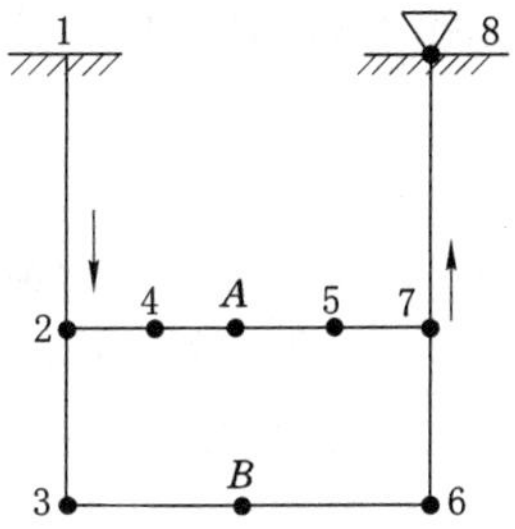

图题 2-18

第三章 通风阻力

当空气沿井巷运动时，由于风流的黏滞性和惯性以及井巷壁面等对风流的阻滞、扰动作用而形成通风阻力，它是造成风流能量损失的原因。井巷通风阻力可分为两类：摩擦阻力（也称沿程阻力）和局部阻力。本章将讨论通风阻力产生的原因、计算方法以及降低通风系统阻力的措施，这是进行矿井通风设计、加强通风管理和改善通风状况的技术基础。

第一节 井巷断面上的风速分布

一、风流流态

（一）管道流

1883 年英国物理学家雷诺（O. Reynolds）通过实验发现，同一流体在同一管道中流动时，不同的流速会形成不同的流动状态。当流速较低时，流体质点互不混杂，沿着与管轴平行的方向做层状运动，称为层流（或滞流）。当流速较大时，流体质点的运动速度在大小和方向上都随时发生变化，成为互相混杂的紊乱流动，称为紊流（或湍流）。

雷诺曾用各种流体在不同直径的管路中进行了大量实验，发现流体的流动状态与平均流速 v、管道直径 d 和流体的运动黏性系数 ν 有关。可用一个无因次准数来判别流体的流动状态，这个无因次准数就叫雷诺数，用 Re 表示，即

$$Re=\frac{vd}{\nu} \tag{3-1-1}$$

实验表明，流体在直圆管内流动时，当 $Re\leqslant 2\ 320$（下临界雷诺数）时，流动状态为层流；当 $Re>4\ 000$（上临界雷诺数）时，流动状态为紊流；在 $Re=2\ 320\sim 4\ 000$ 的区域内，流动状态不是固定的，由管壁的粗糙程度、流体进入管道的情况等外部条件而定，只要稍有干扰，流态就会发生变化，因此称为不稳定的过渡区。在实际工程计算中，为简便起见，通常以 $Re=2\ 300$ 作为管道流动流态的判定准数，即：

$$Re\leqslant 2\ 300 \quad 层流； \quad Re>2\ 300 \quad 紊流$$

对于非圆形断面的井巷，雷诺数计算公式中的管道直径 d 应以井巷断面的当量直径 d_e 来表示：

$$d_e=4\frac{S}{U} \tag{3-1-2}$$

因此，非圆形断面井巷的雷诺数可用下式表示：

$$Re=\frac{4vS}{\nu U} \tag{3-1-3}$$

式中　v——井巷断面上的平均风速，m/s；

ν——空气的运动黏性系数，通常取 1.5×10^{-5} m²/s；

S——井巷断面积，m²；

U——井巷断面周长，m。

对于不同形状的井巷断面，其周长 U 与断面积 S 的关系，可用下式表示：

$$U \approx C\sqrt{S} \tag{3-1-4}$$

式中　C——断面形状系数：梯形 $C=4.16$；三心拱 $C=3.85$；半圆拱 $C=3.90$。

例　某梯形巷道，采用工字钢支护，断面 $S=9$ m²，巷道中风量 $Q=240$ m³/min，试判别风流流态。

解

$$Re=\frac{vd}{\nu}=\frac{4vS}{U\nu}=\frac{4Q}{C\nu\sqrt{S}}=\frac{4\times4}{1.5\times10^{-5}\times4.16\times3}=85\ 470>2\ 300$$

故巷道中风流流态为紊流。

例　巷道条件同前，求相应于 $Re=2\ 300$ 时的层流临界风速 v。

解　$$v=\frac{ReU\nu}{4S}=\frac{2\ 300\times12.48\times1.5\times10^{-5}}{4\times9}=0.012\ (\text{m/s})$$

即在该条件管道流中层流的临界风速为 0.012 m/s。《煤矿安全规程》规定，井巷中最低允许风速为 0.15 m/s。由此可见，矿井内所有通风井巷中的风流均应呈紊流状态。

（二）孔隙介质流

在采空区和煤层等多孔介质中风流的流态判别准数为

$$Re=\frac{vK}{l'\nu}$$

式中　K——垮落带渗流系数，m²；

l'——滤流带粗糙度系数，m。

层流，$Re\leqslant0.25$；紊流，$Re>2.5$；过渡流 $0.25<Re\leqslant2.5$。

二、井巷断面上的风速分布

在矿井通风中，空气流速简称为风速。井巷中风流质点的运动状态是极其复杂的，运动参数随时间而变化。图 3-1-1 中曲线表示井巷中某点在水平方向的瞬时速度 v_x 随时间 τ 的变化规律。其值虽然不断变化，但在一足够长的时间段 T 内，流速 v_x 总是围绕着某一平均值 $\bar{v}_x$ 上下波动，这种现象称为脉动现象。因此，可以利用平均值 $\bar{v}_x$ 代替具有脉动现象的真实风速值，平均值 $\bar{v}_x$ 称为时均风速，即通常所说的井巷断面上某点的风速。采用时均风速后，井巷中空气的流动一般可视为定常流（稳定流）。

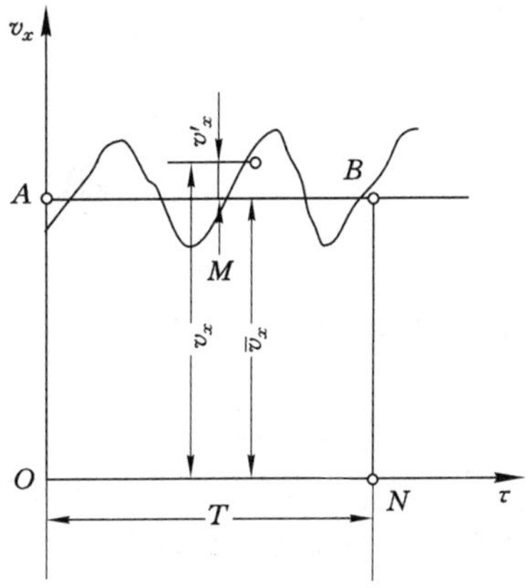

图 3-1-1　紊流流速脉动

由于空气的黏性和井巷壁面摩擦影响，井巷断面上风速分布是不均匀的。在贴近壁面处仍存在层流运动薄层，即层流边层。其厚度 δ 随 Re 增加而变薄，它的存在对流动阻力、传热和传质过程有较大影响。在层流边层以外，从巷壁向巷道轴心方向，风速逐渐增大，呈抛物线分布，如图 3-1-2 所示。设断面上任一点风速为 v_i，则井巷断面的平均风速 v 为：

$$v=\frac{1}{S}\int_S v_i\,\mathrm{d}S \tag{3-1-5}$$

式中，S 为断面积，$\int_S v_i\,\mathrm{d}S$ 即为通过断面 S 上的风量 Q，则

$$Q=v\cdot S \tag{3-1-6}$$

断面上平均风速 v 与最大风速 $v_{\max}$ 的比值称为风速分布系数（速度场系数），用 K_v 表示：

$$K_v=\frac{v}{v_{\max}} \tag{3-1-7}$$

其值与井巷粗糙程度有关。巷壁愈光滑，K_v 值愈大，即断面上风速分布愈均匀。据调查，对于砌碹巷道，$K_v=0.80\sim0.86$；木棚支护巷道，$K_v=0.68\sim0.82$；无支护巷道，$K_v=0.74\sim0.81$。

由于受井巷断面形状和支护形式的影响，以及局部阻力物的存在，最大风速不一定在井巷的轴线上，风速分布也不一定具有对称性。图 3-1-3 为实测的某巷道断面上的等风速线分布图。

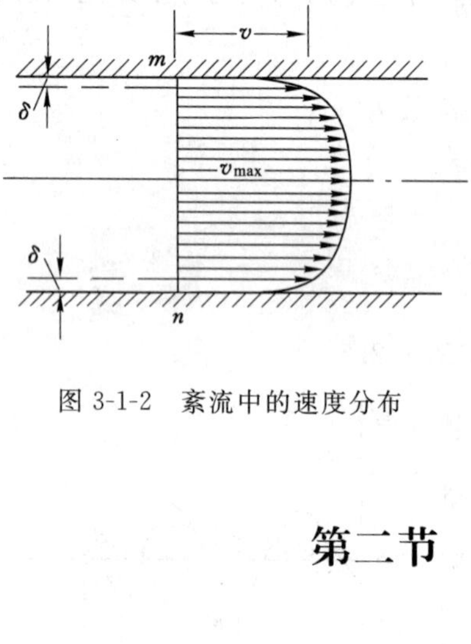

图 3-1-2　紊流中的速度分布

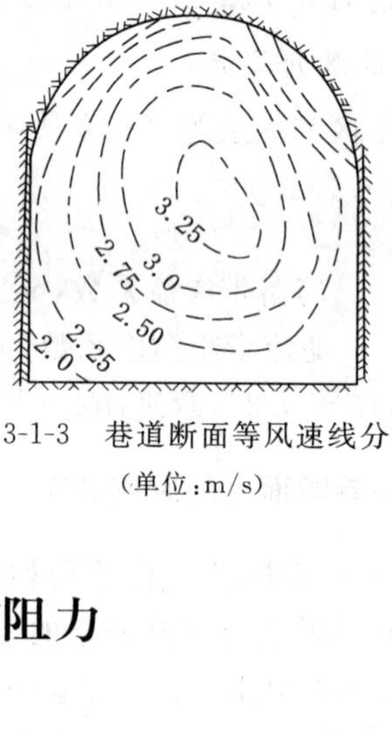

图 3-1-3　巷道断面等风速线分布

（单位：m/s）

第二节　摩擦风阻与阻力

一、摩擦阻力

风流在井巷中做沿程流动时，由于流体层间的摩擦和流体与井巷壁面之间的摩擦所形成的阻力称为摩擦阻力（也叫沿程阻力）。在矿井通风中，克服沿程阻力的能量损失，常用单位体积（1 m^3）风流的能量损失 h_f 来表示。由流体力学可知，无论层流还是紊流，以风流压能损失来反映的摩擦阻力可用下式计算：

$$h_f=\lambda\frac{L}{d}\cdot\rho\frac{v^2}{2},\quad \mathrm{Pa} \tag{3-2-1}$$

式中　L——风道长度，m；

d——圆形风道直径，或非圆形风道的当量直径，m；

v——断面平均风速，m/s；

ρ——空气密度，kg/m^3；

λ——无因次系数（沿程阻力系数），其值通过实验求得。

式(3-2-1)不是严格的理论式，人们把复杂的能量损失计算问题转化为确定阻力系数 λ。系数 λ 还包含了公式中没有给出的其他影响因素。

（一）尼古拉兹实验

实际流体在流动过程中，沿程能量损失一方面（内因）取决于黏滞力和惯性力的比值，用雷诺数 Re 来衡量；另一方面（外因）是固体壁面对流体流动的阻碍作用，故沿程能量损失又与管道长度、断面形状及大小、壁面粗糙度有关。其中壁面粗糙度的影响通过 λ 值来反映。

1932—1933 年，尼古拉兹把经过筛分、粒径为 ε 的砂粒均匀黏贴于管壁。砂粒的粒径 ε 就是管壁凸起的高度，称为绝对糙度；绝对糙度 ε 与管道半径 r 的比值 ε/r 称为相对糙度。以水作为流动介质，对相对糙度分别为 1/15、1/30.6、1/60、1/126、1/256、1/507 六种不同的管道进行实验研究。对实验数据进行分析整理，在对数坐标纸上画出 λ 与 Re 的关系曲线，如图 3-2-1 所示。

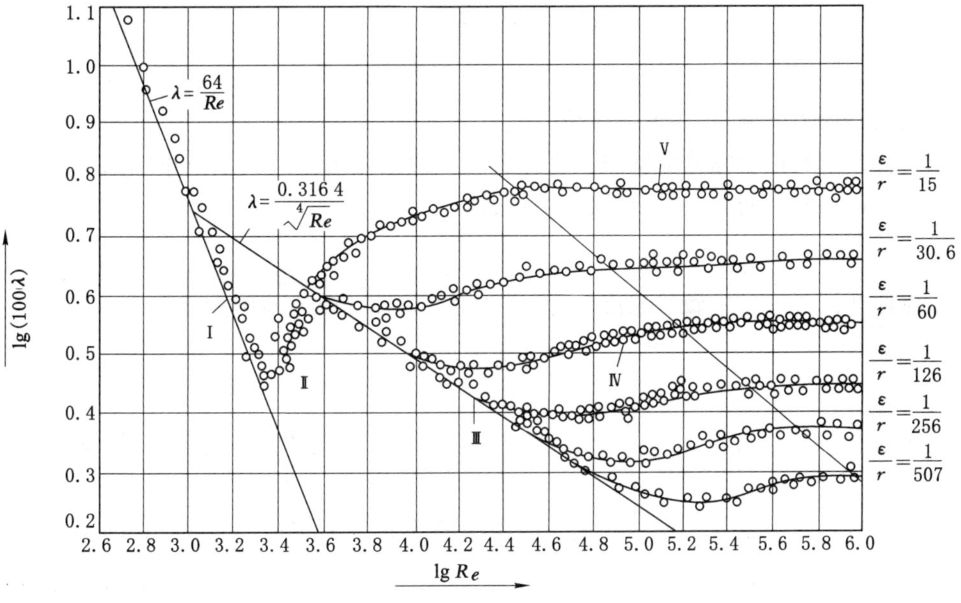

图 3-2-1 尼古拉兹实验结果

根据 λ 与 Re 及 ε/r 的关系，图中曲线可分为五个区：

Ⅰ区——层流区。当 $Re<2\ 320$（即 $\lg Re<3.36$）时，不论管道粗糙度如何，其实验结果都集中分布于直线Ⅰ上。这表明 λ 与相对糙度 ε/r 无关，只与 Re 有关，且 $\lambda=64/Re$。这也可解释为：对各种相对糙度的管道，当管内为层流时，其层流边层的厚度 $\delta=r$，远远大于各个绝对糙度，所以 λ 与 ε/r 无关。

Ⅱ区——过渡流区。$2\ 320\leqslant Re\leqslant 4\ 000$（即 $3.36\leqslant \lg Re\leqslant 3.6$），在此区间内，不同相对

糙度的管内流体的流态由层流转变为紊流。所有的实验点几乎都集中在线段Ⅱ上。λ 随 Re 增大而增大，与相对糙度无明显关系。

Ⅲ区——水力光滑管区。在此区段内，管内流动虽然都已处于紊流状态（$Re>4\ 000$），但在一定的雷诺数下，当层流边层的厚度 δ 大于管道的绝对糙度 ε（称为水力光滑管）时，其实验点均集中在直线Ⅲ上，表明 λ 与 ε 仍然无关，而只与 Re 有关。随着 Re 的增大，相对糙度大的管道，实验点在较低 Re 时就偏离直线Ⅲ，而相对糙度小的管道要在 Re 较大时才偏离直线Ⅲ。如 $\varepsilon/r=1/507$ 的管流，直到 $Re=100\ 000$ 时，仍能服从 $\lambda=0.316\ 4/\sqrt[4]{Re}$ 的关系，所以在 $4\ 000<Re<100\ 000$ 的范围内，它始终是水力光滑管。

Ⅳ区——由水力光滑管变为水力粗糙管的过渡区，即图中Ⅳ所示区段。在这个区段内，各种不同相对糙度的实验点各自分散呈一波状曲线，λ 值既与 Re 有关，也与 ε/r 有关。

Ⅴ区——水力粗糙管区。在该区段，Re 值较大，管内液流的层流边层已变得极薄，有 $\varepsilon\gg\delta$，砂粒凸起高度几乎全暴露在紊流核心中，故 Re 对 λ 值的影响极小，略去不计，相对糙度成为 λ 的唯一影响因素。故在该区段，λ 与 Re 无关，而只与相对糙度有关。因此，在此区段，对于一定相对糙度的管道，λ 为定值，由式(3-2-1)可知，摩擦阻力与流速平方成正比，故此区又称为阻力平方区。在此区内 λ 的计算式为：

$$\lambda=\frac{1}{\left(1.74+2\lg\frac{r}{\varepsilon}\right)^2} \tag{3-2-2}$$

此式应用较为普遍，称为尼古拉兹公式。

尼古拉兹实验比较完整地反映了阻力系数 λ 的变化规律及其主要影响因素，对我们研究井巷沿程通风阻力问题有重要的指导意义。

（二）层流摩擦阻力

当流体在圆形管道中做层流流动时，从理论上可以导出摩擦阻力计算式：

$$h_f=\frac{32\mu L}{d^2}v \tag{3-2-3}$$

因 $Re=\frac{vd}{\nu}$，$\mu=\rho\cdot\nu$，由式(3-2-3)可得：$h_f=\frac{64}{Re}\cdot\frac{L}{d}\cdot\rho\frac{v^2}{2}$。与式(3-2-1)比较，可得圆管层流时的沿程阻力系数 $\lambda=\frac{64}{Re}$。尼古拉兹实验所得到的层流时 λ 与 Re 的关系，与理论分析得到的关系完全相同，理论与实验的正确性得到相互的验证。式(3-2-3)表明：层流摩擦阻力和平均流速的一次方成正比。

以当量直径 $d_e=4S/U$ 代替式(3-2-3)中的 d，则可得到层流状态下井巷摩擦阻力计算式：

$$h_f=2\nu\cdot\rho\frac{LU^2}{S^2}\cdot v=2\nu\cdot\rho\frac{LU^2}{S^3}Q \tag{3-2-4}$$

（三）紊流摩擦阻力

对于紊流运动，$\lambda=f(Re,\varepsilon/r)$，关系比较复杂。在式(3-2-1)中，用当量直径 $d_e=4S/U$ 代替 d，则得到紊流状态下井巷的摩擦阻力计算式：

$$h_f=\frac{\lambda \cdot \rho}{8} \cdot \frac{LU}{S}v^2=\frac{\lambda \cdot \rho}{8} \cdot \frac{LU}{S^3}Q^2 \tag{3-2-5}$$

应当指出，用当量直径代入式(3-2-1)计算非圆管的沿程能量损失，并不适用于所有断面形状，但对常见的矿井井巷断面而言，造成的误差很小，可不予考虑。

二、摩擦阻力系数与摩擦风阻

(一) 摩擦阻力系数 α

矿井中大多数通风井巷风流的 Re 值已进入阻力平方区(风流处于完全紊流状态)，λ 值只与相对糙度有关，对于几何尺寸和支护已定型的井巷，相对糙度一定，则 λ 可视为定值；在标准状态下空气密度 $\rho=1.2\ \mathrm{kg/m^3}$，令式(3-2-5)中：

$$\alpha=\frac{\lambda \cdot \rho}{8} \tag{3-2-6}$$

α 称为摩擦阻力系数，单位为 $\mathrm{kg/m^3}$ 或 $\mathrm{N \cdot s^2/m^4}$。将式(3-2-6)代入式(3-2-5)得：

$$h_f=\alpha\frac{LU}{S^3}Q^2 \tag{3-2-7}$$

α 值在阻力平方区是风道相对糙度和空气密度的函数。各种支护形式井巷的 α 值一般是通过实测和模型实验得到。前人通过大量实验和实测所得的在标准状态($\rho_0=1.2\ \mathrm{kg/m^3}$)条件下的各类井巷的摩擦阻力系数，即所谓标准值 α_0 值，见附录五。当井巷中空气密度 $\rho \neq 1.2\ \mathrm{kg/m^3}$ 时，其 α 值应按下式修正：

$$\alpha=\alpha_0\frac{\rho}{1.2} \tag{3-2-8}$$

由于井巷断面大小、支护形式及支架规格的多样性，不同井巷的相对糙度差别很大。对于砌碹和锚喷巷道，壁面粗糙度可用尼古拉兹实验的相对糙度概念来比拟，只考虑横断面方向的相对糙度。但对于用木棚子、工字钢、U 型钢和砼棚等支护的巷道，还要用支架间距(棚距)l 与支柱的直径或纵向厚度 d_0 之比，即支架的纵口径 Δ 来表示巷道的轴向相对糙度，见图 3-2-2。这是因为，当巷道横断面方向的相对糙度一定时，摩擦阻力系数 α 随纵口径 Δ 的不同而产生较大变化。图 3-2-3 为木棚支护巷道的实验结果。图 3-2-4 是工字钢支护巷道模型中流体运动状况的照片，可清楚看到支架间的巷壁附近产生强烈的涡旋和扰动，造成较大的能量损失，说明支架纵口径 Δ 对 α 值产生较大影响，这是有支架巷道所具有的特征。

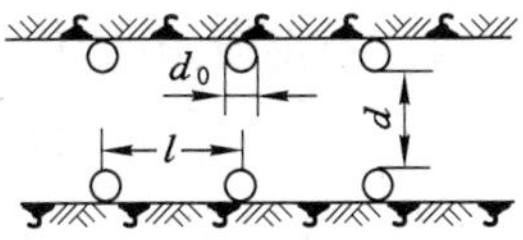

图 3-2-2　支架纵口径

(二) 摩擦风阻 R_f

对于已给定的井巷，L、U、S 都为已知数，故可把式(3-2-7)中的 α、L、U、S 归结为一个参数 R_f：

$$R_f=\alpha\frac{LU}{S^3} \tag{3-2-9}$$

R_f 称为巷道的摩擦风阻，其单位为 $\mathrm{kg/m^7}$ 或 $\mathrm{N \cdot s^2/m^8}$。

R_f 是空气密度、巷道粗糙程度、断面积、周长、长度诸参数的函数。在正常条件下当某一段井巷中的空气密度 ρ 一般变化不大时，可将 R_f 看作是反映井巷几何特征的参数。

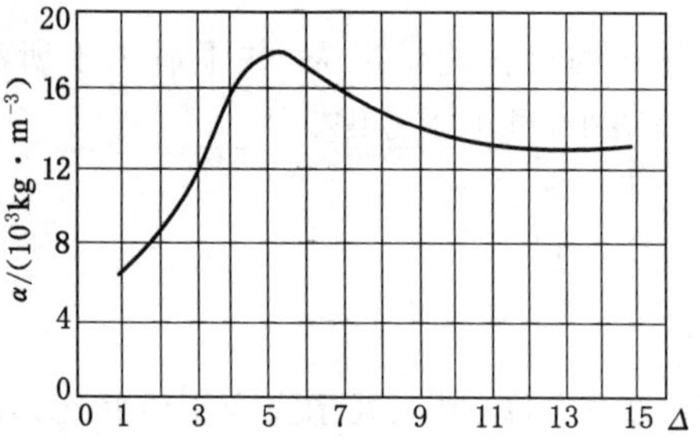

图 3-2-3　α 随 Δ 的变化实验曲线

图 3-2-4　工字钢支架巷道中流体运动状况

将式(3-2-9)代入式(3-2-7)，则有：

$$h_f = R_f Q^2 \tag{3-2-10}$$

此式就是完全紊流(进入阻力平方区)下的摩擦阻力定律。

(三) R_f 和 α 值测算(参见第三篇第十五章有关内容)

在进行新矿井(或新采区)的通风设计时，需要计算井巷的摩擦阻力，即按所设计的井巷长度、净断面积、周长、支护形式和要通过的风量，用查表法确定该井巷的摩擦阻力系数 α 值，然后计算出该井巷的摩擦阻力。

例　某设计巷道为梯形断面，$S=8\ \text{m}^2$，$L=1\ 000$ m，采用工字钢棚支护，支架截面高度 $d_0=14$ cm，纵口径 $\Delta=5$，计划通过风量 $Q=1\ 200\ \text{m}^3/\text{min}$，预计巷道中空气密度 $\rho=1.25\ \text{kg/m}^3$，求该段巷道的通风阻力。

解　根据所给的 d_0、Δ、S 值，由附录五附表 5-4 查得：

$$\alpha_0 = 284.2\times10^{-4}\times0.88 = 0.025\ [\text{N}\cdot\text{s}^2/\text{m}^4(\text{kg/m}^3)]$$

则：巷道实际摩擦阻力系数

$$\alpha = \alpha_0\frac{\rho}{1.2} = 0.025\times\frac{1.25}{1.2} = 0.026\ [\text{N}\cdot\text{s}^2/\text{m}^4(\text{kg/m}^3)]$$

巷道摩擦风阻

$$R_f = \frac{\alpha LU}{S^3} = \frac{\alpha L 4.16\sqrt{S}}{S^3} = \frac{0.026\times1\ 000\times11.77}{8^3} = 0.598\ [\text{N}\cdot\text{s}^2/\text{m}^8(\text{kg/m}^7)]$$

巷道摩擦阻力

$$h_f = R_f Q^2 = 0.598\times\left(\frac{1\ 200}{60}\right)^2 = 239.2\ (\text{Pa})$$

第三节　局部风阻与阻力

在风流运动过程中，由于井巷断面、方向变化以及分岔或汇合等原因，使均匀流动在局部地区受到影响而破坏，从而引起风流速度场分布变化和产生涡流等，造成风流的能量损失，这种阻力称为局部阻力。

由于局部阻力所产生风流速度场分布的变化比较复杂，对局部阻力的计算一般采用经验公式。

一、局部阻力及其计算

和摩擦阻力类似，局部阻力 h_l 一般也用动压的倍数来表示：

$$h_l = \xi \frac{\rho}{2} v^2 \tag{3-3-1}$$

式中　ξ——局部阻力系数，无因次。

实验表明：在层流条件下，流体经过局部阻力物后仍保持层流，局部阻力仍是由流层之间的黏性切应力引起的，只是由于边壁变化，使流速重新分布，加强了相邻流层间的相对运动，而增加了局部能量损失。此时，局部阻力系数 ξ 与 Re 成反比，即

$$\xi = \frac{B}{Re}$$

式中　B——因局部阻力物形式不同而异的常数。

受局部阻力物影响而仍能保持层流者，只有在 $Re<2\ 000$ 时才有可能，在矿井井巷中是少见的。本节重点讨论紊流时的局部阻力。

为了探讨局部阻力成因，现分析几种典型局部阻力物附近的流动情况。

如图 3-3-1 中(a)、(c)、(e)、(g)属突变类型，(b)、(d)、(f)、(h)则属渐变类型。紊流流体通过突变部位时，由于惯性力的作用，不能随从边壁突然转折，出现主流与边壁脱离的现象，在主流与边壁间形成涡漩区。产生的大尺度涡旋，不断地被主流带走，补充进去的流体又形成新的涡漩，因而增加了能量损失。

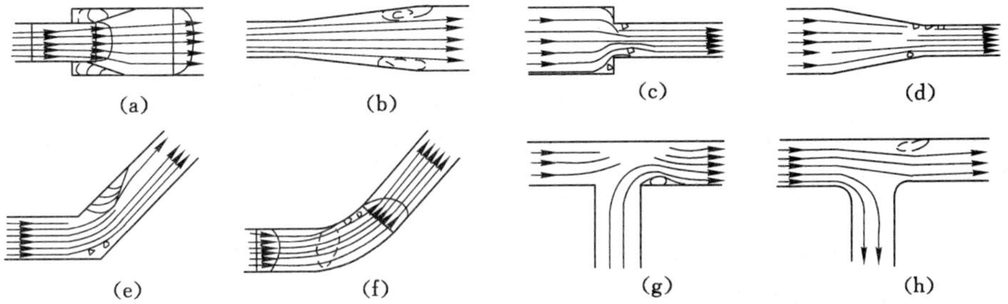

图 3-3-1　局部阻力物附近的风流状况

边壁虽无突然变化，但沿流动方向出现减速增压现象的地方，也会产生涡漩区。如图 3-3-1(b)所示，流速沿程减小，静压不断增加，压差的作用与流动方向相反，使边壁附近本来很小的流速逐渐减小到零，在这里主流开始与壁面脱离，出现与主流方向相反的流动，形成涡旋区。图 3-3-1(h)，在分岔直道上的涡旋区，也是这种减速增压过程造成的。

在增速减压区，流体质点受到与流动方向一致的正压差作用，流速只增不减，所以渐缩段一般不出现涡漩区。若收缩角很大，在紧接渐缩段之后也会出现涡漩区，见图 3-3-1(d)。

图 3-3-1(e)和图 3-3-1(f)所示为风流经过转弯处的情形，流体质点受到离心力作用，在外侧形成减速增压区，也能出现涡漩。过了转弯处，如流速较大且转弯曲率半径较小，则由于惯性作用，可在内侧又出现涡漩区，它的大小和强度都比外侧的涡漩区大，是能量损失的

主要部分。

综上所述，局部的能量损失主要和涡漩区的存在相关。涡漩区愈大，能量损失愈多。仅仅流速分布的改变，能量损失是不会太大的。在涡漩区及其附近，主流的速度梯度增大，也增加能量损失，在涡漩被不断带走和扩散的过程中，使下游一定范围内的紊流脉动加剧，增加了能量损失，这段长度称为局部阻力物的影响长度，在它以后，流速分布和紊流脉动才恢复到均匀流动的正常状态。

计算局部阻力，关键在于确定局部阻力物的阻力系数 ξ。因 $v=Q/S$，当 ξ 确定后，便可用下式计算局部阻力 h_1：

$$h_1=\xi\frac{\rho}{2S^2}Q^2,\quad \text{Pa} \tag{3-3-2}$$

二、局部阻力系数和局部风阻

（一）局部阻力系数 ξ

大量实验研究表明，紊流局部阻力系数 ξ 一般主要取决于局部阻力物的形状，而边壁的粗糙程度为次要因素。下面分别讨论各种形式局部阻力物的阻力系数 ξ 的计算方法。

1. 突然扩大

如图 3-3-2 所示，当忽略两断面间的摩擦阻力时，突然扩大的局部阻力 h_1 可按下式计算：

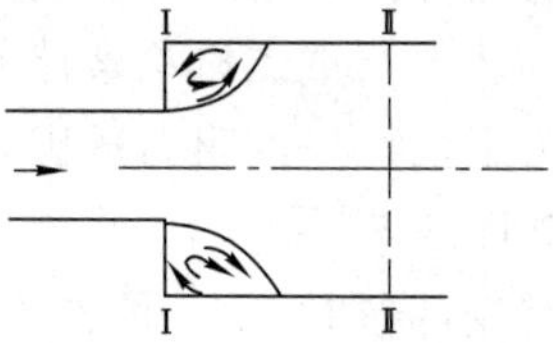

图 3-3-2　风流突然扩大

$$h_1=\left(1-\frac{S_1}{S_2}\right)^2\frac{\rho_m v_1^2}{2}=\xi_1\frac{\rho_m}{2}v_1^2=\xi_1\frac{\rho_m}{2S_1^2}Q^2$$

或

$$h_1=\left(\frac{S_2}{S_1}-1\right)^2\frac{\rho_m v_2^2}{2}=\xi_2\frac{\rho_m}{2}v_2^2=\xi_2\frac{\rho_m}{2S_2^2}Q^2 \tag{3-3-3}$$

式中　ξ_1,ξ_2——局部阻力系数，$\xi_1=\left(1-\frac{S_1}{S_2}\right)^2$，$\xi_2=\left(\frac{S_2}{S_1}-1\right)^2$；

v_1,v_2——小断面和大断面的平均流速，m/s；

S_1,S_2——小断面和大断面的面积，m^2；

ρ_m——空气平均密度，kg/m^3。

对于粗糙程度较大的矿井巷道，可按巷道的摩擦阻力系数 α 值（$N\cdot s^2/m^4$ 或 kg/m^3）对 ξ 值予以修正。修正后的局部阻力系数用 ξ' 表示，有：

$$\xi'=\xi\left(1+\frac{\alpha}{0.01}\right) \tag{3-3-4}$$

2. 突然缩小

如图 3-3-3 所示，突然缩小时的能量损失大部分发生在由于惯性而形成的收缩断面 c—c 以后的流道上，主要是该断面附近的涡旋区造成的。突然缩小的局部阻力系数 ξ 取决于巷道收缩面积比 $\frac{S_2}{S_1}$，对应于小断面的动压 $\frac{\rho v_2^2}{2}$，ξ 值可按下式计算：

$$\xi = 0.5\left(1-\frac{S_2}{S_1}\right) \tag{3-3-5}$$

考虑巷道粗糙程度的影响，突然缩小的局部阻力系数 ξ' 可用下式计算：

$$\xi' = \xi\left(1+\frac{\alpha}{0.013}\right) \tag{3-3-6}$$

3. 逐渐扩大

逐渐扩大的局部阻力比突然扩大小得多，其能量损失可认为由摩擦损失和扩张损失两部分组成。扩张损失是涡漩区和流速分布改变所形成的。当断面比 $n(n=S_2/S_1)$ 一定时，如图 3-3-4 所示，渐扩段的摩擦损失随扩张角 θ 增大而减小，而扩张损失却随 θ 增大而增大，θ 在 $5°\sim8°$ 范围内，渐扩段的能量损失最小。在扩张角 θ 小于 $20°$ 时，渐扩段的局部阻力系数 ξ 可用下式求算：

$$\xi = \frac{\alpha}{\rho\sin\frac{\theta}{2}}\left(1-\frac{1}{n^2}\right)+\sin\theta\left(1-\frac{1}{n}\right)^2 \tag{3-3-7}$$

式中 α——风道的摩擦阻力系数，$N\cdot s^2/m^4$ (kg/m^3)；

n——风道大、小断面积之比，即 S_2/S_1；

θ——扩张角，(°)。

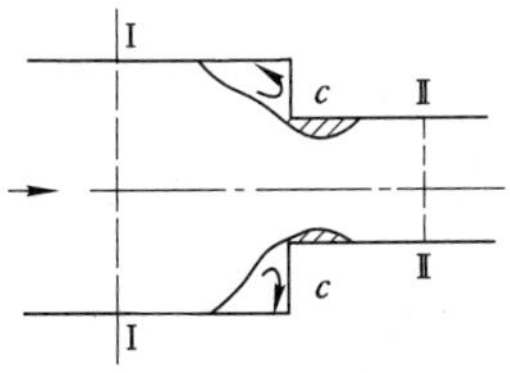

图 3-3-3 风流断面突然缩小

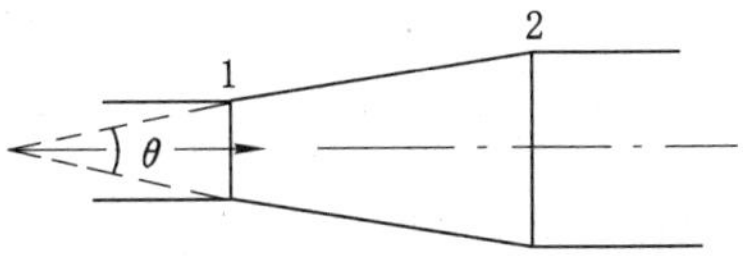

图 3-3-4 风流断面逐渐扩大

考虑巷道粗糙度的影响时，逐渐扩大的局部阻力系数 ξ' 可用下式求算：

$$\xi' = \xi\left(1+\frac{\alpha}{0.01}\right) \tag{3-3-8}$$

在计算渐扩段的局部阻力时，应按断面 1 处的 S_1 和 v_1 计算。

4. 转弯

巷道转弯时的局部阻力系数(考虑巷道粗糙程度) ξ' 可按下式计算：

当巷高与巷宽之比 $H/b=0.2\sim1.0$ 时

$$\xi' = \left[(\xi_0+28\alpha)\frac{1}{0.35+0.65\frac{H}{b}}\right]\beta \tag{3-3-9}$$

当 $H/b=1.0\sim2.5$ 时

$$\xi' = \left[(\xi_0+28\alpha)\frac{b}{H}\right]\beta \tag{3-3-10}$$

式中 ξ_0——假定边壁完全光滑时,90°转弯的局部阻力系数,见表 3-3-1;

α——巷道的摩擦阻力系数,$N \cdot s^2/m^4(kg/m^3)$;

β——巷道转弯角度影响系数,见表 3-3-2。

表 3-3-1　局部阻力系数 ξ_0 值

r_1/b*	0	0.1	0.2	0.3	0.4	0.5	0.6	0.7	0.75
ξ_0	0.93	0.80	0.68	0.58	0.49	0.45	0.41	0.39	0.38

* 表示 r_1 为转弯处内角的曲率半径。

表 3-3-2　巷道转弯角度影响系数

转弯角/(°)	10	20	30	40	50	60	70
β	0.05	0.12	0.19	0.28	0.38	0.51	0.63
转弯角/(°)	80	90	100	110	120	140	
β	0.80	1.00	1.32	1.63	1.98	2.43	

例　某矿总回风道,断面高 2.8 m,宽 2.5 m,混凝土棚支护,$\alpha=0.02\ N \cdot s^2/m^4(kg/m^3)$,有一直角转弯,内角没有弧度,求该转弯的局部阻力系数 ξ'。

解　由表 3-3-1 知 $\xi_0=0.93$,由表 3-3-2 知 $\beta=1.0$,$H/b=2.8/2.5=1.12$,代入式(3-3-10)得

$$\xi'=\left[(\xi_0+28\alpha)\frac{b}{H}\right]\beta=\left[(0.93+28\times0.02)\times\frac{1}{1.12}\right]\times1.0=1.33$$

由上例可知,直角转弯的局部阻力系数高达 1.33。矿井总回风道风速很高,一个直角转弯的局部阻力有时可达 50 Pa 以上。

5. 风流分岔与汇合

在矿井通风系统中的风流分岔与汇合处,也产生局部阻力。由于主干、分支巷道断面不同,分配的风量不同,而有不同的风速,不能像前述局部阻力物那样用一 ξ 值反映其阻力特征,而要考虑各巷道的风速及几何特征,对各分支分别计算其局部阻力。

(1) 风流分岔

典型的分岔巷道如图 3-3-5 所示,1—2 段的局部阻力 h_{l1-2} 和 1—3 段的局部阻力 h_{l1-3} 分别用下式计算:

$$h_{l1-2}=K_\alpha\frac{\rho}{2}(v_1^2-2v_1v_2\cos\theta_2+v_2^2),\quad \text{Pa} \tag{3-3-11}$$

$$h_{l1-3}=K_\alpha\frac{\rho}{2}(v_1^2-2v_1v_3\cos\theta_3+v_3^2),\quad \text{Pa} \tag{3-3-12}$$

式中 K_α 为巷道粗糙度的影响系数,根据巷道摩擦阻力系数 α 值在表 3-3-3 中选取。

表 3-3-3　巷道粗糙度影响系数 K_α 值

$\alpha/(N \cdot s^2 \cdot m^{-4})$	0.002～0.005	0.005～0.010	0.010～0.015	0.015～0.020	0.020～0.025	0.025～0.030
K_α	1.00	1.10～1.25	1.25～1.35	1.35～1.50	1.50～1.65	1.65～1.80

(2) 风流汇合

如图 3-3-6 所示，1—3 段和 2—3 段的局部阻力 h_{l1-3}、h_{l2-3} 分别按下式计算：

$$h_{l1-3}=K_{\alpha}\frac{\rho}{2}(v_1^2-2v_3\omega+v_3^2),\quad \text{Pa} \tag{3-3-13}$$

$$h_{l2-3}=K_{\alpha}\frac{\rho}{2}(v_2^2-2v_3\omega+v_3^2),\quad \text{Pa} \tag{3-3-14}$$

式中

$$\omega=\frac{Q_1}{Q_3}v_1\cos\theta_1+\frac{Q_2}{Q_3}v_2\cos\theta_2$$

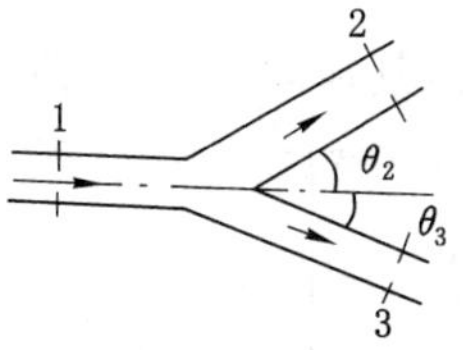

图 3-3-5 风流分岔

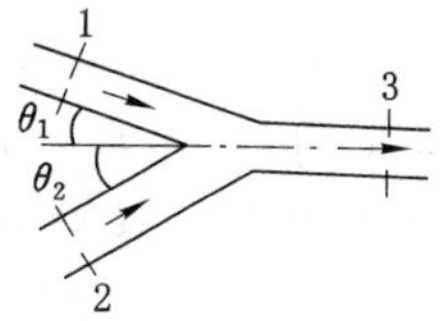

图 3-3-6 风流汇合

K_{α} 值见表 3-3-3。

当井巷中存在有罐笼、矿车、采煤机等阻碍物时，它们对风流运动也产生阻力，这种阻力有人称为正面阻力，它也是局部阻力的一种形式。由于阻碍物的形式多种多样，通常只能用实测的方法把它们的影响包含在局部阻力系数 ξ 之中。至于井筒中的罐道梁，运输巷道中的运输机等阻碍物，在实测井巷通风阻力时，一般都把它们的影响包括在摩擦阻力系数 α 值内，不另行计算。

(二) *局部风阻*

在式(3-3-2)中，令 $\xi\frac{\rho}{2S^2}=R_l$，则有：

$$h_l=R_lQ^2 \tag{3-3-15}$$

式中 R_l 称为局部风阻，其单位为 $\text{N}\cdot\text{s}^2/\text{m}^8$ 或 kg/m^7。

此式表明，在紊流条件下局部阻力也与风量的平方成正比。

(三) *R_l 和 ξ 值的测算*

局部阻力在矿井通风总阻力中一般不占很大比重，但在个别区段有时达到可观的数值。为了降低通风能耗、改善通风状况，常需测算个别区段的局部风阻 R_l 和局部阻力系数 ξ 值。

对于有些形式的局部阻力物，如巷道拐弯等，能把测段的摩擦阻力与局部阻力分开，则可测出局部阻力物本身的 R_l 和 ξ 值。对于如突然扩大等形式的局部阻力物，摩擦阻力所占比重很小，而且断面变化，难以把摩擦阻力与局部阻力分开，故常把这局部区段的阻力视为局部阻力。关于 R_l 和 ξ 值的测算方法，参见本书第十五章有关内容。

第四节　矿井通风系统的阻力与风阻

一、井巷阻力特性

从式(3-2-10)和式(3-3-15)可以看出，在紊流条件下，一段井巷的摩擦阻力和局部阻力均与风阻成正比、与风量的平方成正比。故可写成一般形式：

$$h = RQ^2, \text{ Pa} \tag{3-4-1}$$

对于特定井巷，当空气密度 ρ 和摩擦阻力系数 α 不变时，其风阻 R 为定值。

当风阻为 R 时，其井巷阻力特性曲线如图 3-4-1 所示。其绘制方法是，风量按一定差值由小到大取值(10 或 20 或……)，最大风量值视需要定；每一风量 Q_i 值，便可按式(3-4-1)计算出对应的阻力 h_i 值，即得到坐标点(Q_i，h_i)，将其画在以通风阻力为纵坐标，以风量为横坐标的图上，平滑地连接这些点，即得出一条抛物线。这条曲线就叫该井巷的阻力特性曲线。风阻 R 越大，曲线越陡。

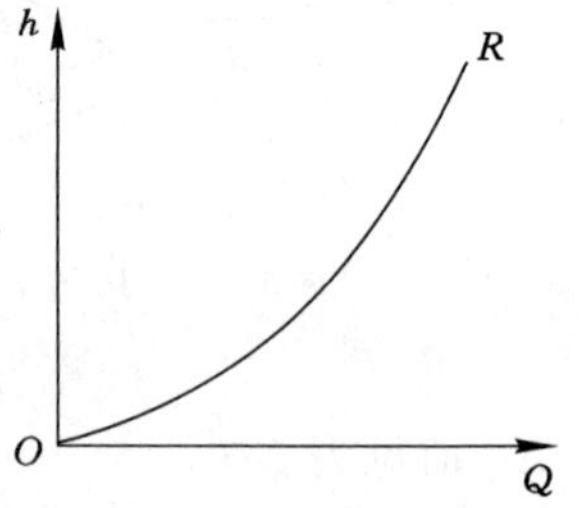

图 3-4-1　井巷阻力特性曲线

绘制阻力特性曲线可用于井巷或系统的阻力特性、通风机工况点分析。

二、通风系统总阻力和总风阻

1. 通风系统总阻力

图 3-4-2 是以网络图的形式表示抽出式通风系统的结构：进风网络、用风地点和回风网络。生产矿井通风系统中在通风动力的作用下风流总是定向流动：从进风井口进入，经进风井巷、用风地点(独立通风)、回风井巷至风机入口。一个系统有多条路线，其中的任一条流动路线叫一条通路。系统中通路数取决于用风地点数，通路之间的区别在于用风地点不同，具有相同用风地点的通路称为相关通路。图 3-4-2 中有 5 个用风地点，则有 5 条通路。

用风地点是通风系统的核心，为保障用风地点实现按需供风，需通过安装调节设施进行调控。一般一个系统中有一个用风地点的通路上不安装调节设施，这个用风地点是通风系统中通风最困难的，图 3-4-2 中用风地点 4。也就是说，通风最困难用风地点的风流路线上各段井巷的通风阻力累加起来，就得到通风系统总阻力 h_{Rm}，即：

$$h_{\mathrm{Rm}} = \sum h_i = \sum R_i Q_i^2 \tag{3-4-2}$$

2. 通风系统总风阻

已知通风系统总阻力 h_{Rm} 和通风系统总风量 Q，即可求得通风系统总风阻 R_{m}：

$$R_{\mathrm{m}} = \frac{h_{\mathrm{Rm}}}{Q^2}, \text{ N} \cdot \text{s}^2/\text{m}^8(\text{kg/m}^7) \tag{3-4-3}$$

通风系统总风阻受风网结构、井巷风阻、风量分配等多种因素影响。

三、矿井通风系统的阻力要求

为了保障矿井通风系统中设备、设施的安全稳定运行，通风系统阻力应符合表 3-4-1

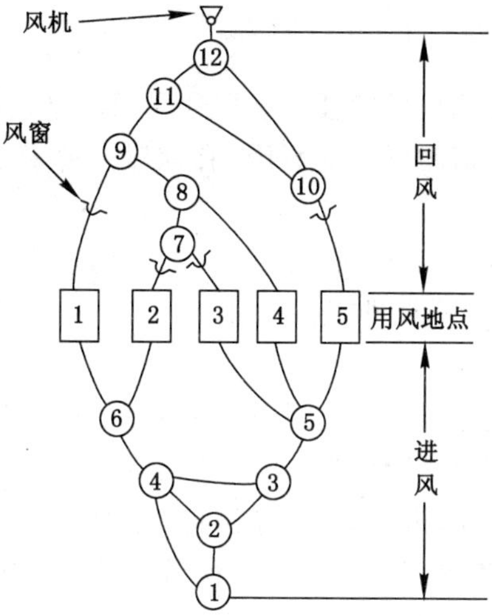

图 3-4-2　抽出式通风系统

要求。

表 3-4-1　矿井通风系统阻力的技术要求

通风系统风量/($m^3\cdot min^{-1}$)	通风系统阻力/Pa	通风系统总风阻/($kg\cdot m^{-7}$)
<3 000	<1 500	<0.600 0
3 000～5 000	<2 000	0.600 0～0.288 0
5 000～10 000	<2 500	0.288 0～0.090 0
10 000～20 000	<2 940	0.090 0～0.026 5
>20 000	<3 920	<0.053

应指出的是，表 3-4-1 只是对不同风量条件下提出的最大通风系统阻力要求。

第五节　降低矿井通风系统阻力的技术措施

降低矿井通风系统阻力，对保证矿井安全生产和提高经济效益都具有重要意义。无论是矿井通风设计还是生产矿井通风技术管理工作，都要做到尽可能地降低矿井通风阻力。

通风系统阻力大小不仅取决于通风最困难的路线上各段井巷的通风阻力，还取决于系统中各条通路上阻力分布及其调节量。因此，降低系统阻力的策略是：

一、合理安排采掘布局，降低通风系统总阻力

矿井通风系统的阻力取决于系统内产量和风量集中程度。若系统的产量和风量集中于某一采区，则会增大通风困难路线上阻力。因此，从设计着手，合理进行采掘工作面布局、采掘接替和采区配风，就可以避免某些采区的产量和风量过于集中，以降低通风系统总阻力。有条件的矿井在进行矿井采掘布局和接替安排时，尽可能应用计算机模拟和预测技术，优化采掘布局和配风。

二、降低通风系统中通风最困难路线阻力

首先，通过阻力测定和计算机模拟技术掌握通风困难路线及其阻力分布，确定高阻力区段和高阻力巷道的位置，分析阻力增大的原因，有针对性地采取降阻措施。应强调的是，降阻要有针对性、措施要切实可行。

通风系统总阻力取决于通风最困难路线上各井巷的风阻和风量。因此，从减小其风阻和风量两方面来降低阻力具有异曲同工之作用。

1. 减小井巷的风阻降低阻力

由式(3-2-9)计算分支风阻参数可见，降阻可采取以下措施：

(1) 扩(刷)大高阻力巷道的断面。

(2) 对于有些阻力较大、已无法降阻的分支，可增加其并联巷道。在其他参数不变时，井巷断面扩大 33%，R_f 值可减小 50%，井巷通过风量一定时，其通风阻力和能耗可减少一半。应注意：断面增大将增加基建投资，要从安全生产和经济效益两方面进行比较确定。

(3) 减小通风最困难路线的长度降低通风系统阻力。

(4) 减小摩擦阻力系数 α。在矿井、采区设计时尽量选用 α 值较小的支护方式，施工时尽可能使井巷壁面平整光滑。锚喷支护的巷道，应尽量采用光面爆破工艺，使巷壁的凹凸度不大于 50 mm。对于支架巷道，也要尽可能使支架整齐，必要时用背板等背好帮顶。

(5) 禁止在通风最困难路线上安装增阻调节设施。

(6) 尽可能降低该通路上局部通风阻力。

由式(3-3-2)知，局部阻力与 ξ 值成正比，与断面的平方成反比。因此，降低局部阻力应做到：① 尽量避免井巷断面的突然扩大或突然缩小，应采用渐变方式过渡。② 尽可能避免井巷直角转弯，在需要转弯时其内侧和外侧要做成圆弧形，有一定的曲率半径，必要时可在转弯处设置导风板。③ 主要巷道内不得堆积杂物、随意停放车辆等。④ 对冒顶、片帮、变形严重和积水处要及时处理。⑤ 要加强矿井总回风道的维护和管理。

2. 分流通风最困难路线上风量降低阻力

(1) 通过减小与通风困难通路邻近的其他通路上某些巷道的风阻，以分流通风困难通路上某些巷道的风量。

(2) 在保证按需分风的前提下，优选调节设施位置，减小通风困难通路上某些巷道的风量。

复习思考题

3-1　何谓层流、紊流？如何判别流体的流动状态？

3-2　某半圆拱巷道，采用砌碹支护，巷道宽 3.2 m，中心处高度 3.4 m，巷道中通过风量为 600 m^3/min。试判别风流流态。(Re=225 307，紊流)

3-3　何谓风速分布系数？它与哪些因素有关？为什么巷壁愈光滑，断面上风速分布愈均匀？

3-4　尼古拉兹实验曲线可分为哪几个区？各区有何特征？

3-5　摩擦阻力系数 α 与哪些因素有关?

3-6　摩擦阻力 h_f 与摩擦风阻 R_f 有何区别?

3-7　已知某梯形巷道摩擦阻力系数 $\alpha=0.0177\ N\cdot s^2/m^4(kg/m^3)$,巷道长 $L=200\ m$,净断面积 $S=5\ m^2$,通过风量 $Q=720\ m^3/min$,试求摩擦风阻与摩擦阻力。[$R_f=0.2634\ N\cdot s^2/m^8(kg/m^7)$,$h_f=37.9\ Pa$]

3-8　有一木支架梯形巷道,长 1 500 m,断面积为 6 m^2,木柱直径 $d_0=0.22\ m$,支架纵口径 $\Delta=6$,通过风量为 900 m^3/min,巷道中空气平均密度为 1.25 kg/m^3,求:(1) 摩擦风阻 R_f;(2) 摩擦阻力 h_f;(3) 该巷通风所消耗的功率 N(设风机效率 $\eta=0.6$)。[$R_f=1.1309\ N\cdot s^2/m^8(kg/m^7)$,$h_f=254.5\ Pa$,$N=6.36\ kW$]

3-9　条件同上题,但通过风量 $Q=600\ m^3/min$,求 h_f 和 N。($h_f=113.1\ Pa$,$N=1.88\ kW$)

3-10　局部阻力是如何产生的?

3-11　某巷道摩擦阻力系数 $\alpha=0.004\ N\cdot s^2/m^4(kg/m^3)$,通过风量 $Q=40\ m^3/s$,空气密度 $\rho=1.25\ kg/m^3$。在突然扩大段,巷道断面由 $S_1=6\ m^2$ 变为 $S_2=12\ m^2$。求:(1) 突然扩大的局部阻力 h_{l1-2};(2) 若风流由 2 流向 1,则局部阻力 h_{l2-1} 为多少?($h_{l1-2}=9.7\ Pa$,$h_{l2-1}=9.1\ Pa$)

3-12　某矿总回风道断面 $S=8\ m^2$,高宽比 $H/b=1.2$,有一直角拐弯,通过风量 $Q=60\ m^3/s$,空气密度 $\rho=1.24\ kg/m^3$,摩擦阻力系数 $\alpha=0.015\ N\cdot s^2/m^4(kg/m^3)$,求:(1) 拐弯的局部阻力 h_l;(2) 若拐弯处内角做成圆弧形,曲率半径 $r_i=0.7b$,则局部阻力 h'_l 是多少?(3) 设风机设备效率 $\eta=0.6$,内角抹圆后每年可节约用电多少千瓦·时?($h_l=39.2\ Pa$,$h'_l=23.5\ Pa$,节电 13 753 kW·h)

3-13　降低摩擦阻力和局部阻力采用的措施有哪些?

3-14　降低通风系统阻力的措施有哪些?

第四章　矿井通风动力

欲使空气在矿井中源源不断地流动，就必须克服空气沿井巷流动时所受到的阻力。这种克服通风阻力的能量或压力叫作通风动力。由第二章可知，通风机风压和自然风压均是矿井通风的动力。本章将对这两种压力对矿井通风的作用、影响因素、特性进行分析研究，以便合理地使用通风动力，从而使矿井通风达到技术先进、经济合理、安全可靠的目标。

第一节　自 然 风 压

一、自然风压及其形成和计算

自然风压与自然通风。图 4-1-1 为一个简化的井巷系统，2—3 为水平巷道，0—5 为通过系统最高点的水平线。如果把地表大气视为断面无限大，风阻为零的假想风路，则通风系统可视为一个闭合的回路。在冬季，空气柱 0—1—2 比 5—4—3 的平均温度要低，平均空气密度要大，导致两空气柱作用在 2—3 水平面上的重力不等。其重力之差就是该系统的自然风压。它使空气源源不断地从井口 1 流入，从井口 5 流出。在夏季时，若空气柱 5—4—3 比 0—1—2 温度低，平均密度大，则系统产生的自然风压方向与冬季相反。地面空气从井口 5 流入，从井口 1 流出。这种由自然因素作用而形成的通风叫作自然通风。

由上述例子可见，在一个有高差的闭合回路中，只要两侧有高差巷道中空气的平均温度或密度不等，则该回路就会产生自然风压。根据自然风压定义，图 4-1-1 所示系统的自然风压 H_N 可用下式计算：

$$H_N=\int_0^2 \rho_1 g\,\mathrm{d}Z-\int_3^5 \rho_2 g\,\mathrm{d}Z \qquad (4\text{-}1\text{-}1)$$

式中　Z——矿井最高点至最低水平间的距离，m；

g——重力加速度，m/s^2；

ρ_1，ρ_2——0—1—2 和 5—4—3 井巷中 dZ 段空气密度，kg/m^3。

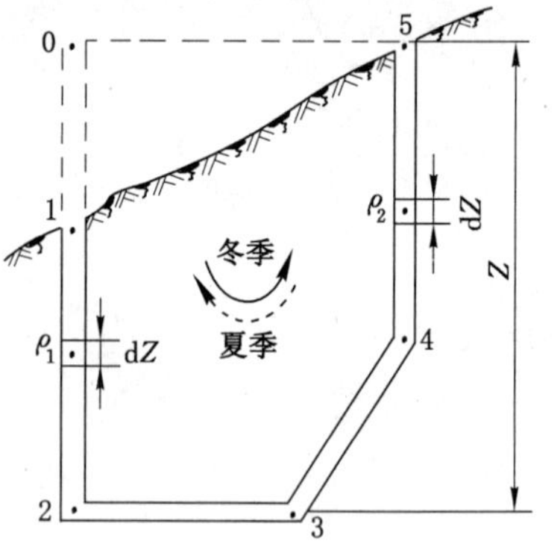

图 4-1-1　简化矿井通风系统

由于空气密度受多种因素影响，与高度 Z 成复杂的函数关系。因此利用式(4-1-1)计算自然风压较为困难。为了简化计算，一般采用测算出 0—1—2 和 5—4—3 井巷中空气密度的平均值 ρ_{m1} 和 ρ_{m2}，用其分别代替式(4-1-1)中的 ρ_1 和 ρ_2，则式(4-1-1)可写为：

$$H_N=Zg(\rho_{m1}-\rho_{m2}) \qquad (4\text{-}1\text{-}2)$$

二、自然风压的影响因素及变化规律

由式(4-1-1)可见，自然风压的影响因素可用下式表示：

$$H_N = f(\rho Z) = f[\rho(T,P,R,\varphi)Z] \tag{4-1-3}$$

影响自然风压的决定性因素是两侧空气柱的密度差，而空气密度又受温度 T、大气压力 P、气体常数 R 和相对湿度 φ 等因素影响。

(1) 矿井某一回路中两侧空气柱的温差是影响 H_N 的主要因素。影响气温差的主要因素是地面入风气温和风流与围岩的热交换。其影响程度随矿井的开拓方式、采深、地形和地理位置的不同而有所不同。大陆性气候的山区浅井，自然风压大小和方向受地面气温影响较为明显；一年四季，甚至昼夜之间都有明显变化。由于风流与围岩的热交换作用使机械通风的回风井中一年四季中气温变化不大，而地面入风井中气温则随季节变化，两者综合作用的结果，导致一年中自然风压发生周期性的变化。图 4-1-2 曲线 1 所示为某机械通风浅井自然风压变化规律示意图。对于深井，其自然风压受围岩热交换影响比浅井显著，一年四季的变化较小，有的可能不会出现负的自然风压，如图 4-1-2 曲线 2 所示。

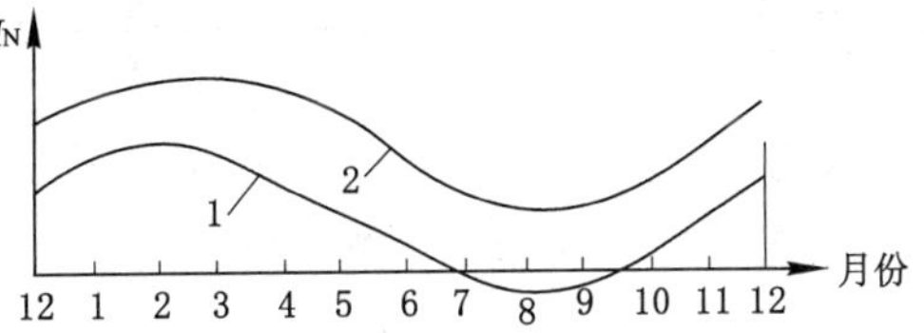

图 4-1-2　自然风压变化规律示意图

(2) 空气成分和湿度影响空气的密度，因而对自然风压也有一定影响，但影响较小。

(3) 井深。由式(4-1-2)可见，当两侧空气柱温差一定时，自然风压与矿井或回路最高与最低点(水平)间的高差 Z 成正比。

(4) 主要通风机工作对自然风压的大小和方向也有一定影响。因为矿井主要通风机工作决定了主风流的方向，加之风流与围岩的热交换，使冬季回风井气温高于入风井，在入风井周围形成了冷却带以后，即使风机停转或通风系统改变，这两个井筒之间在一定时期内仍有一定的气温差，从而仍有一定的自然风压起作用。有时甚至会干扰通风系统改变后的正常通风工作，这在建井时期表现尤其明显。如淮南潘一矿及浙江长广一号井在建井期间改变通风系统时都曾遇到这个问题。

三、自然风压的控制和利用

自然风压既是矿井通风的动力，也可能是事故的肇因。因此，研究自然风压的控制和利用具有重要意义。

(1) 新设计矿井在选择开拓方案、拟定通风系统时，应充分考虑利用地形和当地气候特点，使在全年大部分时间内自然风压作用的方向与机械通风风压的方向一致，以便利用自然风压。例如，在山区要尽量增大进、回风井井口的高差；进风井井口布置在背阳处等。

(2) 根据自然风压的变化规律，应适时调整主要通风机的工况点，使其既能满足矿井通风需要，又可节约电能。例如在冬季自然风压帮助机械通风时，可采用减小叶片角度或转速方法降低机械风压。

(3) 在多井口通风的山区，尤其在高瓦斯矿井，要掌握自然风压的变化规律，防止因自然风压作用造成某些巷道无风或反向而发生事故。

图 4-1-3(a)是四川某矿因自然风压使风流反向示意图。该矿为抽出式通风，风机型号为 BY-2-№28，冬季 AB 平硐和 BD 立井进风，$Q_{AB}=2\ 000\ \text{m}^3/\text{min}$，夏季平硐自然风压作用方向与主通风机相反，使平硐风流反向，出风量 $Q'=300\ \text{m}^3/\text{min}$，反向风流把平硐某处涌出的瓦斯带至硐口的给煤机附近，因电火花引起瓦斯爆炸。下面就此例分析平硐 AB 风流反向的条件及其预防措施。如图 4-1-3 所示，对出风井来说夏季存在两个系统自然风压。

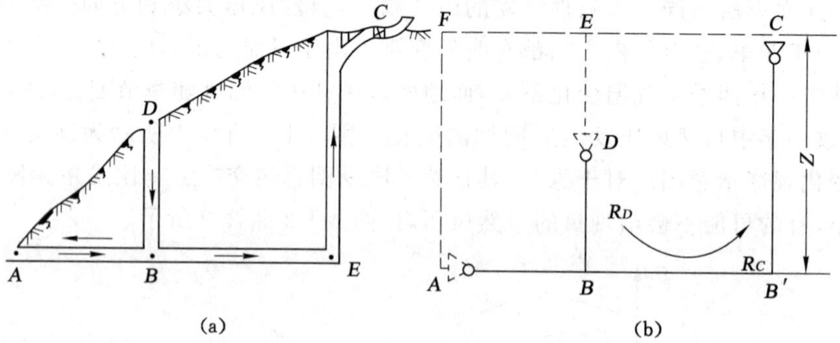

图 4-1-3　自然风压使风流反向示意图

$ABB'CEFA$ 系统的自然风压为　　$H_{NA}=Zg(\rho_{CB'}-\rho_{AF})$

$DBB'CED$ 系统的自然风压为　　$H_{ND}=Zg(\rho_{CB'}-\rho_{BE})$

式中，$\rho_{CB'}$、ρ_{AF} 和 ρ_{BE} 分别为 CB'、AF 和 BE 空气柱的平均密度，kg/m^3。

自然风压与主要通风机作用方向相反，相当于在平硐口 A 和进风立井口 D 各安装一台抽风机(向外)。设 AB 风流停滞，对回路 $ABDEFA$ 和 $ABB'CEFA$ 可分别列出压力平衡方程：

$$\begin{aligned} H_{NA}-H_{ND}&=R_DQ^2 \\ H_S-H_{NA}&=R_CQ^2 \end{aligned} \tag{4-1-4}$$

式中　H_S——风机静压，Pa；

Q——$DBB'C$ 风路风量，m^3/s；

R_D，R_C——DB 和 $BB'C$ 分支风阻，$\text{N}\cdot\text{s}^2/\text{m}^8$。

方程组(4-1-4)中两式相除，得

$$\frac{H_{NA}-H_{ND}}{H_S-H_{NA}}=\frac{R_D}{R_C} \tag{4-1-5}$$

此即 AB 段风流停滞条件式。

当上式变为

$$\frac{H_{NA}-H_{ND}}{H_S-H_{NA}}>\frac{R_D}{R_C} \tag{4-1-6}$$

则 AB 段风流反向。根据式(4-1-6)，可采用下列措施防止 AB 段风流反向：① 加大 R_D；② 增大 H_S；③ 在 A 点安装风机向巷道压风。

为了防止风流反向，必须做好调查研究和现场实测工作，掌握矿井通风系统和各回路的自然风压和风阻，以便在适当的时候采取相应的措施。

(4) 在建井时期，要注意因地制宜和因时制宜利用自然风压通风，如在表土施工阶段可利用自然通风；在主副井与风井贯通之后，有时也可利用自然通风；有条件时还可利用钻孔构成回路，形成自然风压，解决局部地区通风问题。

(5) 利用自然风压做好非常时期通风。一旦主要通风机因故遭受破坏时，便可利用自然风压进行通风。这在矿井制订事故预防和处理计划时应予以考虑。

第二节　矿用通风机的类型及构造

矿井通风的主要动力是通风机。通风机是矿井的“肺脏”，其日夜不停地运转，加之其功率大，因此其能耗很大。据统计，我国大型煤矿主要通风机平均电耗约占矿井电耗的16％。所以合理地选择和使用通风机，不仅关系到矿井的安全生产和职工的身体健康，而且对矿井的主要技术经济指标也有一定影响。

矿用通风机按其服务范围可分为三种：

① 主要通风机，服务于全矿或矿井的某一翼(部分)；

② 辅助通风机，服务于矿井网络的某一采区或工作面，以保证该区域的风量；

③ 局部通风机，服务于掘进井巷和需要局部通风的地区。

矿山通风机按其构造和工作原理可分为离心式通风机和轴流式通风机两种。

一、离心式通风机的构造和工作原理

(一) 离心式通风机构造

离心式通风机一般由进风口、工作轮(叶轮)、螺形机壳和扩散器等部分组成。有的型号的通风机在入风口中还有前导器。图4-2-1是G4-73-11型离心式通风机的构造。工作轮是对空气做功的部件，由呈双曲线型的前盘、呈平板状的后盘和夹在两者之间的轮毂以及固定在轮毂上的叶片组成。风流沿叶片间流道流动，在流道出口处，风流相对速度 w_2 的方向与圆周速度 u_2 的反方向夹角称为叶片出口构造角，以 β_2 表示。根据出口构造角 β_2 的大小，

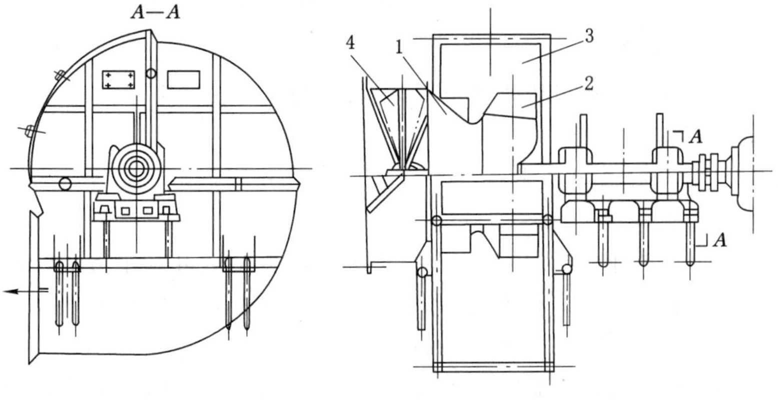

1—进风口；2—工作轮；3—螺形机壳；4—前导器。

图4-2-1　离心式通风机

离心式通风机可分为前倾式($\beta_2>90°$)、径向式($\beta_2=90°$)和后倾式($\beta_2<90°$)三种，如图4-2-2所示。β_2不同，通风机的性能也不同。矿用离心式通风机多为后倾式。

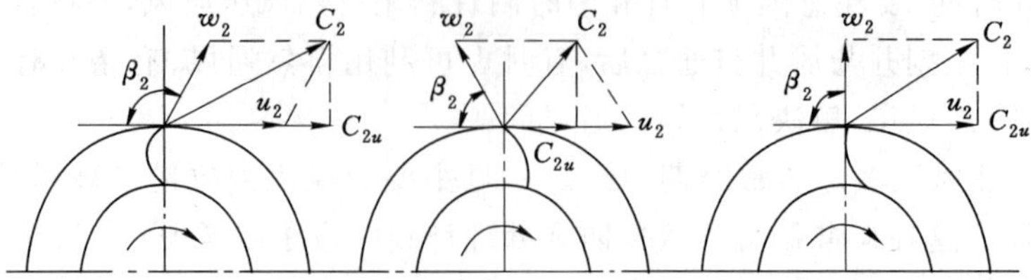

图4-2-2 叶片出口构造角与风流速度图

吸风口有单吸和双吸两种。在相同的条件下双吸通风机动轮宽度是单吸通风机的2倍。在吸风口与动轮之间装有前导器(有些通风机无前导器)，使进入动轮的气流发生预旋绕，以达到调节性能的目的。

(二) 离心式通风机工作原理

当电机通过传动装置带动叶轮旋转时，叶片流道间的空气随叶片旋转而旋转，获得离心力。经叶端被抛出叶轮，进入机壳。在机壳内速度逐渐减小，压力升高，然后经扩散器排出。与此同时，在叶片入口(叶根)形成较低的压力(低于吸风口压力)，于是，吸风口的风流便在此压差的作用下流入叶道，自叶根流入，在叶端流出，如此源源不断，形成连续的流动。

(三) 离心式通风机常用型号

目前我国煤矿使用的离心式通风机主要有K4-73、4-73和G4-73型等。这些通风机具有规格齐全、效率高和噪声低等特点。

二、轴流式通风机构造和工作原理

风流沿动(叶)轮轴线方向流进，又沿其轴线方向流出的通风机称之为轴流式通风机。矿用二级轴流式通风机按其两级动轮旋转方向有对旋式和非对旋式两种。为了便于区别，前者名中一般加“对旋”两字，否则，即为不对旋的轴流式通风机。

(一) 轴流式通风机构造

图4-2-3所示的轴流式通风机主要由进风口、叶轮、整流器、风筒、扩散(芯筒)器和传动部件等部分组成。

进口是由集流器与疏流罩构成，其断面逐渐缩小的进风通道，使进入叶轮的风流均匀，以减小阻力，提高效率。

叶轮是由固定在轴上的轮毂和以一定角度安装在其上的叶片组成。叶片的形状为梯形，横断面为翼形。沿高度方向可做成扭曲形，以消除和减小径向流动(图4-2-4)。叶轮的作用是增加空气的全压。叶轮有一级和二级两种。二级叶轮产生的风压是一级的2倍。整流器安装在每级叶轮之后，为固定轮。其作用是整直由叶片流出的旋转气流，减小动能和涡流损失。环形扩散(芯筒)器是使从整流器流出的气流逐渐扩大到全断面，部分动压转化为静压。

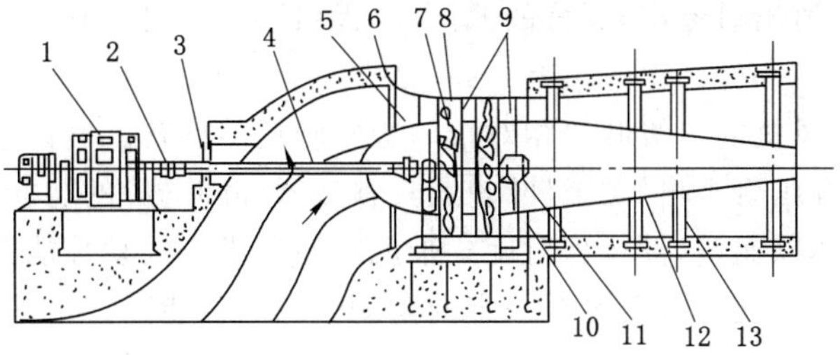

1—电动机；2—联轴器；3—前隔板；4—主轴；5—进风口；6—中隔板；7—叶轮；
8—主体风筒；9—整流器；10—后隔板；11—轴承；12—环形扩散器；13—拉筋板。

图 4-2-3　轴流式通风机装置

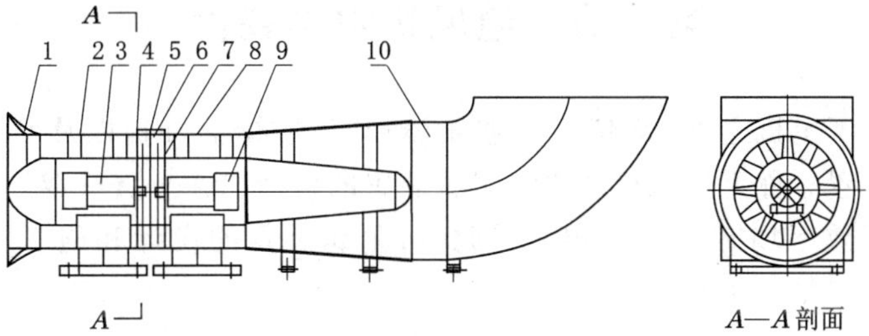

1—集流器；2—前主体筒；3—Ⅰ级防爆电动机；4—Ⅰ级中间筒；5—Ⅰ级叶轮；
6—Ⅱ级中间筒；7—Ⅱ级叶轮；8—后主体筒；9—Ⅱ级防爆电动机；10—扩散器。

图 4-2-4　对旋式轴流式通风机结构示意图

图 4-2-4 所示为对旋式轴流式通风机，主要由入口集流器、前主体筒、Ⅰ级防爆电动机、Ⅰ级中间筒、Ⅰ级叶轮、Ⅱ级中间筒、Ⅱ级叶轮、后主体筒、Ⅱ级防爆电动机、扩散器（消声器）、扩散塔等部件组成。

对旋式轴流式通风机的特点是，一级叶轮和二级叶轮直接对接，旋转方向相反；机翼形叶片的扭曲方向也相反，两级叶片数和安装角不一定相等；电机为防爆型安装在主风筒中的密闭罩内，与通风机流道中的含瓦斯气流隔离，密闭罩中有扁管与大气相通，以达到散热目的。此种通风机可进行反转反风。

（二）轴流式通风机工作原理

在轴流式通风机中，风流流动的特点是，当动轮转动时，气流沿等半径的圆柱面旋绕流出。用与机轴同心、半径为 R 的圆柱面切割动轮叶片，并将此切割面展开成平面，就得到了由翼剖面排列而成的翼栅。如图 4-2-5 所示。

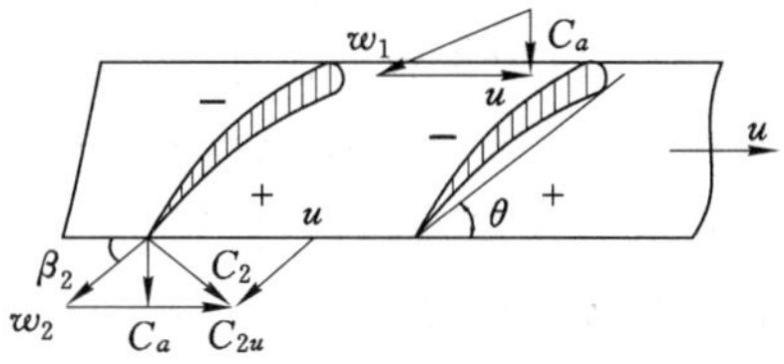

图 4-2-5　轴流式通风机翼栅

在叶片迎风侧作一外切线称为弦线。弦线与动轮旋转方向（u）的夹角称为叶片安装角，以 θ 表示。它可根据需要在规定范围内调整，但每个动轮上的叶片安装角 θ 必须保持一致。

当动轮旋转时，翼栅即以圆周速度 u 移动。处于叶片迎面的气流受挤压，静压增加；与此同时，叶片背的气体静压降低，翼栅受压差作用，但受轴承限制，不能向前运动，于是叶片迎面的高压气流由叶道出口流出，翼背的低压区“吸引”叶道入口侧的气体流入，形成穿过翼栅的连续气流。

对旋式轴流式通风机的二级叶轮相对于一级叶轮反向旋转。气体进入第一级叶轮获得能量，再经二级叶轮升压后排出。二级叶轮兼具整流器(静叶栅)的功能，在获得整直圆周速度分量的同时，给气体以能量。所以，对旋式轴流式通风机的气动性能在很大程度上取决于两级叶轮流动的匹配，并且要求工况在一定的变动范围内也能保持这种协调。

(三) 轴流式通风机常用型号

目前我国煤矿在用的轴流式通风机有 ANN 系列、GAF、BD 或 BDK(对旋式) 和 2K58 等系列轴流式通风机。

第三节　通风机附属装置

矿山通风机除了主机之外，尚有风硐、扩散器(塔)、防爆盖(门)以及反风设施等附属装置。主机和附属装置总称为通风机装置。附属装置的设计和施工质量，对通风机工作风阻、外部漏风以及工作效率均有一定影响。因此，对附属装置的设计和施工质量应予以充分重视。

一、风硐

风硐是连接通风机和井筒的一段巷道。其通过风量大、内外压差较大，因此，应尽量减小长度、降低风阻、减少漏风。在风硐的设计和施工中应注意下列问题：断面适当增大，使其风速$\leqslant$10 m/s，最大不超过 15 m/s；转弯平缓，应成圆弧形；风井与风硐的连接处应精心设计，风硐的长度应尽量缩短，并减少局部阻力；风硐直线部分要有一定的坡度，以利流水；风硐应安装测定风流压力的测压管。施工时应使其壁面光滑，各类风门要严密，使漏风量小。

二、扩散器(扩散塔)

无论是抽出式通风还是压入式通风，无论是离心式通风机还是轴流式通风机，在通风机的出口都要外接一定长度、断面逐渐扩大的构筑物——扩散器。其作用是降低出口速压以提高风机静压。小型离心式通风机的扩散器由金属板焊接而成，扩散器的扩散角(敞角)α不宜过大，以阻止脱流，一般为 8°～10°；出口处断面与入口处断面之比为 3～4。扩散器四面张角的大小应视风流从叶片出口的绝对速度方向而定。大中型的离心式通风机和轴流式通风机的外接扩散器，一般用砖和混凝土砌筑。其各部分尺寸应根据通风机类型、结构、尺寸和空气动力学特性等具体情况而定，总的原则是，扩散器的阻力小，出口动压小并无回流。(可参考有关标准设计)

三、防爆门(防爆井盖)

出风井的上口，必须安装防爆设施，在斜井井口安设防爆门，在立井井口安设防爆井盖。其作用是，当井下一旦发生瓦斯或煤尘爆炸时，受高压气浪的冲击作用，自动打开，以保护主要通风机免受毁坏；在正常情况下它是气密的，以防止风流短路。图 4-3-1 所示为不提升的通风立井井口的钟形防爆井盖。防爆井盖 1 用钢板焊接而成，其下端放入密封液槽 2 中，槽中盛油密封(不结冰地区用水封),槽深与负压相适应;在其四周用四条钢丝绳绕过滑轮 3 用平衡重锤 4 配重;井口壁四周还应装设一定数量的压脚 5,在反风时用以压住井盖,防止井盖被掀起造成风流短路。装有提升设备的井筒设井盖门,一般为铁木结构。与门框接合处要加严密的胶皮垫层。

防爆门(防爆井盖)应设计合理、结构严密、维护良好、动作可靠。

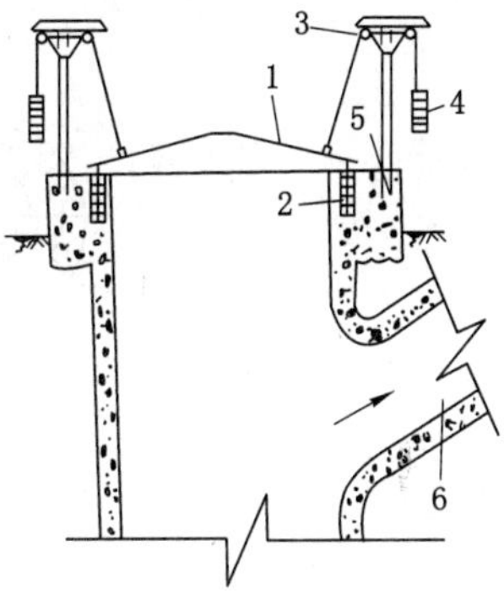

1—防爆井盖;2—密封液槽;3—滑轮;4—平衡重锤;5—压脚;6—风硐。

图 4-3-1　立井井口防爆井盖示意图

四、反风装置和功能

反风装置是用来使井下风流反向的一种设施,以防止进风系统发生火灾时产生的有害气体进入作业区;有时为了适应救护工作也需要进行反风。

反风方法因通风机的类型和结构不同而异。目前的反风方法主要有:设专用反风道反风、利用备用通风机作反风道反风、通风机反转反风和调节动叶安装角反风。

(一) 设专用反风道反风

图 4-3-2 为轴流式通风机作抽出式通风时利用反风道反风的示意图。反风时,风门 1、5、7 打开,新鲜风流由风门 1 经反风门 7 进入通风硐 2,由风机 3 排出,然后经反风门 5 进入反风绕道 6,再返回风硐送入井下。正常通风时,风门 1、7、5 均处于水平位置,井下的污浊风流经风硐直接进入通风机,然后经扩散器 4 排到大气中。

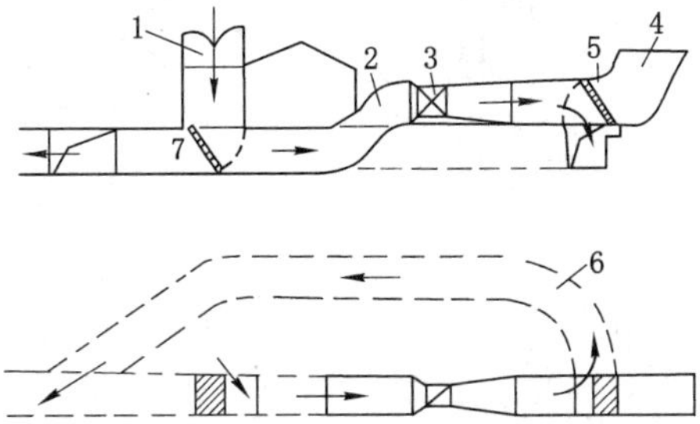

1—反风进风门;2—风硐;3—通风机;4—扩散器;5,7—反风导向门;6—反风绕道。

图 4-3-2　轴流式通风机作抽出式通风时利用专用反风道反风示意图

图 4-3-3 为离心式通风机作抽出式通风时利用反风道反风的示意图。正常工作时反风门 1 和 2 在实线位置。反风时,风门 1 提起,风门 2 放下,风流自反风门 2 进入通风机,再从反风门 1 进入反风道 3,经风井流入井下。

(二) 轴流式通风机反转反风

调换电动机电源的任意两相接线,使电动机改变转向,从而改变通风机动轮的旋转方向,使井下风流反向。此种方法基建费较小,反风方便;但反风量较小。

(三) 利用备用通风机的风道反风(无地道反风)

如图 4-3-4 所示,当两台轴流式通风机并排布置时,工作通风机(正转)可利用另一台备

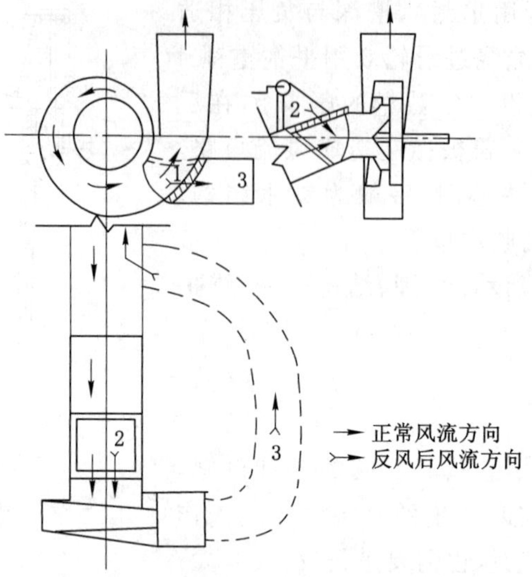

1—反风控制风门；2—反风进风门；3—反风绕道。

图 4-3-3　离心式通风机作抽出式通风时利用反风道反风示意图

用通风机的风道作为“反风道”进行反风。图中Ⅱ号通风机正常通风时，分风风门 4、入风门 6、7 和反风门 9 处于实线位置。反风时通风机停转，将分风风门 4、反风门 9_{I} 和 9_{II} 拉到虚线位置，然后开启入风门 6、7，压紧入风门 6、7，再启动Ⅱ号风机，便可实现反风。

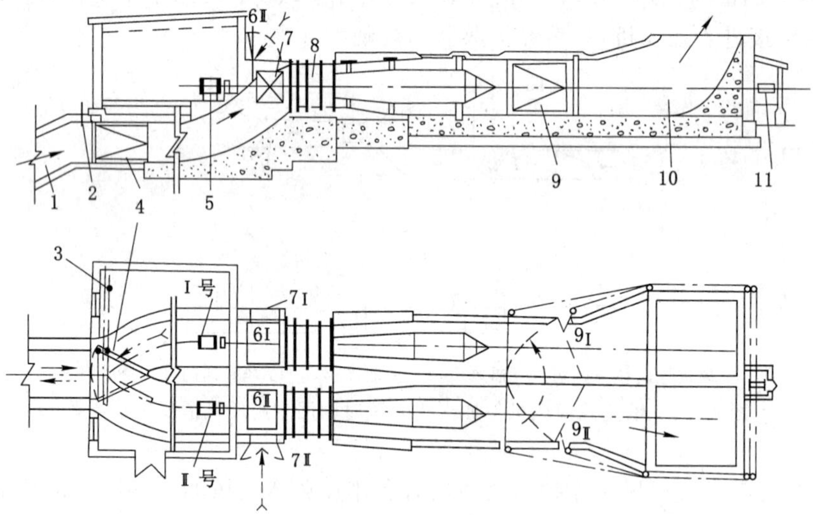

1—风硐；2—静压管；3—绞车；4—分风门；5—电动机；6—反风入风顶盖门；
7—反风入风侧门；8—通风机；9—反风门；10—扩散器；11—绞车。

图 4-3-4　轴流式通风机无地道反风

（四）调整动叶安装角进行反风

对于动叶可同时转动的轴流式通风机，只要把所有叶片同时偏转一定角度（大约 120°），不必改变动轮转向就可以实现矿井风流反向，如图 4-3-5 所示。我国上海鼓风机厂生产 GAF 型风机，结构上具有这种性能。国外此种通风机较多。

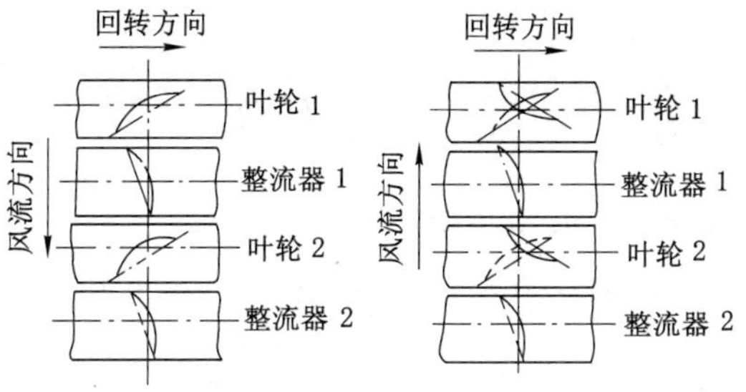

图 4-3-5　调整动叶安装角反风

反风装置应满足下列要求：定期进行检修，确保反风装置处于良好状态；动作灵敏可靠，能在 10 min 内改变巷道中风流方向；结构要严密，漏风少；反风量不应小于正常风量的 40%；每年至少进行一次反风演习。

第四节　通风机的实际特性曲线

一、通风机的工作参数

表示通风机性能的主要参数有风压 H、风量 Q、风机轴功率 N、效率 η 和转速 n 等。

（一）通风机（实际）流量 Q

通风机的实际流量一般是指单位时间内通过通风机入口空气的体积，亦称体积流量（无特殊说明时均指在标准状态下），单位为：m^3/h，m^3/min 或 m^3/s。

（二）通风机（实际）全压 H_t 与静压 H_s

通风机的全压 H_t 是通风机出口风流的全压与入口风流全压之差。在忽略自然风压时，H_t 用以克服通风管网阻力 h_R 和通风机出口动能损失 h_v，即

$$H_t = h_R + h_v, \quad \text{Pa} \tag{4-4-1}$$

克服管网通风阻力的风压称为通风机的静压 H_s(Pa)，即

$$H_s = h_R = RQ^2 \tag{4-4-2}$$

因此

$$H_t = H_s + h_v \tag{4-4-3}$$

（三）通风机的功率

通风机的输出功率（又称空气功率）以全压计算时称全压功率 N_t，用下式计算：

$$N_t = H_t Q \times 10^{-3} \tag{4-4-4}$$

用通风机静压计算输出功率，称为静压功率 N_s，即

$$N_s = H_s Q \times 10^{-3} \tag{4-4-5}$$

因此，通风机的轴功率，即通风机的输入功率 N(kW)为

$$N=\frac{N_t}{\eta_t}=\frac{H_tQ}{1\ 000\eta_t} \tag{4-4-6}$$

或

$$N=\frac{N_s}{\eta_s}=\frac{H_sQ}{1\ 000\eta_s} \tag{4-4-7}$$

式中，η_t、η_s 分别为通风机的全压效率和静压效率。

设电动机的效率为 η_m，传动效率为 η_{tr} 时，电动机的输入功率为 N_m，则

$$N_m=\frac{N}{\eta_m\eta_{tr}}=\frac{H_tQ}{1\ 000\eta_t\eta_m\eta_{tr}} \tag{4-4-8}$$

二、通风系统主要参数关系

掌握矿井主要通风机与通风系统参数之间关系，对于矿井通风的科学管理至关重要。

为了指示主要通风机以及通风系统的状况，在风硐中靠近通风机入口、风流稳定断面上安装测静压探头，通过胶管与通风机房中水柱计或压差计（仪）相连接，测得所在断面上风流的相对静压 h。离心式通风机测压探头应安装在立闸门的外侧。水柱计或压差计的示值与通风机压力和矿井阻力之间存在什么关系？它对于通风管理有什么实际意义？下面就此进行讨论。

（一）抽出式通风矿井

1. 压差计(表)或水柱计示值与矿井通风阻力和通风机静压之间关系

如图 4-4-1 所示，水柱计示值为 4 断面相对静压 h_4，h_4（负压）$=P_4-P_{04}$（P_4 为 4 断面绝对压力，P_{04} 为与 4 断面同标高的大气压力）。

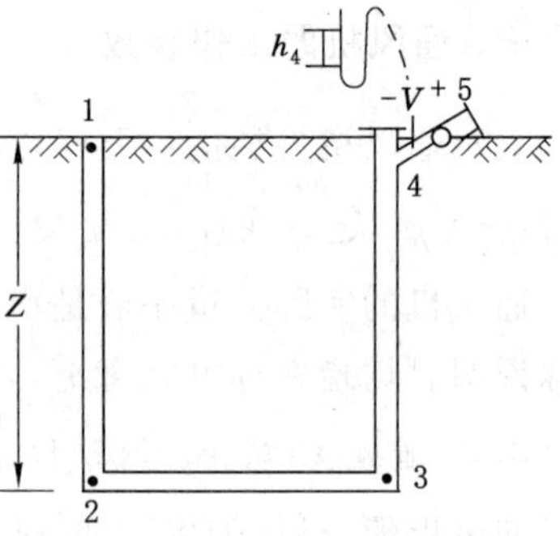

图 4-4-1

沿风流方向，对 1、4 两断面列伯努利方程：

$$h_{R14}=(P_1+h_{v1}+\rho_{m12}\ gZ_{12})-(P_4+h_{v4}+\rho_{m34}\ gZ_{34})$$

式中 h_{R14}——1 至 4 断面通风阻力，Pa；

P_1，P_4——1、4 断面静压，Pa；

h_{v1}，h_{v4}——1、4 断面动压，Pa；

Z_{12}，Z_{34}——12、34 段高差，m；

ρ_{m12}，ρ_{m34}——12、34 段空气柱空气密度平均值，kg/m^3。

因风流入口断面全压 P_{t1} 等于大气压力 P_{01}，即

$$P_1+h_{v1}=P_{t1}=P_{01}$$

又因 1 与 4 断面同标高，故 1 断面的同标高大气压 P'_{01} 与 4 断面外大气压 P_{04} 相等。又 $\rho_{m12}gZ_{12'}-\rho_{m341}gZ_{34}=H_N$ 故上式可写为

$$h_{R14}=P_{04}-P_4-h_{v4}+H_N$$

$$h_{R14}=|\ h_4\ |-h_{v4}+H_N$$

即水柱计示值

$$|\ h_4\ |=h_{R14}+h_{v4}-H_N \tag{4-4-9}$$

根据通风机静压与矿井阻力之间的关系可得：

$$H_s + H_N = |h_4| - h_{v4} = h_{R14} \quad (4\text{-}4\text{-}10)$$

式(4-4-9)和式(4-4-10),反映了通风机房压差计(表)示值(或水柱计)测值 h_4 与矿井通风系统阻力、通风机静压及自然风压之间的关系。

如果矿井的主要进回风道发生冒顶堵塞,则压差计(表)示值或水柱计读数增大;如果控制通风系统的主要风门打开风流短路,则压差计(表)示值或水柱计读数减小,因此,它是通风管理的重要监测手段。

2. 通风机房压差计(表)或水柱计示值与全压 H_t 之间关系

通风机的全压除克服通风系统阻力之外,还要克服扩散器阻力(h_{Rd})和扩散器出口动压(h_{v5})损失。因此,由式(4-4-10)可得水柱计示值与全压之间关系:

$$H_t + H_N = h_{14} + h_{Rd} + h_{v5} \quad (4\text{-}4\text{-}11)$$

式中　h_{Rd}——扩散器阻力,Pa;

h_{v5}——扩散器出口动压,Pa。

(二) 压入式通风矿井

如图 4-4-2 所示,对 1、2 两断面列伯努利方程得:

$$h_{R12} = (P_1 + h_{v1} + \rho_{m1} g Z_1) - (P_2 + h_{v2} + \rho_{m2} g Z_2)$$

因风井出口风流静压等于大气压,即 $P_2 = P_{02}$;1、2 断面同标高,其同标高的大气压相等,即 $P_{01} = P_{02}$,故 $P_1 - P_2 = P_1 - P_{01} = h_1$

又 $\rho_{m1} g Z_1 - \rho_{m2} g Z_2 = H_N$,故上式可写为

$$h_{R12} = h_1 + h_{v1} - h_{v2} + H_N$$

所以 $h_1 = h_{R12} + h_{v2} - h_{v1} - H_N$

又 $H_t = P_{t1} - P_{t1'} = P_{t1} - P_0 = P_1 + h_{v1} - P_0 = h_1 + h_{v1}$

$$H_t + H_N = h_{R12} + h_{v2} \quad (4\text{-}4\text{-}12)$$

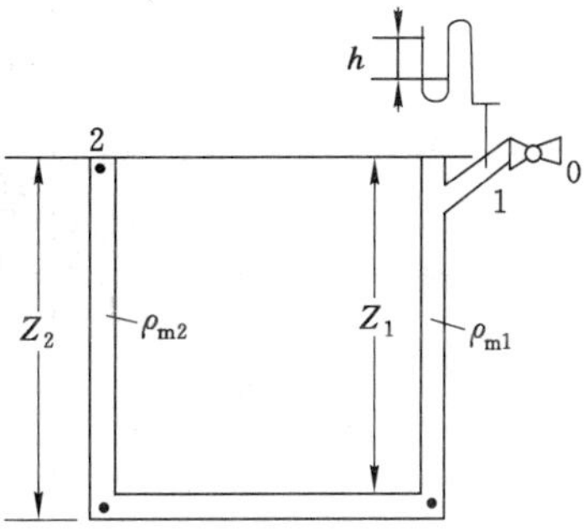

图 4-4-2

由式(4-4-11)和式(4-4-12)可见,无论何种通风方式,通风动力都是克服风道的阻力和出口动能损失,不过抽出式通风的动能损失在扩散器出口,而压入式通风时出口动能损失在出风井口,两者数值上可能不等,但物理意义相同。

三、通风机的个体特性曲线

当通风机以某一转速、在风阻 R 的管网上工作时,可测算出一组工作参数风压 H、风量 Q、功率 N 和效率 η,这就是该通风机在管网风阻为 R 时的工况点。改变管网的风阻,便可得到另一组相应的工作参数,通过多次改变管网风阻,可得到一系列工况参数。将这些参数描绘在以 Q 为横坐标,以 H、N 和 η 为纵坐标的直角坐标系上,并用光滑曲线分别把同名参数点连接起来,即得 H-Q、N-Q 和 η-Q 曲线,这组曲线称为通风机在该转速条件下的个体特性曲线。通常通风机静压特性曲线(H_s-Q)用得较多。

为了减少通风机的出口动压损失,抽出式通风时主要通风机的出口均外接扩散器。通常把外接扩散器看作通风机的组成部分,总称之为通风机装置。通风机装置的全压 H_{td} 为扩散器出口与风机入口风流的全压之差,与通风机的全压 H_t 之间关系为

$$H_{td} = H_t - h_d \quad (4\text{-}4\text{-}13)$$

式中　h_d——扩散器阻力。

通风机装置静压 H_{sd} 因扩散器的结构形式和规格不同而有变化，严格地说

$$H_{td}=H_t-(h_d+h_{vd}) \tag{4-4-14}$$

式中　h_{vd}——扩散器出口动压。

比较式(4-4-10)与式(4-4-14)可见，只有当 $h_d+h_{vd}<h_v$ 时，才有 $H_{sd}>H_s$，即通风机装置阻力与其出口动能损失之和小于通风机出口动能损失时，通风机装置的静压才会因加扩散器而有所提高，即扩散器起到回收动能的作用。

图 4-4-3 表示了 H_t、H_{td}、H_s 和 H_{sd} 之间的相互关系。由图可见，安装了设计合理的扩散器之后，虽然增加了扩散器阻力，使 H_{td}-Q 曲线低于 H_t-Q 曲线，但由于 $h_d+h_{vd}<h_v$，故 H_{sd}-Q 曲线高于 H_s-Q 曲线（工况点由 A 变至 A'）。若 $h_d+h_{vd}>h_v$，则说明了扩散器设计不合理。

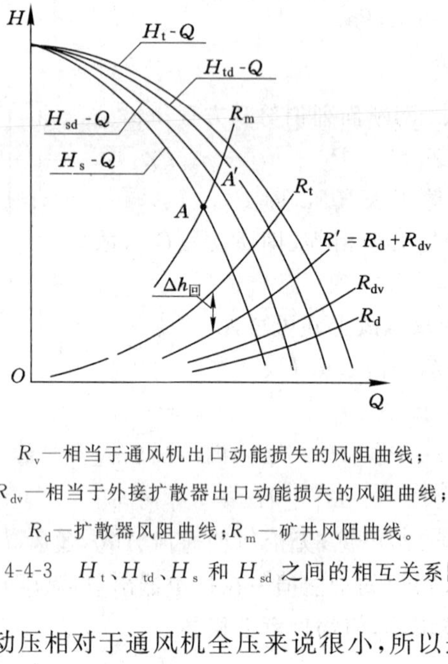

R_v—相当于通风机出口动能损失的风阻曲线；

R_{dv}—相当于外接扩散器出口动能损失的风阻曲线；

R_d—扩散器风阻曲线；R_m—矿井风阻曲线。

图 4-4-3　H_t、H_{td}、H_s 和 H_{sd} 之间的相互关系图

安装扩散器后回收的动压相对于通风机全压来说很小，所以通常并不把通风机特性和通风机装置特性严加区别。

通风机厂提供的特性曲线往往是根据模型试验资料换算绘制的，一般未考虑外接扩散器。而且有的厂方提供全压特性曲线，有的提供静压特性曲线，读者应能根据具体条件掌握它们的换算关系。

图 4-4-4 和图 4-4-5 分别为轴流式通风机和离心式通风机的个体特性曲线示例。

轴流式通风机完整的风压特性曲线一般都有马鞍形驼峰存在，而且同一台通风机的驼峰区随叶片装置角度的增大而增大。驼峰点 D 以右的特性曲线为单调下降区段，是稳定工作段（厂方一般仅提供此段曲线）；点 D 以左是不稳定工作段，通风机在该段工作，有时会引起通风机风量、风压和电动机功率的急剧波动，甚至机体发生震动，发出不正常噪声，产生所谓喘振（或飞动）现象，严重时会破坏通风机。离心式通风机风压曲线驼峰不明显，且随叶片后倾角度增大逐渐减小，其风压曲线工作段较轴流式通风机平缓；当管网风阻作相同量的变化时，其风量变化比轴流式通风机要大。

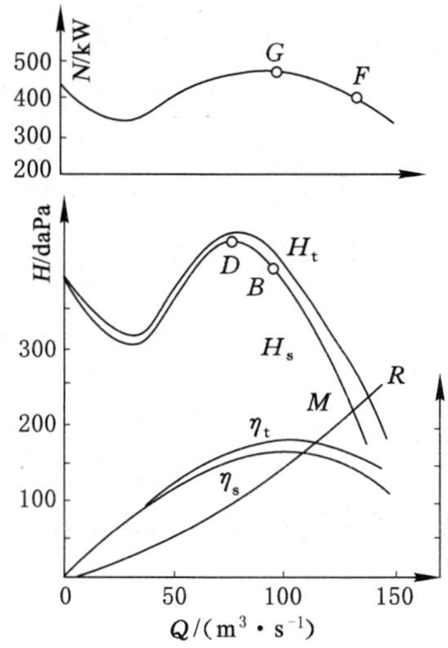

图 4-4-4　轴流式通风机个体特性曲线

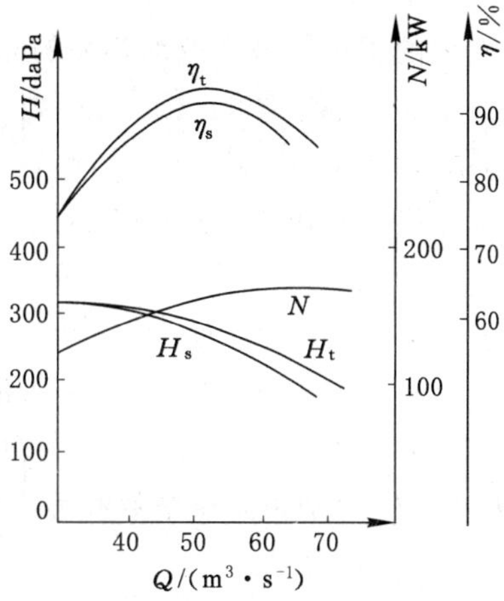

图 4-4-5　离心式通风机个体特性曲线

离心式通风机的轴功率 N 又随风量 Q 增加而增大，只有在接近风流短路时功率才略有下降。因而，为了保证安全启动，避免因启动负荷过大而烧坏电机，离心式通风机在启动时应将风硐中的闸门全闭，待其达到正常转速后再将闸门逐渐打开。当供风量超过需风量过大时，常常利用闸门加阻来减少工作风量，以节省电能。

轴流式通风机的叶片装置角不太大时，在稳定工作段内，功率 N 随风量 Q 增加而减小。所以轴流式通风机应在风阻最小时启动，以减小启动负荷。

在产品样本中，大、中型矿井轴流式通风机给出的大多是静压特性曲线，而离心式通风机大多是全压特性曲线。

对于叶片安装角度可调的轴流式通风机的特性曲线，通常以图 4-7-2 的形式给出，H-Q 曲线只画出最大风压点右边单调下降部分，且把不同安装角度的特性曲线画在同一坐标上，效率曲线是以等效率曲线的形式给出。

四、无因次系数与类型特性曲线

目前我国制造的通风机种类较多，同一系列的产品有许多不同的叶轮直径。像离心式通风机，同一直径的产品又有不同的转速。如果仅仅用个体特性曲线表示各种通风机性能，就显得过于复杂。特性曲线太多使用起来也不方便，而且不便于比较不同类型通风机的性能，还有，在设计大型通风机时，首先必须进行模型试验。那么模型和实物之间应保持什么关系？如何把模型的性能参数换算成实物的性能参数？这些问题都要进行讨论。

（一）无因次系数

1. 通风机的相似条件

两个通风机相似是指气体在通风机内流动过程相似，或者说它们之间在任一对应点的同名物理量之比保持常数，这些常数叫相似常数或比例系数。同一系列通风机在相应工况点的流动是彼此相似的，几何相似是通风机相似的必要条件，动力相似则是相似通风机的充分条件，满足动力相似的条件是雷诺数 $Re(=\frac{ul}{\nu})$ 和欧拉数 $Eu(=\frac{\Delta P}{\rho u^2})$ 分别相等。同系列通风机在相似的工况点符合流动相似的充要条件。

2. 无因次系数

(1) 压力系数 $\overline{H}$

用通风机的全压 H_t 或静压 H_s 代替欧拉数中的 ΔP，圆周速度代替 u，则有

$$\frac{H_t}{\rho u^2}=\overline{H}_t,\quad \frac{H_s}{\rho u^2}=\overline{H}_s \tag{4-4-15}$$

或

$$\frac{H}{\rho u^2}=\overline{H}=常数 \tag{4-4-16}$$

式中 $\overline{H}_t$ 和 $\overline{H}_s$ 分别叫全压系数和静压系数。所以同系列通风机在相似工况点的全压系数和静压系数均为一常数。

(2) 流量系数 $\overline{Q}$

由几何相似和运动相似得

$$\frac{D_1}{D_2}=\frac{b_1}{b_2},\quad \frac{C_{2m1}}{C_{2m2}}=\frac{u_1}{u_2}$$

以离心式通风机为例，因 $Q=\pi DbC_{2m}$

所以

$$\frac{Q_1}{Q_2}=\frac{\pi D_1 b_1 C_{2m1}}{\pi D_2 b_2 C_{2m2}}=\frac{\pi D_1 b_1 u_1}{\pi D_2 b_2 u_2}=\frac{\pi D_1^2 u_1}{\pi D_2^2 u_2}$$

即

$$\frac{Q_1}{\frac{\pi}{4}D_1^2 u_1}=\frac{Q_2}{\frac{\pi}{4}D_2^2 u_2}$$

或

$$\frac{Q}{\frac{\pi}{4}D^2 u}=\overline{Q}=常数 \tag{4-4-17}$$

式中 D_1、u_1、b_1、C_1 和 D_2、u_2、b_2、C_2 分别表示两台相似通风机的叶轮外缘直径、圆周速度、出口宽度和出口径向分速度。同系列通风机的流量系数相等。

(3) 功率系数 $\overline{N}$

通风机轴功率计算公式 $N=\frac{HQ}{1\,000\eta}$ 中的 H 和 Q 分别用式(4-4-16)和式(4-4-17)代入得

$$N=\frac{\overline{H}_t\cdot\rho u^2\cdot\frac{\pi}{4}D^2 u\overline{Q}}{1\,000\eta_t}=\frac{\pi}{4}\rho D^2 u^3\ \frac{\overline{H}_t\overline{Q}}{1\,000\eta_t}$$

$$\frac{1\,000N}{\frac{\pi}{4}\rho D^2 u^3}=\frac{\overline{HQ}}{\eta}=\overline{N}=常数 \tag{4-4-18}$$

同系列通风机在相似工况点的效率相等，功率系数 $\overline{N}$ 为常数。

$\overline{Q}$、$\overline{H}$、$\overline{N}$ 三个参数都不含有因次，因此叫无因次系数。

（二）类型特性曲线

$\overline{Q}$、$\overline{H}$、$\overline{N}$ 和 η 可用相似通风机的模型试验获得，根据通风机模型的几何尺寸、试验条件及试验时所得的工况参数 Q、H、N 和 η。利用式(4-4-16)、式(4-4-17)和式(4-4-18)计算出该系列风机的 $\overline{Q}$、$\overline{H}$、$\overline{N}$ 和 η。然后以 $\overline{Q}$ 为横坐标，以 $\overline{H}$、$\overline{N}$ 和 η 为纵坐标，绘出 $\overline{H}$-$\overline{Q}$、$\overline{N}$-$\overline{Q}$ 和 η-$\overline{Q}$ 曲线，此曲线即为该系列风机的类型特性曲线，亦称通风机的无因次特性曲线和抽象特性曲线。图 4-4-6 和图 4-4-7 分别为 4-72-11 型和 G4-73-11 型离心式通风机的类型曲线，2K60 型通风机的类型曲线可参见图 4-7-2。对于不同类型通风机可用类型曲线比较其性能。可根据类型曲线和通风机直径、转速换算得到个体特性曲线；由个体特性曲线也可换算得类型曲线。需要指出的是，对于同一系列通风机，当几何尺寸(D)相差较大时，在加工和制造过程中很难保证流道表面相对粗糙度、叶片厚度以及机壳间隙等参数完全相似，而粗糙度和间隙大小又会影响损失大小，为了避免因尺寸相差较大而造成误差，所以有些通风机(4-72-11 系列)的类型曲线有多条，可按不同直径尺寸而选用。

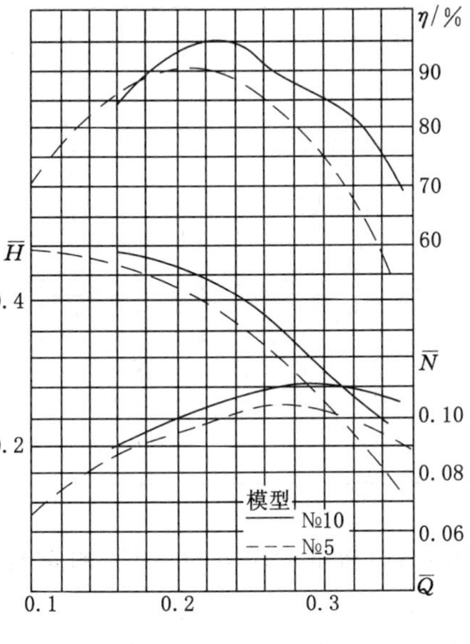

图 4-4-6　4-72-11 型离心式通风机的类型曲线

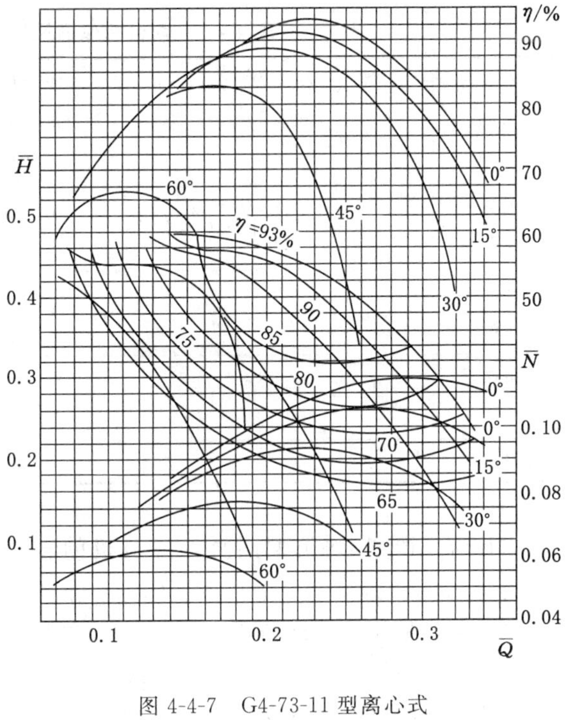

图 4-4-7　G4-73-11 型离心式通风机的类型曲线

五、比例定律与通用特性曲线

（一）比例定律

由式(4-4-16)、式(4-4-17)和式(4-4-18)可见，同类型通风机在相似工况点的无因次系数

$\overline{Q}$、$\overline{H}$、$\overline{N}$ 和 η 是相等的。它们的压力 H、流量 Q 和功率 N 与其转速 n、尺寸 D 和空气密度 ρ 成一定比例关系，这种比例关系叫比例定律。将转速 $u=\pi Dn/60$ 代入式(4-4-16)、式(4-4-17)和式(4-4-18)得

$$H=0.002\,74\rho D^2n^2\overline{H}$$
$$Q=0.041\,08D^3n\overline{Q}$$
$$N=1.127\times10^{-7}\rho D^5n^3\overline{N}$$

对于 1、2 两个相似通风机而言：$\overline{Q}_1=\overline{Q}_2$、$\overline{H}_1=\overline{H}_2$、$\overline{N}_1=\overline{N}_2$，所以

$$\frac{H_1}{H_2}=\frac{0.002\,74\rho_1D_1^2n_1^2\overline{H}_1}{0.002\,74\rho_2D_2^2n_2^2\overline{H}_2}=\frac{\rho_1}{\rho_2}\cdot\left(\frac{D_1}{D_2}\right)^2\cdot\left(\frac{n_1}{n_2}\right)^2 \tag{4-4-19}$$

$$\frac{Q_1}{Q_2}=\frac{0.041\,08D_1^3n_1\overline{Q}_1}{0.041\,08D_2^3n_2\overline{Q}_2}=\left(\frac{D_1}{D_2}\right)^3\cdot\frac{n_1}{n_2} \tag{4-4-20}$$

$$\frac{N_1}{N_2}=\frac{1.127\times10^{-7}\rho_1D_1^5n_1^3\overline{N}_1}{1.127\times10^{-7}\rho_2D_2^5n_2^3\overline{N}_2}=\frac{\rho_1}{\rho_2}\cdot\left(\frac{D_1}{D_2}\right)^5\cdot\left(\frac{n_1}{n_2}\right)^3 \tag{4-4-21}$$

各种情况下相似通风机的换算公式如表 4-4-1 所列。

表 4-4-1　两台相似通风机 H、Q 和 N 的换算

	$D_1\neq D_2$ $n_1\neq n_2$ $\rho_1\neq\rho_2$	$D_1=D_2$ $n_1=n_2$ $\rho_1\neq\rho_2$	$D_1=D_2$ $n_1\neq n_2$ $\rho_1=\rho_2$	$D_1\neq D_2$ $n_1=n_2$ $\rho_1=\rho_2$
压力换算	$\frac{H_1}{H_2}=\frac{\rho_1}{\rho_2}\cdot\left(\frac{D_1}{D_2}\right)^2\cdot\left(\frac{n_1}{n_2}\right)^2$	$\frac{H_1}{H_2}=\frac{\rho_1}{\rho_2}$	$\frac{H_1}{H_2}=\left(\frac{n_1}{n_2}\right)^2$	$\frac{H_1}{H_2}=\left(\frac{D_1}{D_2}\right)^2$
风量换算	$\frac{Q_1}{Q_2}=\left(\frac{D_1}{D_2}\right)^3\cdot\frac{n_1}{n_2}$	$Q_1=Q_2$	$\frac{Q_1}{Q_2}=\frac{n_1}{n_2}$	$\frac{Q_1}{Q_2}=\left(\frac{D_1}{D_2}\right)^3$
功率换算	$\frac{N_1}{N_2}=\frac{\rho_1}{\rho_2}\cdot\left(\frac{D_1}{D_2}\right)^5\cdot\left(\frac{n_1}{n_2}\right)^3$	$\frac{N_1}{N_2}=\frac{\rho_1}{\rho_2}$	$\frac{N_1}{N_2}=\left(\frac{n_1}{n_2}\right)^3$	$\frac{N_1}{N_2}=\left(\frac{D_1}{D_2}\right)^5$
效率换算	$\eta_1=\eta_2$			

由比例定律知，同类型同直径通风机的转速变化时，其相似工况点在等风阻曲线上变化。

例　某矿使用主要通风机为 4-72-11№20B 离心式通风机，其特性曲线如图 4-4-8 所示，图上给出三种不同转速 n 的 H_t-Q 曲线，四条等效率曲线。转速为 $n_1=630$ r/min，通风机工作风阻 $R=0.536\,57$ N·s²/m⁸，工况点为 M_0($Q=58$ m³/s，$H_t=1\,805$ Pa)，后来，风阻变为 $R'=0.793\,2$ N·s²/m⁸，进风量减小不能满足生产要求，拟采用调整转速方法保持风量 $Q=58$ m³/s，求转速调至多少？

解　因管网风阻已变，故应先将新风阻 $R'=0.793\,2$ N·s²/m⁸ 的曲线绘制在图中，得其与 $n_1=630$ r/min 曲线的交点为 M_1，其风量 $Q_1=51.5$ m³/s。在此风阻下风量增至 $Q_2=58$ m³/s 的转速 n_2，可按下式求得：

$$n_2=n_1Q_2/Q_1=630\times58/51.5=710\ (\text{r/min})$$

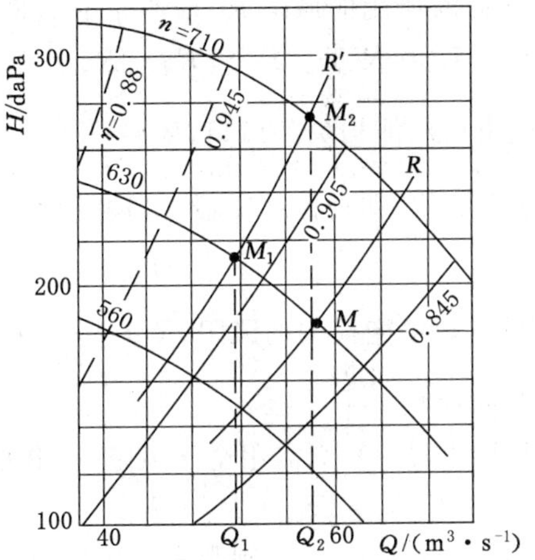

图 4-4-8　4-72-11№20B 离心式通风机特性曲线

即转速应调至 $n_2=710$ r/min，可满足供风要求。

（二）通用特性曲线

为了便于使用，根据比例定律，把一个系列产品的性能参数，如压力 H、风量 Q 和转速 n、直径 D、功率 N 和效率 η 等相互关系同画在一个坐标图上，这种曲线叫通用特性曲线。图 4-7-3 为 G4-73 系列离心式通风机的对数坐标曲线，在对数坐标图中，风阻 R 曲线为直线，与 Q 轴夹角为 63°，与机号线平行，大大简化了作风阻曲线的步骤。

第五节　通风机工况点及其经济运行

一、工况点的确定方法

所谓工况点，即是通风机在某一特定转速和工作风阻条件下的工作参数，如 Q、H、N 和 η 等，一般是指 H 和 Q 两参数。

已知通风机的特性曲线，设矿井自然风压忽略不计，则可用下列方法求通风机工况点。

（一）图解法

当管网上只有一台通风机工作时，只要在通风机风压特性（H-Q）曲线的坐标上，按相同比例作出工作管网的风阻曲线，与风压曲线交点的坐标值，即为通风机的工作风压和风量。通过交点作 Q 轴垂线，与 N-Q 和 η-Q 曲线相交，交点的纵坐标即为通风机的轴功率 N 和效率 η。

图解法的理论依据是：通风机风压特性曲线的函数式为 $H=f(Q)$，管网风阻特性（或称阻力特性）曲线函数式是 $h=RQ^2$，通风机风压 H 是用以克服阻力 h，所以 $H=h$，因此两曲线的交点，即两方程的联立解。可见图解法的前提是风压与其所克服的阻力相对应。

以抽出式通风矿井（安装有外接扩散器）为例，如已知通风机装置静压特性曲线 H_s-Q，则对应地要用矿井系统总风阻 R_s（包括风硐风阻）作风阻特性曲线，求工况点。

若使用厂家提供的不加外接扩散器的静压特性曲线 H_s-Q，则要考虑安装扩散器所回

收的通风机出口动能的影响，此时所用的风阻 R_s 应小于 R_m，即

$$R_s = R_m - (R_v - R_d - R_{vd}) \tag{4-5-1}$$

式中 R_v——相当于通风机出口动能损失的风阻，$R_v = \frac{\rho}{2S_v^2}$；

S_v——通风机出口断面面积，即外接扩散器入口断面面积；

R_d——扩散器风阻；

R_{vd}——相当于扩散器出口动能损失的风阻，$R_{vd} = \frac{\rho}{2S_{vd}^2}$；

S_{vd}——扩散器出口断面面积。

若使用通风机全压特性曲线 H_t-Q，则需用全压风阻 R_t 作曲线，且

$$R_t = R_m + R_d + R_{vd} \tag{4-5-2}$$

若使用通风机装置全压特性曲线 H_{td}-Q，则装置全压风阻应为 R_{td}，且

$$R_{td} = R_m + R_{vd} \tag{4-5-3}$$

应当指出，在一定条件下运行时，不论是否安装外接扩散器，通风机全压特性曲线是唯一的，而通风机装置的全压和静压特性曲线则因所安装扩散器的规格、质量而有所变化。

（二）解方程法

随着电子计算机的应用，复杂的数学计算已成为可能。通风机的工况点（H，Q）可通过式(4-5-4)所示的二元通风机特性与其系统阻力特性组成的方程组得到：

$$\begin{cases} H = a_0 + a_1 Q + a_2 Q^2 \\ h = RQ^2 \end{cases} \tag{4-5-4}$$

式中 a_0，a_1，a_2——通风机特性方程系数；

R——通风机工作系统的风阻。

在实际工程应用中，在通风机的安全工作区间，其特性方程一般采用二次三项式表示。特性方程的系数可通过最小二乘法等曲线拟合方法计算。目前，可利用如 Excel 等数据处理软件求得。

建立通风机特性方程的数据来源：① 现场通风机性能鉴定。② 从厂家提供的出厂曲线上提取。其方法是，在通风机风压特性曲线的工作段上选取 i 个有代表性的工况点（H_i，Q_i），一般取 $i=6$。

工况点的准确性取决于建立特性方程数据和系统工作风阻 R 的准确度，数据采集的精度越高，则工况点计算得越准确；反之亦然。

如果矿井自然风压不能忽略，用图解法求工况点的方法见本章第六节中通风机的自然风压串联工作。

若井口漏风较大，通风系统因外部漏风通道并联而风阻减小，此时应算出考虑外部漏风后的矿井系统总风阻，然后按上述方法求工况点。

二、主要通风机工况点分析

为使通风机安全、经济和可靠地运转，应经常对其工况点进行分析，特别是当其工作参数发生变化时，以使其在整个服务期内的工况点在安全、合理的范围之内。

由轴流式通风机特性可知，其特性曲线的最高压力左侧一般存在驼峰区，若其工况点位

于最高压力的左侧,则会发生喘振和工作不稳定,严重的、较长时间喘振,则可能导致机体损坏。从安全方面来考虑,轴流式通风机安全、经济的工作范围如图 4-5-1 的阴影区域内:

其工况点的风压必须位于驼峰点的右下侧、单调下降的直线段上,压力应在最高风压线以下(不得超过最高风压的 90%,即 $H_s < 0.9H_{smax}$),以防止因系统风阻偶尔增加等原因,导致工况点进入不稳定区。

轴流式通风机工作曲线的叶片安装角比最大值小 2.5°;通风机动轮的转速不应超过额定转速。

从经济的角度出发,通风机的运转效率不应低于 60%。

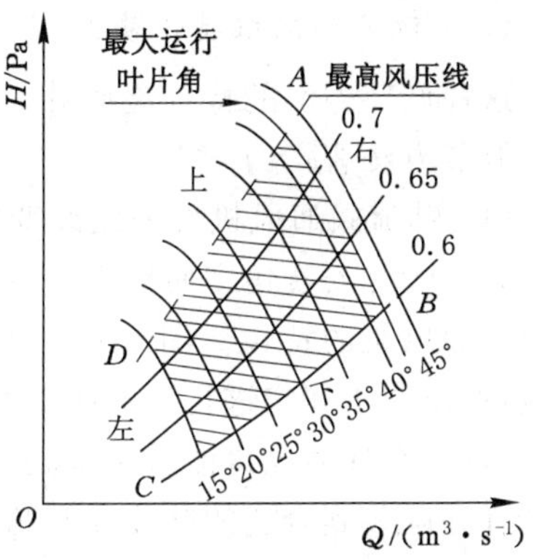

图 4-5-1　轴流式通风机的安全、合理工作范围

分析主要通风机的工况点合理与否,应使用实测的通风机装置特性曲线。因厂方提供的曲线一般与实际不符,应用时会得出错误的结论。

三、主要通风机工况点调节

在煤矿中,通风机的工况点常因采掘工作面的增减和转移、瓦斯涌出量等自然条件变化和通风机本身性能变化(如磨损)而改变。为了保证矿井的按需供风和通风机经济运行,需要适时地进行工况点调节。实质上,工况点调节就是供风量的调节。由于通风机的工况点是由通风机和风阻两者的特性曲线决定的,所以,欲调节工况点只需改变两者之一或同时改变即可。据此,工况点调节方法主要有:

(一) 改变风阻特性曲线

当通风机特性曲线不变时,改变其工作风阻,工况点沿通风机特性曲线移动。

1. 增风调节

为了增加矿井的供风量,可以采取下列措施:

(1) 减少矿井总风阻。在矿井(或系统)的主要进、回风道采取增加并联巷道、缩短风路、扩刷巷道断面、更换摩擦阻力系数小的支架(护)、减小局部阻力等措施,均可收到一定效果。这种调节措施的优点是,主要通风机的运转费用经济,但有时工程费用较大。

(2) 当地面外部漏风较大时,可以采取堵塞地面的外部漏风措施。这样做,通风机的风量虽然因其工作风阻增大而减小,但矿井风量却会因有效风量率的提高而增大。这种方法实施简单,经济效益较好,但调节幅度不大。

2. 减风调节

当矿井风量过大时,应进行减风调节。其方法有:

(1) 增阻调节。对于离心式通风机可利用风硐中闸门增阻(减小其开度)。这种方法实施较简单,但因无故增阻而增加附加能量损耗。调节时间不宜过长,只能作为权宜之计。

(2) 对于轴流式通风机,当其 N-Q 曲线在工作段具有风量增加功率减小特点时,因种种原因不能实施降低转速和减少叶片安装角度 θ 时,可以用增大外部漏风的方法,来减小矿井风量。这种方法比增阻调节要经济,但调节幅度较小。

（二）改变通风机特性曲线

这种调节方法的特点是矿井总风阻不变，改变通风机特性，工况点沿风阻特性曲线移动。调节方法有：

（1）轴流式通风机可采用改变叶片安装角度达到增减风量的目的。但要注意的是，防止因增大叶片安装角度而导致进入不稳定区运行。对于有些轴流式通风机还可以改变叶片数改变通风机的特性。图 4-7-2 为 2K-60 型通风机不同叶片数的特性曲线。改变叶片数时，应按说明书规定进行。对于能力过大的双级动轮通风机，还可以减少动轮级数，减少供风。目前，有些通风机能够在运转时，向计算机输入要求的通风机工作风量，计算机就能自动选择并调节到合适的叶片安装角。

（2）装有前导器的离心式通风机，可以改变前导器叶片转角进行风量调节。风流经过前导器叶片后发生一定预旋，能在很小或没有冲角的情况下进入通风机。前导叶片转角由0°变到 90°时，风压曲线降低，通风机效率也有所降低。但调节幅度不大（70%以上）时，比增阻调节经济。图 4-4-7 是 G4-73-Ⅱ型离心式通风机调节范围在 0°～60°时的无因次特性曲线。

（3）改变通风机转速。无论是轴流式通风机还是离心式通风机都可采用。调节的理论依据是相似定律，即

$$\frac{n}{n_0}=\frac{Q}{Q_0}=\sqrt{\frac{H}{H_0}}=\sqrt[3]{\frac{N}{N_0}} \tag{4-5-5}$$

① 改变电机转速。可采用可控硅串级调速；更换合适转速的电动机和采用变速电机（此种电机价格贵）等方法。

② 利用传动装置调速。如，利用液压联轴器调速。其原理是，改变联轴器工作室内的液体量来调节通风机转速；利用皮带轮传动的通风机可以更换不同直径的皮带轮，改变传动比。这种方法只适用于小型离心式通风机。

调节转速没有额外的能量损耗，对通风机的效率影响不大，因此是一种较经济的调节方法，当调节期长、调节幅度较大时应优先考虑。但要注意，增大转速时可能会使通风机振动增加、噪声增大、轴承温度升高和发生电动机超载等问题。

调节方法的选择，取决于调节期长短、调节幅度、投资大小和实施的难易程度。调节之前应拟订多种方案，经过技术和经济比较后择优选用。选用时，还要考虑实施的可能性。有时，可以考虑采用综合措施。

第六节　通风机的联合运转

在煤矿生产和建设时期，通风系统的阻力是经常变化的。当管网的阻力变大到使一台通风机不能保证按需供风时，就有必要利用两台或两台以上通风机进行联合工作，以达到增加风量的目的。两台或两台以上通风机同在一个管网上工作叫通风机联合工作。两台通风机联合工作与一台通风机单独工作有所不同。如果不能掌握通风机联合工作的特点和技术，将会事与愿违，后果不良，甚至可能损坏通风机。因此，分析通风机联合运转的特点、效果、稳定性和合理性是十分必要的。

通风机联合工作可分为串联和并联两大类。下面就两种联合工作的特点进行分析。

一、通风机串联工作

一台通风机的吸风口直接或通过一段巷道(或管道)连接到另一台通风机的出风口上同时运转,称为通风机串联工作。

通风机串联工作的特点是,通过管网的总风量等于每台通风机的风量(没有漏风)。两台通风机的工作风压之和等于所克服管网的阻力,即

$$h = H_{s1} + H_{s2}$$

$$Q = Q_1 = Q_2$$

式中　h——管网的总阻力;

H_{s1},H_{s2}——1、2 两台通风机的工作静压;

Q——管网的总风量;

Q_1,Q_2——1、2 两台通风机的风量。

(一) 风压特性曲线不同通风机串联工作分析

串联通风机的等效特性曲线,如图 4-6-1 所示,两台不同型号通风机 F_1 和 F_2 的特性曲线分别为Ⅰ、Ⅱ。两台通风机串联的等效合成曲线Ⅰ+Ⅱ按风量相等风压相加原理求得。即在两个通风机的风量范围内,作若干条风量坐标的垂线(等风量线),在等风量线上将两个通风机的风压相加,得该风量下串联等效通风机的风压(点),将各等效通风机的风压点连起来,即可得到通风机串联工作时等效合成特性曲线Ⅰ+Ⅱ。

通风机的实际工况点。在风阻为 R 的管网上通风机串联工作时,各通风机的实际工况点按下述方法求得:在等效通风机特性曲线Ⅰ+Ⅱ上作管网风阻特性曲线 R,两者交点为 M_0,过 M_0 作横坐标垂线,分别与曲线Ⅰ和Ⅱ相交于 $M_Ⅰ$ 和 $M_Ⅱ$,此两点即是两通风机的实际工况点。

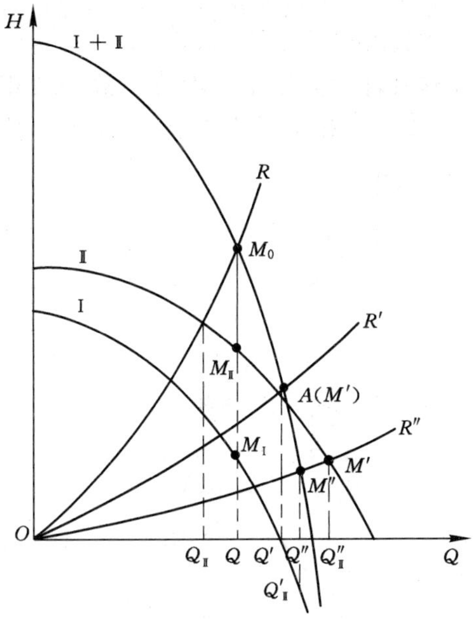

图 4-6-1

为了衡量串联工作的效果,可用等效通风机产生的风量 Q 与能力较大通风机 F_2 单独工作产生的风量 $Q_Ⅱ$ 之差表示。由图 4-6-1 可见,当工况点位于合成特性曲线与能力较大风机 F_2 性能曲线Ⅱ交点 A(通常称为临界工况点)的左上方(如 M_0)时,$\Delta Q = Q - Q_Ⅱ > 0$,则表示串联有效;当工况点 M' 与 A 点重合(即管网风阻 R' 通过 A 点)时,$\Delta Q = Q' - Q_Ⅱ = 0$,则串联无增风;当工况点 M'' 位于 A 点右下方(即管网风阻为 R'')时,$\Delta Q = Q' - Q_Ⅱ < 0$,则串联不但不能增风,反而有害,即小通风机成为大通风机的阻力。这种情况下串联显然是不合理的。

通过 A 点的风阻为临界风阻,其值大小取决于两通风机的特性曲线。欲将两台风压曲线不同的风机串联工作时,应将两通风机所决定的临界风阻 R' 与管网风阻 R 进行比较,当 $R' < R$ 方可应用。还应该指出的是,对于某一形状的合成特性曲线,串联增风量取决于管

网风阻。

（二）风压特性曲线相同通风机串联工作

图 4-6-2 所示的两台特性曲线相同（性能曲线Ⅰ和Ⅱ重合）的通风机串联工作。由图可见，临界点 A 位于 Q 轴上。这就意味着在整个合成曲线范围内串联工作都是有效的，不过工作风阻不同增风效果不同而已。

根据上述分析可得出如下结论：

通风机串联工作适用于因风阻大而风量不足的管网；风压特性曲线相同的通风机串联工作较好；串联合成特性曲线与工作风阻曲线相匹配，才会有较好的增风效果。

串联工作的任务是增加风压，用于克服管网过大阻力，保证按需供风。

（三）通风机与自然风压串联工作

1. 自然风压特性

自然风压特性是指自然风压与风量之间的关系。在机械通风矿井中，冬季自然风压随风量增大略有增大；夏季，若自然风压为负时，其绝对值亦将随风量增大而增大。通风机停止工作时自然风压依然存在。故一般用平行于 Q 轴的直线表示自然风压的特性。如图 4-6-3 中Ⅱ和Ⅱ′分别表示正和负的自然风压特性。

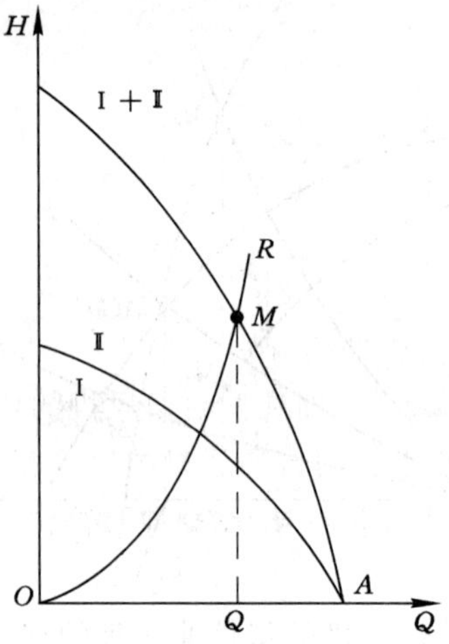

图 4-6-2

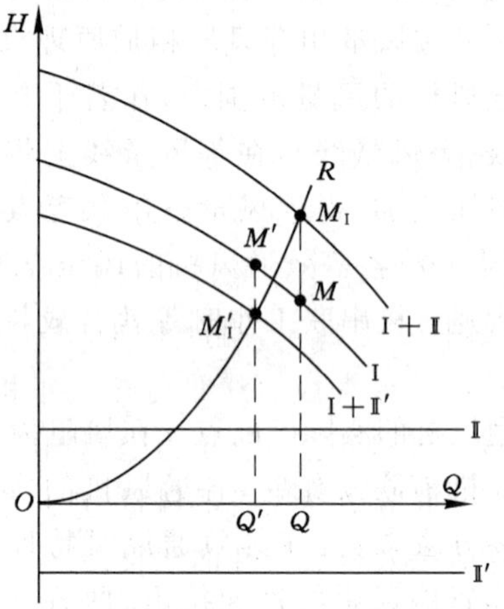

图 4-6-3

2. 自然风压对通风机工况点影响

在机械通风矿井中自然风压对机械风压的影响，类似于两个通风机串联工作。如图 4-6-3，矿井风阻曲线为 R，风机特性曲线为Ⅰ，自然风压特性曲线为Ⅱ，按风量相等风压相加原则，可得到正负自然风压与通风机风压的合成特性曲线Ⅰ＋Ⅱ和Ⅰ＋Ⅱ′。风阻 R 与其交点分别为 $M_Ⅰ$ 和 $M'_Ⅰ$，据此可得通风机的实际工况点为 M 和 M'。由此可见，当自然风压为正时，机械风压与自然风压共同作用克服矿井通风阻力，使风量增加；当自然风压为负时，成为矿井通风阻力。

二、通风机并联工作

如图 4-6-4 所示，两台通风机的吸风口直接或通过一段巷道连接在一起工作叫通风机并联。通风机并联有集中并联和对角并联之分。图(a)为集中并联，图(b)为对角并联。

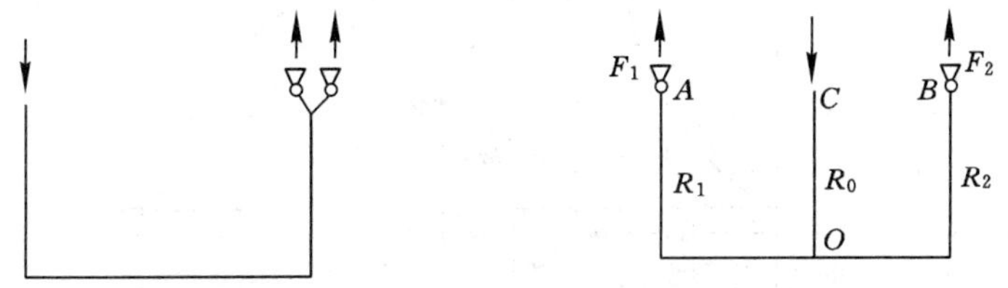

(a) 集中并联　　(b) 对角并联

图 4-6-4

(一) 集中并联

理论上，两台通风机的吸风口(或出风口)可视为连接在同一点。所以两台通风机的装置静压相等，等于管网阻力；两台通风机的风量流过同一条巷道，故通过巷道的风量等于两台通风机风量之和。即

$$h = H_{s1} = H_{s2}$$

$$Q = Q_1 + Q_2$$

式中符号意义同前。

1. 风压特性曲线不同通风机并联工作

通风机并联工作的特点和工况分析：

如图 4-6-5 所示，两台不同型号通风机 F_1 和 F_2 的特性曲线分别为Ⅰ、Ⅱ。两台通风机并联后的等效合成曲线Ⅲ可按风压相等风量相加原理求得。即在两台通风机的风压范围内，作若干条等风压线(压力坐标轴的垂线)，在等风压线上把两台通风机的风量相加，得该风压下并联等效通风机的风量(点)，将等效通风机的各个风量点连起来，即可得到通风机并联工作时等效合成特性曲线Ⅲ。

通风机并联后在风阻为 R 的管网上工作，R 与等效通风机的特性曲线Ⅲ的交点 M，过 M 作纵坐标轴垂线，分别与曲线Ⅰ和Ⅱ相交于 m_1 和 m_2，此两点即是 F_1 和 F_2 两台通风机的实际工况点。

并联工作的效果，也可用并联等效通风机产生的风量 Q 与能力较大通风机 F_1 单独工作产生的风量 Q_1 之差来分析。由图 4-6-5 可见，当 $\Delta Q = Q - Q_1 > 0$，即工况点 M 位于合成特性曲线与大通风机曲线的交点 A 右下方时，则并联有效；当管网风阻 R'(称为临界风阻)通过 A 点时，$\Delta Q = 0$，则并联增风无效；当管网风阻 $R'' > R'$ 时，工况点 M'' 位于 A 点左上方时，$\Delta Q < 0$，则并联不但不能增风，反而有害，即小通风机反向进风，并联有害。

此外，由于轴流式通风机的特性曲线存在马鞍形区段，因而合成特性曲线在小风量时比较复杂，当管网风阻 R 较大时，通风机可能出现不稳定工作。

2. 风压特性曲线相同通风机并联工作

图 4-6-6 所示的两台特性曲线Ⅰ(Ⅱ)相同的通风机 F_1 和 F_2 并联工作。Ⅲ为其合成特

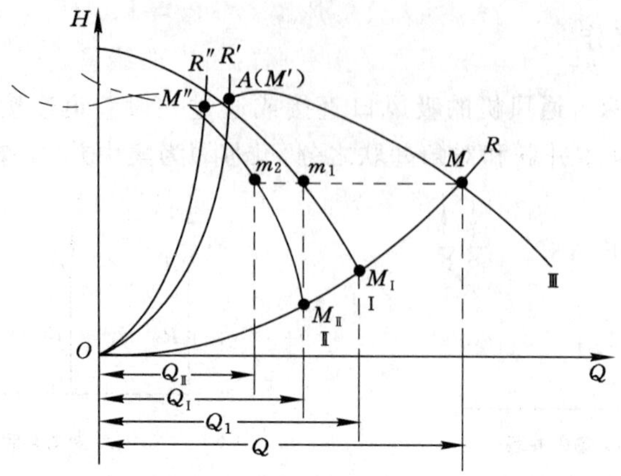

图 4-6-5

性曲线，R 为管网风阻。M 和 M'为并联的工况点和单独工作的工况点。由 M 作等风压线与曲线Ⅰ（Ⅱ）相交于 m_1，此即风机的实际工况点。由图可见，总有 $\Delta Q = Q - Q_1 > 0$，且 R 越小，ΔQ 越大。

应该指出，两台特性相同通风机并联作业，同样存在不稳定运转情况。

（二）对角并联工况分析

如图 4-6-4(b)所示的对角并联通风系统中，两台不同型号通风机 F_1 和 F_2 的特性曲线分别为Ⅰ、Ⅱ，各自单独工作的管网分别为 OA（风阻为 R_1）和 OB（风阻为 R_2），公共风路 OC（风阻为 R_0），如图 4-6-7 所示。为了分析对角并联系统的工况点，先将两台通风机移至 O 点。方法是，按等风量条件下把通风机 F_1 的风压与风路 OA 的阻力相减的原则，求通风机 F_1 为风路 OA 服务后的剩余特性曲线Ⅰ′，即作若干条等风量线，在等风量线上将通风机 F_1 的风压减去风路 OA 的阻力，得通风机 F_1 服务风路 OA 后的剩余风压点，将各剩余风压点连起来即得剩余特性曲线Ⅰ′。按相同方法，在等风量条件下，把通风机 F_2 的风压与风路 OB 的阻力相减得到通风机 F_2 为风路 OB 服务后的剩余特性曲线Ⅱ′。这样就变成了等效

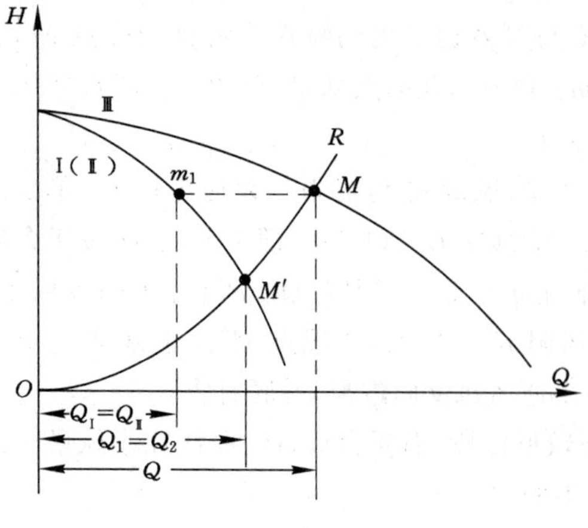

图 4-6-6

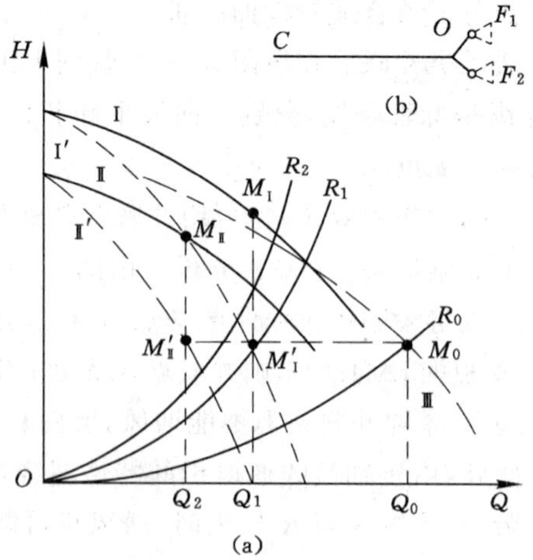

图 4-6-7

通风机 F'_1 和 F'_2 集中并联于 O 点，为公共风路 OC 服务[如图 4-6-7(b)]。按风压相等风量相加原理求得等效通风机 F'_1 和 F'_2 集中并联的特性曲线Ⅲ，它与风路 OC 的风阻 R_0 曲线交点 M_0，由此可得 OC 风路的风量 Q_0。

过 M_0 作 Q 轴平行线与特性曲线Ⅰ′和Ⅱ′分别相交于 M'_{I} 和 M'_{II} 点。再过 M'_{I} 和 M'_{II} 点作 Q 轴垂线与曲线Ⅰ和Ⅱ相交于 M_{I} 和 M_{II}，此即为两台通风机的实际工况点，其风量分别为 Q_1 和 Q_2。显然 $Q_0=Q_1+Q_2$。

由图可见，每台通风机的实际工况点 M_{I} 和 M_{II}，既取决于各自风路的风阻，又取决于公共风路的风阻。当各分支风路的风阻一定时，公共段风阻增大，两台通风机的工况点上移；当公共段风阻一定时，某一分支的风阻增大，则该系统的工况点上移，另一系统通风机的工况点下移；反之亦然。这说明两台通风机的工况点是相互影响的。因此，采用轴流式通风机作并联通风的矿井，要注意防止因一个系统的风阻减小引起另一系统的风压增加，进入不稳定区工作。

三、并联与串联工作的比较

图 4-6-8 中的两台型号相同离心式通风机的风压特性曲线为Ⅰ，两者串联和并联工作的特性曲线分别为Ⅱ和Ⅲ，N-Q 为其功率特性曲线，R_1、R_2 和 R_3 为大小不同的三条管网风阻特性曲线。当风阻为 R_2 时，正好通过Ⅱ、Ⅲ两曲线的交点 B。若并联则通风机的实际工况点为 M_1，而串联则通风机的实际工况点为 M_2。显然在这种情况下，串联和并联工作增风效果相同。但从消耗能量(功率)的角度来看，并联的功率为 N_1，而串联的功率为 N_2，显然 $N_2>N_1$，故采用并联是合理的。当通风机的工作风阻为 R_1，并联运行时工况点 A 的风量比串联运行工况点 F 时大，而每台通风机实际功率反而小，故采用并联较合理。当通风机的工作风阻为 R_3，并联运行时工况点 E，串联运行工况点为 C，则串联比并联增风效果好。对于轴流式通风机则可根据其压力和功率特性曲线进行类似分析。

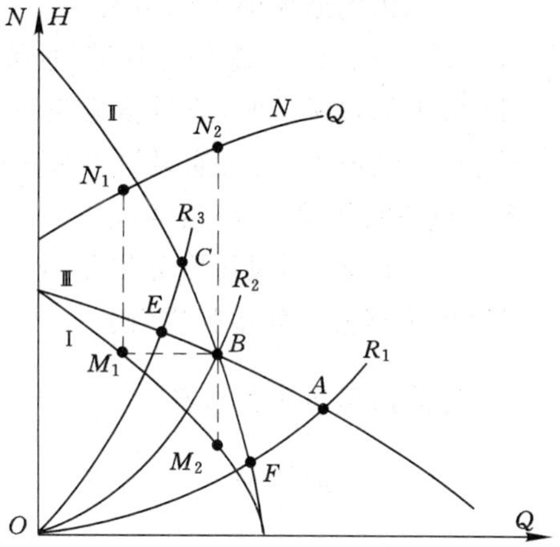

图 4-6-8

应该指出的是，选择联合运行方案时，不仅要考虑管网风阻对工况点影响，还要考虑运转效率和轴功率大小。在保证增风或按需供风后应选择能耗较小的方案。

综上所述，可得如下结论：

① 并联适用于管网风阻较小，但因通风机能力小导致风量不足的情况；

② 风压相同的通风机并联运行较好；

③ 轴流式通风机并联作业时，若风阻过大则可能出现不稳定运行。所以，使用轴流式通风机并联工作时，除要考虑并联效果外，还要进行稳定性分析。

第七节　矿井通风设备选型

矿井通风设备选型的主要任务是，根据通风设计参数在已有的通风机系列产品中，选择合适的通风机型号、转速和与之相匹配的电机。所选的通风机必须具有安全可靠、技术先进、经济技术指标良好等优点。

根据《煤炭工业矿井设计规范》等技术文件的有关规定，进行通风机设备选型时，应符合下列要求：

(1) 通风机的服务年限尽量满足第一水平通风要求，并适当照顾第二水平通风；在通风机的服务年限内其工况点应在合理的工作范围之内。

(2) 当通风机服务年限内通风阻力变化较大时，可考虑分期选择电机，但初装电机的使用年限不小于 5 年。

(3) 通风机的通风能力应留有一定富余量。在最大设计风量时，轴流式通风机的叶片安装角一般比允许使用最大值小 5°；通风机的转速不大于额定值 90%。

(4) 考虑风量调节时，应尽量避免使用风硐闸门调节。

(5) 正常情况下，主要通风机不采用联合运转。

选型必备的基础资料有：通风机的工作方式（是抽出式还是压入式）；矿井瓦斯等级；矿井不同时期的风量；通风机服务年限内的最大阻力和最小阻力以及风井是否作为提升用，等等。通风机选型按下列步骤进行：

一、计算通风机工作参数

风量 Q_f、最大静压和最小静压（轴流式）H_{smax}、H_{smin} 或全压（离心式）H_{tmax}、H_{tmin}。

二、初选通风机

根据 Q_f、H_{smax}、H_{smin}（或 H_{tmax}、H_{tmin}）在新型高效通风机特性曲线上用直观法筛选出满足风量和风压要求的若干个通风机。

三、求通风机的实际工况点

因为根据 Q_f、H_{smax}、H_{smin}（或 H_{tmax}、H_{tmin}）确定的工况点即设计工况点不一定恰好在所选择通风机的特性曲线上，所以通风机选择后必须确定实际工况点。

(一) 计算通风机的工作风阻

用静压特性曲线时，最大静压工作风阻按下式计算：

$$R_{smax} = \frac{H_{smax}}{Q_f^2} \tag{4-7-1}$$

(二) 同理可算出最小工作静风阻 R_{smin}

用全压特性曲线时，根据通风机的最大和最小工作全压计算出最大和最小全压工作风阻 R_{tmax} 和 R_{tmin}。

在通风机特性曲线上作工作风阻曲线，与风压特性曲线的交点即为实际工况点。

四、确定通风机的型号和转速

根据实际工况点所确定的各个通风机的轴功率大小，并考虑对通风机调节性能的要求，进行经济、技术比较，最后确定通风机的型号和转速。

五、电机选择

（一）计算电机功率

根据最后选择通风机的实际工况点（H、Q 和 η）按下式计算所匹配电机的功率：

$$N_{mmax}=\frac{Q_{fmax}H_{max}}{1\ 000\eta\cdot\eta_{tr}}K_m$$

$$N_{mmin}=\frac{Q_{fmin}H_{min}}{1\ 000\eta\cdot\eta_{tr}}K_m \tag{4-7-2}$$

式中　N_{mmax}（N_{mmin}）——通风阻力最大（最小）时期所配电机功率，kW；

Q_{fmax}（Q_{fmin}）——通风阻力最大（最小）时期通风机工作风量，m^3/s；

H_{max}（H_{min}）——通风机实际最大（最小）工作风压，Pa；

η——通风机工作效率（用全压时为 η_t，用静压时为 η_s），%；

η_{tr}——传动效率，直联传动时 $\eta_t=1$，皮带传动时 $\eta_{tr}=0.90\sim0.95$，联轴器传动时 $\eta_{tr}=0.98$；

K_m——电机容量备用系数，$K_m=1.1\sim1.2$。

（二）电机种类及台数选择

当电机功率 $N_{mmax}>500$ kW 时，宜选用同步电机，其功率为 N_{mmax}，其优点是在低负荷运转时，可用来改善电网功率因数，缺点是初期投资大。

采用异步电机时，当 $N_{mmin}/N_{mmax}\geqslant0.6$ 可选一台电机，功率为 N_{mmax}；当 $N_{mmin}/N_{mmax}<0.6$ 时选两台电机，后期电机功率为 N_{mmax}，初期电机功率可按下式计算：

$$N_m=\sqrt{N_{mmax}N_{mmin}} \tag{4-7-3}$$

根据计算的 N_{mmax}、N_m 和通风机要求的转数，在电机设备手册上选用合适的电机。

例　某矿为抽出式通风，高瓦斯矿井，矿井需风量为 $Q_m=40\ m^3/s$，矿井投产后 20 年内最大和最小通风阻力分别为 $h_{max}=2\ 551$ Pa 和 $h_{min}=1\ 668$ Pa，阻力最大和最小时自然风压分别为 $H_{NOP}=49$ Pa 和 $H_{NAS}=-147$ Pa，风井不作提升用，试选矿井主要通风机和主要电机。

解　1. 计算主通风机的工作风量

$$Q_f=KQ_m=1.15\times40\ m^3/s=46\ m^3/s=16.56\times10^4\ m^3/h$$

2. 计算通风机工作风压

取通风机装置各部分阻力 $\Delta h=196$ Pa，通风机装置动压 $h_{vd}=49$ Pa

$$H_{smax}=h_{max}+\Delta h+H_{NOP}=2\ 551+196+49=2\ 796\ (Pa)$$

$$H_{smin}=h_{min}+\Delta h+H_{NAS}=1\ 668+196-147=1\ 717\ (Pa)$$

3. 通风机的全压

$$H_{tmax}=h_{max}+\Delta h+h_{vd}+H_{NOP}=2\ 551+196+49+49=2\ 845\ (Pa)$$

$$H_{\text{tmin}} = h_{\min} + \Delta h + h_{\text{vd}} + H_{\text{NAS}} = 1\ 668 + 196 + 49 - 147 = 1\ 766\ (\text{Pa})$$

4. 根据设计工况点初选通风机

(1) 在 4-72-11 型离心式通风机性能曲线(图 4-7-1)风量坐标 $Q=46\ m^3/s$ 点，作 Q 轴垂线，在风压坐标 $H_t=1\ 766$ Pa 和 $H_t=2\ 845$ Pa 点作 Q 轴平行线，三条线段分别相交于 M_1 和 M_2 两点，由图可见，能使两个时期工况点都在合理工作范围内的通风机只有№20 通风机。

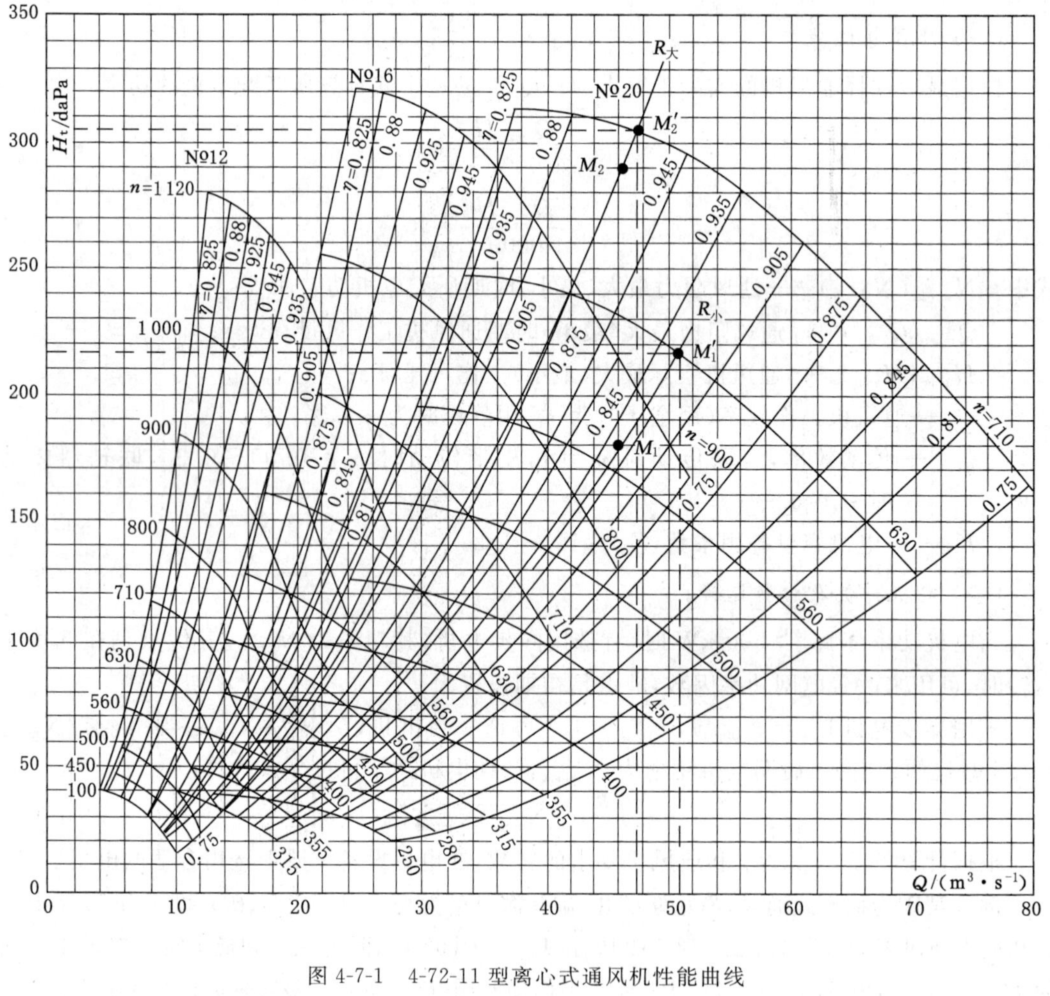

图 4-7-1　4-72-11 型离心式通风机性能曲线

(2) 观察 2K-60 系列轴流式通风机性能曲线(图 4-7-2)可知，№18 通风机基本可满足要求，在其风量坐标 $Q=46\ m^3/s$ 点，作 Q 轴垂线，在风压坐标 $H_t=1\ 766$ Pa 和 $H_t=2\ 845$ Pa 点作 Q 轴平行线，三条线段分别相交于 M_1 和 M_2 两点，由图可见，此两个工况点均在合理工作范围内，故初选№18($Z_1=7$，$Z_2=7$)通风机。

(3) 在 G4-73-11 型离心式通风机性能曲线(图 4-7-3)风量坐标 $Q=16.56\times10^4\ m^3/h$ 点，作 Q 轴垂线，在风压坐标 $H_t=1\ 766$ Pa 和 $H_t=2\ 845$ Pa 点作 Q 轴平行线，三条线段分别相交于 M_2 和 M_1 两点，由图可见，能使两个时期工况点都在合理工作范围内的通风机只有№20 通风机。

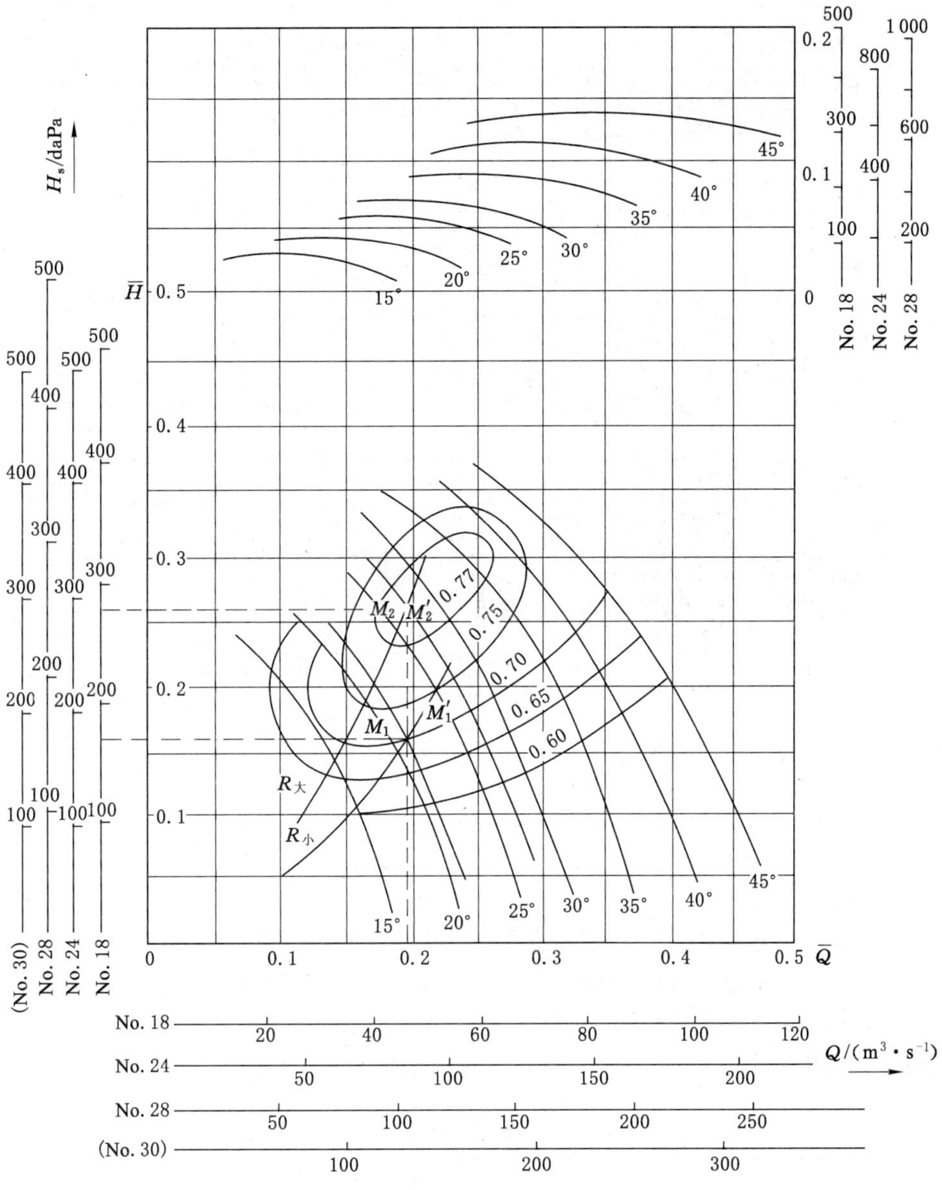

图 4-7-2 2K-60 系列轴流式通风机性能曲线($Z_1=7, Z_2=7$)
(№18,n=985 r/min;№24,n=750 r/min;№28,n=600 r/min)

5. 求通风机的实际工况点

(1) 计算通风机的工作风阻

① 离心式通风机的工作风阻

$$R_{\text{tmax}} = H_{\text{tmax}}/Q_f^2 = 2\ 845/46^2 = 1.344\ 5\ (\text{N} \cdot \text{s}^2/\text{m}^8)$$

$$R_{\text{tmin}} = H_{\text{tmin}}/Q_f^2 = 1\ 766/46^2 = 0.834\ 6\ (\text{N} \cdot \text{s}^2/\text{m}^8)$$

② 轴流式通风机工作风阻

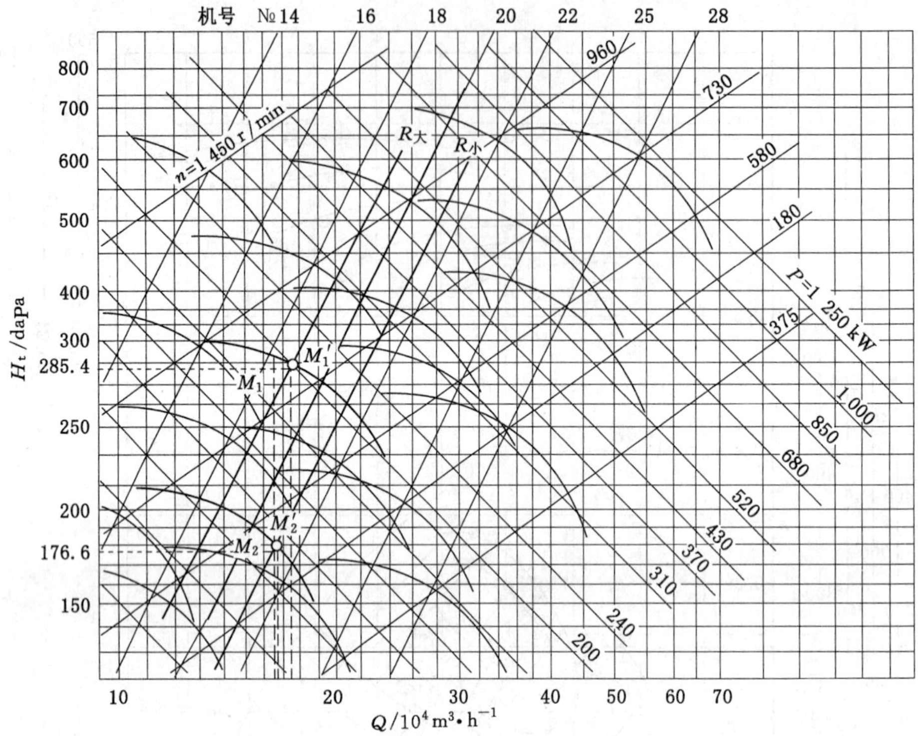

初选择工况点 M_1(16.56,285.4)M_2(16.56,176.6)；

实际工况点：M'_1(17.53,287.0)M'_2(16.81,180.0)。

图 4-7-3 G4-73-11 型离心式风机性能曲线[轴向导流、前导叶片全开(0°)时]

(进口温度 20 ℃)进口压力 760 mmHg；空气密度 1.2 kg/m³

$$R_{smax}=H_{smax}/Q_f^2=2\ 796/46^2=1.321\ 4\ (N\cdot s^2/m^8)$$

$$R_{smin}=H_{smin}/Q_f^2=1\ 717/46^2=0.811\ 4\ (N\cdot s^2/m^8)$$

(2) 根据通风机的工作风阻，分别在初选的三台通风机上作风阻曲线。由作图所得的三台初选通风机的实际工况点 M'_1 和 M'_2 的坐标列入表 4-7-1 中。

表 4-7-1 三台初选通风机的实际工况点参数

通风机型号	实际风压 /Pa		实际风量 /($m^3\cdot s^{-1}$)		效率 /%		轴功率 /kW		备注
	大	小	大	小	大	小	大	小	
2K-60№18	2 976	1 717	47.0	47.0	0.78	0.70	164.9	111.2	风压大时 $\theta=27°$，风压小时 $\theta=21°$
4-72-11№20	2 992	2 129	47.8	50.2	0.92	0.93	154.5	115.0	风压大时 $n=710$ r/min，风压小时 $n=630$ r/min
G4-73-11№20	2 870	1 850	48.3	46.7			240.0	115.0	风压大时 $n=730$ r/min，风压小时 $n=580$ r/min(未考虑前导器调节)

由表可见，从电耗大小考虑，2K-60 型和 4-72-11 型较小。从可调性上看，2K-60 型通风机较好，且可反转反风，故选择 2K-60№18 型通风机。

第八节　噪声控制概述

在人们的生活和工作环境中，噪声超过一定数值后就会造成环境污染，对人体健康和工作效率都有不同程度的影响。但对健康的影响往往是后效性的，容易被人们忽视。

频率、频谱和声压是通风机噪声的三要素。所谓频谱就是声压级和声功率级随频率变化的图形。

声波作用在物体上的压力叫声压，单位为 Pa。2×10^{-5} Pa 的声压为人耳的听阈值，20 Pa 为痛阈值，两者相差 100 万倍，显然用声压的绝对值表示其大小不太方便。现在国际上一般采用被测声压与基准声压之比的对数值表示，即用声压级 L_p 来表示噪声大小：

$$L_p=20\lg(p/p_0),\quad \text{dB} \tag{4-8-1}$$

式中　p_0——基准声压，其值为 2×10^{-5} Pa；

p——被测声压，Pa。

这样，听阈值为 0 dB(分贝)，痛阈值为 120 dB。

国内外广泛用 A 声级作为评价噪声(对人体影响)的标准。在噪声测量仪器中可以装设 A、B、C 三种计权网路，其中 A 计权网路是一种滤波器，它对频率的判别与人耳感觉相似，使中低频声波按比例衰减通过，而频率在 100 Hz 以上的声音无衰减通过。这种被 A 网路计权的声级叫 A 声级，记为 dB(A)。表 4-8-1 为我国按 A 声级规定的工业企业噪声标准。

表 4-8-1　工业企业噪声标准

每工作日接触噪声时间 /h	新建、改建和扩建企业允许噪声级 /dB(A)	现有达不到标准的企业允许噪声级 /dB(A)
8	85	90
4	88	93
2	91	96
1	94	99
	最高不得超过 115 dB(A)	

我国主要通风机的噪声(1 m 附近) 一般为 100～120 dB，通风机房噪声达 90 dB(A)以上，近年生产的对旋式通风机噪声相对较低。因此，把噪声控制在规定的范围之内，是一项重要的任务。

通风机产生噪声的原因，归纳起来有：

① 空气动力噪声，即由气流的冲击和涡流引起的噪声；

② 机械振动噪声，是动轮等回转体不平衡及轴承磨损等原因引起；

③ 空气与机械互相作用而引起的噪声。

减小通风机噪声的根本对策是通风机的结构要设计合理，零件的加工精度高，即制造噪声低的通风机；对于高噪声的通风机要采取多种消声措施，实行综合治理。这些措施有：

1. 隔音

用消声材料将发声体与周围环境隔开。隔音效果取决于隔音体的结构及材料的面密度和厚度。鹤壁六矿 70B2-21-24 型通风机的两侧砌筑 24 cm 厚的砖墙、顶盖采用 1.5 mm 的钢板,隔音量为 27 dB(A);电机房隔音,以减少电机噪声及由机体传出的固体声;还可以建造隔音值班室,以保护值班人员免受噪声危害。为了提高隔音效果,可以在机体隔音室的壁面上敷设吸声层。吸声材料可以用超细玻璃棉、甘蔗板等材料。

2. 扩散器风道消声

通风机的噪声源主要是通风机出口风道里的气流冲击引起的空气动力噪声。用消声器减小或消除空气动力噪声是减少噪声的主要途径之一。消声器是既能够消除或减弱噪声的传播,而又允许气流通过的装置。

消声器有阻性和抗性两种。阻性消声器是依靠其壁面上的吸声材料来吸收声能,达到消除中、高频噪声的目的;抗性消声器主要是依靠空腔共振或改变声阻抗的原理减少声能辐射,主要消除低、中频的噪声。

目前主要通风机主要是采用消声装置来降低噪声。消声装置有排式和方格式两种。将多孔性材料制成的消声板(或空心砖)平行间隔地安设在风道中,组成排式消声器[图 4-8-1(a)];若在排式消声器中增设水平消声板,即为方格式消声器[图 4-8-1(b)];有的矿井外接扩散器的迎风面上贴上消声板,构成消声弯头[图 4-8-1(c)],可以降低 5～10 dB(A)。消声装置的位置,有的矿(如淮南李一矿)装设在通风机扩散器的出口;有的矿装在外接扩散器的出口,都收到了较好的降噪效果。

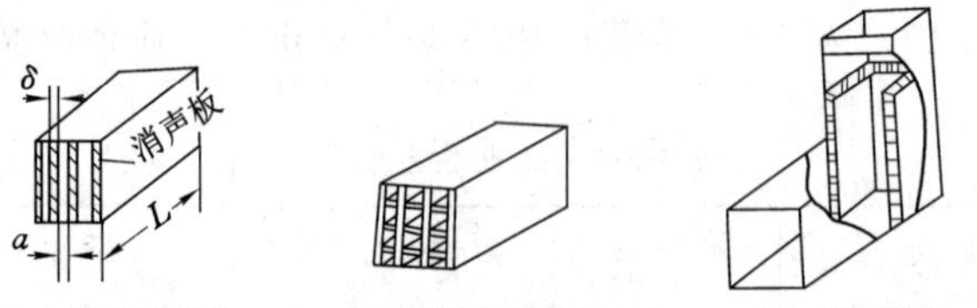

(a) 排式消声器　(b) 方格式消声器　(c) 消声弯头

α—消声板间距;δ—消声板厚;L—消声装置长度。

图 4-8-1　消声器

3. 消声材料

有蛭石吸声体、矿渣膨胀珍珠岩吸声砖、超细玻璃棉、甘蔗板等。选用的消声材料应具有安全性(不易燃、无二次污染)、经济性(造价低、服务年限长)和实用性(具有良好的吸声性能)。

复习思考题

4-1　自然风压是怎样产生的?进、排风井井口标高相同的井巷系统内是否会产生自然风压?

4-2　影响自然风压大小和方向的主要因素是什么?能否用人为的方法产生或增加自然风压?

4-3　如图 4-1-1 所示的井巷系统,当井巷中空气流动时,2、3 两点的绝对静压力之差是否等于自然风压？为什么？

4-4　如图(图题 4-4)所示的井巷系统，各点空气的物理参数如下表，求该系统的自然风压。

测点	0	1	2	3	4	5	6
$t/℃$	−5	−3	10	15	23	23	20
P/Pa	98 924.9	100 178.2	102 751.2	105 284.4	102 404.6	100 071.5	98 924.9
$\varphi/\%$	0.50			0.95			

4-5　什么叫通风机的工况点？如何确定通风机实际工况点的安全、经济范围？

4-6　如何用图解法求单一工作或联合工作通风机的工况点？举例说明之。

4-7　试述通风机串联或并联工作的目的及其适用条件。

4-8　利用图 4-4-6 推算转速 $n=900$ r/min 时 4-72-11№16 离心式通风机的个体特性曲线。

4-9　进行现场主要通风机性能鉴定时如何选择测风、测压断面？

4-10　某矿抽出式通风，主要通风机型号为 4-72-11№20，转速 $n=630$ r/min，矿井风阻 $R_m=0.735\ 75\ \text{N}\cdot\text{s}^2/\text{m}^8$，扩散器出口断面 $S_{dv}=6.72\ \text{m}^2$，风阻 $R_d=0.035\ 76\ \text{N}\cdot\text{s}^2/\text{m}^8$(自然风压忽略)。用作图法求主要通风机的工况点。

4-11　某矿主要通风机为 4-72-11№16 型离心式通风机，$n=800$ r/min，主要通风机的全压工作风阻 $r_1=1.962\ \text{N}\cdot\text{s}^2/\text{m}^8$，在冬季自然风压 $H_{NW}=196.2$ Pa，夏季 $H_{NS}=-98.1$ Pa，求冬夏两季主要通风机的实际工况点。

4-12　某矿通风系统如图 4-6-4(b)所示，通风机 F_1 为 4-72-11№20，$n=630$ r/min，通风机 F_2 为 4-72-11№16，$n=710$ r/min，$R_{CO}=0.294\ 3\ \text{N}\cdot\text{s}^2/\text{m}^8$，$R_{OA}=0.981\ \text{N}\cdot\text{s}^2/\text{m}^8$，$R_{OB}=1.471\ 5\ \text{N}\cdot\text{s}^2/\text{m}^8$，试用图解法求两翼通风机的工况点及各段风路的通风阻力。(忽略自然风压和主要通风机装置各部分阻力损失)

4-13　如图(图题 4-13)1、2 两点分别安装通风机 F_1 和 F_2，进风井 A 和 B 的入风量拟定为 $Q_A=40\ \text{m}^3/\text{s}$，$Q_B=30\ \text{m}^3/\text{s}$，已知 $R_A=0.981\ \text{N}\cdot\text{s}^2/\text{m}^8$，$R_B=R_D=1.471\ 5\ \text{N}\cdot\text{s}^2/\text{m}^8$，

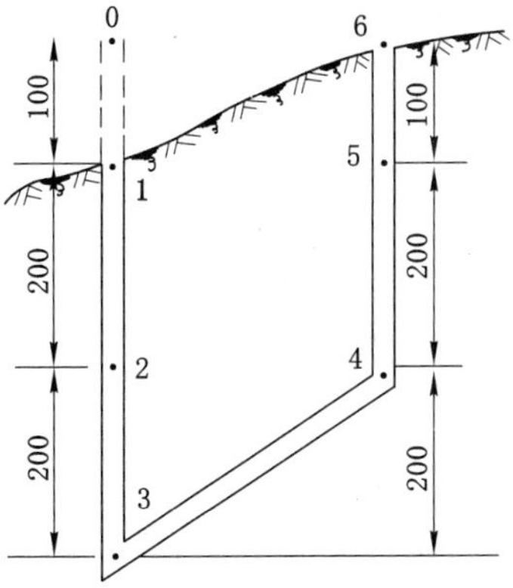

图题 4-4

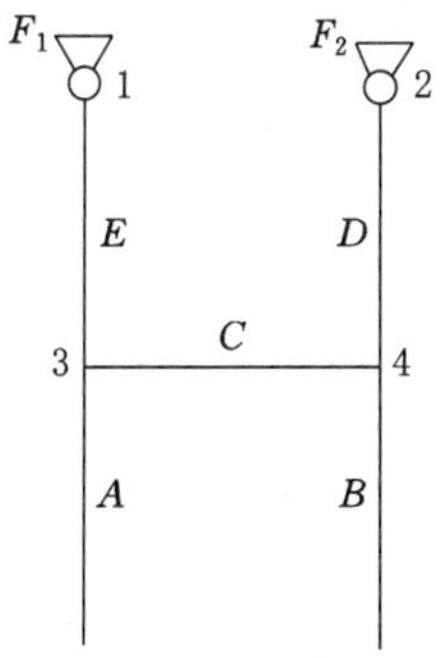

图题 4-13

R_C=2.943 N·s^2/m^8,R_E=0.249 N·s^2/m^8,用作图法求主要通风机工况点及风路 C 中风流流向。

4-14 图同题 4-13,图中通风机 F_1 和 F_2 的型号同题 4-12,风阻 R_A、R_B、R_C、R_D 和 R_E 之值同题 4-13,用作图法求通风机工况点和风路 C 中风流方向。

4-15 描述主要通风机特性的主要参数有哪些?其物理意义是什么?

4-16 轴流式通风机和离心式通风机的风压和功率特性曲线各有什么特点?在启动时应注意哪些问题?

第五章　矿井通风风量调节与系统分析

矿井通风系统是由通风动力、通风网络和控制设施等要素组成的空间物理结构实体。在正常时期其功能是保质保量地为采掘作业地点和需风场所供给新鲜空气，创造符合健康卫生标准的工作环境；在灾变时期，具有防止和抗御灾害扩大、减小灾害损失，为救灾创造安全环境和条件的功能，是矿井安全生产的重要保障系统。因此，建立和维护一个安全可靠、技术先进和经济合理的矿井通风系统对安全生产至关重要。

矿井通风网络是矿井通风系统的一种表现形式。通风系统中各井巷分配的风量及其方向遵循一定规律。

本章将介绍矿井通风网络的特性、风量分配的基本规律、通风网络中风流变化的规律、风量调节方法、应用计算机解算复杂通风网络的算法及软件应用。

第一节　矿井通风系统图与网络图

一、矿井通风系统图及其绘制

矿井通风系统图是煤矿安全生产管理的必备图件，是在矿井采掘工程平面布置图的基础上加工绘制而成的，是反映矿井通风系统中各要素之间相互关系及通风参数的图纸。通风系统图上，一般应按图例标注以下内容：

(1) 主要通风机的位置及其型号和工作参数；

(2) 局部通风机位置及其型号和参数；

(3) 矿井和采区主要进、回风巷道名称及其风量和风流方向(进风流用红色标示、回风流用蓝色标示)；

(4) 采、掘工作面和硐室名称及其风量；

(5) 密闭墙、风门、调节门、风桥等通风构筑物和安全设施位置；

(6) 通风防火与防尘设施的布置等，如有火区、积水区等应在图上进行标注。

通风系统图应按比例尺绘制，图上应有图名、图例、比例尺和绘制时间；必须定期进行修改，有较大系统调整时应及时补充修改。对于多煤层同时开采矿井，若巷道重叠严重、难以分辨时，可分煤层绘制通风系统图。

目前，绘制矿井通风系统图的工具是 Auto CAD 软件。该软件是一种通用绘图软件，为更好地适用和满足绘制矿井通风系统图的需要，可对软件进行二次开发，增加其专业性和使用性，提高矿井通风系统图的绘制效率。

采用 Auto CAD 软件绘制矿井通风系统图时，可将矿井瓦斯地质图要素作为不同图层嵌入到通风系统图中，以丰富其功能、增强使用性。

二、矿井通风网络与网络图绘制

（一）通风网络术语

用图论的方法对矿井通风系统进行抽象描述，用线表示井巷，用点表示井巷交汇点，用点线之间的连接关系表示矿井中风流的分合关系，由此得到的系统称为矿井通风网络。用直观的几何图形来表示矿井通风网络就得到矿井通风网络图，图 5-1-1 所示为一局部通风网络图。

在通风网络分析时常用到以下一些图论术语：

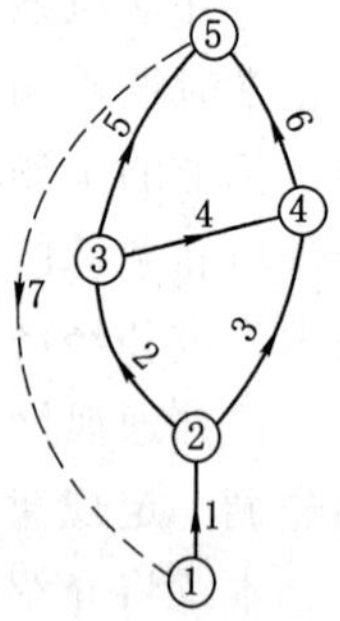

图 5-1-1

1．分支（边、弧）

分支是表示一段通风井巷的有向线段，线段的方向代表井巷中的风流方向。每条分支可有一个编号，称为分支号。如图 5-1-1 中的每条线段就代表一条分支。井巷的通风参数，如风阻、风量、阻力等，可作为分支的赋权。对于不表示实际井巷的分支，则称为伪分支，如地面漏风和连接进、回风井口的地面大气分支，常用虚线表示，如图 5-1-1 中的分支 7。

2．节点（结点、顶点）

节点是两条或两条以上分支的交点。每个节点都有唯一的编号，称为节点号。在网络图中常用圆圈表示节点，圆圈中的数字为节点号。如图 5-1-1 中的①～⑤均为节点。

3．路（通路）

路是由若干条方向相同的分支首尾相连而成的线路。如图 5-1-1 中，1—2—5、1—2—4—6 和 1—3—6 等均是路（通路）。

4．回路

回路是由两条或两条以上分支首尾相连形成的闭合线路称为回路。若回路中除始、末节点重合外，无其他重复节点，则称为基本回路，简称回路。如图 5-1-1 中，2—4—3、2—5—6—3 和 1—3—6—7 等都是基本回路。

5．树

树是指任意两节点间至少存在一条通路但不含回路的一类特殊图。由于这类图的几何形状与树相似，故得名。树中的分支称为树枝。包含通风网络的全部节点的树称为其生成树，简称树；在网络图中去掉生成树后余下的子图称为余树。图 5-1-2 各子图中的实线分支为网络图 5-1-1 的生成树，虚线分支为对应的余树。由此可见，对于同一个网络图其生成树的形式不是唯一的。在网络解算时，常需要选择一棵合适的生成树。选择生成树的算法很多，常用的有破圈法、加边法和缩边法等，在此不作详细介绍。

6．割集

割集是网络分支的一个子集，将割集中的边从网络图中移去后，将使网络图成为两个分离的部分。若某割集 S 中恰好含有生成树 T 中的一个树枝，则称 S 为关于生成树 T 的基本割集。例如，在图 5-1-1 所示的网络图中，{2,4,5}、{3,4,6}和{1,5,6}等都是它的割集。

（二）矿井通风网络图

通风网络图只反映风流方向及节点与分支间的关系，节点位置与分支线的形状可以任

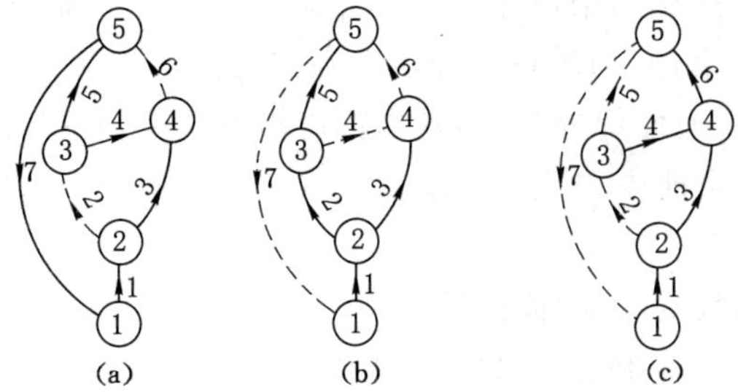

图 5-1-2　网络图的生成树与余树

意改变，因此网络图的形状可以千变万化。目前常用的网络图是曲线形状的网络图，如图 5-1-3 所示。

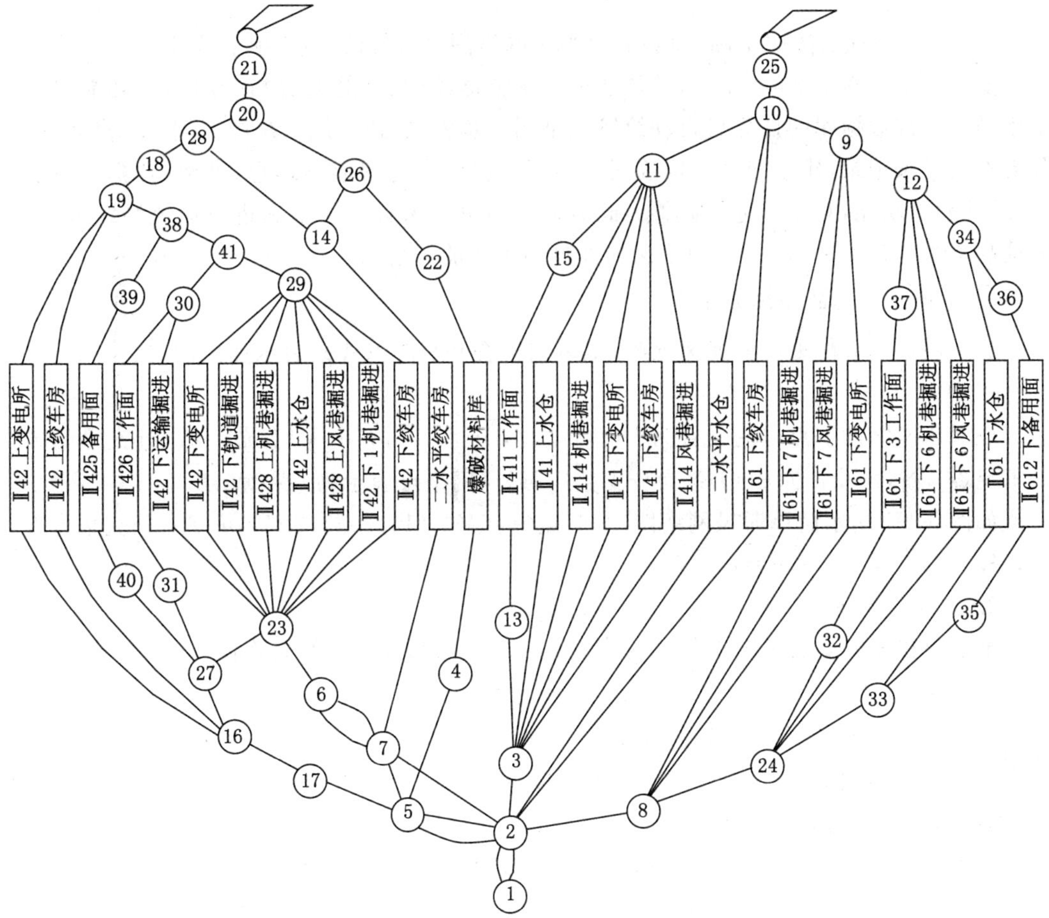

图 5-1-3　通风系统网络图

由于通风网络图能清楚地反映风流的方向和分合关系，并且是进行各种通风计算的基础，因此是矿井通风管理的一种重要图件。

通风网络图的绘制尚无统一标准，一般应满足如下原则：

(1) 用风地点并排布置在网络图中部,进风节点位于其下部(进风井口节点位于最下部),回风节点在网络图的上部,通风机出口节点在最上部;

(2) 分支风流方向(除地面伪分支外)基本都应由下至上;

(3) 分支间的交叉尽可能少;

(4) 节点与节点之间应有一定的间距;

(5) 网络图的轮廓形状基本为“椭圆”形。

绘制通风网络图有手工绘制法和计算机自动绘制法两种方法。

手工绘制通风网络图一般按以下步骤进行:

(1) 节点编号。在通风系统图上给井巷的交汇点标上特定的节点号,某些分支长度短、阻力很小的几个节点,可合并简化为一个节点。

(2) 绘制草图。在图纸上画出节点符号,并用单线条(直线或弧线)连接有风流连通的节点。

(3) 图形整理。按照正确、美观的原则对网络图进行修改,直至满意为止。

安徽理工大学于 2002 年开发了“通风系统智能绘图、计算和分析”软件,其功能之一是基于网络结构数据库的计算机自动绘制网络图。步骤是,在通风系统图上编写节点,以一个分支作为一条记录,建立网络结构数据表即可。若生成的图形不理想,可利用“拖动节点和分支”的编辑功能,对图形进行调整。此数据表还可用来解算网络和进行通风系统分析,大大提高了绘图效率。图 5-1-3 即是该软件自动生成的网络图。

(三) 通风网络的矩阵表示

为了用数学方法来分析通风网络,也可用集合和矩阵形式来表示通风网络。

1. 通风网络的集合表示

设通风网络的节点号的集合为 $V=(v_1, v_2, \cdots, v_m)$,$m=|V|$ 为节点数;分支号的集合为 $E=(e_1, e_2, \cdots, e_n)$,$n=|E|$ 为分支数;则通风网络可表示为 $G=(V,E)$。

如图 5-1-1 所示简单通风网络图,其节点集合 $V=(1, 2, 3, 4, 5)$,$m=5$;分支集合 $E=(1, 2, 3, 4, 5, 6, 7)$,$n=7$。

2. 节点邻接矩阵

节点邻接矩阵是表示图中任意两节点 v_i、v_j 之间邻接关系的矩阵:

$$\mathbf{A}=(a_{ij})_{m\times n} \tag{5-1-1}$$

其中 $$a_{ij}=\begin{cases}1,\text{若 } v_i \text{ 与 } v_j \text{ 邻接,且 } v_i \rightarrow v_j\text{;}\\ 0,\text{当 } v_i=v_j \text{ 或 } v_i \text{ 与 } v_j \text{ 不邻接时。}\end{cases}$$

对图 5-1-1,其节点邻接矩阵为

$$\mathbf{A}=\begin{bmatrix}a_{11} & a_{12} & a_{13} & a_{14} & a_{15}\\ a_{21} & a_{22} & a_{23} & a_{24} & a_{25}\\ a_{31} & a_{32} & a_{33} & a_{34} & a_{35}\\ a_{41} & a_{42} & a_{43} & a_{44} & a_{45}\\ a_{51} & a_{52} & a_{53} & a_{54} & a_{55}\end{bmatrix}=\begin{bmatrix}0 & 1 & 0 & 0 & 0\\ 0 & 0 & 1 & 1 & 0\\ 0 & 0 & 0 & 1 & 1\\ 0 & 0 & 0 & 0 & 1\\ 1 & 0 & 0 & 0 & 0\end{bmatrix}$$

3. 基本关联矩阵

基本关联矩阵是表示网络中任意分支 e_j 与任意节点 v_i 关系的矩阵。基本关联矩阵的各行均线性无关。

$$\boldsymbol{B}=(b_{ij})_{(m-1)\times n} \tag{5-1-2}$$

其中 $b_{ij}=\begin{cases}1, \text{节点 } v_i \text{ 与分支 } e_j \text{ 关联，且 } v_i \text{ 为始节点；}\\ -1, \text{节点 } v_i \text{ 与分支 } e_j \text{ 关联，且 } v_i \text{ 为末节点；}\\ 0, \text{节点 } v_i \text{ 与分支 } e_j \text{ 不关联。}\end{cases}$

对图 5-1-1，其基本关联矩阵为

$$\boldsymbol{B}=\begin{bmatrix} b_{11} & b_{12} & b_{13} & b_{14} & b_{15} & b_{16} & b_{17}\\ b_{21} & b_{22} & b_{23} & b_{24} & b_{25} & b_{26} & b_{27}\\ b_{31} & b_{32} & b_{33} & b_{34} & b_{35} & b_{36} & b_{37}\\ b_{41} & b_{42} & b_{43} & b_{44} & b_{45} & b_{46} & b_{47}\end{bmatrix}=\begin{bmatrix} 1 & 0 & 0 & 0 & 0 & 0 & -1\\ -1 & 1 & 1 & 0 & 0 & 0 & 0\\ 0 & -1 & 0 & 1 & 1 & 0 & 0\\ 0 & 0 & -1 & -1 & 0 & 1 & 0\end{bmatrix}$$

4. 独立回路矩阵

任取通风网络图的一棵生成树，以余树枝为独立分支，得到一组线性无关的基本回路，称为独立回路，并以独立分支的方向作为独立回路的方向。独立回路的个数 $N=n-m+1$。独立回路中的分支构成可用独立回路矩阵表示：

$$\boldsymbol{C}=(c_{ij})_{(n-m+1)\times n} \tag{5-1-3}$$

其中 $c_{ij}=\begin{cases}1, \text{分支 } e_j \text{ 在回路 } i \text{ 中，且与回路同向；}\\ -1, \text{分支 } e_j \text{ 在回路 } i \text{ 中，且与回路反向；}\\ 0, \text{分支 } e_j \text{ 不在回路 } i \text{ 中。}\end{cases}$

对图 5-1-1，若选生成树 $T=(1,\ 2,\ 3,\ 7)$，则相应的独立回路矩阵为

$$\boldsymbol{C}=\begin{bmatrix} c_{11} & c_{12} & c_{13} & c_{14} & c_{15} & c_{16} & c_{17}\\ c_{21} & c_{22} & c_{23} & c_{24} & c_{25} & c_{26} & c_{27}\\ c_{31} & c_{32} & c_{33} & c_{34} & c_{35} & c_{36} & c_{37}\end{bmatrix}=\begin{bmatrix} 0 & 1 & -1 & 1 & 0 & 0 & 0\\ 1 & 1 & 0 & 0 & 1 & 0 & 1\\ 1 & 0 & 1 & 0 & 0 & 1 & 1\end{bmatrix}$$

若将独立回路矩阵的列，按余树枝在前、树枝在后的顺序排列，则可分成两部分，前面的余树枝子阵为单位矩阵 $\boldsymbol{I}_c$，即

$$\boldsymbol{C}=[\boldsymbol{I}_c, \boldsymbol{C}_{12}] \tag{5-1-4}$$

将基本关联矩阵也按上述顺序排列，得到

$$\boldsymbol{B}=[\boldsymbol{B}_{11}, \boldsymbol{B}_{12}] \tag{5-1-5}$$

基本关联矩阵 $\boldsymbol{B}$ 与独立回路矩阵 $\boldsymbol{C}$ 间有如下关系

$$\boldsymbol{BC}^{\mathrm{T}}=0 \tag{5-1-6}$$

将式(5-1-4)和式(5-1-5)代入式(5-1-6)后，整理得

$$\boldsymbol{C}=[\boldsymbol{I}_c, -\boldsymbol{B}_{11}^{\mathrm{T}}(\boldsymbol{B}_{12}^{-1})^{\mathrm{T}}] \tag{5-1-7}$$

式(5-1-6)反映了回路中各分支首尾相连的特点，即与某节点相邻的分支必成对出现在同一回路中。式(5-1-7)表明通过对基本关联矩阵的矩阵运算即可求得独立回路矩阵。由于在式(5-1-7)中需计算矩阵 $\boldsymbol{B}_{12}$ 的逆阵，计算工作量很大，故先后出现了许多种效率较高的选择独立回路的专门算法。

5. 独立割集矩阵

任取通风网络图的一棵生成树，以余树枝为独立分支，得到一组线性无关的基本割集，称为独立割集。由独立割集中的分支构成独立割集矩阵：

$$\boldsymbol{S}=(s_{ij})_{(m-1)\times n} \tag{5-1-8}$$

其中 $s_{ij}=\begin{cases}1, \text{分支 } e_j \text{ 在割集 } i \text{ 中，且与割集同向；} \\ -1, \text{分支 } e_j \text{ 在割集 } i \text{ 中，且与割集反向；} \\ 0, \text{分支 } e_j \text{ 不在割集 } i \text{ 中。}\end{cases}$

对图 5-1-1，若选生成树 $T=(1, 2, 3, 7)$，则相应的独立割集矩阵为

$$\boldsymbol{S}=\begin{bmatrix} s_{11} & s_{12} & s_{13} & s_{14} & s_{15} & s_{16} & s_{17} \\ s_{21} & s_{22} & s_{23} & s_{24} & s_{25} & s_{26} & s_{27} \\ s_{31} & s_{32} & s_{33} & s_{34} & s_{35} & s_{36} & s_{37} \\ s_{41} & s_{42} & s_{43} & s_{44} & s_{45} & s_{46} & s_{47}\end{bmatrix}=\begin{bmatrix} 1 & 0 & 0 & 0 & -1 & -1 & 0 \\ 0 & 1 & 0 & -1 & -1 & 0 & 0 \\ 0 & 0 & 1 & 1 & 0 & -1 & 0 \\ 0 & 0 & 0 & 0 & -1 & -1 & 1\end{bmatrix}$$

若将独立割集矩阵的所有列，按余树枝在前、树枝在后的顺序排列，则可分成两部分，后面的树枝子阵为单位矩阵 $\boldsymbol{I}_s$，即

$$\boldsymbol{S}=[\boldsymbol{S}_{11}, \boldsymbol{I}_s] \tag{5-1-9}$$

独立回路矩阵 $\boldsymbol{C}$ 与独立割集矩阵 $\boldsymbol{S}$ 间有如下关系

$$\boldsymbol{C}\boldsymbol{S}^{\mathrm{T}}=0 \tag{5-1-10}$$

将式(5-1-4)和式(5-1-9)代入式(5-1-10)后，整理得

$$\boldsymbol{S}=[-\boldsymbol{C}_{12}^{\mathrm{T}}, \boldsymbol{I}_s] \tag{5-1-11}$$

式(5-1-11)表明通过对独立回路矩阵的矩阵运算即可求得独立割集矩阵。

第二节　通风网络中风流流动基本定律

矿井通风网络中风流流动遵循阻力定律、能量守恒定律、节点风量守恒和回路能量平衡定律。分支阻力定律[参见式(3-2-7)和式(3-3-2)]和流动能量守恒定律[参见式(2-3-23)和式(2-3-24)]分别在第三章和第二章中已阐述。

一、风量平衡定律

风量平衡定律是指在稳态通风条件下，单位时间内流入某节点的空气质量等于流出该节点的空气质量；或者说，流入与流出某节点的各分支的质量流量 M_i 的代数和等于零，即

$$\sum M_i=0 \tag{5-2-1}$$

若不考虑风流密度的变化，则流入与流出某节点的各分支的体积流量(风量)Q_i 的代数和等于零，即

$$\sum Q_i=0 \tag{5-2-2}$$

如图 5-2-1(a)所示，当不考虑风流密度变化时，图中节点 4 处的风量平衡方程为

$$Q_{1-4}+Q_{2-4}+Q_{3-4}-Q_{4-5}-Q_{4-6}=0$$

将上述节点扩展为无源回路，则上述风量平衡定律依然成立。如图 5-2-1(b)所示，回路②—④—⑤—⑦—②的各邻接分支的风量满足如下关系：

$$Q_{1-2}+Q_{3-4}-Q_{5-6}-Q_{7-8}=0$$

对于整个通风网络，风量平衡定律可表示成如下矩阵方程：

$$\boldsymbol{B}\boldsymbol{Q}=0 \tag{5-2-3}$$

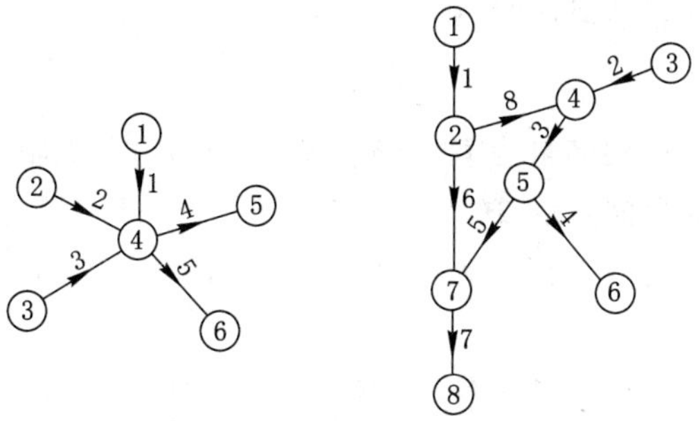

(a) 节点与邻接分支　　　(b) 回路与邻接分支

图 5-2-1

式中，$\boldsymbol{B}$ 为基本关联矩阵；$\boldsymbol{Q}$ 为分支风量列向量，$\boldsymbol{Q}=(q_1 \quad q_2 \quad \cdots \quad q_n)^{\mathrm{T}}$。

将 $\boldsymbol{Q}$ 按余树枝风量 $\boldsymbol{Q}_{\mathrm{y}}$ 在前、树枝风量 $\boldsymbol{Q}_{\mathrm{s}}$ 在后的顺序排列，即

$$\boldsymbol{Q}=\begin{bmatrix}\boldsymbol{Q}_{\mathrm{y}} \\ \boldsymbol{Q}_{\mathrm{s}}\end{bmatrix} \tag{5-2-4}$$

由式(5-1-5)和式(5-2-3)，得

$$\boldsymbol{Q}_{\mathrm{s}}=-\boldsymbol{B}_{12}^{\mathrm{T}}\boldsymbol{B}_{11}\boldsymbol{Q}_{\mathrm{y}}=\boldsymbol{C}_{12}^{\mathrm{T}}\boldsymbol{Q}_{\mathrm{y}} \tag{5-2-5}$$

将 $\boldsymbol{Q}_{\mathrm{s}}$ 代入式(5-2-4)，得

$$\boldsymbol{Q}=\boldsymbol{C}^{\mathrm{T}}\boldsymbol{Q}_{\mathrm{y}} \tag{5-2-6}$$

如图 5-1-1 所示通风网络图，$\boldsymbol{Q}_{\mathrm{s}}=(q_1 \quad q_2 \quad q_3 \quad q_7)^{\mathrm{T}}$，$\boldsymbol{Q}_{\mathrm{y}}=(q_4 \quad q_5 \quad q_6)^{\mathrm{T}}$，

$$\boldsymbol{C}_{12}=\begin{bmatrix}0 & 1 & -1 & 0 \\ 1 & 1 & 0 & 1 \\ 1 & 0 & 1 & 1\end{bmatrix}$$

由式(5-2-5)有

$$\begin{bmatrix}q_1 \\ q_2 \\ q_3 \\ q_7\end{bmatrix}=\begin{bmatrix}0 & 1 & 1 \\ 1 & 1 & 0 \\ -1 & 0 & 1 \\ 0 & 1 & 1\end{bmatrix}\begin{bmatrix}q_4 \\ q_5 \\ q_6\end{bmatrix}=\begin{bmatrix}q_5+q_6 \\ q_4+q_5 \\ -q_4+q_6 \\ q_5+q_6\end{bmatrix}$$

二、能量平衡定律

能量平衡定律是指通风网络的任一闭合回路中，各分支的通风阻力 $h_{\mathrm{R}i}$ 的代数和等于该回路中通风机风压 H_{f} 与自然风压 H_{N} 的代数和，即

$$H_{\mathrm{f}} \pm H_{\mathrm{N}}=\sum h_{\mathrm{R}i} \tag{5-2-7}$$

其中，H_{f}、H_{N} 和 $h_{\mathrm{R}i}$ 与回路方向(人为设定)相同时取“+”，否则取“−”。

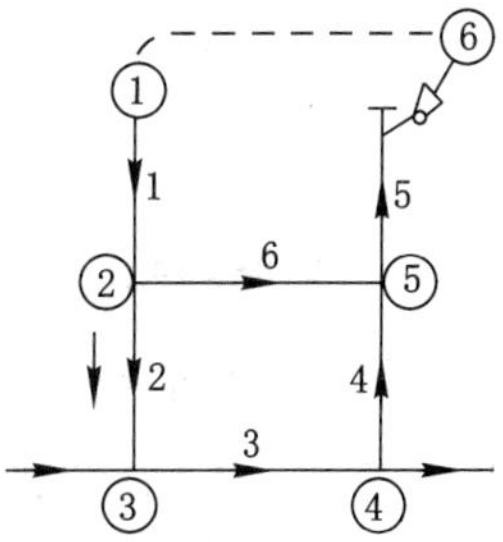

图 5-2-2

如图 5-2-2 中，在闭合回路①—②—③—④—⑤—⑥—①中，设通风机风压为 H_{f}，自然风压为 H_{N}，分支 1、2、3、4、5 的阻力分别为 h_{R1}、h_{R2}、h_{R3}、h_{R4}、h_{R5}，H_{f} 与 H_{N} 同向，则有：

$$H_{\mathrm{f}}+H_{\mathrm{N}}=h_{\mathrm{R1}}+h_{\mathrm{R2}}+h_{\mathrm{R3}}+h_{\mathrm{R4}}+h_{\mathrm{R5}} \tag{5-2-8}$$

当回路中无通风机和自然风压时，则

$$\sum h_{Ri}=0 \tag{5-2-9}$$

设矿井通风网络的风压列向量为 $\boldsymbol{H}=(h_1\quad h_2\cdots h_n)^{T}$，分支阻力列向量为 $\boldsymbol{H}_R=(h_{R1}\quad h_{R2}\cdots h_{Rn})^{T}$，通风机风压列向量为 $\boldsymbol{H}_f=(H_{f1}\quad H_{f2}\quad\cdots\quad H_{fn})^{T}$，分支位能差列向量 $\boldsymbol{H}_Z=(\Delta h_{Z1}\quad \Delta h_{Z2}\quad\cdots\quad \Delta h_{Zn})^{T}$，分支速压差列向量 $\boldsymbol{H}_v=(\Delta h_{v1}\quad \Delta h_{v2}\quad\cdots\quad \Delta h_{vn})^{T}$，它们之间的关系为

$$\boldsymbol{H}=\boldsymbol{H}_R-\boldsymbol{H}_f-\boldsymbol{H}_v-\boldsymbol{H}_Z \tag{5-2-10}$$

根据通风阻力定律，

$$\boldsymbol{H}_R=\begin{bmatrix}R_1\,|q_1|\,q_1\\R_2\,|q_2|\,q_2\\R_3\,|q_3|\,q_3\\\vdots\\R_n\,|q_n|\,q_n\end{bmatrix}
=\begin{bmatrix}R_1&&&\\&R_2&&\\&&\ddots&\\&&&R_n\end{bmatrix}\begin{bmatrix}|q_1|&&&\\&|q_2|&&\\&&\ddots&\\&&&|q_n|\end{bmatrix}\begin{bmatrix}q_1\\q_2\\\vdots\\q_n\end{bmatrix}
=\boldsymbol{R}_{diag}\,|\boldsymbol{Q}|_{diag}\boldsymbol{Q} \tag{5-2-11}$$

式中，$\boldsymbol{R}$ 为分支风阻列向量，$\boldsymbol{R}=(R_1\quad R_2\quad\cdots\quad R_n)^{T}$，下标 diag 表示由向量构成的对角矩阵。

矿井通风网络的能量平衡方程为

$$\boldsymbol{CH}=0 \tag{5-2-12}$$

将式(5-2-10)和式(5-2-11)代入式(5-2-12)得

$$\boldsymbol{CR}_{diag}\,|\boldsymbol{Q}|_{diag}\boldsymbol{Q}-\boldsymbol{CH}_f-\boldsymbol{CH}_v-\boldsymbol{CH}_Z=0 \tag{5-2-13}$$

在通风网络中，$\boldsymbol{CH}_v=0$，回路自然风压列向量 $\boldsymbol{H}_N=\boldsymbol{CH}_Z$，因此整个通风网络的能量平衡方程为：

$$\boldsymbol{CR}_{diag}\,|\boldsymbol{Q}|_{diag}\boldsymbol{Q}-\boldsymbol{CH}_f-\boldsymbol{H}_N=0 \tag{5-2-14}$$

将式(5-2-14)中的风量向量用余树枝风量表示，则通风网络的能量平衡方程为：

$$\boldsymbol{CR}_{diag}\,|\boldsymbol{C}^{T}\boldsymbol{Q}_y|_{diag}\boldsymbol{C}^{T}\boldsymbol{Q}_y-\boldsymbol{CH}_f-\boldsymbol{H}_N=0 \tag{5-2-15}$$

第三节　简单网络特性

一、串联风路

由两条或两条以上分支彼此首尾相连，中间没有风流分汇点的线路称为串联风路。如图 5-3-1 中，由 1、2、3、4、5 五条分支组成串联风路。串联风路具有以下特性：

(1) 总风量等于各分支的风量，即

$$M_s=M_1=M_2=\cdots=M_n \tag{5-3-1}$$

当各分支的空气密度相等时，或将所有风量换算为同一标准状态的风量后，

$$Q_s = Q_1 = Q_2 = \cdots = Q_n \tag{5-3-2}$$

(2) 总风压(阻力)等于各分支风压(阻力)之和，即

$$h_s = h_1 + h_2 + \cdots + h_n = \sum_{i=1}^{n} h_i \tag{5-3-3}$$

(3) 总风阻等于各分支风阻之和，即

$$R_s = h_s / Q_s^2 = R_1 + R_2 + \cdots + R_n = \sum_{i=1}^{n} R_i \tag{5-3-4}$$

(4) 串联风路等积孔与各分支等积孔间的关系

$$A_s = \frac{1}{\sqrt{\frac{1}{A_1^2} + \frac{1}{A_2^2} + \cdots + \frac{1}{A_n^2}}} \tag{5-3-5}$$

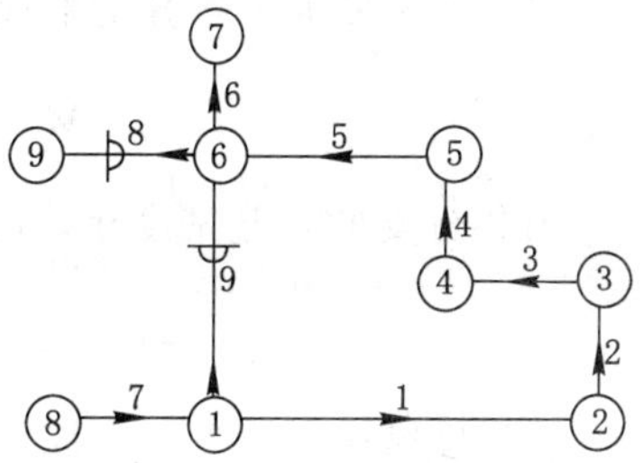

图 5-3-1　串联风路

根据以上串联风路的特性，可以绘制串联风路等效阻力特性曲线。如图 5-3-2 所示，有串联风路 1、2，其风阻为 R_1、R_2。首先在 h-Q 坐标图上分别作出串联风路分支 1、2 的阻力特性曲线 R_1、R_2，然后根据串联风路“风量相等，阻力叠加”的原则，作平行于 h 轴的若干条等风量(如 $Q=20\ \text{m}^3/\text{s}$)线，在等风量线上将 1、2 分支阻力 h_1、h_2 相加，得到串联风路的等效阻力特性曲线上的点(h_1+h_2)，将所有等风量线上的点联成曲线 R_3，即为串联风路的等效阻力特性曲线。

二、并联风网

由两条或两条以上具有相同始节点和末节点的分支所组成的通风网络，称为并联风网。在图 5-3-3 中并联风网由五条分支并联而成。并联风路具有以下特性：

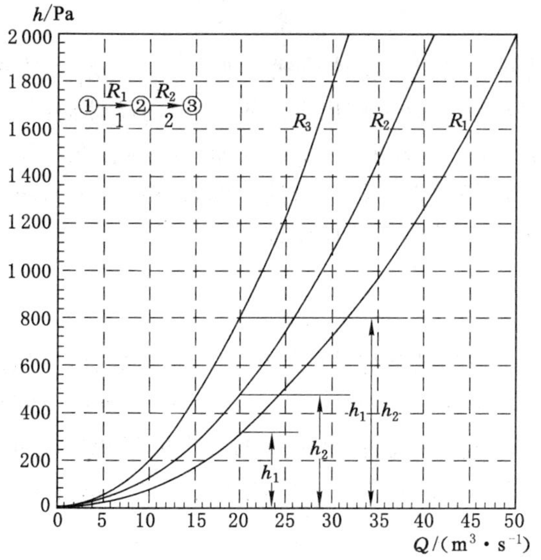

图 5-3-2　串联风路的等效阻力特性曲线

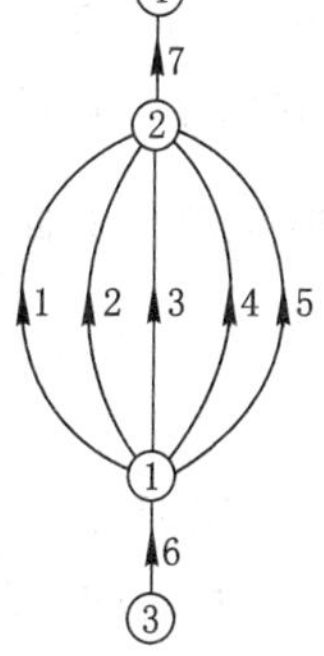

图 5-3-3　并联风网

(1) 总风量等于各分支的风量之和,即

$$M_s = M_1 + M_2 + \cdots + M_n = \sum_{i=1}^{n} M_i \tag{5-3-6}$$

当各分支的空气密度相等时,或将所有风量换算为同一标准状态的风量后,

$$Q_s = Q_1 + Q_2 + \cdots + Q_n = \sum_{i=1}^{n} Q_i \tag{5-3-7}$$

(2) 总风压等于各分支风压,即

$$h_s = h_1 = h_2 = \cdots = h_n \tag{5-3-8}$$

注意:当各分支的位能差不相等,或分支中存在通风机等通风动力时,并联分支的阻力并不相等。

(3) 并联风网总风阻与各分支风阻的关系

$$R_s = h_s / Q_s^2 = \frac{1}{\left(\sqrt{\frac{1}{R_1}} + \sqrt{\frac{1}{R_2}} + \cdots + \sqrt{\frac{1}{R_n}}\right)^2} \tag{5-3-9}$$

(4) 并联风网等积孔等于各分支等积孔之和,即

$$A_s = A_1 + A_2 + \cdots + A_n \tag{5-3-10}$$

(5) 并联风网的风量分配

若已知并联风网的总风量,在不考虑其他通风动力及风流密度变化时,可由下式计算出分支 i 的风量

$$Q_i = \sqrt{\frac{R_s}{R_i}} Q_s = \frac{Q_s}{\sum_{j=1}^{n} \sqrt{R_i / R_j}} \tag{5-3-11}$$

由上式可见,并联风网中的某分支所分配得到的风量取决于并联网络总风阻与该分支风阻之比。风阻小的分支风量大,风阻大的分支风量小。若要调节各分支风量,可通过改变各分支的风阻比值实现。

根据并联风网的特性,可以绘制并联风网等效阻力特性曲线。如图 5-3-4 所示,有并联风路 1、2,其风阻为 R_1、R_2。首先在 h-Q 坐标图上分别作出 R_1、R_2 的阻力特性曲线,作平行于 Q 轴的若干条等阻力线,然后根据并联风网"阻力相等,风量叠加"的原则,在等阻力线上将两分支风量 Q_1、Q_2 相加,得到并联风网的等效阻力特性曲线上的点($Q_1 + Q_2$),将所有等阻力线上的点连成曲线 R_3,即为并联风网的等效阻力特性曲线。

三、串联风路与并联风网的比较

在一个矿井通风网络中,一般都同时存在串联风路与并联风网。矿井的进、回风风路多为串联风路,而工作面与工作面之间多为并联风网。从提高工作地点的空气质量及安全性出发,采用并联风网(即分区通风)具有明显的优点。此外,在同样的分支风阻和总风量条件下,若干分支并联时的总阻力也远小于它们串联时的总阻力。因此在有条件的情况下,应尽量采用并联风网,以降低矿井通风阻力。

四、角联风网

角联风网是指内部存在角联分支的网络。角联分支(对角分支)是指位于风网的任意两

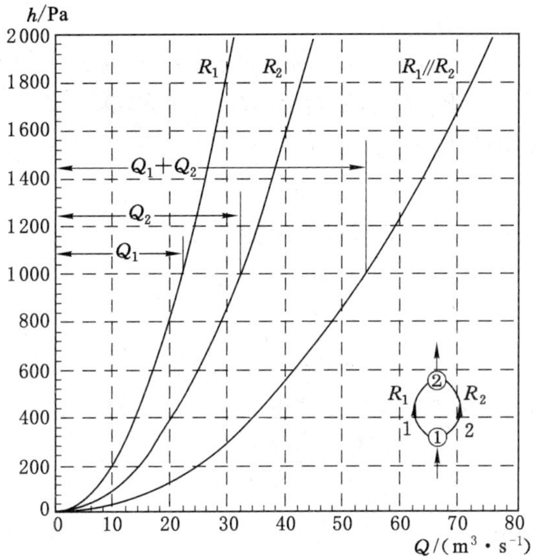

图 5-3-4　并联风网的等效阻力特性曲线

条有向通路之间、且不与两通路的公共节点相连的分支。如图 5-3-5 所示，分支 5 为角联分支。仅有一条角联分支的风网称为简单角联风网。图 5-3-6 所示含有两条或两条以上角联分支的风网称为复杂角联风网。角联分支的风向取决于其始、末节点间的压能值。风流由能位高的节点流向能位低的节点；当两点能位相同时，风流停滞；当始节点能位低于末节点时，风流反向。

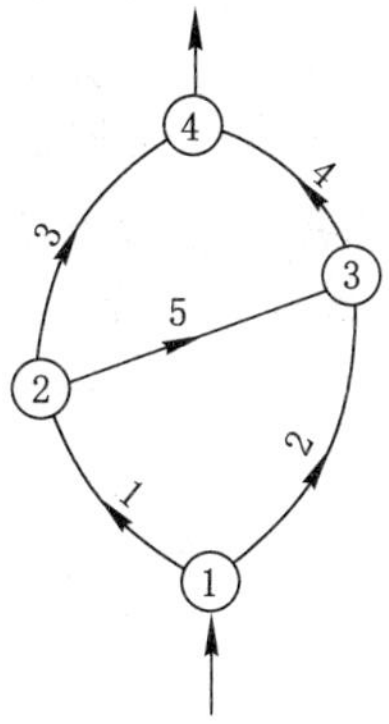

图 5-3-5　简单角联

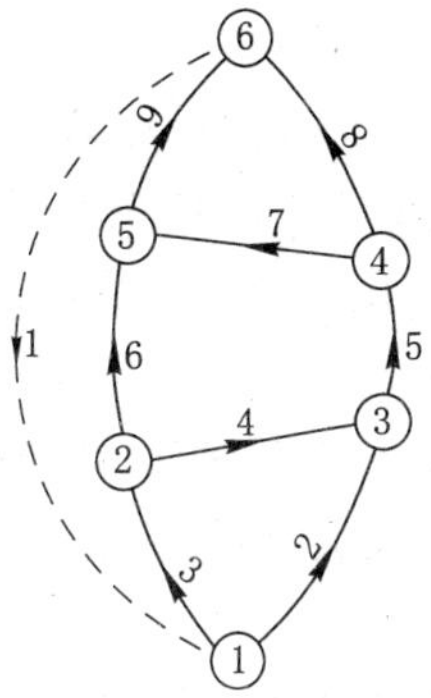

图 5-3-6　复杂角联

通过改变角联分支两侧的边缘分支的风阻就可以改变角联分支的风向。对图 5-3-5 所示简单角联风网，可推导出如下角联分支风流方向判别式：

$$K=\frac{R_1R_4}{R_2R_3}\begin{cases}>1,\text{分支 5 中风向由 }3\rightarrow 2;\\=1,\text{分支 5 中风流停滞};\\<1,\text{分支 5 中风向由 }2\rightarrow 3。\end{cases}\qquad(5\text{-}3\text{-}12)$$

推证如下：

对于无压源的回路{1,3,－4,－2}，根据回路能量平衡定律可得到如下方程式：

$$R_1Q_1^2+R_3Q_3^2=R_2Q_2^2+R_4Q_4^2 \tag{5-3-13}$$

节点2与节点3之间的压能差为

$$\Delta E_{2-3}=R_2Q_2^2-R_1Q_1^2 \tag{5-3-14}$$

(1) 当分支5中无风时，其始、末节点的压能差 $\Delta E_{2-3}=0$，且 $Q_1=Q_3$，$Q_2=Q_4$，即

$$R_1Q_1^2=R_2Q_2^2 \tag{5-3-15}$$

将式(5-3-15)代入式(5-3-13)得

$$R_3Q_3^2=R_4Q_4^2 \tag{5-3-16}$$

将式(5-3-15)与式(5-3-16)相比，并整理得

$$\frac{R_1R_4}{R_2R_3}=\left(\frac{Q_2Q_3}{Q_1Q_4}\right)^2=1 \tag{5-3-17}$$

(2) 当分支5中风向由2→3时，其节点2的压能高于节点3，$\Delta E_{2-3}>0$，即

$$R_2Q_2^2>R_1Q_1^2 \tag{5-3-18}$$

将上式代入式(5-3-13)得

$$R_3Q_3^2>R_4Q_4^2 \tag{5-3-19}$$

将上两式相乘，并整理得

$$\frac{R_1R_4}{R_2R_3}<\left(\frac{Q_2Q_3}{Q_1Q_4}\right)^2<1 \tag{5-3-20}$$

(3) 同理可推导出当分支5中的风向由3→2时的关系式

$$\frac{R_1R_4}{R_2R_3}>\left(\frac{Q_2Q_3}{Q_1Q_4}\right)^2>1 \tag{5-3-21}$$

综合式(5-3-17)、式(5-3-20)和式(5-3-21)即得到判别式(5-3-12)。

由判别式(5-3-12)可以看出，简单角联风网中角联分支的风向完全取决于边缘风路的风阻比，而与角联分支本身的风阻无关。角联分支的风向与风量大小均可通过改变其边缘风路的分支风阻实现。当然，改变角联分支本身的风阻也会影响其风量大小，但不能改变方向。

角联分支一方面具有容易调节风向的优点，另一方面又有出现风流不稳定的可能性。特别是在发生火灾事故时，由于角联分支的风流反向可能使火灾烟流蔓延范围扩大。因此应掌握角联分支的特性，充分利用其优点而克服其缺点。

对于其他复杂角联风网，其角联分支风向判别式的推导及形式均很复杂。一般可通过网络解算求出角联分支的实际风量，从而判断其方向。具体做法是，先任意假设角联分支的风向，若解算后其风量为正，说明风向假设正确；若风量为负，说明风向相反；若风量的数值很小，说明角联分支风流处于接近停滞状态。

第四节　通风网络动态特性分析

在生产矿井中，随着采、掘工作面的向前推进或转移，通风网络中的风阻和风网的结构将相应发生变化，风网内风流也随之发生变化。通风网络的动态特性就是指通风网络的结

构和分支风阻的变化对风流的大小和方向的影响规律。

一、井巷风阻变化引起风流变化的规律

矿井风网内分支风阻变化是经常发生的。有些风阻变化是按计划进行的，如采、掘工作面的推进和搬迁、采区的接替、水平的延深、系统的调整等；有些风阻变化则是随机的，如风门的开启、巷道的垮塌、罐笼和车辆的运行等；还有因巷道老化而引起的风阻变化，等等。任何原因引起的风阻变化都会导致风网内风流的变化。

（一）变阻分支本身的风量与风压变化规律

当某分支风阻增大时，该分支的风量减小、风压增大；当风阻减小时，该分支的风量增大、风压降低。这一规律是由井巷通风阻力定律和通风机风压性能特性所决定的。

（二）变阻分支对其他分支风量与风压的影响规律

（1）当某分支风阻增大时，包含该分支的所有通路上的其他分支的风量减小，风压亦减小；与该分支并联的通路上的分支的风量增大，风压亦增大；当风阻减小时与此相反。

（2）对于一进一出的子网络，若外部分支调阻引起其流入（流出）风量变化，其内部各分支的风量变化趋势相同。

（3）风网内，某分支风阻变化时，各分支风量、风压的变化幅度，以本分支为最大，邻近分支次之，离该分支越远的分支变化越小。

（4）风网内，不同类型的分支风阻变化引起的风量变化幅度和影响范围是不同的。一般地说，主干巷道变阻引起的风量变化幅度和影响范围大，末支巷道变阻引起的风量变化幅度和影响范围小。

（5）风网内某分支增阻时，增阻分支风量减小值比其并联分支风量增加值大；某分支减阻时，减阻分支风量增加值比其并联分支风量减小值大。这种差值，是由于当某分支风阻增减时，风网的总风阻随之增减，导致风网总风量亦发生变化而引起的。

（三）巷道密闭与贯通对风流的影响

巷道密闭相当于该分支的风阻增大至无穷大，故本分支风量减小到趋近于零；对其他分支的影响规律与分支增阻相同。

巷道贯通时要修改网络图，即在网络图中增加贯通后的分支。分析风流变化规律时，相当于新加分支的风阻由无穷大减小至巷道贯通时的风阻，其风量增大（由无风变为有风），风流方向取决于巷道两端点间压能差；对其他分支的影响规律与分支减阻相同。

二、风流稳定性分析

（一）稳定性的基本概念

在“控制论”中系统的稳定性是指当系统受到外界瞬时干扰，系统状态偏离了平衡状态后，系统状态自动恢复到该平衡状态的能力。

按照这种稳定性的概念，除非在主要通风机不稳定运行（工作在轴流式风机风压特性曲线的驼峰区）等特殊情况下，矿井通风系统一般都是稳定的。

通风管理中所说的风流稳定性，一般是指井巷中风流方向发生变化或风量大小变化超过允许范围的现象；且多指风流方向发生变化的现象。

风流不稳定不仅容易引发矿井灾害事故，而且可能使事故影响范围扩大。因此保持风网中主要巷道和用风地点的风流稳定是安全生产所必须的，也是通风管理的重要任务。

（二）影响风流稳定性的因素

在生产矿井中，影响风流稳定性的因素很多。通风动力、通风构筑物的非正常工作状况，自然风压，巷道的贯通与封闭，工作面的推进与转移，采区接替，生产水平过渡，巷道中的行人、行车和堆积物，等等，都可能影响风流的稳定性。

上述各种因素若抽象出其物理意义，可归结为通风网络结构的变化、通风动力的变化和分支风阻的变化。

1. 风网结构对风流稳定性的影响

仅由串、并联组成的风网，其稳定性强；只有在风网中动力源数量或方向发生改变时，才可能发生风流反向。

角联风网，其对角分支的风流易出现不稳定。单角联风网角联分支的风向可由判别式(5-3-12)确定。复杂角联风网角联分支的风向判别式很复杂，一般可通过网络解算的方法确定；在生产矿井，当然也可以通过实测风量确定。

2. 风阻变化对风流稳定性的影响

前面已分析了风阻变化引起风量变化的规律。在角联风网中，边缘分支的风阻变化可能引起角联分支风流大小甚至风向的改变。

在实际生产矿井，大多数采掘工作面都是在角联分支中。应采取安装调节风门的措施，保证风流的稳定性。

3. 通风动力变化对风流稳定性的影响

矿井风网内主要通风机、辅助通风机数量和性能的变化，不仅会引起通风机所在巷道的风量变化，而且会使风网内其他分支风量也发生变化，并影响风网内其他通风机的工况点。

(1) 单主要通风机风网，当主要通风机性能发生变化时，风网内各分支风量按主要通风机风量变化的趋势和比例而变化。

(2) 多主要通风机风网内，当某主要通风机性能发生变化时，整个风网内各分支风量不按比例变化。某主要通风机能力增大，与其串联的通风机和子风网（或分支）风量亦增大，与之并联的通风机和子风网风量减小。

(3) 多主要通风机风网内，即使风网结构和分支风阻不变，当某主要通风机性能发生变化时，由于风网总风量和各主要通风机风量大小发生了变化，因此，各主要通风机的工作风阻也会有所变化。

(4) 风网内，某巷道安设辅助通风机后，不仅该巷道本身风流发生变化，其他巷道风流也会发生变化。当某辅助通风机风量增大时，辅助通风机所在巷道风量增加，包含辅助通风机在内的闭合回路中，与辅助通风机风向一致的各条巷道风量增加，与其风向相反的各条巷道风量减小。风量变化幅度，以通风机所在分支为最大；与其相邻的网孔，风量变化次之；距通风机所在巷道越远，风量变化幅度越小。

当辅助通风机风压过高或风量过大时，可引起其并联分支风量不足、停风甚至反向。引起并联分支风流反向的条件是辅助通风机风量大于回路的总风量或辅助通风机风压大于回路内其同向分支的风压损失。

(5) 自然风压引起的风流变化，与辅助通风机相似。当自然风压增大时，原风向与自然风压作用方向相同的分支，其风量增加，与自然风压作用方向不同的分支，其风量减小。风量随自然风压趋于减小的分支，有可能出现风流停滞，甚至可能出现风流反向。

第五节　矿井风量调节

在矿井通风网络中，风量的自然分配往往不能满足作业地点的风量需求，因而需要对风量进行调节。随着生产的发展和变化，工作面的推进和更替，巷道风阻、网络结构及所需的风量均在不断变化，相应地要求及时进行风量调节。所以风量调节是矿井通风技术管理中的一项经常性的工作，它对矿井安全和节约通风能耗都有重大的影响。

矿井风量调节的措施多种多样。从调节设施来看，有通风机、射流器、风窗、风幕和增加并联井巷或扩大通风断面等。按其调节的范围，可分为局部风量调节与矿井总风量调节。从通风能量的角度看，可分为增能调节、耗能调节和节能调节。本节主要介绍这些不同的调节方法的原理与特点。

一、局部风量调节

局部风量调节是指在采区内部各工作面间、采区之间或生产水平之间的风量调节。调节方法有增阻法、减阻法及辅助通风机调节法。

（一）增阻调节法

增阻调节法是通过在巷道中安设调节风窗等设施，增大巷道中的局部阻力，从而降低与该巷道处于同一通路中的风量，或增大与其关联的通路上的风量。这是目前使用最普遍的局部调节风量的方法。

增阻调节是一种耗能调节法。具体措施主要有：① 调节风窗；② 临时风帘；③ 空气幕调节装置等。其中使用最多的是调节风窗，其制造和安装都较简单。如图 5-5-1 所示，在风门上方开一小窗，用可移动的窗板来改变窗口的面积，从而改变巷道中的局部阻力。

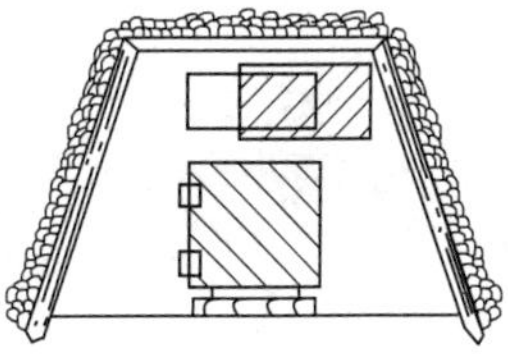

图 5-5-1　调节风窗

调节风窗的开口断面积的计算：

当 $S_c/S \leqslant 0.5$ 时，

$$S_c = \frac{QS}{0.65Q + 0.84S\sqrt{h_c}} \tag{5-5-1}$$

$$S_c = \frac{S}{0.65 + 0.84S\sqrt{R_c}} \tag{5-5-2}$$

当 $S_c/S > 0.5$ 时，

$$S_c = \frac{QS}{Q + 0.759S\sqrt{h_c}} \tag{5-5-3}$$

$$S_c = \frac{S}{1 + 0.759S\sqrt{R_c}} \tag{5-5-4}$$

式中　S_c——调节风窗的断面积，m^2；

S——巷道的断面积，m^2；

Q——通过的风量，m^3/s；

h_c——调节风窗阻力，Pa；

R_c——调节风窗的风阻，$R_c=h_c/Q^2$，$N\cdot s^2/m^8$。

增阻调节法具有简单、方便、易行、见效快等优点；但增阻调节法会增加矿井总风阻，减少总风量。如图 5-5-2(a)所示并联风网，在分支 1 中进行增阻调节，图(b)绘制了增阻调节的网络图解示意图。图(b)中 F 为通风机特性曲线，$R_1\sim R_4$ 为阻力特性曲线。通风机特性曲线 F 克服分支 3、4 的阻力后，其剩余(或称转移)特性曲线为 F'，对并联分支 1、2 工作。并联阻力特性曲线 R_{12} 与 F' 的交点为 M，通风机实际工况点为 N，通风机风量为 Q，1、2 分支分配的风量分别为 Q_1 和 Q_2。当 Q_2 不能满足需要时，增加分支 1 中的风阻至 R'_1，1、2 分支的并联阻力特性曲线为 R'_{12}，它与 F' 的交点为 M'，通风机实际工况点为 N'，通风机风量为 Q'，1、2 分支分配的风量分别为 Q'_1 和 Q'_2。由图可见，1 分支增阻后，风量减少 $\Delta Q_1=Q_1-Q'_1$，2 分支风量增加 $\Delta Q_2=Q'_2-Q_2$，并且 $\Delta Q_2<\Delta Q_1$；二者的差值等于通风机风量在增阻调节前后的差值，即 $\Delta Q_1-\Delta Q_2=Q-Q'$。因此，在主干风路中增阻调节时必须考虑主要通风机风量的变化，否则可能出现风量不能满足需要的情况。

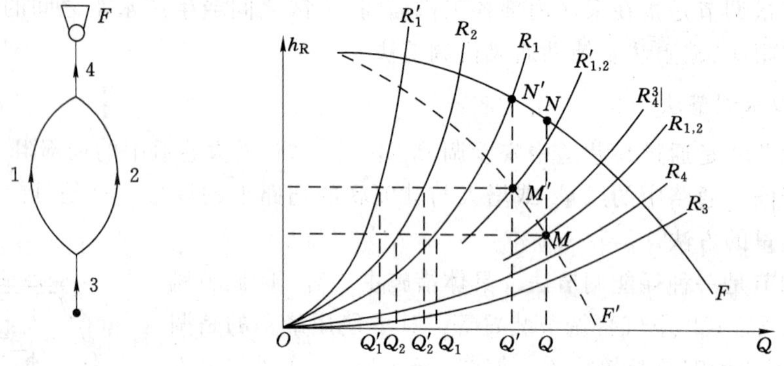

(a) 并联风网　　(b) 增阻调节的网络图解示意图

图 5-5-2　增阻调节对通风机工况的影响

调节风窗应设置在适宜地点。如在煤巷中布置时，要考虑由于风窗两侧压差引起煤体裂隙漏风而发生自燃的危险性。

（二）减阻调节法

减阻调节法是通过在巷道中采取降阻措施，降低巷道的通风阻力，从而增大与该巷道处于同一通路中的风量，或减小与其关联的通路上的风量。

减阻调节的措施主要有：① 扩大巷道断面；② 降低摩擦阻力系数；③ 清除巷道中的局部阻力物；④ 采用并联风路；⑤ 缩短风流路线的总长度等。

减阻调节法与增阻调节法相反，可以降低矿井总风阻，并增加矿井总风量；但降阻措施的工程量和投资一般都较大，施工工期较长，所以一般在对矿井通风系统进行较大的改造时采用。

在生产实际中，对于通过风量大，风阻也大的风硐、回风石门、总回风道等地段，采取扩大断面、改变支护形式等减阻措施，往往效果明显。

(三) 增能调节法

增能调节法主要是采用辅助通风机等增加通风能量的方法，增加局部地点的风量。增能调节的措施主要有：

1. 辅助通风机调节法

辅助通风机的安设主要有两种方法：有风墙的辅助通风机和无风墙的辅助通风机。当前有些矿井使用的局部可控循环风调风法，一般都是使用有风墙的辅助通风机使风流产生局部循环。无风墙的辅助通风机主要是利用辅助通风机的出口动能增加风量。

2. 利用自然风压调节法

少数矿井通过改变进、回风路线，降低进风流温度，增加回风流的温度等方法，增大矿井或局部的自然风压，达到增加风量的目的。

增能调节法的施工相对比较方便，并可降低矿井总风阻，增加矿井总风量，同时可以减少矿井主要通风机能耗。但采用辅助通风机调节时设备投资较大，辅助通风机的能耗较大，且辅助通风机的安全管理工作比较复杂，安全性较差。在我国煤矿很少使用辅助通风机调节，但在金属矿山使用较多。

二、矿井总风量的调节

当矿井(或一翼)总风量不足或过剩时，需调节总风量，也就是调整主要通风机的工况点。采取的措施是：改变主要通风机的工作特性，或改变矿井风网的总风阻。

(一) 改变主要通风机工作特性

矿井主要通风机是矿井通风的主要动力源。通过改变主要通风机的叶轮转速、轴流式通风机叶片安装角度和离心式通风机前导器叶片角度等，可以改变通风机的风压特性，从而达到调节通风机所在系统总风量的目的。(具体措施参见第四章通风机工况点调节部分)

(二) 改变矿井总风阻值

1. 风硐闸门调节法

在通风机风硐内安设调节闸门，通过改变闸门的开口大小可以改变通风机的总工作风阻，从而可调节通风机的工作风量。

对于离心式通风机，当风量过剩时，用风硐中的闸门增加风阻以降低风量，可减少电耗。这是因为离心式通风机的功率特性曲线随风量减小而降低。如图 5-5-3 所示，图中 R 为某矿井开采初期的总风阻，M 为通风机工况点，Q 为风量。如果这时 Q 大于所需风量过多，可利用风硐中的闸门，使总风阻增大为 R'，通风机工况点移至 M'，风量减少为 Q'；同时通风机功率也由 N 降为 N'。

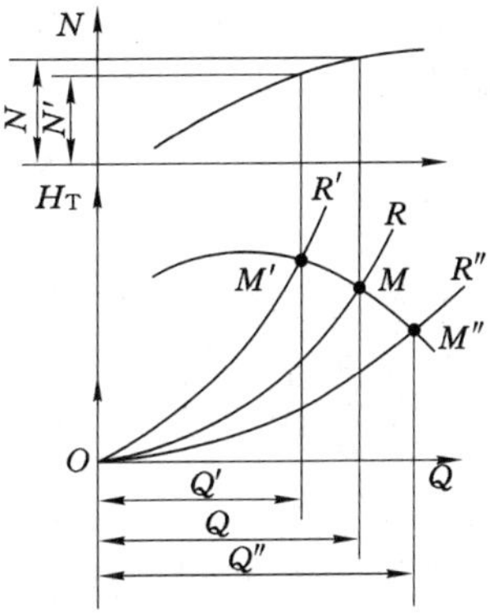

图 5-5-3　改变矿井总风阻

对于轴流式通风机，由于其功率特性曲线随风量减小而上升，因此一般不用增加风阻的方法降低风量。

2. 降低矿井总风阻

当矿井总风量不足时，如果能降低矿井总风阻，则不仅可增大矿井总风量,而且可以降低矿井总阻力。如图 5-5-3,当需要增大风量时,如果能使矿井总风阻由 R 降低为 R'',通风机工况点移到 M'',风量就可增加为 Q''。

矿井总风阻不仅与矿井最大阻力路线上的井巷的风阻有关,而且与井巷所构成风网的结构有关。因此,降低矿井总风阻一方面应降低矿井最大阻力路线上的井巷的风阻,另一方面应改善风网结构,为此应合理安排采掘接替和用风地点配风,尽量缩短最大阻力路线的长度,避免在主要风路上安装调节风窗,等等。

第六节　应用计算机解算复杂通风网络

复杂通风网络是由众多分支组成的包含串、并、角联子网络的结构复杂的风网。由于复杂风网中各分支风量与风阻间存在复杂的非线性关系,因此,其风量分配及调节方案很难用解析法直接求解。本节将介绍应用计算机进行复杂通风网络解算与调节的数学模型、算法、程序实例及其应用。

一、通风网络解算与调节数学模型

为探寻适合手工计算复杂通风网络风量分配的方法,中外许多学者付出了艰辛的劳动。1936 年美国学者 H. 克罗斯(H. Cross)发表了用于对水网的流量进行迭代计算的方法,1951 年英国学者 D. 斯科特(D. Scott)和 F. 欣斯利(F. Hinsley)将克罗斯算法用于通风网络的手工计算。此后随着电子技术的发展,模拟电子计算机和数字电子计算机先后被用于通风网络解算。电子计算机普及后,网络解算的各种数值计算方法大量涌现,网络解算这一难题迎刃而解。

解算通风网络的各种数值法可分为两大类:一类是回路法,即首先根据节点风量平衡定律假定初始风量,由回路能量平衡方程推导出风量修正计算式,逐步对风量进行修正,直至满足回路能量平衡方程;另一类是节点法,即首先根据回路能量平衡定律假定初始节点压力,由节点风量平衡方程推导出压力修正计算式,逐步对节点压力进行修正,直至满足节点风量平衡方程。目前使用较广泛的是回路法。下面仅介绍两种回路法的数学模型。

(一) 通风网络解算与调节的基本概念

前面式(5-2-15)为通风网络能量平衡方程的矩阵形式,式(5-2-6)为节点风量平衡方程的矩阵形式。将它们汇总如下:

$$\boldsymbol{C}\boldsymbol{R}_{\mathrm{diag}}\left|\boldsymbol{C}^{\mathrm{T}}\boldsymbol{Q}_{\mathrm{y}}\right|_{\mathrm{diag}}\boldsymbol{C}^{\mathrm{T}}\boldsymbol{Q}_{\mathrm{y}}-\boldsymbol{C}\boldsymbol{H}_{\mathrm{f}}-\boldsymbol{H}_{\mathrm{N}}=0 \tag{5-6-1}$$

$$\boldsymbol{Q}=\boldsymbol{C}^{\mathrm{T}}\boldsymbol{Q}_{\mathrm{y}} \tag{5-6-2}$$

对给定的通风网络,其独立回路矩阵 $\boldsymbol{C}$ 是已知的,若所有分支的风阻、风机特性曲线和自然风压已知,则方程式(5-6-1)中只有独立分支(即余树枝)的风量未知。由于式(5-6-1)中方程的个数 N 等于独立分支个数 N,$N=n-m+1$,因此方程式(5-6-1)有定解。当独立分支风量计算出来后,由式(5-6-2)可计算出所有分支的风量。这种以自然的风网结构和分支风阻求解风网内风量的自然分配的过程,称为自然分风计算。

在生产实践中,井下各用风地点的风量必须按照需风量供给。而风量的自然分配一般不可能正好满足全部需风要求,因此需要进行风量调节。风量调节的措施已在上节介绍。

假设在风网的每条分支中增加一个待求的风压调节量 h_{ci}。当 $h_{ci}>0$ 时，表示分支 i 需增阻调节；当 $h_{ci}\approx 0$ 时，不需要调节；当 $h_{ci}<0$ 时，需减阻或增能调节。设调节量列向量 $\boldsymbol{H}_c=(h_{c1},h_{c2},\cdots,h_{cn})^T$，则式(5-6-1)可改写为

$$\boldsymbol{C}\boldsymbol{R}_{diag}\left|\boldsymbol{C}^T\boldsymbol{Q}_y\right|_{diag}\boldsymbol{C}^T\boldsymbol{Q}_y+\boldsymbol{C}\boldsymbol{H}_c-\boldsymbol{C}\boldsymbol{H}_f-\boldsymbol{H}_N=0 \tag{5-6-3}$$

若通风网络中所有独立分支的风量都可由用风地点的需风量确定，则式(5-6-3)中只有调节量待求，式(5-6-3)为一线性方程组。由于未知量个数为 n，而方程个数为 $N=n-m+1$，即 $n<N$，因此式(5-6-3)为非定解问题。增加一定的目标函数后，可将其转化为线性规划问题。若人为限定调节设施的安设位置，使待求的调节量个数正好等于 N，也可将其简化为定解问题。这种风量已知，求解各分支调节量的过程，称为风量调节计算。

当通风网络中有部分风量已知，另一部分风量待求，且分支调节量也待求时，式(5-6-3)为一非线性非定解方程组，增加一定的优化目标函数后，可将其转化为非线性规划问题。这一类问题的求解过程，称为通风网络的一般优化调节计算。由于这一类问题的求解比较困难，本节不作详细介绍。

（二）通风网络解算数学模型

由式(5-6-1)，设

$$\boldsymbol{F}(\boldsymbol{Q}_y)=\boldsymbol{C}\boldsymbol{R}_{diag}\left|\boldsymbol{C}^T\boldsymbol{Q}_y\right|_{diag}\boldsymbol{C}^T\boldsymbol{Q}_y-\boldsymbol{C}\boldsymbol{H}_f-\boldsymbol{H}_N=0 \tag{5-6-4}$$

由于上式为非线性方程组，只能采用迭代法进行求解。

设第 k 次迭代后的风量近似值为 $\boldsymbol{Q}_y^k$，将式(5-6-4)用泰勒级数展开并忽略二次以上微分项得

$$\boldsymbol{F}(\boldsymbol{Q}_y^{k+1})=\boldsymbol{F}(\boldsymbol{Q}_y^k)+\frac{\partial \boldsymbol{F}}{\partial \boldsymbol{Q}_y}\bigg|_{\boldsymbol{Q}_y=\boldsymbol{Q}_y^k}\Delta\boldsymbol{Q}_y^k=0 \tag{5-6-5}$$

故

$$\Delta\boldsymbol{Q}_y^k=-\left(\frac{\partial \boldsymbol{F}}{\partial \boldsymbol{Q}_y}\right)^{-1}_{\boldsymbol{Q}_y=\boldsymbol{Q}_y^k}\boldsymbol{F}(\boldsymbol{Q}_y^k) \tag{5-6-6}$$

式中，$\Delta\boldsymbol{Q}_y^k=\boldsymbol{Q}_y^{k+1}-\boldsymbol{Q}_y^k$ 为独立回路风量的修正值列向量，$\dfrac{\partial \boldsymbol{F}}{\partial \boldsymbol{Q}_y}$ 为雅可比矩阵。

$$\frac{\partial \boldsymbol{F}}{\partial \boldsymbol{Q}_y}=\begin{bmatrix}\dfrac{\partial f_1}{\partial q_{y1}} & \dfrac{\partial f_1}{\partial q_{y2}} & \cdots & \dfrac{\partial f_1}{\partial q_{yN}}\\ \dfrac{\partial f_2}{\partial q_{y1}} & \dfrac{\partial f_2}{\partial q_{y2}} & \cdots & \dfrac{\partial f_2}{\partial q_{yN}}\\ \vdots & \vdots & & \vdots\\ \dfrac{\partial f_N}{\partial q_{y1}} & \dfrac{\partial f_N}{\partial q_{y2}} & \cdots & \dfrac{\partial f_N}{\partial q_{yN}}\end{bmatrix}_{N\times N} \tag{5-6-7}$$

$$\frac{\partial \boldsymbol{F}}{\partial \boldsymbol{Q}_y}=2\boldsymbol{C}\boldsymbol{R}_{diag}\left|\boldsymbol{C}^T\boldsymbol{Q}_y\right|_{diag}\boldsymbol{C}^T-\boldsymbol{C}\frac{\partial \boldsymbol{H}_F}{\partial \boldsymbol{Q}_y}-\frac{\partial \boldsymbol{H}_N}{\partial \boldsymbol{Q}_y} \tag{5-6-8}$$

第 $k+1$ 次迭代后的风量可由下式计算

$$\boldsymbol{Q}_y^{k+1}=\boldsymbol{Q}_y^k+\Delta\boldsymbol{Q}_y^k \tag{5-6-9}$$

上述式(5-6-6)和式(5-6-9)即为牛顿法解算通风网络的迭代计算模型。

若雅可比矩阵具有对角线优势，即

$$\frac{\partial f_i}{\partial q_{yi}} \gg \sum_{\substack{j=1\\ j\neq i}}^{N} \frac{\partial f_i}{\partial q_{yj}}, \quad i=1,2,\cdots,N \tag{5-6-10}$$

则可略去雅可比矩阵的非对角元素，式(5-6-6)可简化为

$$\Delta q_{yi}^{k} = -\frac{f(\boldsymbol{Q}_{y}^{k})}{\dfrac{\partial f_i}{\partial q_{yi}}}, \quad i=1,2,\cdots,N \tag{5-6-11}$$

上式即为克罗斯(H. Cross)近似试算法的计算公式，也有的称其为斯科特-欣斯利(Scott-Hinsley)法。

使用上述两种迭代算法解算通风网络，一般要经过以下步骤：

① 绘制通风网路图，标定风流方向。

② 输入网络结构及数据。

③ 选择独立回路，确定独立回路的分支构成。

④ 拟定初始风量。通常，先给余树边赋一组初值，再计算各树枝初始风量。拟定的初始风量应尽量接近真实风量，以加快计算速度。

⑤ 计算修正风量。

使用牛顿法时由式(5-6-6)计算出各独立回路的风量修正值，然后用式(5-6-9)对独立分支的风量进行修正，再用式(5-6-2)计算所有分支的新风量。

使用斯科特-欣斯利法时，可用式(5-6-11)分别计算各回路的风量修正值。当计算出一个回路的风量修正值 Δq_i 后，立即对该回路所有分支的风量进行修正，以加快收敛速度。

⑥ 检查精度是否满足要求。

每计算完一次所有分支的修正风量，称为迭代一次。每次迭代后应判断计算结果是否已满足给定的精度要求，即检查是否满足

$$\max|\Delta q_{yi}| < \varepsilon, \quad 1 \leqslant i \leqslant N \tag{5-6-12}$$

若上式已满足，迭代计算终止。否则，转第5步继续迭代。精度 ε 根据需要，人为给定，一般可取 0.01～0.001 m^3/s。

克罗斯法的回路风量修正值可逐个回路独立计算，因而可手工进行计算。而牛顿法的回路风量修正值的计算必须先求雅可比矩阵的逆阵，实质上是线性方程组的求解，一般不能手工计算。由于克罗斯法实质上是牛顿法在满足式(5-6-10)条件下的一种简化，因此在选择独立回路的分支构成时有特殊的要求。

上述迭代计算过程容易编写成计算机程序，目前已有许多成熟的通风网络解算软件。

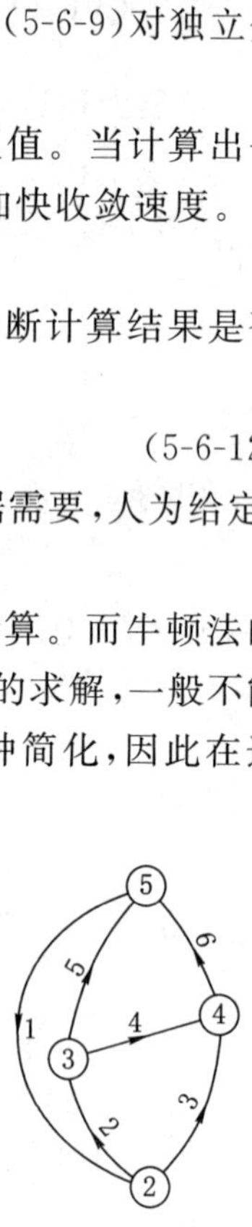

图 5-6-1

例 某简单通风网络如图 5-6-1 所示。网络分支数 $n=6$，节点数 $m=4$。分支风阻向量为 $\boldsymbol{R}=(0.01, 0.38, 0.5, 0.65, 0.20, 0.085)$；设在分支 1 中有通风机，通风机风压特性方程为 $h_f=-0.343\ 3q_f^2+16.202\ 7q_f-61.243\ 2$。风阻、风量和风压的单位均采用国际单位制。不考虑自然风压。试计算通风网络中各分支的风量。

解 克罗斯法。由式(5-6-11)可得到风量修正量计算式为

$$\Delta \boldsymbol{Q}_y^k = \begin{bmatrix} \Delta q_1^k \\ \Delta q_2^k \\ \Delta q_5^k \end{bmatrix} = \begin{bmatrix} \dfrac{R_1|q_1|q_1 + R_3|q_1-q_2|(q_1-q_2) + R_6|q_1-q_5|(q_1-q_5) - h_f}{2R_1|q_1| + 2R_3|q_1-q_2| + 2R_6|q_1-q_5| + 0.686\,6q_1 - 16.202\,7} \\ \dfrac{R_2|q_2|q_2 + R_4|q_2-q_5|(q_2-q_5) - R_3|q_1-q_2|(q_1-q_2)}{2R_2|q_2| + 2R_4|q_2-q_5| + 2R_3|q_1-q_2|} \\ \dfrac{R_5|q_5|q_5 - R_6|q_1-q_5|(q_1-q_5) - R_4|q_2-q_5|(q_2-q_5)}{2R_5|q_5| + 2R_6|q_1-q_5| + 2R_4|q_2-q_5|} \end{bmatrix}$$

将已知风阻和初始风量代入上式得

$$\Delta \boldsymbol{Q}_y^0 = -\begin{bmatrix} \dfrac{15.697\,2}{20.440\,3} \\ \dfrac{5.13}{30.06} \\ \dfrac{3.385}{11.99} \end{bmatrix} = \begin{bmatrix} -0.77 \\ -0.17 \\ -0.28 \end{bmatrix}$$

用上述修正风量值对余树分支风量进行修正后得到

$$\boldsymbol{Q}_y^1 = \begin{bmatrix} q_1^1 \\ q_2^1 \\ q_5^1 \end{bmatrix} = \begin{bmatrix} 30 \\ 16 \\ 14 \end{bmatrix} + \begin{bmatrix} -0.77 \\ -0.17 \\ -0.28 \end{bmatrix} = \begin{bmatrix} 29.23 \\ 15.83 \\ 13.72 \end{bmatrix}$$

重复上述迭代过程，经 10 次迭代后可使修正风量的最大值小于 0.001 m^3/s；最后得到各分支风量：$q_1=28.55$，$q_2=15.02$，$q_3=13.53$，$q_4=2.98$，$q_5=12.04$，$q_6=16.51$，单位为 m^3/s；各分支阻力：$h_1=8.2$，$h_2=85.7$，$h_3=91.5$，$h_4=5.8$，$h_5=29.0$，$h_6=23.2$，单位为 Pa；通风机工况点为：$q_f=28.55$ m^3/s，$h_f=122.9$ Pa。

（三）风量调节计算数学模型

1. 调节点的数量与位置

由前面节点风量平衡方程式(5-6-2)可见，只要网络中的 $N=n-m+1$ 条独立分支的风量已确定，则其他分支的风量也就被确定。假设在每一条独立分支中安设一个调节设施，就可以实现对风网风量的完全控制。因此通风网络中的最多有效调节点数量为 N。

若网络仅靠自然分风就能满足全部风量要求，则网络内部不需调节。但每个矿井至少应有一台主要通风机提供通风动力，而通风机可视为一个调节设施，因此通风网络的最少调节点数为 1。

在实际通风网络中，常有一些不需调节的自然分风子网络，设自然分风子网络包含 k 个独立回路，则网络中应具有的独立调节点数目为：

$$S = N - k = n - m - k + 1 \tag{5-6-13}$$

虽然在通风网络中仅需 S 个调节点，且这 S 个调节点必须包含在网络的同一棵余树中，但由于通风网络的生成树数目非常之多，因此实际上网络中任何一条分支都有可能成为调节点。如何在通风网络的全部 n 条分支中选出所需的 S 个调节分支，就是确定风量调节方案的重要内容之一。

选择调节点位置应遵守的总的原则是：安全可靠、技术可行和经济合理。为保证所选择的调节点安全可靠和技术可行，一般应注意以下问题：

(1) 不应在通风系统通风最困难的通路上安装增阻型调节设施。否则会增大系统阻力。

(2) 在封闭火区附近安设增阻型调节措施时,其位置选择应避免增大火区的漏风压差;尽可能使火区的漏风源和漏风汇同处进风侧或回风侧,以利于均压灭火。

(3) 在矿井总进风巷道和各类运输频繁的井巷中,应避免安装调节设施,如调节风窗和带风墙的辅助通风机等。

2. 独立回路法

"回路法"是事先人为地确定需进行调节的分支,将它们包含在通风网络的某一棵余树中,其调节量大小由回路能量平衡方程即可算出。

设所有余树枝的风量均已确定,且可调节的分支包含在余树中。则有

$$\boldsymbol{H}_{\mathrm{cy}}=\boldsymbol{C}\boldsymbol{H}_{\mathrm{c}} \tag{5-6-14}$$

令

$$\boldsymbol{H}_{\mathrm{R}}=\boldsymbol{R}_{\mathrm{diag}}\left|\boldsymbol{Q}\right|_{\mathrm{diag}}\boldsymbol{Q}=\boldsymbol{R}_{\mathrm{diag}}\left|\boldsymbol{C}^{\mathrm{T}}\boldsymbol{Q}_{\mathrm{y}}\right|_{\mathrm{diag}}\boldsymbol{C}^{\mathrm{T}}\boldsymbol{Q}_{\mathrm{y}} \tag{5-6-15}$$

则由式(5-6-3)可得,

$$\boldsymbol{H}_{\mathrm{cy}}=\boldsymbol{C}\boldsymbol{H}_{\mathrm{f}}+\boldsymbol{H}_{\mathrm{N}}-\boldsymbol{C}\boldsymbol{H}_{\mathrm{R}} \tag{5-6-16}$$

显然这种方法求出的调节方案的优劣完全取决于调节分支的选择。适用于调节点位置确定后计算其调节量的大小。

3. 固定风量法

这是一种在自然分风程序中加固定风量分支,以求解按需分风问题的方法。其实质就是"回路法"。其算法原理是:求解时将固定风量分支选取为独立分支(余树枝),初拟风量时先将固定风量加到其所在回路的所有分支中;此后在修正各回路风量的迭代计算时把它从网络中分开,不进行迭代计算;在自然分风计算结束后,将固定风量分支所在回路的风压闭合差作为该分支的阻力调节量。前一部分的自然分风计算,实际上就是计算自然分风子网络的风量自然分配;后一部分计算调节量时,是假设需进行调节的分支就是需风分支,因而根据回路风压平衡方程即可计算出调节量。

由固定风量法的算法原理可发现这种方法的两个主要问题:① 为保证除固定风量分支以外的自然分风子网络是一个连通的闭合网络,就不允许穿过用风区的割集全部由固定风量分支组成,而必须至少有一条自然分风分支。但实际矿井在正常生产时用风区都必须按需分风,因而计算时不得不反复试算,以满足自然分风分支的需风量。② 只能在有需风要求的分支本身进行调节,很难保证调节方案的可行性。

4. 通路法

"通路法"是通过构造由网络总进风节点(源点)至总回风节点(汇点)的所有独立通路(道路),由各通路的风压差来计算调节量。若对各风机子系统分别选取最大风压的通路作为计算标准,则在其他通路上必须采取增阻调节的方法,因而有时也称之为"最大阻力路线法"。当然也可以根据通风机能力选择合适风压的通路为基准通路,风压大于基准通路者应减阻,小于基准通路者应增阻。

由于每一条独立通路都可以加上一条连接汇点与源点的地面伪分支,构成一个独立回路,因此调节分支的选择与回路法相同。通路法也必须事先选择好调节分支,然后将调节分支选为独立分支,包含在同一棵余树中。每条独立通路中仅包含一条独立分支,各通路风压与基准通路的风压差就是通路独立分支的调节量。

通路法虽可保证通风机风压最小，但不能保证调节位置的合理性。目前有些通路法程序仅能得到一种调节方案；有些通路法程序则能自动求得全部可能的调节方案；还有的通路法程序在选择调节分支时，尽量使一个调节分支能调平较多的通路，从而可得到调节设施数最少的调节方案。

二、通风网络解算软件与应用

随着计算机和信息技术的发展和矿井生产规模逐渐扩大，应用计算机和信息技术解算复杂通风系统网络已成为一种趋势，并得到广泛应用。目前国内已有了一些较成熟的通风网络解算软件。下面介绍一个由安徽理工大学 2002 年开发的“通风系统智能绘图、计算和分析”软件，该软件是在早期 Basic 网络解算软件的基础上二次开发的。

（一）软件的运行环境

软件运行平台为 Windows 2003，另需安装 Office 2003，Auto CAD 2007，. NET 等软件。

（二）软件的结构、功能、使用方法和步骤

软件的主要功能：以通风系统数据库为基础，自动绘制网络图、网络解算和利用解算结果进行通风系统分析。

实现功能需先建立通风系统数据库，数据库中主要数据表有：网络基础数据表、主要通风机性能（曲线）数据表、解算结果数据表（解算生成）等。

1. 建立通风系统数据库

（1）网络结构数据表

其格式如表 5-6-1 所列。

表 5-6-1　网络基础数据表

分支	始点	末点	巷道名称	位置	类型	形状	支护	长度	周长	面积	角度	阻力系数	风阻	需风量	始点标高	末点标高	安装设备	备注
N	1	200	XY	AB	40	1	1	L	U	S	0	α	0	0	0	0		

填写各个字段。所有字段不能为空，无数字时填写为 0；分支、始（末）节点编号均为正整数。

字段说明：

① 分支、始点、末点：分别是指在通风系统（网络）图中巷道及其两端的编号，为整型数，分支号没有排序要求但不能重复；始末节点编号不能超过 990。

② 巷道名称：实际巷道名称，具有区分性。

③ 位置：由两位数组成。编号规则如下：

“通风机”分支：一个通风机的为 10；两个或两个以上的为：20、30、…；“2、3、…”表示系统的顺序号（按地理位置排列）。

“用风地点”：如 23，2 为系统编号，3 表示 2 系统内第 3 采区。

“进风井”：存在多区进风井时，与回风井对应，如与回风井 10 对应的进风井为 11，与 20 回风井对应的是 22，依此类推。

非用风地点可以不编号。

④ 类型：表示分支的功能类型，编号规则如下：

40—通风机分支，41—掘进工作面，42—硐室，43—漏风分支（包含地面漏风分支），44—采煤工作面（固定风量），50—采煤工作面（不固定风量），45—其他用风地点，＞30 和＜40 的编号为重点观察分支，1——一般分支。

⑤ 支护：1—锚喷，2—砌碹，3—U 型钢或工字钢，4—支柱。

⑥ 形状：1—圆形，2—半圆形，3—三心拱形，4—梯形（要根据形状计算周长，不能随便输入）。

⑦ 面积：当分支的类型为 1、2、＜42、50 时，必须输入。

⑧ 长度：当分支的类型为 1、2、＜42、50 时，必须输入。

⑨ 阻力系数：当分支的类型为 1、2、＜42、50 时，必须输入。

⑩ 风阻：一般分支是根据面积、长度、角度、阻力系数等参数为自动计算。当类型为 1、2、50 时，如果输入了风阻，在计算时则以输入风阻为计算依据。

⑪ 需风量：当类型为 41、42、43、44、45、50 时，必须输入。其他需要考察的分支，如角联、主要进回风巷道的风量也要输入。

(2) 建立网络结构数据表

① 资料准备：进行通风系统调查，通风系统阻力测定报告；通风机特性测定报告；通风系统风量测定报表：采掘工作面风量、主要进回风巷道风量、角联巷道风量风向；准备最新、符合实际、规范的通风系统图，在图上标注节点，同时建立网络结构数据表。

② 在通风系统图标注节点，同时建立网络基础数据表。

说明：不是所有风流汇合和交叉点全标注节点。距离较近、阻力较小的两个或多个风流汇合和交叉点可只标注一个节点。节点标注是否合理（适）、阻力系数选取合理（适）对解算结果产生重要影响。

(3) 建立通风机特性数据表

主要通风机性能（曲线）数据表格式如表 5-6-2 所列。

表 5-6-2 通风机特性数据表

风井名	通风机型号	角度	转速	始点	末点	工况点	风量	风压	功率	效率
XX 风井	XXXX	0	XXX	1	XX	1	XXX	XXXX		

表中字段说明：

① 始点、末点：为网络基础数据库中所对应的通风机分支的始点、末点。

② 工况点：编号为 1，2，3，4，5，…，不能重复而且必须连续。

③ 风量：单位为 m^3/s，一般从小到大。

④ 风压：单位为 Pa，与风量对应。

通风机特性数据准备：

① 从现场实测性能报告得到。生产矿井一般要定期进行通风机特性现场鉴定，将现场实测性能报告中工况点的数据复制到数据表中即可。

② 从出厂通风机曲线得到。

无实测通风机特性资料的，可将出厂通风机性能曲线进行离散处理。其方法是：选择叶片角度(轴流式通风机)的曲线，按等风压或等风量原理将在曲线上取 6～8 个点的风量、风压值，如图 5-6-2 所示；将风量、风压数据填写在数据表中即可。

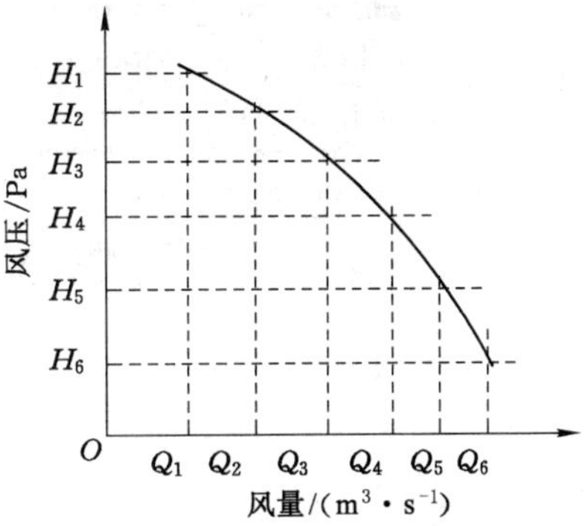

图 5-6-2　风机性能曲线离散方法

需要注意的是：模拟时应尽量采用实测特性曲线；实际和解算的工况点应包含在数据表数据的范围内。

2. 自动绘图与图形优化

(1) 自动绘图

运行“绘图计算与分析主程序.exe”软件，进入程序主界面(图 5-6-3)，进入菜单“绘图→新建→打开数据库，选择相应的数据库→选择基础网络数据表”，按“确定”之后，经过数秒(分)，即可生成网络图，参见图 5-1-3。

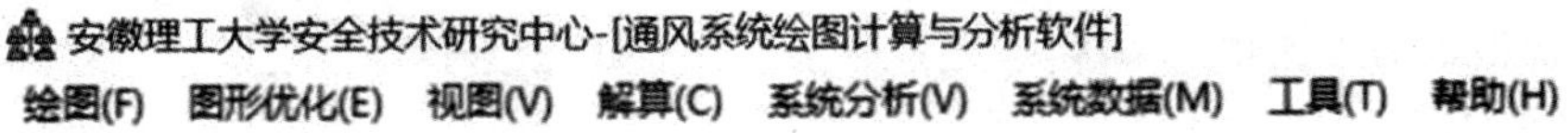

图 5-6-3　主菜单界面

(2) 网络图形态优化

为了使图形更美观，可进入“图形优化”菜单。根据图形在布局、分支交叉等方面存在的问题，选择相应的子菜单进行图形优化，如进回风井“布局调整”、“移动”工作面和节点等达到调整和优化目的。

3. 网络解算

解算方法。主要有按需供风、设计工况点和自然分风三种解算方法。

(1) 按需分风解算。通过网络解算获得实现按需供风时的通风机曲线的叶片角度、工况点和系统阻力分布。该方法应用于生产矿井通风系统数字化、通风系统模拟和优化。

(2) 自然分风解算。该方法主要求解通风网络不进行人工调节、所有分支均为原始几何参数条件下的通风机工况点和采煤工作面的风量。其结果用于计算网络结构合理性系数。

(3) 设计工况解算。该方法主要是求解通风系统的设计工况点(通风系统最大阻力)，其特点是解算时不需要通风机特性数据，适用于设计矿井和通风系统改造矿井选择通风机。

数据准备。三种方法准备的网络基础表基本相同，不同之处是“类型”字段的赋数值不同。

解算操作。三种方法解算操作相同。点击“网络解算”菜单→选择相应的解算方法→打开数据库→选择数据表→确定。

结果输出。解算完成后会自动弹出解算结束窗体，选择系统菜单下解算结果菜单可显示：通风机工况点(表格和图形)、工作面配风、困难路线阻力分布、风速超限(较大)分支等信息，如图 5-6-4 所示。除数据浏览外，结果还可打印、输出到 Word 中，为编写报告提供方便。

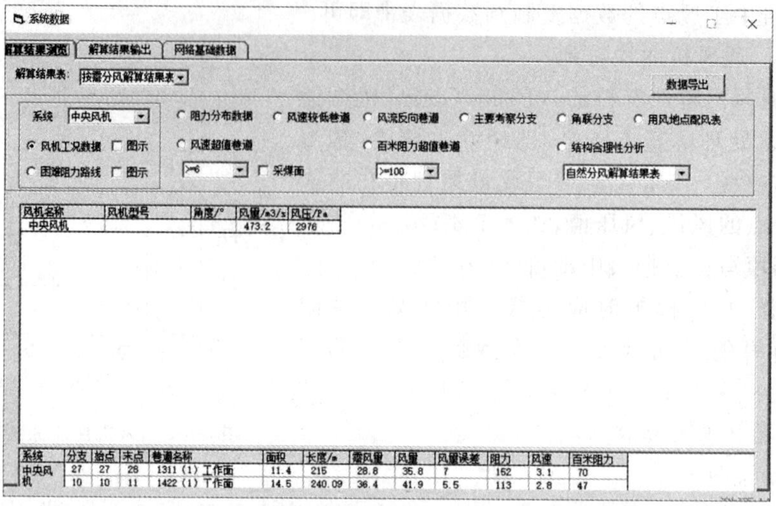

图 5-6-4　解算结果信息窗体

应指出的是，网络解算一般是在生成或打开的网络图界面上进行，这样可利用网络图实现通风系统参数的可视化。

4. 结果分析

解算完成后，对通风机工况点的安全合理性、用风地点风量、通风最困难路线位置、阻力分布、风速超限、百米阻力等参数安全合理性进行分析。

（三）网络解算和网络图可视化的应用

通风网络解算可用于解决下述矿井通风问题：

(1) 生产矿井通风数字化和现状模拟。根据实测的井巷风阻和通风机特性曲线，用网络解算方法可较准确地模拟矿井通风系统状况、实现通风参数量化，如掌握通风最困难通风线路上阻力分布，为降阻提供科学依据。

(2) 生产矿井通风系统调整方案预测、优选。以现状通风状况模拟为基础，对矿井将要调整的生产布局方案所形成的通风系统进行解算，做经济、技术和通风机工况点比较，选择较优的生产布局方案。与此类似，可对矿井生产发展、规划的通风系统方案进行模拟和预测。

(3) 应用设计矿井通风系统方案优选。

(4) 通风系统网络图可视化，可准确掌握通风机工况点、分支的风量和阻力、风向异常的巷道的分布等，为通风管理提供高效、科学的技术手段。

第七节　矿井通风系统分析

矿井通风系统分析是进行矿井通风科学管理的重要工作内容。矿井通风系统分析主要包括通风系统阻力分布分析、网络结构合理性分析、主要通风机工况点合理性分析、矿井通风系统可靠性评价和多风井主要通风机相互影响分析等内容。其中主要通风机工况点合理性分析已在第四章叙述。

一、矿井通风系统数字化

矿井通风系统数字化是应用先进的计算机技术进行复杂通风系统分析的前提。所谓通风系统数字化就是将通风系统的要素包括网络结构参数[井巷的结构(连接状况)、几何参数(断面积、长度、断面形状、支护形式、倾角、标高等)、连接关系等]、通风参数[风速(风量)、风压、阻力系数(风阻)、流向等]、动力设备与特性参数[通风机曲线的角度、工况点(风量、风压)]和通风设施等信息以数字的形式存储于计算机中。这些数字可以全面、真实映射通风系统的参数。

数字化的目标是建立通风机特性数据表和网络参数数据表。其步骤和过程如图 5-7-1 所示。模拟结果(主要通风机工况点、用风地点和巷道风量数字化的结果)与实际网络参数要在允许的误差范围内。

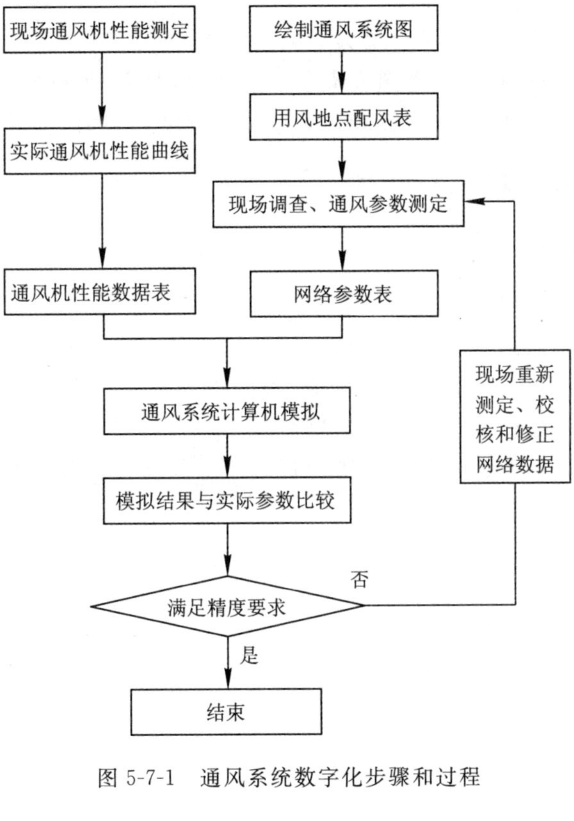

图 5-7-1　通风系统数字化步骤和过程

二、通风系统阻力分布分析

通风系统阻力等于其通风最困难的采、掘工作面所在通路上、从进风井口至风机入口各条分支阻力之和。此条路线称之为系统的通风最困难路线。如图 5-1-3 中 1—2—8—24—32—37—12—9—10—25 和 1—2—5—17—16—27—31—30—41—38—19—18—28—20—21。

主要通风机的工作风压是由通风最困难路线上各分支的阻力所决定的。通风系统阻力可分为进风段、用风段和回风段三部分，一般情况下前两部分所占比小于50%。

在通风管理中，要通过网络解算、阻力测定和现场调查，掌握系统中通风最困难的路线位置、经过的采掘工作面以及所包括的分支(井巷)；进风段、用风段和回风段三段阻力所占比例是否合理；是否有阻力超常分支；是否有风速超限分支；最困难路线上是否有严重失修、杂物堆积和通风不畅等情况；通风困难路线是否安装增阻调节设施。

若主要通风机风压过高或风量不足，则应降低通风最困难路线上分支的阻力。

通风系统阻力主要取决于开采条件、矿井与采区设计和管理等因素，具体有：

(1) 煤层赋存、矿井生产规模和开采范围。生产规模和开采范围大，则通风系统阻力高。

(2) 系统中采掘工作面的产量、瓦斯涌出量和配风量。产量高、瓦斯涌出量大、供风量大，则通风阻力大。

(3) 采掘布局与生产接替合理性。若需风量大的采掘工作面集中一个采区，则会增加系统的人工调节量，导致阻力增大。

(4) 通风流程。风流路线长则会增大通风系统阻力。

(5) 矿山压力、巷道支护以及巷道断面积。矿压大，巷道变形严重，增大阻力。

(6) 通风系统管理。巷道畅通、无积水和杂物则会减小阻力，等等。

三、复杂网络结构合理性分析

(一) 网络结构合理性系数

通风网络结构的合理性，反映矿井通风系统中为了实现用风地点的按需配风而需要人工增阻调节的程度。对通风系统的阻力分布、系统内部的风量分配和主要通风机工作压力起决定性的影响。通过网络结构合理性分析，有助于改善采掘布局、调整网络结构，降低通风系统阻力，提高通风系统的可靠性和经济性。

网络结构合理性系数是由系统的自然分风的压力与其按需分风的压力比值确定的。网络合理性系数 K 可用下式表示：

$$K=\frac{H_{\mathrm{N}}}{H} \tag{5-7-1}$$

式中 K——网络结构合理性系数；

H_{N}——系统在自然分风时的压力；

H——系统实现按需分风时的压力。

所谓自然分风压力，是指采、掘工作面按自然分风解算，硐室等用风地点按实际需风量进行网络解算，所得到的通风机压力。所谓按需分风压力是指除通风最困难的工作面外，其余的用风地点都按实际需风量进行网络解算得到的通风机压力。

单一通风机工作的通风系统 K 值应在1以下。K 值越大，说明调节量越小，网络结构较合理；反之亦然。一般要求 $K>0.85$。如果 $K<0.6$，则在采掘布局上应加以注意和改进。对于多风井系统，K 值有可能大于1。这表明，该系统受相邻系统影响较严重。

网络结构合理性主要取决于矿井开拓开采布局、生产中采掘接替(用风地点分布)和工作面配风量。为了提高网络结构的合理性系数，在一个系统中各个采区的配风量要基本相等，即在采区之间要合理配产和配风，以使各个采区的阻力基本相等，减少人工调节量。

（二）两系统回风之间存在联巷的合理性分析

如图 5-7-2 所示，矿井中有系统 1 和系统 2，两回风之间存在联巷。联巷是否应隔断，要因地制宜，不能一概而论。如果 C 所在通路为系统 2 的最困难通风路线，B 通路不是系统 1 的最困难路线，且 1 点压能高于 2 点，则联巷 1—2 存在是合理的。因其可分流系统 2C 通路上风量，降低系统 2 阻力。隔断与否主要看其能否降低系统的阻力，以及对通风系统稳定性影响。若既能降低通风系统阻力，又不影响系统稳定性，则联通是合理的。否则，应隔断。

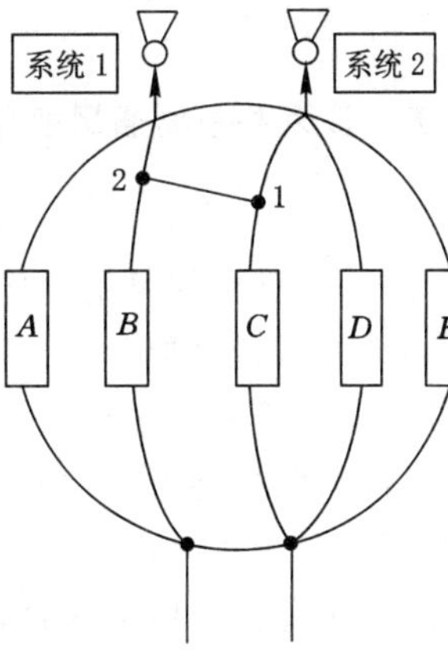

图 5-7-2　回风贯通简化网络图

（三）分区式进风通风系统进风联通合理性分析

对于分区进风的通风系统，进风区之间是联通合理还是隔断安全？一般情况下，如果联通后联络巷较大风量、且不影响流出侧系统用风地点的供风、有助于流入侧系统增加进风量，则联通是合理的。当然，进风联通的不利因素是灾变时，当有害气体逆流时，有可能导致灾害范围扩大，需要在灾害预防和处理计划中提出预防措施。

四、通风系统评价

矿井通风系统由主要通风机、通风网络和控制设施三种要素组成。好的通风系统不仅三个要素要具有良好的品质，而且三个要素之间要相互协调和匹配，形成安全可靠、技术先进和经济合理的通风系统。

（一）通风系统的安全可靠性

（1）主要通风机的特性参数能满足通风系统通风困难和通风容易两个时期需要，其工况点处于安全工作区域，如图 4-5-1 阴影区内。即通风困难时期的风压小于通风机最高风压的 0.9 倍；通风量满足工况点在最小叶片角曲线的右上方、比最大叶片安装角小 0.25°网线的右下方；任何情况下不会发生喘振现象。

通风机反风风量、反风时间符合《煤矿安全规程》要求。

主要通风机的供电系统可靠、机械部件牢固、振动幅度小，保证其平稳、连续运转。

矿井必须制定主要通风机停止运转的应急预案。

（2）矿井、采区通风系统具有完整性、规范性和安全性，采掘工作面系统具有独立性，风流稳定；串联风、下行风等符合《煤矿安全规程》规定；矿井主要进回风巷畅通。

（3）通风设施齐全，安设位置和数量合理。

（4）主要通风机与通风网络、通风设施匹配，具有协调性。

（5）通风系统具有防灾和抗灾能力。

（二）通风系统应具有技术先进性

矿井、采区能适应和满足当前和较长时期安全生产发展需要，工作面通风系统能应对各种不安全因素，实现高产、高效和安全。

矿井（系统）风量调节方法合理，人工调节量最小。

（三）通风系统应具有经济合理性

矿井通风系统单位风量的压能低、吨煤通风成本低。

五、多风井主要通风机相互影响分析

对于矿井存在共用进风井、两个以上通风机工作的通风系统，由于各系统之间存在公共风路，故一个系统的风量变化会导致公共段阻力变化，进而影响其他系统通风机的工况点和用风地点的风量分配。因此，在多通风机工作系统中，系统之间存在着不同程度的相互影响，即一个系统中风量和风阻变化，将会影响其他系统的风量和风压。其影响程度随公共风路的参数和风机能力变化而变化。一般而言，公共段风路越长，其阻力占风机风压的比例越大，则相互影响程度也越大。

为了研究多通风机联合运行时各个系统之间的相互影响程度，一般采用的研究方法是，首先测定两个系统主要通风机的风量和风压参数；然后应用计算机模拟技术，在通风网络结构和参数不变（相同）的条件下，分别改变系统 1 和系统 2 通风机的特性，求通风机工况点变化。现以某矿 2008 年两个通风系统相互影响的模拟分析结果为例作以说明（该矿两个回风系统之间存在联巷）。

通风系统原始数据和改变特性后模拟结果如表 5-7-1 所列。

表 5-7-1　某矿通风系统原始数据和改变特性后模拟结果

条件	原参数		系统 2 曲线降低 10°						系统 1 曲线增加 10°					
参数	风压/Pa	风量/($m^3 \cdot s^{-1}$)	风压/Pa	风量/($m^3 \cdot s^{-1}$)	风压变化/Pa	风压变化率/%	风量变化/($m^3 \cdot s^{-1}$)	风量变化率/%	风压/Pa	风量/($m^3 \cdot s^{-1}$)	风压变化/Pa	风压变化率/%	风量变化/($m^3 \cdot s^{-1}$)	风量变化率/%
系统1	2 098	149.9	2 083	156	−15	−0.71	5.6	3.74	2 376	157.8	278	13.25	7.9	5.27
系统2	3 035	315.3	2 840	306	−195	−6.43	−9.3	−2.95	3 157	312.2	122	4.02	−3.1	−0.98

由表 5-7-1 数据可见，在系统 2 通风机特性曲线降低 10°时，本系统的风压、风量变化分别为−6.43％和−2.95％，系统 1 的风压和风量变化分别为−0.71％和 3.74％，稍有影响；当系统 1 的通风机曲线角度增加 10°时，本系统的风压、风量分别变化为 13.25％和 5.27％，系统 2 的风压和风量变化分别为 4.02％和−0.98％，稍有影响。

复习思考题

5-1　什么是通风网络？其主要构成元素是什么？如何绘制矿井通风系统网络图？

5-2　矿井通风系统主要组成元素有哪些？如何绘制矿井通风系统图？

5-3　简述风路、回路、生成树、余树、割集等基本概念的含义。

5-4　基本关联矩阵、独立回路矩阵、独立割集矩阵间有何关系？

5-5　矿井通风网络中风流流动的基本规律有哪几个？写出其数学表达式。

5-6　比较串联风路与并联风网的特点。

5-7 写出简单角联风网角联分支的风向判别式，分析影响角联分支风向的因素。

5-8 矿井风量调节的措施可分为哪几类？比较它们的优缺点。

5-9 矿井通风网络解算的实质是什么？

5-10 比较各种风量调节计算方法的特点。

5-11 如图（图题5-11）所示通风网络图，试选择其任一棵生成树，并构造其基本关联矩阵、独立回路矩阵和独立割集矩阵。

5-12 如图（图题5-12）所示并联风网，已知各分支风阻：$R_1=1.274$，$R_2=1.470$，$R_3=1.078$，$R_4=1.568$，单位为 $N\cdot s^2/m^8$；总风量 $Q=36\ m^3/s$。求：(1) 并联风网的总风阻；(2) 各分支风量。

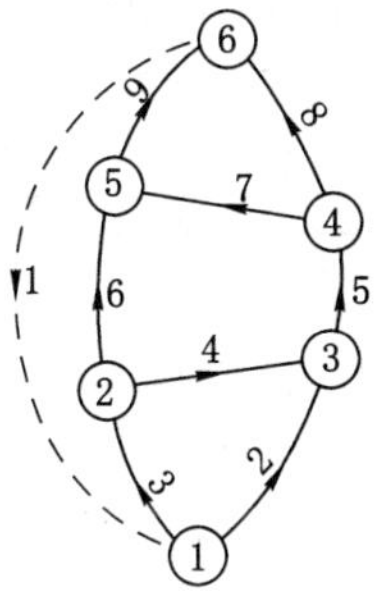

图题 5-11

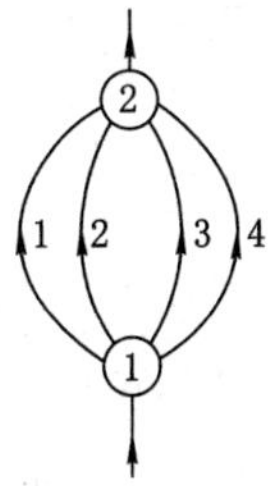

图题 5-12

5-13 如图（图题5-13）所示角联风网，已知各分支风阻：$R_1=3.92$，$R_2=0.075\ 2$，$R_3=0.98$，$R_4=0.4998$，单位为 $N\cdot s^2/m^8$。试判断角联分支5的风流方向。

5-14 如图（图题5-14）所示并联风网，已知各分支风阻：$R_1=1.186$，$R_2=0.794$，单位为 $N\cdot s^2/m^8$；总风量 $Q=40\ m^3/s$。求：(1) 分支1和2中的自然分风量 Q_1 和 Q_2；(2) 若分支1需风 $10\ m^3/s$，分支2需风 $30\ m^3/s$；采用风窗调节，风窗应设在哪个分支？风窗风阻和开口面积各为多少？

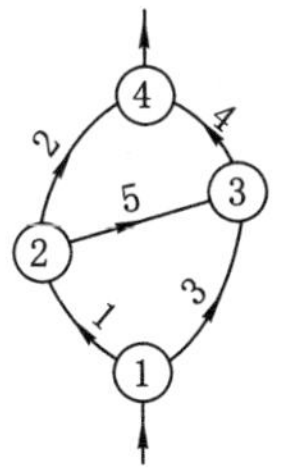

图题 5-13

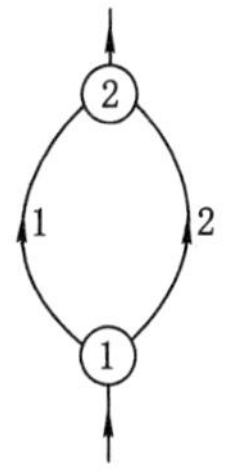

图题 5-14

5-15 根据本章第五节例题的有关数据，上机练习网络解算与风量调节计算软件的使用方法。

5-16 某矿通风网络的结构参数及各分支风阻、高程及位能差列于下表中。(1) 画出通风网络图；(2) 用网络解算程序分别解算有无自然风压时的风量分配情况。通风机特性点：(14，2 520)、(18，2 030)、(22，1 100)，风量单位为 m^3/s，风压单位为 Pa。

表题 5-16　通风网络基础数据

分支	始节点	末节点	高差/m	位能差/Pa	风阻/($N\cdot s^2\cdot m^{-8}$)
1	7	1	300	369.3	0.29
2	1	4	0	0	1.50
3	1	2	0	0	1.40
4	2	3	100	122.5	1.20
5	4	3	100	122.5	1.00
6	2	5	200	244.2	4.26
7	5	6	0	0	0.60
8	4	6	200	244.2	9.00
9	6	7	100	121.1	2.29
10	3	5	100	121.6	0.80

5-17　如图(图题 5-17)所示通风网络，已知各分支风阻：$R_1=0.14$，$R_2=0.11$，$R_3=0.21$，$R_4=0.32$，$R_5=0.15$，$R_6=0.19$，$R_7=0.23$，$R_8=0.44$，单位为 $N\cdot s^2/m^8$。需风分支风量为：$q_1=15$，$q_3=10$，$q_6=15$，$q_8=10$，单位为 m^3/s。(1) 若确定在分支 3、4 和 8 中进行调节，试用回路法求调节方案。(2) 若事先不确定调节分支，试用通路法求增阻调节方案。

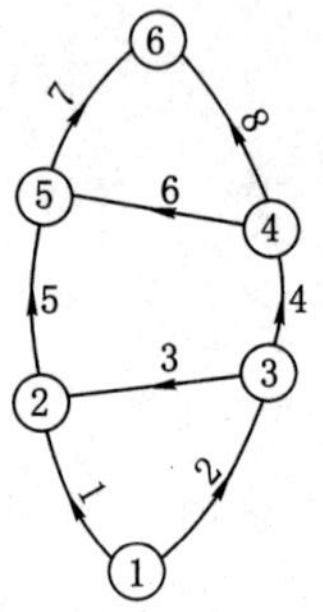

图题 5-17

第六章　局部通风

利用局部通风机或主要通风机产生的风压对井下独头(一个出口)的巷道进行通风的方法称为局部通风(又称掘进通风)。局部通风在矿井和地下工程中应用广泛。

本章主要讨论局部通风的方法、需风量计算、设备及其选型、技术管理与安全技术装备系列化内容。

第一节　局部通风方法

向井下局部地点进行通风的方法,按通风动力形式不同,可分为局部通风机通风、矿井全风压通风和引射器通风。其中又以局部通风机通风最为常用。

一、局部通风机通风

利用局部通风机做动力,通过风筒导风的通风方法称局部通风机通风,它是目前局部通风最主要的方法。局部通风机的常用通风方式有压入式、抽出式和混合式。

(一) 压入式通风

压入式通风布置如图 6-1-1 所示,局部通风机及其附属装置安装在离掘进巷道口 10 m 以外的进风侧,将新鲜风流经风筒输送到掘进工作面,污风沿掘进巷道排出。新风流出风筒形成的射流属末端封闭的有限贴壁射流,其流场如图 6-1-2 所示。气流贴着巷壁射出风筒后,由于卷吸作用,射流断面逐渐扩张,直至射流的断面达到最大值,此段称为扩张段,用 L_e 表示;然后,射流断面逐渐减小,直到为零,此段称收缩段,用 L_a 表示,从风筒出口至射流反向的最远距离(即扩张段和收缩段总长)称射流有效射程。在巷道边界条件下,可按下式计算:

$$L_s = (4 \sim 5)\sqrt{S} \tag{6-1-1}$$

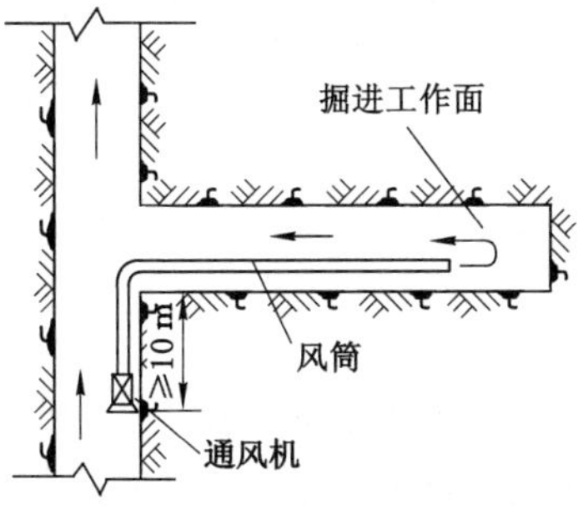

图 6-1-1　压入式通风布置

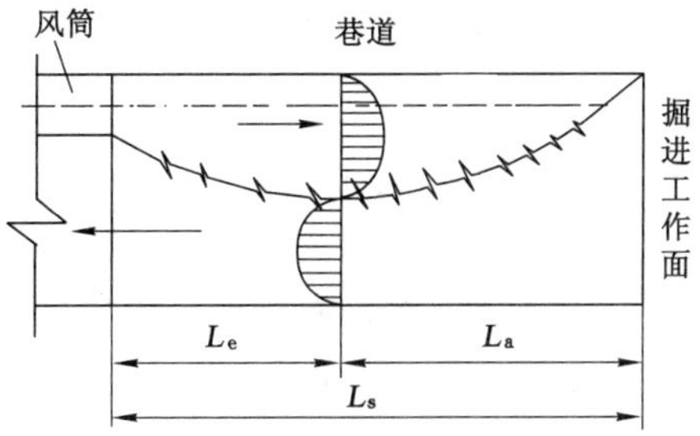

图 6-1-2　风筒出口有限贴壁射流

式中 L_s——射流有效射程，m；

S——巷道断面，m^2。

在有效射程段，射流一部分经巷道排走，另一部分又被扩张段射流所卷吸。因此掘进工作面与风筒出口之间距离不应大于有效射程，否则在有效射程以外的空间会出现循环涡流区（如图 6-1-3 所示 L_v），爆破产生的炮烟和作业产生的煤尘难以排出，导致工作环境恶化。

压入式通风排污过程如图 6-1-4 所示，当工作面爆破或掘进落煤（岩）后，烟尘充满迎头形成一个炮烟抛掷区和粉尘分布集中带。风流由风筒射出后，由于射流的紊流扩散和卷吸作用，使迎头炮烟与新风发生强烈掺混，沿着巷道向外推移。

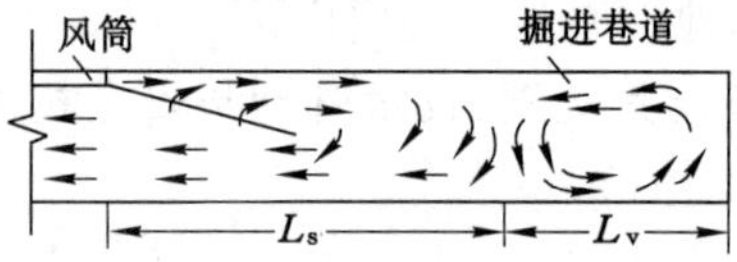

图 6-1-3 有效射程示意图

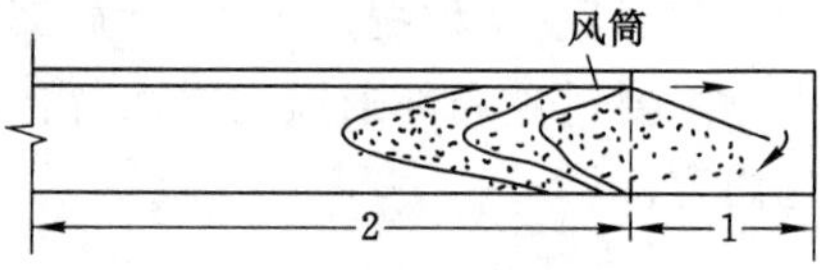

1—迎头区；2—巷道排烟。

图 6-1-4 压入式通风排炮烟过程

（二）抽出式通风

抽出式通风布置如图 6-1-5 所示。局部通风机安装在离掘进巷道 10 m 以外的回风侧。新风沿巷道流入，污风通过风筒由局部通风机抽出。通风机工作时风筒吸口吸入空气的作用范围，称其为有效吸程 L_e，在巷道边界条件下，其一般计算式为：

$$L_e = 1.5\sqrt{S}, \quad m \tag{6-1-2}$$

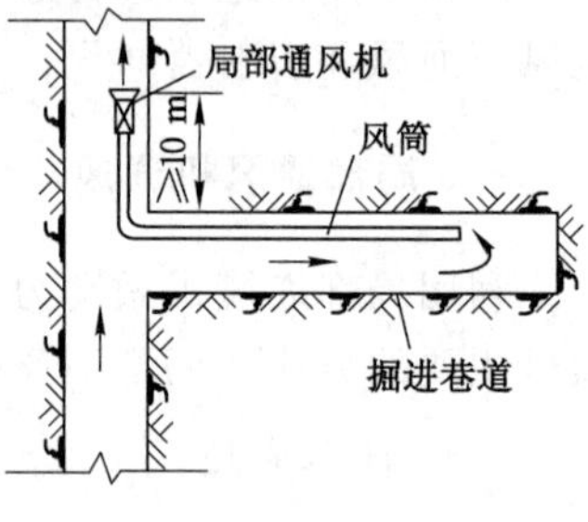

图 6-1-5 抽出式通风布置

式中 S——巷道断面，m^2。

抽出式通风排除污风过程，如图 6-1-6 所示，当工作面掘进爆破煤（岩）后，形成一个污染物分布集中带，在抽出式通风的有效吸程范围内，借紊流扩散作用使污染物与新风掺混并被吸出。实践证明，只有当吸风口离工作面距离小于有效吸程 L_e 时，才有良好的吸出炮烟效果。在有效吸程以外的独头巷道中会出现循环涡流区，如图 6-1-7 所示，理论和实践都证明，抽出式通风的有效吸程比压入式通风的有效射程要小。

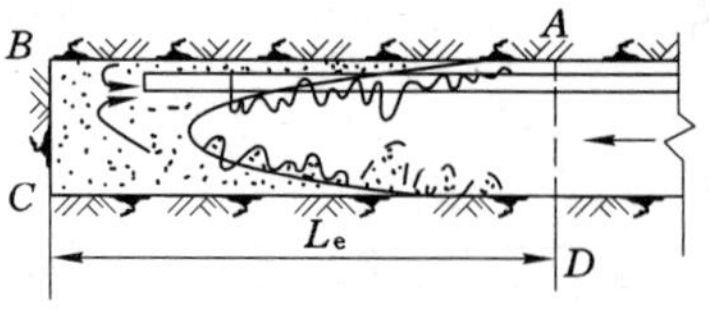

图 6-1-6 抽出式通风排污风过程

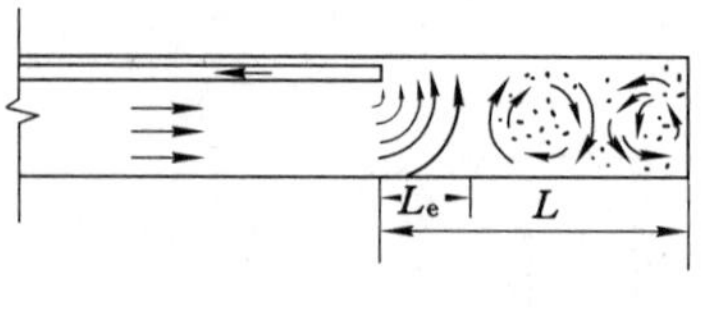

图 6-1-7 循环涡流区示意图

（三）压入式和抽出式通风的比较

（1）压入式通风时，局部通风机及其附属电气设备均布置在新鲜风流中，污风不通过局部通风机，安全性好；而抽出式通风时，含瓦斯的污风通过局部通风机，若局部通风机不具备防爆性能，则是非常危险的。

(2) 压入式通风风筒出口风速和有效射程均较大,可防止瓦斯层状积聚,且因风速较大而提高散热效果。然而,抽出式通风有效吸程小,掘进施工中难以保证风筒吸入口到工作面的距离在有效吸程之内。与压入式通风相比,抽出式通风风量小,工作面排污风所需时间长、速度慢。

(3) 压入式通风时,掘进巷道涌出的瓦斯向远离工作面方向排走,而用抽出式通风时,巷道壁面涌出的瓦斯随风流流向工作面,安全性较差。

(4) 抽出式通风时,新鲜风流沿巷道进入工作面,整个井巷空气清新,劳动环境好;而压入式通风时,污风沿巷道缓慢排出,掘进巷道越长,排污风速度越慢,受污染时间越久。这种情况在大断面长距离巷道掘进中尤为突出。

(5) 压入式通风可用柔性风筒,其成本低,重量轻,便于运输;而抽出式通风的风筒承受负压作用,必须使用刚性或带刚性骨架的可伸缩风筒,成本高,重量大,运输不便。

基于上述分析,当以排除瓦斯为主的煤巷、半煤岩巷掘进时应采用压入式通风,而当以排除粉尘为主的井筒掘进时,宜采用抽出式通风。

(四) 混合式通风

混合式通风是压入式和抽出式两种通风方式的联合运用,兼有压入式和抽出式两者优点,其中压入式向工作面供新风,抽出式从工作面排出污风。其布置方式取决于掘进工作面空气中污染物的空间分布和掘进、装载机械的位置。按局部通风机和风筒的布设位置,分为长压短抽、长抽短压和长抽长压三种;按抽压风筒口的位置关系,每种方式又有前抽后压和前压后抽两种方式。

(1) 长抽短压(前压后抽)。其布置如图 6-1-8(a)所示。工作面的污风由压入式风筒压入的新风予以冲淡和稀释,由抽出式主风筒排出。抽出式风筒吸风口与工作面的距离应不小于污染物分布集中带长度,与压入式通风机的吸风口距离应大于 10 m 以上;抽出式通风机的风量应大于压入式通风机的风量;压入式风筒的出口与工作面间的距离应在有效射程之内。采用长抽短压式通风时,其中抽出式风筒须用刚性风筒或带刚性骨架的可伸缩风筒,若采用柔性风筒,则可将抽出式局部通风机移至风筒入风口,改为压出式,由里向外排出污风,如图 6-1-8(b)所示。

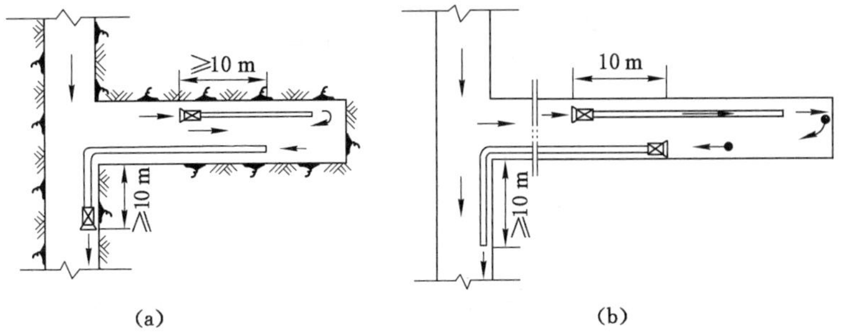

图 6-1-8 长抽短压通风方式

(2) 长压短抽(前抽后压)。其布置如图 6-1-9 所示。新鲜风流经压入式长风筒送入工作面,工作面污风经抽出式通风除尘系统净化,被净化后的风流沿巷道排出。抽出式风筒吸风口与工作面的距离应小于有效吸程,对于综合机械化掘进,应尽可能靠近最大产尘点。压入式风筒出风口应超前抽出式出风口 10 m 以上，它与工作面的距离应不超过有效射程。压入式通风机的风量应大于抽出式通风机的风量。

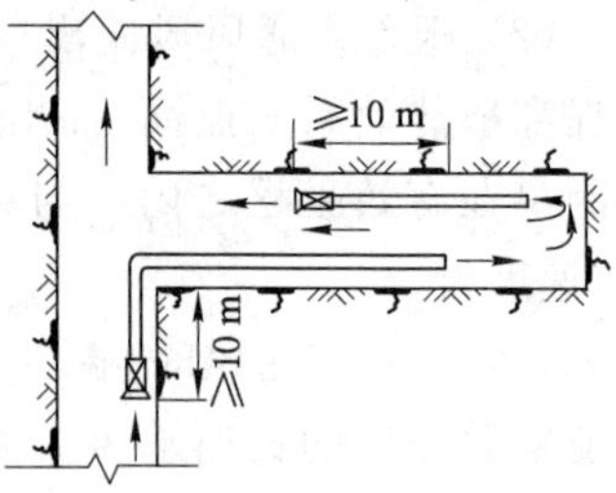

图 6-1-9　长压短抽通风方式

混合式通风的主要缺点是降低了压入式与抽出式两列风筒重叠段巷道内的风量，当掘进巷道断面大时，风速就更小，则此段巷道顶板附近易形成瓦斯层状积聚。因此，两台通风机之间的风量要合理匹配，以免发生循环风，并使风筒重叠段内风速大于最低风速。

基于上述分析，混合式通风是大断面长距离岩巷掘进通风的较好方式。机掘工作面多采用与除尘风机配套的长压短抽混合式，如图 6-1-10 所示。目前应用的 AM-50 型综掘机即采用了此种方式。

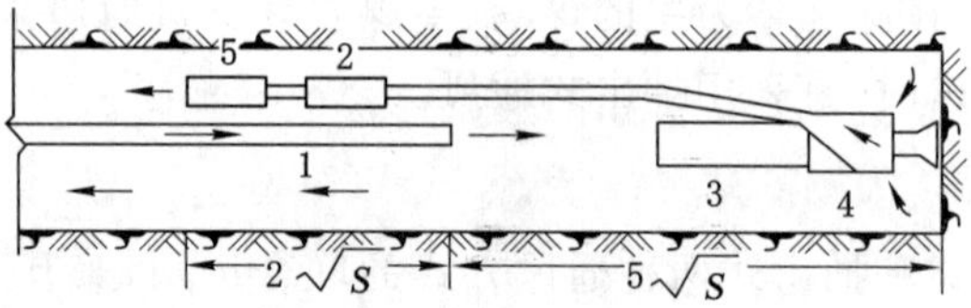

1—压入式风筒；2—除尘风机；3—转载机；4—掘进机；5—除尘器；S—巷道断面。

图 6-1-10　机掘工作面长压短抽通风方式

（五）可控循环通风

当局部通风机的吸入风量大于全风压供给设置通风机巷道的风量时，则部分由局部用风地点排出的污浊风流，会再次经局部通风机送往用风地点，故称其为循环风。

循环通风分为掺有适量外界新风的循环通风和不掺有外界新风的循环通风。前者即为可控循环通风，也称为开路循环通风；后者称为闭路循环通风。如图 6-1-11 所示，除尘器出

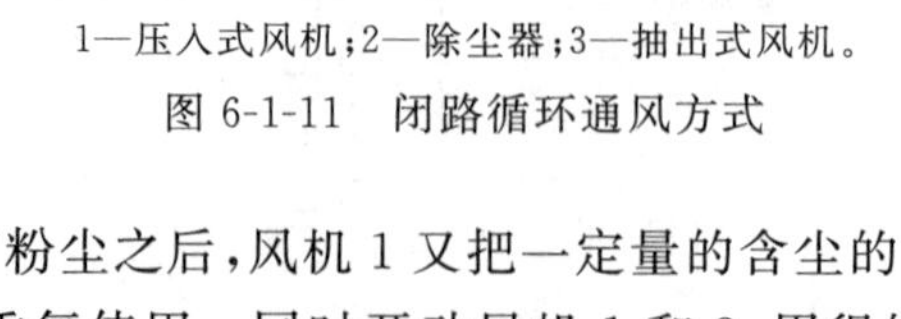

1—压入式风机；2—除尘器；3—抽出式风机。

图 6-1-11　闭路循环通风方式

口送出的风流清洗工作面粉尘之后，风机 1 又把一定量的含尘的污浊风流吸入，经除尘器净化后，再送到掘进工作面重复使用。同时开动风机 1 和 3，用很短的时间把炮烟排走，这种平时只开一台风机，排炮烟时才开两台风机的闭路循环通风方式，能节约电能。它仅适用于需要除尘和排炮烟的掘进巷道通风，故在冶金矿山中应用较多。在煤矿掘进通风中，工作面连续不断地涌出瓦斯等有害气体，当使用闭路循环系统时，因既无任何出口，也无法除去这些气体，在封闭的循环区域中的污染物浓度必然会越来越大。因此，《煤矿安全规程》严禁采

用循环通风。如果循环通风是在一个敞开的区域内，并且连续不断地有适量的新鲜风流掺入到重新返回的循环风流中，经理论与实践证明，这部分有控制的循环风流中的污染物浓度仅仅取决于该地区内污染物的产生率及流过该地区的新鲜风量的大小，故循环区域中任何地点的污染物浓度，都不会无限制地增大，而是经循环一定次数后趋于某一限值。

在某些情况下，用常规的局部通风方法要达到掘进通风的基本要求就会有困难。例如前进式采煤工作面的超前平巷掘进工作面，如图 6-1-12(a)所示，若要采用常规的压入式通风，它虽能有效地解决瓦斯和气候条件问题，但无法控制掘进巷道内的矿尘浓度，并且对采煤工作面进风流的矿尘浓度也会产生影响；若要采用常规的抽出式通风，由于采煤工作面内无法安设局部通风机，故只能安装在工作面外部，当工作面平巷很长时，这样做是很困难的。在回风巷一侧如图 6-1-12(b)所示，情况正好相反，采用抽出式通风采煤工作面含尘风流直接进入掘进工作面，采用压入式通风则需把局部通风机置于采场通风系统之外。另一种方法是混合式，但因超前掘进巷道长度一般很短，难以布置两台局部通风机，另外掘进巷道内的风速也会很低，因此都非最佳方案。如果采用可控循环通风，进风侧采用抽出式通风，局部通风机安设在进风巷内，如图 6-1-12(a)所示，经风机前置除尘器过滤后，流出局部通风机与外部新风混合，其中一部分会再次进入掘进工作面循环使用。由于污风在与新风混合前经过了过滤，因而可以减轻或消除掘进工作面产生的矿尘对采、掘工作面进风流的污染。在回风侧采用压入式通风，局部通风机安设在回风巷内，如图 6-1-12(b)所示，风流过滤后再经局部通风机压入掘进工作面，清洗掘进工作面后与采煤工作面回风流混合，其中一部分流入回风道，另一部分再次进入掘进工作面循环使用。用这种方法可减轻或消除采煤工作面产生的矿尘对掘进工作面进风的污染。

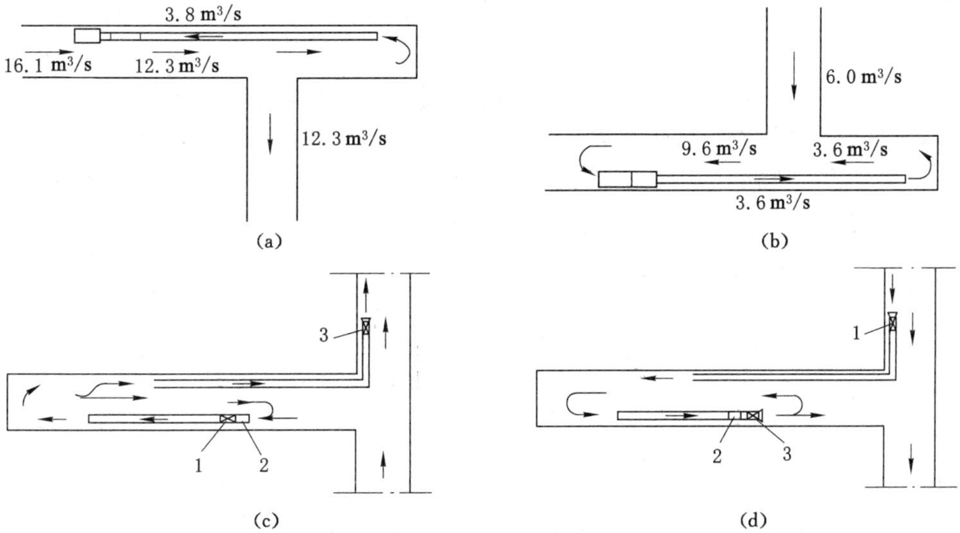

1—压入式风机；2—除尘器；3—抽出式风机。

图 6-1-12　可控循环通风布置示意图

可控循环通风除了在压入式和抽出式通风中应用外，在长距离巷道掘进的混合式通风中也有采用。在长抽短压式通风中，如图 6-1-12(c)所示，先启动抽出式风机后启动压入式风机，外部进入的新风先清洗掘进工作面，其中一部分污风经风筒，由抽出式风机排出；另一部分污风在压入式局部通风机的作用下，流过两列风筒重叠段巷道，再次与外部新风混合经风机前置除尘器过滤后，由局部通风机压入掘进工作面循环使用，从而形成可控循环通风。

在长压短抽式通风中，如图 6-1-12(d)所示，当抽出式风机风量大于压入式风机风量时也能产生循环风。先启动压入式风机后启动抽出式风机，新风由压入式风机和风筒送入掘进工作面，污风全部通过抽出风筒，经前置除尘器过滤后，由抽出式风机排出，其中一部分风流(其量约等于压入式风机风量)沿掘进巷道排入外部贯穿风流中，另一部分风流(其数量等于两风机风量差)在抽出式风机的作用下通过两列风筒重叠段巷道，再次与压入风筒流出的新风混合进入掘进工作面循环使用，从而形成可控循环通风。

可控循环局部通风具有下列优点：

(1) 采用混合式可控循环通风时，掘进巷道风流循环区内(即从后置风筒口至掘进工作面)的风速较高，避免了瓦斯层状积聚，同时也降低了等效温度，改善了掘进巷道中的气候条件。

(2) 当在局部通风机前配置除尘器时，可降低矿尘浓度。

(3) 在供给掘进工作面相同风量条件下，可降低通风能耗。

可控循环局部通风的缺点是：

(1) 由于流经局部通风机的风流中含有一定浓度的瓦斯和粉尘，因此，必须研制新型防爆除尘风机。

(2) 循环风流通过运转风机的加热，再返回掘进工作面，使风温上升。

(3) 当工作面附近发生火灾时，烟流会返回掘进工作面，故安全性差，抗灾能力弱，灾变时有循环风流通过的风机应立即进行控制，停止循环通风，恢复常规通风。

因此，对使用可控循环通风提出下列要求：

(1) 在可控循环通风系统中，必须装有瓦斯、风量、粉尘自动监测装置及可靠的报警装置，同时还必须进行常规环境检测分析。

(2) 对循环风机实现自动开关和风量控制。对使用可控循环风的混合式通风，抽出式与压入式的两台风机间须设闭锁装置，保证主要的局部通风机启动后，有循环风通过的风机再启动，以免形成闭路循环风流。同时必须适当地控制抽出式与压入式两台局部通风机的风量比，以获得可控循环通风的最佳除尘和降温效果。

二、矿井全风压通风

全风压通风是利用矿井主要通风机的风压，借助导风设施把主导风流的新鲜空气引入掘进工作面。其通风量取决于可利用的风压和风路风阻。按其导风设施不同可分为：

(一) 风筒导风

如图 6-1-13 所示，在巷道内设置挡风墙截断主导风流，用风筒把新鲜空气引入掘进工作面，污浊空气从独头掘进巷道中排出。此种方法辅助工程量小，风筒安装、拆卸比较方便，通常用于需风量不大的短巷掘进通风中。

(二) 平行巷道导风

如图 6-1-14 所示，在掘进主巷的同时，在附近与其平行掘一条配风巷，每隔一定距离在主、配巷间开掘联络巷，形成贯穿风流，当新的联络巷沟通后，旧联络巷即封闭。两条平行巷道的独头部分可用风障或风筒导风，巷道的其余部分用主巷进风，配巷回风。此方法常用于煤巷掘进，尤其是厚煤层的采区巷道掘进中，当运输、通风等需要开掘双巷时。此法也常用于解决长巷掘进独头通风的困难。

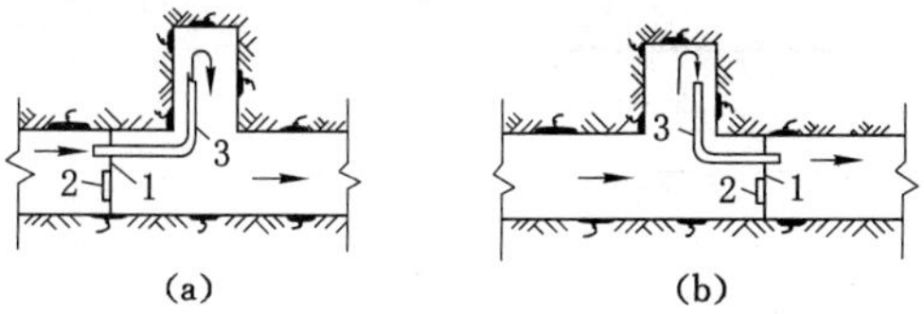

1—密闭墙；2—风窗；3—风筒。

图 6-1-13 风筒导风

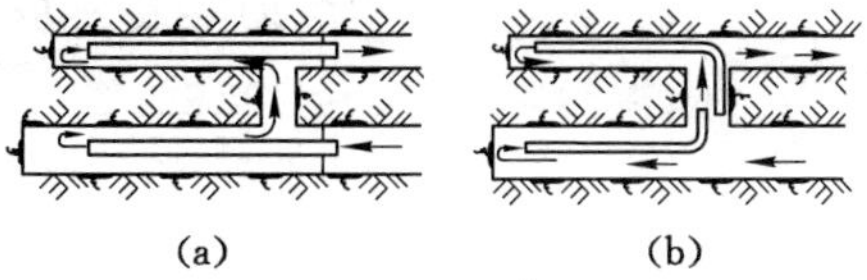

图 6-1-14 平行巷道导风

（三）钻孔导风

如图 6-1-15 所示，离地表或邻近水平较近处掘进长巷反眼或上山时，可用钻孔提前沟通掘进巷道，以便形成贯穿风流。为克服钻孔阻力，增大风量，可用大直径钻孔（300～400 mm）或在钻孔口安装风机。这种通风方法曾被应用于煤层上山的掘进通风，取得了良好的排瓦斯效果。

（四）风障导风

如图 6-1-16 所示，在巷道内设置纵向风障，把风障上游一侧的新风引入掘进工作面，清洗后的污风从风障下游一侧排出。在短巷掘进时，可用木板、竹、帆布；长巷掘进时，可用砖、石、混凝土等材料构筑风障。这种导风方法，构筑和拆除风障的工程量大。适用于短距离或无其他好方法可用时采用。

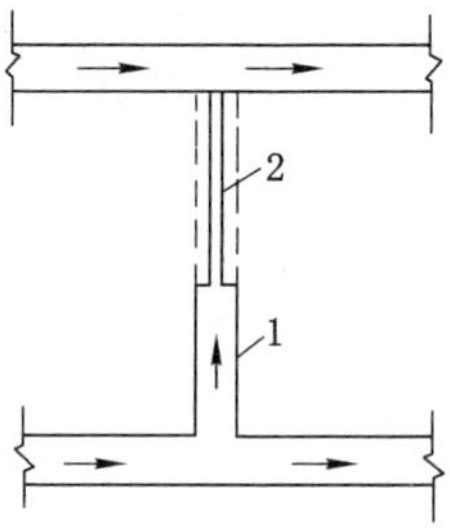

1—上山；2—钻孔。

图 6-1-15 钻孔导风

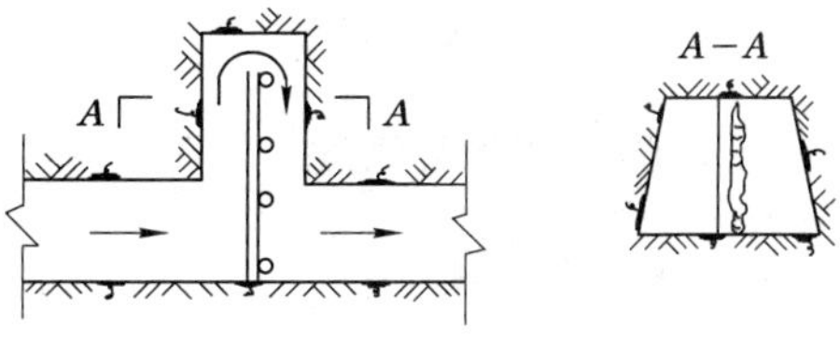

图 6-1-16 风障导风

在主要通风机正常运转，并有足够的全风压克服导风设施的阻力时，全风压通风能连续供给掘进工作面所需风量，而无需附加通风动力，管理方便，但其工程量大，使用风障有碍运输。因此在瓦斯涌出量大，使用通风设备不安全或技术不可行的局部地点，可以使用全风压通风。但是，如果全风压通风在技术上不可行或经济上不合理时，则必须借助专门的通风动力设备，对掘进工作面进行局部通风。

三、引射器通风

利用引射器产生的通风负压，通过风筒导风的通风方法称引射器通风。引射器通风一般都采用压入式，其布置如图 6-1-17 所示。水力引射器在某些用水砂充填管理顶板的矿区如抚顺、鹤岗等应用较广。

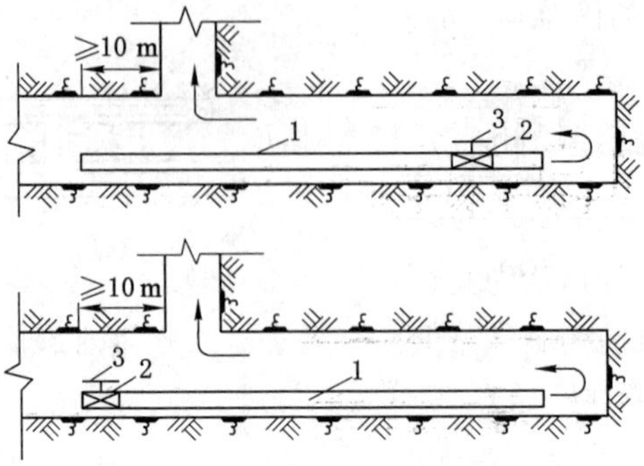

1—风筒;2—引射器;3—水管(或风管)。

图 6-1-17 引射器通风

引射器通风的优点是无电气设备,无噪声,还具有降温、降尘作用。在煤与瓦斯突出严重的煤层掘进时,用它代替局部通风机通风,设备简单,安全性较高。其缺点是风压低、风量小、效率低,并存在巷道积水问题。故这种方法适用于需风量不大的短距离巷道掘进通风。在含尘大、气温高的采掘机械附近,采取水力引射器与其他通风方法(全风压或局部通风机)联合使用形成混合式通风,使用的前提条件是有高压水源或气源。

第二节 掘进工作面需风量计算

掘进工作面需风量,应满足《煤矿安全规程》对作业地点空气的成分、含尘量、气温、风速等规定要求,按下列因素计算。

一、排除炮烟所需风量

(一) 压入式通风

苏联 B. H. 沃洛宁公式,当风筒出口到工作面的距离 $L_{op} \leqslant L_s = (4\sim5)\sqrt{S}$ 时,工作面所需风量或风筒出口的风量应为:

$$Q_{hp} = \frac{0.465}{t}\left(\frac{AbS^2L^2}{p_q^2 C_p}\right)^{1/3}, \quad m^3/min \tag{6-2-1}$$

式中 t——通风时间,一般取 20～30 min;

A——同时爆破炸药量,kg;

b——每千克炸药产生的 CO 当量,煤巷爆破取 100 L/kg,岩巷爆破取 40 L/kg;

S——巷道断面积,m^2;

L——巷道通风长度,m;

p_q——风筒始、末端风量之比,即漏风系数;

C_p——一氧化碳浓度的允许值,%,$C_p = 0.02\%$。

(二) 抽出式通风

据苏联 B. H. 沃洛宁公式,当风筒末端至工作面的距离 $L_{oe} \leqslant L_e = 1.5\sqrt{S}$ 时,工作面所需风量或风筒入口风量 Q_{he} 应为：

$$Q_{he}=\frac{0.254}{t}\sqrt{\frac{AbSL_t}{C_p}},\quad m^3/min \tag{6-2-2}$$

式中 L_t——炮烟抛掷长度，m。电雷管起爆时，$L_t=15+A/5$。

（三）混合式通风

在长抽短压混合式布置时，为防止循环风和维持风筒重叠段巷道内具有最低的排尘或稀释瓦斯风速，则抽出式风筒的吸风量 Q_{ec} 应大于压入式风筒出口风量 Q_{pc}，即

$$Q_{ec}=(1.2\sim1.25)Q_{pc}$$

或

$$Q_{ec}=Q_{pc}+60vS,\quad m^3/min \tag{6-2-3}$$

式中 v——最低排尘风速 0.15～0.25 m/s，瓦斯释放最低风速 0.5 m/s；

S——风筒重叠段的巷道断面积，m^2。

上式中压入式风筒出口风量 Q_{pc} 可按式(6-2-1)计算。但该式中 L 应改为抽出式风筒吸风口到工作面的距离 L_{oe}，并且因压入式风筒较短，式中 $p_q\approx1$，故

$$Q_{pc}=\frac{0.465}{t}\left(\frac{AbS^2L_{oe}^2}{C_p}\right),\quad m^3/min \tag{6-2-4}$$

二、排除瓦斯所需风量

在有瓦斯涌出的巷道掘进工作面内，其所需风量应保证巷道内任何地点瓦斯浓度不超限，其值可按下式计算：

$$Q_{hg}=\frac{100K_gQ_g}{C_p-C_i},\quad m^3/min \tag{6-2-5}$$

式中 Q_{hg}——排除瓦斯所需风量，m^3/min；

Q_g——巷道瓦斯绝对涌出总量，m^3/min；

C_p——最高允许瓦斯浓度，%；

C_i——进风流中的瓦斯浓度，%；

K_g——瓦斯涌出不均匀系数，取 1.5～2.0。

三、排除矿尘所需风量

风流的排尘风量可按下式计算：

$$Q_{hd}=\frac{G}{G_p-G_i},\quad m^3/min \tag{6-2-6}$$

式中 Q_{hd}——排尘所需的风量，m^3/min。

G——掘进巷道产尘量，mg/min。

G_p——最高允许含尘量，当矿尘中含游离 SiO_2 量大于 10%时，为 2 mg/m^3；小于 10%时，为 10 mg/m^3；对含游离 SiO_2 小于 10%的水泥粉尘，为 6 mg/m^3。

G_i——进风流中基底含尘量，一般要求不超过 0.5 mg/m^3。

当采用配有湿式除尘器的长压短抽混合式可控循环通风时，湿式除尘风机的吸入风量

可按下式计算：

$$Q_{ec}-Q_{pc}\geqslant\frac{(Q_{pc}G_i+G)(1-\eta_d)-G_pQ_{pc}}{G_p\eta_d},\quad m^3/min \tag{6-2-7}$$

式中　η_d——湿式除尘风机的除尘效率；

Q_{ec}——抽出式风筒入口风量，m^3/min；

Q_{pc}——压入式风筒出口风量，m^3/min；

G_p——除尘风机出口风流最高允许含尘量，mg/m^3。

四、按风速验算风量

岩巷按最低风速 0.15 m/s 或 $Q\geqslant 9S(m^3/min)$验算。半煤岩和煤巷按不能形成瓦斯层的最低风速 0.25 m/s 或 $Q\geqslant 15S(m^3/min)$验算。

掘进巷道需风量，原则上应按排除炮烟、瓦斯、矿尘诸因素分别计算，取其中最大值，然后按风速验算，而在实际工作中，一般按通风的主要任务计算风量。如有大量瓦斯涌出的巷道，则按瓦斯因素计算；无瓦斯涌出的岩巷，则按炮烟和矿尘因素计算；综掘煤巷按矿尘和瓦斯因素计算。

第三节　局部通风装备

局部通风装备是由局部通风动力设备、风筒及其附属装置组成。

一、风筒

风筒是最常见的导风装置。对风筒的基本要求是漏风小、风阻小、质量轻、拆装简便。

（一）风筒种类

风筒按其材料力学性质可分为刚性和柔性两种。刚性风筒是用金属板或玻璃钢材制成。常用的铁风筒规格如表 6-3-1 所列。玻璃钢风筒比金属风筒轻便、抗酸碱腐蚀性强、摩擦阻力系数小。柔性风筒是应用更广泛的一种风筒，通常用橡胶、塑料制成。常用的胶布风筒规格如表 6-3-2 所列。其最大优点是轻便、可伸缩、拆装运搬方便。

表 6-3-1　铁风筒规格参数表

直径/mm	节长/m	壁厚/mm	垫圈厚/mm	单位长度质量/($kg\cdot m^{-1}$)
400	2,2.5	2	8	23.4
500	2.5,3	2	8	28.3
600	2.5,3	2	8	34.8
700	2.5,3	2.5	8	46.1
800	3	2.5	8	54.5
900	3	2.5	8	60.8
1 000	3	2.5	8	68.0

表 6-3-2　柔性风筒规格参数表

直径/mm	节长/m	壁厚/mm	单位长度质量/($kg \cdot m^{-1}$)	断面/m^2
300	10	1.2	1.3	0.071
400	10	1.2	1.6	0.126
500	10	1.2	1.9	0.196
600	10	1.2	2.3	0.283
800	10	1.2	3.2	0.503
1 000	10	1.2	4.0	0.785

随着大断面巷道机械化掘进的增多，混合式通风除尘技术得到了广泛应用，为了满足其中抽出式通风的要求，采用金属整体螺旋弹簧钢圈为骨架的可伸缩风筒，如图 6-3-1 所示。它既可承受一定的负压，又具有可伸缩的特点，比铁风筒质量轻，使用方便。

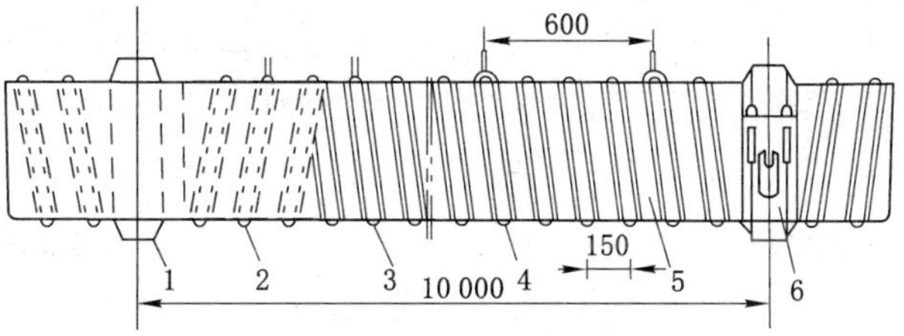

1—圈头；2—螺旋弹簧；3—吊钩；4—塑料压条；
5—风筒布；6—快速弹簧接头。

图 6-3-1　可伸缩风筒结构

矿山常用的风筒直径有 300 mm、400 mm、500 mm、600 mm 和 800 mm 等规格。

（二）风筒接头

刚性风筒一般采用法兰盘连接方式。柔性风筒的接头方式有插接、单反边接头、双反边接头、活三环多反边接头、螺圈接头等多种形式。图 6-3-2 表示几种接头的结构形式。插接方式最简单，但漏风大；反边接头漏风较小，不易胀开，但局部风阻较大；后两种接头漏风小、风阻小，但易胀开，拆装比较麻烦，通常在长距离掘进通风时采用。

同直径的刚性风筒的 α 值可视为常数，金属风筒的 α 值可按表 6-3-3 选取，玻璃钢风筒的 α 值可按表 6-3-4 选取。

表 6-3-3　金属风筒摩擦阻力系数

风筒直径/mm	200	300	400	500	600	800
$\alpha \times 10^4$/($N \cdot s^2 \cdot m^{-4}$)	49	44.1	39.2	34.3	29.4	24.5

表 6-3-4　JZK 系列玻璃钢风筒摩擦阻力系数

风筒型号	JZK-800-42	JZK-800-50	JZK-700-36
$\alpha \times 10^4$/($N \cdot s^2 \cdot m^{-4}$)	19.6～21.6	19.6～21.6	19.6～21.6

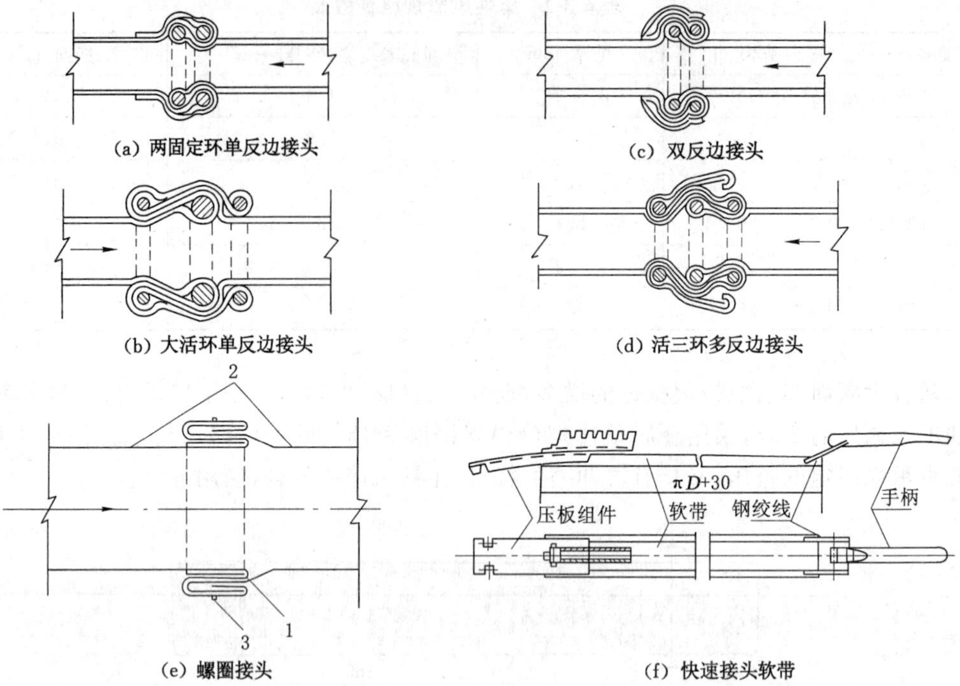

(a) 两固定环单反边接头　(c) 双反边接头　(b) 大活环单反边接头　(d) 活三环多反边接头　(e) 螺圈接头　(f) 快速接头软带

1—螺圈；2—风筒；3—铁丝箍。

图 6-3-2　风筒接头连接方式示意图

柔性风筒和带刚性骨架的柔性风筒的摩擦因数皆与其壁面承受风压有关。柔性风筒随压入式通风风压的提高而鼓胀，其 α 值逐渐减小，如图 6-3-3 所示曲线Ⅰ所示；KSS600-X 型带刚性骨架的塑料风筒的 α 值，随抽出式通风负压的增大而略有增大，如图 6-3-3 中曲线Ⅱ所示。

当金属风筒用法兰盘连接，内壁较光滑时，风筒接头局部阻力系数 ξ_j 可以忽略不计。而柔性风筒的接头套圈向内凸出，风压大，风筒壁鼓胀，则套圈向内凸出越多，其接头阻力系

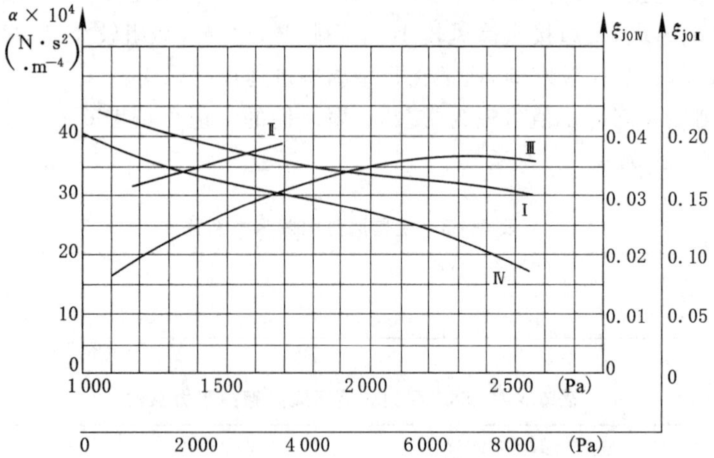

图 6-3-3　风筒摩擦及接头阻力系数曲线

数也越大，如图 6-3-3 中曲线Ⅲ所示。带刚性骨架的柔性风筒采用图 6-3-1(b)所示的快速接头软带。随压力增大而略有减小，其接头局部阻力系数如图 6-3-3 中曲线Ⅳ所示。

风筒拐弯局部阻力系数 ξ_b，可按拐弯角度 β，从图 6-3-4 中查出。

压入式通风时，风筒出口局部阻力系数 ξ_0 为 1。抽出式通风时，完全修圆的风筒入口局部阻力系数 ξ_e 为 0.1，不加修圆的直角入口局部阻力系数 ξ_e 为 0.5～0.6。

在实际应用中，整列风筒风阻除与长度和接头等有关外，还与风筒的吊挂维护等管理质量密切相关，一般根据实测风筒百米风阻(包括局部风阻)作为衡量风筒管理质量和设计的数据。表 6-3-5 是开滦某矿和重庆煤科分院实测的风筒百米风阻值的结果。

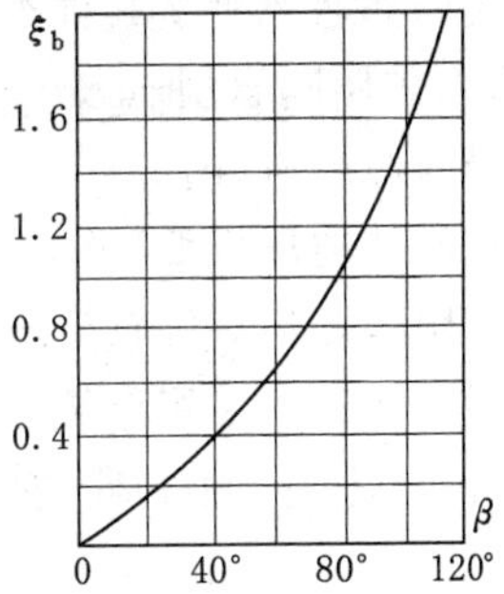

图 6-3-4　风筒拐弯局部阻力系数曲线

表 6-3-5　开滦某矿和重庆煤科分院实测的风筒百米风阻值

风筒类型	风筒直径/mm	接头方法	百米风阻/($N \cdot s^2 \cdot m^{-8}$)	备　注
胶布风筒	400	单反边	131.32	10 m 节长
	400	双反边	121.72	10 m 节长
	500	多反边	64.11	50 m 节长
	600	双反边	23.33	10 m 节长
	600	双反边	15.88	30 m 节长
KSS600-150 型	600	快速接头软带	30.20	节长 10 m，螺距 50 mm
KSS600-100 型			37.83	节长 10 m，螺距 100 mm

当缺少实测资料时，胶布风筒的摩擦阻力系数 α 与百米风阻(吊挂质量一般，包括接头局部风阻)R_{100} 可参考表 6-3-6 所列数据。

表 6-3-6　胶布风筒的摩擦阻力系数与百米风阻值

风筒直径/mm	300	400	500	600	700	800	900	1000
$\alpha \times 10^4/(N \cdot s^2 \cdot m^{-4})$	53	49	45	41	38	32	30	29
$R_{100}/(N \cdot s^2 \cdot m^{-8})$	1 412	314	94	34	14.7	6.5	3.3	2.0

二、局部通风机

井下掘进工作面等局部地点通风所用的通风机称为局部通风机。局部通风机按局部通风方式可分为压入式和抽出式两种，其中以压入式最为常用。按动力驱动方式可分为电动、水力和压气局部通风机，其中以电动机驱动最为常用。

(一) 局部通风机的种类和性能

进入 21 世纪以来，我国局部通风机的制造技术得到迅速发展，其性能也在逐步提高，如效率提高、噪声降低、能力增大。

煤矿井下用局部通风机一般为轴流式通风机。按其工作方式分，有压入式、抽出式和混合式三类；按其级数分有1级、2级、3级和4级4种类型；二级以上风机又可分对旋式和非对旋式局部通风机。其种类较多，型号各异，如矿用防爆抽出式对旋轴流局部通风机(FB-CD型)、矿用隔爆型压入式三级对旋轴流局部通风机(FBDY型)、矿用防爆型压入式对旋轴流局部通风机(FBD型)、矿用防爆抽出式轴流局部通风机FBC、煤矿用隔爆型压入式对旋轴流局部通风机DBKJ等。

矿用隔爆型对旋轴流压入式局部通风机结构如图6-3-5所示。该机具有结构紧凑、噪声低、效率高、可采用单级运转或多级运转、风压高、在小流量区域运行稳定、高效应用范围宽等特点，适用于中长距离独头巷道掘进的局部通风。

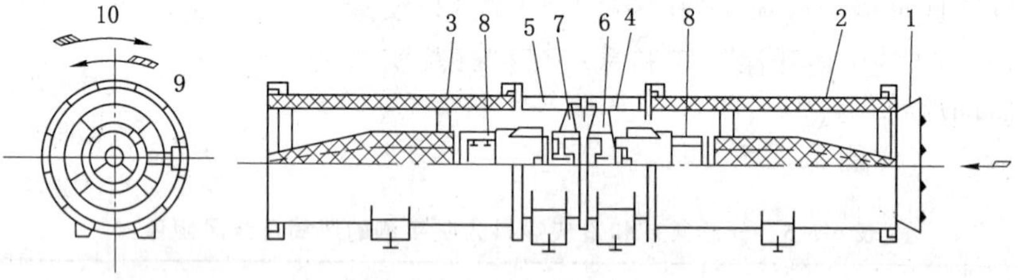

1—吸风口；2—吸风侧吸声罩；3—出风侧吸声罩；4—1号电机罩；5—2号电机罩；
6—一级叶轮；7—二级叶轮；8—电动机；9—一级叶轮旋转方向；10—二级叶轮旋转方向。

图6-3-5　对旋轴流压入式局部通风机结构

局部通风机的性能取决于叶轮直径、级数和风叶形状。直径越大风量和压力越高。多级风机相当于风机串联工作，提高其工作风压，但压力并不是简单的相加，会有一定损失，如直径为0.6 m叶轮的风机，其风量为450～250 m^3/min，2级、3级和4级的风压分别为440～5 100 Pa、620～7 100 Pa和790～9 200 Pa，由2级增加到3级，风压增加40%，3级增加到4级风压增加到30%，即增加级数是有损失的。

不同叶轮直径和级数(功率)风机性能参见“附录七　不同叶轮直径和级数(功率)风机性能参数表”。

近年来开发研制了用于通风除尘和抽排瓦斯的局部通风机。如SCF-6型湿式除尘风机，该风机最大的特点是将电动机独立于风筒风流之外，以防电气火花引燃风筒风流中的瓦斯，并装备了湿式除尘器，但局部通风机内部通风能耗较大，风筒积水积尘清理较难，故适用于瓦斯涌出量较小、掘进距离600 m以内的机掘巷道。唐山煤科分院研制的SBF66-1型水力局部通风机，采用XPB250/55喷雾泵与水力局部通风机闭路循环形式运行，其主要技术参数为：风量200～350 m^3/min，工作水压3 MPa，全风压981～392 Pa，耗水量13.2 m^3/h，功率2 kW，全压效率25%～45%，转速2 300 r/min，外形尺寸670 mm×1 000 mm，质量120 kg。重庆煤科分院研制的压风局部通风机，采用风动马达、高强度塑料叶片，其主要技术参数：压缩空气压力0.2～0.5 MPa，耗气量4.0 m^3/min，工作风压1 500 Pa，风量200 m^3/min，适用于掘进工作面抽出式通风，排放局部积存瓦斯和采煤工作面上、下隅角瓦斯。

(二) 局部通风机联合工作

1. 局部通风机串联

当在通风距离长、风筒风阻大，一台局部通风机风压不能保证掘进需风量时，可采用两台或多台局部通风机串联。串联的方式有集中串联和间隔串联。若两台或多台局部通风机之间仅用较短（1～2 m）的铁风筒连接称为集中串联，如图 6-3-6(a)所示；若局部通风机分别布置在风筒的端部和中部，则称为间隔串联，如图 6-3-6(b)所示。

局部通风机串联的布置方式不同，沿风筒的压力分布也不同。集中串联的风筒全长均应处于正压状态，以防柔性风筒抽瘪。但靠近风机侧的风筒承压较高，柔性风筒容易胀裂，且漏风较大。间隔串联的风筒承压较低，漏风较少。但当两台局部通风机相距过远时，其连接风筒可能出现负压段，如图 6-3-6(c)所示，使柔性风筒抽瘪而不能正常通风。据实验两台 JBT-52 型局部通风机间隔串联间距不应超过风筒全长的 1/3。

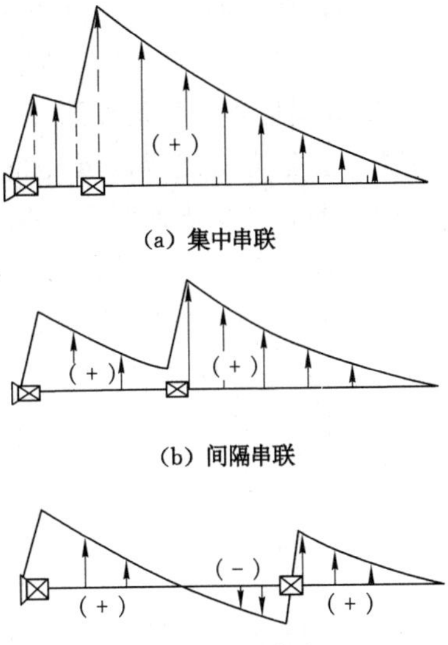

(c) 风机间距过远

图 6-3-6 局部通风机串联布置

2. 局部通风机并联

当风筒风阻不大，用一台局部通风机供风不足时，可采用两台或多台局部通风机集中并联工作。

三、引射器通风

引射器是一种输送流体的装置。其原理如图 6-3-7 所示，由引射器喷管、引射管、混合管及扩散器所组成。高压流体从喷管喷出形成射流，卷吸周围部分空气一起前进，在引射管内形成一个低压区，使被引射的空气连续被吸进，与射流共同进入混合管，再经扩散器流出，此过程称为引射作用。显然，引射作用的实质是高压射流将自身的部分能量传递给被引射的流体。

煤矿中应用的引射器有水力引射器和压气引射器两种。水力引射器的结构如图 6-3-8

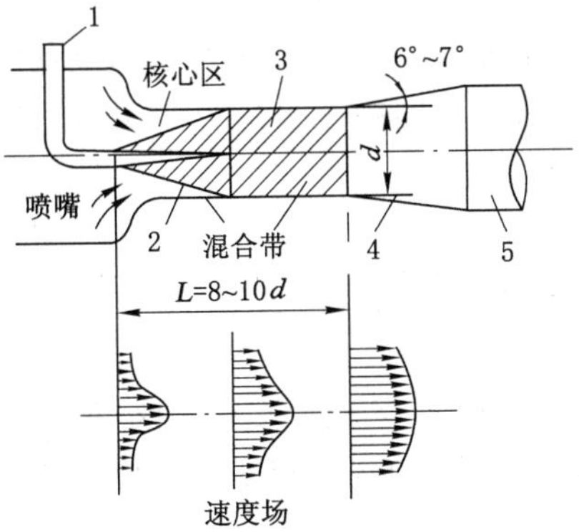

1—喷管；2—引射管；3—混合管；4—扩散器；5—风筒。

图 6-3-7 引射器原理示意图

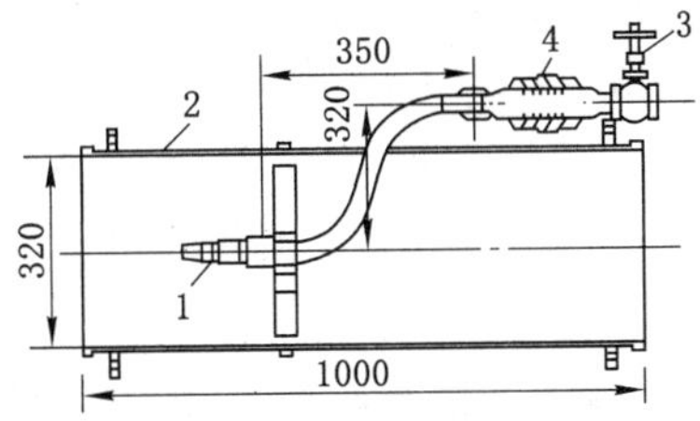

1—喷嘴；2—混合管；3—阀门；4—过滤网。

图 6-3-8 水力引射器结构图

所示，工作水压一般在 1.5～3.0 MPa，超过 3.0 MPa 时经济效益差，低于 0.5 MPa 引射效果差。压气引射器有两种，一种是中心喷嘴式引射器，另一种是环隙式引射器。

环隙式引射器的结构如图 6-3-9 所示，是由压气接头、集风器、环形气室、环缝间隙、凸缘、喷头和扩散器等组成。压气经过滤后，由进气管进入环形气室，从环隙喷口喷出，沿凸缘表面流动，并在凸缘表面附近产生负压区，使外界空气沿集风器流入，与高速射流混合后，通过扩散器，使动能大部分转化为压能，用以克服风筒阻力。环隙式引射器的工作气压一般在 0.4～0.5 MPa，环缝间隙宽度为 0.09～0.15 mm，引射风量为 40～140 m^3/min，通风压力为 255～1 080 Pa，耗气量为 3～6 m^3/min。

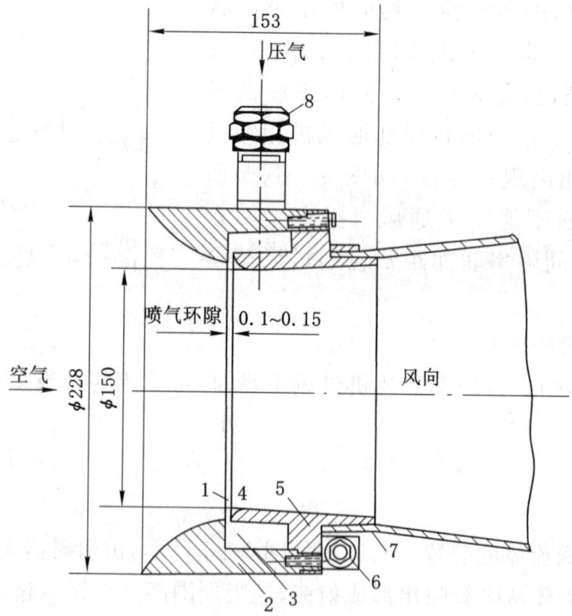

1—环隙；2—集风器；3—环形室；4—凸缘；5—喷头；6—卡箍；7—扩散器；8—接头。

图 6-3-9 环隙式引射器结构图

引射器的引射特性与射流的压力及喷口的结构和大小有关。射流压力升高，引射的风量和压力均增加，耗水(气)量也增加。为加大供风量和送风距离，除了提高引射器的射流压力外，还可采取多台引射器分散串联工作。两台引射器串联间距至少应大于引射器射流场影响的长度。

第四节 局部通风系统设计

根据开拓、开采巷道布置、掘进区域煤岩层的自然条件以及掘进工艺，确定合理的局部通风方法及其布置方式，选择风筒类型和直径，计算风筒出入口风量，计算风筒通风阻力，选择局部通风机。

一、局部通风系统的设计原则

局部通风是矿井通风系统的一个重要组成部分，其新风取自矿井主风流，其污风又排入矿井主风流。其设计原则可归纳如下：

(1) 矿井和采区通风系统设计应为局部通风创造条件；

(2) 局部通风系统要安全可靠、经济合理和技术先进；

(3) 尽量采用技术先进的低噪、高效型局部通风机；

(4) 压入式通风宜用柔性风筒，抽出式通风宜用带刚性骨架的可伸缩风筒或完全刚性的风筒，风筒材质应选择阻燃、抗静电型；

(5) 当一台风机不能满足通风要求时可考虑选用两台或多台风机联合运行。

二、局部通风设计步骤

(1) 确定局部通风系统，绘制掘进巷道局部通风系统布置图；

(2) 按通风方法和最大通风距离，选择风筒类型与直径；

(3) 计算风机风量和风筒出口风量；

(4) 按掘进巷道通风长度变化，分阶段计算局部通风系统总阻力；

(5) 按计算所得局部通风机设计风量和风压，选择局部通风机；

(6) 按矿井灾害特点，选择配套安全技术装备。

(一) 风筒的选择

选用风筒要与局部通风机选型一并考虑，其原则是：

(1) 风筒直径能保证最大通风长度时，局部通风机供风量能满足工作面通风的要求。

(2) 在巷道断面容许的条件下，尽可能选择直径较大的风筒，以降低风阻，减少漏风，节约通风电耗。一般来说，立井凿井时，选用 600～1 000 mm 的铁风筒或玻璃钢风筒；通风长度在 200 m 以内，宜选用直径为 400 mm 的风筒；通风长度 200～500 m，宜选用直径 500 mm 的风筒；通风长度 500～1 000 m，宜选用直径 800～1 000 mm 的风筒。

(二) 风筒风阻计算

风筒的风阻包括摩擦风阻和局部风阻，可用式(6-4-1)计算：

$$R = R_1 + R_2 + R_3 = \frac{6.5\alpha l}{d^5} + n\xi_j \frac{\rho}{2S^2} + \sum \xi_b \frac{\rho}{2S^2} \tag{6-4-1}$$

式中 R——风筒的总风阻，$N \cdot s^2/m^8$；

R_1——风筒的摩擦风阻，$N \cdot s^2/m^8$；

R_2——风筒接头处的局部风阻，$N \cdot s^2/m^8$；

R_3——风筒拐弯处的局部风阻，$N \cdot s^2/m^8$；

α——风筒的摩擦阻力系数，$N \cdot s^2/m^4$；

l——风筒长度，m；

d——风筒直径，m；

n——风筒的接头数目；

ξ_j——风筒接头的局部阻力系数，无因次；

ξ_b——风筒拐弯的局部阻力系数，无因次；

ρ——空气密度，kg/m^3。

（三）风筒漏风参数计算

正常情况下，金属和玻璃钢风筒的漏风，主要发生在接头处，胶布风筒不仅接头而且全长的壁面和缝合针眼都有漏风，所以风筒漏风属连续的均匀漏风。漏风使局部通风机风量 Q_s 与风筒出口风量 Q_h 不等。因此，应用始末端风量的几何平均值作为风筒的风量 Q，即

$$Q=\sqrt{Q_a \cdot Q_h},\quad m^3/min \tag{6-4-2}$$

显然 Q_a 与 Q_h 之差就是风筒的漏风量 Q_l，它与风筒种类，接头数目、方法和质量以及风筒直径、风压等有关，但更主要的是与风筒的维护和管理密切相关。反映风筒漏风程度的指标参数如下：

1. 漏风率

风筒漏风量占局部通风机工作风量的百分数称为风筒漏风率 η_l。

$$\eta_l=\frac{Q_l}{Q_a}\times 100\%=\frac{Q_a-Q_h}{Q_a}\times 100\%$$

η_l 虽能反映风筒的漏风情况，但不能作为对比指标。故常用百米漏风率 η_{l100} 表示：

$$\eta_{l100}=\eta_l/L\times 100 \tag{6-4-3}$$

式中　L——风筒全长，m。

一般要求柔性风筒的百米漏风率达到表 6-4-1 的数值。

表 6-4-1　柔性风筒的百米漏风率

通风距离/m	<200	200～500	500～1 000	1 000～2 000	>2 000
η_{l100}/%	<15	<10	<3	<2	<1.5

2. 有效风量率

掘进工作面风量占局部通风机工作风量的百分数称为有效风量率 p_e。

$$p_e=\frac{Q_h}{Q_a}\times 100\%=\frac{Q_a-Q_l}{Q_a}\times 100\%=(1-\eta_l)\times 100\% \tag{6-4-4}$$

3. 漏风系数

风筒有效风量率的倒数称为风筒漏风系数 p_q。

金属风筒的 p_q 值可按下式计算：

$$p_q=(1+\frac{1}{3}KDn\sqrt{R_0L})^2 \tag{6-4-5}$$

式中　K——相当于直径为 1 m 的金属风筒每个接头的漏风率。法兰盘加草绳垫圈连接时，$K=0.002\sim0.0026\ m^3/s\cdot Pa^{1/2}$；加胶质垫圈连接时，$K=0.003\sim0.0016\ m^3/s\cdot Pa^{1/2}$；

D——风筒直径，m；

n——风筒接头数，个；

R_0——每米长风筒的风阻，$N\cdot s^2/m^8$；

L——风筒全长，m。

柔性风筒的 p_q 值可用下式计算

$$p_q = \frac{1}{1 - n\eta_j} \tag{6-4-6}$$

式中　n——接头数；

η_j——每个接头的漏风率，插接时 $\eta_j = 0.01 \sim 0.02$；螺圈反边接头时 $\eta_j = 0.005$。

（四）局部通风机的选型

已知井巷掘进所需风量和所选用的风筒，即可求算风筒的通风阻力。根据风量和风筒的通风阻力，在可供选择的各种通风动力设备中选用合适的设备。

1. 确定局部通风机的工作参数

根据掘进工作面所需风量 Q_h 和风筒的漏风情况，用下式计算风机的工作风量 Q_a：

$$Q_a = p_q Q_h \tag{6-4-7}$$

压入式通风时，设风筒出口动压损失为 h_{vo}，则局部通风机全风压 H_t(Pa)为：

$$H_t = R_f Q_a Q_h + h_{vo} = R_f Q_a Q_h + 0.811\rho \frac{Q_h^2}{D^4} \tag{6-4-8}$$

式中　R_f——压入式风筒的总风阻，$N \cdot s^2/m^8$；其余符号含义同前。

抽出式通风时，设风筒入口局部阻力系数 $\xi_e = 0.5$，则局部通风机静风压 H_s(Pa)为：

$$H_s = R_f Q_a Q_h + 0.406\rho \frac{Q_h^2}{D^4} \tag{6-4-9}$$

2. 选择局部通风机

根据需要的 Q_a、H_t 值在各类局部通风机特性曲线上，确定局部通风机的合理工作范围，选择长期运行效率较高的局部通风机。

现场通常根据经验选取局部通风机。表 6-4-2 为开滦、鸡西、淮南等矿区炮掘工作面局部通风机与风筒配套使用的经验数据。

表 6-4-2　局部通风机和风筒配套经验数据

通风距离 /m	掘进工作面有效风量 /($m^3 \cdot min^{-1}$)	选用风筒 /mm	选用局部通风机		备注
			功率/kW	台数	
<200	60～70	385	2	1	
300	60～70	385	4	1	
<300	120	460～485	5.5	1	
300～500	60～70	460～485	5.5	1	
	120	460～485	11	1	
	120	600	5.5	1	
500～1 000	60～70	460～485	11	1	
	60～70	600	5.5	1	
	120	600	11	1	
>1 000	60～70	600	11	1	节长 50 m
1 500	250	800	28	1	
2 000	500	1 000	28	1	

第五节 掘进安全技术装备系列化

掘进工作面是最易发生瓦斯、煤尘爆炸和火灾事故的作业地点。据统计表明,20 世纪 70 年代我国煤矿发生在掘进工作面的瓦斯煤尘事故占该类事故总次数的 47%,80 年代此类事故上升至 83%。产生如此多事故的主要原因在于:

(1) 掘进工作面最先揭露煤层,它破坏了煤层中的瓦斯静平衡状态,使大量瓦斯从煤壁和顶底板向巷道内涌入。当穿过地质构造带时,瓦斯涌出也会增大,因此,在掘进工作面易形成瓦斯积聚超限。

(2) 掘进工作面是依靠局部通风机进行独头巷道通风的,其可靠性差,容易发生无计划突然停电停风,形成瓦斯积聚。

(3) 掘进巷道断面有限、空间狭窄,打眼放炮、机掘落煤、装煤运输等各生产环节均不断地产生大量煤尘,若防尘效果不良,就会潜伏煤尘爆炸危险。

(4) 掘进巷道可燃物集中,有风筒、电缆等。另外,机电设备多,容易发生机电事故和违章爆破,从而形成多种火源,导致瓦斯煤尘爆炸,造成火灾。

因此,掘进安全技术装备系列化,对于保证掘进工作面通风安全可靠性具有重要意义。掘进安全技术装备系列化是在治理瓦斯、煤尘、火灾等灾害的实践中不断发展起来的多种安全技术装备,是预防与治理相结合的防止掘进工作面瓦斯、煤尘爆炸与火灾等灾害的行之有效的综合性安全措施。

一、保证局部通风机稳定可靠运转

(一) 双风机、双电源、自动换机和风筒自动倒风装置

正常通风时由专用开关供电,使局部通风机运转通风;一旦常用局部通风机因故障停机时,电源开关自动切换,备用风机即刻启动,继续供风,从而保证了局部通风机的连续运转。由于双风机共用一趟主风筒,风机要实现自动倒台,则连接两风机的风筒也必须能够自动倒风。风筒自动倒风装置有以下两种结构:

1. 短节倒风

如图 6-5-1(a)所示,将连接常用风机风筒一端的半圆与连接备用风机风筒一端的半周胶黏、缝合在一起(其长度为风筒直径的 1～2 倍),套入共用风筒,并对接头部进行黏连防漏风处理,即可投入使用。常用风机运转时,由于风机风压作用,连接常用风机的风筒被吹开,将与此并联的备用风机风筒紧压在双层风筒段内,关闭了备用风机风筒。若常用风机停转,备用风机启动,则连接常用风机的风筒被紧压在双层风筒段内,关闭了常用风机风筒。从而达到自动倒风换流的目的。

2. 切换片倒风

如图 6-5-1(b)所示,在连接常用风机的风筒与连接备用风机的风筒之间平面夹粘一片长度等于风筒直径 1.5～3.0 倍、宽度大于 1/2 风筒周长的倒风切换片,将其嵌套在共用风筒内并胶黏在一起,经防漏风处理后便可投入使用。常用风机运行时,由于风机风压作用,倒风切换片将连接备用风机的风筒关闭。若常用风机停机,备用风机启动,则倒风切换片又将连接常用风机的风筒关闭,从而达到自动倒风换流的目的。

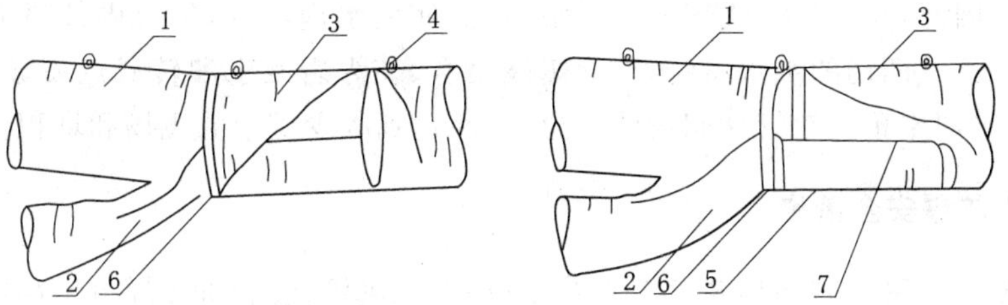

(a) 短节倒风装置　　(b) 切换片倒风装置

1—常用风筒；2—备用风筒；3—共用风筒；4—吊环；
5—倒风切换片；6—风筒黏接处；7—缝合线。

图 6-5-1　倒风装置

（二）“三专两闭锁”装置

“三专”是指专用变压器、专用开关、专用电缆；“两闭锁”则指风、电闭锁和瓦斯、电闭锁。其功能是：只有在局部通风机正常供风、掘进巷道内的瓦斯浓度不超过规定限值时，方能向巷道内机电设备供电；当局部通风机停转时，自动切断所控机电设备的电源；当瓦斯浓度超过规定限值时，系统能自动切断瓦斯传感器控制范围内的电源，而局部通风机仍可照常运转。若局部通风机停转、停风区内瓦斯浓度超过规定限值时，局部通风机便自行闭锁，重新恢复通风时，要人工复电，先送风，当瓦斯浓度降到安全容许值以下时才能送电。从而提高了局部通风机连续运转供风的安全可靠性。

（三）局部通风机遥讯装置

其作用是监视局部通风机开停运行状态。高瓦斯和突出矿井所用的局部通风机要安设载波遥讯器，以便实时监视其运转情况。

（四）积极推行使用局部通风机消声装置

其作用是降低局部通风机机体内部气流冲击产生的噪声。

二、加强瓦斯检查和监测

（1）安设瓦斯自动报警断电装置，实现瓦斯遥测。当掘进巷道中瓦斯浓度达到1%时，通过低浓度瓦斯传感器自动报警；瓦斯浓度达到1.5%时，通过瓦斯断电仪自动断电。高瓦斯和突出矿井要装备瓦斯断电仪或瓦斯遥测仪，对炮掘工作面迎头 5 m 内和巷道冒顶处瓦斯积聚地点要设置便携式瓦斯检测报警仪，班组长下井时也要随身携带这种仪表，以便随时检查可疑地点的瓦斯浓度。

（2）爆破工配备瓦斯检测器，坚持“一炮三检”。在掘进作业的装药前、爆破前和爆破后都要认真检查爆破地点附近的瓦斯。

（3）实行专职瓦斯检查工随时检查瓦斯制度。

三、综合防尘措施

掘进巷道的矿尘来源，当用钻眼爆破法掘进时，主要产生于钻眼、爆破、装岩工序，其中以凿岩产尘量最高；当用综掘机掘进时，切割和装载工序以及综掘机整个工作期间，矿尘产生量都很大。因此，要做到湿式煤电钻打眼，爆破使用水炮泥，综掘机内外喷雾。要有完善的洒水除尘和灭火两用的供水系统，实现爆破喷雾、装煤岩洒水和转载点喷雾，安设喷雾水幕净化风流，定期用预设软管冲刷清洁巷道，从而达到减少矿尘的飞扬和堆积。

四、防火防爆安全措施

机电设备严格采用防爆型及安全火花型；局部通风机、装岩机和煤电钻都要采用综合保护装置；移动式和手持式电气设备必须使用专用的不延燃性橡胶电缆；照明、通信、信号和控制专用导线必须用橡套电缆。高瓦斯及突出矿井要使用乳化炸药，逐步推广屏蔽电缆和阻燃抗静电风筒。

五、隔爆与自救措施

设置安全可靠的隔爆设施，所有人员必须携带自救器。煤与瓦斯突出矿井的煤巷掘进，应安设防瓦斯逆流灾害设施，如防突反向风门、风筒和水沟防逆风装置以及压风急救袋和避难硐室，并安装直通地面调度室的电话。

实施掘进安全技术装备系列化的矿井，提高了矿井防灾和抗灾能力，降低了矿尘浓度与噪声，改善了掘进工作面的作业环境，尤其是煤巷掘进工作面的安全性得到了很大提高。

复习思考题

6-1　全风压通风有哪些布置方式？试简述其优缺点及适用条件。

6-2　简述引射器通风的原理、优缺点及适用条件。

6-3　简述压入式通风的排烟过程及其技术要求。

6-4　试述压入式、抽出式通风的优缺点及其适用条件。

6-5　试述混合式通风的特点与要求。

6-6　有效射程、有效吸程、炮烟抛掷长度及稀释安全长度的含义是什么？

6-7　可控循环通风的含义及其优缺点、适用条件是什么？

6-8　长距离独头巷道通风在技术上有何困难？应如何克服？

6-9　试述局部通风机串联、并联的目的、方式和使用条件。

6-10　试述风筒有效风量率、漏风率、漏风系数的含义及其相互关系。

6-11　试述局部通风设计步骤。

6-12　局部通风装备选型的一般原则是什么？

6-13　掘进通风安全技术装备系列化包括哪些内容？并有何安全作用？

6-14　某岩巷掘进长度为 300 m，断面为 8 m^2，风筒漏风系数为 1.19，一次爆破炸药量为 10 kg，采用压入式通风，通风时间为 20 min，求该掘进工作面所需风量。若该岩巷掘进长度延至 700 m，漏风系数为 1.38，再求该掘进工作面所需风量。

6-15　某岩巷掘进长度为 400 m，断面为 6 m^2，一次爆破最大炸药量 10 kg，采用抽出式通风，通风时间为 15 min，求该掘进工作面所需风量。

6-16　某岩巷掘进长度 1 000 m，用混合式（长抽短压）通风，断面为 8 m^2，一次爆破炸药量 10 kg，抽出式风筒距工作面 40 m，通风时间 20 min。试计算该掘进工作面需风量和抽出式风筒的吸风量。

6-17 某煤巷掘进长度 500 m，断面 7 m^2，采用爆破掘进方法，一次爆破炸药量 6 kg，若最大瓦斯涌出量 2 m^3/min，求该掘进工作面所需风量。

6-18 柔性与刚性风筒的风阻有何异同点？两者的漏风状况有何不同？

6-19 风筒的选择与使用中应注意哪些问题？

6-20 某风筒长 1 000 m，直径 800 mm，接头风阻 $R_j = 0.2\ N \cdot s^2/m^8$，节长 50 m，风筒摩擦阻力系数 0.003 $N \cdot s^2/m^4$，风筒拐两个 90°弯，试计算风筒的总风阻。

6-21 为开拓新区而掘进的运输大巷，长度 1 800 m，断面为 12 m^2，一次爆破炸药量为 15 kg，若风筒为直径 600 mm 的胶布风筒，双反边连接，风筒节长 50 m，风筒百米漏风率为 1%。试进行该巷道掘进局部通风设计。

（1）计算工作面需风量；

（2）计算局部通风机工作风量和风压；

（3）选择局部通风机型号、规格和台数；

（4）若风筒直径选 800 mm 的胶布风筒，其他条件不变时，再重新选择局部通风机的型号、规格和台数。

第七章　矿井通风设计与能力核定

矿井通风系统是矿井生产系统的重要组成部分，其设计合理与否对全矿井的安全生产及经济效益具有长期而重要的影响。矿井通风设计是矿井设计的主要内容之一，是反映矿井设计质量和水平的主要因素。本章讨论矿井通风系统的类型及适用条件；采区通风系统及通风构筑物；矿井通风设计的内容、方法与步骤；矿井通风能力核定。

第一节　矿井通风系统

矿井通风系统是向矿井各作业地点供给新鲜空气、排出污浊空气的进、回风井的布置方式，主要通风机的工作方法，通风网路和风流控制设施的总称。

一、矿井通风系统的类型及其适用条件

按进、回风井在井田内的位置不同，通风系统可分为中央式、对角式、区域式及混合式。

（一）中央式

进、回风井均位于井田走向中央。根据进、回风井的相对位置，又分为中央并列式和中央边界式（中央分列式）。

1. 中央并列式

进风井和回风井大致并列在井田走向的中央，两井底可以开掘到第一水平[图 7-1-1(a)(1)]，也可将回风井只掘至回风水平[图 7-1-1(a)(2)]。

2. 中央边界式（中央分列式）

进风井大致位于井田走向的中央，回风井大致位于井田浅部边界沿走向中央、在倾斜方向上两井相隔一段距离，回风井的井底高于进风井的井底。如图 7-1-1(b)所示。

（二）对角式

1. 两翼对角式

进风井大致位于井田走向的中央，两个回风井位于井田边界的两翼（沿倾斜方向的浅部），称为两翼对角式，如图 7-1-1(c)所示。如果只有一个回风井，且进、回风分别位于井田的两翼称为单翼对角式。

2. 分区对角式

进风井位于井田走向的中央，在各采区开掘一个回风井，无总回风巷。如图 7-1-1(d)所示。

（三）区域式

在井田的每一个生产区域开凿进、回风井，分别构成独立的通风系统。如图 7-1-1(e)

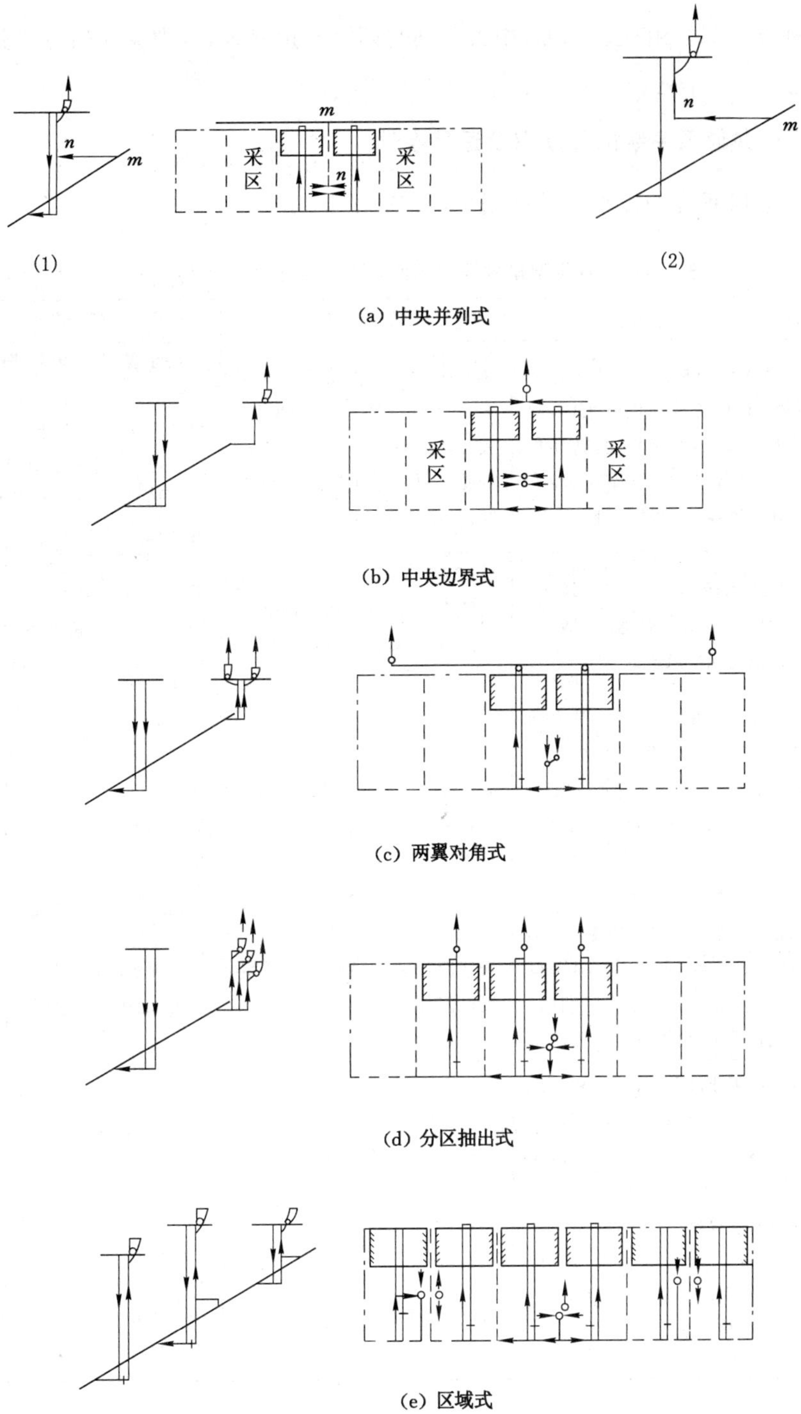

(e) 区域式

图 7-1-1　矿井通风系统类型

所示。

（四）混合式

由上述诸种方式混合组成。例如，中央分列与两翼对角混合式，中央并列与两翼对角混合式，等等。

二、各类型矿井通风系统的优缺点及适用条件

各类型矿井通风系统的优缺点及适用条件如表 7-1-1 所列。

表 7-1-1 各类型矿井通风系统的优缺点及适用条件

	通风方式	优　点	缺　点	适用条件
中央式	中央并列式	进、回风井均布置在中央工业广场内，地面建筑和供电集中，建井期限较短，便于贯通，初期投资少，出煤快，护井煤柱较小。矿井反风容易，便于管理	风流在井下的流动路线为折返式，风流线路长，阻力大，井底车场附近漏风大。工业广场受主要通风机噪声的影响和回风风流的污染	适用于煤层倾角大、埋藏深、井田走向长度小于 4 km，瓦斯与自然发火都不严重的矿井。冶金矿山当矿脉走向不太长，或受地形地质条件限制，在两翼不宜开掘风井时使用
中央式	中央边界式	通风阻力较小，内部漏风较小。工业广场不受主要通风机噪声的影响及回风风流的污染	风流在井下的流动线路为折返式，风流线路长，阻力较大	适用于煤层倾角较小、埋藏较浅，井田走向长度不大，瓦斯与自然发火比较严重的矿井
对角式	两翼对角式	风流在井下的流动线路是直向式，风流线路短，阻力小，内部漏风少。安全出口多，抗灾能力强。便于风量调节，矿井风压比较稳定。工业广场不受回风污染和通风机噪声的危害	井筒安全煤柱压煤较多，初期投资大，投产较晚	煤层走向大于 4 km，井型较大，瓦斯与自然发火严重的矿井；或低瓦斯矿井，煤层走向较长，产量较大的矿井
对角式	分区对角式	每个采区有独立通风路线，互不影响，便于风量调节。安全出口多，抗灾能力强。建井工期短，初期投资少，出煤快	占用设备多，管理分散，矿井反风困难	煤层埋藏浅，或因地表高低起伏较大、无法开掘总回风巷的矿井
区域式		既可改善通风条件，又能利用风井准备采区，缩短建井工期。风流线路短，阻力小，漏风少，网路简单，风流易于控制，便于主要通风机的选择	通风设备多，管理分散	井田面积大、储量丰富或瓦斯含量大的大型矿井
混合式		回风井数量较多，通风能力大，布置较灵活，适应性强	通风设备较多	井田范围大、地质和地面地形复杂的矿井或产量大、瓦斯涌出量大的矿井

三、主要通风机的工作方式与安装地点

主要通风机的工作方式有三种：抽出式、压入式、压抽混合式。

（一）抽出式

主要通风机安装在回风井口，在抽出式主要通风机的作用下，整个矿井通风系统处在低于当地大气压力的负压状态。当主要通风机因故停止运转时，井下风流的压力提高，比较安全。目前煤矿普遍应用。

（二）压入式

主要通风机安设在入风井口，在压入式主要通风机作用下，整个矿井通风系统处在高于当地大气压的正压状态。在冒落裂隙通达地面时，压入式通风矿井采区的有害气体通过塌陷区向外漏出。当主要通风机因故停止运转时，井下风流的压力降低。采用压入式通风时，须在矿井总进风路线上设置若干通风构筑物，使通风管理困难，且漏风较大。目前，煤矿已基本不应用。

（三）压抽混合式

在入风井口设一风机做压入式工作，回风井口设一风机做抽出式工作。通风系统的进风部分处于正压，回风部分处于负压，工作面大致处于中间，其正压或负压均不大，采空区通连地表的漏风因而较小。其缺点是使用的通风机设备多，管理复杂。目前，煤矿基本不应用。

四、矿井通风系统的选择

矿井通风系统应根据矿井设计生产能力、煤层赋存条件、表土层厚度、井田面积、地温、矿井瓦斯等级、煤层自燃倾向性等条件，在确保矿井安全并兼顾中、后期生产需要的前提下，通过对多个可行的矿井通风系统方案进行技术经济比较后确定。

中央式通风系统具有井巷工程量少、初期投资省的优点。因此，矿井初期宜优先采用。有煤与瓦斯突出危险的矿井、高瓦斯矿井、煤层易自燃的矿井及有热害的矿井，应采用对角式或分区对角式通风；当井田面积较大时，初期可采用中央式通风，逐步过渡为对角式或分区对角式。

矿井一般采用抽出式通风。当回风井附近地表裂隙多、老窑多、采用抽出式通风可能造成回风系统附近大量漏风时，应采用压入式通风。

第二节　采区通风系统

采区通风系统是矿井通风系统的主要组成单元，是采区生产系统的重要组成部分。它由采区进风巷、回风巷和工作面及其进、回风巷道以及采区内的风流控制设施组成。

采区通风系统的合理与否不仅影响采区内的风量分配，发生事故时的风流控制，生产任务的顺利完成，而且影响到全矿井的通风质量和安全状况。

一、采区通风系统的基本要求

采区通风系统应能保证采、掘工作面实现按需供风，系统稳定、可靠，具有防灾和抗灾能力，通风系统阻力小。为此，应满足下列要求：

(1) 生产水平和采（盘）区必须实行分区通风。

准备采区，必须在采区构成通风系统后，方可开掘其他巷道；采用倾斜长壁布置的，大巷必须至少超前两个区段，并构成通风系统后，方可开掘其他巷道。采煤工作面必须在采（盘）区构成完整的通风、排水系统后，方可回采。

（2）高瓦斯、突出矿井的每个采（盘）区和开采容易自燃煤层的采（盘）区，必须设置至少一条专用回风巷；低瓦斯矿井开采煤层群和分层开采采用联合布置的采（盘）区，必须设置一条专用回风巷。

采区进、回风巷必须贯穿整个采区，严禁一段为进风巷、一段为回风巷。

（3）采煤工作面和掘进工作面都应采用独立通风，严禁两个采煤工作面之间串联通风。同一采区内一个采煤工作面与其相连接的一个掘进工作面、相邻的两个掘进工作面，布置独立通风有困难时，在制定措施后，可采用串联通风，但串联通风的次数不得超过一次。在进入被串联工作面的巷道中装设甲烷传感器，且甲烷和二氧化碳浓度都不得超过0.5%，其他有害气体浓度都应当符合《煤矿安全规程》要求。开采有瓦斯喷出、有突出危险的煤层或者在距离突出煤层垂距小于10 m的区域掘进施工时，严禁任何两个工作面之间串联通风。

（4）煤层倾角大于12°的采煤工作面采用下行通风时，报矿总工程师批准，并须遵守下列规定：

① 采煤工作面风速不得低于1 m/s。

② 在进、回风巷中必须设置消防供水管路。

③ 有突出危险的采煤工作面严禁采用下行通风。

（5）采煤工作面必须采用矿井全风压通风，禁止采用局部通风机稀释瓦斯。

（6）采掘工作面的进风和回风不得经过采空区或者冒顶区。

无煤柱开采沿空送巷和沿空留巷时，应当采取防止从巷道的两帮和顶部向采空区漏风的措施。

（7）水采和连续采煤机开采的采煤工作面由采空区回风时，工作面必须有足够的新鲜风流，工作面及其回风巷的风流中的甲烷和二氧化碳浓度必须符合《煤矿安全规程》规定。

二、采区进风上山与回风上山的选择

采区上（下）山至少有两条，有时为了满足安全需要可增加到3～4条。但从通风功能上分只有进风和回风两种。谁作进风、谁作回风应根据安全性、可靠性、可构建性等因素进行比较后确定。

（一）轨道上山进风，运输机上山回风

如图7-2-1所示，新鲜风流由进风大巷1流经采区进风石门2、下部车场11到轨道上山4，故下部车场绕道中不设风门。轨道上山的上部及中部车场凡与回风巷连接处，均设置风门与回风隔离，为此车场巷道要有适当的长度，以保证两道风门间距有一定的长度，以解决通风与运输的矛盾。

（二）运输机上山进风，轨道上山回风

如图7-2-2所示，运输机上山进风时，风流与煤流方向相反。运输机上山的下部与进风大巷间必须设联络巷入风，禁止从溜煤眼上风。运输机上山的中部、上部与回风巷或回风上山连接的巷道中均设置风门或风墙。轨道上山回风，它与各区段回风巷及回风石门连通，凡

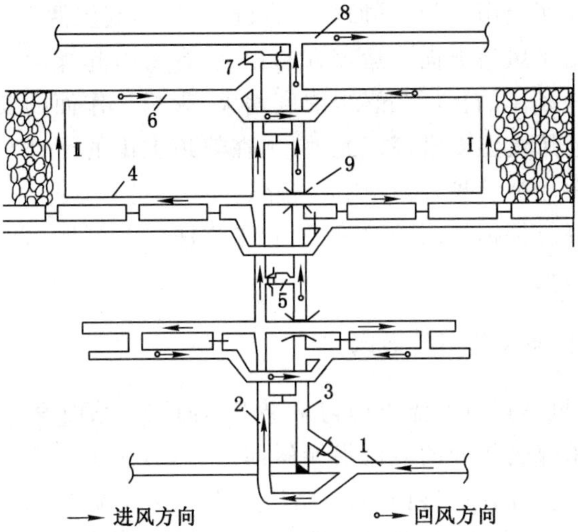

1—运输大巷；2—轨道上山；3—运输机上山；4—工作面运输、进风巷；5—采区变电所；
6—工作面回风巷；7—绞车房；8—采区回风巷；9—风桥。

图 7-2-1　轨道上山进风的采区通风系统

与进风巷道连接地点，均设置通风构筑物。为了将轨道上山与采区进风巷隔离，其下部车场中应设两道以上风门，风门间隔不小于一列长度，这对于从下部提料的采区特别重要；否则提料与通风易发生矛盾，风门破坏或敞开，风流短路，工作面风量不足可能会造成事故。对于从上水平下料的采区，料车通过下部车场很少，上述问题一般不存在，所以这种通风系统对于从上水平下料的采区比较适宜。

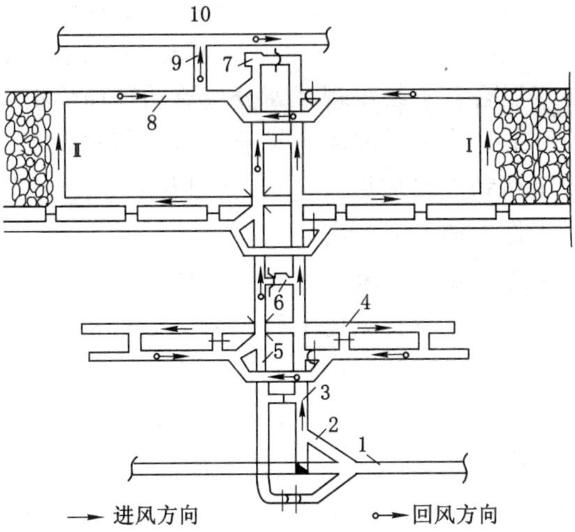

1—进风大巷；2—进风联络巷；3—运输机上山；4—运输机平巷；5—轨道上山；
6—采区变电所；7—绞车房；8—回风巷；9—回风石门；10—总回风巷。

图 7-2-2　运输机上山进风的采区通风系统

（三）两种通风方式的比较

轨道上山进风，新鲜风流不受煤炭释放的瓦斯、煤尘污染及放热影响，轨道上山的绞车房易于通风；变电所设在两上山之间，其回风口设调节风窗，利用两上山间风压差通风。

输送机上山进风，由于风流方向与运煤方向相反，容易引起煤尘飞扬，煤炭在运输过程中所释放的瓦斯，可使进风流的瓦斯和煤尘浓度增大，影响工作面的安全卫生条件；输送机设备所散发的热量，使进风流温度升高。此外，须在轨道上山的下部车场内安设风门，此处运输矿车来往频繁，需要加强管理，防止风流短路。

进、回风上山的选择应根据煤层赋存条件、开采方法以及瓦斯、煤尘及温度等具体条件通过技术经济比较后确定。

三、采煤工作面上行通风与下行通风

上行通风与下行通风是指进风流方向与采煤工作面的关系而言。当采煤工作面进风巷道水平低于回风巷时，采煤工作面的风流沿倾斜向上流动，称上行通风[图 7-2-3(a)]，否则是下行通风[图 7-2-3(b)]。同向与逆向通风指风流方向与煤流方向之间的关系而言。风流方向与煤炭运输方向一致时称为同向通风[图中(b)]，否则为逆向通风[图中(a)]。这两种方式各有优缺点。

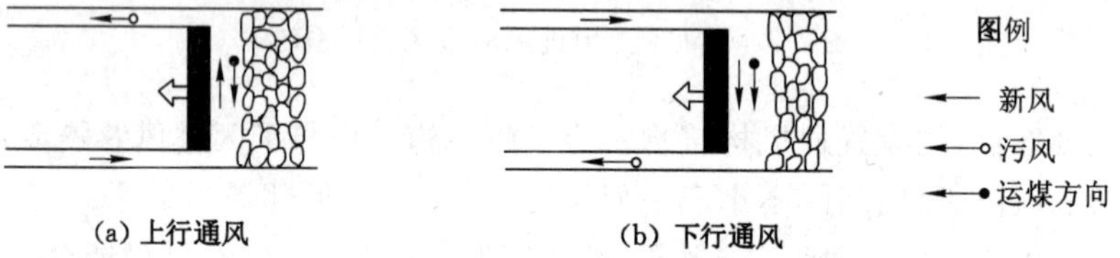

图 7-2-3　采煤工作面上行风与下行风

(1) 采煤工作面涌出的瓦斯比空气轻，其自然流动的方向和上行风的方向一致，在正常风速(大于 0.5～0.8 m/s)下，瓦斯分层流动和局部积存的可能性较小，下行风的方向与瓦斯自然流向相反，二者易于混合且不易出现瓦斯分层流动和局部积存的现象。

(2) 采用上行风时，须先把采区的进风流导至采区下部进风巷，然后进入工作面，流经的路线较长，风流会由于压缩和地温加热而升温；又因巷道中机电设备散发的热量也加入风流中，故上行风比下行风工作面的气温要高。

(3) 采用上行风，采区进风流和回风流之间产生的自然风压和机械风压的作用方向相同；而下行风，其作用方向相反，故下行风比上行风所需要的机械风压要大；而且，主要通风机一旦因故停转，工作面的下行风流就有停风或反向的可能。

(4) 工作面一旦起火，所产生的火风压和下行风工作面的机械风压作用方向相反，会使工作面的风量减小，瓦斯浓度增加，故下行风在起火地点瓦斯爆炸的可能性比上行风要大。如图 7-2-4 所示，Ⅰ号工作面的火风压较大时，在下行风起火工作面[图中(a)]的风流路线 2—Ⅰ—3(包括进风段 2—Ⅰ)上，风流方向可能逆转，且在并联工作面的风流路线 2—Ⅱ—3 上可能侵入有害的火灾气体。在上行风起火工作面[图中(b)]的风流路线 2—Ⅰ—3 上，风流方向不会逆转，但在并联工作面的风流路线 2—Ⅱ—3 上，风流方向可能逆转和侵入火灾气体而且在起火工作面的进风段 2—Ⅱ也可能侵入火灾气体。因此，无论用上行风还是下行风，都应采取防止风流逆转和防止火灾气体侵入进风流的安全措施。

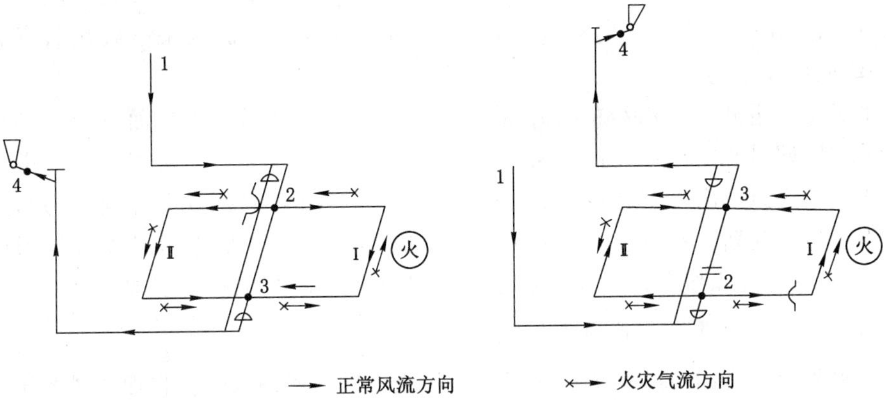

(a) 下行风起火工作面　　(b) 上行风起火工作面

图 7-2-4　工作面发生火灾时的通风

四、工作面通风系统

采煤工作面的通风系统是由采煤工作面的瓦斯、温度和煤层自然发火等因素所确定的，根据采煤工作面进回风巷道的布置方式和数量，可将工作面通风系统分为以下几种类型：

(一) U 形与 Z 形通风系统

该类型的通风系统如图 7-2-5 所示。工作面通风系统只有一条进风巷道和一条回风巷道。U 形后退式通风系统在我国使用比较普遍。其优点是结构简单，巷道施工维修量小，工作面漏风小，风流稳定，易于管理等；缺点是上隅角瓦斯易超限，工作面进、回风巷要提前掘进，维护工作量大。

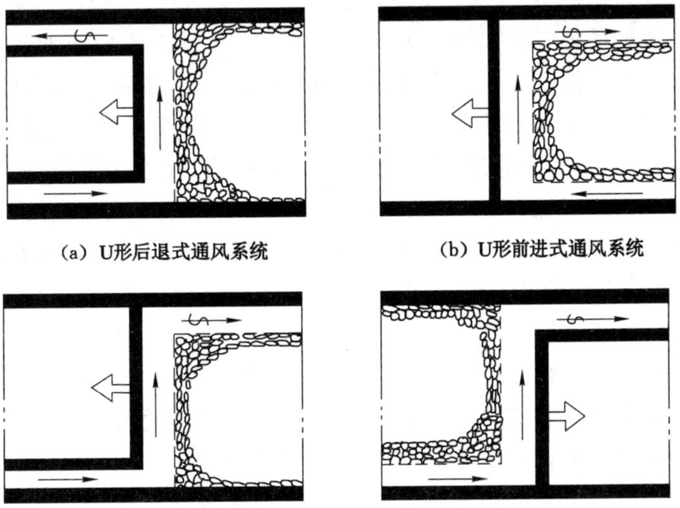

(a) U形后退式通风系统　　(b) U形前进式通风系统

(c) Z形后退式通风系统　　(d) Z形前进式通风系统

图 7-2-5　U 形及 Z 形通风系统

前进式通风系统的维护工作量小，不存在采掘工作面串联通风问题，在巷旁支护好、漏风不大时，有一定优越性。采用前进式U形通风系统的工作面的采空区瓦斯不涌向工作面，而是涌向回风平巷。

采用Z形后退式通风系统的工作面的采空区瓦斯不会涌入工作面，而是涌向回风巷，工作面采空区回风侧能用钻孔抽采瓦斯，但进风侧不能抽采瓦斯。采用Z形前进式通风系统的工作面的进风侧沿采空区可以抽采瓦斯，采空区的瓦斯易涌向工作面，特别是上隅角，回风侧不能抽采瓦斯。Z形通风系统的采空区漏风，介于采用U形后退式和U形前进式通风系统之间；该通风系统需沿空支护巷道和控制经过采空区的漏风，其难度较大。

（二）Y形、W形及双Z形通风系统

这三种采煤工作面通风系统均为两进一回或一进两回的采煤工作面通风系统。

Y形通风系统的形式因进风巷与回风巷的数量和布置不同而异。生产实际中应用较多的是在回风侧加入附加的新鲜风流，与工作面回风汇合后从采空区侧流出的通风系统[图7-2-6(a)]。工作面采用Y形通风系统会使回风道风量加大，但上隅角及回风道的瓦斯不易超限，并可在上部进风道内抽采瓦斯。

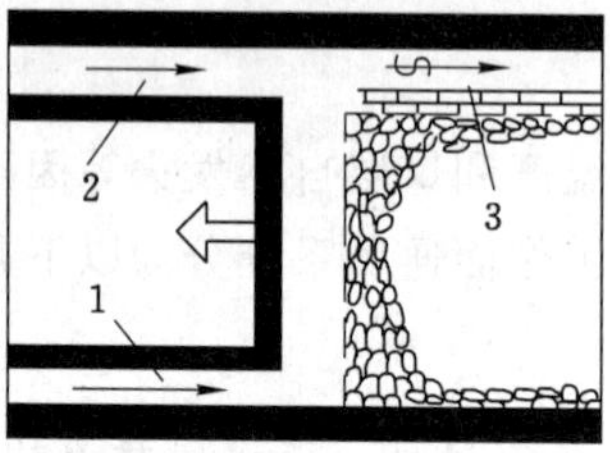

(a) Y形通风

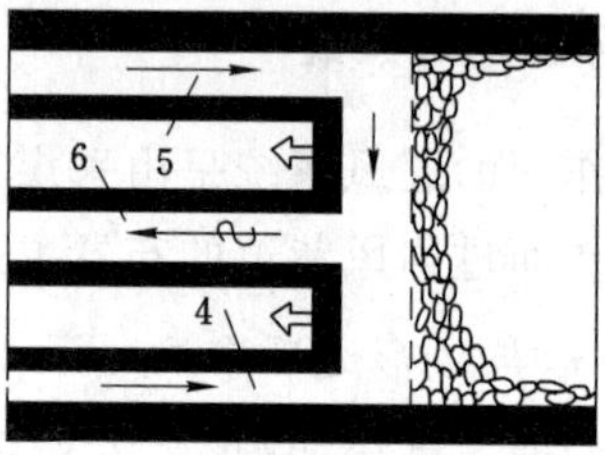

(b) W形通风

1—主进风道；2—副进风道；3—沿空巷；4—下部平巷；5—上部平巷；6—中间平巷。

图7-2-6　Y形及W形通风系统

后退式W形通风系统[图7-2-6(b)]，用于高瓦斯的长工作面或双工作面。该系统的进、回风平巷都布置在煤体中。当由中间及下部平巷进风，上部平巷回风时，上、下段工作面均为上行式通风，但上段工作面的风速高，对防尘不利，上隅角瓦斯可能会超限，所以在瓦斯涌出量很大时，常采用上、下平巷进风，中间平巷回风的W形通风系统；或者反之，采用由中间巷进风，上下平巷回风的通风系统以增加风量，提高产量。在中间巷内布置抽瓦斯钻孔时，抽采孔由于处于抽采区域的中心，因而抽采率比采用U形通风系统的工作面提高50%。

W形前进式通风系统的巷道维护在采空区内，巷道维护困难，漏风大，采空区涌出的瓦斯量也大。

双Z形通风系统(图7-2-7)，其中间巷与上、下平巷分别在工作面的两侧。双Z形前进式通风系统的上、下进风平巷维护在采空区时[图7-2-7(a)]，漏风携带出的瓦斯可能会使工作面超限；双Z形后退式通风系统的上、下入风平巷布置在煤体中[图7-2-7(b)]，漏风携带出的瓦斯不进入工作面，工作面比较安全。双Z形通风系统的工作面有一段是下行通风，并且需设边界上山，维护在采空区的巷道在支护上还要防止漏风，这些特点在采用时应予以注意。

（三）H 形通风系统

在 H 形通风系统中，两进两回的通风系统如图 7-2-8(a)所示，三进一回系统如图 7-2-8(b)所示。其特点是：工作面风量大，采空区瓦斯不涌向工作面，气象条件好，增加了工作面的安全出口，工作面机电设备都在新鲜风流巷道中，通风阻力小，在采空区的回风巷道中可抽采瓦斯，易于控制上隅角的瓦斯。但沿空护巷困难；由于有附加巷道，可能影响通风的稳定性，管理复杂。

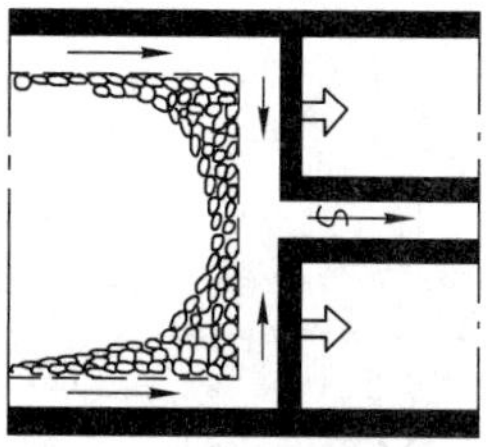

(a) 前进式　　(b) 后退式

图 7-2-7　双 Z 形通风系统

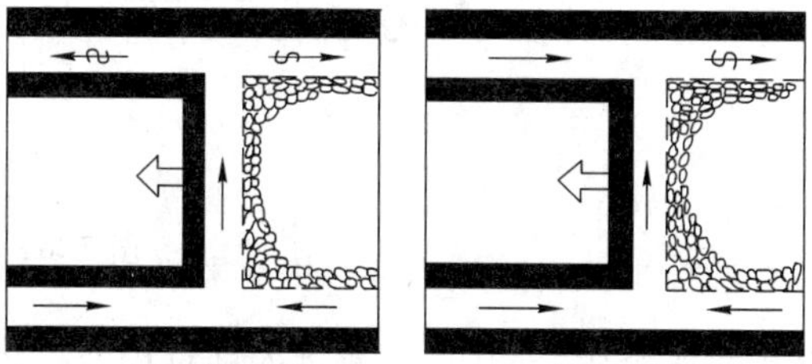

(a) 两进两回　　(b) 三进一回

图 7-2-8　H 形通风系统

在工作面和采空区的瓦斯涌出量都较大，在入风侧和回风侧都需增加风量以稀释整个工作面的瓦斯时，可考虑采用 H 形通风系统。

第三节　通风构筑物及漏风

矿井通风系统，除了有结构合理的通风网路和能力适当的通风机外，还要在网路中适当位置安设隔断、引导和控制风流的设施和装置，以保证风流按生产需要流动。这些设施和装置，统称为通风构筑物。风流在流动的过程中，通过通风构筑物的缝隙、煤柱裂隙、采空区或地表塌陷区等直接渗透到回风巷或地面而产生漏风。合理地安设通风构筑物，并使其经常处于完好状态；减少漏风，提高有效风量是通风管理部门的基本任务。

一、通风构筑物

通风构筑物可分为两大类：一类是通过风流的通风构筑物，如主要通风机风硐、反风装置、风桥、导风板和调节风窗；另一类是隔断风流的通风构筑物，如井口密闭、挡风墙、风帘和风门等。

（一）风门

1. 普通风门

在通风系统中既要隔断风流又要行人或通车的地方应设立风门。在行人或通车不多的地方，可构筑普通风门。而在行人通车比较频繁的主要运输道上，则应构筑自动风门。

普通风门由一个门扇和门框组成，材质可用木板或铁板。图 7-3-1 是一种沿口木制普通风门，其要求是门扇与门框之间呈斜面接触，比较严密，结构坚固。

自动风门种类很多，目前常用的自动风门有以下几种：

2. 无压风门

如图 7-3-2 所示，每道风门主要由门框、门扇(2 个)、支架、连杆平衡机构、防止反风挡板

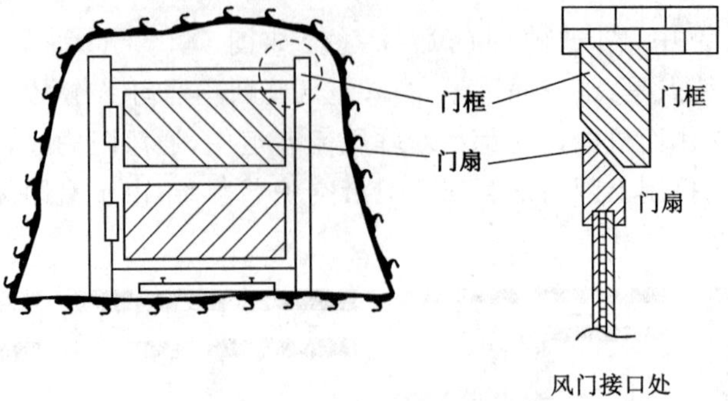

图 7-3-1　普通风门

及配重等组成。常闭时，通过连杆机构的作用力保持其关闭状态平衡。当受外力后，向顺、逆风流方向同时双向开启；通过配重块产生的牵引力实现风门自动关闭。另外，在门框横梁上的风门开启方向的异侧焊接挡板，确保风流反向时，风门不被吹开。由于连杆机构的作用，使得风门打开时省力。

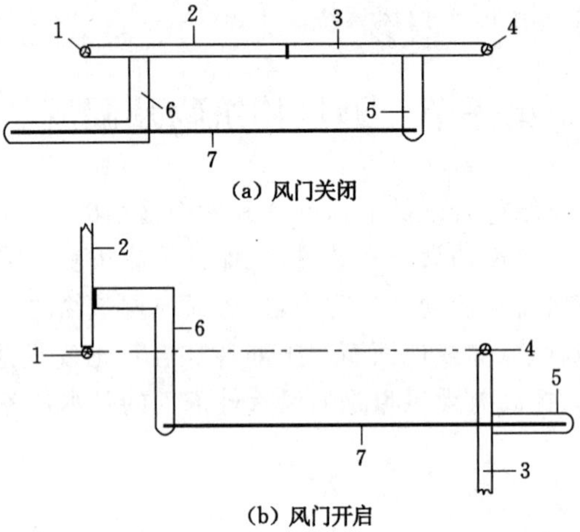

1—左门轴；2—左风门；3—右风门；4—右门轴；5—直架；6—弯架；7—连杆。

图 7-3-2　风门关闭(a)与开启(b)状态连杆机构俯视图

在原先手动无压风门的基础上安装光电传感器、电动和气动自动控制装置可提高矿用风门的智能化自动化水平。

3. 碰撞式自动风门

由门板、碰撞风门杠杆、门耳、缓冲弹簧、推门弓和铰链等组成(图 7-3-3)。风门是靠矿车碰撞门板上的门弓和碰撞风门杠杆而自动打开的，借风门自重而关闭。其优点是结构简单，经济实用；其缺点是碰撞构件容易损坏，需经常维修。此种风门可用于行车不太频繁的巷道中。

4. 电动风门

电动风门是以电动机做动力。电机经过减速带动联动机构，使风门开闭。电机的启动

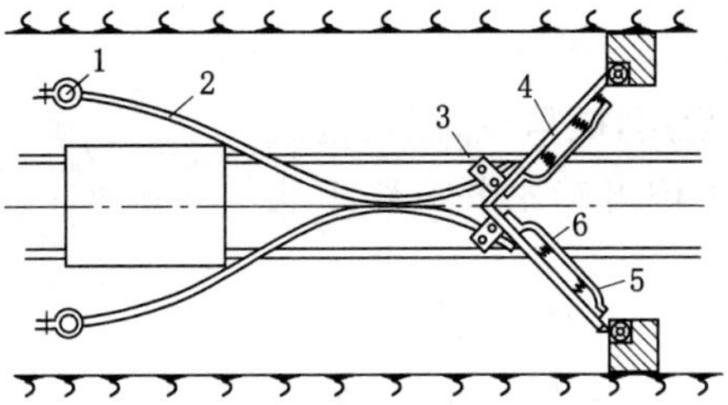

1—杠杆回转轴；2—碰撞风门杠杆；3—门耳；
4—门板；5—推门弓；6—缓冲弹簧。
图 7-3-3　碰撞式自动风门

和停止可用车辆触及开关或光电控制器自动控制。电动风门应用广泛，适应性较大，只是减速和传动机构稍微复杂些。电动风门样式较多，图 7-3-4 是其中一种。

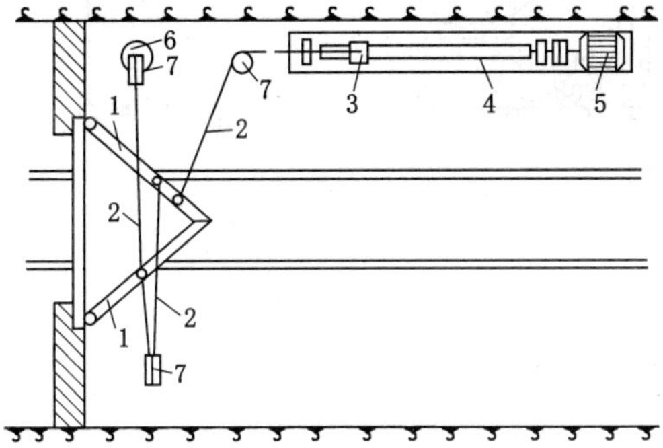

1—门扇；2—牵引绳；3—滑块；4—螺杆；
5—电动机；6—配重；7—导向滑轮。
图 7-3-4　电动风门示意图

永久风门的质量标准：

(1) 每组风门不少于两道。通车风门间距不小于一列车长度，行人风门间距不小于 5 m。入排风巷道之间需要设风门处同时设反向风门，其数量不少于两道。

(2) 风门能自动关闭。通车风门实现自动化，矿井总回风和采区回风系统的风门要装有闭锁装置；风门不能同时敞开（包括反风门）。

(3) 门框要包边，沿口有垫衬，四周接触严密。门扇平整不漏风，门扇与门框不歪扭。门轴与门框要向关门方向倾斜 80°～85°。

(4) 风门墙垛要用不燃性材料建筑，厚度不小于 0.5 m，严密不漏风。墙垛周边要掏槽，见硬顶、硬帮与煤岩接实。墙垛平整，无裂缝、重缝和空缝。

(5) 风门水沟要设反水池或挡风帘，通车风门要设底坎，电管路孔要堵严。风门前后各 5 m 内巷道支护良好，无杂物、积水和淤泥。

(二) 风桥

当通风系统中进风道与回风道水平交叉时，为使进风与回风互相隔开，需要构筑风桥。

按其结构不同可分为三种：

1. 绕道式风桥

开凿在岩石里，最坚固耐用，漏风少，能通过大于 20 m^3/s 的风量。此类风桥可在主要风路中使用(图 7-3-5)。

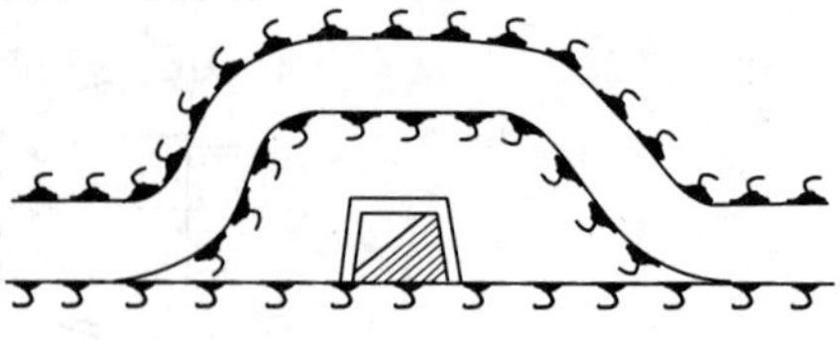

图 7-3-5　绕道式风桥

2. 混凝土风桥

如图 7-3-6 所示，结构紧凑，比较坚固，可通过风量 10～20 m^3/s。

3. 铁筒风桥

当通过的风量不大于 10 m^3/s 时，可使用铁筒风桥(图 7-3-7)。铁筒可制成圆形或矩形，风筒直径取 0.8～1 m。铁板厚度不小于 5 mm。此类风桥可在次要风路中使用。

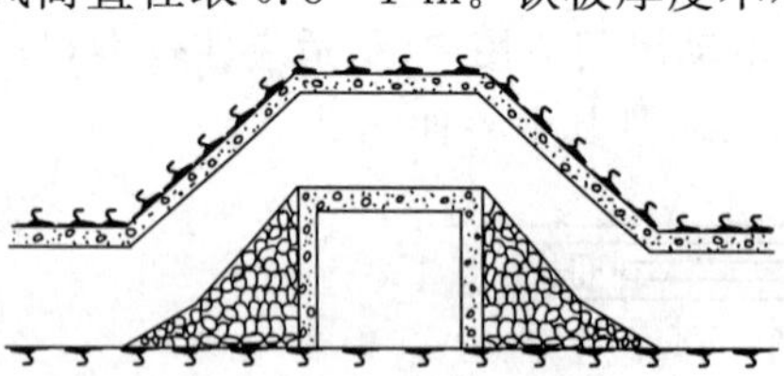

图 7-3-6　混凝土风桥

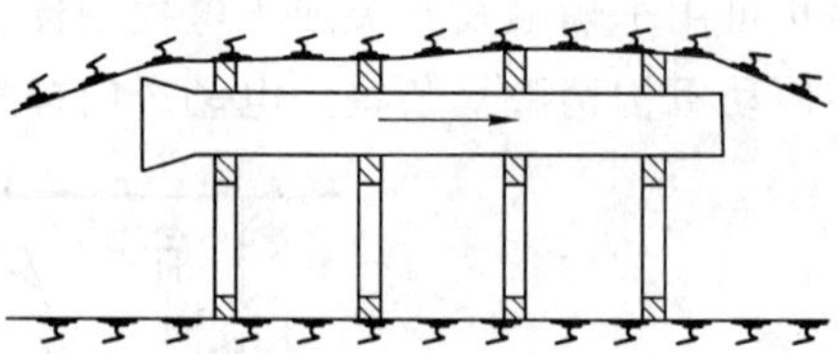

图 7-3-7　铁筒风桥

风桥的质量标准：

(1) 用不燃的材料建筑。

(2) 桥面平整不漏风。

(3) 风桥前后各 5 m 范围内巷道支护良好，无杂物、积水和淤泥。

(4) 风桥通风断面不小于原巷道断面的 4/5，成流线型，坡度小于 30°。

(5) 风桥两端接口严密，四周实帮、实底，要填实。

(6) 风桥上下不准设风门。

(三) 密闭

密闭是隔断风流的构筑物，设置在需隔断风流且不需要通车行人的巷道中。密闭的结构随服务年限的不同而分为两类：

(1) 临时密闭，常用木板、木段等修筑，并用黄泥、石灰抹面。

(2) 永久密闭，常用料石、砖、水泥等不燃性材料修筑(图 7-3-8)。

永久密闭的质量标准：

(1) 用不燃性材料建筑，严密不漏风，墙体厚度不小于 0.5 m。

(2) 密闭前无瓦斯积聚；5 m 内外支架完好，无片帮、冒顶，无杂物、积水和淤泥。

(3) 密闭周边要掏槽，见硬底、硬帮与煤岩接实，并抹有不少于 0.1 m 的裙边。

(4) 密闭内有水的要设反水池与反水管；有自然发火煤层的采空区密闭要设观测孔、灌浆孔，孔口要堵严密。

(5) 密闭前要设栅栏、警标、说明牌板和检查箱。

(6) 墙面平整、无裂缝、重缝和空缝。

（四）导风板

在矿井中常用以下几种导风板。

1. 引风导风板

压入式通风的矿井，为防止井底车场漏风，在入风石门与巷道交叉处，安设引导风流的导风板，利用风流动压的方向性，改变风流分配状况，提高矿井有效风量率。图 7-3-9 是导风板安装示意图，导风板可用木板、铁板或混凝土板制成。

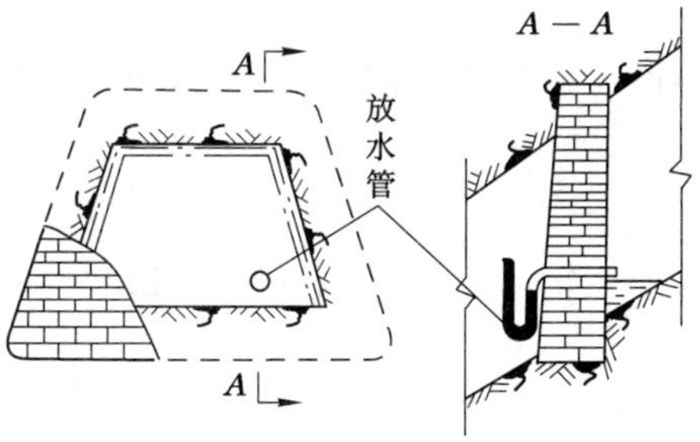

图 7-3-8　永久密闭

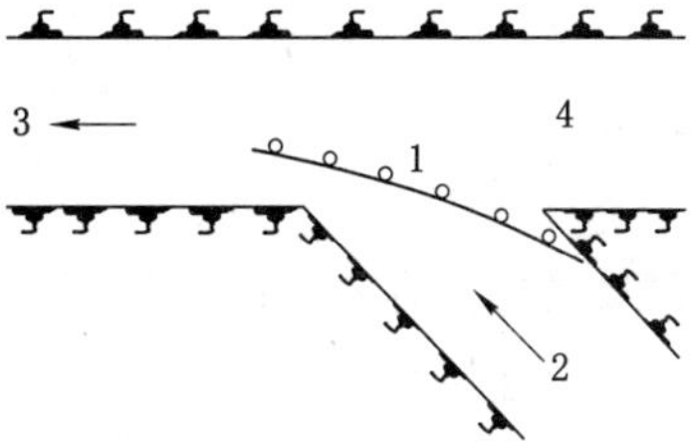

1—导风板；2—入风石门；
3—采区巷道；4—井底车场绕道。
图 7-3-9　引风导风板

挡风板要做成圆弧形，与巷道成光滑连接。导风板的长度应超过巷道交叉口一定距离（0.5～1 m）。

2. 降阻导风板

通过风量较大的巷道直角转弯处，为降低通风阻力，可用铁板制成机翼形或普通弧形导风板，减少风流冲击的能量损失。图 7-3-10 是直角转弯处导风板装置图。导风板的敞角 α 可取 100°，导风板的安装角 β 可取 45°～50°。安设此种导风板后可使直角转弯的局部阻力系数 ξ 由原来的 1.40 降低到 0.3～0.4。

3. 汇流导风板

在如图 7-3-11 所示三岔口巷道中，当两股风流对头相遇汇合在一起时，可安设导风板，减少风流相遇时的冲击能量损失。此种导风板可用木板制成，安装时应使导风板伸入汇流巷道后所分成的两个隔间的面积与各自所通过的风量成比例。

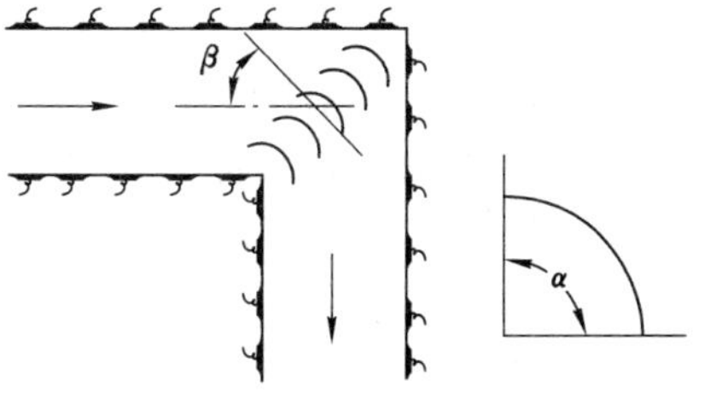

图 7-3-10　直角转弯处的导风板

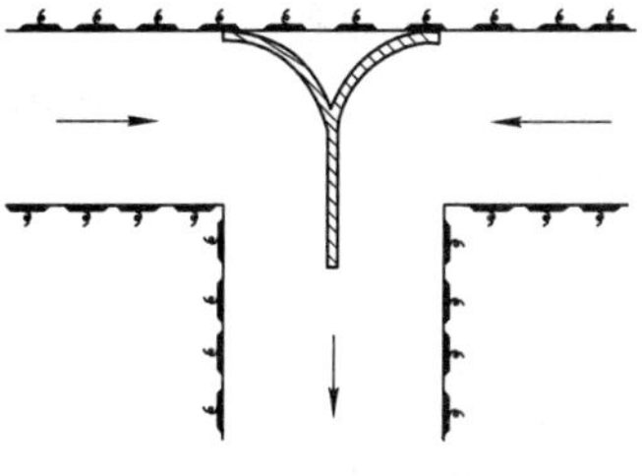

图 7-3-11　汇流导风板

二、漏风及有效风量

矿井通风系统中不流经各用风地点而由风机排到地面大气中的风量为漏风，漏风是无效风量。矿井漏风使用风地点的有效风量减少，增加无益的电能消耗，并可导致煤炭自燃等事故。减少漏风是通风管理部门的基本任务之一。

（一）漏风的分类及原因

1. 漏风的分类

矿井漏风按其地点可分为：

（1）外部漏风（或称井口漏风）。一般是指回风井井口、主通风机装置（防爆盖、反风门、调节闸门等）处的漏风。

（2）内部漏风（或称井下漏风）。是指井下各种通风构筑物的漏风、采空区以及碎裂的煤柱的漏风。

2. 漏风的原因

当有漏风通路存在，并在其两端有压差时，就可产生漏风。漏风风流通过孔隙的流态，视孔隙情况和漏风大小而异。

（二）矿井漏风率及有效风量率

1. 矿井有效风量 Q_e

矿井有效风量是指风流通过井下各用风地点（不包括串联通风的用风地点）的实际风量总和。

2. 矿井有效风量率

矿井有效风量率是矿井有效风量 Q_e 与各台主要通风机风量总和之比。矿井有效风量率应不低于85%。

$$P_e = \frac{Q_e}{\sum Q_{fi}} \times 100\% \tag{7-3-1}$$

式中　Q_{fi}——第 i 台主要通风机的实测风量换算成标准状态的风量，m^3/s。

3. 矿井外部漏风量

矿井外部漏风量是指直接由主要通风机装置及其风井附近地表漏失的风量总和。可用各台主要通风机风量的总和减去矿井总回（或进）风量。

$$Q_L = \sum Q_{fi} - \sum Q_{ti} \tag{7-3-2}$$

式中　Q_{ti}——第 i 号回（或进）风井的实测风量换算成标准状态的风量，m^3/s。

4. 矿井外部漏风率

矿井外部漏风率是指矿井外部漏风量 Q_L 与各台主要通风机风量总和之比。矿井主要通风机装置外部漏风率无提升设备时不得超过5%，有提升设备时不得超过15%。

$$P_L = \frac{Q_L}{\sum Q_{fi}} \times 100\% \tag{7-3-3}$$

（三）减少漏风，提高有效风量

漏风风量与漏风通道两端的压差成正比，和漏风风阻的大小成反比。应提高地面主要通风机的风硐、反风道的质量及附近的风门的气密性，以减少漏风。对于其他巷道、采空区及构筑物则应从以下几个方面防止漏风。

（1）在采用中央并列式通风系统时，进、回风井间应保持一定间距，并尽量减少进、回风井间的联络巷，需要行人或通车的联络巷则必须保持足够的长度，以便在其中安设两道以上高质量的风门及两道反向风门。

(2) 矿井或一翼（或分区）的进、回风巷的岩柱或煤柱要保持足够的尺寸，不致被压裂而漏风；进、回风巷间必须保留少量联络巷道时，必须设置两道以上的高质量的风门及两道反向风门。

(3) 提高通风构筑物的质量，加强通风构筑物的严密性是防止矿井漏风的基本措施。同时，要正确选择通风构筑物的安设位置。例如在图 7-3-12(a)所示的前进式回采中，当风窗设在 A 处时，其压力分布线如图 7-3-12(b)中折线 1—2—3—4—A'—A—5—B'—6 所示，2、5 两点间的压力差为 h_{2-5}。如把风窗移设到位置 B，其余条件不变，则 4 到 6 间的压力分布线变为折线 4—A'—5′—B—B'—6 所示，这时巷道 2 与 5 点间的压差变为 h'_{2-5}，由图可见 $h'_{25}<h_{25}$，其差值等于风窗阻力 Δh。这样可相应减少采空区的漏风量。所以这时风窗应设在 B 处，不应设在 A 处。

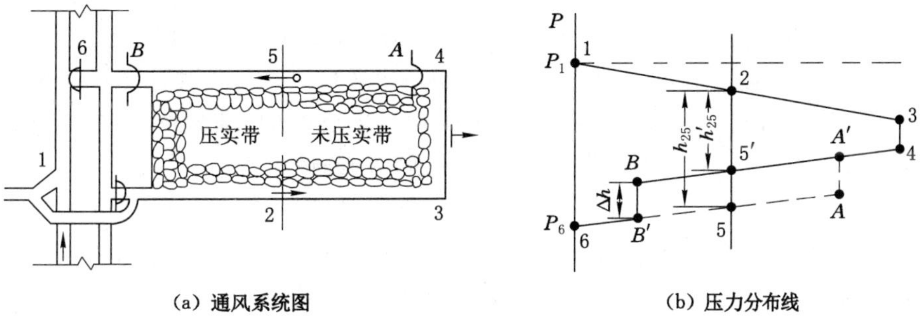

图 7-3-12　前进式回采通风系统

(4) 采空区注浆、洒浆、洒水等，可提高其压实程度，减少漏风。

(5) 在利用箕斗井回风时，箕斗井井底煤仓必须留贮足够的煤量，防止漏风。为此应设置有效的煤位量测控制装置，井塔及井上下的装卸处均须有完善的密封措施。

(6) 采空区和不用的风眼必须及时封闭。各种风门、风桥和密闭必须规范化、系列化，保证构筑质量。地表附近的小煤窑和古窑必须查明，标在巷道图上，有关的通道必须修筑可靠的密闭，必要时要填砂、填土或注浆。有关的裂隙也必须填堵或注浆，严防漏风、涌水而引起重大事故。

第四节　矿井通风设计

矿井通风设计是整个矿井设计内容的重要组成部分，是保证安全生产的重要环节。因此，必须周密考虑，精心设计，力求实现预期效果。

一、矿井通风设计的内容与要求

矿井通风设计的基本任务是建立一个安全可靠、技术先进和经济合理的矿井通风系统。矿井通风设计分为新建与改建或扩建矿井通风设计。对于新建矿井的通风设计，既要满足投产初期生产的需要，又要考虑较长远的生产发展。对于改建或扩建矿井的通风设计，必须对矿井原有的生产与通风情况做出详细的调查，分析通风存在的问题，考虑矿井生产的特点和发展规划，充分利用原有的井巷与通风设备，在原有基础上提出更完善、更切合实际的通风设计。无论新建、改建或扩建矿井的通风设计，都必须贯彻党和国家的技术经济政策，遵照国家颁布的相关法规、安全规程、技术标准、设计规范和有关的规定。

矿井通风设计一般分为两个时期，即基建时期与生产时期，分别进行设计计算。

（一）矿井基建时期的通风

矿井基建时期的通风指建井过程中掘进井巷时的通风，即开凿井筒（或平硐）、井底车场、井下硐室、第一水平的运输巷道和通风巷道时的通风。此时期多用局部通风机对独头巷道进行局部通风。当两个井筒贯通后，主要通风机安装完毕，便可用主要通风机对已开凿的井巷实行全风压通风，从而可缩短其余井巷与硐室掘进时局部通风的距离。

（二）矿井生产时期的通风

矿井生产时期的通风是指矿井投产后，包括全矿开拓、采准和采煤工作面以及其他井巷的通风。这时期的通风设计，根据矿井生产年限的长短，又可分为两种情况：

（1）矿井服务年限不长时（15～20 年），只做一次通风设计。矿井达产后通风阻力最小时为矿井通风容易时期；矿井通风阻力最大时为通风困难时期。依据这两个时期的生产情况进行设计计算，并选出对此两时期的通风皆为适宜的通风设备。

（2）矿井服务年限较长时，考虑到通风机设备选型，矿井所需风量和风压的变化等因素，又需分为两期进行通风设计。第一水平为第一期，对该时期内通风容易和通风困难两种情况详细地进行设计计算。第二期的通风设计只做一般的原则规划，但对矿井通风系统，应根据矿井整个生产时期的技术经济因素，做出全面的考虑，以使确定的通风系统既可适应现实生产的要求，又能照顾长远的生产发展与变化情况。

矿井通风设计所需要的基础资料如下：

矿井地形地质图；矿岩游离二氧化硅（矽）、硫、放射性物质及瓦斯和有害气体的含量；煤岩自然发火倾向性；煤尘爆炸性；矿区气候条件，包括年最高、最低、平均气温、地温、地热增深率等；矿区有无老窑旧巷及其所在地点和存在情形；矿井年产量、服务年限、开拓系统、回采顺序、开采方法；产量分配和作业布置，同时作业的工作面数及备用工作面个数；同时开动的各种型号的凿岩机台数及其分布；同时爆破的最多炸药量；同时工作的最多人数，等等。

（三）矿井通风设计的内容

（1）确定矿井通风系统；

（2）矿井风量计算和风量分配；

（3）矿井通风阻力计算；

（4）选择通风设备；

（5）概算矿井通风费用。

此外，根据不同地区或矿井的特殊条件，还需进行矿井空气温度调节的计算（具体内容见第八章）。

（四）矿井通风设计的要求

（1）将足够的新鲜空气有效地送到井下工作场所，保证生产和创造良好的劳动条件；

（2）通风系统具有技术先进性、安全可靠性和经济合理性，易于管理，具有防灾和抗灾能力；

(3) 发生事故时，风流易于控制；

(4) 有符合规定的井下环境及安全监测系统或检测措施；

(5) 通风系统的基建投资省，营运费用低，综合经济效益好。

二、优选矿井通风系统

(一) 矿井通风系统的要求

(1) 每一矿井必须有完整的独立通风系统。

(2) 进风井口应按全年风向频率，必须布置在不受粉尘、煤尘、灰尘、有害气体和高温气体侵入的地方。

(3) 箕斗提升井或装有带式输送机的井筒不应兼做进风井。如果兼做回风井使用，必须采取措施，满足安全的要求。

(4) 多风机通风系统，在满足风量按需分配的前提下，各主要通风机的工作风压应接近，当通风机之间的风压相差较大时，应减小共用风路的风压，使其不超过任何一个通风机风压的30%。

(5) 每一个生产水平和每一采区，都必须布置回风巷，实行分区通风。

(6) 井下爆破材料库必须有单独的新鲜风流，回风风流必须直接引入矿井的总回风巷或主要回风巷中。

(7) 井下充电室必须用单独的新鲜风流通风，回风风流应引入回风巷。

(二) 确定矿井通风系统

根据矿井瓦斯涌出量、矿井设计生产能力、煤层赋存条件、表土层厚度、井田面积、地温、煤层自燃倾向性及兼顾中后期生产需要等条件，提出多个技术上可行的方案，通过优化或技术经济比较后确定矿井通风系统。

三、矿井风量计算

(一) 矿井风量计算原则

矿井需风量，按下列要求分别计算，并采取其中最大值。

(1) 按井下同时工作最多人数计算，每人每分钟供给风量不得少于4 m^3；

(2) 按采煤、掘进、硐室及其他实际需要风量的总和进行计算。

(二) 矿井需风量的计算

1. 采煤工作面需风量的计算

采煤工作面的风量应该按下列因素分别计算，取其最大值。

(1) 按瓦斯涌出量计算

$$Q_{wi} = 100 \times Q_{gwi} \times k_{gwi} \tag{7-4-1}$$

式中　Q_{wi}——第 i 个采煤工作面需要风量，m^3/min；

Q_{gwi}——第 i 个采煤工作面瓦斯绝对涌出量，m^3/min；

k_{gwi}——第 i 个采煤工作面因瓦斯涌出不均匀的备用风量系数，它是该工作面瓦斯绝对涌出量的最大值与平均值之比。生产矿井可根据各个工作面正常生产条件时，至少进行5昼夜的观测，得出5个比值，取其最大值。通常机采工作面取 $k_{gwi}=1.2\sim1.6$；炮采工作面取 $k_{gwi}=1.4\sim2.0$；水采工作面取 $k_{gwi}=2.0\sim3.0$。

(2) 按工作面进风流温度计算

采煤工作面应有良好的气候条件。其进风流温度可根据风流温度预测方法进行计算。其气温与风速应符合表7-4-1的要求。

表7-4-1 采煤工作面空气温度与风速对应表

采煤工作面进风流气温/℃	采煤工作面风速/(m·s^{-1})
<15	0.3～0.5
15～18	0.5～0.8
18～20	0.8～1.0
20～23	1.0～1.5
23～26	1.5～1.8

采煤工作面的需要风量按式(7-4-2)计算：

$$Q_{wi}=60\times v_{wi}\times S_{wi}\times k_{wi} \tag{7-4-2}$$

式中 v_{wi}——第 i 个采煤工作面的风速，按其进风流温度从表7-4-1中选取，m/s；

S_{wi}——第 i 个采煤工作面有效通风断面，取最大和最小控顶时有效断面的平均值，m^2；

k_{wi}——第 i 个工作面的长度风量系数，可按表7-4-2选取。

表7-4-2 采煤工作面长度风量系数表

采煤工作面长度/m	工作面长度风量系数 k_{wi}
<15	0.8
50～80	0.9
80～120	1.0
120～150	1.1
150～180	1.2
>180	1.3～1.4

(3) 按使用炸药量计算

$$Q_{wi}=25\times A_{wi} \tag{7-4-3}$$

式中 25——每使用1 kg炸药的供风量，m^3/min；

A_{wi}——第 i 个采煤工作面一次爆破使用的最大炸药量，kg。

(4) 按工作人员数量计算

$$Q_{wi}=4\times n_{wi} \tag{7-4-4}$$

式中 4——每人每分钟应供给的最低风量，m^3/min；

n_{wi}——第 i 个采煤工作面同时工作的最多人数，个。

(5) 按风速进行验算

按最低风速验算各个采煤工作面的最小风量：

$$Q_{wi} \geqslant 60 \times 0.25 \times S_{wi} \tag{7-4-5}$$

按最高风速验算各个采煤工作面的最大风量：

$$Q_{wi} \leqslant 60 \times 4 \times S_{wi} \tag{7-4-6}$$

采煤工作面有串联通风时，按其中一个最大需风量计算。备用工作面亦按上述要求，并满足瓦斯、二氧化碳、风流温度和风速等规定计算需风量，且不得低于其回采时需风量的50%。

2. 掘进工作面需风量的计算

煤巷、半煤岩和岩巷掘进工作面的风量，应按下列因素分别计算，取其最大值。

(1) 按瓦斯涌出量计算

$$Q_{hi} \geqslant 100 \times Q_{ghi} \times k_{ghi} \tag{7-4-7}$$

式中　Q_{hi}——第 i 个掘进工作面的需风量，m^3/min；

Q_{ghi}——第 i 个掘进工作面的绝对瓦斯涌出量，m^3/min；

k_{ghi}——第 i 个掘进工作面的瓦斯涌出不均匀和备用风量系数，一般可取1.5～2.0。

(2) 按炸药量计算

$$Q_{hi} = 25 \times A_{hi} \tag{7-4-8}$$

式中　25——使用1 kg炸药的供风量，m^3/min；

A_{hi}——第 i 个掘进工作面一次爆破所用的最大炸药量，kg。

(3) 按局部通风机吸风量计算

$$Q_{hi} = \sum Q_{hfi} \times k_{hfi} \tag{7-4-9}$$

式中　$\sum Q_{hfi}$——第 i 个掘进工作面同时运转的局部通风机额定风量的和。各种通风机的额定风量可按表7-4-3选取。

k_{hfi}——为防止局部通风机吸循环风的风量备用系数，一般取1.2～1.3。进风巷道中无瓦斯涌出时取1.2，有瓦斯涌出时取1.3。

表 7-4-3　各种局部通风机的额定风量

风机型号	额定风量/($m^3 \cdot min^{-1}$)
JBT-51(5.5 kW)	150
JBT-52(11 kW)	200
JBT-61(14 kW)	250
JBT-62(28 kW)	300

(4) 按工作人员数量计算

$$Q_{hi} = 4 \times n_{hi} \tag{7-4-10}$$

式中　n_{hi}——第 i 个掘进工作面同时工作的最多人数，人。

(5) 按风速进行验算

按最小风速验算，各个岩巷掘进工作面最小风量：

$$Q_{hi} \geqslant 60 \times 0.15 \times S_{hi} \tag{7-4-11}$$

各个煤巷或半煤岩巷掘进工作面的最小风量：

$$Q_{hi} \geqslant 60 \times 0.25 \times S_{di} \tag{7-4-12}$$

按最高风速验算，各个掘进工作面的最大风量：

$$Q_{hi} \leqslant 60 \times 4 \times S_{hi} \tag{7-4-13}$$

式中　S_{hi}——第 i 个掘进工作面巷道的净断面积，m^2。

3. 硐室需风量计算

各个独立通风硐室的供风量，应根据不同类型的硐室分别进行计算：

(1) 机电硐室

发热量大的机电硐室，按硐室中运行的机电设备发热量进行计算：

$$Q_{ri} = \frac{3\,600 \times \sum N \times \theta}{\rho \times c_p \times 60 \times \Delta t} \tag{7-4-14}$$

式中　Q_{ri}——第 i 个机电硐室的需风量，m^3/min；

$\sum N$——机电硐室中运转的电动机(变压器)总功率，kW；

θ——机电硐室的发热系数，可根据实际考察由机电硐室内机械设备运转时的实际热量转换为相当于电气设备容量做无用功的系数确定，也可按表 7-4-4 选取；

ρ——空气密度，一般取 1.2 kg/m^3；

c_p——空气的比定压热容，一般可取 1 kJ/(kg・K)；

Δt——机电硐室进、回风流的温度差，℃。

表 7-4-4　机电硐室发热系数(θ)表

机电硐室名称	发热系数
空气压缩机房	0.20～0.23
水泵房	0.01～0.03
变电所、绞车房	0.02～0.04

采区变电所及变电硐室，可按经验值确定需风量：

$$Q_{ri} = 60 \sim 80 \quad m^3/min \tag{7-4-15}$$

(2) 爆破材料库

$$Q_{ri} = 4 \times V/60 \tag{7-4-16}$$

式中　V——库房容积，m^3。

但大型爆破材料库的风量不得小于 100 m^3/min；中小型爆破材料库的风量不得小于 60 m^3/min。

(3) 充电硐室

按其回风流中氢气浓度小于 0.5%计算

$$Q_{ri} = 200 \times q_{rhi} \tag{7-4-17}$$

式中　q_{rhi}——第 i 个充电硐室在充电时产生的氢气量，m^3/min。

4. 其他用风巷道的需风量计算

各个其他巷道的需风量，应根据瓦斯涌出量和风速分别进行计算，采用其最大值。

（1）按瓦斯涌出量计算

$$Q_{oi}=133\times Q_{goi}\times k_{goi} \tag{7-4-18}$$

式中　Q_{goi}——第 i 个其他用风巷道的瓦斯绝对涌出量，m^3/min；

k_{goi}——第 i 个其他用风巷道瓦斯涌出不均匀的风量备用系数，一般可取 $k_{goi}=1.2\sim1.3$。

（2）按最低风速验算

$$Q_{oi}\geqslant 60\times 0.15\times S_{oi} \tag{7-4-19}$$

式中　S_{oi}——第 i 个其他井巷净断面积，m^2。

5. 矿井总风量计算

矿井的总进风量，应按采煤、掘进、硐室及其他地点实际需要风量的总和计算：

$$Q_m=(\sum Q_{wt}+\sum Q_{ht}+\sum Q_{rt}+\sum Q_{ot})\times k_m \tag{7-4-20}$$

式中　Q_{wt}——采煤工作面和备用工作面所需风量之和，m^3/min；

Q_{ht}——掘进工作面所需风量之和，m^3/min；

Q_{rt}——硐室所需风量之和，m^3/min；

Q_{ot}——其他用风地点所需风量之和，m^3/min；

k_m——矿井通风（包括矿井内部漏风和配风不均匀等因素）系数，可取 1.15～1.25。

四、矿井通风总阻力计算

（一）矿井通风总阻力计算原则

（1）矿井通风的总阻力不应超过 2 940 Pa。

（2）矿井井巷的局部阻力，新建矿井（包括扩建矿井独立通风的扩建区）宜按井巷摩擦阻力的 10%计算，扩建矿井宜按井巷摩擦阻力的 15%计算。

（二）矿井通风总阻力计算

矿井通风总阻力是指风流由进风井口起，到回风井口止，沿一条通路（风流路线）各个分支的摩擦阻力和局部阻力的总和，简称矿井总阻力，用 h_m 表示。

对于有两台或多台主要通风机工作的矿井，矿井通风阻力应按每台主要通风机所服务的系统分别计算。

在主要通风机的服务年限内，随着采煤工作面及采区接替的变化，通风系统的总阻力也将因之变化。为了使主要通风机在整个服务期限都能满足需要，而且主要通风机有较高的运转效率，需要按照开拓开采布局和采掘工作面接替安排，对主要通风机服务期内不同时期的系统总阻力的变化进行分析，当根据风量和巷道参数（断面、长度等）直接判定出最大总阻力路线时，可按该路线的阻力计算矿井总阻力；当不能直接判定时，应选几条可能最大的路线进行计算比较，然后确定该时期的矿井总阻力。

将矿井通风系统总阻力最小时称为通风容易时期；通风系统总阻力最大时称为通风困难时期。对于通风容易和通风困难时期，要分别画出通风系统图。按照采掘工作面及硐室的需要分配风量，再由各段风路的阻力计算矿井总阻力。

为便于计算和查验，可用表 7-4-5 的格式，沿着通风容易和通风困难时期的风流路线，依次计算各段摩擦阻力 h_{fi}，然后分别累计得出通风容易和通风困难时期的总摩擦阻力 h_{fe}

和 h_{fd}，再乘以 1.1(扩建矿井乘以 1.15)后，得两个时期的矿井总阻力 h_{me} 及 h_{md}。

表 7-4-5　矿井通风阻力计算表

时期	节点序号	巷道名称	支护形式	α /(N·s²·m⁻⁴)	L/m	U/m	S/m²	S³/m⁶	R /(N·s²·m⁻⁸)	Q /(m³·s⁻¹)	Q² /(m⁶·s⁻²)	h_{fi} /Pa	v /(m·s⁻¹)
容易时期													
$h_{f1}=\sum h_{fi}=$　Pa													
困难时期													
$h_{f2}=\sum h_{fi}=$　Pa													

通风容易时期总阻力　　$h_{me}=(1.1\sim1.15)h_{fe}$　　(7-4-21)

通风困难时期总阻力　　$h_{md}=(1.1\sim1.15)h_{fd}$　　(7-4-22)

式(7-4-21)和式(7-4-22)中 h_f 按下式计算：

$$h_f=\sum_{i=1}^{n}h_{fi} \tag{7-4-23}$$

式中

$$h_{fi}=\frac{\alpha_i l_i u_i}{S_i^3}Q_i^2 \tag{7-4-24}$$

每个风机系统的总阻力，应符合表 3-4-1 要求。

五、矿井通风设备的选择

矿井通风设备是指主要通风机和电动机。

(一) 矿井通风设备的要求

(1) 矿井必须装设两套同等能力的主通风设备，其中一套做备用。

(2) 选择通风设备应满足第一开采水平各个时期工况变化，并使通风设备长期高效率运行。当工况变化较大时，根据矿井分期时间及节能情况，应分期选择电动机。

(3) 通风机工作能力应留有一定的余量，轴流式通风机在最大设计负压和风量时，轮叶运转角度应比允许范围小 5°；离心式通风机的选型设计转速不宜大于允许最高转速的 90%。

(4) 进、出风井井口的高差在 150 m 以上，或进、出风井井口标高相同，但井深 400 m 以上时，需考虑(估算)矿井的自然风压。

(二) 主要通风机的选择

1. 计算通风机风量 Q_f

由于外部漏风(即井口防爆门及主要通风机附近的反风门等处的漏风)，风机风量 Q_f 大于矿井风量 Q_m。

$$Q_f = kQ_m \tag{7-4-25}$$

式中　Q_f——主要通风机的工作风量，m^3/s；

Q_m——矿井需风量，m^3/s；

k——漏风损失系数，风井不做提升用时取 1.1；箕斗井兼做回风用时取 1.15；回风井兼做升降人员时取 1.2。

2. 计算通风机风压

通风机全压 H_{td} 和矿井自然风压 H_N 共同作用克服矿井通风系统的总阻力 h_m、通风机附属装置（风硐和扩散器）的阻力 h_d 及扩散器出口动能损失 h_{vd}。当自然风压与通风机风压作用相同时取"－"；自然风压与通风机负压作用反向时取"＋"。根据提供的通风机性能曲线，由式（7-4-26）求出通风机风压。

$$H_{td} = h_m + h_d + h_{vd} \pm H_N \tag{7-4-26}$$

通常离心式通风机提供的大多是全压曲线，而轴流式通风机提供的大多是静压曲线。因此，对抽出式通风矿井：

离心式通风机：

通风容易时期　$$H_{td\,min} = h_m + h_d + h_{vd} - H_N \tag{7-4-27}$$

通风困难时期　$$H_{td\,max} = h_m + h_d + h_{vd} + H_N \tag{7-4-28}$$

轴流式通风机：

通风容易时期　$$H_{sd\,min} = h_m + h_d - H_N \tag{7-4-29}$$

通风困难时期　$$H_{sd\,max} = h_m + h_d + H_N \tag{7-4-30}$$

通风容易时期，为了使自然风压与通风机风压作用相同时，通风机有较高的效率，故从通风系统阻力中减去自然风压 H_N；通风困难时期，为了使自然风压与通风机风压作用反向时，通风机能力满足，故通风系统阻力中加上自然风压 H_N。

对于压入式通风矿井，式（7-4-27）及式（7-4-28）中的 h_{vd} 应改为出风井的出口动压，h_d 则为风硐的阻力。

3. 初选通风机

根据计算的矿井通风容易时期通风机的 Q_f、$H_{sd\,min}$（或 $H_{td\,min}$）和矿井通风困难时期通风机的 Q_f、$H_{sd\,max}$（或 $H_{td\,max}$），在通风机特性曲线上，选出满足矿井通风要求的通风机。

4. 求通风机的实际工况点

因为根据 Q_f、$H_{sd\,min}$（或 $H_{td\,min}$）和 Q_f、$H_{sd\,max}$（或 $H_{td\,max}$）确定的工况点，即设计工况点不一定恰好在所选择通风机的特性曲线上，必须根据通风机的工作阻力，确定其实际工况点。

（1）计算通风机的工作风阻

用静压特性曲线时：

$$R_{sd\,min} = \frac{H_{sd\,min}}{Q_f^2} \tag{7-4-31}$$

$$R_{sd\,max} = \frac{H_{sd\,max}}{Q_f^2} \tag{7-4-32}$$

用全压特性曲线时：

$$R_{td\,min}=\frac{H_{td\,min}}{Q_f^2} \tag{7-4-33}$$

$$R_{sd\,max}=\frac{H_{sd\,max}}{Q_f^2} \tag{7-4-34}$$

(2) 确定通风机的实际工况点

在通风机特性曲线图中做通风机工作风阻曲线，与风压曲线的交点即为实际工况点。

5. 确定通风机的型号和转速

根据各台通风机的工况参数(Q_f、H_{sd}、η、N)对初选的通风机进行技术、经济和安全性比较，最后确定满足矿井通风要求、技术先进、效率高和运转费用低的通风机的型号和转速。

6. 电动机选择

(1) 通风机输入功率按通风容易及通风困难时期，分别计算通风机所需输入功率N_{min}、N_{max}。

$$N_{min}=\frac{Q_f H_{sd\,min}}{1\,000\eta_s} \tag{7-4-35}$$

$$N_{max}=\frac{Q_f H_{sd\,max}}{1\,000\eta_s} \tag{7-4-36}$$

或

$$N_{min}=\frac{Q_f H_{td\,min}}{1\,000\eta_t} \tag{7-4-37}$$

$$N_{max}=\frac{Q_f H_{td\,max}}{1\,000\eta_t} \tag{7-4-38}$$

式中 η_t,η_s——通风机全压效率和静压效率；

N_{min},N_{max}——矿井通风容易时期和通风困难时期通风机的输入功率,kW。

(2) 电动机的台数及种类

当$N_{min}\geqslant 0.6N_{max}$时，可选一台电动机，电动机功率为

$$N_e=N_{max}\cdot k_e/(\eta_e\eta_{tr}) \tag{7-4-39}$$

当$N_{min}<0.6N_{max}$时，选两台电动机，其功率分别为

初期

$$N_{emin}=\sqrt{N_{min}\cdot N_{max}}\cdot k_e(\eta_e\eta_{tr}) \tag{7-4-40}$$

后期按式(7-4-39)计算。

式中 k_e——电动机容量备用系数，$k_e=1.1\sim1.2$；

η_e——电动机效率，$\eta_e=0.90\sim0.94$(大型电机取较高值)；

η_{tr}——传动效率，电动机与通风机直联时$\eta_{tr}=1$；皮带传动时$\eta_{tr}=0.95$。

电动机功率在400～500 kW以上时，宜选用同步电动机。其优点是在低负荷运转时，可用来改善电网功率因数，使矿井经济用电；缺点是这种电动机的购置和安装费较高。

六、概算矿井通风费用

吨煤通风成本是通风设计和管理的重要经济指标。统计分析成本的构成，则是探求降低成本，提高经济效益不可缺少的基础资料。

吨煤通风成本主要包括下列费用：

(一) 电费(W_1)

吨煤的通风电费为主要通风机年耗电费及井下辅助通风机、局部通风机电费之和除以

年产量，可用如下公式计算：

$$W_1 = (E + E_A) \times D/T, \quad 元/t \tag{7-4-41}$$

式中　E——主要通风机年耗电量，设计中用下式概算：

通风容易时期和通风困难时期共选一台电动机时

$$E = 8\ 760\ N_{emax}/(k_e \cdot \eta_v \cdot \eta_w), \quad kW \cdot h \tag{7-4-42}$$

选两台电动机时

$$E = 4\ 380(N_{emax} + N_{emin})/(k_e \cdot \eta_v \cdot \eta_w), \quad kW \cdot h \tag{7-4-43}$$

式中　D——电价，元/(kW·h)；

T——矿井年产量，t；

E_A——局部通风机和辅助通风机的年耗电量，kW·h；

η_v——变压器效率，可取 0.95；

η_w——电缆输电效率，取决于电缆长度和每米电缆耗损，在 0.90～0.95 范围内选取。

（二）设备折旧费

通风设备的折旧费与设备数量、成本及服务年限有关，可采用表 7-4-6 进行计算。

表 7-4-6　通风成本计算表

序号	设备名称	计算单位	数量	单位成本	总成本			服务年限	每年的折旧费/元		备注
					设备费	运输及安装费	总计		基本投资折旧费（G_1）	大修理折旧费（G_2）	

吨煤的通风设备折旧费 W_2 为

$$W_2 = \frac{G_1 + G_2}{T}, \quad 元/t \tag{7-4-44}$$

（三）材料消耗费用

包括各种通风构筑物的材料费，通风机和电动机润滑油料费，防尘等设施费用。每吨煤的通风材料消耗费 W_3 为：

$$W_3 = \frac{C}{T}, \quad 元/t \tag{7-4-45}$$

式中　C——材料消耗总费用，元/a。

（四）通风工作人员工资费用

矿井通风工作人员，每年工资总额为 A（元），则一吨煤的工资费用 W_4 为：

$$W_4 = \frac{A}{T}, \quad 元/t \tag{7-4-46}$$

（五）专为通风服务的井巷工程折旧费和维护费

折算至吨煤的费用为 W_5（元/t）。

（六）通风仪表的购置费和维修费用

折算至每吨煤的通风仪表的购置费和维修费用 W_6(元/t)。

矿井每采一吨煤的通风总费用 W 为：

$$W = W_1 + W_2 + W_3 + W_4 + W_5 + W_6, \quad 元/t$$

第五节　可控循环通风概述

可控循环通风是由英国学者利奇(S. J. Leach)和斯莱克(A. Slack)于 1964 年研究提出的，1970 年初在英国开始应用。之后，包括中国在内的许多国家也相继对可控循环通风进行了研究和应用，对其有了本质的认识，成为一种与传统方式相辅相成的通风新技术。但对其使用做了慎重的规定。

在低瓦斯矿井中，当采掘工作面位于矿井的边远地区，原有通风系统不能保证按需供风，而该地区的回风的风质又比较好时，可以在局部通风系统的进、回风之间安置通风设备、设施和监控设备，对回风进行合理循环控制加以再利用，以增加用风地点的实际风量。此种通风方法称为可控循环风。实现可控循环通风的设备设施和网络称为可控循环通风系统，如图 7-5-1 所示。

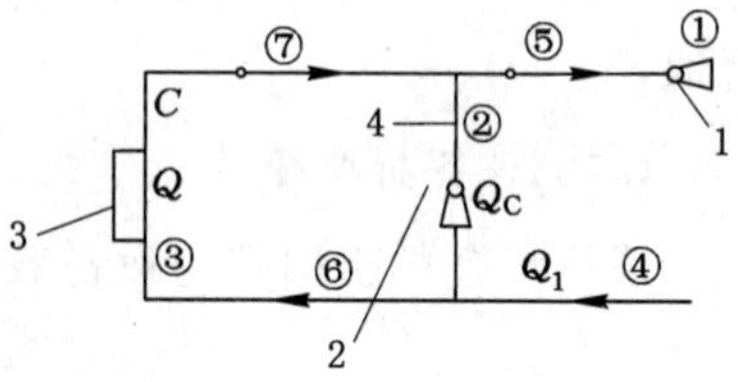

1—主要通风机；2—循环通风机（或设于⑥、⑦分支）；3—工作面；4—风量、瓦斯浓度监测点。

图 7-5-1　可控循环通风系统

对于图 7-5-1 所示的可控循环通风系统，其主通风参数为：

(1) 循环率

联络巷循环风量 Q_C 与工作面风量 Q 之比：

$$\eta = \frac{Q_C}{Q} \times 100\% \tag{7-5-1}$$

(2) 循环瓦斯量

忽略进风巷瓦斯浓度，设工作面瓦斯涌出量为 q，实际循环瓦斯量 q_2：

$$q_2 = \frac{\eta}{1-\eta} q \tag{7-5-2}$$

(3) 工作面回风巷瓦斯量为 q_3，则

$$q_3 = q + q_2 = \frac{1}{1-\eta} q \tag{7-5-3}$$

(4) 回风巷瓦斯浓度

$$C = \frac{q}{Q_1} \times 100\% \tag{7-5-4}$$

式(7-5-4)表示回风流中瓦斯浓度大小与循环率无关，它仅取决于该区内的瓦斯涌出量和系统的新鲜风量，而且与同等入风量的常规通风时相等。

循环风的可控性主要是通过循环率与风量的控制使回风和循环巷道的瓦斯浓度符合《煤矿安全规程》规定。

为了保证循环风系统的安全，可控循环通风应满足以下要求：

(1) 在可控循环通风系统中，必须装有瓦斯、风量、粉尘自动监测装置及可靠的报警装置，同时还必须进行常规环境检测分析。

(2) 对循环风机实现自动开关和风量控制。对使用可控循环风的混合式通风，抽出式与压入式的两台风机间须设闭锁装置，保证主要的局部通风机启动后，有循环风通过的风机再启动，以免形成闭路循环风流。同时必须适当地控制抽出式与压入式两台局部通风机的风量比，以获得可控循环通风的最佳除尘和降温效果。

循环风的布置形式有多种，矿井可因地制宜选用。

尽管这项技术目前在我国尚未普遍推行，但它是重大的通风工程技术观点上的变化，可以解决常规方法难以解决的通风困难问题，其经济效益十分可观。我国曾在蒲白矿务局马村矿、肥城矿务局白庄矿和开滦矿务局唐家庄矿进行试点，其结果是可行的。

第六节　矿井通风能力核定

实践表明，煤矿企业按照实际通风能力组织生产是减少重大事故的重要措施。因此，生产矿井必须按照《煤矿通风能力核定标准》[144]每年进行一次矿井通风能力核定工作，并根据核定的矿井通风能力科学、合理地组织生产，严禁超通风能力组织生产。

一、核定前资料准备

(1) 矿井采掘布置平面图；
(2) 通风系统平面图和网络图；
(3) 实测主要通风机特性曲线或特性数据表；
(4) 矿井通风系统阻力测定报告，矿井自然风压变化规律；
(5) 开采煤层的采掘工作面瓦斯涌出预测资料及采煤工作面瓦斯来源分析；
(6) 矿井年度通风安全生产主要风险评估报告。

二、核定的主要步骤

(1) 准备所需要图纸。
(2) 建立矿井采掘接替表。
工作面接替关系如表 7-6-1 所列，在表内相应的月中画线表示进度。

表 7-6-1　20××年采掘工作面接替表

序号	采掘工作面	1月	2月	3月	4月	5月	6月	7月	8月	9月	10月	11月	12月
1	采面 1												
2	采面 2												
……	……												
n	采面 n												

(3) 计算采掘工作面、系统和矿井需风量(参见第七章第四节)。

(4) 建立用风地点配风表(分系统和采区),格式如表 7-6-2 所列。

(5) 建立通风系统网络数据表。

(6) 建立风机特性数据表。

(7) 网络解算。

表 7-6-2　采区用风地点风量分配表

系统	采区	用风地点名称	类型	需风量/($m^3 \cdot s^{-1}$)	分配风量/($m^3 \cdot s^{-1}$)	备　注
风量合计						

注:用风地点包括采煤工作面、掘进工作面、独立通风硐室、主要风门漏风、冲洗巷道用风,在风量计算的基础上考虑1.15 的富余系数。

应注意的是:通风网络参数数据应与实际相符,否则应通过阻力测定和矿井通风系统现状模拟,进行通风系统数字化获得较准确的数据。通风系统数字化的方法参见第五章第六节。

三、编写报告

根据通风网络解算结果与《煤矿安全规程》等相关规定对照分析,核定的主要内容如下:

(1) 主要通风机能力核定:工况点应处于安全、稳定、可靠、合理的范围内,即运行叶片角小于最大安全角度、大于最小安装角;风机工作风压<0.9 倍最高压力;通风系统阻力符合表 7-6-3 规定值。

表 7-6-3　通风系统不同风量条件阻力规定表

通风系统风量/($m^3 \cdot min^{-1}$)	系统的通风阻力/Pa
<3 000	<1 500
3 000～5 000	<2 000
5 000～10 000	<2 500
10 000～20 000	<2 940
>20 000	<3 920

风机的供风量大于矿井需风量,并有 15%以上富余系数。

(2) 主要进、回风井:风速小于《煤矿安全规程》规定,并留有一定余量。

(3) 主要进、回风大巷通风:风速小于《煤矿安全规程》规定,并留有一定余量。

(4) 采掘工作面瓦斯浓度满足《煤矿安全规程》规定,并留有一定余量。

复习思考题

7-1　采区通风系统包括哪些部分?

7-2　试比较运输机上山和轨道上山进风的优缺点和适用条件。

7-3　何谓下行风?试从防止瓦斯积聚、防尘及降温角度分析上行风与下行风的优缺点。

7-4　试述长壁工作面通风系统有哪些类型？并阐述其各自的特点和适用性。

7-5　矿井通风系统主要有哪几种类型？说明其特点及适用条件。

7-6　试述矿井通风系统的基本要求。

7-7　试述矿井风量的计算原则和主要考虑的因素。

7-8　试述生产矿井通风能力核定的意义和方法。

第八章 矿井空气调节概论

矿井空气调节是改善矿内气候条件的主要技术措施之一。其主要内容包括两方面：一是对冬季寒冷地区，当井筒入风温度低于 2 ℃时，对井口空气进行预热；二是对高温矿井用风地点进行风温调节，以达到《煤矿安全规程》规定的标准。

本章将重点讨论高温矿井的空气调节技术，同时对冬季寒冷矿区的井口空气加热问题也做一简单介绍。

第一节 井口空气加热

本节主要介绍井口空气加热设计的一般方法及步骤。

一、井口空气加热方式

井口一般采用空气加热器对冷空气进行加热，其加热方式有两种。

（一）井口房不密闭的加热方式

当井口房不宜密闭时，被加热的空气需设置专用的通风机送入井筒或井口房。这种方式按冷、热风混合的地点不同，又分以下三种情况：

1. 冷、热风在井筒内混合

这种布置方式是将被加热的空气通过专用通风机和热风道送入井口以下 2 m 处，在井筒内进行热风和冷风的混合，如图 8-1-1 所示。

2. 冷、热风在井口房内混合

这种布置方式是将热风直接送入井口房内进行混合，使混合后的空气温度达到 2 ℃以上后再进入井筒，如图 8-1-2 所示。

3. 冷、热风在井口房和井筒内同时混合

这种布置方式是前两种方式的综合，它将大部分热风送入井筒内混合，而将小部分热风送入井口房内混合，其布置方式如图 8-1-3 所示。

以上三种方式相比较，第一种方式冷、热风混合效果较好，通风机噪声对井口房的影响相对较小，但井口房风速大、风温低，井口作业人员的工作条件差，而且井筒热风口对面井壁、上部罐座和罐顶保险装置有冻冰危险；第二种方式井口房工作条件有所改善，上部罐座和罐顶保险装置冻冰危险减少，但冷、热风的混合效果不如前者，而且井口房内风速较大，尤其是通风机的噪声对井口的通信信号影响较大；第三种方式综合了前两种的优点，而避免了其缺点，但管理较为复杂。

（二）井口房密闭的加热方式

当井口房有条件密闭时，热风可依靠矿井主要通风机的负压作用而进入井口房和井筒，

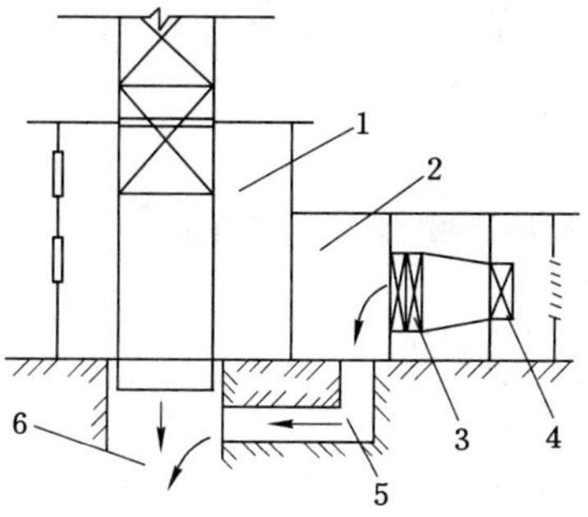

1—井口房；2—空气加热室；3—空气加热器；
4—通风机；5—热风道；6—井筒。

图 8-1-1

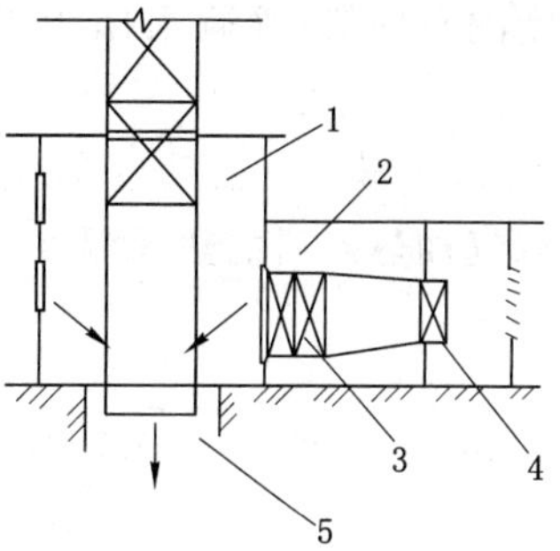

1—井口房；2—空气加热室；
3—空气加热器；4—通风机；5——井筒。

图 8-1-2

不需设置专用的通风机送风。采用这种方式，大多是在井口房内直接设置空气加热器，让冷、热风在井口房内进行混合。

对于大型矿井，当井筒进风量较大时，为了使井口房风速不超限，可在井口房外建立冷风塔和冷风道，让一部分冷风先经过冷风道直接进入井筒，使冷、热风既在井口房混合又在井筒内混合。采用这种方式时，应注意防止冷风道与井筒连接处结冰。

井口房不密闭与井口房密闭这两种井口空气加热方式相比，其优缺点见表 8-1-1。

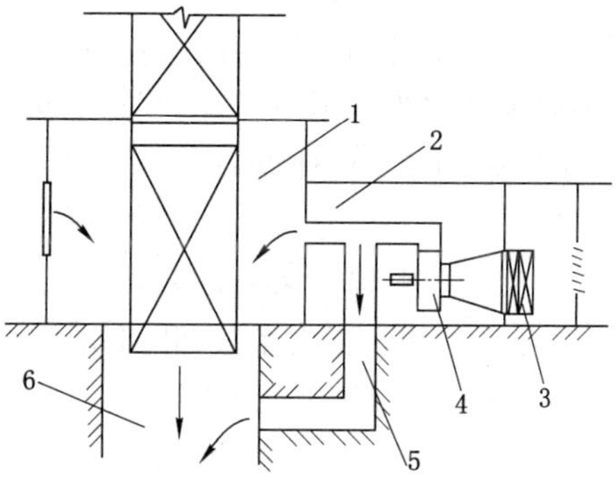

1—井口房；2—空气加热室；3—空气加热器；
4—通风机；5—热风道；6—井筒。

图 8-1-3

表 8-1-1　井口空气加热方式的优缺点比较表

井口空气加热方式	优　　点	缺　　点
井口房不密闭时	① 井口房不要求密闭； ② 可建立独立的空气加热室，布置较为灵活； ③ 在相同风量下，所需空气加热器的片数少	① 井口房风速大、风温低，井口作业人员工作条件差； ② 通风机运行噪声对井口房通信有影响； ③ 设备投资大，管理复杂
井口房密闭时	① 井口房工作条件好； ② 不需设置专用通风机，设备投资小	① 井口房密闭增加矿井通风阻力； ② 井口房漏风管理较为麻烦

二、空气加热量的计算

（一）计算参数的确定

1. 室外冷风计算温度的确定

井口空气防冻加热的室外冷风计算温度，通常按下述原则确定：立井和斜井采用历年极端最低温度的平均值；平硐采用历年极端最低温度平均值与采暖室外计算温度二者的平均值。

2. 空气加热器出口热风温度的确定

通过空气加热器后的热风温度，根据井口空气加热方式按表 8-1-2 确定。

表 8-1-2　空气加热器后热风温度的确定

送风地点	热风温度/℃	送风地点	热风温度/℃
立井井筒	60～70	正压进入井口房	20～30
斜井或平硐	40～50	负压进入井口房	10～20

（二）空气加热量的计算

井口空气加热量包括基本加热量和附加热损失两部分。附加热损失包括热风道、通风机壳及井口房外围护结构的热损失等。基本加热量即为加热冷风所需的热量。在设计中，一般附加热损失可不单独计算，总加热量可按基本加热量乘以一个系数求得。即总加热量 Q，可按公式(8-1-1)计算：

$$Q=\alpha M c_p (t_h - t_l),\quad \text{kW} \tag{8-1-1}$$

式中　M——井筒进风量，kg/s；

α——热量损失系数，井口房不密闭时 $\alpha=1.05\sim1.10$，密闭时 $\alpha=1.10\sim1.15$；

t_h——冷、热风混合后空气温度，可取 2 ℃；

t_l——室外冷风计算温度，℃；

c_p——空气比定压热容，$c_p=1.01$ kJ/(kg·K)。

三、空气加热器的选择计算

（一）基本计算公式

1. 通过空气加热器的风量

$$M_1=\alpha \cdot M \frac{t_h - t_l}{t_{h0} - t_l},\quad \text{kg/s} \tag{8-1-2}$$

式中　M_1——通过空气加热器的风量，kg/s；

t_{h0}——加热后加热器出口热风温度，℃，按表 8-1-2 选取；

其余符号意义同前。

2. 空气加热器能够供给的热量

$$Q'=kS\Delta t_p,\quad \text{kW} \tag{8-1-3}$$

式中　Q'——空气加热器能够供给的热量，kW；

k——空气加热器的传热系数，kW/(m²·K)；

S——空气加热器的散热面积，m²；

Δt_p——热媒与空气间的平均温差，℃。

当热媒为蒸汽时：

$$\Delta t_p = t_v - (t_l + t_{h0})/2,\quad ℃ \tag{8-1-4}$$

当热媒为热水时：

$$\Delta t_p=(t_{w1}+t_{w2})/2-(t_e+t_{h0})/2,\quad ℃ \tag{8-1-5}$$

式中　t_v——饱和蒸汽温度,℃;

t_{w1},t_{w2}——热水供水和回水温度,℃;

其余符号意义同前。

空气加热器常用的在不同压力下的饱和蒸汽温度,见表 8-1-3。

表 8-1-3　不同压力下的饱和蒸汽温度

蒸汽压力/kPa	≤30	98	196	245	294	343	392
饱和蒸汽温度/℃	100.0	119.6	132.8	138.2	142.9	147.2	151.0

（二）选择计算步骤

空气加热器的选择计算可按下述方法和步骤进行:

(1) 初选加热器的型号。

初选加热器的型号首先应假定通过空气加热器的质量流速$(v\rho)'$,一般井口房不密闭时$(v\rho)'$可选 4～8 kg/(m²・s),井口房密闭时$(v\rho)'$可选 2～4 kg/(m²・s)。然后按下式求出加热器所需的有效通风截面积 S':

$$S'=M_1/(v\rho)',\quad m^2 \tag{8-1-6}$$

在加热器的型号初步选定之后,即可根据加热器实际的有效通风截面积,算出实际的$(v\rho)$值。

(2) 计算加热器的传热系数。

表 8-1-4 列举了部分国产空气加热器传热系数的实验公式,供学习时参考,更详细的资料请查阅有关手册。如果有的产品在整理传热系数实验公式时,用的不是质量流速$(v\rho)$,而是迎面风速 v_y,则应根据加热器有效截面积与迎风面积之比 α 值(α 称为有效截面系数),使用关系式 $v_y=\dfrac{\alpha(v\rho)}{\rho}$,由 $v\rho$ 求出 v_y 后,再计算传热系数。

表 8-1-4　部分国产空气加热器的传热系数和阻力计算公式表

加热器型号		热媒	传热系数 k/(kW・m^{-2}・K^{-1})	空气阻力 ΔH/Pa	热水阻力 Δh/kPa
SRZ 型	5、6、10D	蒸汽	$14.6(v\rho)^{0.49}$	$1.76(v\rho)^{1.998}$	D 型:
	5、6、10Z		$14.6(v\rho)^{0.49}$	$1.47(v\rho)^{1.98}$	$15.2v_w^{1.96}$
	5、6、10X		$14.5(v\rho)^{0.532}$	$0.88(v\rho)^{2.12}$	Z、X 型:
	7D		$14.3(v\rho)^{0.51}$	$2.06(v\rho)^{1.17}$	$15.2v_w^{1.96}$
	7Z		$14.6(v\rho)^{0.49}$	$2.94(v\rho)^{1.52}$	
	7X		$15.1(v\rho)^{0.571}$	$1.37(v\rho)^{1.917}$	
SRL 型	B×A/2	蒸汽	$15.2(v\rho)^{0.50}$	$1.71(v\rho)^{1.67}$	
	B×A/3		$15.1(v\rho)^{0.43}$	$3.03(v\rho)^{1.62}$	
	B×A/2	热水	$16.5(v\rho)^{0.24}$	$1.5(v\rho)^{1.58}$	
	B×A/3		$14.5(v\rho)^{0.29}$	$2.9(v\rho)^{1.58}$	

注:$v\rho$——空气质量流速,kg/(m²・s);v_w——水流速,m/s。

如果热媒为热水，则在传热系数的计算公式中还要用到管内水流速 v_w。加热器管内水流速可按下式计算：

$$v_w = \frac{M_1 c_p (t_{h0} - t_1)}{S_w c (t_{w1} - t_{w2}) \times 10^3}, \quad m/s \tag{8-1-7}$$

式中 v_w——加热器管内水的实际流速，m/s；

S_w——空气加热器热媒通过的截面积，m^2；

c——水的比热容，$c = 4.186\,8$ kJ/(kg·K)。

其余符号意义同前。

(3) 计算所需的空气加热器面积和加热器台数。

空气加热器所需的加热面积可按下式计算：

$$S_1 = \frac{Q}{k \cdot \Delta t_p}, \quad m^2 \tag{8-1-8}$$

式中符号意义同前。

计算出所需加热面积后，可根据每台加热器的实际加热面积确定所需加热器的排数和台数。

(4) 检查空气加热器的富余系数，一般取 1.15～1.25。

(5) 计算空气加热器的空气阻力 ΔH，计算公式见表 8-1-4。

(6) 计算空气加热器管内水阻力 Δh，计算公式也见表 8-1-4。

第二节 矿井主要热源及其散热量

要进行矿井空调设计，首先就必须了解引起矿井高温热害的主要影响因素。能引起矿井气温值升高的环境因素统称为矿井热源。本节将重点讨论这些矿井主要热源及其散热量的计算方法。

一、井巷围岩传热

（一）围岩原始温度的测算

围岩原始温度是指井巷周围未被通风冷却的原始岩层温度。在许多深矿井中，围岩原始温度高，往往是造成矿井高温的主要原因。

由于在地表大气和大地热流场的共同作用下，岩层原始温度沿垂直方向上大致可划分为三个层带。在地表浅部由于受地表大气的影响，岩层原始温度随地表大气温度的变化而呈周期性地变化，这一层带称为变温带。随着深度的增加，岩层原始温度受地表大气的影响逐渐减弱，而受大地热流场的影响逐渐增强，当到达某一深处时，二者趋于平衡，岩温常年基本保持不变，这一层带称为恒温带，恒温带的温度约比当地年平均气温高 1～2 ℃。在恒温带以下，由于受大地热流场的影响，在一定的区域范围内，岩层原始温度随深度的增加而增加，大致呈线性的变化规律，这一层带称为增温带。在增温带内，岩层原始温度随深度的变化规律可用地温率或地温梯度来表示。地温率是指恒温带以下岩层温度每增加 1 ℃，所增加的垂直深度，即：

$$g_r = \frac{Z - Z_0}{t_r - t_{r0}}, \quad m/℃ \tag{8-2-1}$$

地温梯度是指恒温带以下，垂直深度每增加 100 m 时，原始岩温的升高值，它与地温率之间的关系为：

$$G_r = 100/g_r, \quad ℃/100\ m \tag{8-2-2}$$

式中　g_r——地温率，m/℃；

G_r——地温梯度，℃/100 m；

Z_0，Z——恒温带深度和岩层温度测算处的深度，m；

t_{r0}，t_r——恒温带温度和岩层原始温度，℃。

若已知 g_r 或 G_r 及 Z_0、t_{r0}，则对式(8-2-1)、式(8-2-2)进行变形后，即可计算出深度为 Z 处的原岩岩温 t_r。表 8-2-1 列出的我国部分矿区恒温带参数和地温率数值，仅供参考。

表 8-2-1　我国部分矿区恒温带参数

矿区名称	恒温带深度 Z_0/m	恒温带温度 t_{r0}/℃	地温率 g_r/(m·℃$^{-1}$)
辽宁抚顺	25～30	10.5	30
山东枣庄	40	17.0	45
河南平顶山	25	17.2	31～21
安徽罗河	25	18.9	59～25
安徽淮南潘集	25	16.8	33.7
辽宁北票台吉	27	10.6	40～37
广西合山	20	23.1	40
浙江长广	31	18.9	44
湖北黄石	31	18.8	43.3～39.8

（二）围岩与风流间传热量

井巷围岩与风流间的传热是一个复杂的不稳定传热过程。井巷开掘后，随着时间的推移，井巷围岩被冷却的范围逐渐扩大，其所向风流传递的热量逐渐减少，而且在传热过程中由于井巷表面水分的蒸发或凝结，还伴随着传质过程的发生。为简化研究，目前常将这些复杂的影响因素都归结到传热系数中去讨论。因此，井巷围岩与风流间的传热量可按下式来计算：

$$Q_r = K_\tau UL(t_{rm} - t), \quad kW \tag{8-2-3}$$

式中　Q_r——井巷围岩传热量，kW；

K_τ——围岩与风流间的不稳定换热系数，kW/(m^2·℃)；

U——井巷周长，m；

L——井巷长度，m；

t_{rm}——平均原始岩温，℃；

t——井巷中平均风温，℃。

围岩与风流间的不稳定传热系数 K_τ 是指井巷围岩深部未被冷却的岩体与空气间温差为 1 ℃时,单位时间内从每平方米巷道壁面上向空气放出(或吸收)的热量。它是围岩的热物理性质、井巷形状尺寸、通风强度及通风时间等的函数。由于不稳定传热系数的解析解相当复杂,在矿井空调设计中大多采用简化公式或统计公式计算。限于教材篇幅,此处不再赘述。应用时,请参阅有关专著或手册。

二、机电设备放热

在现代化矿井中,由于机械化水平不断提高,尤其是采掘工作面的装机容量急剧增大,机电设备放热已成为这些矿井中不容忽视的主要热源。

(一) 采掘设备放热

采掘设备运转所消耗的电能最终都将转化为热能,其中大部分将被采掘工作面风流所吸收。风流所吸收的热能中只有小部分能引起风流的温升,其中大部分转化成汽化潜热引起风流焓增。因此,采掘设备运转放热一般可按下式计算:

$$Q_c = \psi N, \quad \text{kW} \tag{8-2-4}$$

式中 Q_c——风流所吸收的热量,kW;

ψ——采掘设备运转放热中风流的吸热比例系数,ψ 值可通过实测统计来确定;

N——采掘设备实耗功率,kW。

(二) 其他电动设备放热

电动设备放热量一般可按下式计算:

$$Q_c = (1 - \eta_t)\eta_m N, \quad \text{kW} \tag{8-2-5}$$

式中 Q_c——电动设备放热量,kW;

N——电动机的额定功率,kW;

η_t——提升设备的机械效率,非提升设备或下放物料 $\eta_t = 0$;

η_m——电动机的综合效率,包括负荷率、每日运转时间和电动机效率等因素。

三、运输中煤炭及矸石的放热

在以运输机巷作为进风巷的采区通风系统中,运输中煤炭及矸石的放热是一种比较重要的热源。运输中煤炭及矸石的放热量一般可用下式近似计算:

$$Q_k = mc_m \Delta t, \quad \text{kW} \tag{8-2-6}$$

式中 Q_k——运输中煤炭或矸石的放热量,kW;

m——煤炭或矸石的运输量,kg/s;

c_m——煤炭或矸石的比热容,kJ/(kg·℃);

Δt——运输中煤炭或矸石被冷却的温度,℃。可由实测确定,也可用下式估算:

$$\Delta t = 0.002\,4 L^{0.8}(t_r - t_{wm}), \quad ℃ \tag{8-2-7}$$

式中 L——运输距离,m;

t_r——运输中煤炭或矸石的平均温度,一般较采煤工作面的原始岩体温度低 4~8 ℃;

t_{wm}——运输巷道中风流的平均湿球温度,℃。

四、矿物及其他有机物的氧化放热

井下矿物及其他有机物的氧化放热是一个十分复杂的过程，很难将它与其他热源分离开来单独计算，一般采用下式估算：

$$Q_0 = q_0 v^{0.8} UL, \quad \text{kW} \tag{8-2-8}$$

式中　Q_0——氧化放热量，kW；

v——巷道中平均风速，m/s；

q_0——v=1 m/s时单位面积氧化放热量，kW/m²；在无实测资料时，可取$(3\sim4.6)\times10^{-3}$ kW/m²。

其余符号意义同前。

五、人员放热

在人员比较集中的采掘工作面，人员放热对工作面的气候条件也有一定的影响。人员放热与劳动强度和个人体质有关，一般按下式进行计算：

$$Q_{w0} = nq, \quad \text{kW} \tag{8-2-9}$$

式中　Q_{w0}——人员放热量，kW；

n——工作面总人数；

q——人均发热量，一般参考以下数据取值：静止状态时取0.09～0.12 kW；轻度体力劳动时取0.20 kW；中等体力劳动时取0.275 kW；繁重体力劳动时取0.47 kW。

六、热水放热

井下热水放热主要取决于水温、水量和排水方式。当采用有盖水沟或管道排水时，其传热量可按下式计算：

$$Q_w = K_w S(t_w - t), \quad \text{kW} \tag{8-2-10}$$

式中　Q_w——热水传热量，kW；

K_w——水沟盖板或管道的传热系数，kW/(m²·℃)；

S——水与空气间的传热面积；水沟排水：$S = BwL$，m²；管道排水：$S = \pi D_2 L$，m²；

B_w——水沟宽度，m；

D_2——管道外径，m；

L——水沟长度，m；

t_w——水沟或管道中水的平均温度，℃；

t——巷道中风流的平均温度，℃。

水沟盖板的传热系数可按下式确定：

$$K_w = 1\Big/\left(\frac{1}{\alpha_1} + \frac{\delta}{\lambda} + \frac{1}{\alpha_2}\right), \quad \text{kW/(m}^2\cdot℃) \tag{8-2-11}$$

管道传热系数可按下式确定：

$$K_w = 1\Big/\left(\frac{D_2}{\alpha_1 D_1} + \frac{D_2}{2\lambda}\ln\frac{D_2}{D_1} + \frac{1}{\alpha_2}\right), \quad \text{kW/(m}^2\cdot℃) \tag{8-2-12}$$

式中 α_1——水与水沟盖板或管道内壁的对流换热系数,kW/(m^2·℃);

α_2——水沟盖板或管道外壁与巷道空气的对流换热系数,kW/(m^2·℃);

δ——盖板厚度,m;

λ——盖板或管壁材料的导热系数,kW/(m·℃);

D_1——管道内径,m;

D_2——管道外径,m。

第三节 矿井风流热湿计算

矿井风流热湿计算是矿井空调设计的基础,是采取合理的空调技术措施的依据。一般计算的范围是从井筒入风口至采掘工作面的回风口,可与第五章第五节所述的矿井通风网路解算联合进行。

本节主要依据矿井风流热湿交换的基本原理,着重阐述矿井风流热湿计算的基本方法及其应用。

一、地表大气状态参数的确定

在矿井空调设计中,地表大气状态参数一般按下述原则确定:地表大气的计算温度采用历年最热月月平均温度的平均值;地表大气的计算相对湿度采用历年最热月月平均相对湿度的平均值;地表大气的计算含湿量采用历年最热月月平均含湿量的平均值。这些数值均可从当地气象台、站的气象统计资料中获得。

二、井筒风流的热交换和风温计算

研究表明,在井筒通过风量较大的情况下,井筒围岩对风流的热状态影响较小,决定井筒风流热状态的主要因素是地表大气条件和风流在井筒内的加湿压缩过程。根据热力学第一定律,井筒风流的热平衡方程式为:

$$c_p(t_2-t_1)+\gamma(d_2-d_1)=g(Z_1-Z_2) \tag{8-3-1}$$

式中 c_p——空气的比定压热容,kJ/(kg·℃);

γ——水蒸气的汽化潜热,kJ/kg;

t_1,t_2——井口、井底的风温,℃;

d_1,d_2——井口、井底风流的含湿量,g/kg;

Z_1,Z_2——井口、井底的标高,m。

在一定的大气压力下,风流的含湿量与风温呈近似的线性关系:

$$d=622\frac{\varphi b(t+\varepsilon')}{P-P_m},\quad \text{g/kg} \tag{8-3-2}$$

式中 φ——风流的相对湿度,%;

t——风流温度,℃;

P——大气压力,Pa;

b,ε',P_m——与风温有关的常数,由表 8-3-1 确定。

表 8-3-1　b、ε'、P_m 参数取值表

风温/℃	b	ε'	P_m/Pa	
			井下	地面
1～10	61.978	9.324	1 016.12	734.16
11～17	50.274	19.979	1 459.01	1 053.36
17～23	144.305	−3.770	2 108.05	1 522.08
23～29	197.838	−8.988	3 028.41	2 187.85
29～35	268.328	−14.288	4 281.27	3 105.55
35～45	393.015	−22.958	6 497.05	4 692.24

令
$$A = 622\frac{b}{P - P_m}$$
则
$$d = A\varphi(t + \varepsilon') \tag{8-3-3}$$
将式(8-3-3)代入式(8-3-1)可解得：
$$t_2 = \frac{(1 + E_1\varphi_1)t_1 + F}{(1 + E_2\varphi_2)},\quad ℃ \tag{8-3-4}$$
其中组合参数(只是为了简化公式而设的，没有任何物理意义)：
$$E_1 = 2.487\ 6A_1;E_2 = 2.487\ 6A_2$$
$$F = (Z_1 - Z_2)/102.5 - (E_2\varphi_2 - E_1\varphi_1)\varepsilon'$$
式(8-3-4)即为井底风温计算式。

式中　P_1,P_2——井口、井底的大气压力，对于井底大气压力可近似按式(8-3-5)推算：
$$P_2 = P_1 + g_p(Z_1 - Z_2),\quad \text{Pa} \tag{8-3-5}$$
g_p——压力梯度，其值为 11.3～12.6，Pa/m；

φ_1,φ_2——井口、井底空气的相对湿度，%。

当井筒中存在水分蒸发时，由于水分蒸发吸收的热量来源于风流下行压缩热和风流本身，这部分热量将转化为汽化潜热。所以当风流沿井筒向下流动时，有时井底风温不仅不会升高，反而还可能有所降低。

三、巷道风流的热交换和风温计算

风流经过巷道时，由于与巷道环境间发生热湿交换，使风温随距离逐渐上升。其热平衡方程式为：
$$M_b c_p(t_2 - t_1) + M_b\gamma(d_2 - d_1)$$
$$= [K_\tau U(t_r - t) + K_t U_t(t_t - t) - K_x U_x(t - t_x) + K_w B_w(t_w - t)]L + \sum Q_m \tag{8-3-6}$$
式中　M_b——风流的质量流量，kg/s；

K_τ——风流与围岩间的不稳定换热系数，kW/(m^2·℃)；

U——巷道周长，m；

t_r——原始岩温，℃；

K_t,K_x——热、冷管道的传热系数，kW/(m^2·℃)；

U_t,U_x——热、冷管道的周长，m；

t_t，t_x——热、冷管道内流体的平均温度，℃；

K_w——巷道中水沟盖板的传热系数，kW/(m² · ℃)；

B_w——水沟宽度，m；

t_w——水沟中水的平均温度，℃；

$\sum Q_m$——巷道中各种绝对热源的放热量之和，kW；

L——巷道的长度，m。

式(8-3-6)通过变换整理可改写成：

$$(R + E\varphi_2)t_2 = (R + E\varphi_1 - N)t_1 + M + F \tag{8-3-7}$$

由式(8-3-7)可解得：

$$t_2 = \frac{(R + E\varphi_1 - N)t_1 + M + F}{(R + E\varphi_2)}, \quad ℃ \tag{8-3-8}$$

其中组合参数：

$$E = 2.487\,6A;$$

$$N_\tau = \frac{K_\tau UL}{M_b c_p}; N_t = \frac{K_t U_t L}{M_b c_p}; N_x = \frac{K_x U_x L}{M_b c_p};$$

$$N_w = \frac{K_w B_w L}{M_b c_p}; N = N_\tau + N_t + N_x + N_w; R = 1 + 0.5N;$$

$$M = N_\tau t_r + N_t t_t + N_x t_x + N_w t_w; \Delta\varphi = \varphi_2 - \varphi_1;$$

$$F = \frac{\sum Q_m}{M_b c_p} - E\Delta\varphi\varepsilon'$$

式中　φ_1，φ_2——巷道始末端风流的相对湿度，%。

式(8-3-8)即为巷道末端的风温计算式。

如果巷道中的相对热源只有围岩放热，则式(8-3-8)还可简化为：

$$t_2 = \frac{(R + E\varphi_1 - N)t_1 + Nt_r + F}{(R + E\varphi_2)}, \quad ℃ \tag{8-3-9}$$

四、采掘工作面风流热交换与风温计算

(一) 采煤工作面

风流通过采煤工作面时的热平衡方程式可表示为：

$$M_b c_p(t_2 - t_1) + M_b\gamma(d_2 - d_1) = K_\tau UL(t_r - t) + (Q_k + \sum Q_m) \tag{8-3-10}$$

式中　Q_k——运输中煤炭放热量，kW；

其余符合意义同前。

将式(8-2-6)和式(8-3-3)代入式(8-3-10)，经整理即可得出采煤工作面末端的风温计算式，其形式和式(8-3-9)完全一样，只是其中的组合参数略有不同。

对于采煤工作面：

$$N = \frac{K_\tau UL + 6.67 \times 10^{-4} c_m mL^{0.8}}{M_b c_p};$$

$$F = \frac{\sum Q_m - 2.33 \times 10^{-3} c_m mL^{0.8}}{M_b c_p} - E\Delta\varphi\varepsilon'$$

式中　m——每小时煤炭运输量，$m=\dfrac{A}{\tau}$，t/h；

A——工作面日产量，t；

τ——每日运煤时数，h。

其余符号意义同前。

当要求采煤工作面出口风温不超过《煤矿安全规程》规定时，其入口风温可按下式确定：

$$t_1=\frac{(R+E\varphi_2)t_2-Nt_r-F}{R+E\varphi_1-N},\quad ℃ \tag{8-3-11}$$

（二）掘进工作面

风流在掘进工作面的热交换主要是通过风筒进行的，其热交换过程一般可视为等湿加热过程。现以如图 8-3-1 所示的压入式通风为例进行讨论。

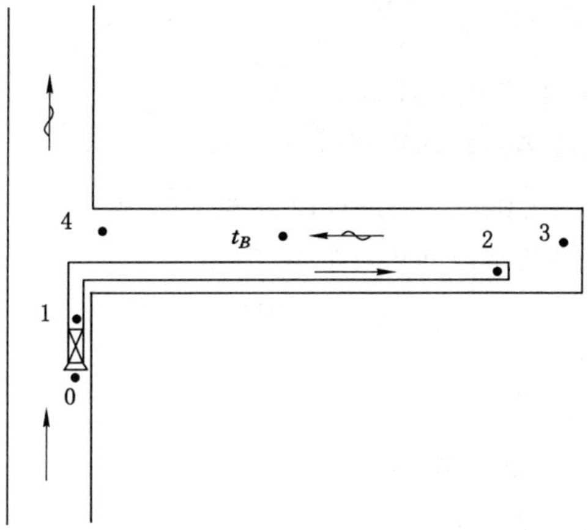

图 8-3-1

1. 局部通风机出口风温确定

风流通过局部通风机后，其出口风温一般可按下式确定：

$$t_1=t_0+K_b\frac{N_e}{M_{b1}},\quad ℃ \tag{8-3-12}$$

式中　K_b——局部通风机放热系数，可取 0.55～0.70；

t_0——局部通风机入口处巷道中的风温，℃；

N_e——局部通风机额定功率，kW；

M_{b1}——局部通风机的吸风量，kg/s。

2. 风筒出口风温的确定

根据热平衡方程式，风流通过风筒时，其出口风温可按下式确定：

$$t_2=\frac{2N_tt_b+(1-N_t)t_1+0.01(Z_1-Z_2)}{1+N_t},\quad ℃ \tag{8-3-13}$$

其中

$$N_t=\frac{K_tS_t}{(p+1)M_{b1}c_p}$$

对于单层风筒：

$$K_t = 1\Big/\left(\frac{1}{\alpha_1}+\frac{1}{\alpha_2}\right),\quad \text{kW/(m}^2\cdot℃) \tag{8-3-14}$$

对于隔热风筒：

$$K_t = 1\Big/\left(\frac{1}{\alpha_2}+\frac{1}{\alpha_1}\frac{D_2}{D_1}+\frac{D_2}{2\lambda}\ln\frac{D_1}{D_2}\right),\quad \text{kW/(m}^2\cdot℃) \tag{8-3-15}$$

式中 t_b——风筒外平均风温，℃；

Z_1——风筒入口处标高，m；

Z_2——风筒出口处标高，m；

K_t——风筒的传热系数，kW/(m²·℃)；

S_t——风筒的传热面积，m²；

p——风筒的有效风量率，$p=\dfrac{M_{b2}}{M_{b1}}$；

M_{b2}——风筒出口的有效风量，kg/s；

α_1——风筒外对流换热系数，kW/(m²·℃)；

$$\alpha_1 = 0.006(1+1.471\sqrt{0.661\,5v_b^{1.6}+D_1^{-0.5}}) \tag{8-3-16}$$

α_2——风筒内对流换热系数，kW/(m²·℃)；

$$\alpha_2 = 0.007\,12D_2^{-0.25}v_m^{0.75} \tag{8-3-17}$$

D_1——隔热风筒外径，m；

D_2——风筒内径，m；

λ——隔热层的导热系数，kW/(m·℃)；

v_b——巷道中平均风速；

$$v_b = 0.416\,7(p+1)M_{b1}/S,\quad \text{m/s} \tag{8-3-18}$$

v_m——风筒内平均风速；

$$v_m = 0.530\,8(p+1)M_{b1}/D_2^2,\quad \text{m/s} \tag{8-3-19}$$

S——掘进巷道的断面积，m²。

3. 掘进头风温确定

风流从风筒口射出后，与掘进头（掘进工作面迎头）近区围岩发生热交换，根据热平衡方程式，掘进头风温可按下式确定：

$$t_3 = \frac{1}{R}[(1+E\varphi_2-M)t_2+2Mt_r+F],\quad ℃ \tag{8-3-20}$$

其中：$M=ZK_{\tau3}S_3$；$Z=(2pM_{b1}c_p)^{-1}$；$R=1+M+E\varphi_3$；$F=Z\sum Q_{m3}-E\Delta\varphi\varepsilon'$。

式中 $K_{\tau3}$——掘进头近区围岩不稳定换热系数，kW/(m²·℃)；

S_3——掘进头近区围岩散热面积，m²；

$\sum Q_{m3}$——掘进头近区局部热源放热量之和，kW；

其余符号意义同前。

掘进头近区围岩不稳定换热系数可按下式确定：

$$K_{\tau3}=\frac{\lambda\Phi}{1.77R_3\sqrt{F_{03}}},\quad \mathrm{kW/(m^2\cdot ℃)} \tag{8-3-21}$$

其中：$\Phi=\sqrt{1+1.77\sqrt{F_{03}}}$；$R_3=\sqrt{R_0 l_3+R_0^2}$；$R_0=0.564\sqrt{S}$；$F_{03}=\frac{a\tau_3}{R_0^2}$。

式中　λ——岩石的导热系数，kW/(m・℃)；

a——岩石的导温系数，m^2/h；

τ_3——掘进头平均通风时间，h；

l_3——掘进头近区长度，m。

五、矿井风流湿交换

当矿井风流流经潮湿的井巷壁面时，由于井巷表面水分的蒸发或凝结，将产生矿井风流的湿交换。根据湿交换理论，经推导可得出井巷壁面水分蒸发量的计算公式为：

$$W_{max}=\frac{a}{\gamma}(t-t_s)UL\frac{P}{P_0},\quad \mathrm{kg/s} \tag{8-3-22}$$

式中　α——井巷壁面与风流的对流换热系数；

$$\alpha=2.728\times10^{-3}\varepsilon_m v_b^{0.8},\quad \mathrm{kW/(m^2\cdot ℃)} \tag{8-3-23}$$

γ——水蒸气的汽化潜热，2 500 kJ/kg；

t——巷道中风流的平均温度，℃；

t_s——巷道中风流的平均湿球温度，℃；

U——巷道周长，m；

L——巷道长度，m；

P——风流的压力，Pa；

P_0——标准大气压力，101 325 Pa；

v_b——巷道中平均风速，m/s；

ε_m——巷道壁面粗糙度系数，光滑壁面 $\varepsilon_m=1.00$；主要运输大巷 $\varepsilon_m=1.00\sim1.65$；运输平巷 $\varepsilon_m=1.65\sim2.50$；工作面 $\varepsilon_m=2.50\sim3.10$。

由湿交换引起潜热交换，其潜热交换量为：

$$Q_q=W_{max}\gamma=\alpha(t-t_s)UL\frac{P}{P_0},\quad \mathrm{kW} \tag{8-3-24}$$

式中符号意义同前。

必须指出：公式(8-3-22)是在井巷壁面完全潮湿的条件下导出的，所以由该式计算出的是井巷壁面理论水分蒸发量。实际上，由于井巷壁面的潮湿程度不同，其湿交换量也有所不同，故在实际应用中应乘以一个考虑井巷壁面潮湿程度的系数，称为井巷壁面潮湿度系数，其定义为：井巷壁面实际的水分蒸发量与理论水分蒸发量的比值，用 f 表示，即：

$$f=\frac{M_b\Delta d}{W_{max}} \tag{8-3-25}$$

该值可通过实验或实测得到。求得井巷壁面的潮湿度系数后，即可求得风流通过该段井巷时的含湿量增量：

$$\Delta d=\frac{fW_{\max}}{M_b} \tag{8-3-26}$$

由含湿量增量，即可求得该段井巷末端风流的含湿量和相对湿度：

$$d_2=d_1+\Delta d \tag{8-3-27}$$

$$\varphi_2=\frac{P_v}{P_s}\times 100\% \tag{8-3-28}$$

式中　P_v——水蒸气分压力，可用下式计算：

$$P_v=\frac{P_2 d_2}{622+d_2},\quad \text{Pa} \tag{8-3-29}$$

P_s——饱和水蒸气分压力，可用下式计算：

$$P_s=610.6\exp\left(\frac{17.27t_2}{237.3+t_2}\right),\quad \text{Pa} \tag{8-3-30}$$

本节介绍了矿井风流热湿计算的基本公式，根据这些公式即可逐段地计算出井巷末端风流的温度和相对湿度。

第四节　矿井降温的一般技术措施

当矿井气候值超过标准而出现热害时，就必须采取降温措施加以改善。矿井降温的一般技术措施是指除了矿井空调技术外，其他各种用于调节和改善矿井气候条件的措施。它主要包括：通风降温、隔热疏导、个体防护等，本节仅介绍其中几种主要措施。

一、通风降温

加强通风是矿井降温的主要技术途径。通风降温的主要措施就是加大矿井风量和选择合理的矿井通风系统。

（一）加大风量

实践证明，在一定的条件下(如原风量较小)，增加风量是高温矿井最经济的降温手段之一。加大风量不仅可以排出热量、降低风温，而且还可以有效地改善人体的散热条件，增加人体舒适感。所以在高温矿井采用通风降温是矿井降温的基本措施之一。

但增风降温并不总是有效的。当风量增加到一定程度时，增风降温的效果就会减弱。同时增风降温还受到井巷断面和通风机能力等各种因素的制约，有一定的应用范围。

（二）选择合理的矿井通风系统

从降温角度出发，确定矿井通风系统时，一般应考虑下列原则：

1. 尽可能减少进风路线的长度

在井巷热环境条件和风量不变的情况下，井巷风流的温升是随其流程的加长而增大，风路越长，风流沿途吸热量越大，温升也越大。所以，对高温矿井应尽量缩短进风路线的长度。同时在进行开拓系统设计时，要注意与通风系统相结合，避免将进风巷布置在高温岩层中和不必要地加长进风路线的长度，以使温升加大。

2. 尽量避免煤流与风流反向运行

在选择采区通风系统时，尽量采用轨道上山进风方案，避免因煤流与风流方向相反，将煤炭在运输过程中的放热和设备放热带进工作面。根据德国的经验采用轨道上山(平巷)进风与运输上山(平巷)进风相比,采煤工作面进风流的同感温度可降低 4～5 ℃。

3. 采煤工作面采用下行风

在条件许可时,采煤工作面可采用下行风。因为采煤工作面采用下行风时,风流是从路程较短的上部巷道进入工作面,且减少了煤炭放热的影响,故可降低工作面的进风温度。

二、隔热疏导

所谓隔热疏导就是采取各种有效措施将矿井热源与风流隔离开来,或将热源直接引入矿井回风流中,避免矿井热源对风流的直接加热,从而达到矿井降温的目的。隔热疏导的措施主要有:

(一) 巷道隔热

巷道隔热主要用于矿井局部地温异常的区段。目前较为可行的方法是,在高温岩壁与巷道支架之间充填隔热材料,如高炉或锅炉炉渣等。近年来,我国煤矿还试验用聚氨酯泡沫塑料喷涂岩壁,喷涂厚度为 10 mm 时,就能产生较好的隔热效果。国外有些国家也曾采用聚乙烯泡沫塑料、硬质氨基甲酸泡沫、膨胀珍珠岩等隔热材料喷涂岩壁,也取得较好效果。但因巷道隔热费用较高,而且隔热层的时效性较差,随着时间的推移,隔热层的作用将降低,同时还必须注意防火、防毒等安全问题。由于这些原因限制了这种方法的应用。今后应当重视开发和研究高效、无毒、时效性长,而且廉价的巷道隔热材料。

(二) 管道和水沟隔热

对高温矿井,温度高的压气管道和排热水管应尽量设在回风流中,如果必须设在进风流中时应采取隔热措施。尤其是对热水型高温矿井,更应防止热水对风流的增温增湿作用。

对热水涌出量大的矿井可超前将热水疏干,将水位降低到开采深度以下。对局部地点涌出的高温热水,可在出水点附近打排水钻孔,将热水用隔热管道直接排至地面。

(三) 井下发热量大的大型机电硐室应独立回风

现代矿井井下大型机电硐室的发热量很大,如果这些设备的放热直接进入进风流,将引起矿井风流较大的温升。所以对高温矿井,井下大型机电硐室(如中央变电所、泵房和绞车房等)应建立独立的回风系统。

三、个体防护

对个别气候条件恶劣的地点,由于技术或经济上的原因,如不能采取其他降温措施时,对矿工进行个体防护也是一种有效的方法。矿工个体防护的主要措施就是让矿工穿戴轻便的冷却背心或冷却帽,以防止环境热对流和热辐射对人体的侵害;同时使人体自身的产热量传给冷却服或冷却帽中的冷媒。国外一些国家已研制出了许多种适合井下使用的矿工冷却服和冷却帽。

除了上述措施之外,还有其他一些措施诸如煤层注水预冷煤体、在进风巷道内放置冰块、利用调热圈巷道进风等都可起到一定的降温作用。

由于矿井的高温原因各不相同,热害程度也轻重不一。因此,在做矿井降温设计时,应对具体问题做具体分析,要因地制宜、有针对性地采取降温措施,才能收到良好效果。

第五节　矿井空调系统设计简介

当采用一般的矿井降温措施，不能有效地解决采掘工作面的高温问题时，就必须采用矿井空调技术。所谓矿井空调技术就是应用各种空气热湿处理手段，来调节和改善井下作业地点的气候条件，使之达到规定标准的一门综合性技术。本节只简单介绍矿井空调系统设计的基本原理和一般方法。

一、矿井空调系统设计的依据

矿井空调系统设计的主要依据是行业法规（如《煤矿安全规程》等）和上级主管部门的书面批示。此外还必须收集下列资料或数据：

（1）矿区常年气候条件，如地表大气的月平均温度、月平均相对湿度和大气压力等；

（2）矿井各生产水平的地温资料和等地温线图；

（3）矿井设计生产能力、服务年限、开拓方式、采区布置和年度计划等；

（4）采掘工程平（剖）面图、通风系统图和通风网路图；

（5）矿井通风系统阻力测定与分析数据，如井巷通风阻力、风阻、风量等；

（6）井巷所穿过各岩层的岩石热物理性质，如导热系数、导温系数、比热容和密度等；

（7）矿井水温和水量。

二、设计的主要内容与步骤

矿井空调系统设计是一项非常复杂的工作，其主要设计内容和步骤如下：

（1）矿井热源调查与分析，查明矿井高温的主要原因及热害程度，并对矿井空调系统设计的必要性做出评价；

（2）根据实测或预测的风温，确定采掘工作面的合理配风量，并计算出采掘工作面的需冷量，做到风量与冷量的最优匹配，以减少矿井空调系统的负荷；

（3）根据采掘工作面的需冷量、已采取的一般矿井降温措施及生产的发展情况，确定全矿井所需的制冷量，并报请有关部门核准；

（4）根据矿井具体条件，拟订矿井空调系统方案，包括制冷站位置、供冷排热方式、管道布置、风流冷却地点的选择等，并进行技术经济比较，确定最佳方案；

（5）根据拟订的矿井空调系统方案，进行供冷、排热设计，并进行设备选型；

（6）进行制冷机站（硐室）的土建设计，选取合理的布置方式；

（7）制冷机站（硐室）内自动监控与安全防护设施的设计，制定设备运行、维护的管理机制；

（8）概算矿井空调的吨煤成本和其他经济性指标。

上述设计内容非常广泛，它涉及采矿、通风、空调、制冷、土建等相关学科。设计中既要注意采用先进的技术和设备，又不能忽视实际经验，更要适合当前我国的技术经济条件和可能的发展趋势，只有这样才能做好一个大型的矿井空调系统设计。

三、矿井空调系统的基本类型

目前国内外常见的冷冻水供冷、空冷器冷却风流的矿井集中空调系统的基本结构模式如图 8-5-1 所示。它是由制冷、输冷、传冷和排热四个环节所组成。由这四个环节的不同组合，便构成了不同的矿井空调系统。这种矿井空调系统，若按制冷站所处的位置不同来分，可以分为以下三种基本类型：

（一）地面集中式空调系统

它将制冷站设置在地面，冷凝热也在地面排放，而在井下设置高低压换热器将一次高压冷冻水转换成二次低压冷冻水，最后在用风地点上用空冷器冷却风流。其结构如图 8-5-2 所示。这种空调系统还可有另外两种形式，一种是集中冷却矿井总进风，这种形式在用风地点上空调效果不好，而且经济性较差；另一种是在用风地点上采用高压空冷器，这种形式安全性较差。实际上后两种形式在深井中都不可采用。

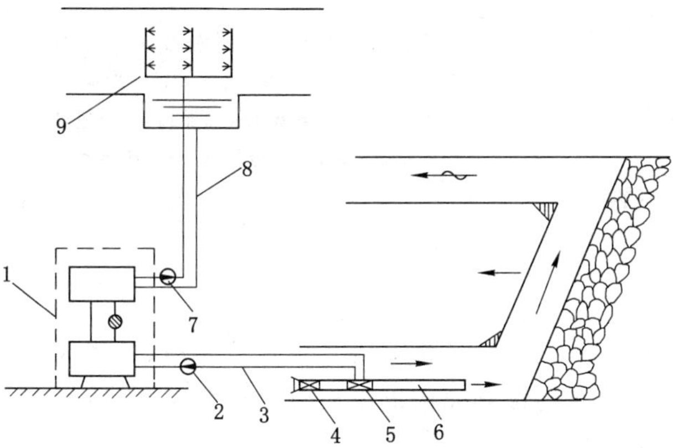

1—制冷站；2—冷水泵；3—冷水管；
4—局部通风机；5—空冷器；6—风筒；
7—冷却水泵；8—冷却水管；9—冷却塔。

图 8-5-1　矿井空调系统结构模式

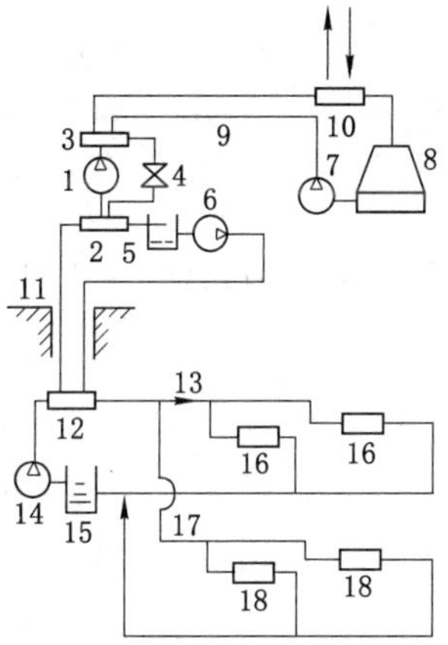

1—压缩机；2—蒸发器；3—冷凝器；
4—节流阀；5,15—水池；6,7,14—水泵；
8—冷却塔；9—冷却水管；10—热交换器；
11,13,17—冷水管；12—高低压换热器；
16,18—空冷器。

图 8-5-2　地面集中式空调系统

（二）井下集中式空调系统

井下集中式空调系统如按冷凝热排放地点不同来分，又有两种不同的布置形式：

(1) 制冷站设置在井下，并利用井下回风流排热，如图 8-5-3 所示。这种布置形式具有系统比较简单，冷量调节方便，供冷管道短，无高压冷水系统等优点。我国山东能源新汶矿业集团孙村煤矿曾采用这种布置方式。但由于井下回风量有限，当矿井需冷量较大时，井下有限的回风量就无法将制冷机排出的冷凝热全部带走，致使冷凝热排放困难，冷凝温度上升，制冷机效率降低，制约了矿井制冷能力的提高，所以这种布置形式只适用于需冷量不太大的矿井。

(2) 制冷站设置在井下,但冷凝热在地面排放,如图 8-5-4 所示。这种布置形式虽可提高冷凝热的排放能力,但需在冷却水系统增设一个高低压换热器,系统比较复杂。

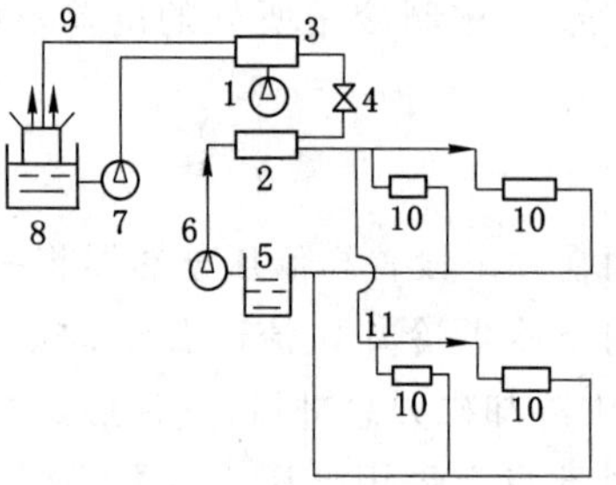

1—压缩机;2—蒸发器;3—冷凝器;
4—节流阀;5—水池;6—冷水泵;
7—冷却水泵;8—冷却塔;10—空冷器;
9,11—冷水管。

图 8-5-3　制冷站设在井下,井下排放冷凝热

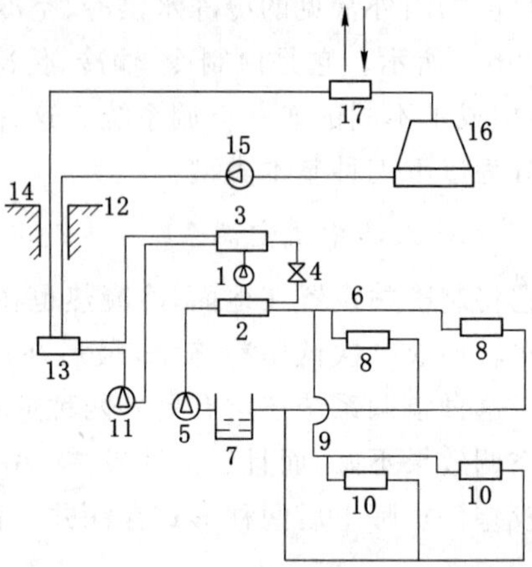

1—压缩机;2—蒸发器;3—冷凝器;4—节流阀;
5,11—冷水泵;6,9,12—冷水管;7—冷水池;
8,10—空冷器;13—高低压换热器;14—冷却水管;
15—冷却水泵;16—冷却塔;17—换热器。

图 8-5-4　制冷站设在井下,地面排放冷凝热

(三) 井上、下联合式空调系统

这种布置形式是在地面和井下同时设置制冷站,冷凝热在地面集中排放,如图 8-5-5 所示。它实际上相当于两级制冷,井下制冷机的冷凝热是借助于地面制冷机冷水系统冷却。

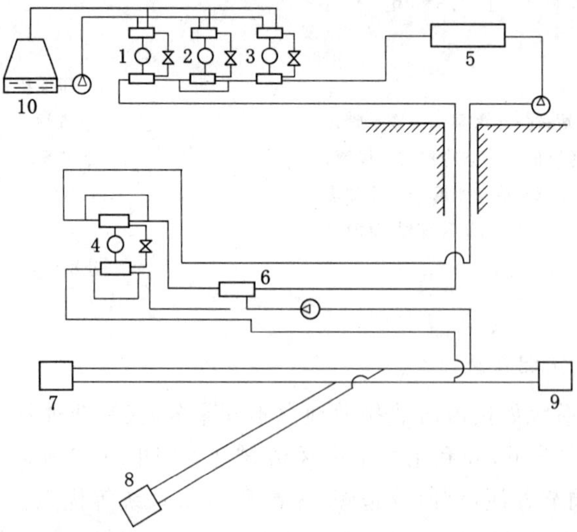

1～4—制冷机;5—空气预冷器;6—高低压换热器;7～9—空冷器;10—冷却塔。

图 8-5-5　井上、下联合式空调系统

上述三种集中式矿井空调系统相比,在技术上的优缺点见表 8-5-1,设计时究竟采用何

种型式应根据矿井的具体条件而定。

表 8-5-1　矿井集中式空调系统技术比较表

制冷站位置	优　　点	缺　　点
地　面	① 厂房施工、设备安装、维护、管理方便； ② 可用一般型的制冷设备，安全可靠； ③ 冷凝热排放方便； ④ 冷量便于调节； ⑤ 无须在井下开凿大断面硐室； ⑥ 冬季可用天然冷源	① 高压载冷剂处理困难； ② 供冷管道长，冷损大； ③ 需要井筒中安装大直径管道； ④ 空调系统复杂
井　下	① 供冷管道短，冷损小； ② 无高压冷水系统； ③ 可利用矿井水或回风流排热； ④ 供冷系统简单，冷量调节方便	① 井下要开凿大断面的硐室； ② 对制冷设备要求严格； ③ 设备安装、管理和维护不方便
联　合	① 可提高一次载冷剂回水温度，减少冷损； ② 可利用一次载冷剂将井下制冷机的冷凝热带到地面排放	① 系统复杂； ② 设备分散，不便管理

此外，对不具备建立集中式空调系统条件的矿井，在个别热害严重的地点也可采用局部移动式空调机组。我国安徽淮南、浙江长广、江苏三河尖、山东新汶等矿区都先后在掘进工作面使用过局部空调机组。但若将这种方式在矿井较大范围内使用，显然在技术和经济上都不合理。

四、制冷站负荷的确定和制冷设备的选择

参见有关设计手册。

复习思考题

8-1　井口空气有哪几种加热方式？简述它们各自的优缺点。

8-2　某矿井总进风量为 130 kg/s，冬季井口空气计算温度为 −28 ℃，采用井口房不密闭的加热方式，冷热风在井口房混合，混合前的热风温度为 30 ℃，混合后的温度为 2 ℃，热媒为压力 343 kPa 的饱和蒸汽，试选择合适的空气加热器。

8-3　某矿井恒温带深度 $Z_0=30$ m，恒温带温度 $t_{r0}=15$ ℃，地温率 $g_r=45$ m/℃，试求该矿井垂深 500 m 处的原始岩温。

8-4　某矿一段大巷长 100 m，巷道断面形状为半圆拱，断面积为 14 m^2，原始岩温为 35 ℃，巷道中平均风温为 22 ℃，围岩与风流间的不稳定换热系数为 5.82×10^{-4} kW/(m^2・℃)，求该段巷道围岩放热量。

8-5　某矿采用暗沟排放矿内热水，水沟深 0.5 m，长 1 000 m，测得水沟始端与终端水温分别为 38 ℃和 30 ℃，水沟始端与终端附近巷道风流温度分别为 30 ℃和 25 ℃，水

沟盖板为厚度 50 mm 的钢筋混凝土预制板，导热系数为 0.000 18 kW/(m·℃)，水与水沟盖板的对流换热系数为 0.6 kW/(m^2·℃)，水沟盖板与巷道空气的对流换热系数为 0.016 kW/(m^2·℃)，试求水沟中热水的放热量。

8-6　已知某矿井地表空气温度为 21 ℃，相对湿度为 $\varphi_1=57\%$，大气压力为 99 kPa，井深 900 m，井底风流相对湿度为 $\varphi_2=80\%$，试确定井底车场的风温。

8-7　某矿井一条轨道上山的长度为 760 m，高差为 170 m，断面积为 7.15 m^2，周长为 11.8 m，通过该上山的风量为 40 kg/s，计算起点风温为 17.8 ℃，相对湿度为 96%，绝对静压为 108.5 kPa，平均原始岩温为 29 ℃，围岩与风流间的不稳定换热系数为 2.67×10^{-4} kW/(m^2·℃)，求该上山的末端风温。

8-8　某一水平掘进巷道，断面积为 10 m^2，采用 11 kW 的局部通风机压入式通风，风筒直径为 800 mm，局部通风机入口处巷道中的风温为 25 ℃，吸风量为 250 m^3/min，空气密度为 1.23 kg/m^3，风筒的有效风量率为 48%，试预计风筒出口的风温。

8-9　同题 8-8，若掘进工作面近区各种局部热源散热量之和为 80 kW，围岩的导热系数为 0.002 48 kW/(m·℃)，比热容为 0.85 kJ/(kg·℃)，密度为 2 650 kg/m^3，试确定掘进工作面的风温。

8-10　某掘进工作面风量为 200 kg/min，空冷器入口空气温度为 32 ℃，相对湿度为 90%，大气压为 101 325 Pa，欲使空冷器出口风温为 24 ℃，相对湿度为 100%，求空冷器的供冷量。

8-11　某采煤工作面风量为 600 kg/min，空冷器入口空气温度为 31 ℃，相对湿度为 88%，大气压为 101 325 Pa，欲使空冷器出口风温为 24 ℃，相对湿度为 100%，求空冷器的供冷量。

8-12　某载冷剂管道长度为 1 200 m，管道内径为 0.15 m，隔热后外径为 0.26 m，隔热层材料导热系数为 0.000 03 kW/(m·℃)，巷道中平均风速为 2 m/s，管内外对数平均温差 22 ℃，若忽略管道摩擦阻力损失和局部阻力损失，求管道冷损。

8-13　某采区空冷器的供冷量为 500 kW，管道冷损为 35 kW，水泵冷损为 9.5 kW，试求该采区制冷机组所需的制冷量。

8-14　高温矿井选择矿井通风系统时，一般应考虑哪些原则？

8-15　简述通风降温的作用及效果。

8-16　简述矿井集中空调系统设计的内容和步骤。

8-17　矿井集中式空调系统有哪几种类型？各有什么优缺点？

第二编

矿 井 安 全

第九章　瓦斯灾害防控

本章从理论和实践两方面论述矿井瓦斯的成因、赋存、含量、涌出、瓦斯灾害成因以及防控技术等一系列问题。

第一节　概　　述

矿井瓦斯是煤矿生产过程中，从煤、岩内涌出的各种气体的总称。煤矿术语中的瓦斯指的就是甲烷。在本章所描述的有关瓦斯的物理、化学性质等特性，均是针对甲烷而言。

一般情况下，煤层中瓦斯含有甲烷（CH_4）（可达 80%～90%）、乙烷、丙烷等其他烃类，以及二氧化碳（CO_2）（如吉林营城煤矿）。个别煤层内含有氢气（H_2）、一氧化碳（CO）（如山东新汶矿业集团）、硫化氢（H_2S）（如河南鹤壁四矿）和氡气（Rn）等稀有气体。

甲烷，是无色、无味、无毒的气体；微溶于水，在 20 ℃和 0.101 3 MPa(1 atm)时，100 L 水可以溶解 3.31 L 甲烷，0 ℃时可以溶解 5.56 L 甲烷。标准状态时的密度为 0.716 kg/m^3，与空气的相对密度为 0.554；其扩散速度是空气的 1.34 倍，当巷道风速低、风流含有瓦斯时，容易在顶板附近形成瓦斯积聚层。

甲烷虽然无毒，但如果其浓度超过 57%，能使空气中氧浓度降低至 10%以下。煤矿井下常因进入通风不良的盲巷而发生窒息伤亡。

矿井瓦斯是严重威胁煤矿安全生产的主要自然因素之一。瓦斯爆炸、煤与瓦斯突出是当今煤矿的灾害之最，每年造成许多人员伤亡和巨大的财产损失。重大、特大瓦斯事故不仅发生在乡镇地方小型煤矿，国有大型现代化矿也时有发生。如 2009 年 2 月 22 日，安全装备精良、被誉为示范化矿井的山西省西山屯兰煤矿发生瓦斯爆炸事故，死亡 78 人。因此，预防瓦斯灾害对降低煤矿事故、保证煤炭工业的健康持续发展，具有重要意义。

瓦斯是重要的矿物资源之一，可做燃料和化工原料。每立方米瓦斯的燃烧热为 3.7×10^7 J，相当于 1.0～1.5 kg 烟煤。

近年来，我国为减少排放瓦斯对大气环境的污染、改善能源结构，充分利用矿井瓦斯这一洁净能源，在高瓦斯矿区进行了瓦斯抽采和开发利用工作，建成了长距离输送管道和大容量储气罐，取得了一定的成绩。

第二节　煤层瓦斯赋存与含量

一、瓦斯的成因与赋存

（一）瓦斯的生成

煤层中瓦斯是腐植型有机物（植物）在成煤过程中生成的，成气过程可分为两个阶段。第一阶段为生物化学成气时期。在植物沉积成煤初期（泥炭化过程），有机物在隔绝外部氧气进入和温度不超过 65 ℃的条件下，被厌氧微生物分解为 CH_4、CO_2 和 H_2O。此过程发生于地表附近，上覆盖层不厚且透气性较好，因而生成的气体大部分散失至大气中。第二阶段为煤化变质作用时期。随着煤系地层的沉降以及所处压力和温度的增加，泥炭转化为褐煤并进入变质作用时期。有机物在高温、高压作用下，挥发分减少，固定碳增加，这时生成的气体主要为 CH_4 和 CO_2。这个阶段中，瓦斯生成量随着煤的变质程度增高而增多。但在漫长的地质年代中，由于地质构造（地层的隆起、侵蚀和断裂）的作用，瓦斯在其压力差和浓度差的驱动下进行运移，导致不同煤田，甚至同一煤田不同区域煤层的瓦斯含量差别可能很大。

（二）瓦斯在煤体内存在状态

瓦斯是以吸附和游离两种状态存在于煤体内的。1987 年，苏联科学院矿物资源综合开发研究所的研究结果表明，在 300～1 200 m 开采深度范围内，游离瓦斯仅占 5%～12%。但在断层、大的裂隙、孔洞和砂岩内，瓦斯则主要以游离瓦斯状态赋存。

煤体是多孔性固体。吸附状态的瓦斯主要吸附在煤的微孔表面上和煤的微粒结构内部（吸收瓦斯）。吸附瓦斯量的大小，与煤的性质、孔隙结构特点以及瓦斯压力和温度有关。

游离状态也叫自由状态。甲烷分子的直径为 $0.375\ 8\times10^{-9}$ m，可以在微小的煤体孔隙和裂隙里流动。这种状态的瓦斯呈现出压力并服从自由气体定律，存在于煤体或围岩的裂隙和较大孔隙（孔径大于 0.01 μm）内，如图 9-2-1 所示。游离瓦斯量的大小与贮存空间的容积和瓦斯压力成正比，与瓦斯温度成反比。

1—游离瓦斯；2—吸着瓦斯；
3—吸收瓦斯；4—煤体；5—孔隙。
图 9-2-1　瓦斯在煤内的存在形态示意图

游离和吸附状态存在的瓦斯是可以相互转化的。转化量取决于温度和压力以及煤中水分等条件。例如，当温度降低或压力升高时，一部分瓦斯将由游离状态转化为吸附状态，这种现象叫作吸附。反之，在温度升高或压力降低时，一部分瓦斯就由吸附状态转化为游离状态，这种现象叫作解吸。

二、煤层中瓦斯垂直分带

一般情况下，含瓦斯煤层从露头垂直向下分为四个带：CO_2-N_2 带、N_2 带、N_2-CH_4 带、CH_4 带（表 9-2-1），前三个带总称为瓦斯风化带。在目前的开采深度、无地质构造条件下，瓦斯带内煤层的瓦斯含量和涌出量随深度增加而有规律地增大，所以确定瓦斯风化带深度，对预测瓦斯分布具有重要的应用价值。

表 9-2-1　含瓦斯煤层垂直向下分带瓦斯成分

带名	气带成因	瓦斯成分/%		
		N_2	CO_2	CH_4
CO_2-N_2 带	生物化学-空气进入	20～80	20～80	<10
N_2 带	空气进入	>80	<10～20	<20
N_2-CH_4 带	空气进入-变质作用	20～80	<10～20	20～80
CH_4 带	变质作用	<20	<10	>80

瓦斯风化带下界深度可以根据下列指标中的任何一项确定。

(1) 煤层的相对瓦斯涌出量等于 2～3 m^3/t 处；

(2) 煤层内的瓦斯组分中甲烷及重烃浓度总和达到 80%(体积比)；

(3) 煤层内的瓦斯压力为 0.10～0.15 MPa；

(4) 煤的瓦斯含量达到下列数值处：长焰煤 1.0～1.5 m^3/t(C.M.)，气煤 1.5～2.0 m^3/t(C.M.)，肥煤与焦煤 2.0～2.5 m^3/t(C.M.)，瘦煤 2.5～3.0 m^3/t(C.M.)，贫煤 3.0～4.0 m^3/t(C.M.)，无烟煤 5.0～7.0 m^3/t(C.M.)(此处的 C.M. 是指煤中可燃质即固定碳和挥发分)。

瓦斯风化带深度决定于煤层的具体条件，变化很大，即使在同一井田有时也相差很大，如开滦(集团)有限责任公司的唐山和赵各庄两矿瓦斯风化带深度下限就相差近 80 m。苏联顿巴斯煤田最浅的瓦斯风化带为 50 m，最深达 800 m。

三、煤层瓦斯含量及其影响因素

煤的瓦斯含量是指单位体积或质量的煤在自然状态下所含有的瓦斯量(标准状态下的瓦斯体积)，单位为 m^3/m^3(cm^3/cm^3)或 m^3/t(cm^3/g)。

煤层的瓦斯含量包括游离瓦斯和吸附瓦斯。可采用直接测定和间接测定方法求得，其方法参见第十五章。

煤层瓦斯含量的大小，主要决定于成煤过程中生成的瓦斯量和煤层保存瓦斯的地质条件。保存瓦斯的地质条件包括煤层和围岩的结构(如透气性)和物理化学特性(如吸附性能)、成煤后的地质运动和地质构造、煤层的赋存条件、围岩性质等。

(一) 煤的变质程度

煤的变质程度不仅影响瓦斯的生成量，而且对煤的结构、孔隙率和吸附性等，亦即对煤层储存瓦斯的能力有影响。一般地说，在同一煤田内瓦斯含量随变质程度增高(挥发分减小)而有规律地变化；但在不同煤田内，相同变质程度煤的瓦斯含量是不同的。煤层瓦斯含量随变质程度的变化规律如图 9-2-2 所示。

煤化程度还决定煤的吸附性能，一般情况下煤的煤化程度越高，吸附能力增高，存储瓦斯的能力越强。

(二) 地质构造

地质构造是影响煤层瓦斯含量的最重要因素之一。在围岩属低透气性的条件下，封闭

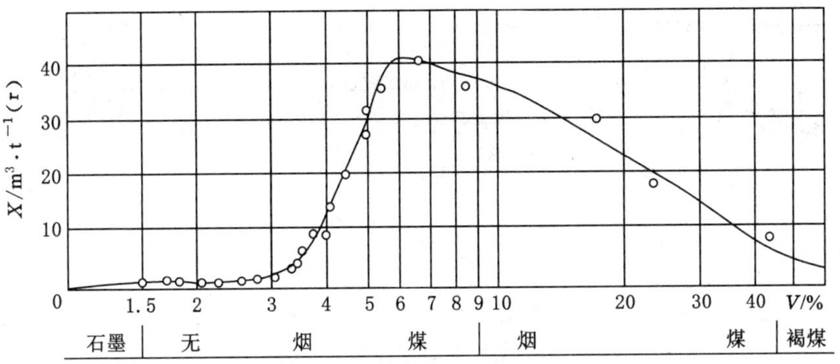

图 9-2-2　瓦斯含量与煤变质程度的关系

型地质构造有利于瓦斯的储存,而开放型地质构造有利于排放瓦斯。

同一矿区不同地点瓦斯含量的差别,往往是地质构造因素造成的结果。

闭合的和倾伏的背斜或穹窿,通常是理想的贮存瓦斯构造。顶板如为致密岩层而又未遭破坏时,瓦斯在背斜轴部积聚,形成所谓“气顶”[图 9-2-3(a)、(b)],瓦斯含量明显增高。但是,当背斜轴顶部岩层是透气性岩层或因张力形成连通地表或其他贮气构造的裂隙时,其瓦斯含量因能转移反而比翼部少。

对向斜而言,当轴部顶板岩层受到的挤压应力比底板岩层强烈,使顶板岩层和两翼煤层透气性变小,瓦斯就易于贮存在向斜轴部[图 9-2-3(f)]如南桐一井、鹤壁六矿。当煤层或围岩的裂隙发育透气性较好时,轴部的瓦斯容易通过构造裂隙和煤层转移到围岩和向斜的翼部,瓦斯含量反而减少,如辽源煤田和抚顺龙凤矿。

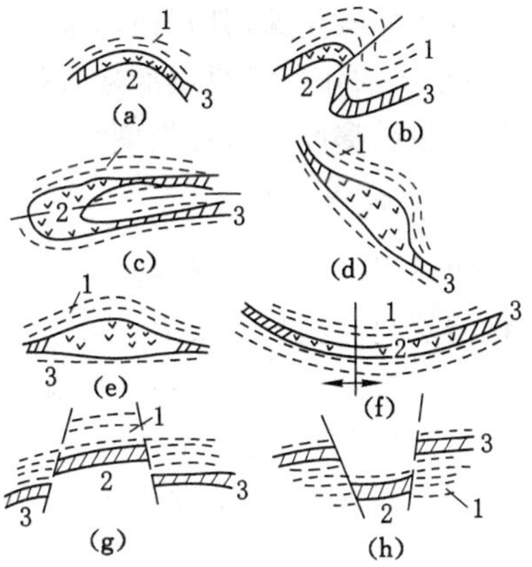

1—不透气岩层;
2—瓦斯含量增高部位;
3—煤层。

图 9-2-3　常见的贮存瓦斯构造

受构造力作用在煤层局部形成的大型煤包[图 9-2-3(c)、(d)、(e)],由于周围煤层在应力作用下压向煤包,形成煤包内瓦斯的封闭条件,瓦斯含量大。同理,由两条封闭性断层与致密岩层圈闭的地垒或地堑构造,也可成为瓦斯含量增高区[图 9-2-3(g)、(h)]。

断层对煤层瓦斯含量的影响比较复杂。一方面要看断层(带)的封闭性,另一方面要看与煤层接触的对盘岩层的透气性。开放型断层(一般为张性、张扭性或导水的压性断层),不论其和地表是否直接相通,断层附近的煤层瓦斯含量都会降低[图 9-2-4(a)]。封闭型断层(压性、压扭性不导水断层),煤层对盘岩性透气性低时,可以阻止瓦斯的释放。如果断层的规模大而断距长时,在断层附近也可能出现一定宽度的瓦斯含量降低区[图 9-2-4(b)]。图 9-2-4(c)为煤层被两条逆断层分割成三个段块时,可能出现的煤层瓦斯分布情况。块段Ⅰ上有露头,下无深部瓦斯补充来源,煤层瓦斯含量最低;段块Ⅱ,上下都被断层封闭,瓦斯含量居中;段块Ⅲ,上部被断层封闭,有深部瓦斯补给,瓦斯含量高。

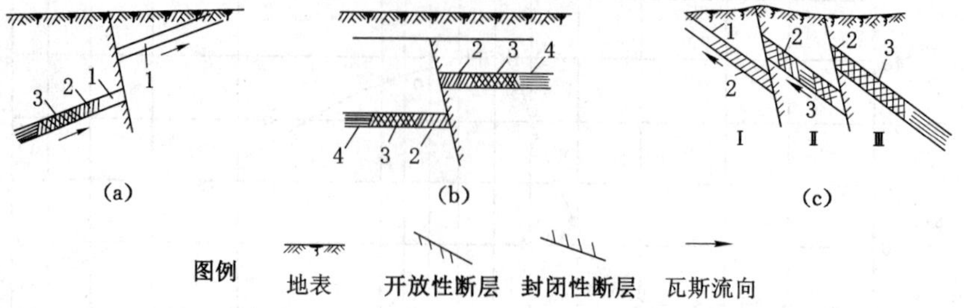

1—瓦斯丧失区;2—瓦斯含量降低区;3—瓦斯含量异常增高区;4—瓦斯含量正常区。

图 9-2-4　断层对煤层瓦斯含量的影响

（三）煤层的露头与埋藏深度

煤层如果有或曾经有过露头与大气相通,瓦斯能沿煤层裂隙流动而逸散到大气中,瓦斯含量就不会很大。否则,瓦斯难以逸散,它的含量就较大。

煤层埋藏越深,其瓦斯向地表运移的距离就越长,散失就越困难。同时,由于深度的增加,在地压的作用下煤层的透气性降低,有利于保存瓦斯。在近代开采深度范围内,煤层的瓦斯含量随深度的增加而增加。

（四）围岩透气性

煤系岩性组合和煤层围岩性质对煤层瓦斯含量影响很大。如果围岩为致密完整的低透气性岩层,如泥岩、石灰岩,煤层中的瓦斯就易于保存下来。重庆、六枝、涟邵地区煤系地层岩性主要为泥岩、页岩、粉砂岩和致密石灰岩,围岩的透气性差,所以煤层瓦斯含量高,瓦斯压力大。反之,围岩由中粗砂岩、砾岩或裂隙溶洞发育的石灰岩组成,则煤层瓦斯含量小。例如在大同煤田、北京煤田西部,围岩是透气性大的厚砂岩,煤层瓦斯含量就很低。

（五）煤层倾角

埋藏深度相同时,煤层倾角越小,瓦斯含量越大。因为瓦斯沿水平方向流动比垂直方向流动容易。例如芙蓉煤矿北翼煤层倾角为 40°～48°,相对瓦斯涌出量为 20 m^3/t;而南翼煤层倾角为 6°～12°,相对瓦斯涌出量高达 150 m^3/t,并且有瓦斯突出现象。

（六）水文地质条件

虽然瓦斯在水中的溶解度很小,但是如果煤层中有较大的含水裂隙或地下水流过时,经过漫长的地质年代,也能从煤层中带走大量瓦斯,降低煤层的瓦斯含量。而且,地下水还会溶蚀并带走围岩中的可溶性矿物质,从而增加了煤系地层的透气性,有利于煤层瓦斯的流失。例如,焦作王封矿与李封矿相邻,后者较前者的地下水大,在开采同一深度时,前者的瓦斯涌出量则大于后者。

总之,影响煤层瓦斯含量的因素是多种多样的,必须结合本井田或本矿具体情况找出其主要影响因素,进行分析研究,为矿井瓦斯管理提供依据。

四、煤层内的瓦斯压力

煤层的瓦斯压力,是煤的裂隙和孔隙中的游离瓦斯分子热运动撞击所产生的作用力。煤层瓦斯压力是瓦斯在煤层中流动和发生动力现象的动力。在研究与评价瓦斯储量、瓦斯涌出、瓦斯流动、瓦斯抽采与瓦斯突出问题时，都要事先掌握准确的瓦斯压力数据。《煤矿安全规程》规定，开采有煤与瓦斯突出危险煤层时，必须测定煤层的瓦斯压力。测定方法参见第十五章。

一般情况下，未受采动影响的煤层内的瓦斯压力，随深度的增加而有规律地增加，可以大于、等于或小于静水压。

通过不同深度煤层瓦斯压力测定，求出该煤层在一定范围内的瓦斯压力梯度，就可以预测较深处的瓦斯压力。

$$g_p = (P_2 - P_1)/(H_2 - H_1) \tag{9-2-1}$$

则

$$P = g_p(H - H_1) + P_1 \tag{9-2-2a}$$

或

$$P = g_p(H - H_0) + P_0 \tag{9-2-2b}$$

式中　g_p——瓦斯压力梯度，MPa/m；

P——预测的甲烷带内深 H(m)处的瓦斯压力，MPa；

P_1，P_2——甲烷带内深度为 H_1、H_2(m)处的瓦斯压力，MPa；

P_0——甲烷带上部边界处瓦斯压力，无测值时取 0.2 MPa ；

H_0——甲烷带上部边界深度，m。

第三节　矿井瓦斯涌出

煤层受采掘工作影响，导致煤岩的原始平衡状态受到破坏，瓦斯从煤层的暴露面向开采空间涌出。瓦斯涌出有两种形式：一是长时间地、缓慢地从煤层中释放出来，叫瓦斯的普通涌出，这是瓦斯涌出的基本、常见形式；二是瓦斯突然、大量的从煤层中喷出，有时伴随大量煤、岩石突出。这里论述瓦斯正常涌出，瓦斯喷出和煤与瓦斯突出详见本章第四、五节。

一、瓦斯涌出量的表示方法

瓦斯涌出量的表示方法有绝对瓦斯涌出量和相对瓦斯涌出量两种。绝对瓦斯涌出量——单位时间涌出的瓦斯体积，单位为 m^3/d 或 m^3/min：

$$Q_g = Q \times C/100 \tag{9-3-1}$$

式中　Q_g——绝对瓦斯涌出量，m^3/min；

Q——风量，m^3/min；

C——风流中的平均瓦斯浓度，%。

相对瓦斯涌出量——平均日产一吨煤同期所涌出的瓦斯量，单位是 m^3/t：

$$q_g = Q_g/A_d \tag{9-3-2}$$

式中　q_g——相对瓦斯涌出量，m^3/t；

Q_g——绝对瓦斯涌出量，m^3/d；

A_d——日产量，t/d。

相对瓦斯涌出量单位的表达式虽然与瓦斯含量的相同，但两者的物理含义是不同的，其数值也是不相等的。因为瓦斯涌出量中除开采煤层涌出的瓦斯外，还有来自邻近层和围岩的瓦斯，所以相对瓦斯涌出量一般要比瓦斯含量大。矿井瓦斯涌出量是决定矿井瓦斯等级和计算风量的依据。

二、采煤工作面瓦斯来源与涌出规律

采煤工作面瓦斯主要来源为煤壁、落煤和采空区三个部分。不同的矿区、同一矿区不同的煤层瓦斯涌出来源所占比例是不同的。

前两部分涌出主要受煤层瓦斯含量、煤壁瓦斯涌出特性及其暴露时间影响；生产工艺(炮采、综采)及推进速度；瓦斯抽采方法及其抽采量。煤壁的瓦斯涌出如图 9-3-1 所示。煤壁涌出瓦斯在衰减过程中有其内部瓦斯源源不断地补给，并因受矿压和裂隙生成变化的影响，而使瓦斯涌出强度有一定波动。落煤的瓦斯涌出如图 9-3-2 所示，因其暴露面积大，衰减更快。煤壁和落煤的瓦斯涌出强度随暴露时间的变化趋势基本上是呈负指数规律衰减，可用式(9-3-3)表示。

$$q = q_0(1+t)^{-B} \tag{9-3-3}$$

式中 q——t 时间后，煤壁瓦斯涌出强度，$m^3/(m^2 \cdot min)$；

q_0——$t=0$ 时的煤壁瓦斯涌出强度，即瓦斯涌出初速度，$m^3/(m^2 \cdot min)$；

t——煤壁暴露时间，min；

B——衰减系数。

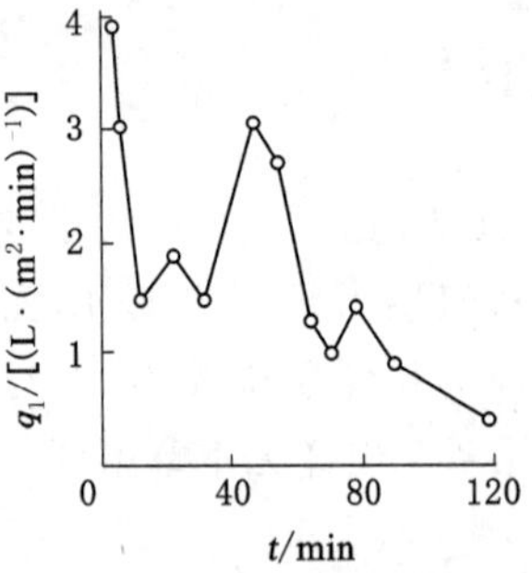

图 9-3-1　煤壁瓦斯涌出强度 q_1 随暴露时间的变化

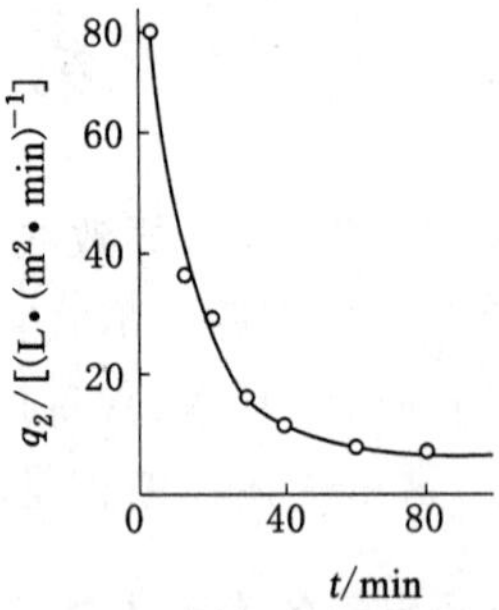

图 9-3-2　采落煤瓦斯涌出强度 q_2 随暴露时间的变化

煤壁和采落煤在暴露空气的瞬间涌出强度最大，以后随暴露时间的增长而呈负指数关系衰减。

采空区瓦斯涌出主要来源于采空区遗煤和邻近煤层，其大小取决于采空区遗煤多少、邻近层的距离与瓦斯含量，以及采空区漏风范围。采出率低的采煤方法，采空区丢失煤炭多，采区瓦斯涌出量大；邻近层与开采层距离近、瓦斯含量高、采空区漏风范围大，则采空区瓦斯涌出量大，反之亦然。采空区瓦斯涌出受基本顶垮落影响而呈周期性变化，当顶板来压时会增大，特别是顶板初次来压时会使回风流瓦斯有较大增加。大气压力对采空区也有一定影响。

三部分来源所占比例可在工作面布置测点、通过现场测定方法获得。

三、掘进工作面瓦斯涌出来源与涌出规律

掘进工作面瓦斯主要来源于煤壁和落煤。煤壁包括新暴露的和已暴露的煤壁。新暴露

煤壁瓦斯涌出可用式(9-3-3)描述。

掘进工作面的瓦斯涌出量主要取决于煤层瓦斯含量、掘进工艺(炮掘、综掘)、掘进速度和煤层瓦斯涌出特性,以及瓦斯抽采方法和抽采量。含量越大、掘进速度越快、瓦斯解吸速度越快,瓦斯涌出量越大;采取有效抽采措施,则会减小瓦斯涌出量。当煤层和掘进工艺相同时,可用式(9-3-3)预测瓦斯涌出量。

四、瓦斯涌出不均衡系数

在正常生产过程中,瓦斯涌出量受煤层特性(结构、瓦斯含量、瓦斯解吸速度等)、生产工艺(综掘、综采、炮掘、炮采等)、采掘速度等多种因素的影响,在同一矿区、同一煤层相同生产工艺条件下其数值变化不大。在一段时间内只在一个平均值上下波动,我们把其峰值与平均值的比值称为瓦斯涌出不均衡系数。在计算工作面风量时,应合理地选取瓦斯涌出不均衡系数。瓦斯涌出不均衡系数表示为:

$$k_g = Q_{max}/Q_a \tag{9-3-4}$$

式中 k_g——给定时间内瓦斯涌出不均衡系数;

Q_{max}——该时间内的最大瓦斯涌出量,m^3/min;

Q_a——该时间内的平均瓦斯涌出量,m^3/min。

确定瓦斯涌出不均衡系数的方法是:根据需要,在待确定地区(工作面、采区或全矿)的进、回风流中连续测定一段时间(一个生产工艺循环、一个工作班、一天、一月或数月)的风量和瓦斯浓度,一般以测定结果中的最大的瓦斯涌出量和各次测定的算术平均值代入上式,即为该地区在该时间间隔内的瓦斯涌出不均衡系数。

通常,工作面的瓦斯涌出不均衡系数总是大于采区的,采区大于一翼的,一翼的大于全矿井的。

五、瓦斯涌出的影响因素

瓦斯涌出量的大小,取决于煤层的自然因素和开采技术因素的综合影响。

(一) 自然因素

1. 煤层和围岩的瓦斯含量

它是决定瓦斯涌出量多少的最重要因素。单一的薄煤层和中厚煤层开采时,瓦斯主要来自煤层暴露面和采落的煤炭,因此煤层的瓦斯含量越高,开采时瓦斯的涌出量也越大。开采煤层附近赋存有瓦斯含量大的夹层、煤层或岩层时,受采动的影响,邻近煤层的瓦斯会通过采动裂隙,进入生产空间,从而增加瓦斯涌出量。在有些情况下,开采煤层的瓦斯涌出量有可能大大超过它的瓦斯含量。例如焦作中马村矿开采大煤的工作面,相对瓦斯涌出量为其含量的 1.22～1.76 倍。

2. 地面大气压变化

地面大气压在一年内夏冬两季的差值可达 5.3～8.0 kPa,一天内,个别情况下可达 2～2.7 kPa。地面大气压变化引起井下大气压的相应变化,它对采空区(包括采煤工作面后部采空区和封闭不严的老空区)或垮塌处瓦斯涌出的影响比较显著。当大气压突然下降时,积存区的瓦斯涌入风流的量会增多,使矿井的瓦斯涌出量增大;反之,矿井的瓦斯涌出量将减少。美国在1910—1960年间,有一半的瓦斯爆炸事故发生在大气压急剧下降时。所以在生产规模较大的老矿内,应掌握本矿区大气压变化与井下气压变化的关系和瓦斯涌出量变化规律,如井下大气压变化的滞后时间,变化的幅度,瓦斯涌出量变化较大的地点等,以便有针对性地调整风量、加强瓦斯检查和机电设备的管理,预防事故的发生。

(二) 开采技术因素

1. 开采规模

开采规模指开采深度、开拓与开采范围和矿井产量。

(1) 在甲烷带以下,随着开采深度的增加,相对瓦斯涌出量增大。这是由于煤层和围岩的瓦斯含量随深度而增加的缘故。开拓与开采的范围越广,煤岩的暴露面就越大,因此,矿井瓦斯涌出量也就越大。

(2) 工作面产量。开采含瓦斯的煤层,瓦斯的绝对涌出量都会随工作面产量增加而增大,但并非呈线性增大。如果瓦斯主要来源于煤壁和落煤,煤层瓦斯含量变化不大时,则矿井相对瓦斯涌出量变化也不大。如果瓦斯主要来源于采空区和围岩,产量变化时,则绝对瓦斯涌出量变化较小,相对瓦斯涌出量却有明显变化。

2. 开采顺序与回采方法

对于高瓦斯的厚煤层,首采分层瓦斯涌出量大。当存在高瓦斯的邻近煤层时,首采煤层瓦斯涌出量大。因除其本煤层(或本分层)的瓦斯涌出外,邻近的煤层(或未采的其他分层)的瓦斯,也要通过回采产生的裂隙与孔洞渗透出来,使瓦斯涌出量增大。如淮南潘三矿和谢桥矿首采11_{-2}煤时,本煤层瓦斯占60%～75%,邻近层瓦斯占40%～25%。

顶板管理采用陷落法比充填法能造成顶板更大范围的破坏和卸压,邻近层瓦斯涌出量就比较大。采煤工作面周期来压时,瓦斯涌出量也会大大增加。据焦作焦西矿资料,周期性顶板来压时比正常生产时瓦斯涌出量增加50%～80%。

3. 生产工艺

瓦斯从煤层暴露面(煤壁和钻孔)和采落的煤炭内涌出的特点是,初期瓦斯涌出的强度大,然后大致按负指数函数的关系逐渐衰减,如图9-3-3所示。所以采(落)煤时瓦斯涌出量总是大于其他工序。表9-3-1为焦作焦西矿采煤工作面不同生产工序时的瓦斯涌出量。

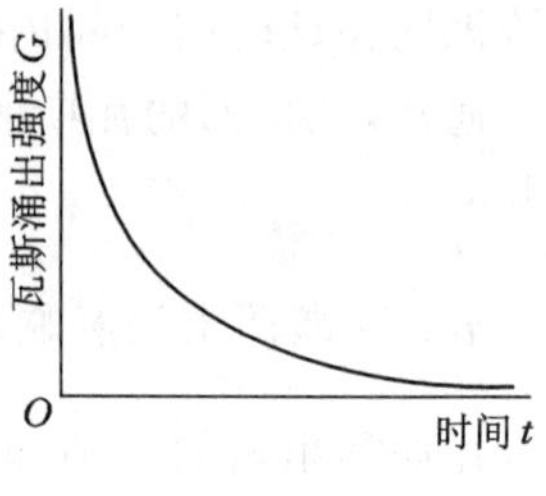

图9-3-3 瓦斯涌出强度与时间关系图

表9-3-1 焦作焦西矿采煤工作面不同生产工序时的瓦斯涌出量

生产工序	正常生产时	爆破	放顶	移刮板输送机清底
瓦斯涌出量(倍数)	1.0	1.5	1.0～1.2	0.8

落煤时瓦斯涌出量增大,增大值与落煤量、新暴露煤面大小和煤块的破碎程度有关。如风镐落煤时,瓦斯涌出量可增大1.1～1.3倍;爆破时增大1.4～2.0倍;采煤机工作时,增大1.4～1.6倍;水采工作面水枪开动时,增大2.0～4.0倍。

综合机械化工作面推进速度快、产量高,在瓦斯含量大的煤层内工作时,瓦斯涌出量很大。如阳泉煤矿机组工作面瓦斯涌出量可达40 m^3/min,工作面通风与瓦斯管理都很困难。

4. 风量变化

风量变化时，瓦斯涌出量和风流中的瓦斯浓度会发生扰动，但很快就会转变为另一稳定状态。无邻近层的单一煤层回采时，采空区积存的瓦斯量不大。回风流中的瓦斯浓度随风量减少而增大[图 9-3-4(a)]或随风量增加而减小[图 9-3-4(b)]。煤层群开采和综采放顶煤工作面的采空区内积存大量高浓度的瓦斯。风量增加初期，采空区漏风范围加大，一部分高浓度瓦斯被漏风从采空区带出，回风流中的瓦斯浓度上升[图 9-3-5(a)]。风量减少时，情况相反[图 9-3-5(b)]。所以采区风量调节、反风、综放工作面放顶煤时，必须密切注意风流中瓦斯的浓度。为了降低风量调节时回风流中瓦斯浓度的峰值，可以采取分次增加风量的方法。每次增加的风量和间隔的时间，应使回风流中的瓦斯浓度不超过《煤矿安全规程》的规定。

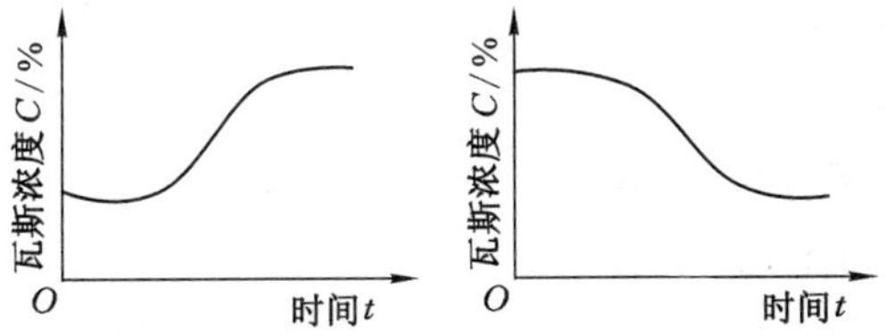

(a) 风量增加时　(b) 风量减少时

图 9-3-4　单一煤层风量变化时回风流中瓦斯浓度变化动态

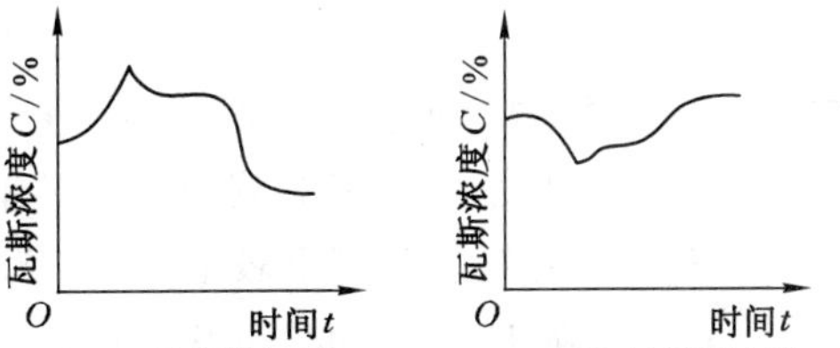

(a) 风量增加时　(b) 风量减少时

图 9-3-5　采区风量变化时回风流中瓦斯浓度变化动态

5. 采区通风系统

采区通风系统对采空区内和回风流中瓦斯浓度分布有重要影响(详见有关章节)。

6. 采空区的密闭质量

采空区内往往积存着大量高浓度的瓦斯(可达 60%～70%)，如果封闭的密闭墙质量不好，或进、回风侧的通风压差较大，就会造成采空区大量漏风，使矿井的瓦斯涌出增大。

7. 顶板周期来压

工作面回采过程中，基本顶垮落、顶板周期来压，会导致采空区瓦斯涌出量明显增大，特别是工作面初期来压时，更为明显。通风管理中应予以关注。

总而言之，影响工作面瓦斯涌出量的因素是多方面的，应该通过经常和专门的观测，找出其主要因素和规律，才能采取有针对性的措施控制瓦斯的涌出。

(三) 瓦斯抽采方法及其抽采量

在有些矿区(如淮南、天府、平顶山、阳泉等)虽然煤层的瓦斯含量较高，但由于树立了“可保尽保、应抽尽抽”瓦斯治理理念，研究并准确地掌握了采场瓦斯来源和高浓度瓦斯分布，采取了有针对性和有效的抽采技术，使煤层的瓦斯含量大幅度降低，在生产期间瓦斯的涌出量大大减小，突出危险性也大大降低，这一点很重要。

六、瓦斯涌出量预测

瓦斯涌出量的预测是指根据某些已知相关数据，按照一定的方法和规律，推算出矿井或局部区域瓦斯涌出量的工作，作为设计的依据。预测结果的正确与否，影响矿井、采区和工作面风量计算的准确性，对安全生产经济技术指标产生重要影响。

新建矿井瓦斯涌出量的预测可根据地质勘探瓦斯含量资料，参考邻近矿井和条件类似矿井、工作面的涌出量与含量的比例关系进行。

生产矿井的新水平、新采区和工作面瓦斯涌出量预测，可根据已揭露煤层的瓦斯涌出资料进行。

预测瓦斯涌出量的基本方法有统计法和分源计算法两类。

瓦斯涌出量的预测有矿山统计法、分源预测法、瓦斯地质类比法和参数类比法四种。

（一）统计分析法

矿山统计分析法的实质是，根据已生产工作面实测瓦斯资料，确认煤层瓦斯涌出量随开采深度呈线性规律变化，按式(9-3-5)计算相对瓦斯涌出量随开采深度的变化梯度 a：

$$a=\frac{H_2-H_1}{q_2-q_1} \tag{9-3-5}$$

式中 a——相对瓦斯涌出量随开采深度的变化增深率，$m/(m^3 \cdot t^{-1})$；

H_2——瓦斯风化带下较下阶段工作面开采深度（工作面中值），m；

H_1——瓦斯风化带下较上阶段工作面开采深度（工作面中值），m；

q_2——在 H_2 对应的工作面的相对瓦斯涌出量，m^3/t；

q_1——在 H_1 对应的工作面的相对瓦斯涌出量，m^3/t。

则待预测采深为 H 的工作面瓦斯涌出量为：

$$q=q_1+a(H-H_1) \tag{9-3-6}$$

式中 q——预测工作面的相对瓦斯涌出量，m^3/t；

H——预测工作面开采深度（工作面中值），m；

H_1——预测工作面较上阶段工作面开采深度（工作面中值），m；

q_1——预测工作面较上阶段工作面的相对瓦斯涌出量，m^3/t。

此方法仅适用瓦斯风化带以下、已回采若干个阶段、且瓦斯涌出量随开采深度呈线性变化的煤层，应用其外推范围沿垂深不宜超过 $(H_2-H_1)/2$。

当具有瓦斯涌出量、产量与开采深度资料时，可按式(9-3-7)求产量的加权平均开采深度：

$$H_w=\sum H_iA_i\Big/\sum A_i \tag{9-3-7}$$

式中 H_w——加权平均开采深度，m；

H_i——统计期内，第 i 采煤区段的开采深度，m；

A_i——统计期内，第 i 采煤区段的产煤量，t。

表 9-3-2 为某矿不同加权平均开采深度时的相对瓦斯涌出量。根据这些资料，以矿井加权平均开采深度 H 为横坐标，相对瓦斯涌出量 q 为纵坐标，作出坐标点 $M(H,q)$，如图 9-3-6 所示。用曲线拟合方法求瓦斯涌出量与开采深度的数学关系式(9-3-8)($R^2=0.995\,8$)，利用式(9-3-8)，即可预测出深部的瓦斯涌出量。

表 9-3-2　某矿不同加权平均开采深度时的相对瓦斯涌出量

加权平均开采深度/m	200	320	370	410	500
相对瓦斯涌出量/($m^3 \cdot t^{-1}$)	12.6	25.7	28.8	33.0	41.5

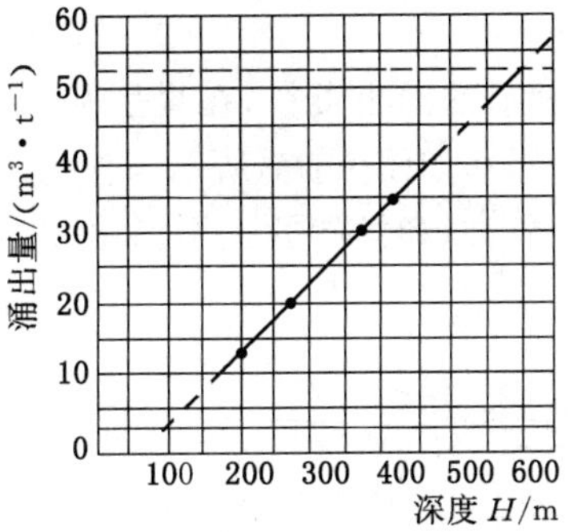

图 9-3-6　矿井相对瓦斯涌出量随深度变化的关系

$$q=0.0952H-5.9602\ (H=200\sim700\ \mathrm{m}) \tag{9-3-8}$$

若 $H=600$ m，则根据式(9-3-8)可得 $q=51.16\ \mathrm{m^3/t}$，每增加 100 m，相对瓦斯涌出量增加约 $9.52\ \mathrm{m^3/t}$。

当相对瓦斯涌出量与开采深度不呈线性变化时，可选择合适的非线性数学模型进行拟合。

(二) 瓦斯地质类比法

瓦斯地质类比法的实质是，统计开采条件类似的生产矿井采掘工作面的瓦斯含量与瓦斯涌出量比值，并根据统计的采空区瓦斯涌出量系数和煤层钻孔瓦斯含量，来预测瓦斯涌出量。

$$q=k\cdot W \tag{9-3-9}$$

式中　q——采煤工作面瓦斯涌出量，$\mathrm{m^3/t}$；

W——预测工作面瓦斯含量，$\mathrm{m^3/t}$；

k——工作面相对瓦斯涌出量与瓦斯含量比值(取平均值)，取决于煤层赋存条件、采煤方法和工艺、工作面产量和通风系统等条件。邻近层较远、一次可采全高单一煤层，$k<1$；一次不能采全高的厚煤层或有高瓦斯的邻近层，$k>1$，如淮南 13_{-2} 煤 $k=1.3\sim1.6$。

统计法和类比法是在充分积累的瓦斯涌出量资料基础上进行的，积累的资料愈多，精度愈高。类比法在条件类似工作面可应用。

(三) 分源预测法

分源预测法的实质是，按照采煤工作面的瓦斯来源及其涌出的瓦斯量进行预测。采煤工作面瓦斯涌出量按式(9-3-10)计算：

$$q_{采}=q_1+q_2 \tag{9-3-10}$$

式中　$q_{采}$——采煤工作面相对瓦斯涌出量，$\mathrm{m^3/t}$；

q_1——开采层相对瓦斯涌出量，$\mathrm{m^3/t}$；

q_2——邻近层相对瓦斯涌出量，$\mathrm{m^3/t}$。

q_1、q_2 计算可参考《矿井瓦斯涌出量预测方法》(AQ 1018—2006)。该方法计算结果的准确性取决于各种系数选取，系数取值符合实际则结果可靠。

（四）煤层瓦斯地质图预测

根据已采煤层不同采深的瓦斯的涌出资料，在煤层瓦斯地质图上绘制相对瓦斯涌出量的等值线图（如同底板等高线一样），如图 9-3-7 所示。作为外推预测的依据，这种瓦斯涌出量等值线图能够清晰地反映煤层走向和倾斜的瓦斯涌出量变化情况，对于预测不同地区的瓦斯涌出量十分方便。

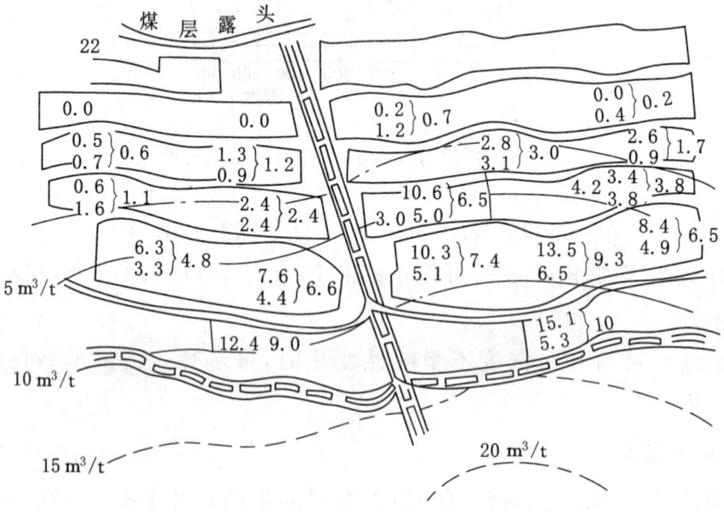

图 9-3-7　煤层瓦斯涌出量等值线图

第四节　瓦斯喷出

瓦斯喷出是指大量承压状态的瓦斯从煤、岩裂缝中快速喷出的现象。它是瓦斯特殊涌出中的一种形式。其特点是瓦斯在短时间内从煤、岩层的某一特定地点突然涌向采矿空间，而且涌出量可能很大，风流中的瓦斯突然增加。由于喷出瓦斯在时间上的突然性和空间上的集中性，可能导致喷出地点人员的窒息，高浓度瓦斯在流动过程中遇高温热源有可能发生爆炸，有时强烈的喷出还可以产生动力效应并导致破坏作用。

一、瓦斯喷出的分类

产生瓦斯喷出的原因是，天然的或因采掘工作形成的孔洞、裂隙内，积存着大量高压游离瓦斯，当采掘工作接近或沟通这样的地区时，高压瓦斯就能沿裂隙突然喷出，如同喷泉一样。因此，根据喷瓦斯裂缝呈现原因的不同，可把瓦斯喷出分成地质来源的和采掘卸压形成的两大类。例如，重庆中梁山煤矿南井在＋390 m 水平茅口石灰岩中掘进运输大巷时，当掘进工作接近一处积聚着大量游离瓦斯的溶洞时，爆破时与连通溶洞的裂隙（两条各宽 10～100 mm）沟通引发了瓦斯喷出。当时，随炮声响起一轰鸣声，像压气管破裂似的从裂缝中大量喷出瓦斯（甲烷），“雾”气弥漫，充满整个回风巷，2 h 后测得瓦斯流量为 486 m^3/min，喷出时间持续两周，共喷出瓦斯 3.6×10^5 m^3。

又如南桐煤矿三号煤层（厚 0.4 m，倾角 27°，距地表 310 m）0307 工作面回采了 346 m^2

时出现瓦斯涌出的“嘶嘶”声，随后出现底板破裂，裂缝宽达 100 mm，底板上鼓最高达 0.6 m，支柱折断，瓦斯突然大量喷出。喷出的瓦斯使供风量为 200 m^3/min 的风流逆转距离达 180 m，瓦斯浓度在 50%以上，估计初期的瓦斯喷出量为 500 m^3/min，4 h 后为 26 m^3/min，喷出持续 109 h，总喷出量为 7.51×10^4 m^3。这是典型的由卸压产生裂隙及原有构造裂隙张开，形成卸压瓦斯喷出的通道而引发的瓦斯喷出。

喷出时的瓦斯涌出量和持续时间，决定于积存的瓦斯量和瓦斯压力，从几平方米到几十万平方米，几分钟到几年，甚至几十年。

瓦斯喷出前常有预兆，如风流中的瓦斯浓度增加，或忽大忽小，“嘶嘶”的喷出声，顶底板来压的轰鸣声，煤层变湿、变软等。

二、瓦斯喷出的预防

预防瓦斯喷出，首先要加强地质工作，查清楚施工地区的地质构造、断层、溶洞的位置、裂隙的位置与走向以及瓦斯储量和压力等情况，采取相应的预防或处理措施。一般分以下两种情况：

（1）当瓦斯喷出量和压力都不大时，用黄泥或水泥砂浆等充填材料堵塞喷出口。井筒和巷道底板的小型喷出，多采用这种防治措施。如阳泉三矿立井井筒掘进时，工作面岩层喷出瓦斯。工作面积水深 0.3 m 时，离水面 0.3～0.5 m 处的瓦斯浓度为 3%～4%。采用了在工作面覆盖黄泥夯实、加大风量、全断面一次爆破的措施，安全地通过了这一岩层。

（2）当瓦斯压力和喷出量较大时，就在可能的喷出地点附近打前探钻孔，查明瓦斯的积存范围和瓦斯压力。如果瓦斯压力不大，积存量不多，可以通过钻孔，让瓦斯自然排放到回风流中。如果自然排放量较大，有可能造成风流中瓦斯超限时，应将钻孔或巷道封闭，通过瓦斯管把瓦斯引排到适宜地点或接入抽采瓦斯管路，将瓦斯抽到地面。

前探钻孔的要求是：

（1）立井和石门掘进揭开有喷出危险的煤层时，在该煤层 10 m 以外开始向煤层打钻。钻孔直径不小于 75 mm，钻孔数不少于 3 个，并全部穿透煤层，如图 9-4-1 和图 9-4-2 所示。

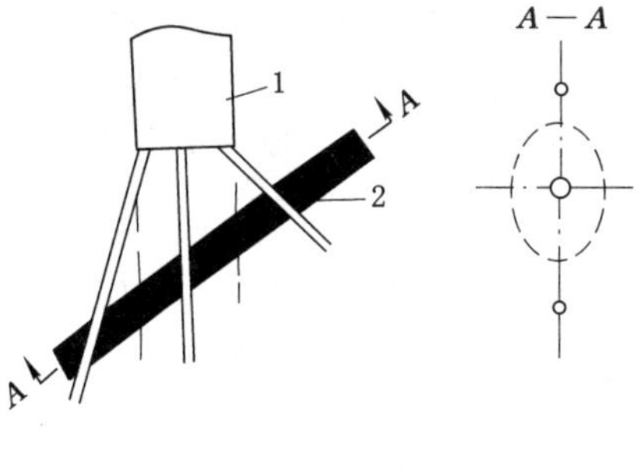

1—立井；2—煤层。

图 9-4-1　立井前探钻孔

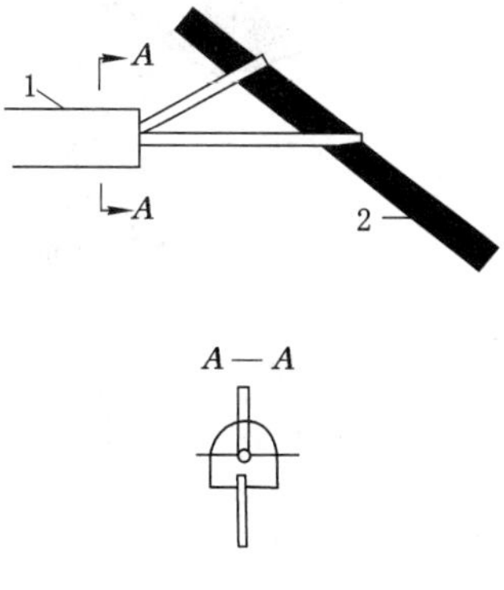

1—石门；2—煤层。

图 9-4-2　石门前探钻孔

（2）在瓦斯喷出危险煤层中掘进巷道时，可沿煤层边掘进边打超前孔，钻孔超前工作面不得少于 5 m。孔数不得少于 3 个，钻孔控制范围要超出井巷侧壁 2～3 m。

(3) 巷道掘进时,如果瓦斯将由岩石裂隙、溶洞以及破坏带喷出时,前探钻孔直径不小于 75 mm,孔数不少于 2 个,超前距不小于 5 m。

在打前探钻孔的过程中及其以后的巷道掘进施工中,发现瓦斯喷出量较大时,应打排放瓦斯钻孔。钻孔施工时,应有防治瓦斯危害的安全措施。此外,对有瓦斯喷出危险的工作面要有独立的通风系统,并要适当加大风量,以保证瓦斯不超限和不影响其他区域。对于第二类喷出的预防,可采取邻近层瓦斯抽采的措施,并在可能喷出的地区增加钻孔数,加大抽采量,同时还应及时放顶,以起到减少集中应力的作用。

第五节　煤与瓦斯突出及其预防

一、概述

煤矿地下采掘过程中,在极短的时间内(几秒到几分钟),从煤、岩层内以极快的速度向采掘空间内喷出煤(岩)和瓦斯(CH_4、CO_2),并常伴有巨响及气浪等现象,称为煤与瓦斯突出。这是煤矿地下开采过程中的一种动力现象,是煤矿重大灾害之一。突出时所产生的高速瓦斯流(含煤粉或岩粉)能够摧毁巷道设施,破坏通风系统,甚至造成风流逆转;喷出的瓦斯由几百到几万立方米,能使井巷充满瓦斯,造成人员窒息;喷出的煤、岩由几千吨到万吨以上,能够造成煤流埋人;动力效应可能导致冒顶和火灾事故的发生,有时伴生瓦斯燃烧或爆炸。例如南桐直属一井+150 m 水平运输石门,自顶板方向揭开 4 号煤层时,因爆破引起煤与瓦斯突出,突出煤粉 86 t,岩石 20 t,瓦斯约 4 500 m^3。突出后的情况如图 9-5-1 所示。瓦斯浓度降低后恢复掘进,放底帮炮破 4 号煤层底板时,引起第二次突出,突出煤粉 1 473 t,岩石 80 m^3。

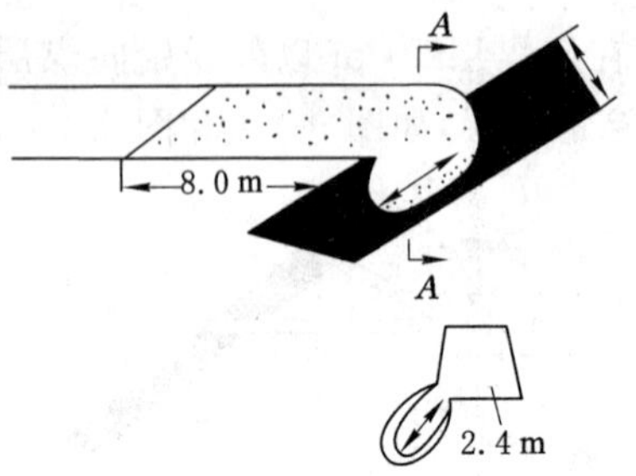

图 9-5-1　南桐直属一井石门揭煤时的第一次突出

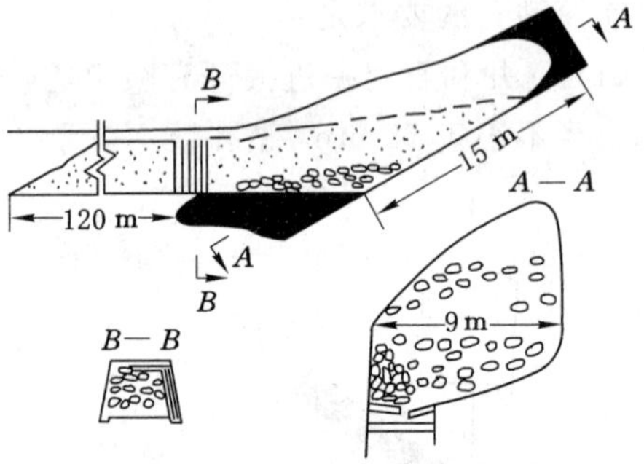

图 9-5-2　南桐直属一井石门揭煤时的第二次突出

我国是世界上煤与瓦斯突出最严重的国家。我国有文字记载的煤与瓦斯突出是,1950 年发生在辽源矿务局富国西二井煤巷掘进工作面。到 1992 年底全国已有 282 个突出矿井,截至 1995 年共发生了 16 000 多次煤与瓦斯突出。其中突出强度在 1 000 t 以上的特大型煤与瓦斯突出共有百余次。我国最大的一次煤与瓦斯突出发生在 1975 年,天府矿务局三汇坝一井的+280 m 水平主平硐揭煤时,突出煤岩 12 780 t,瓦斯 1.4×10^6 m^3,为世界第二大突出。突出煤岩最多的一次突出发生在苏联的加加林矿的石门揭穿厚仅 1.03 m 的煤层时，突出煤岩 14 000 t，瓦斯 2.5×10^5 m^3。

突出的瓦斯主要为甲烷，法国、波兰和我国个别矿井（如营城煤矿）都发生过煤与 CO_2 突出。突出的固体物主要是煤或煤与岩石，钾盐矿井则为盐或盐与岩石。随着井田开采深度和产量的增加，突出次数逐渐增多，突出强度也有所增大。

我国煤与瓦斯突出发生的地点统计数据如表 9-5-1 所列。从突出次数可见，煤层平巷、煤层上山和下山发生的突出占总次数的 76%，但突出强度较小；石门揭穿煤层时发生的突出次数虽少但强度大，我国 80%以上的特大型突出均发生在石门揭穿煤层工作面；采煤工作面发生的突出占总次数的 15.8%，但是近几年采煤工作面发生突出的次数有明显增多的趋势。

表 9-5-1　按突出地点分类统计表

巷道类别	突出次数	比例/%	最大强度/t	平均强度/(t·次$^{-1}$)
石门	567	5.8	12 780	317.1
煤平巷	4 652	47.3	5 000	55.6
煤上山	2 455	24.9	1 267	50.0
煤下山	375	3.8	369	86.3
采煤工作面	1 556	15.8	900	35.9
大直径钻孔及其他	240	2.4	420	31.5
合计	9 845	100	12 780	69.6

二、突出的机理与过程

（一）煤与瓦斯突出机理

突出机理是解释煤与瓦斯突出原因和过程的理论见解。突出是十分复杂的自然现象，假说很多，至今还没有形成共识。但多数人认为，突出是地应力、瓦斯压力和煤层物理力学性质综合作用的结果。

1. 瓦斯在突出过程中的作用

瓦斯是突出过程中的主要动力之一。受采动影响，在煤层松软、存在构造煤的地方能形成较高的瓦斯压力梯度，可以激发突出；在突出发展过程中，瓦斯压力与地应力配合连续剥离、破碎煤体使突出向深部传播；由于急剧卸压、吸附瓦斯解吸，形成瓦斯风暴，不断地破碎煤，并将其推出和抛出煤体；在突出孔壁面附近产生较高瓦斯压力梯度，为连续剥离煤体和突出发展持续提供必要条件。

2. 地应力在突出过程中的作用

地应力包括原岩应力、地质构造应力、采动集中应力。在突出的孕育和发展阶段中，地应力与瓦斯压力联合作用对煤体进行破碎、剥离；破坏煤体内部应力平衡状态，使煤体受到剪切破坏，导致煤体内部裂隙不断地张、闭运动，卸压和瓦斯解吸，激发瓦斯压力增大；最后推动破碎的煤体移动和抛出，并使突出连续发展。

3. 煤的物理力学性质在突出过程中的作用

煤具有双重性质，强度高时，能承受较大的地应力，形成阻力而抗拒破碎，不易引起瓦斯突出，或阻止瓦斯突出的发展，降低突出强度；反之，煤较软时，其强度降低、突出阻力减小；同时降低裂隙的连通性，增大压力梯度，易发生突出。

瓦斯压力和地应力是突出的动力，瓦斯的作用为主。在某些场合三者表现的作用和程度不同，便产生不同类型的突出。掌握突出机理是有效预防突出的前提。

瓦斯与煤岩突出的条件：

① 采掘工作面前方存在较高瓦斯能和地应力（顶压）的局部高能量煤体，其中瓦斯能量是主要的，地应力是第二位的。否则，便是冲击地压。

② 工作面前方煤层透气性降低，瓦斯压力和地应力梯度大。

③ 局部高能煤体与自由面之间的煤岩体的强度较低，存在弱面。

④ 煤体中蕴含大量的可迅速释放的瓦斯。

瓦斯与煤岩突出的充分条件是，存在诱发突出的外部因素，如采掘活动，导致采动应力集中、积蓄突出能量、平衡状态破坏。

目前，我国随开采深度增加，冲击地压也时有发生。冲击地压与煤与瓦斯突出的区别在于前者以地应力为主，后者以瓦斯动力为主，且在突出时伴有大量瓦斯涌出。

（二）煤与瓦斯突出过程

突出的过程，按时间序列，突出可分为突出危险源（隐患）形成、孕育、发生、发展和结束五个阶段。

1. 突出隐患（危险源）形成

隐患形成除存在瓦斯含量大、压力大、地应力大和煤层受破坏等的客观因素外，还在于采掘活动而导致的应力集中等诱发因素。如在突出煤层中相向掘进和上部煤层的煤柱而形成的应力集中、突出危险煤层未进行卸压和瓦斯抽采或虽进行抽采但因钻孔布置不合理而留有抽采盲区等都会形成突出危险源。

2. 突出激发与孕育阶段

在突出危险源区域，进行采掘活动，受到如爆破、割煤、风镐作业、打钻等外因的诱发作用，使煤体原有平衡的应力状态突然破坏，孔隙和裂隙中吸附瓦斯增多、瓦斯压力逐渐升高，采动应力重新分布、并逐渐形成集中、瓦斯解吸但排放受阻而形成能量积聚区，隔离体强度减小，等等。孕育阶段是在工作面附近的煤壁内地应力与瓦斯压力梯度逐渐增高的过程。一般地应力显现和瓦斯涌出异常，外部表现为煤面外鼓、掉渣，煤体位移、支架压力增加、瓦斯忽大忽小、煤体中出现劈裂声及闷雷声，即通常所说的突出预兆。

在此阶段，如停止工作，采取措施减少外力对煤体的影响、释放能量或加固煤体等，则可使得突出危险程度减小或免于突出发生。

3. 突出发生阶段

当瓦斯压力梯度及释放的岩石和煤的弹性潜能足够大时，存储在煤岩体内的弹性潜能迅速释放，伴有煤层发生压缩变形、煤体的破裂、煤体破坏、强度和阻力减小，足够大的地应力梯度和瓦斯压力梯度使瓦斯大量、急剧涌出，携带破碎的煤体抛出，即发生突出。

4. 突出发展阶段

煤体抛出后，形成空洞，其内出现负压、甚至形成真空，压力的降低进一步导致周边煤体的瓦斯解吸和煤体破坏，从而使煤的破碎过程由突出发动中心向周围发展，突出进一步发展和规模扩大。此过程可能循环几次。

5. 突出的停止阶段

当激发突出的能量耗尽、继续放出的能量不足以粉碎煤或突出孔道受阻碍，不能继续在突出空洞壁建立大的地应力梯度和瓦斯压力梯度时突出即告停止。

三、突出的基本特征与类型

（一）煤（岩）与瓦斯突出的基本特征

煤（岩）与瓦斯突出动力现象的基本特征主要有：

（1）煤与岩体受地应力和瓦斯压力作用，工作面产生明显的动力效应，如从煤体中抛出和压出大量的破碎煤（岩）块（有别于从煤体自然垮落的片帮和冒顶）、破坏支架、摧毁设施、打钻严重喷孔等现象和典型征兆。

（2）抛压出煤体的吨煤瓦斯涌出量是含量的 2 倍以上，或大于 30 m^3/t。

如果仅从煤（岩）体抛出大量的碎煤和岩石，而瓦斯涌出不满足条件 2，则为冲击地压。

（二）突出分类

1. 按动力现象的力学特征分类

按照煤与瓦斯突出的力学基本特征，可分为突出、压出和倾出三类。其特征如表 9-5-2 所列。

表 9-5-2　突出、压出和倾出现象特征表

特　征	突　出	压　出	倾　出
成因	地应力、瓦斯压力和地质构造与煤体破坏	地质构造和采动应力为主	重力为主，常发生于急倾斜煤层中
动力效应	明显的动力效应，破坏性大	有动力效应，破坏性较大	无明显动力效应，破坏性较小
瓦斯涌出量	大	较大	较小
抛出煤量与距离	抛出煤量多、距离远	抛出煤量较多、距离较远或整体位移	抛压出煤量少，呈塌落堆积
抛出物堆积角	小于自然安息角	等于自然安息角	近似自然安息角
抛出物分选性	有	无	无
煤的块度	破碎程度高，煤粉较多	介于突出与倾出之间	碎块煤较多，粉煤少
对通风系统作用	可能有破坏，严重时可能逆流	无	无
突出孔洞形状	口小腔大的梨形、舌形等	无孔洞或呈口大腔小的楔形孔	较规则，自然拱形，孔口大腔小
预兆	瓦斯、地应力增大，征兆明显	工作面掉渣、来压，煤体有劈裂声、闷雷声等	煤硬度变低，工作面掉渣、来压等

注：分选现象：靠近突出地点巷道下部堆积为块煤，较远的地方为碎煤，远处和煤堆上部为粉煤。

2. 按突出的强度分类

突出强度是指每次突出的煤岩数量和涌出的瓦斯量，主要以突出煤岩量作为划分突出强度的依据。

按照突出强度的大小可分为四类，即：小型、中型、大型和特大型。

① 小型突出：强度小于 100 t；

② 中型突出：强度 100 t(含 100 t)～500 t(不含 500 t)之间；

③ 大型突出：强度在 500 t(含 500 t)～1 000 t(不含 1 000 t)之间；

④ 特大型突出：强度在 1 000 t(含 1 000 t)以上。

3. 按突出时间分类

有延期突出和不延期突出两种。延期突出一般占突出总数的百分之几。但有些矿比重较大，如韩城下裕口矿 17 次突出中有 9 次是延期突出。

延长时间无规律，从几分钟到十几小时，有的甚至几天。

延期突出多发生于石门揭煤。

四、突出的一般规律

大量突出资料的统计分析表明，突出具有一定规律性。掌握这些规律，对于制定防治突出的措施，具有重要参考价值。

(1) 突出发生在一定的采掘深度以下，始突深度之下的突出的次数增多，强度增大。不同矿区和不同煤层开始发生突出的深度不同，最浅的矿井是湖南里王庙煤矿，仅 50 m，有的矿井(如抚顺老虎台煤矿)始突深度达 640 m。

(2) 突出多发生在地质构造附近，如断层、褶曲、扭转和火成岩侵入区附近。据原南桐矿务局统计，95%以上的突出(石门突出除外)发生在向斜轴部、扭转地带、断层和褶曲附近。原北票矿务局统计，90%以上的突出发生在地质构造区和火成岩侵入区。

(3) 突出多发生在集中应力区，如巷道的上隅角，相向掘进工作面接近时，煤层留有煤柱的相对应上、下方煤层处，采煤工作面的集中应力区内掘进时，等等。

(4) 突出次数和强度，随煤层的厚度特别是软分层的厚度的增加而增加；煤层倾角愈大，突出的危险性也愈大。

(5) 煤层的瓦斯含量和瓦斯压力影响突出的重要参数，但不是唯一决定性参数，因为突出是多种因素综合作用的结果。突出煤层的瓦斯含量和瓦斯压力一般要大于一定值，不同矿区、不同煤层的临界值不同；同一煤层瓦斯压力越高、含量越大，突出危险性增大。但值得注意的是，我国 30 处发生特大型突出矿井的煤层瓦斯含量都大于 20 m^3/t。

(6) 突出煤层的特点是强度低，而且软硬相间，透气性系数小，瓦斯的放散速度高，煤的原生结构遭到破坏，层理紊乱，无明显节理，光泽暗淡，易粉碎。如果煤层的顶板坚硬致密，则突出危险性增大。

(7) 突出次数与作业地点类型有一定关系。

(8) 突出一般都有外因诱发，尤其在爆破之后。例如重庆地区对 132 次突出的统计，落煤(包括爆破，水力冲刷，风镐与手镐落煤，打钻)时突出 124 次，占 95%，其中爆破诱导作用最强。

(9) 石门揭煤突出强度较大，一般在 100 t/次以上，喷出瓦斯超过万立方米，瓦斯逆流数百米。

(10) 突出前有预兆：煤体和支架压力增大，煤壁移动加剧，煤向外鼓出，掉渣，煤脱落，煤块射出，劈裂声，煤炮声，似跑车一样的闷雷声，煤尘变大，瓦斯忽大忽小，温度降低或升高，顶钻或夹钻，煤硬度变化，煤质干燥、光泽变暗、层理紊乱等。掌握预兆，及时采取措施，对保证人员安全是很重要的。

五、突出危险性评价(预测)

煤层突出危险性评价是通过突出危险性评价指标进行的。通过地质勘探钻孔和采样钻孔取得实验煤样，在专用仪器上按规定的方法进行实验，获得指标参数，对照临界值进行评价。

(一) 煤层突出危险性评价和预测指标

突出危险性评价指标建立的理论基础是突出机理，是在实践基础上逐渐形成的。国内外评价突出危险性的指标较多。表 9-5-3 列出了几种常用的预测指标和方法。

表 9-5-3　突出危险性的评价指标

评价指标	通用临界值	技术原理	应用	备注
煤层破坏类型	Ⅲ、Ⅳ、Ⅴ	主要反映煤层物理力学特性，也可反映地应力和瓦斯压力对煤体作用	煤层鉴定、区域预测、局部(点)预测	
瓦斯放散初速度 ΔP/mmHg	≥10	表征煤层卸压后瓦斯解吸速度指标，反映煤层瓦斯含量和物理特性	局部(点)预测，石门揭煤	软分层煤
(软分层)煤的坚固性系数 f	≤0.5	表征煤的物理强度，也反映地应力和瓦斯压力对煤体作用	煤层鉴定、局部(点)预测	应采用软分层煤样
煤层瓦斯压力 P/MPa	≥0.74	煤体含瓦斯压缩能高低的重要标志，反映煤层的透气性等特性和地应力作用	煤层鉴定、区域预测、局部(点)预测	表压力
瓦斯含量 $W/(m^3 \cdot t^{-1})$	≥8	反映煤层瓦斯含量	区域预测	
钻屑瓦斯解吸指标 Δh_2/Pa	≥200(干煤) ≥100(湿煤)	反映煤体的瓦斯快速解吸强度	煤巷掘进和采面的预测和检验	
钻屑瓦斯解吸指标 $K_1/[mL \cdot (g \cdot min^{1/2})^{-1}]$	≥0.5(干煤) ≥0.4(湿煤)	反映煤体的瓦斯含量和快速解吸强度	煤巷掘进和采面的预测和检验	
钻屑量 S_{max}	≥6(kg/m) ≥5.4(L/m)	综合反映煤体机械强度、地应力大小，间接反映瓦斯压力作用	煤巷掘进和采面的预测和检验	
钻孔瓦斯涌出初速度 $q/(L \cdot min^{-1})$	≥5	综合反映了煤层的破坏程度、瓦斯压力和瓦斯含量、煤体的应力状态及透气性	煤巷掘进和采面的预测和检验	
综合指标 R^*	≥6	考虑地应力、瓦斯解吸能力和煤体物理特性	煤巷掘进和采面的预测和检验	计算公式参见注

表 9-5-3(续)

评价指标	通用临界值	技术原理	应用	备注
综合指标 D^*	≥0.25	考虑地应力、瓦斯压力和煤体物理特性	石门揭煤	计算公式参见注
综合指标 K^*	≥20(无烟煤) ≥15(烟煤)	考虑瓦斯解吸能力和煤体物理特性	石门揭煤	计算公式参见注

注:(1) 通用临界值是指不针对具体矿井和煤层的临界值。每个矿井在防突的实践中应根据考察建立适合本矿煤层的临界值。

(2) R 指标计算:

$$R=(S_{max}-1.8)(q_{max}-4)$$

式中 S_{max}——每米预测钻孔钻屑量的最大值,L/m;

q_{max}——每米预测钻孔瓦斯涌出初速度的最大值,L/min。

(3) D、K 综合计算:

$$D=\left(\frac{0.0075H}{f}-3\right)\cdot(P-0.74)$$

$$k=\Delta P/f$$

式中 D——煤的突出危险性综合指标之一;

K——煤的突出危险性综合指标之二;

H——开采深度,m;

f——煤层软分层的平均坚固性系数;

P——煤层瓦斯压力,取两个测压孔实测瓦斯压力的最大值(绝对压力值),MPa;

ΔP——煤层软分层煤的瓦斯放散初速度指标。

(二) 评价指标选取原则

① 指标反映煤层的突出机理;

② 经过现场较长时间考察和应用;

③ 优选多个单一指标组合;

④ 指标参数容易获得,且测值准确性较高。

(三) 煤层突出危险性预测

预测是事先推断未知和未来的工作,即根据已揭露煤层的突出危险性资料和数据推断未揭露煤层的突出危险性,评价是根据取得的资料和数据对照指标加以判断,两者是有区别的。

预测的原理是,预测应在一地质单元内进行,即是以划分地质单元为基础和前提的,并假设在地质单元内煤层的瓦斯参数连续、有规律变化的(除断层等较大的地质构造外)。所谓地质单元,就是地质特征相近的、未受到大的地质构造阻隔的一片区域。在同一地质单元内,煤层基本连续,应该具有相同的煤质,相近的结构和构造影响程度、煤层破坏程度、软分层厚度等。由于地质单元的这一特征,在同一地质单元内瓦斯压力、含量的分布将遵从随埋藏深度由浅到深逐步增大的规律,即按一定的梯度增加;突出危险性也是基本上完全随着瓦斯压力、含量的增大而升高。因此,在一个地质单元内,只要某点发生了突出,则该点以下区域也将具有发生突出的条件。

瓦斯地质预测方法。基于地质单元的概念,当已有突出(动力效应)点的位置分布与构造带有直接关系时，则可根据突出点到构造线的最远距离，划分出下部构造带两侧的突出危险区(图 9-5-3)；当突出点距地质构造带较远时，则将其位置以上 20 m(埋深)及以下的范围划为突出危险区(图 9-5-3)。

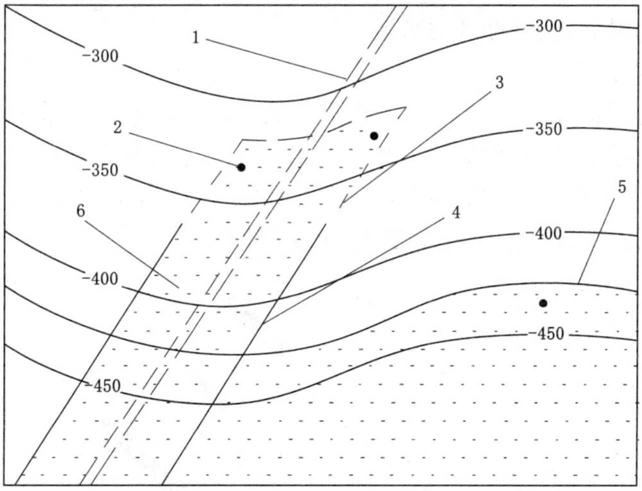

1—断层；2—突出点；3—突出点在断层两侧的最远距离线(虚线)；
4—根据断层推测下部突出危险区边界线(实线)；
5—根据地质单元推测下部突出危险区上边界线；6—突出危险区(阴影部分)。

图 9-5-3 瓦斯地质法划分突出危险区示意图

评价指标法。在地质单元内，如果上部煤层的评价指标具有突出危险性，则其深部煤层也具有突出危险性。但上部煤层无突出危险性，其深部煤层不一定没有突出危险性，要在采掘过程中进一步做预测工作。

(四) 煤层突出危险性评价程序

突出危险性评价分为煤层开采前预评价、采掘过程评价和效果检验评价三种。煤层开采前预评价包括石门揭煤评价、从煤层以外的巷道打钻采样评价，主要用于对煤层作突出危险性鉴定；采掘过程评价主要是打超前钻孔，对待掘进和开采的前方煤层的突出危险性进行评价，以保证生产安全；效果检验评价主要是在实施消突措施后进行，验证措施的有效性。

要注意的是，由于煤层的非均匀性，评价指标的获得一般都是通过钻孔采样试验而得的，其范围是由钻孔长度所控制的。因此，过程评价要在生产过程中一个循环接一个循环地向前进行，并留有一定超前余量。

生产中要把过程评价作为生产工艺的一个组成部分。

六、煤与瓦斯突出预防

开采有突出危险的矿井，必须采取多种措施并举的方法防治煤与瓦斯突出。

防治突出的目标是，将煤层瓦斯含量和压力降低到安全值以下，消除突出危险性；其技术关键是，煤层卸压，增大透气性，然后采用先进、合理的方法抽采瓦斯。

防突措施按其作用范围可以分为区域性和局部性两大类。前者可使较大范围煤层消除突出危险性，后者使局部煤层 (如掘进工作面)消除突出危险性。

《防治煤与瓦斯突出细则》对防治突出的各个环节都作出了具体的规定。

(一) 区域性防突措施

区域性防突措施主要有开采保护层和大面积预抽煤层瓦斯两种，在开采前实施。开采保护层是预防突出最有效、最经济的措施。

1. 开采保护层

在突出矿井煤层群开采时，为消除邻近煤层的突出危险而先开采无突出危险或突出危险性小的煤层或岩层，称为保护层。后开采的相邻煤层称为被保护层。保护层位于被保护层上方的叫上保护层，位于下方的叫下保护层。如图 9-5-4 所示，A 层为 B_1 的下保护层、B_2 的上保护层，或者说 B_1、B_2 分别为 A 层上、下被保护层。

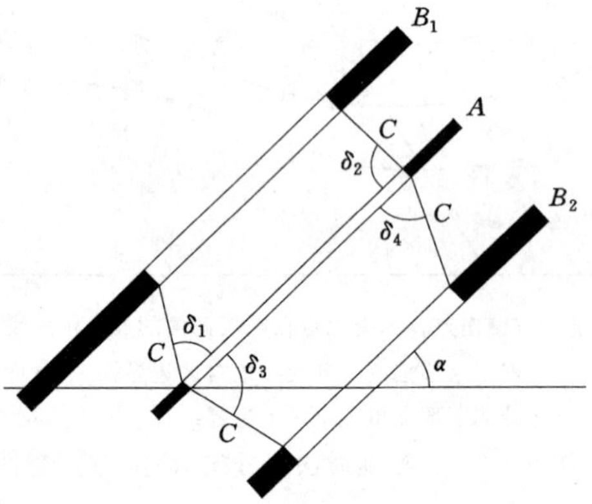

A—保护层；B—被保护层；C—保护范围边界线。

图 9-5-4 保护层与被保护层及其沿倾斜方向保护范围示意图

保护层开采的具体技术问题，应参照《防治煤与瓦斯突出细则》执行。

由于保护层开采的采动卸压作用并同时抽采卸压瓦斯可使邻近的被保护煤层的突出危险区转变为无突出危险区。开采保护层是最有效、最经济的区域性防突措施。

(1) 保护范围

保护范围是指保护层开采后，在空间上使被保护层丧失突出危险的有效范围。各矿应对保护范围进行实际考查，标明在矿井开采平面图上。在未取得实测资料前，可参考下列方法和数据确定。

① 沿倾斜的保护范围。保护层工作面沿倾斜方向的保护范围应根据卸压角 δ 划定，如图 9-5-4 所示。在没有本矿井实测的卸压角时，可参考表 9-5-4 的数据。

表 9-5-4 保护层沿倾斜方向的卸压角

卸压角 δ /(°)	煤层倾角 α/(°)									
	0	10	20	30	40	50	60	70	80	90
δ_1	80	77	73	69	65	70	72	72	73	75
δ_2	80	83	87	90	90	90	90	90	90	90
δ_3	75	75	75	77	80	80	80	80	78	75
δ_4	75	75	75	70	70	70	70	72	75	80

② 沿走向方向的保护范围。若保护层采煤工作面停采时间超过 3 个月、且卸压比较充分，则该保护层采煤工作面对被保护层沿走向的保护范围对应于始采线、采止线及所留煤柱边缘位置的边界线可按卸压角 $\delta_5=56°\sim60°$ 划定，如图 9-5-5 所示。

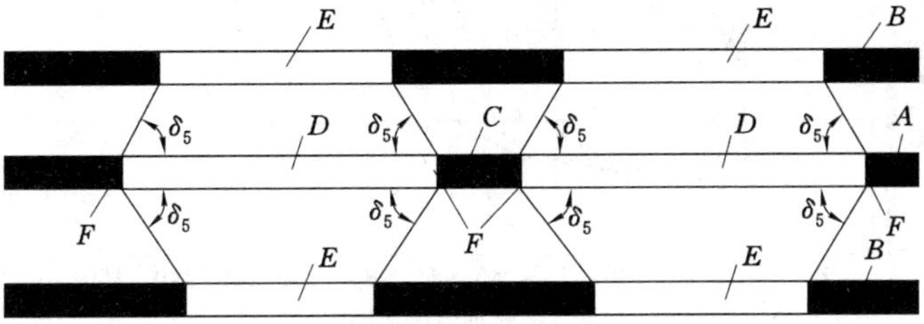

A—保护层；B—被保护层；C—煤柱；D—采空区；

E—保护范围；F—始采线、采止线。

图 9-5-5　保护层工作面始采线、采止线和煤柱的影响范围

正在开采保护层的采煤工作面，必须超前于被保护层的掘进工作面 3 倍层间距离，至少不小于 100 m。以便被保护层能充分卸压和排出瓦斯。

被保护层与保护层间距较近时，要防止被保护层的卸压瓦斯涌入保护层采掘工作面。

③ 垂直保护距离。

保护层与被保护层之间的有效垂距取决于开采深度、煤层倾角、采高、工作面开采范围和层间岩性等因素，未取得实测资料时可参考表 9-5-5 所列数值确定，也可按《防治煤与瓦斯突出规定》中附录 D 中给出的公式计算。

表 9-5-5　保护层与被保护层间的有效垂距

名　　称	上保护层/m	下保护层/m
急倾斜煤层	<60	<80
缓倾斜与倾斜煤层	<50	<100

(2) 开采保护层的效果

现以天府南井 2 号层(保护层)开采后，有突出危险的 9 号煤层内与突出有关的若干参数的变化(图 9-5-6)，来说明保护层的作用。

从图 9-5-6 可见，保护层(2 号层)采到距离测点 0 m 处时，被保护层(9 号煤层)已经开始膨胀，接着是透气性系数增大。采过测点 20 m 后，瓦斯流量开始上升，采过 40 m 后的瓦斯压力开始下降，并稳定地保持很长时间。如同上述邻近层瓦斯抽采一样，保护层开采后，由于采空区的顶底板岩石垮落，移动，引起开采煤层周围应力的重新分布，采空区上、下形成应力降低(卸压)区，在这个区域内的未开采煤层将发生下述变化：

① 地应力降低，弹性潜能得以缓慢释放。

② 煤层膨胀变形，透气性系数增大。如沈阳红菱煤矿距 12 煤层 16 m 的上部 11 煤作为保护层开采后，其透气性系数由 0.014 $m^2/(MPa^2\cdot d)$ 变为 14.14 $m^2/(MPa^2\cdot d)$。所以，被保护层内的瓦斯抽采流量增大或排放到保护层的采空区内，瓦斯含量和瓦斯压力都将明显下降。

③ 煤层瓦斯抽出后，煤的强度增加。据测定，开采保护层后，被保护层的煤硬度系数由 0.3～0.5 增加到 1.0～1.5。

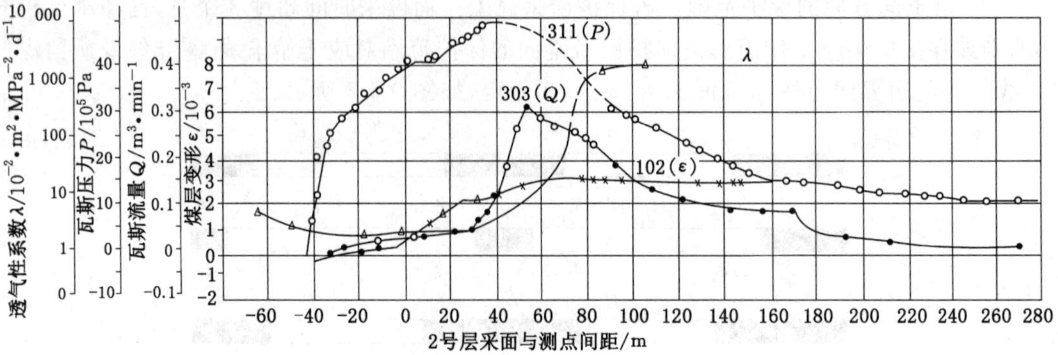

图 9-5-6　天府南井 2 号层开采后 9 号层有关参数变化

所以保护层开采后，在卸压区范围内煤层基本消除煤与瓦斯突出。

(3) 煤柱的影响

保护层开采时，采空区一般不得留煤柱。若留设煤柱，在被保护层开采时应防止因其集中应力而引发突出。如天府矿务局开采上保护层 7 号煤层时，曾因煤层变薄不可采而留下煤柱，结果在煤柱下方的 9 号煤层内多次发生突出。

(4) 开采保护层选择

① 有上下保护层时，应首先选择上保护层。

② 所有煤层都有突出危险时，可优先选择突出危险程度较小的煤层作为保护层，但采掘过程中，必须采取防治突出的措施。有条件时，也可以选择不可采的煤层作为保护层。

2. 预抽煤层瓦斯

开采保护层后，应采取预抽被保护层中的采动卸压煤层的瓦斯，如在我国淮南、晋城、淮北等矿区采用地面钻井方法，收到较好防突效果。对于无保护层开采的突出危险煤层，采用大面积网格式穿层钻孔预抽突出危险煤层瓦斯的方法，也使得区域防突效果更为理想。具体方法参见本章第七节瓦斯抽采。

3. 探明煤层的赋存状况和地质构造

地质构造和煤层变化带是突出高发地。探明煤层的赋存状况和地质构造可为巷道位置选择、采掘工程安排、防消突措施制定提供科学依据。因此，应将地质构造探测作为区域和局部防突措施的重要组成部分。

(二) 局部防突措施

局部防突措施包括预防和消突采掘工作面前方煤层突出危险措施。

1. 松动爆破

松动爆破是向掘进工作面前方应力集中区打若干个钻孔、装药爆破，使煤层裂隙增加，提高钻孔瓦斯抽采量，加快瓦斯的排出，同时可使集中应力区向煤体深部移动，从而在工作面前方造成较长的卸压带，以预防突出的发生。

煤巷掘进时松动爆破钻孔的孔径一般为 42 mm，孔深不得小于 8 m。松动爆破应至少控制到巷道轮廓线外 3 m 的范围。孔数应根据松动爆破的有效影响半径确定；松动爆破孔的装药长度为孔长减去 5.5～6 m。

采煤工作面的松动爆破防突措施适用于煤质较硬、围岩稳定性较好的煤层。松动爆破孔间距根据实际情况确定，一般 2～3 m；孔深不小于 5 m，炮泥封孔长度不得小于 1 m。应适当控制装药量，以免孔口煤壁垮塌。

松动爆破按远距离爆破的要求执行。

为了提高深孔松动爆破的防突效果，应采用低爆速、高能量、高安全性的预裂爆破专用药柱；在爆破孔的两侧和中间打一些不装药的排放钻孔，以扩大爆破的自由面和增加瓦斯排放通道。

在阳泉矿务局一矿 3 号煤层，采用孔长 30 m、直径 73 mm、封孔长度 7～10 m、爆破孔距工作面距离 13～15 m 的长钻孔有控制地松动爆破后，工作面瓦斯涌出量由采取措施前的 10 m^3/min 下降到 7.5 m^3/min。

2. 钻孔排放瓦斯

石门和立井揭煤前，由岩巷或煤巷向其及其周围的煤层超前打钻(穿过煤层)，将煤层中的瓦斯经过钻孔自然排放出来，经过效果检验其突出指标降到安全值以下时，再进行采掘工作。

排放瓦斯钻孔的控制范围是：石门揭煤时其两侧和上部轮廓线外至少 5 m，下部至少 3 m；立井揭煤时，近水平、缓倾斜、倾斜煤层为井筒四周轮廓线外至少 5 m；急倾斜煤层沿走向两侧及沿倾斜上部轮廓线外至少 5 m，下部轮廓线外至少 3 m。钻孔的孔底间距应根据实际考察情况确定。石门的两侧和上部轮廓线外至少 5 m，下部至少 3 m。

钻孔数和钻孔布置应根据断面和钻孔排放半径的大小来确定，每平方米断面不得少于 3.5～4.5 孔。钻孔排放半径是指经过规定的排瓦斯时间后，在排放半径内的瓦斯压力都降到安全值，应实测之。测定时由石门工作面向煤层打 2～3 个钻孔，测瓦斯压力。待瓦斯压力稳定后，打一个排瓦斯钻孔(图 9-5-7)，观察测压孔的瓦斯压力变化，确定排放半径。

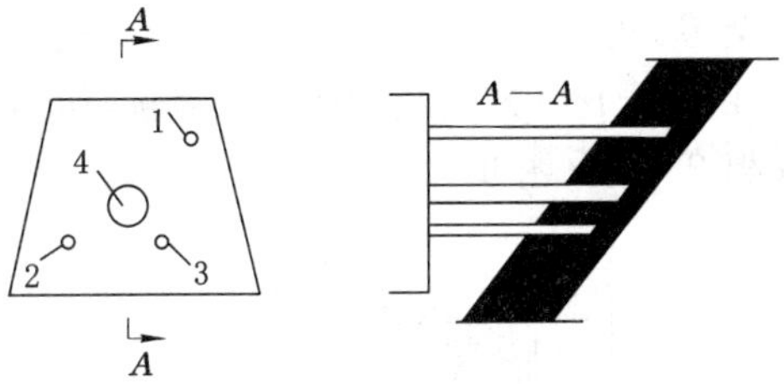

1～3—测压孔；4—排瓦斯孔。

图 9-5-7　测定排放半径的钻孔布置

此法适用于煤层厚、倾角大、透气性系数大和瓦斯压力高的煤层被揭开时。缺点是打钻工程量大，瓦斯压力下降慢时，等待时间长。

3. 水力冲孔

水力冲孔是在安全岩(煤)柱的防护下，向煤层打钻后，用高压水射流在工作面前方煤体内冲出一定的孔道，加速瓦斯排放。同时，由于孔道周围煤体的移动变形，应力重新分布，扩大卸压范围。此外，在高压水射流的冲击作用下，冲孔过程中能诱发小型突出，使煤岩中蕴藏的潜在能量逐渐释放，避免大型突出的发生。

水力冲孔主要用于石门揭煤和煤巷掘进。石门揭煤时，当掘进工作面接近突出危险煤层 3～5 m 时，停止掘进，安装钻孔向煤层打钻，孔径 90～110 mm 。在孔口安装套管与三通管，将钻杆通过三通管直达煤层，钻杆末端与高压水管连接，如图 9-5-8 所示。冲出的煤和水与瓦斯则由三通管经射流泵加压后，送入采区沉淀池。

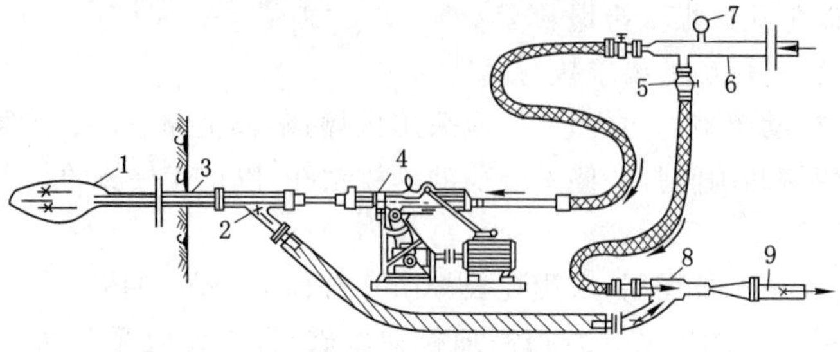

1—套管；2—三通管；3—钻杆；4—钻机；5—阀门；
6—高压水管；7—压力表；8—射流泵；9—排煤水管。

图 9-5-8　水力冲孔工艺流程图

穿层冲孔是由相邻的平巷向煤巷和煤巷上方打钻冲孔，冲孔后经过一段时间排放瓦斯，即可进行煤巷掘进。

煤巷掘进水力冲孔后，由于瓦斯排放和煤炭湿润，不但预防了突出，而且瓦斯涌出量小，煤尘少，煤质变硬，不易垮落和片帮。

冲孔水压一般为 3.0～4.0 MPa，水量为 15～20 m^3/h，射流泵水量为 25 m^3/h。孔数一般为 1.0～1.3 孔/m^2，冲出的煤量每米煤层厚度≥20 t。冲孔的喷煤量越大，效果就越好。

水力冲孔适用于地压大、瓦斯压力大、煤质松软的突出危险煤层。

4. 金属骨架

金属骨架是一种超前支架。当石门掘进工作面接近煤层时，通过岩柱在巷道顶部和两帮上侧打钻，钻孔穿过煤层全厚，进入岩层 0.5 m。孔间距一般为 0.2 m 左右，孔径 75～100 mm。然后将长度大于孔深 0.4～0.5 m 的钢管或钢轨，作为骨架插入孔内，再将骨架尾部固定，最后用震动爆破揭开煤层（图 9-5-9）。

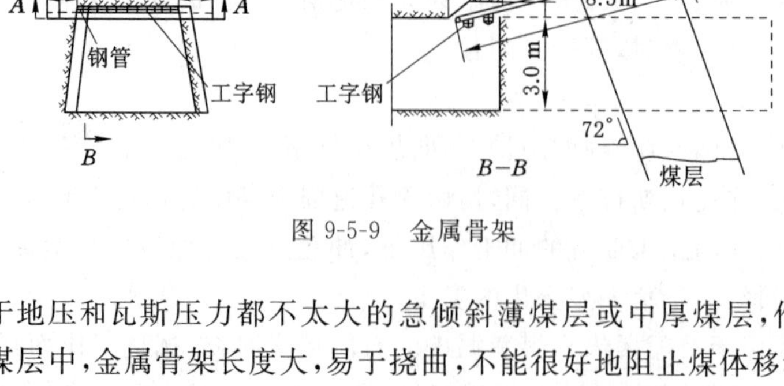

图 9-5-9　金属骨架

此法适用于地压和瓦斯压力都不太大的急倾斜薄煤层或中厚煤层，作为配套措施用。在倾角小或厚煤层中，金属骨架长度大，易于挠曲，不能很好地阻止煤体移动，效果较差。北票矿务局采用在金属骨架掩护下，用扩孔钻具将石门断面内待揭穿的煤体钻出30%～40%，从而使其逐渐卸压并释放瓦斯；金属骨架承载上方煤体压力，达到降低和消除突出危险的目的。

5. 超前钻孔

它是在煤巷掘进工作面前方始终保持一定数量的排放瓦斯钻孔。它的作用是排放瓦斯，增加煤的强度，在钻孔周围形成卸压区，使集中应力区移向煤体深部。

超前钻孔孔数决定于巷道断面积和瓦斯排放半径。钻孔在软煤中的排放半径为1.0～1.5 m，硬煤中可能只有几十厘米。平巷掘进工作面一般布置3～5个钻孔，孔径200～300 mm。孔深应超前工作面前方的集中应力区，一般情况下它的数值为3～7 m，所以孔深应不小于10～15 m。掘进时钻孔至少保持5 m的超前距离。

急倾斜中厚或厚煤层上山掘进时，可用穿透式钻机，贯穿全长后，再由上而下扩大断面然后用人工修整到所需断面。

超前钻孔适用于煤层赋存稳定、透气性系数较大的情况下。如果煤质松软，瓦斯压力较大，打钻时则容易发生夹钻、垮孔、顶钻，甚至孔内突出现象。

6. 超前支架

多用于有突出危险的急倾斜煤层厚煤层的煤层平巷掘进时。为了防止因工作面顶部煤体松软垮落而导致突出，在工作面前方巷道顶部事先打上一排超前支架，增加煤层的稳定性。架设超前支架的方法是先打钻孔，孔径50～70 mm，仰角8°～10°，孔距200～250 mm，深度大于一架棚距，然后在钻孔内插入钢管或钢轨，尾端用支架架牢，即可进行掘进。掘进时保持1.0～1.5 m的超前距。巷道永久支架架设后，钢材可收回再用。

7. 卸压槽

近年来，在采掘工作面推广使用了卸压槽技术，作为预防煤（岩）与瓦斯突出和冲击地压的措施。它的实质是预先在工作面前方切割出一个缝槽，以增加工作面前方的卸压范围，如图9-5-10所示。没有卸压槽时，工作面前方的卸压区很小，巷道两帮的前方更小。巷道的两帮切割出卸压槽以后，卸压范围扩大，在此范围内掘进，并保持一定的超前距（l_H）就可避免突出或冲击地压的发生。

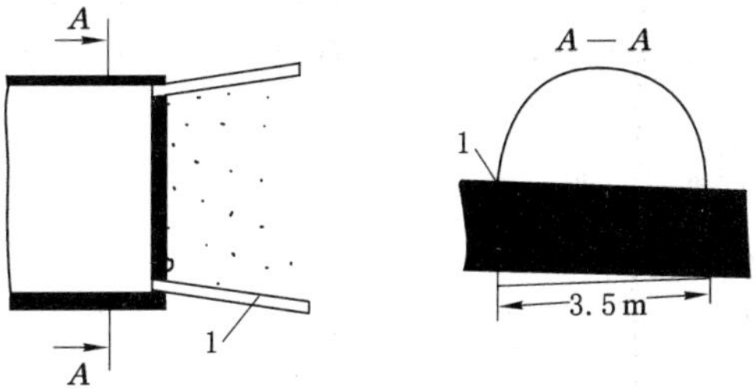

图9-5-10　卸压槽

8. 煤体固化

在石门和立井揭煤前从工作面向巷道周围煤体打钻压注固化材料，增加工作面周围煤体的强度。向煤体注入固化材料的钻孔应施工至煤层顶板0.5 m以上，一般钻孔间距不大于0.5 m，钻孔位于巷道轮廓线外0.5～2.0 m的范围内，根据需要也可在巷道轮廓线外布置多排环状钻孔。当钻孔不能一次施工至煤层顶板时，则进入煤层的深度不应小于 10 m。

各钻孔应在孔口封堵牢固后方可向孔内注入固化材料。可根据注入压力升高的情况或注入量决定是否停止注入。

在固化以外的煤体，应布置预抽或排放瓦斯钻孔。在完成揭煤前应保持钻孔的抽采或自然排放状态。

七、效果检验

防突措施实施后应进行效果检验。效果检验的指标与突出危险性评价指标相同，指标值降低到安全值之下后方可进行采掘作业。

八、安全防护

为了将事故的损失降低到最低限度，采取防突措施后还应采取安全防护。主要的安全防护有：

(1) 在有突出煤层的采区必须设置采区避难所。其内设置支护良好、向外开启的隔离门、压风自救系统、电话，以及隔离式自救器、饮水等维持生命的物品。

(2) 掘进工作面进风侧必须设置至少两道牢固可靠的反向风门，防止突出时瓦斯逆流进入进风系统。

(3) 为了降低爆破诱发突出的强度，爆破前可在工作面安设用金属、矸石或木垛等构成的挡栏。

(4) 井巷揭穿突出煤层和突出煤层的炮掘、炮采工作面都必须采取远距离爆破安全防护措施，远距离爆破时，回风系统必须停电、撤人。

九、突出预警

(一) 突出预兆

已有突出表明，在突出前绝大多数突出都有预兆。研究与掌握预兆的发生规律，及时发出突出警报，撤出人员，就能减轻突出的危害。突出预兆主要有：

(1) 瓦斯涌出异常。主要预兆有：瓦斯涌出有忽大忽小的异常，打钻有顶钻、喷瓦斯、喷煤等动力现象。

(2) 地压增大。主要预兆有：来压声响，支架折断，煤炮声，煤岩开裂，煤壁外鼓，片帮，掉渣，底鼓，打钻时顶钻、夹钻等。

(3) 煤层结构、地质构造。主要预兆有：层理紊乱，煤层变软或软硬不均，颜色暗淡无光，煤层受挤压，厚度变大，倾角变陡，煤层干燥等。

(4) 电磁辐射异常。

(5) 其他方面。煤温或气温降低等现象。

(二) 煤与瓦斯突出预警系统

煤与瓦斯突出预兆只有比较明显的显现时，才能为人们所察觉，而且单凭人的感觉往往难以及时准确地判断。所以国内外都在研究、试验比较可靠的探测突出预兆的仪器，已有的如微震仪、电磁辐射仪等。它的基本原理是探测并记录煤、岩在受力破坏过程中发生破裂与震动时产生的震动和电磁波。因为震波、电磁、声波的强度和频率增加到一定数值时，就可能出现煤的突然破坏，发生突出。这种方法的缺点是难以做到实时监测。

预警系统是由传感器、信息传输网络和计算机(服务器)等硬件，以及辨识煤与瓦斯突出征兆的专业软件组成系统，是矿井安全监测系统的组成部分。实现煤与瓦斯突出预警技术关键是建立能反映当地煤层突出致因和征兆的预警指标体系以及确定其临界值。预警主要包括突出征兆信息采集、处理、辨识和预警等过程。

利用监测系统检测突出孕育和发展过程中的各种征兆，实现突出的早期辨识和预警，可提前采取处理措施，防止突出事故发生；并将人员撤离至安全地带，减少人员伤亡。

第六节　矿井瓦斯等级鉴定

矿井瓦斯等级鉴定包括瓦斯涌出量鉴定和煤层突出危险性鉴定两部分。作矿井瓦斯等级鉴定的目的是，从瓦斯角度对矿井进行安全分级管理，这对于矿井设计和日常通风管理都十分必要。

一、矿井瓦斯等级划分

矿井瓦斯等级，根据矿井相对瓦斯涌出量、矿井绝对瓦斯涌出量和瓦斯涌出形式划分为三个等级：

(1) 低瓦斯矿井。同时满足下列条件：① 矿井相对瓦斯涌出量不大于10 m^3/t；② 矿井绝对瓦斯涌出量不大于 40 m^3/min；③ 矿井任一掘进工作面绝对瓦斯涌出量不大于 3 m^3/min；④ 矿井任一采煤工作面绝对瓦斯涌出量不大于 5 m^3/min。

(2) 高瓦斯矿井。具备下列条件之一的：① 矿井相对瓦斯涌出量大于 10 m^3/t；② 矿井绝对瓦斯涌出量大于 40 m^3/min；③ 矿井任一掘进工作面绝对瓦斯涌出量大于 3 m^3/min；④ 矿井任一采煤工作面绝对瓦斯涌出量大于 5 m^3/min。

(3) 煤(岩)与瓦斯(二氧化碳)突出矿井。矿井在采掘过程中，只要发生过一次煤与瓦斯突出，该矿井即为突出矿井，发生突出的煤层定为突出煤层。

二、瓦斯涌出量鉴定

矿井的瓦斯涌出量鉴定是矿井瓦斯等级鉴定主要工作之一。

生产矿井每年必须进行瓦斯(二氧化碳)涌出量鉴定，其结果用以分析矿井瓦斯来源、指导矿井采区设计、瓦斯治理和瓦斯管理。同时，利用瓦斯涌出量鉴定资料，预测矿井新水平、新采区的瓦斯涌出量，为水平和采区设计、通风能力核定提供依据。

1. 鉴定时间和基本条件

矿井瓦斯涌出量鉴定工作应在正常生产的条件下进行。根据当地气候条件，选择矿井绝对瓦斯涌出量较大的月份进行，一般在七月或八月。在鉴定月的上、中、下旬中各取一天(间隔 10 天)，分三个班(或四个班)进行测定工作。所谓正常生产，即被鉴定的矿井、煤层、一翼、水平或采区的回采产量应达到该地区设计产量的 60%。

测定前必须做好组织分工和仪表校正等准备工作。

2. 测点选择和测定内容及要求

确定矿井瓦斯涌出量时，是按每一自然矿井、煤层、一翼、水平和各采区分别计算相对瓦斯涌出量，并取其中最大值(而不是全矿井的平均值)。所以测点应布置在每一通风系统的主要通风机的风硐、各水平、各煤层和各采区的回风道测风站内。如无测风站，可选取断面规整并无杂物堆积的一段平直巷道作测点。

测定内容为风量(风速)和风流中瓦斯浓度。如果进风流中含有瓦斯时，还应在进风流中测风量和瓦斯浓度。进、回风流的瓦斯涌出量之差，就是鉴定地区的瓦斯涌出量。抽采瓦斯的矿井，在鉴定月内应在相应的地区测定抽出的瓦斯量，矿井瓦斯等级划分时，必须包括抽采的瓦斯量。

每一测定班的测定时间应选在生产正常时刻，并尽可能在同一时刻进行测定工作。测定数据记录表参见《矿井瓦斯等级鉴定规范》(AQ 1025—2006)附录。

3. 主要计算公式

绝对瓦斯涌出总量按式(9-6-1)计算。

$$Q_g = Q_{g排} + Q_{g抽} \tag{9-6-1}$$

式中 Q_g——绝对瓦斯(或二氧化碳)涌出总量，m^3/min；

$Q_{g排}$——抽采瓦斯(或二氧化碳)纯量，m^3/min；

$Q_{g抽}$——三班(或四班)平均风排瓦斯(或二氧化碳)量，m^3/min。按式(9-6-2)计算。

$$Q_{g排} = \frac{1}{n}\sum_{i=1}^{n} Q_{g排i} = \frac{1}{100n}\sum_{i=1}(Q_{g回i} \cdot C_{回i} - Q_{g进i} \cdot C_{进i}) \tag{9-6-2}$$

式中 n——班制，矿井采用三班制时 $n=3$，矿井采用四班制时 $n=4$；

i——测定班序号，采用三班制的矿井 $i=1,2,3$；采用四班制的矿井 $i=1,2,3,4$；

$Q_{g排i}$——第 i 班的风排瓦斯(或二氧化碳)量，m^3/min；

$Q_{g回i}$——第 i 班回风巷风流中的风量，m^3/min；

$C_{回i}$——第 i 班回风巷风流中的瓦斯(或二氧化碳)浓度，%；

$Q_{g进i}$——第 i 班进风巷风流中的风量，m^3/min；

$C_{进i}$——第 i 班进风巷风流中的瓦斯(或二氧化碳)浓度，%。

矿井相对瓦斯涌出量按式(9-6-3)计算：

$$q_g = 1\ 440 Q_{gmax}/A \tag{9-6-3}$$

式中 q_g——相对瓦斯(或二氧化碳)涌出量，m^3/t；

Q_{gmax}——最大一天的绝对瓦斯涌出量，m^3/min；

A——月平均日产煤量，t。

三、矿井与煤层突出危险性鉴定

矿井与煤层突出危险性鉴定是矿井瓦斯等级鉴定的主要工作之一。

1. 突出煤层鉴定

首先，若采掘过程中发生过煤与瓦斯突出动力效应和出现典型征兆，则此煤层为突出煤层；

当动力现象不明显或无动力现象时，同时满足以下四个指标的煤层为突出煤层：破坏类型为Ⅲ、Ⅳ、Ⅴ类、瓦斯压力 $P \geqslant 0.74$ MPa、坚固性系数 $f \leqslant 0.5$、瓦斯放散初速度指标 $\Delta P \geqslant 10$ mmHg。

2. 突出矿井鉴定

矿井所开采煤层中有一个煤层有突出危险性的，即为突出矿井。

四、矿井瓦斯等级的确定

矿井瓦斯等级以最大的相对瓦斯涌出量和有、无煤与瓦斯突出，按分级标准确定。并附以必要的文字说明，如产量、采掘比例、地质构造等因素和瓦斯喷出、煤与瓦斯突出等情况，报上级审批。

正在建设中的矿井，也应进行瓦斯等级的鉴定，如果鉴定结果，特别是在煤层揭开以后，实际的瓦斯涌出量超过原设计确定的等级时，应提出修改矿井瓦斯等级的专门报告，报原设计审批单位批准。

矿井瓦斯等级以自然单位确定。一矿二井或一矿多井的，按井下通风系统是否连通确定区域瓦斯等级，若井下相通，按一个矿井确定瓦斯等级；若井下不连通，则按自然井分别确定各个井的瓦斯等级。

五、鉴定报告

对矿井瓦斯等级进行评定，对瓦斯来源进行分析，指出防控瓦斯方面存在的问题，并提出有针对性的措施和建议。在瓦斯等级鉴定工作结束后一月内，将鉴定报告报省（自治区、直辖市）级负责煤炭行业管理的部门审批，并报省级煤矿安全监察机构备案。

六、注意事项

在矿井瓦斯等级鉴定前对井下所有通风设施进行全面检查和维修，确保通风系统稳定可靠。对井下所有瓦斯及风速探头重新调校，确保灵敏可靠。确保抽采系统正常运转。

七、矿井瓦斯浓度管理

《煤矿安全规程》关于风流中瓦斯浓度规定如表 9-6-1 所列。

表 9-6-1　《煤矿安全规程》关于风流中瓦斯浓度规定

地点	允许值	超限处理
矿井总回风巷或一翼回风巷	<0.75%	立即查明原因，进行处理
采区回风巷、采掘工作面回风巷	<1.0%	停止工作，撤出人员，采取处理措施
采掘工作面及其他作业地点	<1.0%	停止用电钻打眼；爆破地点附近 20 m 以内风流中瓦斯浓度≥1.0%时，严禁爆破
采掘工作面的电动机或其开关 20 m 以内	<1.5%	停止工作，撤出人员，切断电源，采取处理措施
采掘工作面及其他巷道内积聚的瓦斯体积大于 0.5 m^3 的空间	<2.0%	附近 20 m 内必须停止工作，撤出人员，切断电源，采取处理措施
采掘工作面风流中二氧化碳浓度	<1.5%	必须停止工作，撤出人员，查明原因，制定措施，进行处理

对因瓦斯浓度超过规定被切断电源的电气设备，必须在瓦斯浓度降到 1.0%以下时，方可通电启动。

特殊条件下，上述关于瓦斯浓度的规定可有条件地放宽，具体情况参见现行的《煤矿安全规程》相关规定。

第七节 瓦斯抽采

一、概述

煤矿瓦斯抽采是向煤层和瓦斯积聚区域打钻，将钻孔接在专用的管路上，用抽采设备将煤层和瓦斯积聚区域中的瓦斯抽至地面，加以利用或排放至总回风流中。

抽采瓦斯不仅可降低开采过程中的瓦斯涌出量、防止瓦斯超限和积聚，预防瓦斯爆炸和煤与瓦斯突出事故，还可变害为利，将瓦斯作为煤炭伴生的资源加以开发利用。

目前，我国的高瓦斯矿井都建立了瓦斯抽采系统，并积累了比较丰富的经验。据统计，2006—2015 年我国煤矿瓦斯抽采总量从 33 亿 m^3 增加到 136 亿 m^3，利用量从 2006 年 11.5 亿 m^3 增加到 2015 年 48 亿 m^3。

（一）煤与瓦斯共采

煤与瓦斯资源共存，可根据煤层的赋存状态，分析煤层开采过程中围岩破坏、瓦斯流动和富积的规律，通过一定的技术手段，实现煤与瓦斯共采以及瓦斯抽采量最大化。

煤与瓦斯共采一般有以下三种方式：

1. 预抽煤层瓦斯

煤层开采前进行瓦斯抽采，适用于煤层透气性系数较大、埋藏较浅的煤层，或卸压煤层的瓦斯。其方法主要有：利用地面钻孔、地面定向钻孔、井下顺层钻孔和穿层钻孔预抽煤层瓦斯。

2. 边采边抽

煤层在开采过程中其围岩遭受破坏，部分煤层压力降低（卸压），产生裂隙，导致瓦斯降压解吸。

适用于渗透率较低的高瓦斯和煤与瓦斯突出煤层群条件；主要抽采卸压煤层瓦斯，消除煤与瓦斯突出危险，降低瓦斯涌出量。抽采瓦斯方法主要包括采煤工作面短钻孔抽采、掘进工作面的边掘边抽、煤矿井下巷道法抽采和无煤柱钻孔法抽采等。

3. 采煤后抽采瓦斯

适用于非煤与瓦斯突出和邻近层瓦斯含量高的瓦斯煤层，常常采用先采煤后采瓦斯的方法进行煤与瓦斯共采，在采煤工作面或采区结束后，对采空区进行抽采，其方法主要有利用已有巷道（钻孔）抽采、密闭墙内接管抽采和地面钻孔抽采等。

（二）煤层抽采难易程度评价指标

决定未卸压煤层抽采效果的关键性因素，是煤层的透气性系数。

透气性系数是表示瓦斯在煤层中流动难易程度的物理量。国际上通用的单位是 D（达西）（1 D=1 000 mD）。目前我国使用煤（岩）层的透气性系数单位为 $m^2/(MPa^2 \cdot d)$，即瓦斯(在 0 ℃、动力黏度为 1.08×10^{-6} Pa·s)在压力梯度为 1 MPa/m 情况下，通过断面为 1 m^2 的煤(岩)层流量为 1 m^3/d 时的透气性系数。对于瓦斯，1 $m^2/(MPa^2\cdot d)=0.025$ mD。我国煤层透气性系数的差别较大。对于透气性系数大的煤层，如抚顺煤田[龙凤矿的透气性系数为 140～150 $m^2/(MPa^2\cdot d)$]能抽出大量高浓度的瓦斯。对于透气性系数小的煤层，如淮南 B_8 煤层原始透气性系数为 0.114 5 $m^2/(MPa^2\cdot d)$，不卸压抽采效果很差。对于透气性系数小的煤层必须在卸压的情况下或人工增大透气性系数后，才能抽出瓦斯。

按照煤层的透气性系数评价未卸压煤层预抽瓦斯的难易程度的指标如表 9-7-1 所列。

表 9-7-1　煤层抽采瓦斯难易程度分级表

等　　级	煤层透气性系数/[$m^2\cdot(MPa^2\cdot d)^{-1}$]	百米钻孔瓦斯涌出衰减系数/d^{-1}
容易抽采	>10	<0.003
可以抽采	10～0.1	0.003～0.05
较难抽采	<0.1	>0.05

表中百米钻孔瓦斯涌出衰减系数表示在煤(岩)层内的钻孔自然排放情况下，每百米钻孔瓦斯涌出的衰减特性。

二、抽采瓦斯的技术、方法及其原理

抽采煤层和采空区瓦斯的方法主要有：地面钻井和井下钻孔抽采、巷道抽采和巷道与钻孔相结合抽采等。

抽采煤层瓦斯的方法按是否卸压可分未卸压和卸压两类；按瓦斯的来源可分为开采煤层的抽采、邻近层抽采和采空区抽采三类。抽采方法分类及其适用条件如表 9-7-2 所列。

表 9-7-2　抽采方法分类及其适用条件

抽采位置	类型	瓦斯来源	抽采方法	钻孔布置要求	适用条件
待揭煤层	边抽边掘	煤层瓦斯	由岩巷向煤层打穿层钻孔(采用控制爆破增透)	控制巷道轮廓线外 8 m，超前 10～20 m	突出危险煤层
煤巷前方煤层	边抽边掘	前方卸压煤层	由煤巷两侧或岩巷向煤层周围打防护钻孔	控制巷道轮廓线外 8 m，超前距 5 m	突出危险煤层
	掘前预抽	控制范围瓦斯	从邻近巷道向设计煤巷位置的煤层打钻孔	控制巷道两侧 8 m 范围	高瓦斯煤层
待开采(邻近)煤层	采前预抽	待开采煤层瓦斯	地面钻井	打垂直、L 形、S 形钻孔穿过抽采煤层	被卸压或压裂的高瓦斯、突出煤层
			由远离煤层的顶、底板巷或邻近层巷道向煤层打钻孔	网格穿层钻孔	容易抽采的高瓦斯、突出煤层

表 9-7-2(续)

抽采位置	类型	瓦斯来源	抽采方法	钻孔布置要求	适用条件
采煤工作面前方煤层	采前预抽	卸压或未卸压	由机巷、风巷向前方未开采煤层(分层)打顺层钻孔	平行、交叉的密集长钻孔	高瓦斯煤层、突出危险煤层
			由石门、岩巷、邻近层煤巷等向开采层打钻孔	网格穿层钻孔,间距由抽采半径确定	属勉强抽采煤层和突出危险煤层
	边抽边采	卸压带	由工作面打顺层钻孔	密集浅孔	高瓦斯突出煤层
采空区瓦斯	边采边抽	采空区遗煤瓦斯和邻近层	由风巷向采空区埋管	深入采空区 10 m 左右,在管路上设一吸气口	无自燃危险或有自燃危险采取防火措施时
			回风尾巷	在回风巷设密闭,抽采管插入密闭墙内	
			高位回风尾巷	煤层顶板上方或沿煤层顶板布置巷道,内错 5 m(平距),在垮落带内	
			上隅角安装引排风机	吸风口插入上隅角	
			由风巷做钻场,向裂隙带打水平和倾斜钻孔	钻孔底至裂隙带	邻近层有大量瓦斯涌出
			从地面打钻孔	布置成 L 形、S 形钻孔,落在采空区	有地面钻孔可利用
	封闭老采空区	遗煤和邻近层	密封老空区插管抽采	抽采管插在密闭墙上	高瓦斯难以抽采煤层
			从地面打钻孔	地面钻孔至采空区	有钻孔可利用时

抽采方法的选择必须根据矿井瓦斯涌出来源的具体情况,优选抽采方法所能达到的抽采率。

(一) 采前预抽煤层瓦斯

采前煤层瓦斯预抽是指对被保护煤层卸压后抽采和对邻近层瓦斯预抽,以消除煤层突出危险性和防止邻近层瓦斯涌入开采工作面。

采前煤层瓦斯预抽的方法有多种,目前采用的方法有地面钻井法和井下钻孔法等。

1. 地面钻井抽采瓦斯

从地面打钻井预抽被保护层采动区卸压或被压裂煤层的瓦斯,以消除煤与瓦斯突出危险性、降低煤层开采过程中瓦斯涌出量。此项技术在我国淮南、淮北、晋城等地应用基本成功。此将成为解决煤层瓦斯问题的重要手段之一。

地面抽采钻井布置。地面钻井抽采系统由地面钻井、抽采管路和抽采泵等部分组成,如图 9-7-1 所示。一般为垂直立井,布置在保护层工作面倾斜方向的中心线上,穿过被抽采的煤层,井间距 250 m 左右;随着钻井技术提高也有布置成 L 形和 S 形的,使钻井在煤层中保持水平状态,以提高抽采率。钻井要避免穿过地质构造和破坏带。

地面钻井的关键技术有适合地质条件的钻孔结构，以防止其在地层下沉过程不被破坏，可排水、排尘，在煤层段下筛管。直径一般在 200 mm 左右。

经过应用示踪气体技术在淮南顾桥矿测试，煤层卸压后地面钻井的抽采半径可达 400 m 以上。地面钻井的结构和完井技术是抽采的关键技术，以保证其有较长的抽采寿命。

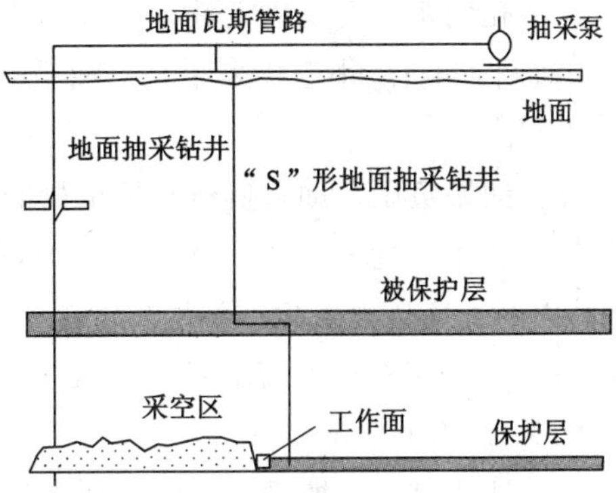

图 9-7-1　地面钻井抽采系统示意图

2. 井下钻孔预抽煤层瓦斯

采前利用井下钻孔预抽煤层瓦斯是目前抽采瓦斯的主要方法之一，在卸压状态下抽采效果较好。

(1) 钻孔布置

预抽煤层瓦斯的方法有穿层钻孔法和顺层钻孔法两种。钻孔的布置参数主要取决于抽采方法、钻场与抽采对象的相对位置、煤层倾角、巷道布置等多种因素。选择抽采方法时要考虑钻探设备技术特征、施工技术水平，既要保证有较好的抽采效果，又要考虑有较好的经济效益。尽量利用已有巷道；尽量使钻孔控制卸压瓦斯流入钻孔而不至于大量流入开采层的采空区；在含水较大的煤层尽量选择上向钻孔。目前常见的主要布置方式有：

① 底板走向巷道与穿层网格钻孔预抽卸压煤层瓦斯。

保护层开采后，被保护煤层卸压，其透气性增大，为大面积抽采创造了条件。在被保护层顶板和底板开掘巷道抽采卸压煤层瓦斯，钻孔采用穿层、网格布置如图 9-7-2 所示。淮南矿业集团 13 煤与 11 煤层间距 75 m 左右。13 煤有突出危险性，透气性系数 $\lambda = 0.011\ m^2/(MPa^2 \cdot d)$，属难抽采煤层。11 煤基本无突出危险性，作为 13 煤保护层开采，做 13 煤底板巷道抽采，13 煤卸压后抽采率达 60%左右。

图 9-7-3 为中梁山南矿采用的穿层钻孔预抽方法。

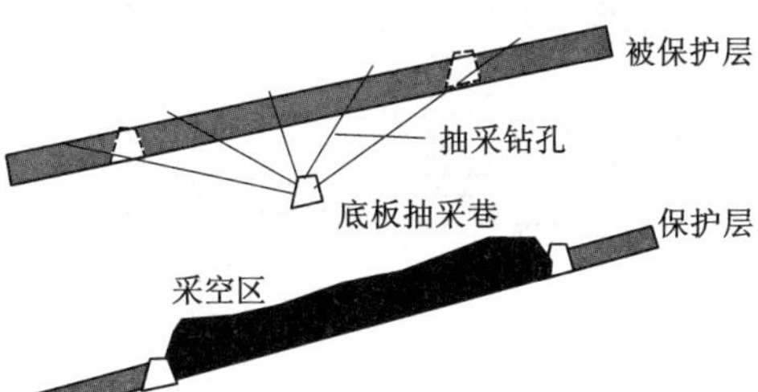

图 9-7-2　底板抽采巷预抽卸压煤层瓦斯

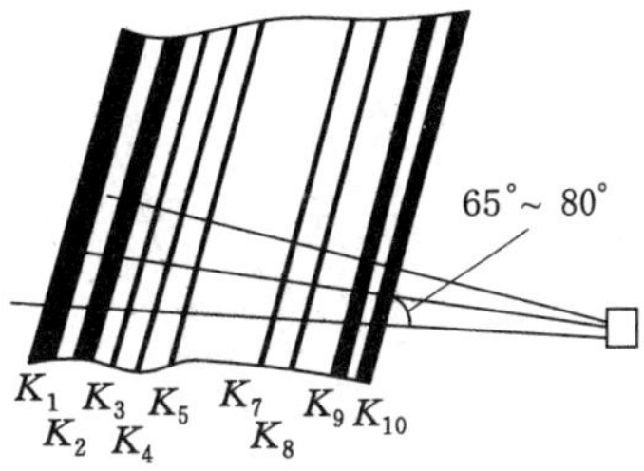

图 9-7-3　中梁山南矿穿层钻孔方法

② 顺层钻孔预抽煤层瓦斯。

有条件时，可提前在卸压煤层开掘准备巷道，采用顺层钻孔(图 9-7-4)方法预抽卸压煤层瓦斯。其主要优点是钻孔施工速度快，钻孔全长均在煤层中，抽采暴露面积大，若封孔长度超过巷道周围的破碎圈，封孔质量好，不漏气，则也能取得较好的抽采效果。

(2) 钻孔参数

① 孔间距。它是决定抽采效果的重要参数，取决于抽采半径，受煤层的透气性系数和抽采时间影响；应小于抽采半径。抽采时间短，钻孔的间距就应该小些。应根据实测和经验数据确定。

② 抽采负压。抽采负压与抽出量的关系，国内外都有不同的看法。瓦斯在煤层内流动的快慢，虽然决定于压差和透气性系数，但是煤层内的瓦斯压力为几个至几十个大气压，而钻孔内的瓦斯压力变化不可能超过 1 个大气压，所以提高抽采负压对瓦斯的抽出量影响不大，反而增加了孔口和管道系统的漏气，管内放水也更困难。一般情况下，钻孔口负压不超过 14 kPa(约 100 mmHg)。

③ 钻孔直径。抽采瓦斯的钻孔直径一般为 70～100 mm。钻孔直径对瓦斯的抽出量影响随煤层不同而异。如抚顺龙凤矿 −400 m 水平，直径 100 mm 钻孔的每米孔长的瓦斯涌出量为 0.005 1～0.017 7 m^3/min。直径为钻孔 20 倍的巷道，其每米孔长的瓦斯涌出量仅为 0.005 3～0.025 2 m^3/min，只增加了 1.2～1.4 倍。阳泉矿务局的试验表明，预抽瓦斯钻孔直径由 73 mm 增大至 300 mm，抽出瓦斯量约增大 3 倍。开滦矿务局历时 3 年的试验研究结果表明，大直径钻孔(180 mm)是普通钻孔(89～108 mm)抽采瓦斯量的 2.03～2.23 倍(在 1 年时间内)。

(二) 抽采开采煤层瓦斯

当没有充足的预抽时间，开采层瓦斯可采用边抽边采技术。边抽边采的方法主要有采面浅孔和上下巷顺层长钻孔抽采。

1. 采面短钻孔抽采

受采动影响，靠近工作面的 2～6 m 煤层呈卸压区，煤层透气性明显提高。采用浅孔边采边抽，可较好地解决低透气性煤层难抽采的问题。钻孔布置如图 9-7-5 所示。

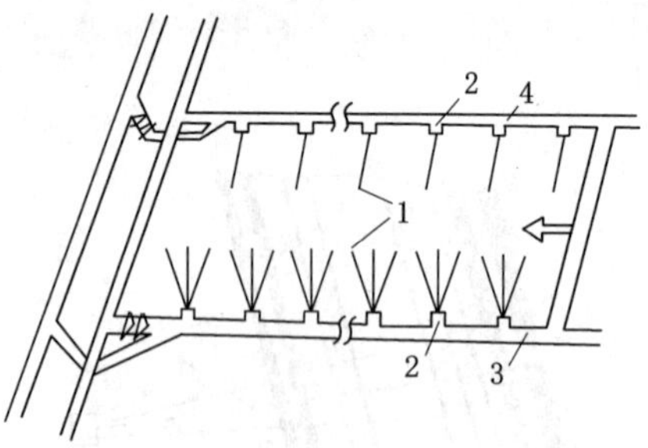

1—钻孔；2—钻场；3—机巷；4—风巷。

图 9-7-4　顺层钻孔预抽卸压煤层瓦斯

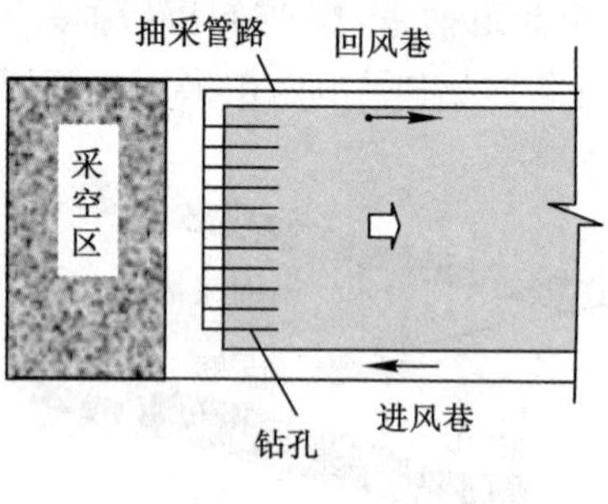

图 9-7-5　浅孔边采边抽示意图

抽采结束后，进行煤层注水，做到一孔两用。

钻孔布置和抽采参数：

① 钻孔深度。钻孔深度一般应穿过工作面前方的卸压带(宽度一般<10 m)。

② 钻孔间距。抽采半径随时间的变化而变化，例如，平煤十矿己组煤层的抽采半径：2 h 为 0.784 m，3 h 为 0.96 m，4 h 为 1.11 m。

③ 抽放时间。一般为 2～4 h。

④ 钻孔抽采负压。抽采负压≥5 kPa。

钻孔的超前距保持 5 m 以上，钻孔打完后利用专用封孔器封孔，通过 ϕ150 mm 抽采管接入采区抽采泵站系统。在平煤十矿己$_{15}$-24020 采面应用时，抽采浓度达 6%～15%，单孔抽采量 0.003 m^3/min，收到了较好的防突效果。

2. 顺层长钻孔抽采

近几年来，在采煤工作面较广泛地采用顺层长钻孔进行边抽边采方法治理瓦斯。在工作面机、风两巷向工作面前方煤层施工长钻孔，降低回采期间煤层瓦斯压力和含量，从而减少回采瓦斯涌出和降低突出危险性，如图 9-7-6 所示。

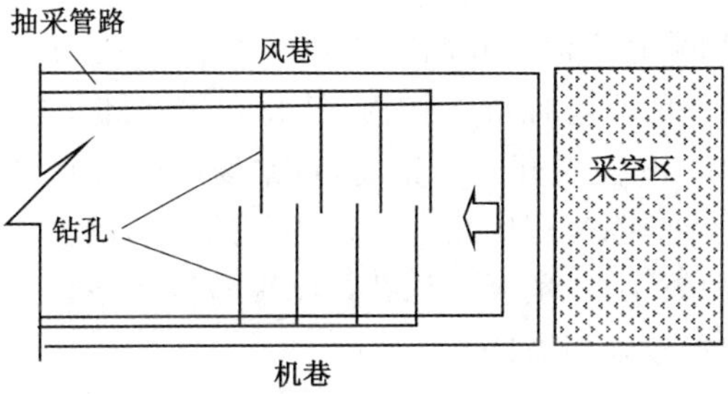

图 9-7-6　顺层长钻孔边采边抽

① 钻孔布置有平行、交叉、迎向多种形式；

② 钻孔间距根据预抽时间和钻孔的排放半径确定；如在未卸压状态下平煤十矿一般执行 2 m；

③ 钻孔深度 50 m 以上；

④ 在工作面机、风巷掘进期间施工，钻孔滞后掘进工作面不大于 100 m，采面贯通钻孔全部打完；

⑤ 在巷道内敷设一趟抽采管路与矿井抽采系统相连接。

优点：钻孔工程量相对较小，不需要底板巷道，单孔流量较大，可边采边抽。不具备卸压条件时使用，对回采期间防突有一定作用。

缺点：在煤巷中施工钻孔难度较大；打钻过程中，易发生卡钻，夹钻，喷孔，塌孔，不易成孔。

（三）煤巷掘进面瓦斯抽采

按抽采与掘进巷道的时间关系，可分为掘前预抽和边抽边掘。掘前预抽一般是在煤巷掘进之前，从煤层以外的巷道向待掘巷道的煤层进行打钻抽采。边掘边抽是在巷道掘进过程中对前方待掘进煤体进行抽采。

煤巷掘进工作面瓦斯抽采必须控制工作面前方一定轮廓范围，使其无突出危险，即控制范围的具体要求如表 9-7-3 所列。

表 9-7-3 抽排钻孔控制巷道的轮廓范围

工作面类型	煤层倾角	上帮或顶部/m	下帮或底部/m	钻孔超前/m	钻孔穿顶(底)板/m	要求
石门揭煤	>8°	>5	>3		0.5	瓦斯含量< $8\ m^3/t$,或煤层瓦斯压力< 0.74 MPa(表压)
立井揭煤	水平、缓倾斜、倾斜	>5	>5		0.5	
	急倾斜	>5	>3		0.5	
煤巷掘进	倾斜、急倾斜	7	3	10		
	水平、缓倾斜	>5	>5	10		

1. 边掘边抽

边掘边抽的实质是抽采巷道前方和两帮的卸压条带瓦斯。该方法应用于煤层突出危险性大,而又不具备预抽条件的煤巷掘进工作面,钻孔布置在卸压区内。钻孔布置如图 9-7-7 所示。在巷道两帮每隔 30 m 左右开 2 个钻场,自钻场向迎头前方打钻抽采,提前降低前方煤体瓦斯压力,达到减少或消除煤层突出危险性的目的。

为了提高超前抽采的效果,一般要与深孔控制爆破技术相配合。对于透气性好、无突出危险煤层,也可采用自然排放瓦斯方法。

2. 掘前预抽

掘前预抽主要是在有突出危险的煤层井巷掘进之前,对设计的井筒和巷道位置及其周围的煤层进行条带性抽采瓦斯,达到未来巷道的位置的煤层消除突出危险性,以保证在掘进时安全施工。

高位巷打钻抽采。平煤十矿戊$_{9-10}$ 煤层突出严重,其上部有 1.8～5.3 m 的戊$_8$ 邻近煤层,煤厚 0.8 m,无突出危险性。戊$_{9-10}$ 煤巷掘进之前,在戊$_8$ 煤施工一条半煤岩巷道,自此巷道内向戊$_{9-10}$ 将要掘进的煤体打钻孔预抽,钻孔要控制到戊$_{9-10}$ 掘进巷道两侧的 8 m 以内煤层。通过一定时间的预抽,使钻孔控制范围内的煤体瓦斯压力、瓦斯含量降到突出临界值以下,再进行戊$_{9-10}$ 煤层掘进,以实现掘进工作安全高效(图 9-7-8)。

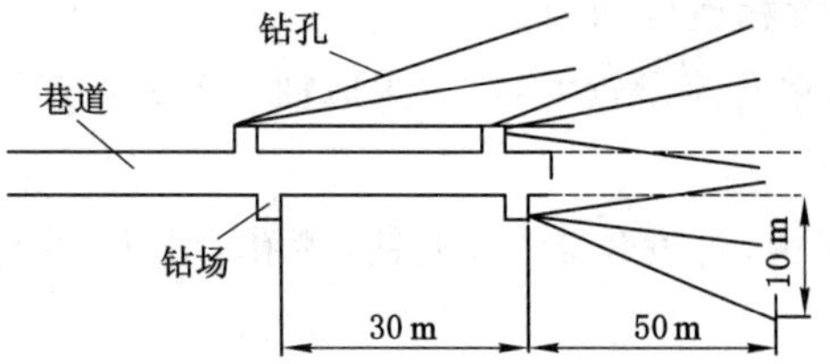

图 9-7-7 边抽边掘钻场、钻孔布置

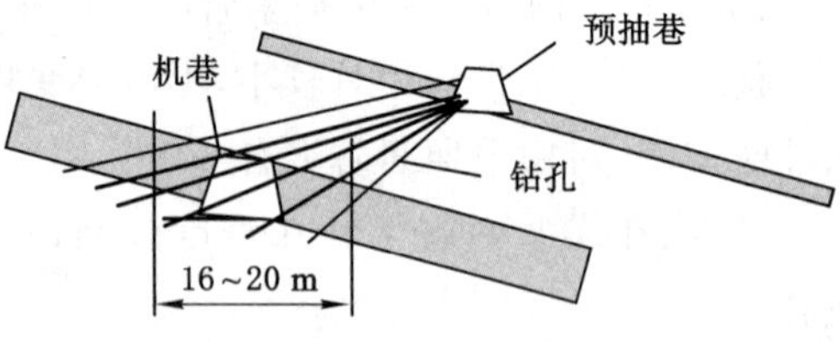

图 9-7-8 高位巷预抽钻孔平面布置示意图

若无生产巷道可利用,也可开掘专用底板岩石巷道施工钻孔,实现带状抽采。

底板巷预抽。同理,也可在煤层底板合适位置的巷道向待掘巷道的抽采范围打钻,抽采或排放煤层瓦斯,使其消除突出危险。

(四) 采空区瓦斯抽采

抽采采空区瓦斯的目的是抑制其涌向工作面及其回风流中,防止瓦斯积聚和爆炸。采空区瓦斯抽采可分为对已封闭式采空区的抽采、采空区的半封闭式和生产开放采空区抽采。

1. 工作面采空区瓦斯抽采

当采煤工作面存在高瓦斯的邻近煤层时，邻近层的瓦斯会成为采煤工作面采空区主要瓦斯来源，采空区瓦斯涌出量可占总量40%～60%。采空区瓦斯涌入工作面不仅威胁安全生产，而且会酿成爆炸事故。如1994年3月，辽源矿务局梅河矿三井因采煤工作面顶板大面积来压，采空区大量涌出瓦斯，风流通过一个小绞车硐室，绞车开动，钢丝绳摩擦金属支架产生火花引起爆炸。

抽采采空区瓦斯时，必须编制内容详细的防止采空区自然发火的安全措施，必须坚持每旬采样测定分析一次。一旦出现发火征兆必须停止抽采，采取有效技术措施，杜绝自然发火。

目前生产采空区瓦斯抽采方法主要有埋管抽采、风机引排、钻孔抽采、巷道抽采等方法。

(1) 采空区埋管抽采

埋管抽采是抽采采空区瓦斯的常用方法之一。如图9-7-9所示，抽采管路上每隔30～50 m设一吸气口，并加以保护。此方法一般作为辅助措施使用。

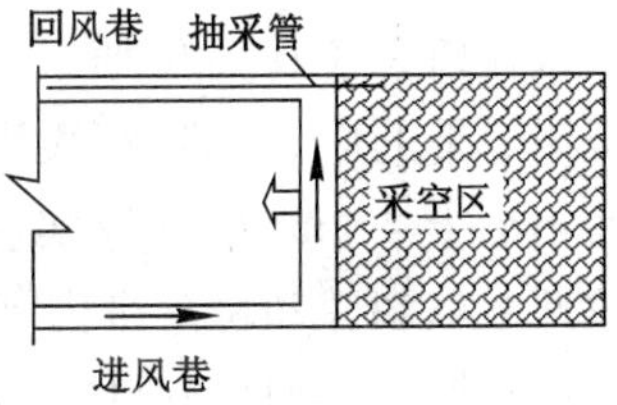

图 9-7-9 埋管抽采采空区瓦斯

(2) 高位钻孔裂隙带抽采瓦斯

高位钻孔裂隙带抽采是自风巷下帮或掘斜巷至顶板开平钻场打钻至采空区上方裂隙带内。

如图9-7-10所示，是自风巷下帮打钻至采空区上方裂隙带内。此抽采方法在平煤十矿己$_{15}$-24020等采面实施，单钻场抽采瓦斯纯流量最大为4 m^3/min，平均抽采瓦斯纯流量为2.5 m^3/min。

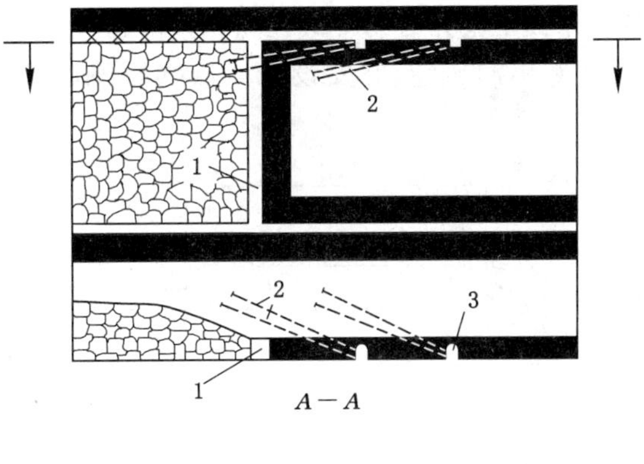

1—工作面；2—钻孔；3—钻场。

图 9-7-10 高位钻孔抽采

(3) 顶板水平长钻孔抽采方法

如图9-7-11所示，自工作面风巷下帮开口，按40°至煤层顶板裂隙带位置后施工钻场，打水平长钻孔抽采采空区顶板裂隙带瓦斯，钻场间距设计为100 m左右。在戊$_{10}$-20120等采煤工作面应用此方法。

(4) 走向高位巷抽采

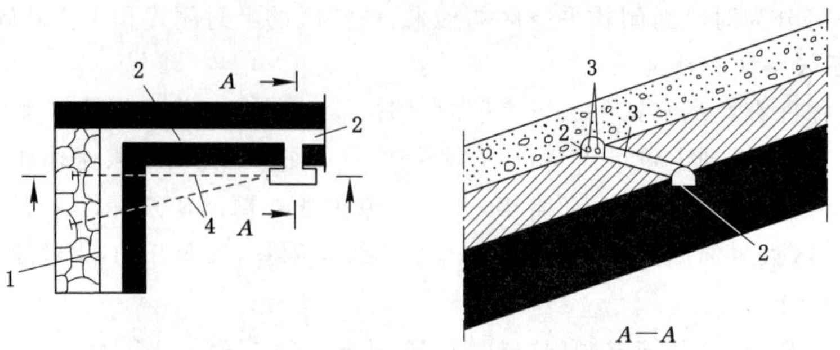

1—工作面；2—回风巷；3—钻场；4—钻孔。

图 9-7-11 顶板水平钻孔抽采钻孔布置图

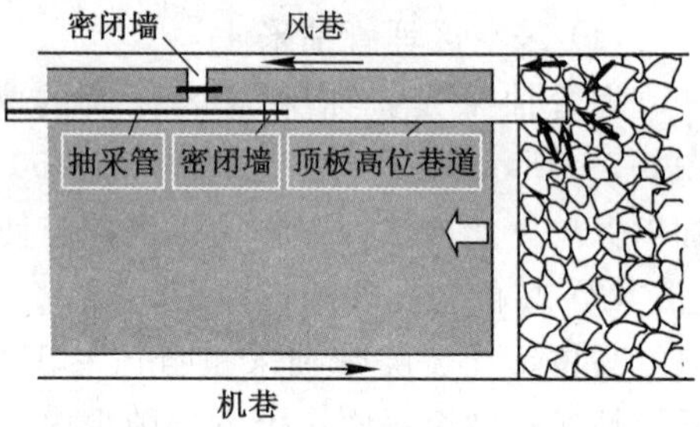

图 9-7-12 走向高位巷抽采

在煤层顶板带施工走向高位抽采巷道，可抽采采空区瓦斯。顶板高位抽采巷原则上布置在煤层顶板裂隙带的中、上部，距煤层顶板 25 m 左右，距风巷不小于 20 m(最好以实测和计算数据确定)。通过此巷将裂隙和垮落带内高浓度瓦斯排出、进入到采区瓦斯专用回风巷(图 9-7-12)。

如果提前在高位巷道向煤层打钻，增加顶板纵向裂隙，可增强抽采效果。开采有自燃危险的煤层时，要检测抽采管内的气体和上隅角的风温。一旦发现 CO 或温度呈上升趋势等自然发火征兆时，应立即停止抽采，采取措施，防止自然发火。

(5) 风机引排上隅角瓦斯

针对 U 形通风系统的采面上隅角容易形成瓦斯积聚问题，可在工作面回风巷安装局部通风机，引排上隅角瓦斯至专用回风巷，并安设瓦斯传感器，断电浓度为 3%，确保安全运行，如图 9-7-13 所示。

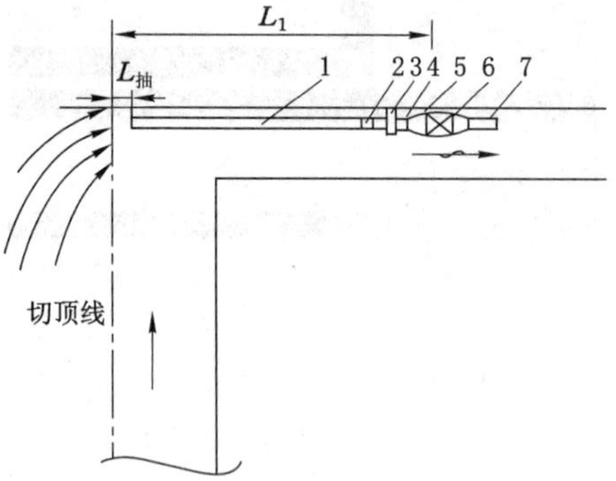

1—负压风筒；2—过滤铁丝网；3—钢质风筒；4—瓦斯浓度自动控制装置；

5—过渡风筒；6—无火花抽出式通风机；7—正压风筒；

L_1—风机至切顶线的距离；$L_{抽}$—负压风筒端口至切顶线的距离。

图 9-7-13 上隅角瓦斯引排系统试验布置示意图

利用此种方法在平顶山矿区应用，工作面回风流瓦斯浓度降低 20%左右。

2. 无煤柱开采(Y形通风系统)瓦斯抽采方法

1) 留巷侧埋管抽采采空区瓦斯

无煤柱开采并采用Y形通风时,采空区积聚大量高浓度瓦斯,留巷段采空区内埋管抽采瓦斯可作为防止采空区瓦斯大量向工作面涌出的技术措施,留巷墙体埋管及连管方式如图9-7-14所示。

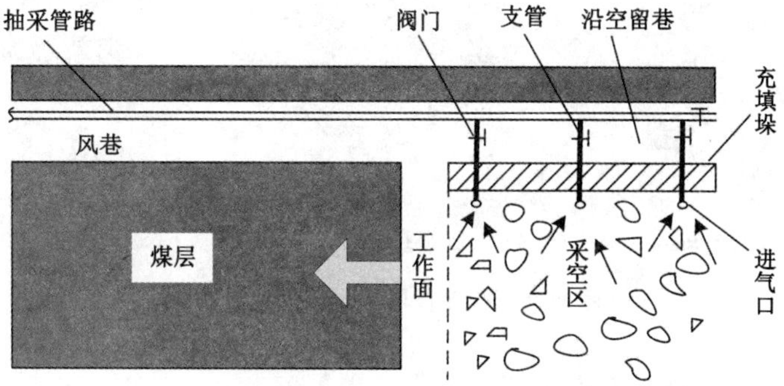

图9-7-14 沿空留巷采空区埋管示意图

采空区埋管间距是影响采空区瓦斯抽采效果的重要因素之一,埋管间距与抽采负压有关,一般20~30 m。

抽采管道穿过留巷充填体伸入采空区的长度不少于1.5 m,前端1 m管壁布置小管径(ϕ10 mm)的进气花孔;通过三通和连接管接入风巷内的抽采支管上。通过控制采空区抽采管道口的数量和开启程度,可控制采空区瓦斯抽采量和抽采瓦斯浓度,从而改变采空区瓦斯流动和瓦斯浓度场分布,控制采空区瓦斯涌出。

2) 留巷与抽采钻孔布置

当开采煤层群的首采煤层时,为了防止邻近层瓦斯涌入采空区和工作面,可采用以下三种无煤柱煤与瓦斯抽采模式:

(1) 留巷+滞后工作面倾向钻孔抽采模式

如图9-7-15(a)所示,当围岩地质条件较好、采深较浅时,矿压不大(留巷断面收缩率控制在30%以内),可将钻孔布置于工作面后方围岩剧烈调整期后,回避采动对钻孔破坏程度,延长钻孔寿命,提高钻孔的利用率。

(2) 留巷+超前工作面倾向钻孔抽采模式

如图9-7-15(b)所示,当工作面埋深较深、采后围岩变形大、留巷内施工钻孔难度大时,应在工作面前方60~80 m处打钻孔,同时采用高强度套管、扩孔让压、柔性充填等钻孔全采动维控技术,保障钻孔的安全性。该模式使钻孔在采前、采中、采后三个时期连续高效抽采瓦斯。

(3) 留巷+高位回风巷倾向钻孔共采模式

如图9-7-15(c)所示,当矿压大、留巷围岩变形严重、断面收缩率超过50%时,留巷维护困难,可在距煤层的顶(底)板受采动影响较小的位置施工一条高(低)位抽采、回风巷,在其内施工钻孔抽采上下邻近层瓦斯,每隔一定距离施工一条回风联巷与高(低)位抽采、回风巷连接。其优点是:高(低)位抽采、回风巷受采动影响较小,可避免钻孔施工与工作面回采之间的相互干扰。

(a) 留巷+滞后工作面倾向钻孔　(b) 留巷+超前工作面倾向钻孔　(c) 留巷+高位回风巷倾向钻孔

图 9-7-15　留巷与钻孔布置示意图

3）留巷内施工钻孔抽采裂隙区卸压瓦斯

在煤层群开采条件下，首采煤层开采后，导致上覆及下伏煤岩层发生移动变形，在距采空区一定高度之上形成一个富集高浓度瓦斯的高位环形裂隙体；在其下部也会有较丰富的采动裂隙网络，为瓦斯运移提供了较好的通道，如图 9-7-16 所示。

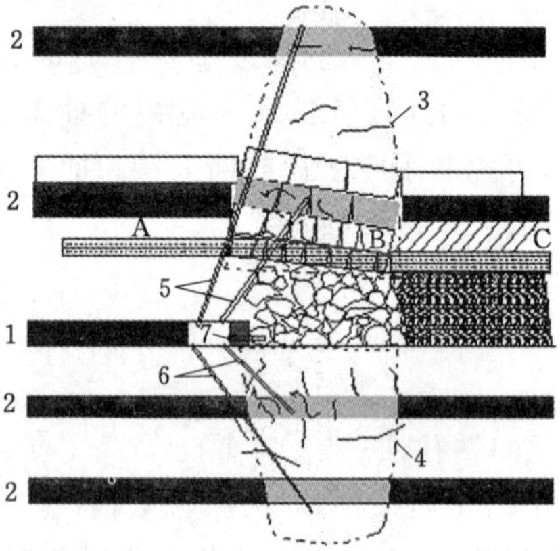

A—煤壁支撑影响区；B—离层区（裂隙稳定发育区）；C—重新压实区；

1—首采煤层；2—卸压层；3—高位环形体；4—低位环形体；

5—顶板抽采钻孔；6—底板抽采钻孔；7—留巷侧埋管抽采钻孔。

图 9-7-16　无煤柱开采后裂隙分布与卸压区示意图

在采空区侧沿空留巷内施工顶板、底板钻孔，可有效抽采采空区顶板高浓度瓦斯和拦截底板卸压瓦斯涌入工作面，应注意的是，钻孔避开采动垮落带，终孔位于裂隙带内；向上钻孔封孔长度大于垮落带高度。

3. 封闭采空区瓦斯抽采

封闭采空区，尤其是刚封闭采空区会不断涌出和积存大量瓦斯，其压力不断上升，对相邻的采掘工作面是一种潜在威胁。如 2003 年淮北芦岭矿曾因采空区瓦斯意外涌出，而发生重大瓦斯爆炸事故，死亡 86 人。

有在密闭内埋管抽采和向采空区打钻孔抽采等方式。

采空区抽采时要及时检查抽采负压、流量、抽出瓦斯的成分与浓度。抽采负压与流量应与采空区的瓦斯量相适应，才能保证抽出瓦斯中的甲烷浓度。如果煤层有自燃危险，更应经常检查抽出瓦斯的成分，一旦发现异常征兆，应立即停止抽采，采取防止自燃的措施。

（五）提高抽采效果的技术措施

提高抽采率是抽采工作的关键。

1. 提高低透气性煤层的透气性系数

从20世纪60年代开始，试验研究了多种提高透气性的方法，如利用保护层开采卸压、煤层注水、水力压裂、水力割缝、松动爆破、预裂控制爆破等。

① 卸压抽采。煤层卸压的方法主要是开采邻近的保护层。

② 深孔控制爆破。深孔控制爆破增透技术是向待掘进的应力集中和有突出危险区的煤层打几个钻孔，在钻孔中充装一种低爆速、高威力、高安全性的预裂爆破专用药柱，然后实施爆破。

③ 水力压裂。水力压裂是将大量含砂的高压液体（水或其他溶液）注入煤层，迫使煤层破裂，产生裂隙后砂子作为支撑剂停留在缝隙内，阻止它们的重新闭合，从而提高煤层的透气系数。如抚顺龙凤矿北井、阳泉、红卫等矿都曾做过这种方法的工业试验。红卫里王庙矿四层煤，采用压裂技术使钻孔瓦斯涌出量由 0.3 m^3/min 提高至 0.44～4.8 m^3/min。

④ 水力割缝。水力割缝是用高压水射流切割孔两侧煤体（即割缝），形成大致沿煤层扩张的空洞与裂缝。增加煤体的暴露面，造成割缝上、下煤体的卸压，提高它们的透气性系数。鹤壁四矿在普氏系数为 0.67 的煤层内，用 8 MPa 的水压进行割缝时，在钻孔两侧形成深 0.8 m、高 0.2 m 的缝槽，钻孔百米瓦斯涌出量由 0.01～0.079 m^3/min，增加到 0.047～0.169 m^3/min。

⑤ 水力扩孔。采用高压水射流进行水力扩孔的原理是，在已施工的煤孔中，采用旋转的高压水射流，对钻孔周围煤体进行切割，钻孔直径扩大数倍，增大煤体暴露面积，扩大钻孔卸压范围，增加钻孔抽采瓦斯半径，提高预抽瓦斯效果。扩孔效果如图 9-7-17 所示。

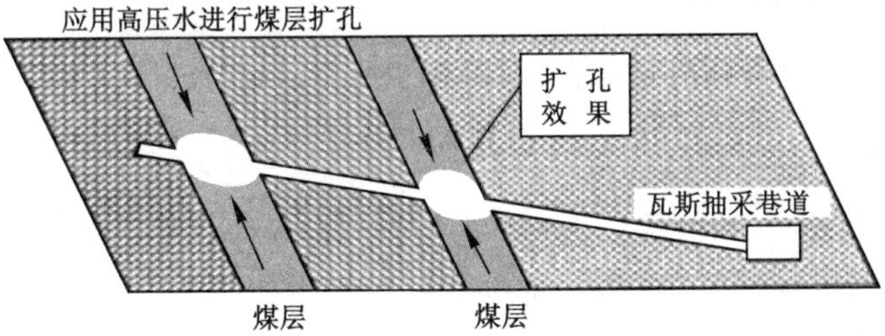

图 9-7-17　高压水射流水力扩孔

扩孔的装备如图 9-7-18 所示。高压水射流扩孔器，由高压水射流扩孔头、高压水泵、高压钻杆等组成。

在中梁山、芙蓉、松藻、淮南、窑街和石炭井的试验和应用表明：穿层钻孔的孔径扩大 2.5～5.7 倍，钻孔瓦斯抽采量提高 2 倍以上。

2. 提高封孔质量

增加封孔长度和提高封孔质量，必要时在钻孔中下套管，以增加钻孔的密封性。

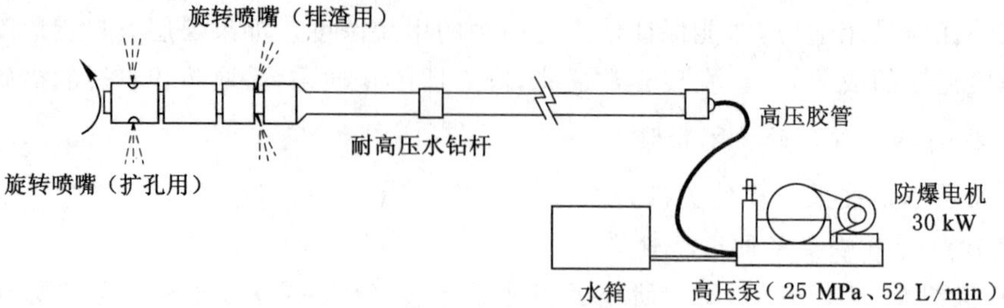

图 9-7-18　高压水射流水力扩孔装备

3. 优化钻孔参数

合理设计孔间距、钻孔倾角和孔底位置，增加顺层钻孔长度和直径。

4. 其他方法

适当提高抽采负压，增加抽采时间，合理设计钻场间距和孔间距，避免出现盲区；加强抽采管理，发现抽采率降低时，及时分析原因予以解决等。

三、抽采系统

抽采系统可分为地面固定抽采系统、井下固定抽采系统和井下移动抽采系统三种。

（一）矿井建立瓦斯抽采系统条件

有下列情况之一，必须建立地面永久抽采系统或井下临时抽采系统：

（1）当一个采煤工作面的瓦斯涌出量＞5 m^3/min，或一个掘进工作面的瓦斯涌出量＞3 m^3/min，采用通风方法解决瓦斯问题不合理时。

（2）矿井绝对瓦斯涌出量和年产量达到以下条件的：矿井绝对瓦斯涌出量大于或等于 40 m^3/min；年产量 1.0～1.5 Mt 的矿井，矿井绝对瓦斯涌出量大于 30 m^3/min；年产量 0.6～1.0 Mt 的矿井，矿井绝对瓦斯涌出量大于 25 m^3/min；年产量 0.4～0.6 Mt 的矿井，矿井绝对瓦斯涌出量大于 20 m^3/min；年产量等于或小于 0.4 Mt，矿井绝对瓦斯涌出量大于 15 m^3/min。

（3）开采有煤与瓦斯突出的矿井。

凡符合下列情况之一，必须建立地面固定瓦斯抽采系统：

（1）开采有煤与瓦斯突出危险煤层的矿井。

（2）瓦斯抽采系统设计抽采量大于或等于 2 m^3/min 的矿井。

（3）瓦斯资源可靠、储量丰富，预计瓦斯抽采服务年限在 5 年以上。

井下抽采系统适用于抽采地点少或固定系统无法满足需要的采区。

（二）系统组成

抽采瓦斯所用设备，主要有瓦斯泵、管道、流量计以及安全装置等。抽采系统的结构如图 9-7-19 所示。

（三）主要设备

抽采瓦斯的设备主要有钻机、封孔装置、瓦斯泵、管道、安全装置和检测仪表。

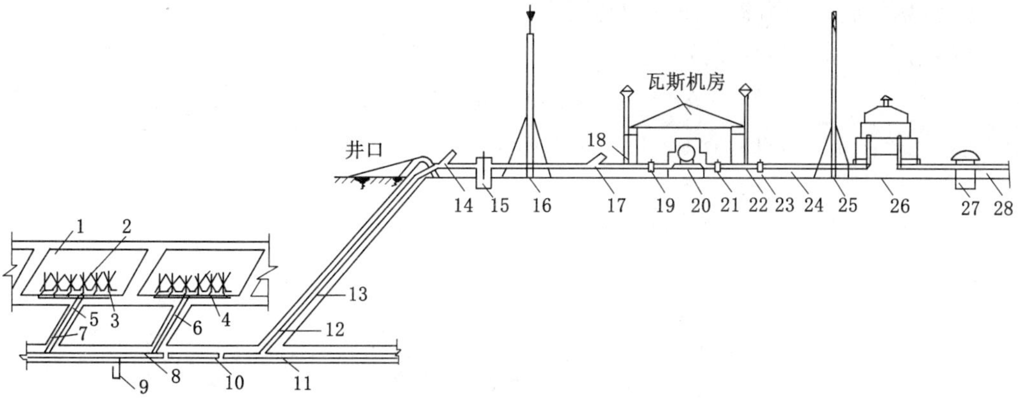

1—井下抽采瓦斯区；2—瓦斯钻孔；3—瓦斯钻场；4—钻场分支管路；5—抽采区支管；
6—抽采区流量计；7—抽采区控制阀门；8—抽采瓦斯主管路；9—简易自动放水管；
10—抽采主管控制阀门；11—放水器；12—抽采主管路阀门；13—井下抽采主管路；
14—井口简易防爆阀；15—地面瓦斯管路放水器；16—瓦斯泵入口管路附近避雷器；
17—瓦斯泵入口简易防爆阀；18—瓦斯泵入口放空管；19—瓦斯泵入口管路总阀门；20—瓦斯泵；
21—瓦斯泵出口总阀门；22—瓦斯泵出口管路放空管；23—瓦斯泵出口管路控制阀门；
24—瓦斯泵出口管路流量计；25—瓦斯泵出口管路附近避雷器；26—瓦斯罐；
27—防爆、防回火器；28—地面瓦斯供应子管系统。

图 9-7-19　矿井抽采瓦斯与利用安全设施示意图

钻机根据钻孔深度、直径，选择专用于打抽采钻孔的钻机(装有排放瓦斯装置)，也可以用一般钻机。封孔可用水泥砂浆封孔，也可以用胶圈封孔器或聚氨酯封孔。封口深度视孔口附近围岩性质而定，围岩坚固时 2～3 m，围岩松软时 6～7 m，甚至 10 m 左右。封孔后，用弯管、自动放水器、流量计、铠装软管(或抗静电塑料软管)、闸门等将钻孔与抽采管路连接起来，如图 9-7-20 所示。

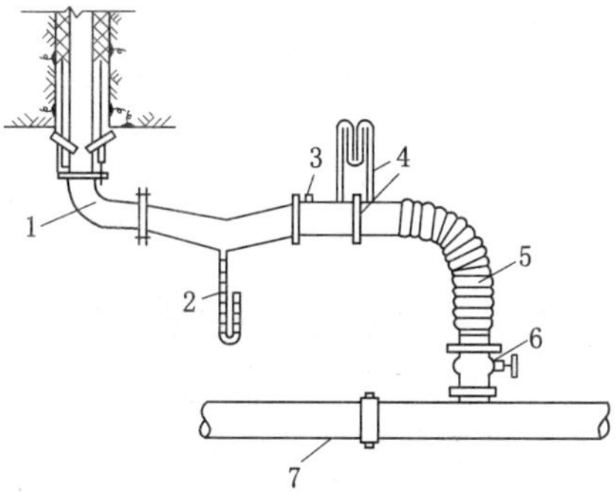

1—弯管；2—自动放水器；3—取样孔；
4—流量计；5—铠装软管；
6—闸门；7—抽瓦斯管。

图 9-7-20　抽采钻孔与抽采管路的连接

1. 抽采瓦斯的管道

一般用钢管或铸铁管。管道直径是决定抽采投资和抽采效果的重要因素之一。管道直径 D(m)应根据预计的抽出量，用下式计算：

$$D=[(4Q_c)/(60\pi v)]^{1/2} \quad (9\text{-}7\text{-}1)$$

式中　Q_c——管内气体流量，m^3/min；

v——管内气体流速，m/s。

管内瓦斯流速 v：$5\ m/s<v<20\ m/s$，一般取 $v=10\sim15\ m/s$。这样才能使选择的管径有足够的通过能力和较低的阻力。大多数矿井抽采瓦斯的管道内径为：采区的 100～150 mm，大巷的 150～300 mm，井筒和地面的 200～400 mm。

管道铺设路线选定后，进行管道总阻力的计算，用来选择瓦斯泵。管道阻力计算方法和通风设计时计算矿井总阻力一样，即选择阻力最大的一路管道，分别计算各段的摩擦阻力和局部阻力，累加起来即为整个系统的总阻力。

摩擦阻力 h_f(Pa)可用下式计算：

$$h_f = (1 - 0.00446C)LQ_c^2/kD^5 \tag{9-7-2}$$

式中 L——管道的长度，m；

D——管径，cm；

Q_c——管内混合气体（瓦斯与空气）的流量，m^3/h；

k——系数见表 9-7-4；

C——混合气体中的瓦斯浓度。

表 9-7-4 系数 k 的取值

管径/cm	3.2	4.0	5.0	7.0	8.0	10.0	12.5	15.0	>15.0
k	0.05	0.051	0.053	0.056	0.058	0.063	0.068	0.071	0.072

局部阻力一般不进行个别计算，而是以管道总摩擦阻力的 10%～20%作为局部阻力。

管道的总阻力 h_R 为：

$$h_R = (1.1 \sim 1.2)\sum h_{fi} \tag{9-7-3}$$

式中 h_{fi}——i 段管道的摩擦阻力，Pa。

2. 瓦斯泵

常用的瓦斯泵有：水环式真空泵、离心式鼓风机和回转式鼓风机。

水环式真空泵的特点是真空度高、负压大、流量小、安全性好（工作室内充满介质，不会发生瓦斯爆炸）。适用于抽出量不大、要求抽采负压高的矿井。

离心式鼓风机适用于瓦斯抽出量大（20～1 200 m^3/min）、管道阻力不高（4～5 kPa）的抽采情况下。

回转式鼓风机的特点是，管道阻力变化时，风机的流量几乎不变，所以供气均匀，效率高。其缺点是噪声大，检修复杂。

这两类风机的规格型号可参见《煤矿抽采瓦斯手册》。

3. 流量计

为了全面掌握与管理井下瓦斯抽采情况，需要在总管、支管和各个钻场内安设测定瓦斯流量的流量计。目前井下一般采用孔板流量计，如图 9-7-21 所示。孔板两端静压差 h（可用水柱计测出）与流过孔板的气体流量有如下关系式：

$$Q = 9.7 \times 10^{-4} \times K\sqrt{\frac{hP}{0.716C + 1.293(1 - C)}} \tag{9-7-4}$$

式中 Q——温度为 20 ℃、压力为 101.3 kPa 时的混合气体流量，m^3/min；

h——孔板两端静压差，Pa；

P——孔板出口端绝对静压，Pa；

C——瓦斯浓度，%；

K——孔板流量系数，$K = K_t \times C_1 \times S_k\sqrt{2g} \times 60$，$m^{2.5}/min$；

C_1——流速收缩系数，取 0.65；

K_t——孔板系数(加工精度好时取1)；

0.716——标准状况下瓦斯的密度，kg/m^3；

1.293——标准状况下空气的密度，kg/m^3；

S_k——孔板孔口面积，m^2。

加工孔板流量计，孔口面积的大小应由流量大小而定，若孔口大，流量小，则 h 值很小，难以量出；若流量大，孔口阻力损失太大。可参照表9-7-5所列选择。

表9-7-5　孔板流量计参数表

孔板孔径 /mm	流量/($m^3 \cdot min^{-1}$)		孔板流量系数 /($m^{2.5} \cdot min^{-1}$)
	Δh=98 Pa	Δh=980 Pa	
2	0.001 6	0.005	参考数值：0.052×10^{-2}
4	0.006	0.020	0.208×10^{-2}
6	0.015	0.046	0.473×10^{-2}
8	0.025	0.080	0.83×10^{-2}
10	0.040	0.127	1.32×10^{-2}
12.7	0.064	0.203	2.10×10^{-2}
25.4	0.256	0.812	8.40×10^{-2}
50.8	1.024	3.248	3.36×10^{-1}
76.2	2.304	7.308	7.58×10^{-1}
101.6	4.096	12.992	1.345

孔板的安装应保证孔板中心与管道中心相重合，方向要正确(图9-7-21)，法兰盘的垫片不能出现在管内，孔口上沉积的污物，应及时清理。

4. 其他装置

(1) 放水器

其作用是放出管道内的积水。在管路系统中有可能积水的位置都要安装放水器。最简单的放水器为U形管自动放水器(图9-7-22)，当U形管内积水超过开口端的管长时，水就

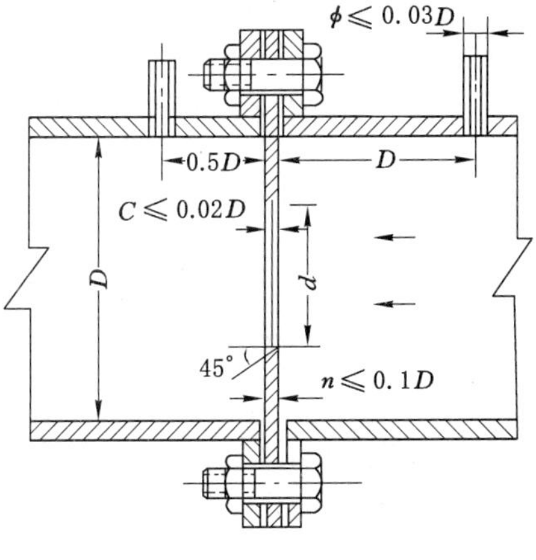

图9-7-21　孔板流量计

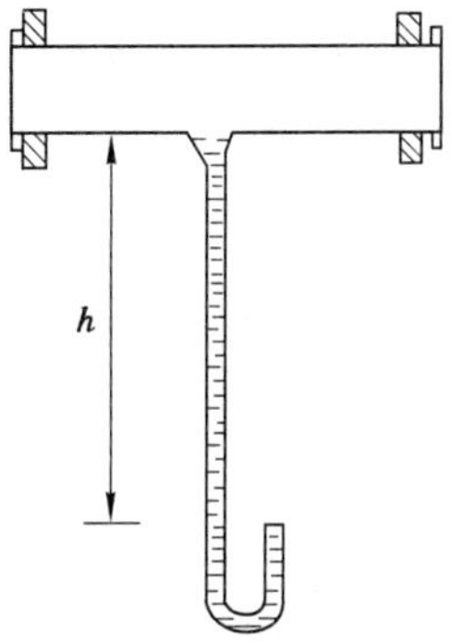

图9-7-22　自动放水器

自动流出。这种放水器多用于钻孔附近，管的有效高度必须大于安装地点的管道内负压。图 9-7-23 为人工放水器，正常抽采时打开放水器的 1 号阀门，关闭 2 号和 3 号阀门，管道里的水流入水箱。放水时，关闭 1 号阀门，打开 2 号和 3 号阀门将水放出。

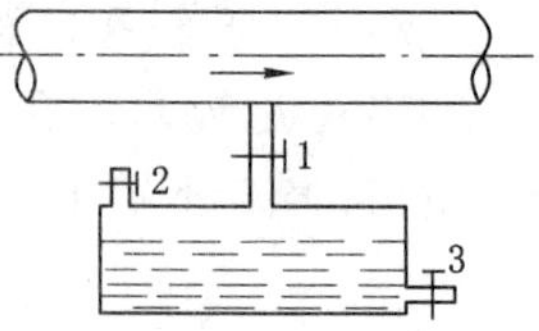

图 9-7-23　人工放水器

(2) 防爆、防回火装置

抽采系统正常工作状态遭到破坏，管内瓦斯浓度降低时，遇到火源瓦斯就有可能燃烧或爆炸。为了防止火焰沿管道传播，《煤矿安全规程》规定，瓦斯泵吸气侧管路系统中，必须装设防回火、防回气和防爆炸作用的安全装置。图 9-7-24 为水封防爆、防回火器。正常抽采时，瓦斯由进气口进入，经水封器由出口排出。管内发生瓦斯燃烧或爆炸时，火焰被水隔断、熄灭，爆炸波将防爆盖冲破而释放于大气中。

防回火网多由 4～6 层导热性能好而不易生锈的铜网构成，网孔约 0.5 mm(图 9-7-25)。瓦斯火焰与铜网接触时，网孔能阻止火焰的传播。

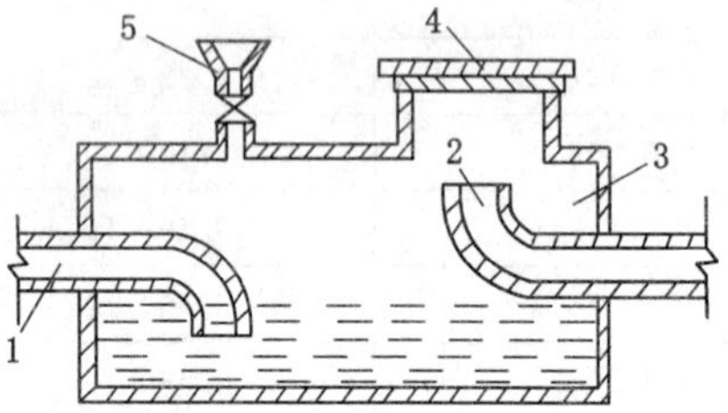

1—进气口；2—出气口；3—水封缶；
4—防爆盖(用胶皮板制成)；5—进水管。
图 9-7-24　水封防爆、防回火器

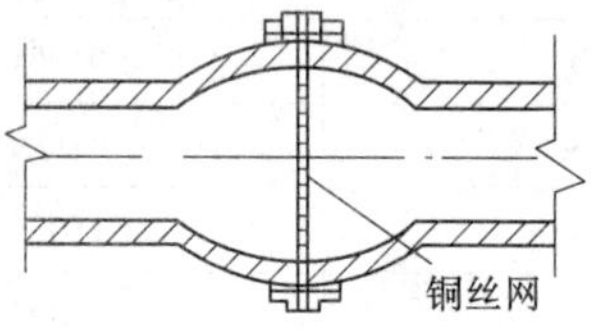

图 9-7-25　防回火网

煤炭科学研究总院重庆分院研制的 WGC 瓦斯抽采管道参数测定仪，用于井下或地面抽采泵站对瓦斯抽采管中的甲烷浓度、温度、抽采负压、抽采瓦斯的混合流量和纯流量进行流动检测和连续监测。

《煤矿安全规程》规定，利用瓦斯时，抽出瓦斯中的瓦斯浓度不得低于 30%；不利用瓦斯时，用干式抽气设备，瓦斯浓度不得低于 25%。

抽出的瓦斯，可以按其浓度的不同，合理地加以利用：浓度为 35%～40%时，主要用做工业、民用燃料；浓度 50%以上的瓦斯可以用作化工原料，如制造炭黑和甲醛。抚顺、阳泉、天府、中梁山和淮南等局矿都已建厂生产。

(三) 抽采设计

设计的主要任务是：抽采系统类型选择(固定式或移动式或两者组合式)地面泵站选址、井下抽采管路布置、计算抽采量、计算管道直径和系统总阻力、抽采泵选型。

第八节　瓦斯爆炸及其预防

国外文献记载的最早瓦斯爆炸事故，是 1675 年发生于英国北威尔士欣煤矿的瓦斯爆炸。世界煤矿开采史上最大的伤亡事故，是 1942 年发生于辽宁本溪煤矿的瓦斯、煤尘爆炸，造成 1 549 人死亡，146 人受伤。目前，在我国煤矿中瓦斯爆炸事故是最严重的灾害之一，所以掌握瓦斯爆炸的原因、规律和防治措施，极为重要。

一、瓦斯爆炸过程及其危害

（一）瓦斯爆炸的化学反应过程

瓦斯爆炸是一定浓度的甲烷和空气中的氧气在高温热源的作用下发生激烈氧化反应的过程。最终的化学反应式为：

$$CH_4+2O_2 = CO_2+2H_2O$$

如果煤矿井下 O_2 不足，反应的最终式为：

$$CH_4+O_2 = CO+H_2+H_2O$$

矿井瓦斯爆炸是一种热-链反应过程(也称连锁反应)。当爆炸混合物吸收一定能量后，反应分子的链即行断裂，离解成两个或两个以上的游离基(也称自由基)。这类游离基具有很大的化学活性，成为反应连续进行的活化中心。在适合的条件下，每一个游离基又可以进一步分解，再产生两个或两个以上的游离基。这样循环不已，游离基越来越多，化学反应速度也越来越快，最后就可以发展成为燃烧或爆炸式的氧化反应。

（二）瓦斯爆炸的产生与传播过程

爆炸性的混合气体与高温火源同时存在，就将发生瓦斯的初燃(初爆)，初燃产生以一定速度移动的焰面，焰面后的爆炸产物具有高的温度，由于热量集中而使爆源气体产生高温和高压并急剧膨胀而形成冲击波。如果巷道顶板附近或垮落孔内积存着瓦斯，或者巷道中有沉落的煤尘，在冲击波的作用下，它们就能均匀分布，形成新的爆炸混合物，使爆炸过程得以继续下去。

爆炸时由于爆源附近气体高速向外冲击，在爆源附近形成气体稀薄的低压区。于是产生反向冲击波，使已遭破坏的区域再一次受到破坏。如果反向冲击波的空气中含有足够的 CH_4 和 O_2，而火源又未消失，就可以发生第二次爆炸。此外，瓦斯涌出较大的矿井，如果在火源熄灭前，瓦斯浓度又达到爆炸浓度，也能发生再次爆炸。如辽源太信一井 1751 准备区掘进巷道复工排放瓦斯时，因明火引燃瓦斯，导致大巷内瓦斯爆炸，在救护队处理事故过程中和采区封闭后，6 天内连续发生爆炸 32 次。

（三）瓦斯爆炸的危害

矿内瓦斯爆炸的有害因素是高温、冲击波和有害气体。

焰面是巷道中运动着的化学反应区和高温气体，其速度大、温度高。从正常的燃烧速度(1.0～2.5 m/s)到爆轰式传播速度(2 500 m/s)。焰面温度可高达 2 150～2 650 ℃。焰面经过之处，人被烧死或大面积烧伤，可燃物被点燃而发生火灾。

冲击波锋面压力由几个大气压到 20 个大气压，前向冲击波叠加和反射时可达 100 个大气压。其传播速度总是大于声速，所到之处造成人员伤亡、设备和通风设施损坏及巷道垮塌。

瓦斯爆炸后生成大量有害气体，某些煤矿分析爆炸后的气体成分为 $O_2$6%～10%，$N_2$82%～88%，$CO_2$4%～8%，CO 2%～4%。如果有煤尘参与爆炸，CO 的生成量更大，往往成为人员大量伤亡的主要原因。

二、瓦斯爆炸条件及其影响因素

（一）瓦斯爆炸充要条件

（1）瓦斯的爆炸浓度。

理论分析和试验研究表明：在正常的大气环境中，瓦斯爆炸下限为5%～6%，上限为14%～16%。瓦斯浓度为9.5%时，化学反应最完全，产生的温度与压力也最大。瓦斯浓度7%～8%时最容易爆炸，这个浓度称为最优爆炸浓度。

（2）具有一定能量的点火源。

（3）环境中氧气浓度＞12%。

以上三个条件同时具备、相互作用是瓦斯爆炸的充分条件。

正常大气压和常温时，瓦斯爆炸浓度与氧气浓度关系，如柯瓦德爆炸三角形所示（图9-8-1）。氧气浓度降低时，爆炸下限变化不大（*BE*线），爆炸上限则明显降低（*CE*线）。氧气浓度低于12%时，混合气体就失去爆炸性。

爆炸三角形理论对火区封闭或启封时，以及惰性气体灭火时判断有无瓦斯爆炸危险，有一定的参考意义。

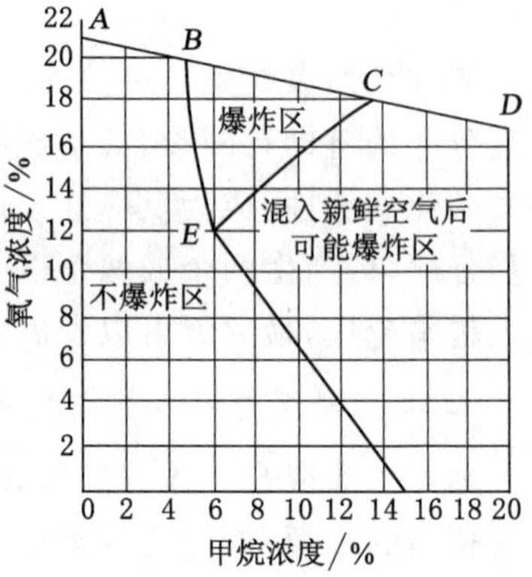

图9-8-1　柯瓦德爆炸三角形

（二）爆炸参数的影响因素

瓦斯浓度低于爆炸下限时，遇高温火源并不爆炸，只能在火焰外围形成稳定的燃烧层。浓度高于爆炸上限时，在该混合气体内不会爆炸，也不燃烧，如有新鲜空气供给时，可以在混合气体与空气的接触面上进行燃烧。

必须强调指出，瓦斯爆炸界限不是固定不变的，它受到许多因素的影响，其中重要的有：

（1）氧气的浓度。

（2）其他可燃气体。混合气体中有两种以上可燃气体同时存在时，其爆炸界限决定于各可燃气体的爆炸界限和它们的浓度。多种可燃气体同时存在的混合气体的爆炸界限，可由下式求出：

$$N = 100/(C_1/N_1 + C_2/N_2 + \cdots + C_n/N_n) \tag{9-8-1}$$

式中　N——多种可燃气体同时存在时的混合气体爆炸上限或下限，%；

$C_1, C_2, C_3, \cdots, C_n$——各可燃气体占可燃气体总的体积百分比，%；

$$C_1 + C_2 + C_3 + \cdots + C_n = 100\%$$

$N_1, N_2, N_3, \cdots, N_n$——各可燃气体的爆炸上限或下限，%。

如果多种可燃气体浓度之和处于式(9-8-1)计算的爆炸上、下限之间，那么，这一混合的可燃气体就具有爆炸性。表9-8-1为煤矿内常见可燃气体的爆炸上限和下限。

式(9-8-1)适用于烃类与CO等混合气体。该式应用的条件是预先知道混合气体中可燃组分及其浓度，因此，只有具备连续取样，并用计算机处理数据时，才具有实际意义。

（3）煤尘。煤尘具有爆炸危险，300～400 ℃时就能从煤尘内挥发出多种可燃气体，形成混合的爆炸气体，使瓦斯的爆炸危险性增加。

表 9-8-1　煤矿内常见可燃气体的爆炸上限和下限

气体名称	化学式	爆炸下限/%	爆炸上限/%
甲烷	CH_4	5.00	16.00
乙烷	C_2H_6	3.22	12.45
丙烷	C_3H_8	2.40	9.50
氢气	H_2	4.00	74.20
一氧化碳	CO	12.50	75.00
硫化氢	H_2S	4.32	45.00
乙烯	C_2H_4	2.75	28.60
戊烷	C_5H_{12}	1.40	7.80

(4) 空气压力。爆炸前的初始压力对瓦斯爆炸上限有很大影响。可爆性气体压力增高,使其分子间距更为接近,碰撞概率增高。因此使燃烧反应易进行,爆炸极限范围扩大。

(5) 惰性气体。惰性气体的混入,使氧气浓度降低,并阻碍活化中心的形成,可以降低瓦斯爆炸的危险性。例如,加入 N_2 或 CO_2 可使瓦斯的爆炸下限提高,上限降低。加入25.5%或 36%的 N_2,可以使任何浓度的瓦斯失去爆炸性。

(三) 瓦斯的最低点燃温度和最小点燃能量

瓦斯的最低点燃温度和最小点燃能量决定于空气中的瓦斯浓度,初压和火源的能量及其放出强度和作用时间。瓦斯-空气混合气体的最低点燃温度,绝热压缩时 565 ℃,其他情况时 650 ℃。最低点燃能量为 0.28 mJ。煤矿井下的明火、煤炭自燃、电弧(平均 4 000 ℃)、电火花、赤热的金属表面以及撞击和摩擦火花,都能点燃瓦斯。此外,采空区内砂岩悬顶垮落时产生的碰撞火花,也能引起瓦斯的燃烧或爆炸。苏联的研究认为,岩石脆性破裂时,它的裂隙内可以产生高压电场(达 108 V/cm),电场内电荷流动,也能导致瓦斯燃烧。

(四) 瓦斯的引火延迟性

瓦斯与高温热源接触后,不是立即燃烧或爆炸,而是要经过一个很短的间隔时间,这种现象叫作引火延迟性,间隔的这段时间称为感应期,感应期的长短与瓦斯的浓度、火源温度和火源性质有关,而且瓦斯燃烧的感应期总是小于爆炸的感应期,表 9-8-2 为瓦斯爆炸的感应期。由此可见,火源温度升高,感应期迅速下降,瓦斯浓度增加,感应期略有增加。

表 9-8-2　瓦斯爆炸的感应期

瓦斯浓度/%	火源温度/℃						
	775	825	875	925	975	1 075	1 175
	感应期/s						
6	1.08	0.58	0.35	0.20	0.12	0.039	
7	1.15	0.6	0.36	0.21	0.13	0.041	0.01
8	1.25	0.62	0.37	0.22	0.14	0.042	0.012
9	1.30	0.65	0.39	0.23	0.14	0.044	0.015
10	1.40	0.68	0.41	0.24	0.15	0.049	0.018
12	1.64	0.74	0.44	0.25	0.16	0.055	0.02

瓦斯爆炸的感应期，对煤矿安全生产意义重大。在井下出现高温热源是不可避免的，但关键是控制其存在时间在感应期内。例如，使用安全炸药爆破时，其初温能达到 2 000 ℃左右，但高温存在时间只有 10^{-6}～10^{-7} s，都小于瓦斯的爆炸感应期，所以不会引起瓦斯爆炸。如果炸药质量不合格，炮泥充填不紧或爆破操作不当，就会延长高温存在时间，一旦时间超过感应期，就能发生瓦斯燃烧或爆炸事故。为了安全起见，井下电气设备必须采用安全火花型或隔爆型，将电火花存在的时间控制在 10^{-2}～10^{-6} s 内，电弧存在时间控制在 10^{-4}～1 s 内。

三、煤矿井下瓦斯爆炸事故原因分析

对煤矿发生的瓦斯事故进行统计分析，找出其发生的一般规律，以便有针对性地采取预防措施，杜绝事故发生。根据国内外煤矿的瓦斯爆炸统计资料，可以得出下列结论：

（一）火源

井下的一切高温热源都可以引起瓦斯燃烧或爆炸，但主要火源是爆破和机电火花。随着煤矿机械化程度的提高，摩擦火花引燃瓦斯的事故逐渐增多。例如，美国煤矿采掘机械工作时，摩擦火花引起的瓦斯燃烧和爆炸事故，1971 年为 33 次，1975 年为 51 次，1979 年增至 87 次。据英国统计，1965 年到 1973 年间，长壁工作面发生的瓦斯事故中，一半以上是由截装机构的摩擦火花引起的。

表 9-8-3 为我国 1970—1979 年 10 年间，瓦斯、煤尘爆炸事故的火源分类。

表 9-8-3　瓦斯、煤尘爆炸事故的火源分类

火源类别	次数	百分比
爆　破	24	27.6
电气设备	49	56.3
煤炭自燃	4	4.6
摩擦火花	6	5.9
吸　烟	4	6.6
总　计	87	100.0

（二）发生地点

煤矿任何地点都有发生爆炸的可能性，但大部分爆炸事故发生在采掘工作面。表 9-8-4 为我国 1970—1979 年 10 年间，瓦斯、煤尘爆炸发生地点的分类。苏联煤矿发生在掘进工作面的瓦斯事故为 80%～90%，采煤工作面只占 10%～20%。

表 9-8-4　瓦斯、煤尘爆炸发生地点的分类

地　点	次　数	百分比
采煤工作面	43	49.4
掘进工作面	41	47.1
材料上山	2	2.3
溜煤眼	1	1.2
总　计	87	100.0

采煤工作面容易发生瓦斯爆炸的地点为工作面的上隅角。因为采空区内积存高浓度瓦斯，上隅角又往往是采空区漏风的出口，漏风将高浓度瓦斯带出；工作面出口风流直角转弯，上隅角形成涡流后，瓦斯不容易被风流带走，所以容易积聚瓦斯，能达到爆炸浓度。上隅角附近常设置回柱绞车等机电设备；工作面上出口附近的煤帮在集中应力作用下，变得比较疏松，自由面增多，爆破时容易发生虚炮，产生火源的机会多。

采煤工作面另一容易发生爆炸事故的地点，是采煤机工作时切割机构附近。截槽内、截盘附近和机壳与工作面煤壁之间，瓦斯涌出量大，通风不好，容易积聚瓦斯。据英国一个综采工作面测定，截槽内瓦斯浓度有时高达75%，采煤机机械电气设备防爆性能不好，截齿与坚硬夹石（如黄铁矿）摩擦火花，是点燃瓦斯的火源。

掘进工作面较易发生瓦斯爆炸的原因，一方面是这些地点采用局部通风机通风，如果局部通风机停止运转、风筒末端距工作面较远、风筒漏风太大或局部通风机供风能力不够，以致风量不足或风速过低，瓦斯容易积聚。另一方面，爆破、掘进机械、局部通风机、电钻等的操作管理，如不符合规定，容易产生高温火源。

国内外的统计资料表明，低瓦斯矿井，由于通风、爆破和机电设备管理不严格，爆炸事故有可能比高瓦斯涌出量矿井还要严重。

分析爆炸事故的原因还表明，绝大多数爆炸事故是管理上疏忽和人为违反安全规程，以及缺少应有的纪律与责任的结果。

四、预防瓦斯爆炸的措施

瓦斯爆炸必须同时具备三个条件：① 瓦斯浓度在爆炸范围内；② 高于最低点能量的热源存在的时间大于瓦斯的引火感应期；③ 瓦斯-空气混合气体中的氧气浓度大于12%。最后一条件在生产井巷中是始终具备的，所以预防瓦斯爆炸的措施，就是防止瓦斯的积聚和杜绝或限制高温热源的出现。

（一）防止瓦斯积聚

所谓瓦斯积聚是指瓦斯浓度超过2%，其体积超过0.5 m^3 的现象。

1. 搞好通风

有效地通风是防止瓦斯积聚的最基本最有效方法。瓦斯矿井必须做到风流稳定，有足够的风量和风速，避免出现循环风，局部通风风筒末端要靠近工作面，爆破时间内也不能中断通风，向瓦斯积聚地点加大风量和提高风速，等等。

2. 及时处理局部积存的瓦斯

生产中容易积存瓦斯的地点有：采煤工作面上隅角，独头掘进工作面的巷道隅角，顶板垮落的空洞内，低风速巷道的顶板附近，停风的盲巷中，综放工作面放煤口及采空区边界处，以及采掘机械切割部分周围，等等。及时处理局部积存的瓦斯，是矿井日常瓦斯管理的重要内容，也是预防瓦斯爆炸事故，搞好安全生产的关键工作。

（1）采煤工作面上隅角瓦斯积聚的处理

我国煤矿处理采煤工作面上隅角瓦斯积聚的方法很多，大致可以分为以下几种：

迫使一部分风流流经工作面上隅角，将该处积存的瓦斯冲淡排出。此法多用于工作面瓦斯涌出量不大（小于2～3 m^3/min），上隅角瓦斯浓度超限不多时。具体做法是在工作面上隅角附近设置木板隔墙或帆布风障(图 9-8-2)。

全负压引排法。在瓦斯涌出量大、回风流瓦斯超限、煤炭无自然发火危险而且上区段采空区之间无煤柱的情况下,可控制上阶段的已采区密闭墙漏风(图 9-8-3),改变采空区的漏风方向,将采空区的瓦斯直接排入回风道内。

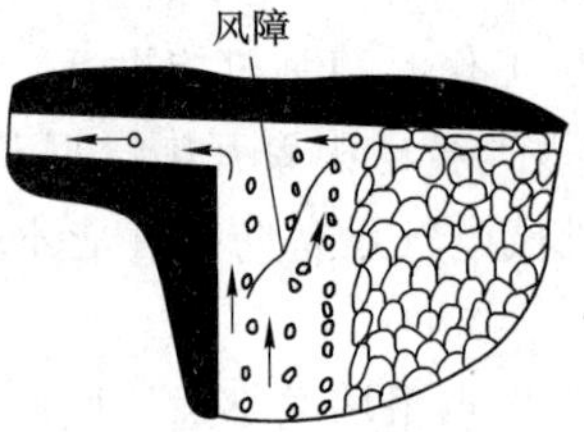

图 9-8-2　迫使风流流经采煤工作面上隅角

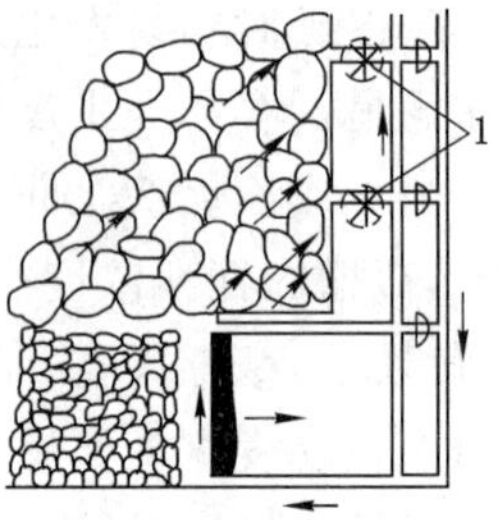

1—打开的密闭墙。

图 9-8-3　改变采空区漏风方向

高瓦斯工作面采用并联掺新的通风系统,不但可以降低采煤工作面的风速,而且掺新的风流与工作面流出的风流相遇而紊流混合,就能防止瓦斯积聚。

上隅角排放瓦斯。最简单的方法是,每隔一段距离在上隅角设置木板隔墙(或风障),敷设铁管,利用风压差将上隅角积聚的瓦斯排放到回风口 50～100 m 处,如图 9-8-4 所示。如风筒两端压差太小,排放瓦斯不多时,可在风筒内设置高压水的或压气的引射器,提高排放效果。

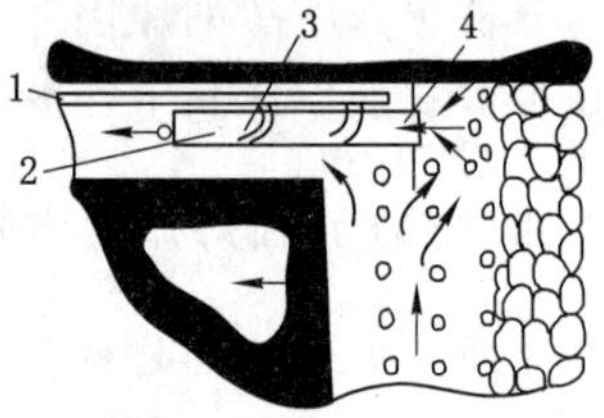

1—水管或压风管;2—风筒;
3—喷嘴;4—隔墙或风障。

图 9-8-4　上隅角排放瓦斯

在工作面绝对瓦斯涌出量超过 5～6 m^3/min 的情况下,单独采用上述方法,可能难以收到预期效果,必须进行邻近层或开采煤层的瓦斯抽采,以降低整个工作面的瓦斯涌出量。

(2) 综采工作面瓦斯积聚的处理

综采工作面由于产量高、进度快,不但瓦斯涌出量大,而且容易发生回风流中瓦斯超限和机组附近瓦斯积聚。处理高瓦斯矿井综采工作面的瓦斯涌出和积聚,已成为提高工作面产量的重要任务之一。目前采用的措施有:

① 加大工作面风量。例如有些工作面风量高达 1 500～2 000 m^3/min。为此,应扩大风巷断面与控顶宽度,改变工作面的通风系统,增加进风量。

② 防止采煤机附近的瓦斯积聚。可采取下列措施:增加工作面风速或采煤机附近风速。国外有些研究人员认为,只要采取有效的防尘措施,工作面最大允许风速可提高到 6 m/s。工作面风速不能防止采煤机附近瓦斯积聚时,应采用小型局部通风机或风、水引射器加大机器附近的风速。

采用下行风防止采煤机附近瓦斯更容易积聚。

(3) 顶板附近瓦斯层状积聚的处理

如果瓦斯涌出量较大,风速较低(小于 0.5 m/s),在巷道顶板附近就容易形成瓦斯层状积聚。层厚由几厘米到几十厘米,层长由几米到几十米。层内的瓦斯浓度由下向上逐渐增大。据统计英国和德国瓦斯燃烧事故的 2/3 发生在顶板瓦斯层状积聚的地点。预防和处理瓦斯层状积聚的方法有：

① 加大巷道的平均风速，使瓦斯与空气充分地紊流混合。一般认为，防止瓦斯层状积聚的平均风速不得低于0.5～1 m/s。

② 加大顶板附近的风速。如在顶梁下面加导风板将风流引向顶板附近；或沿顶板铺设风筒，每隔一段距离接一短管；或铺设接有短管的压气管，将积聚的瓦斯吹散；在集中瓦斯源附近装设引射器。

③ 将瓦斯源封闭隔绝。如果集中瓦斯源的涌出量不大时，可采用木板和黏土将其填实隔绝，或注入砂浆等凝固材料，堵塞较大的裂隙。

(4) 顶板垮落孔洞内积存瓦斯的处理

常用的方法有：用砂土将垮落空间填实；用导风板或风筒接岔(俗称风袖)引入风流吹散瓦斯。

(5) 恢复有大量瓦斯积存的盲巷或打开密闭时的处理措施

对此要特别慎重，必须制定专门的排放瓦斯安全措施(见通风安全管理内容)。

3. 抽采瓦斯

这是瓦斯涌出量大的矿井或采区防止瓦斯积聚的有效措施。

4. 经常检查瓦斯浓度和通风状况

这是及时发现和处理瓦斯积聚的前提，瓦斯燃烧和爆炸事故统计资料表明，大多数这类事故都是由于瓦斯检查工不负责、玩忽职守、没有认真执行有关瓦斯检查制度造成的。

(二) 防止瓦斯引燃

防止瓦斯引燃的原则，是对一切非生产热源，要坚决禁绝。生产中可能产生的热源，必须严加管理和控制，防止它的发生或限定其引燃瓦斯的能力。

《煤矿安全规程》规定，严禁携带烟草和点火工具下井；井下禁止使用电炉，禁止打开矿灯；井口房、抽采瓦斯泵房以及通风机房周围20 m内禁止使用明火；井下需要进行电焊、气焊和喷灯焊接时，应严格遵守有关规定；对井下火区必须加强管理；瓦斯检测仪的各个部件都必须符合规定，等等。

采用防爆的电气设备。目前广泛采用的是隔爆外壳。即将电机、电器或变压器等能产生火花、电弧或赤热表面的部件或整体装在隔爆和耐爆的外壳里，即使壳内发生瓦斯的燃烧或爆炸，不致引起壳外瓦斯事故。对煤矿的弱电设施，根据安全火花的原理，采用低电流、低电压，限制火花的能量，使之不能点燃瓦斯。

供电闭锁装置和超前切断电源的控制设施，对于防止瓦斯爆炸有重要的作用。因此，局部通风机和掘进工作面内的电气设备，必须有延时的风电闭锁装置。高瓦斯矿井和煤(岩)与瓦斯突出矿井的煤层掘进工作面，串联通风进入串联工作的风流中，综采工作面的回风道内，倾角大于12°并装有机电设备的采煤工作面下行风流的回风流中，以及回风流中的机电硐室内，都必须安装瓦斯自动检测报警断电装置。

在有瓦斯或煤尘爆炸危险的煤层中，采掘工作面只准使用煤矿安全炸药和瞬发雷管。如使用毫秒延期电雷管，最后一段的延期时间不得超过130 ms。在岩层中开凿井巷时，如果工作面中发现瓦斯，应停止使用非安全炸药和延期雷管。打眼、爆破和封泥都必须符合有关规程的规定。必须严格禁止放糊炮、明火爆破和一次装药分次爆破。新近进行的炮掘工作面采用喷雾爆破技术防止瓦斯煤尘爆炸的试验已经取得了成功。其实质是在爆破前数分钟和爆破时，通过喷嘴使水雾化，在掘进工作面最前方形成一个水雾带，造成局部缺氧，降低煤尘浓度，隔绝火源，抑制瓦斯连锁反应，从而达到防止瓦斯、煤尘爆炸的目的。

防止机械摩擦火花，如截齿与坚硬夹石(如黄铁矿)摩擦，金属支架与顶板岩石(如砂岩)摩擦，金属部件本身的摩擦或冲击，等等，所产生的火花。国内外都在对这类问题进行广泛的研究，公认的措施有：禁止使用磨钝的截齿；截槽内喷雾洒水；禁止使用铝或铝合金制作的部件和仪器设备；在金属表面涂以各种涂料，如苯乙烯的醇酸或丙烯酸甲醛酯等，以防止摩擦火花的产生。

高分子聚合材料制品，如风筒、运输机胶带和抽采瓦斯管道等，由于其导电性能差，容易因摩擦而积聚静电，当其静电放电时就有可能引燃瓦斯、煤尘或发生火灾。因此，煤矿井下应该采用抗静电难燃的聚合材料制品，其内外两层的表面电阻都必须不大于 $3\times10^{8}\ \Omega$，并应在使用中能保持此值。

激光在矿山测量中的使用，带来了一种新的点燃瓦斯的热源，如何防止这类高温热源，是煤矿生产中的新课题。

(三) 防止瓦斯爆炸灾害事故扩大的措施

万一发生爆炸，应使灾害波及范围局限在尽可能小的区域内，以减少损失，为此应做到：

① 编制周密的预防和处理瓦斯爆炸事故计划，并对有关人员贯彻这个计划。

② 实行分区通风。各水平、各采区都必须布置单独的回风道，采掘工作面都应采用独立通风。这样一条通风系统的破坏将不致影响其他区域。

③ 通风系统力求简单。应保证当发生瓦斯爆炸时入风流与回风流不会发生短路。

④ 装有主要通风机的出风井口，应安装防爆门或防爆井盖，防止爆炸波冲毁通风机，影响救灾与恢复通风。

⑤ 防止煤尘事故扩大的隔爆措施，同样也适用于防止瓦斯爆炸。

我国新近研制出自动隔爆装置，其原理是传感器识别爆炸火焰，并向控制仪给出测速(火焰速度)信号，控制仪通过实时运算，在恰当的时候启动喷撒器快速喷撒消焰剂，将爆炸火焰扑灭，阻止爆炸传播。

复习思考题

9-1 什么是矿井瓦斯？

9-2 试述瓦斯的主要物理及化学性质。了解这些性质对于预防处理瓦斯危害有何意义？

9-3 瓦斯是如何生成的？而煤内实际含有的瓦斯量是否等于生成量？

9-4 瓦斯在煤内存在的形态有哪些？相互之间有何关系？主要存在形态是什么？

9-5 怎样确定瓦斯风化带的深度？确定瓦斯风化带深度有何实际意义？

9-6 影响煤层瓦斯含量的因素有哪些？

9-7 测定煤层瓦斯压力有何意义？如何测定？

9-8 为什么瓦斯能连续、持久地从煤内涌出？

9-9 瓦斯涌出量与瓦斯含量在数值上是否相等？

9-10 某采区的月产量为 9 000 t，月工作日为 30 天，测得该采区的回风量为

480 m^3/min，瓦斯浓度为 0.16%。求该采区的瓦斯涌出量。

9-11　影响瓦斯涌出量的因素有哪些？

9-12　怎样从开采技术因素方面降低瓦斯的涌出量和瓦斯涌出的不均匀性？

9-13　地面大气压和风量变化对瓦斯涌出的影响如何？

9-14　测定瓦斯涌出来源有何实际意义？如何测定？

9-15　某综采工作面在一个班内测得的瓦斯涌出量如下表所列，求瓦斯涌出不均系数。

测定时间	6:30	7:30	8:30	9:30	10:30	11:30	12:30	12:30
瓦斯涌出量/($m^3 \cdot min^{-1}$)	0.52	0.64	0.66	0.61	0.66	0.61	0.51	0.48

9-16　矿井瓦斯等级分几级？如何鉴定矿井的瓦斯等级？

9-17　某矿于 8 月份进行矿井瓦斯等级鉴定，该月产煤 15 000 t，月工作日 31 天，测得的风量、瓦斯浓度和 CO_2 浓度如下表所列，确定该矿的瓦斯等级和最大的相对 CO_2 涌出量。

班次	8月上旬			8月中旬			8月下旬		
	风量/($m^3 \cdot min^{-1}$)	浓度/%		风量/($m^3 \cdot min^{-1}$)	浓度/%		风量/($m^3 \cdot min^{-1}$)	浓度/%	
		CH_4	CO_2		CH_4	CO_2		CH_4	CO_2
第一班	800	0.62	0.73	821	0.63	0.74	800	0.60	0.71
第二班	830	0.63	0.73	843	0.64	0.75	835	0.61	0.72
第三班	842	0.60	0.70	834	0.62	0.72	817	0.58	0.70

9-18　正在建设中的新井和生产萎缩的老矿井的相对瓦斯涌出量能否反映矿井的瓦斯危险程度？为什么？

9-19　某矿瓦斯风化带深 170 m，采深 240 m 时相对瓦斯涌出量为 7.2 m^3/t，采深 300 m 时为 11.6 m^3/t，试预测采深 360 m 时的相对瓦斯涌出量。

9-20　预防和治理瓦斯喷出的主要技术措施有哪些？

9-21　煤与瓦斯突出有何特点和危害？

9-22　煤与瓦斯突出的机理是什么？

9-23　突出的一般规律有哪些？如何确定矿井和煤层是否属于有突出危险？

9-24　为什么开采保护层是最有效的预防突出的措施？怎样划定保护范围？

9-25　震动爆破预防突出的作用是什么？进行震动爆破要注意哪些事项？

9-26　局部防突措施有哪些？

9-27　瓦斯爆炸的危害及影响瓦斯爆炸范围的因素有哪些？

9-28　某火区内可燃气体的成分为 3.5%CH_4，0.02%C_3H_8，0.04%C_2H_4，0.06%H_2，另外，O_2 为 18%。这个火区内有无爆炸危险？

9-29　试述瓦斯与煤尘爆炸的异同点。

9-30　何谓瓦斯的引火延迟性？煤矿生产中如何利用这一特性？

9-31　煤矿井下哪些地点以及什么条件下最容易发生瓦斯燃烧爆炸事故？

9-32　怎样防止采煤工作面上隅角的瓦斯积聚？为什么？

9-33　某采煤工作面采用柱式采煤法，风量 500 m^3/min 时，回风流中的瓦斯浓度为 1.5%，其中 70% 来自该工作面的采空区。如果将风量增加到 750 m^3/min，能不能将回风流中瓦斯浓度降低到 1%？

9-34　怎样防止采掘机械切割时发生瓦斯、煤尘燃烧事故？

9-35　某矿开采的是单一煤层。工作面的实际瓦斯涌出量为 8.4 m^3/min，采区回风道的最小断面为 2.8 m^3/min，瓦斯涌出不均系数为 1.2，在这种情况下是否需要抽采瓦斯？如果煤层的透气性系数为 1.25 $m^2/(MPa^2 \cdot d)$能否抽出瓦斯？

9-36　为什么未卸压的本煤层抽采方法，在我国大多数煤田很难采用？

9-37　影响瓦斯抽采的重要参数有哪些？

9-38　为什么邻近层抽采总能抽出瓦斯？抽采效果取决于哪些因素？为什么邻近层离开采煤层越近，抽采率越低？

9-39　采区的预计瓦斯抽出量为 2.3 m^3/min，管道内的瓦斯浓度为 85%，求这种情况下的管道直径应为多少？如果管道的总长度为 2 400 m，它的总阻力有多大？

9-40　上述采区管道中如果安装孔板流量计，它的孔径应有多大？如果安装流量计后，管道内的瓦斯浓度不变，测得孔板前后压差为 107.8 Pa，管道气体温度为 21 ℃，孔板后的相对负压为 10.93 kPa，管道外的大气压为 103.72 kPa，求这时的瓦斯涌出量。

9-41　煤与瓦斯共采有哪些方法？各适用于什么条件？

第十章 火灾防控

第一节 概　　述

一、火灾与矿井(或煤田)火灾的概念

火对于人类从来都是既有利也有害。火促进了人类文明的发展,推动了社会的进化,但若人们对火失去控制,就会给人类造成灾害。通常把违背人们意愿而发生的非控制性燃烧,称之为火灾。火灾往往造成巨大的经济损失和众多的人员伤亡,造成不良的社会影响。

在矿井或煤田范围内发生,威胁安全生产、造成一定资源和经济损失或者人员伤亡的燃烧事故,称之为矿井或煤田火灾。火灾是矿井或煤田较为常见的灾害之一。

二、火灾的类型及其特性

火灾分类出发点和依据不同,其方法也不同。目前常用的分类方法有:

(一) 按引火原因分类

这是目前国内外常用的分类方法之一,据此火灾可分为:

(1) 内因(自燃)火灾。自燃物在一定的外部(适量的通风供氧)条件下,自身发生物理化学变化,产生并积聚热量,使其温度升高,达到自燃点而形成的火灾称之为内因火灾。在煤矿中自燃物主要是具有自燃倾向性的煤炭。在矿井火灾事故中,内因火灾占的比例很大。在1953—1984年我国的矿井火灾统计资料中,内因火灾占94%。

(2) 外因火灾。可燃物在外界火源(明火或高温热源)的作用下,引起燃烧而形成的火灾叫外因火灾。

(二) 消防分类

从选用灭火剂的角度出发,消防上根据物质及其燃烧特性对火灾进行如下分类:

A类火灾——煤炭、木材、橡胶、棉、毛、麻等含碳的固体可燃物质燃烧形成的火灾称为A类火灾。

B类火灾——指汽油、煤油、柴油、甲醇、乙醇、丙酮等可燃液体燃烧形成的火灾。

C类火灾——指煤气、天然气、甲烷、乙炔、氢气等可燃气体燃烧形成的火灾。

D类火灾——像钠、钾、镁等可燃金属燃烧形成的火灾。其特点是火源温度高。

(三) 其他分类方法

除上述两种常用分类方法外,还有按火源特性,可分为原生火灾与再生火灾;按火源产

生的位置，可分为井上火灾与井下火灾等。

三、防灭火研究的内容

煤矿火灾防治是一项系统工程，其理论与技术的研究内容应围绕一个目标和三个问题。一个目标就是防止矿井火灾发生，对于已发生的火灾要防止其扩大并最大限度地减小火灾中的人员伤亡和经济损失。三个问题是：一火灾是如何发生的？其内容主要是研究矿井火灾的类型及其产生的原因、条件以及各类火灾发生过程和特点，这是防灭火的理论基础；二如何防止火灾发生？包括火源预测、火灾预防和预报技术；三火灾发生后如何进行及时而有效地控制和处理？

第二节　外因火灾及其预防

一、物质燃烧的充要条件

物质燃烧是一种伴有放热、发光的快速氧化反应。发生燃烧必须具备的充要条件是：

（一）必要条件

① 有充足的可燃物。② 有助燃物存在。凡是能支持和帮助燃烧的物质都是助燃物。常见的助燃物是含一定氧气浓度的空气。③ 具有一定温度和能量的火源。

（二）充分条件

① 燃烧的三个必要条件同时存在，相互作用；② 可燃物的温度达到燃点，生成热量大于散发热量。如果把燃烧比作一个由链体组成的圆环，则三要素是组成圆环的三个链体，如图 10-2-1 所示。如果组成圆环的三个链体缺少一个，或三个链体不相互连接，则将不能构成圆环，即缺少燃烧三要素之一，或三要素不相互作用，则不能形成火灾。

图 10-2-1　发生燃烧的充要条件示意图

煤矿井上、下有大量的可燃物质，如坑木、胶带、电缆、风筒等固体；变压器油、润滑油和液压联轴器内的透平油等油脂；煤和含碳的页岩等碳质类物质；瓦斯、氢气、一氧化碳等可燃气体。因此，矿井内有较多可燃烧的物质基础。

火源可分为显火源和潜火源两种。所谓显火源即是以明火、高温的表面或灼热的物体的形式显露于空间，可燃物一旦与其接触即可发生燃烧。如气焊和电焊产生的高温焊渣、燃着的香烟头等皆属于此类。所谓潜热源即是平时处于常温状态，在一定的外部条件下（人员操作失误、设备零件故障、安全装置失效等原因）有可能产生火花、放出热量和转化为高温热源。如具有短路危险的电缆接头、做高速相对运动的两固体接触面、不合格的炸药爆破等都属于潜热源。煤矿常见的外因火源主要有以下几种：

（1）电能热源。电（缆）流短路或导体过热；电弧电火花；烘烤（灯泡取暖）；静电等。表 10-2-1 为我国部分电气火灾发火原因统计表。

表 10-2-1 电气火灾发火原因统计表

发火原因	次数	占总数/%	发火原因	次数	占总数/%
变压器油	2	4.25	灯泡取暖	3	6.38
油浸启动电阻器	1	2.12	电力电容器	1	2.12
铠装电缆短路	1	2.12	橡胶电缆短路	39	83.98
			合　计	47	100

(2) 摩擦热。如胶带与滚筒摩擦、胶带与碎煤摩擦以及采掘机械截齿与砂岩摩擦等。

(3) 放明炮、糊炮、装药密度过大或过小、钻孔内有水、炸药受潮以及封孔炮泥长度不够或用可燃物(如煤粉、炸药包装纸等)代替炮泥等违反爆破操作规程的操作都有可能发生爆燃。爆破引起瓦斯燃烧或爆炸的案例在我国曾经发生。例如,1980 年 12 月 8 日徐州矿务局韩桥矿夏桥井 1704 工作面,采用四芯线一次联三炮短时间间隔爆破,由于封孔炮泥长度过小,产生爆燃,引起煤尘爆炸。

(4) 液压联轴器喷油着火引燃周围可燃物,酿成多起火灾。例如,铜川徐家沟矿用锑锡合金的保险丝代替易熔合金安全塞;安阳铜冶矿用铁丝代替易熔合金安全塞,都形成了重大的火灾事故,造成多人伤亡。

(5) 明火(高温焊渣、吸烟)。明火也是产生外因火灾的重要原因之一。明火主要产生于加热器、喷灯、焊接和切割作业,烟头也时有酿成火灾的可能。

二、外因火灾的预防

(一) 我国的消防方针

《中华人民共和国消防法》规定,消防工作贯彻"预防为主,防消结合"的方针。所谓预防为主,即是在消防工作中坚持重在预防的指导思想,在设计、生产和日常管理工作中应严格遵守有关防火的规定,把防火放在首位。防消结合,即是在预防的同时积极做好灭火的思想、物质和技术准备。

(二) 防火对策

火灾的防治可以采取下列三种对策:

1. 技术(Engineering)对策

技术对策是防止火灾发生的关键对策。它要求从工程设计开始,在生产和管理的各个环节中,针对火灾产生的条件,制定切实可行的技术措施。技术对策可分为:

(1) 灾前对策。灾前对策的主要目标是破坏燃烧的充要条件,防止起火;其次是防止已发生的火灾扩大。

A. 防止起火。主要对策有:① 确定发火危险区——潜在火源和可燃物共同存在的地方,加强明火与潜在高温热源的控制与管理,防止火源产生。② 消除燃烧的物质基础。井下尽量不用或少用可燃材料,采用不燃或阻燃材料和设备,例如使用阻燃风筒、阻燃胶带,支架非木质化。③ 防止火源与可燃物接触和作用。在潜在高温热源与可燃物间留有一定的安全距离。④ 安装可靠的保护设施,防止潜在热源转化为显热源。例如,变电所安装过电流保护装置,防止电缆短路。

B. 防止火灾扩大。① 有潜在高温热源的前后 10 m 范围内应使用不燃支架。② 划分火源危险区，在危险区的两端设防火门；矿井有反风装置，采区有局部反风系统。③ 在有发火危险的地方，设置报警、消防装置和设施。④ 在发火危险区内设避难硐室。

(2) 灾后对策。主要有：① 报警。采集处于萌芽状态的火灾信息，发出报警。② 控制。利用已有设施控制火势发展，使非灾区与灾区隔离。③ 灭火。迅速采取有效措施灭火。④ 避难。使灾区受威胁的人员尽快选择安全路线逃离灾区，或撤至灾区内预设的避难硐室等待救援。

2. 教育(Education)对策

教育对策包括知识、技术和态度教育三个方面。

3. 管理[法制(Enforcement)]对策

制定各种规程、规范和标准，且强制性执行。

这三种对策简称"3E"对策。前两者是防火的基础，后者是防火的保证。如果片面地强调某一对策都不能收到满意的效果。

三、预防外因火灾的技术措施

如前所述，预防火灾发生有两个方面：一是防止火源产生；二是防止已发生的火灾事故扩大，以尽量减少火灾损失。

(一) 防止火灾产生

(1) 防止失控的高温热源产生和存在。按《煤矿安全规程》及其执行说明要求严格对高温热源、明火和潜在的火源进行管理。

(2) 尽量不用或少用可燃材料，不得不用时应与潜在热源保持一定的安全距离。

(3) 防止产生机电火灾。

(4) 防止摩擦引燃：① 防止胶带摩擦起火。带式输送机应具有可靠的防打滑、防跑偏、超负荷保护和轴承温升控制等综合保护系统。② 防止摩擦引燃瓦斯。

(5) 防止高温热源和火花与可燃物相互作用。

(二) 防止火灾蔓延的措施

限制已发生火灾的扩大和蔓延，是整个防火措施的重要组成部分。火灾发生后利用已有的防火安全设施，把火灾局限在最小的范围内，然后采取灭火措施将其熄灭，对于减少火灾的危害和损失是极为重要的。其措施有：

(1) 在适当的位置建造防火门，防止火灾事故扩大。

(2) 矿井地面和井下都必须设立消防材料库。

(3) 矿井必须设地面消防水池，并经常保持不少于 200 m^3 的水量，当消防用水同生产、生活用水共用同一水池时，应当有确保消防用水的措施。

井下必须铺设消防管路系统至采掘工作面，每隔 100 m 设置支管和阀门，但在带式输送机巷道中应当每隔 50 m 设置支管和阀门。当开采下部水平时，除地面消防水池外，可以利用上部水平或者生产水平的水仓作为消防水池。

(4) 主要通风机必须具有反风系统或设备，反风设施，并保持其状态良好。

第三节 煤炭自燃理论基础

一、煤炭自燃机理

人们从17世纪开始探索煤炭自燃机理。1862年，德国学者格鲁布曼（Grumbman）发表了第一篇关于煤炭自燃起因的文章。150多年来，先后提出阐述煤炭自燃机理的学说有多种，其中主要的有黄铁矿作用学说、细菌作用学说、酚基作用学说以及煤氧化合学说等。1951年苏联学者维谢洛夫斯基（B. C. Веселовский）等人提出，煤的自燃是氧化过程自身加速发展的结果。这种氧化反应的特点是分子的基链反应。

煤的氧化理论已经得到了科学的证实，目前对此不存在任何异议。然而对以下两点还存在着争论：煤的自燃前期过程是怎样开始的？它的温度是怎样提高到燃点的？

二、煤的氧化特性

从煤氧化合学说观点出发，认为评价煤的自燃倾向性，即化学活动性的最合适的指标应该是煤的吸氧速度。B. C. Веселовский 等人利用测定煤炭吸氧速度常数的方法，在实验室做了大量的实验，揭示了煤炭氧化规律如下：

（1）所有品种煤在常温下都吸氧，但吸氧速度不同。它取决于煤的分子结构和物理化学性质。

（2）煤的吸氧速度与所在空气中的氧气浓度成正比，即

$$dm/d\tau = UC \tag{10-3-1}$$

式中 dm——单位质量煤在 $d\tau$ 时间内吸氧量，mL/kg；

U——吸氧速度常数，mL/(kg·h)；

C——空气中的氧气浓度，%。

（3）在温度不变条件下，吸氧速度常数随时间按指数规律衰减，即

$$U = U_1 \tau^{-H} \tag{10-3-2}$$

式中 U_1——在 $\tau = 1$ h 内的吸氧速度常数，mL/(kg·h)；

H——在对数坐标中直线方程倾角的正切，它表示吸氧速度随时间衰减的速度。

（4）吸氧速度常数 U 与煤自身温度之间符合幂函数关系

$$U = U_0 e^{2.3B(t-t_0)} \tag{10-3-3}$$

式中 U——温度为 t ℃时的吸氧速度常数，mL/(kg·h)；

U_0——温度为 t_0℃时的吸氧速度常数，mL/(kg·h)；

B——比例常数，1/℃；其物理意义是吸氧速度随温度增加的速度。

（5）煤在氮气中加热后再冷却可使它的活性增加，并有重新恢复到原有活性的可能。

（6）吸氧速度常数 U 与粒度之间成复杂关系。没有接触过氧的新鲜煤粒度越小，其表面积越大，吸氧速度也越大，但随时间衰减得也越快。

三、自然发火与自然发火期

(一) 自然发火的定义

在理论上，自然发火是指有自燃倾向性的煤层被开采破碎后在常温下与空气接触，发生氧化，产生热量使其温度升高，出现发火和冒烟的现象叫自然发火。在《矿井防灭火规范》(试行)中规定出现下列现象之一，即为自然发火。① 煤因自燃出现明火、火炭或烟雾等现象；② 由于煤炭自热而使煤体、围岩或空气温度升高至 70 ℃以上；③ 由于煤炭自热而分解出 CO、C_2H_4(乙烯)或其他指标气体，在空气中的浓度超过预报指标，并呈逐渐上升趋势。

(二) 煤层自然发火期

从(火源处的)煤层被开采破碎、接触空气之日起，至出现上述定义的自燃现象或温度上升到自燃点为止，所经历的时间叫煤层的自然发火期，以月或天为单位。煤层的自然发火期取决于煤的内部结构和物理化学性质、被开采破坏后的堆积状态参数(分散度)、裂隙或空隙度、通风供氧、蓄热和散热等外部环境等因素。

最短自然发火期：当煤层被开采、暴露于空气中，在最佳供氧、蓄热环境条件下，氧化升温到着火所需的时间称之为最短自然发火期。在生产实践中可用统计分析方法确定，也可在实验室通过自燃实验测定。掌握煤层的最短自然发火期对煤矿防控自然发火具有重要意义。

四、煤炭自燃条件

煤炭自燃的必要充分条件是：

(1) 有自燃倾向性的煤被开采后呈破碎状态，堆积厚度一般要大于 0.4 m。

(2) 有较好的蓄热条件。

(3) 有适量的通风供氧。通风是维持较高氧气浓度的必要条件，是保证氧化反应自动加速的前提。实验表明，氧气浓度＞15％时，煤炭氧化方可较快进行。

(4) 上述三个条件共存的时间大于煤的自然发火期。上述四个条件缺一不可，前三个条件是煤炭自燃的必要条件，最后一个条件是充分条件。

五、影响煤炭自然发火的因素

自燃火灾形成的过程是许多因素综合作用的结果，但煤层的自燃性能是起决定性作用的因素，其他因素起加剧和增加危险程度的作用。影响煤层自然发火的因素主要有：

(一) 煤的自燃性能

煤的自燃性能主要受下列因素影响：

(1) 煤的分子结构。研究表明，煤的氧化能力主要取决于含氧官能团多少和分子结构的疏密程度。随煤化程度增高，煤中含氧官能团减少，孔隙度减小，分子结构变得紧密。

(2) 煤化程度。煤化程度是影响煤炭自燃倾向性的决定性因素。就整体而言，煤的自燃倾向性随煤化程度增高而降低，即自燃倾向性从褐煤、长焰煤、烟煤、焦煤至无烟煤逐渐减小；局部而言，煤层的自燃倾向性与煤化程度之间表现出复杂的关系，即同一煤化程度的煤在不同的地区和不同的矿井，其自燃倾向性可能有较大的差异。

(3) 煤岩成分。煤岩成分对煤的自燃倾向性表现出一定的影响，但不是决定性的因素。

各种单一的煤岩成分具有不同的氧化活性，其氧化能力按镜煤>亮煤>暗煤>丝煤的顺序递减。镜煤受力后易成碎屑，含氢、氧和挥发成分高，其易氧化自燃；丝煤虽然本身氧化活性弱，自燃点高，但丝炭组分中的细胞空腔能增大煤的裂隙和反应面，为氧向深部扩散提供通路，促进烟煤氧化自燃。

(4) 煤中的瓦斯含量。煤中瓦斯存在和放散影响吸氧和氧化过程进行，它类似用惰性气体稀释空气对氧化发生的影响。实验表明，吸氧仅发生在煤中瓦斯含量小于某一数值的条件下，如果煤中含有较多的瓦斯，那么其吸氧减弱。但也有人认为，煤吸附瓦斯与吸附氧的机理不同，因此影响不大。

(5) 水分。煤的外在水分和内在水分以及空气中的水蒸气对褐煤和烟煤在低温氧化阶段起一定的影响，既有加速氧化的一面，也有阻滞氧化的因素。煤在自燃的过程中，只有其水分降低到一定值后，氧化速度才会加快，煤温才会急剧升高；煤湿水后再干燥与未湿水的干煤相比，化学活性增加；在低温时煤对水蒸气的亲和性比对氧大，水蒸气凝结成水时生热比氧化生热量大；因此稳定地保持采空区内空气具有较高的湿度，增加并保持煤本身的湿度，都可以抑制煤的低温氧化。

(6) 煤中硫和其他矿物质。煤中含有的硫和其他催化剂，则会加速煤的氧化过程。统计资料表明，含硫大于 3%的煤层均为自然发火的煤层，其中包括无烟煤。如六枝、芙蓉、萍乡、杨梅山等矿均属于自然发火较严重的矿井。

(二) 开采技术

事实表明，矿井的开拓方式、采区巷道布置、采煤方法和回采工艺、通风系统和技术管理等开采技术和管理水平，对自然发火起决定性影响。许多开采同一煤田、相同煤层的不同矿井，甚至同一矿井不同的开采时期，在煤的性质、煤层赋存条件基本相同的矿井，但由于以上因素的差异，造成自然发火的次数明显不同。开采技术对自然发火的影响主要表现在以下两方面。

(1) 矿井开拓方式和采区巷道布置。既决定保护煤柱的数量及其大小，又决定所留煤柱受压与碎裂程度，既决定可燃物的分布和集中情况，又决定向这些可燃物供风的时间。

(2) 采煤方法和回采工艺，但其决定的因素是采出率和工作面推进速度。

(三) 影响采空区自燃的因素

1. 采空区“三带”划分

对于 U 形通风系统(一源一汇)的采空区，按漏风大小和遗煤发生自燃的可能性，采空区可分为“三带”：散热带Ⅰ(宽度为 L_{I})、自燃带Ⅱ(宽度为 L_{II})和窒息带(不自燃带)Ⅲ(图 10-3-1)。靠近工作面的采空区内垮落岩石处于自由堆积状态，空隙度大，漏风大，氧化生热小而散发热量多，故不能发生自燃，叫散热带。其宽度为 5～20 m。自燃带Ⅱ中岩石的空隙度较小，因而漏风小，蓄热条件较好，如果该带的条件保持时间超过其自然发火期，就可能自燃。故此带称为自燃带。其宽度取决于顶板岩性、工作面推进速度、漏风通风压差，一般宽度为 20～70 m。自燃带向采空区内部延伸，便是窒息带Ⅲ。由于该带距工作面较远，漏风甚小或消失，氧气浓度低，不具备自燃条件。故此带处于惰化状态，已经发生自燃的遗煤也能窒息，故叫窒息(不自燃)带。

理论上，一些研究者提出确定划分“三带”的指标有三种：① 采空区漏风风速；② 采空

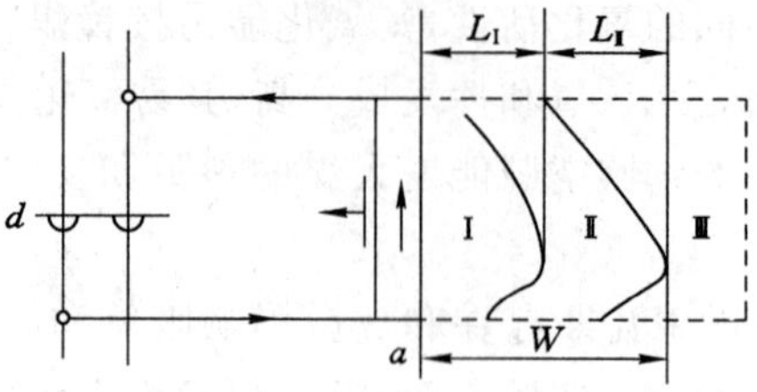

图 10-3-1 采空区散热、自燃、窒息三带分布示意图

区氧气浓度分布;③ 采空区遗煤温升速度。由于缺少深入的理论研究和试验结果,划分指标目前尚难以量化。

2. 采空区遗煤自燃的条件及其影响因素

设自燃带的最大宽度为 L_1+L_2,工作面的推进速度为 v,自然发火期为 τ_s,在自燃带内煤暴露于空气的最长时间为 τ(月),当:

$$\tau_s \leqslant (L_1+L_2)/v \tag{10-3-4}$$

时,说明自燃带内有 $\Delta L=L_1+L_2-v\tau_s$ 宽度存在时间超过自然发火期,有自燃危险。由此可见,采空区遗煤自燃与否主要取决于工作面的推进速度和自燃带最大宽度 L_1+L_2(m)。

采空区空气动力阻力取决于顶板管理。根据顶板的岩石垮落特点,采用与岩性相适应的顶板管理方法,减小 L_1+L_2 之值,即可减小自然发火的危险性。

近距离煤层同时开采时,错距和相错时间不合理会增大采空区自然发火的危险性。

(四) 漏风

在煤炭氧化过程的热平衡关系中,漏风起两方面的作用:一是向煤提供氧化所必需的氧气,促进氧化发展;二是带走氧化生成的热量,降低煤温,抑制氧化过程发展。

B. M. Маевская(1946 年)等研究表明,采空区及煤柱的漏风强度在 0.10~0.24 $m^3/(min \cdot m^2)$ 时容易自然发火。有的学者认为不会导致自燃的极限风速低于 0.02~0.05 $m^3/(min \cdot m^2)$;封闭采空区密闭墙漏风压差在 300 Pa、漏风强度在 0.02~1.2 $m^3/(min \cdot m^2)$ 时属容易自然发火的。由于这些参数都是在一定条件下取得的,因此,有一定局限性。但对我们研究自燃问题是有参考价值的。

把风速控制在易燃风速区之外,是从通风的角度预防自然发火的原则。

(五) 地质因素

地质因素主要有:① 倾角。② 煤层厚度。表 10-3-1 为倾角和厚度对自燃影响的部分统计资料。③ 地质构造。在有地质构造的地区,自燃危险性加剧。④ 开采深度。煤层赋存太深或太浅都会增加自然发火的危险性。

表 10-3-1 煤层倾角和厚度对自燃影响

倾角	发火次数	比例/%	煤层厚度	发火次数	比例/%
缓倾斜	55	16	中厚以下煤层	56	16
倾斜	121	34	厚煤层	135	38
急倾斜	176	50	特厚煤层	161	46

六、煤的自燃过程及其特点

煤炭的自燃过程按其温度和物理化学变化特征，分为潜伏(或准备)、自热、自燃和熄灭四个阶段，如图 10-3-2 所示。图中虚线为风化进程线。潜伏期与自热期之和为煤的自然发火期。

(一) 潜伏(自燃准备)期

自煤层被开采、接触空气起至煤温开始升高止的时间区间称之为潜伏期。在潜伏期，煤与氧的作用是以物理吸附为主，放热很小，无宏观效应；经过潜伏期后煤的燃点降低，表面的颜色变暗。

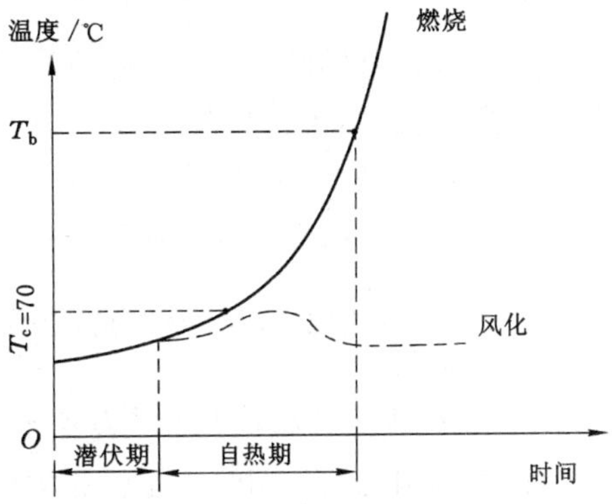

图 10-3-2　烟煤自燃过程温度与时间关系

潜伏期长短取决于煤的分子结构、物化性质。煤的破碎和堆积状态、散热和通风供氧条件等对潜伏期的长短也有一定影响，改善这些条件可以延长潜伏期。

(二) 自热阶段

温度开始升高起至其温度达到燃点的过程叫自热阶段。自热过程是煤氧化反应自动加速、氧化生成热量逐渐积累、温度自动升高的过程。其特点是：① 氧化放热较大，煤温及其环境(风、水、煤壁)温度升高；② 产生 CO、CO_2 和碳氢(C_mH_n)类气体产物，并散发出煤油味和其他芳香气味；③ 有水蒸气生成，火源附近出现雾气，遇冷会在巷道壁面上凝结成水珠，即出现所谓"挂汗"现象；④ 微观结构发生变化。

在自热阶段，若改变了散热条件，使散热大于生热；或限制供风，使氧浓度降低至不能满足氧化需要，则自热的煤温度降低到常温，称之为风化。风化后煤的物理化学性质发生变化，失去活性，不会再发生自燃。

(三) 燃烧阶段

煤温达到其自燃点后，若能得到充分的供氧(风)，则发生燃烧，出现明火。这时会生成大量的高温烟雾，其中含有 CO、CO_2 以及碳氢类化合物。若煤温达到自燃点，但供风不足，则只有烟雾而无明火，此即为干馏或阴燃。煤炭干馏或阴燃与明火燃烧稍有不同，燃烧产物中 CO 多于 CO_2，温度也较明火燃烧要低。

(四) 熄灭

及时发现，采取有效的灭火措施，煤温降至燃点以下，燃烧熄灭。

第四节　火灾预测与预警

自然发火的预测是指根据煤田地质勘探或在矿井开采的过程中，所采集的煤样的分析化验结果和自然发火的统计资料，判定待开采煤层的自燃严重程度及其在空间上的分布规律，为有针对性地制定防灭火措施提供可靠的依据。我国目前预测自然发火的方法有：① 在实验室确定自燃倾向性等级；② 根据本矿或条件相似(近)矿井或采区的已有的自然发火的统计资料，确定待采（或本）煤层的自然发火期。

一、煤层自燃倾向性的鉴定方法

关于煤层自燃倾向性的鉴定方法，目前有国家标准“GB 20104—2006 煤自燃倾向性色谱吸氧鉴定法”和行业标准“AQ 1068—2008—T 煤自燃倾向性的氧化动力学测定方法”两种。其原理均是测定给定实验条件下煤样的吸氧量，按吸氧量多少进行分类。两个标准均将煤层的自燃倾向性分为：容易自燃、自燃和不易自燃 3 类。

二、煤层自然发火期的估算方法及其延长途径

（一）煤层的自然发火期估算方法

目前我国规定采用统计比较和类比的方法确定煤层的自然发火期。其方法如下：

（1）统计比较法。矿井开工建设揭煤后，对已发生自燃火灾的自然发火期进行推算，并分煤层统计和比较，以最短者作为煤层的自然发火期。计算自然发火期的关键是首先确定火源的位置。此法适用于生产矿井。

（2）类比法。对于新建的开采有自燃倾向性的煤层的矿井，可根据地质勘探时采集的煤样所做的自燃倾向性鉴定资料，并参考与之条件相似区或矿井，进行类比而确定的，以供设计参考。此法适用于新建矿井。

（二）延长煤层自然发火期的途径

煤炭自燃的发展过程受自燃倾向性（即低温时的氧化性）、堆积状态、通（漏）风强度（风量和风速）以及与周围环境的热交换条件等多种因素影响，其发展速度是可以通过人为措施而改变的，因此，煤层的自然发火期是可以延长的。其途径有：

（1）减小煤的氧化速度和氧化生热。减小漏风，降低自热区内的氧气浓度；选择分子直径较小、效果好的阻化剂或固体浆材，喷洒在碎煤或压注至煤体内使其充填煤体的裂隙，阻止氧分子向孔内扩散。

（2）增加散热强度，降低温升速度。增加遗煤的分散度以增加表面散热量；对于处于低温时期的自热煤体可用增加通风强度的方法来增加散热；增加煤体湿度。

三、外因火灾预测

矿井外因火灾预测的任务是，通过井巷中的可燃物和潜在火源分布调查，确定可能产生外因火灾的空间位置，及其危险性等级。准确的预测，可以使外因火灾的预防更具有针对性，灭火准备更充分。外因火灾预测可遵循如下程序：① 调查井下可能出现火源（包括潜在火源）的类型及其分布；② 调查井下可燃物的类型及其分布；③ 划分发火危险区[井下可燃物和火源（包括潜在火源）同时存在的地区视为危险区]。

四、火灾的预报

所谓矿井火灾预报，就是根据火灾发生和发展的规律，应用成熟的经验和先进的科学技术手段，采集处于萌芽状态的火灾信息，进行逻辑推断后给出火情报告。及时而准确地进行火灾早期预报，可以弥补预防的不足。矿井火灾预报的方法，按其原理可分为：

（一）利用人体生理感觉预报自然发火

依靠人体生理感觉预报矿井火灾的主要方法有：

(1) 嗅觉。可燃物受高温或火源作用，会分解生成一些正常时大气中所没有的、异常气味的火灾气体。例如煤炭自热到一定温度后出现煤油味、汽油味和轻微芳香气味非饱和碳氢化合物；橡胶、塑料制品在加热到一定温度后，会产生烧焦味。人们利用嗅觉嗅到这些火灾气味，则可以判断附近的煤炭和塑胶制品在燃烧。

(2) 视觉。人体视觉发现可燃物起火时产生的烟雾，煤在氧化过程中产生的水蒸气，及其在附近煤岩体表面凝结成水珠（俗称为“挂汗”），进行报警。

(3) 感(触)觉。煤炭自燃或自热、可燃物燃烧会使环境温度升高，并可能使附近空气中的氧浓度降低，CO_2 等有害气体增加，所以当人们接近火源时，会有头痛、闷热、精神疲乏等不适之感。

（二）气体成分分析法

用仪器分析和检测煤在自燃和可燃物在燃烧过程中释放出的烟气或其他气体产物，预报火灾。

1. 指标气体及其临界指标

能反映煤炭自热或可燃物燃烧初期特征、并可用来作为火灾早期预报的气体叫作指标气体。指标气体必须具备如下条件：① 灵敏性，即正常大气中不含有，或虽含有但数量很少且比较稳定，一旦发生煤炭自热或可燃物燃烧，则该种气体浓度就会发生较明显的变化。② 规律性，即生成量或变化趋势与自热温度之间呈现一定的规律和对应关系。③ 可测性，可利用现有的仪器进行检测。

2. 常用的指标气体

目前，国内外常用指标气体如表 10-4-1 所列。

表 10-4-1 主要产煤国家预报煤炭自然发火的指标气体

国　别	指标气体	国　别	指标气体
中国	CO，C_2H_4，$I_{CO}(=\Delta C_{CO}/\Delta C_{O_2})$，等	日本	CO，I_{CO}，C_2H_4，烟，等
独联体	CO，C_2H_4/C_2H_2，烟，等	英国	CO，I_{CO}，C_2H_4，烟，等
德国	CO，I_{CO}，烟，等	美国	CO，I_{CO}，C_2H_4，烟，等

(1) 一氧化碳(CO)

一氧化碳生成温度低，生成量大，其生成量随温度升高按指数规律增加，是预报煤炭自燃火灾的较灵敏的指标之一。在正常时若大气中含有 CO，则采用 CO 作为指标气体时，要确定预报的临界值。确定临界值时一般要考虑下列因素：① 各采样地点在正常时风流中 CO 的本底浓度；② 临界值时所对应的煤温适当，即留有充分的时间寻找和处理自热源。平庄矿务局古山矿根据矿井实际，确定用 CO 绝对生成量 $H=0.005\ 9\ m^3/min$（温度约为 70 ℃）作为预报指标。该矿自 1975 年建立预报制度以后，根据 H 值，曾做了数十次预报，效果较好。

应该指出的是，应用 CO 作为指标气体预报自然发火时，要同时满足两点：① CO 的浓度或绝对值要大于临界值；② CO 的浓度或绝对值要有稳定增加的趋势。

(2) 格雷厄姆系数 I_{CO}

格雷厄姆(J. J. Graham)提出了用流经火源或自热源风流中的 CO 浓度增加量与氧气浓度减少量之比作为自然发火的早期预报指标。其计算式如下：

$$I_{CO}=\frac{100C_{CO}}{\Delta C_{O_2}}=\frac{100C_{CO}}{0.265C_{N_2}-C_{O_2}} \tag{10-4-1}$$

式中　C_{CO}，C_{O_2}，C_{N_2}——分别为回风侧采样点气样中的一氧化碳、氧气和氮气的体积浓度，%。如果进风侧气样中氧氮之比不是 0.265，则应计算出进风侧氧氮浓度之比值代替 0.265。

图 10-4-1 描述了 I_{CO} 随煤温升高和氧化速度变化而变化的关系。由图可见，I_{CO} 曲线的斜率在氧化速度小时较大，所以此期间较为灵敏。当氧化速度增加(接近明火)时，其斜率减小。其原因是 CO_2 生成量大于 CO 生成量。

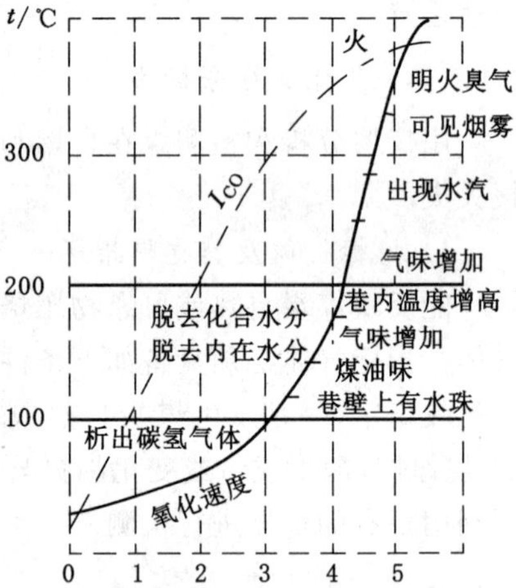

图 10-4-1　格雷厄姆系数(I_{CO})与煤温和氧化速度关系

根据格雷厄姆系数预报矿井火灾时，不同的矿井有不同的临界指标。抚顺老虎台矿(气煤)总结多年的经验，从 7 万多个气样中筛选出 431 个有发火隐患的气样，得出煤在自燃的发生、发展过程中不同阶段的格雷厄姆系数为：预警值 $I_{CO}=0\sim0.45$；临界值 $I_{CO}=0.46\sim4$；报警值 $I_{CO}=4.1\sim9$。

(3) 乙烯(C_2H_4)

实验发现，煤温升高到 80～120 ℃后，会解析出乙烯、丙烯等烯烃类气体产物，而这些气体的生成量与煤温成指数关系。一般矿井的大气中是不含有乙烯的，因此，只要井下空气中检测出乙烯，则说明已有煤炭在自燃了。同时根据乙烯和丙烯出现的时间还可推测出煤的自热温度。淮南新集、山东柴里等矿区采用乙烯作为指标气体预报自燃火灾收到良好效果。

(4) 其他指标气体

国外有的煤矿采用烯炔比[乙烯和乙炔(C_2H_2)之比]和链烷比(C_2H_6/CH_4)来预测煤的自热与自燃。

由于煤中热解的产物与煤的种类有密切的关系，因此选择指标气体时一定要在实验的基础上进行，而且采用多种指标气体配合预报较为合适。

五、采样点设置

测点设置的总要求是，既要保证一切火灾隐患都要在控制范围之内，并有利于准确地判断火源的位置，同时要求安装传感器少。测点布置一般原则是：① 在已封闭火区的出风侧密闭墙内设置测点，取样管伸入墙内 1 m 以上；② 有发火危险的工作面的回风巷内设测点；③ 潜在火源的下风侧，距火源的距离应适当；④ 温度测点设置要保证在传感器的有效控制范围之内；⑤ 测点应随采场变化和火情的变化而调整。

六、连续自动检测系统

目前实现连续巡回自动检测系统基本上有两种形式：

(一) 束管系统

英国于20世纪70年代开始在煤矿应用这种系统进行火灾早期预报，收到了较好的效果。平庄古山矿于1981年建成了我国第一个束管检测系统，以后逐渐在柴里、南屯等矿区推广应用。束管检测系统主要由采样、分析、控制和数据贮存显示等部分组成，如图10-4-2所示。

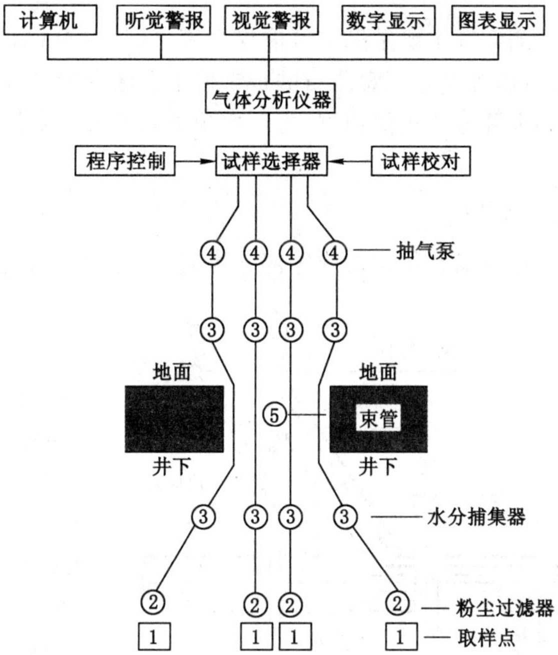

图 10-4-2 束管检测系统示意图

(1) 采样系统。由抽气泵和管路组成。管路一般采用管径为6～87 mm的聚乙烯塑料管，在采样管的入口装有干燥、粉尘和水分捕集器等净化和保护单元。滤尘材料一般用玻璃纤维和粉末冶金材料。在管路的适当位置装有贮放水器，以排除管中的冷凝水。整个管路要绝对严密，管路上装有真空计指示管路的工作状态。在仪器入口装有分子筛或硅胶，以进一步净化气样。

(2) 控制装置。主要有三通实现井下多取样点进行巡回取样。

(3) 气样分析。可使用气相色谱仪、红外气体分析仪等仪器。

(4) 数据贮存、显示和报警。分析仪器输出的模拟信号可用图形显示、记录仪记录，超过临界指标时发出声光报警。必要时进行打印，也可计算机贮存。束管检测系统的缺点是管路长，维护工作量大。

(5) 监测数据处理关键技术。仪器投入运行前，估算各采样点气样流到分析仪器所需的时间，确保采样点气样分析的可靠性（通过监测软件设计实现）。为此事先要通过现场测定与仪器采样分析数据进行标定，两者完全符合后方可投入运行。

(6) 测点设置前要进行可能产生自燃火源位置评估，然后将采样点设置在自燃火源的下风侧。

（二）矿井火灾监测与监控

近年来，我国煤矿安全监测监控技术发展很快，有多个厂家生产矿井安全监控系统，每个系统中都装有温度和CO传感器，可以连续自动监控相关部位的火灾参数。为改变我国煤矿的安全状况起到了一定作用。

七、采空区自燃参数观测

采空区自燃参数观测内容主要是采空区遗煤温度、气体成分（氧气浓度、一氧化碳浓度和瓦斯）和进回风巷道风温等参数。观测目的是掌握采空区自燃参数变化规律，进行采空区自然发火危险性评价和火源分布规律预测，为自燃预防和预警提供依据，是矿井防火管理的重要内容之一。

（一）观测系统及其布置

系统由测温和测气系统及其保护设施等部分组成。观测系统布置如图10-4-3所示。

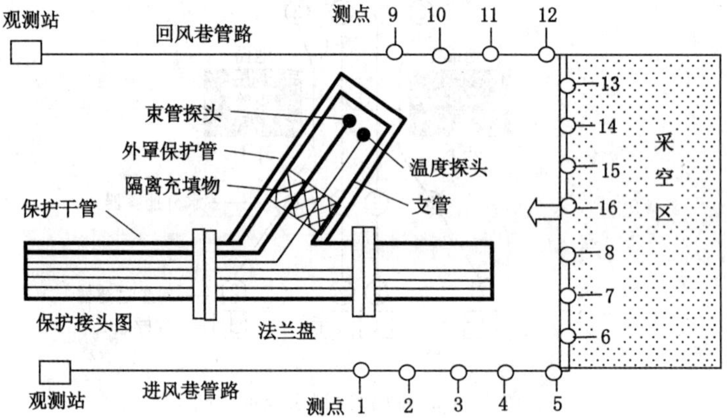

图10-4-3 观测系统测点布置图和保护接头图

测温系统由温度传感器、导线和测温仪表组成。温度传感器一般有AD590、热电偶等可选。从经济、材料性能方面考虑，一般采用T分度自制热电偶。温度数据采集使用精确度为10 μV数字式万能表。

测气系统由束管、抽气泵和气相色谱仪组成。

保护设施主要有束管和热电偶保护管（钢管和高压胶管）、保护接头和观测站保护箱。每个测点的保护接头如图10-4-3所示。测点保护接头应具有防水进入管内、防止测点之间互相窜气和防止损坏的功能，但管壁上要有通气孔，与环境相通。

（二）参数观测

根据采空区气体和温度变化进行定期测温和采样分析，并记录各个测点与工作面距离、巷道中风温、进回风中的气体成分和测点的参数。

图 10-4-4 是根据淮北桃园矿 1033 工作面采空区观测的氧气浓度而绘制的。该工作面高瓦斯煤层,具有自燃倾向性,属容易自燃煤层;煤厚 2.6～3.8 m,采高 3.0 m;单体液压支架,采用爆破落煤。

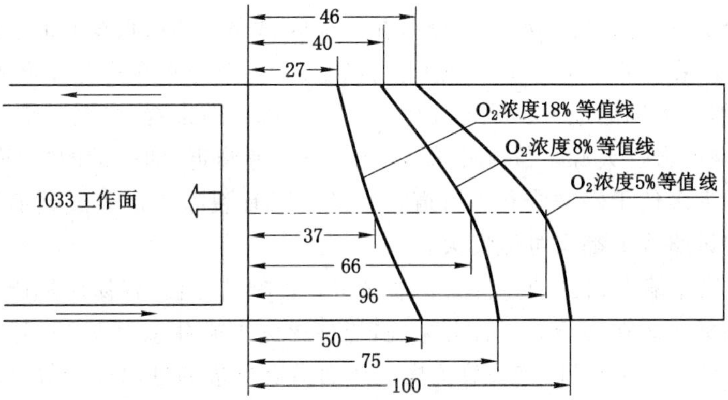

图 10-4-4　采空区氧气浓度分布示意图

工作面采空区温度变化曲线如图 10-4-5 所示。

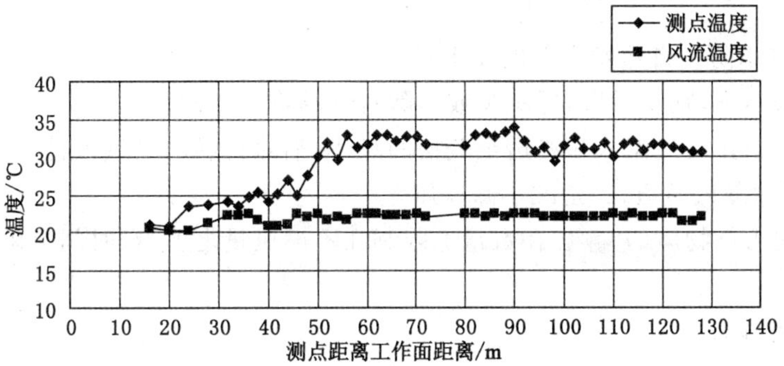

图 10-4-5　工作面采空区温度变化趋势线图

回风巷温度变化趋势与此类似。但在相同距离的测点,回风巷采空区要高于采空区温度,进风巷采空区则低于采空区温度。

（三）注意事项

保证管路不被损坏;保证真正抽取的气样是测点位置的气体;如果温度和气体分析结果出现异常,则要立即检查原因,排除故障。

第五节　开采技术防火措施

一、矿井自燃火源的分布规律

根据统计分析，矿井自燃火源主要分布在采空区、煤柱、巷道顶煤和断层附近。

(1) 采空区。采空区火灾占50%以上。自燃火源主要分布在有碎煤堆积和漏风同时存在、时间大于自然发火期的地方。从已发生自燃的火源分布来看，多煤层联合开采和厚煤层分层开采时，采空区自燃火源多位于停采线和上、下平巷附近，即所谓的"两道一线"；中厚煤层采空区的火源大多位于停采线和进风道。当采空区有裂隙与地表或其他风路相通时，在有碎煤存在的漏风路线上都有可能发火。

(2) 煤柱。尺寸偏小、服务期较长、受采动压力影响的煤柱，容易压酥碎裂，其内部产生自燃火源。鹤岗新一矿在实行无煤柱开采前，煤柱火灾占矿井总火灾55.5%。

(3) 巷道顶煤。采区石门、综采放顶煤工作面沿底掘进的进回风巷等，巷道顶煤受压时间长，压酥破碎，风流渗透和扩散至内部(深处)，便会发热自燃。综采放顶煤开采时上下巷顶煤发火较严重。

(4) 断层和地质构造附近。

二、开拓开采技术防火措施

开拓开采技术防止自然发火总的要求是：

(1) 提高采出率，减少丢煤，即减少或消除自燃的物质基础。

(2) 限制或阻止空气流入和渗透至疏松的煤体，消除自燃的供氧条件。对此，可从两方面着手：一是消除漏风通道；二是减小漏风压差。

(3) 使流向可燃物质的漏风，在数量上限制在不燃风量之下，在时间上限制在自然发火期以内。

主要技术措施有：

(1) 合理地进行巷道布置。

① 对一些服务时间较长的巷道应尽量采用岩石巷道，若将其布置在煤层中时应采用宽煤柱护巷。采区巷道布置应有利于采用均压防火技术。某矿开采 8～12 m 的特厚易自燃煤层，采用如图 10-5-1 所示的 U-U 形巷道布置，实现了分层工作面在开采过程中均压调节。其原理是：当工作面未过第一个联络眼，均压巷道 6 内设风门(虚线)且关闭，使采煤工作面形成独立的通风系统。当工作面推过了第一个联络眼后，均压巷道 6 中风门拆移至集中回风岩巷 *BD* 之间(实线)，这时均压巷道与以两联络眼为始末点的采空区漏风形成并联。显然，经联络眼的采空区漏风压差为巷道 *CD* 间压差。因风门的控制作用，其压差很小。另一方面，通过改变风门的开度，还可以调节工作面的风量和风压，调节与工作面的并联漏风。

② 区段巷道分采分掘。过去和现在有不少矿井为了解决独头巷道掘进通风问题，而采用上区段的运输平巷与下区段的回风平巷同时掘进，中间再掘进一些联络巷的布置方式(图10-5-2)。这样，随着工作面的推进，工作面后方煤柱中联络巷很难严密封闭，煤柱极易受压

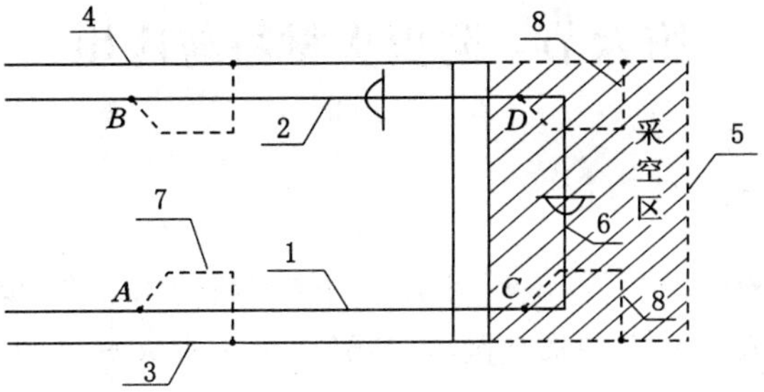

1,2—底板集中岩巷;3,4—工作面进回风巷;5—开切眼;

6—均压巷道;7—联络斜巷;8—1号联络眼。

图 10-5-1　U-U形巷道布置

碎裂,从而引起煤柱和采空区自然发火。针对这个问题采取上下区段分采分掘的方法,即回采区段工作面的进、回风巷同时掘进(图 10-5-3)。义马矿务局自1966年采用了分采分掘区段巷道之后,采空区和区段煤柱自然发火频繁的现象便有所减少,尽管这个矿区开采煤层属于极易自燃煤层。

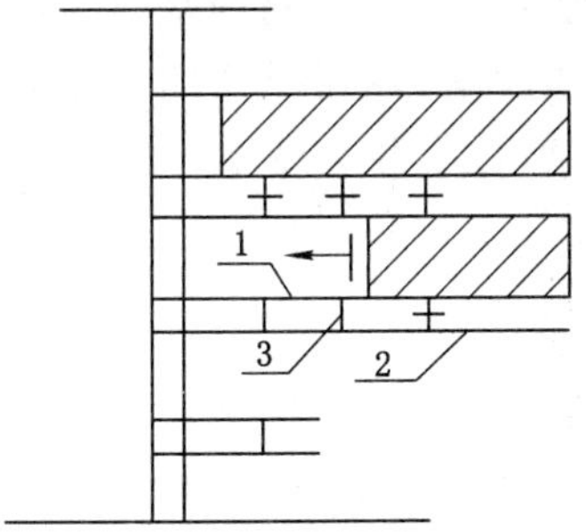

1—工作面运输巷;2—下区段工作面回风巷;

3—联络巷。

图 10-5-2　上下区段分采同掘

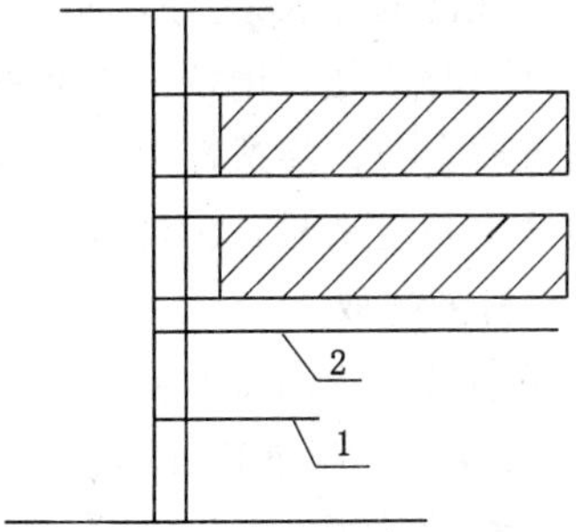

1—工作面运输巷掘进头;

2—下区段工作面回风巷掘进头。

图 10-5-3　上下区段分采分掘

③ 推广无煤柱开采技术,减少煤柱发火。并采取阶段跳采、巷旁充填技术等措施解决取消煤柱之后所带来的采空区难以密闭和隔离等问题。

(2) 选择合理的采煤方法和先进的回采工艺,提高采出率,加快回采进度。

(3) 选择合理的通风系统。矿井采用对角式和分区式通风系统比中央式通风系统更有利于防火。通风系统要在一定范围内具有可调性。当一个采区发生火灾时,能够根据救灾的需要,做到随时停风、减风或反风,避免扩大事故范围。在巷道布置上,要为局部反风创造条件。选择工作面通风系统的原则是尽量减小采空区的漏风压差。

(4) 坚持自上(层)而下(层)的开采顺序。

(5) 合理确定近距离相邻煤层(下煤层顶板垮落高度大于层间距)和厚煤层分层同采时两工作面之间的错距,防止上、下之间采空区连通。

第六节　防灭火材料与应用

一、灌浆防火

灌浆就是把黏土、粉碎的页岩、电厂飞灰等固体材料与水混合、搅拌，配制成一定浓度的浆液，借助输浆管路注入或喷洒在采空区里，达到防火和灭火的目的。

(一) 灌浆防灭火的机理

灌浆防灭火的作用为：浆液充填煤岩裂隙及其孔隙的表面，减小煤与氧的接触和反应面；浆水浸润煤体，增加煤的外在水分，吸热冷却煤岩；加速采空区垮落煤岩的胶结，增加采空区的气密性。灌浆防火的实质是，抑制煤在低温时的氧化速度，延长自然发火期。

(二) 灌浆系统

灌浆系统由制浆、输浆和灌浆三部分组成。

1. 浆液的制备

(1) 浆液性能

对浆液性能的要求是，浓度适当，渗透能力强。在浆液中固体浆材与水的(体积)比例称为浆液的(体积)浓度。用黄土作浆材时也叫土水比。浓度是影响灌浆质量、防火效果和经济指标的重要参数。渗透性取决于浆材粒度和浆液黏度，粒度和黏度小，则渗透能力就强。从渗透性这个角度来看，浆材的固体颗粒愈小愈好。

(2) 浆材的选取

浆材必须满足下列基本要求：

① 不含或少含可燃和自燃物质。

② 不含催化物质。

③ 粒度一般不大于 2 mm，而且细小颗粒应占大部分。对于黏土，$d \leqslant 0.1$ mm 的颗粒应占 60%～70%；页岩，$d \leqslant 0.077$ mm 者应占 70%～75%。

④ 相对密度一般要求为 2.5～2.6。

⑤ 胶体混合物浓度(按 MgO 计)25%～30%。

⑥ 塑性指数 IP[①]。根据苏联经验认为 IP＝9～11 最适宜用于灌浆。煤炭科学研究总院重庆分院认为，IP＜7 的岩浆不适宜用于灌浆。

选取的灌浆材料除满足上述的基本性能要求外，还要求其来源丰富，运输和加工成本低廉，尽量不占或少占耕地和良田。

我国应用的浆材以黄土为主，对于缺土矿区已采用一些代用浆材，如四川芙蓉杉木树、重庆中梁山和天府等煤矿应用粉碎的页岩进行灌浆；山东南屯矿于 1982 年 9 月开始利用矸石制浆；江西萍乡高坑矿自 1979 年用洗煤厂尾矿(含碳量 12%左右)加黄土(使得含碳量相对降低)作为灌浆材料；开滦赵各庄矿(1979 年)、山东新汶张庄矿(1980 年)和河南平顶山十

① 塑性指数 IP——土壤由固态变成可塑状态的重量湿度(%)，称为塑性下限；土壤由可塑状态变成液体状态的重量湿度(%)，称为塑性上限。IP 是指土壤的塑性上限的重量湿度与下限的重量湿度之差。

一矿利用电厂飞灰作防灭火灌浆和充填材料都收到了较好的效果。

灌浆用水的酸碱度也有一定要求，pH＝6～9 为宜。

(3) 浆液的制备工艺

泥浆的制备工艺随取土方式和制浆设备不同而异。

① 水力取土自然成浆

这种方法适用以山坡表土层或贮土场的积土为浆材。制浆过程是，先用爆破使表土层变松，或直接用高压水枪(水力喷射器)冲刷。黄土随水而流，在流动的过程中混合均匀，形成泥浆，用筛板过滤除去颗粒较大的砂石后，流入输浆管，灌浆站的布置参见图 10-6-1。

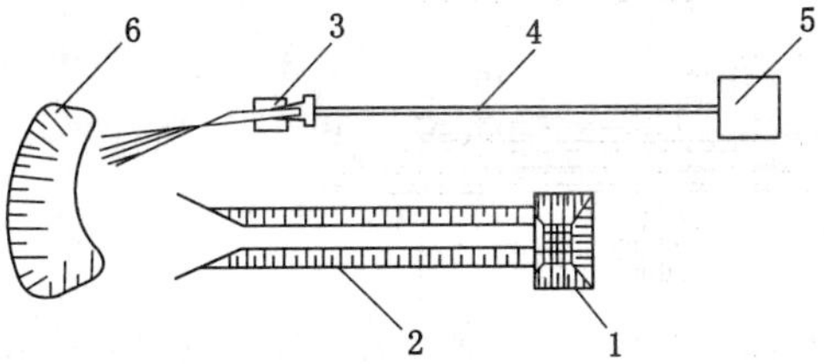

1—灌浆钻孔及箅子；2—输浆沟；3—水枪；
4—输水管路；5—水源泵房；6—取土场。

图 10-6-1 水力取土、自然成浆制浆站

这种制浆方法，设备简单，投资少，劳动强度低，效率高。缺点是水土比难以控制，不能保证浆液质量。窑街、大同、淮南、义马等矿区一些矿井，采用此种方法。

② 人工或机械取土机械制浆

人工或机械取土的灌浆站示意图见图 10-6-2。

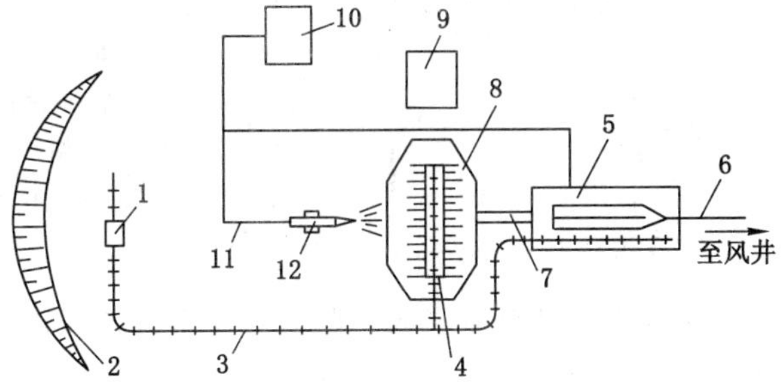

1—V 型矿车；2—取土场；3—窄轨铁路；4—栈桥；5—搅拌池；6—灌浆管；
7—泥浆沟；8—贮土场；9—绞车房；10—水泵房；11—水管；12—水枪。

图 10-6-2 人工或机械取土机械制浆系统图

用人工或机械把黄土取出装入 V 型翻斗车或带式输送机(距离近或运输量大时)，直接运往泥浆浸泡池。当土源距灌浆站较远时，应在灌浆站附近建贮土场，起缓冲调节作用。贮土场的土可用水力或胶带(矿车)等运输工具运至灌浆站。机械制浆主要由搅拌机完成，按搅拌机的运动方式可分为固定式和行走式两种，如图 10-6-3 和图 10-6-4 所示。

泥浆搅拌池应分成两格，一池浸泡，一池搅拌，轮换使用。浆池的容积，一般按 2 h 灌浆量计算，其底部有向出口方向 2%～5%的坡度，在泥浆引灌浆管前应设两层过滤筛子(孔径分别为 15 mm 和 10 mm)，在注浆时应及时清除筛前的渣料。

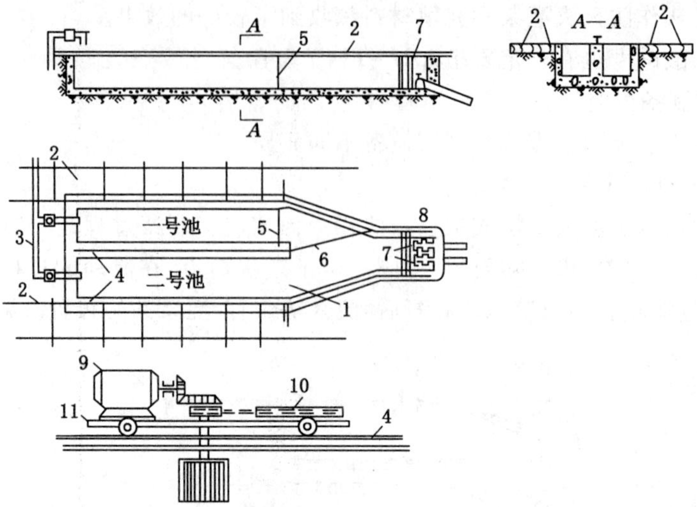

1—泥浆搅拌池；2—窄轨铁路；3—供水管；4—搅拌机轨道；5—闸板；6—道岔；
7—筛网；8—管头箅子；9—电动机；10—胶带轮；11—平板车。

图 10-6-3　行走式泥浆搅拌池布置

2．浆液的输送

（1）输浆压力与输浆倍线

输送浆液的压力有两种。一是利用浆液自重及浆液在地面入口与井下出口之间高差形成的静压力进行输送，叫静压输送；当静压不能满足要求时应采用加压输送。前者使用较多。输浆倍线表示输浆管路阻力与压力之间关系，用 N 表示。

静压输送时：
$$N=\frac{L}{H} \tag{10-6-1}$$

加压输送时：
$$N=\frac{L}{H+h} \tag{10-6-2}$$

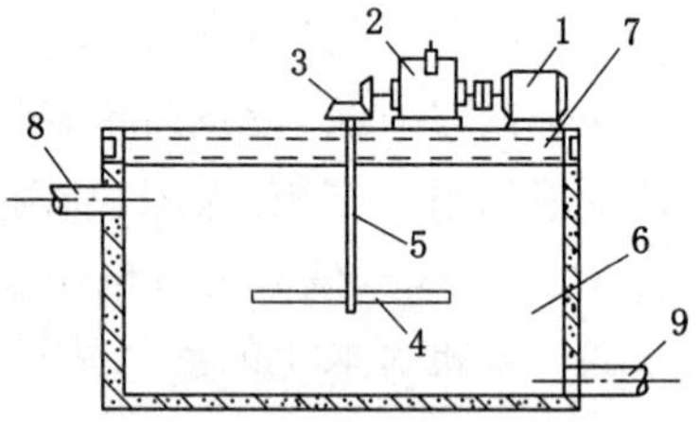

1—电动机；2—减速器；3—伞齿轮；
4—叶片；5—轴；6—搅拌池；
7—机架；8—进浆管；9—出浆管。

图 10-6-4　固定式泥浆搅拌机

式中　L——浆液自地面管路的入口至灌浆区管路的出口管线总长度，m；

H——浆液入出口之间的高差，m；

h——泥浆泵的压力，m。

倍线一般控制在 3～8 之间。过大时，应加压；过小时，容易发生裂管跑浆事故，可在适当的位置安装闸阀进行增阻。

（2）灌浆管道的选择

当管道中浆液恰好处于无沉积的悬浮状态时的流速称为临界流速（V_c），也叫不淤流速。在这个流速下输送浆液，既能保证不淤积、不堵管，而且消耗的能量又最小。因此，临界流速是一重要参数。与临界流速对应的管径叫临界管径 d_c，两者的关系为

$$V_c=\frac{4Q_m}{3\,600\pi d_c^2}\ \text{或}\ d_c=\frac{1}{30}\sqrt{\frac{Q_m}{\pi V_c}} \tag{10-6-3}$$

灌浆量 Q_m 值一定时，与 Q_m 对应的（d_i，v_i）有很多组，可采用试算法确定 d_c。

(3) 灌浆钻孔

利用钻孔代替矿井输浆干管具有选点灵活、节省干管、投资少、维护费用低等优点，在岩层条件好、埋藏较浅时，应优先考虑采用，在有裂隙的岩层，应下套管。

(三) 灌浆防火方法

按与回采的关系分，预防性灌浆有：采前预灌、随采随灌、采后封闭灌浆等三种。

(1) 采前预灌。所谓采前预灌即是在工作面尚未回采前对其上部的采空区进行灌浆。这种灌浆方法适用于开采老窑多的易自燃、特厚煤层。

(2) 随采随灌。灌浆作为回采工艺的一部分，随工作面回采向采空区灌浆。随采随灌又有埋管灌浆、插管灌浆、洒浆和打钻灌浆等多种方法。

(3) 采后注浆。可以利用钻孔向工作面后部采空区内注浆；采空区封闭后，在密闭墙上插管灌浆，防止停采线遗煤自燃。

目前采用的灌浆方法主要有：

(1) 钻孔灌浆。在煤层底板的集中运输巷或回风巷道或专门开掘的灌浆巷道内，每隔一定距离(10～15 m)向采空区打钻灌浆。

(2) 埋管灌浆。把灌浆管铺设在工作面的回风道内。工作面放顶前，在回风巷的灌浆支管上接一段预埋钢管(10～15 m)，预埋管和支管之间用高压胶管连接。工作面放顶后始终保持预埋管压在采空区内 5～8 m，预埋管用回柱绞车拉着外移。

这种方法优点是简便，工作量小，但浆液在采空区内流动情况难控制，浆液在采空区分布不均匀；当工作面倾斜长度大时，灌浆效果差。

(3) 工作面洒浆。为了保证灌浆质量，自然发火危险性较大的工作面应在埋管灌浆的同时还向采空区喷洒灌浆。其方法是，工作面放顶之前，从回风巷灌浆管上接出一根预埋注浆管，沿倾斜方向分段向垮落区喷洒泥浆。

(4) 综采工作面插管灌浆。其方法是，注浆主管路沿工作面倾斜铺设在支架的前连杆上，每隔 20 m 左右预留一个三通接头，并安装分支软管和插管。将插管插入支架掩护梁后面的垮落岩石内灌浆(图 10-6-5)，插入深度应不小于 0.5 m。工作面每推进两个循环，注浆一次。义马千秋矿和兖州兴隆庄矿曾应用此种方法收到良好效果。

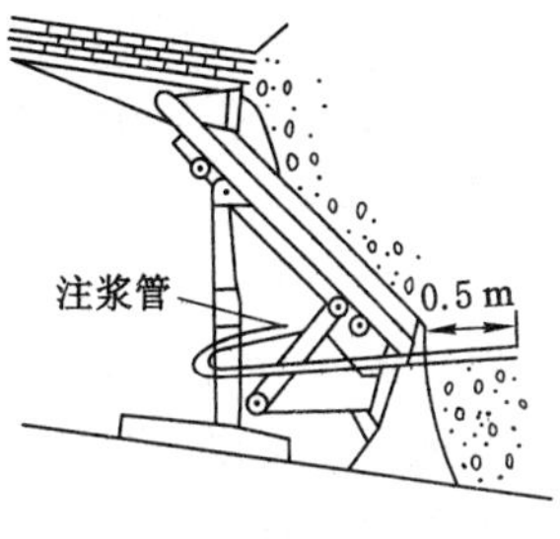

图 10-6-5　综放面插管灌浆

(四) 灌浆管理

加强灌浆管理对保证灌浆质量、提高灌浆效果至关重要。随采随灌时注意观察灌入水量与排水量比例，如果排出水量过少，则说明灌浆区可能有泥积存，应停止灌浆。如果排出水里含泥量过大或过于集中，说明采空区已形成泥浆沟，灌浆不均匀，应移动管口位置。

灌浆后应再灌几分钟清水，清洗管道，以免泥浆在管道内沉淀。

二、阻化剂防灭火

在化学上，凡是能减少化学反应速度的物质皆称为阻化剂(inhibitors)。

实验和应用表明，阻化剂只有与水混合成一定浓度的水溶液后才能抑制和起到防火作用。其作用机理是：① 增加煤在低温时的化学惰性，或提高煤氧化的活化能；② 形成液膜包围煤块和煤的表面裂隙面；③ 充填煤柱内部裂隙；④ 增加煤体的蓄水能力；⑤ 水分蒸发吸热降温。实质是降低煤在低温时的氧化速度，延长煤的自然发火期。

（一）阻化剂的评价指标及其影响因素

阻化效果是评价阻化剂性能优劣的标准。我国目前采用阻化率和阻化寿命作为衡量阻化剂的两个指标。

1. 阻化率

我国煤炭科学研究总院抚顺分院建议，含硫量小于2%的煤采用煤样在阻化前后放出CO气体的相对变化量，作为评定指标；含硫量大于2%的煤（一般称为高硫煤）采用煤样在阻化前后放出SO_2气体的相对变化量，作为评定指标。此指标称之为阻化率。测定阻化率时要准备两种煤样：一种经过阻化剂处理过的煤样，另一种是原煤样，分装在两个试管中。其粒度为0.35～0.66 mm，质量70 g。实验条件保持一定。测定反应试管释放的CO或SO_2气体的浓度，按下式计算阻化率：

$$E=100(A-B)/A,\quad \% \tag{10-6-4}$$

式中 E——煤的阻化率，%；

A,B——分别为原煤样和阻化煤样在规定的实验条件下氧化5 h放出的CO（ppm，即1×10^{-6}）或SO_2（mg）。阻化率越大，说明阻化剂对煤氧化的阻止作用越大。

应该指出的是，阻化剂的阻化率是在实验室加热的条件下测定的。这种测定条件与现场煤的实际干燥过程和氧化条件是有区别的。但是这些试样的制作和实验过程都是相同的，采用的衡量指标也是相同的，因此，这种参数作为相对指标是有一定意义的。

2. 阻化剂的阻化寿命

阻化剂喷洒至煤体表面后，从开始生效至失效所经过的时间叫阻化剂寿命，单位为月。单位时间内阻化率下降值叫阻化剂的衰减速度，以V表示，单位为%/月。阻化剂的寿命可用下式表示：

$$\tau=E/V \tag{10-6-5}$$

阻化剂寿命是一个重要指标。为了有效地预防自然发火，阻化寿命不应小于自然发火期。阻化寿命可以通过二次或多次喷洒以及保持环境具有较高的湿度等措施来延长。

阻化剂的效果与被喷洒的煤牌号、阻化剂种类及其阻化剂的溶液浓度和使用的工艺合理程度有关。

（二）阻化剂选择

目前最常用的阻化剂有：氯化钙（$CaCl_2\cdot H_2O$）、氯化镁（$MgCl_2\cdot 6H_2O$）、氯化铵（NH_4Cl）以及水玻璃（$xNa_2O\cdot ySiO_2$）等。从目前的应用结果来看，氯化钙、氯化镁、氯化铝、氯化锌等氯化物对褐煤、长焰煤和气煤有较好的阻化效果；水玻璃、氢氧化钙对高硫煤有较高阻化率。

（三）阻化剂防火工艺

应用阻化剂防火的主要方法是：表面喷洒、用钻孔向煤体压注以及利用专用设备向采空区送入雾化阻化剂。压注和喷洒系统有移动式、半固定式和固定式三种。向采空区喷送雾状阻化剂系统如图 10-6-6 所示。在应用之前，应确定采空区的漏风量。雾化器的喷射量不得大于漏风量，否则将对采空区的空气动力状态产生影响。

应用阻化剂处理高温点和灭火。首先打钻测温并圈定火区范围，然后从火区边缘开始向火源通过钻孔压注低浓度阻化剂水溶液，逐步逼近火源进行降温处理。

阻化剂防火具有施工工艺简单、投资少、减少用土量等优点。其缺点是：对采空区再生顶板的胶结作用不如泥浆好；对金属有一定腐蚀作用，其阻化寿命有待进一步提高。

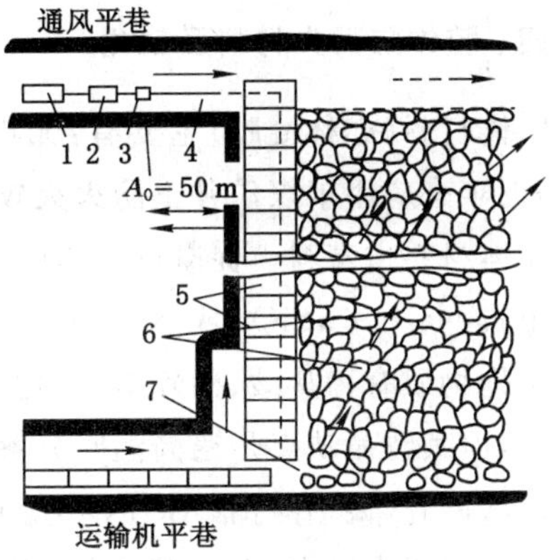

1—阻化剂溶液箱；2—输液泵；
3—自动过滤器；4—高压软管；
5—支架；6—漏风方向；7—雾化发生器。

图 10-6-6　采空区喷送雾状阻化剂系统

三、三相泡沫及其应用

由粉煤灰或黄泥、氮气（或压缩空气）和水三相物质通过物理机械方法制成泥浆后，加入复合发泡剂形成防灭火三相泡沫泥浆。

防灭火原理是，三相泡沫被注入采空区后，体积快速增大，具有很好的堆积性，可充填采空区，对低、高处的自（热）煤体均能覆盖，滞留时间较长；泡沫破后释放出氮气具有窒息性；浆液中水具有吸热降温性。即同时具有固、液、气三相材料的防灭火性能。

据试验，材料之间的质量比例对形成的泡沫特性具有重要影响。当发泡剂质量分数为 0.2%，水玻璃质量分数为 2%，灰水质量比为 1∶4 时，制得的防灭火三相泡沫的性能最好。

三相泡沫泥浆制备。在地面将一定比例的水与粉煤灰或黄泥搅拌混合形成粉煤灰或黄泥浆体，通过压力泵输送到灌浆管路中，在井下合适的地点通过发泡剂定量添加泵将发泡剂加入注浆管路中，浆液与发泡剂在流动的混合器中混合后进入发泡器，氮气通过管路接入发泡器中形成三相泡沫，输送至采空区内高温点和火区的目标空间，实现防灭火。

制备工艺和输送压注系统如图 10-6-7 所示。

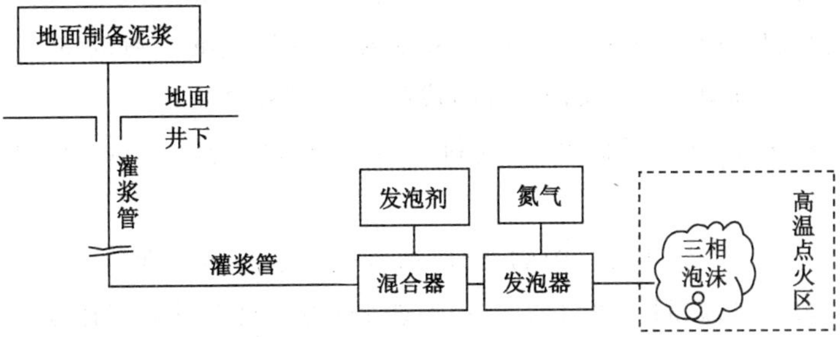

图 10-6-7　三相泡沫灌注系统示意图

三相泡沫可用于处理高温点和自燃火区。

四、胶体防灭火材料及应用

胶体材料(亦称凝胶)主要有:无机凝胶,如硅酸凝胶和硅铝凝胶,有机凝胶,复合胶体等,是近年来应用于煤矿井下防灭火较为广泛的材料。

胶体材料由基料+促凝剂+水(90%左右)组成。常用的基料为水玻璃(俗称泡花碱,化学分子式 $Na_2O \cdot nSiO_2$ 或 Na_2SiO_3)。促凝剂是一种使水玻璃能快速生成 $Si(OH)_4$ 胶体,可供选择物质有稀盐酸、稀硫酸、氯化铵、碳酸氢铵、硫酸铵、硫酸铝等。其中碳酸氢铵用得比较早,但其致命缺点是遇高温时分解氨气,污染环境,对人体健康有害,逐渐被淘汰。根据兖州矿区研究,偏铝酸钠($NaAlO_2$)等物质基本上为无毒、对环境无污染。

胶体防灭火机理:在成胶前易于流动,渗透性好,在一定的压力下,注入高温点周围的煤体中,可侵入到煤块缝隙、煤层中微小的裂缝中;成胶后其形态如图 10-6-8 所示,在煤的表面形成稳定的抗氧化的液膜,阻止煤与氧接触,抑制煤的氧化,起到隔氧阻化和窒息作用;由于胶体中固聚的大量水分,遇高温受热蒸发,还可以起到吸热降温作用。呈胶体状时具有堵漏和隔氧作用。在用粉煤灰作为灌浆材料的骨料时,添加改性材料,可提高其阻化性能。因此,用凝胶处理高温点和自燃火源效果较好。

图 10-6-8　凝胶成形示意图

凝胶的性能指标主要有热稳定性、胶体强度、韧性、抗受压性、保水性、煤壁粘附性和耐温阻燃性等。热稳定性是指在较高温度下维持其胶体状态的性能。影响性能指标的主要因素有:

(1) 成胶时间。根据使用条件不同,要求不同的成胶时间。用于灭火和处理高温点,成胶时间控制在喷出后 30～50 s 较好;用于堵漏防火,压注碎裂煤体,要求有较强的渗透性,成胶时间控制在 5～10 min 为宜。影响成胶时间的因素主要有促凝剂化学性质,以及基料、促凝剂与水之间的配比。成胶时间随基料的浓度增大而减小;当基料参数一定时,促凝剂浓度及其所占比重增加,成胶时间缩短。基料浓度为 8%时,碳酸氢铵的浓度由 2%增至 8%,成胶时间如表 10-6-1 所列。环境温度增高,成胶时间略有增加。

(2) 基料中 SiO_2 含量。试验表明,基料中 SiO_2 浓度越高,其热稳定性越好,防灭火效果越好。

(3) 胶的强度。基料浓度及其中的 SiO_2 浓度是影响胶体强度的主要因素,其浓度越高强度越大。用于防火时,基料浓度在 3%～6%较好;用于灭火时浓度在 6%～9%为宜。

表 10-6-1　凝胶成胶时间与浓度关系

浓度/%	2.0	3.5	5.0	6.0	8.0
成胶时间	6 分 12 秒	1 分 23 秒	40 秒	27 秒	24 秒

为了获得优良的防灭火性能，水玻璃与不同的促凝剂和添加剂配比要通过实验确定。例如，在使用偏铝酸钠作促凝剂时，5%～6%水玻璃、3%～4%偏铝酸钠时的成胶过程较稳定。

凝胶一般属于非常规、局部的防灭火技术，用于处理高温点。凝胶单独使用时，在现场配制，用泥浆泵通过管路压注至火区和高温点；胶体也可加入泥浆中使用，其灌注系统与三相泡沫类似，在井下适当地点配制，用泵压入管路中，输送至目标地。

凝胶在国内应用较为广泛，如兖州、淮南、大屯等矿区应用，具有良好的效果。

五、其他防灭火材料

近年来，随着科技发展，防灭火材料日益丰富，防灭火技术有了较大发展。如罗克休、马丽散、FSA、MEA等。

（一）罗克休

罗克休是采用树脂和催化剂两种胶体聚合的高分子材料，硬化后具有良好的机械性能和较高膨胀率(25～30倍)。使用时，将两种物质按4∶1的体积比混合均匀后，用专用气动泵通过软胶管将其吸入、经管路输送至目标地，用注射枪压注到煤岩孔隙中。用于火区的快速隔离和封堵、构筑防火墙，以及岩石的稳定和加固。

注意事项：① 压注前一定要将树脂混合均匀；② 由于两种物质反应时间较短(气温30 ℃时，30 s即可反应，10～15 ℃时，8 min反应，并在20 min内硬化)，输送管路不能太长；③ 压注时备足原料，避免吸空损坏活塞或堵塞管路；④ 催化剂有腐蚀性，施工时要佩戴防护眼镜和橡胶手套。

（二）马丽散

马丽散是一种低黏度、双组分合成高分子——聚亚胺胶脂材料产品，主要由树脂和催化剂组成。使用时通过泵和混合枪将两者按1∶1的体积比混合，实现材料的反应，可通过加入一定量的加速剂提高产品的反应速度。通过注射枪压注到煤体裂隙中。注入煤岩层初期为液体状态，由于其黏度低，可渗透细小的裂隙；凝固后膨胀，从而有效地充填裂隙，防止漏风，隔绝氧气进入自热和燃烧区；其黏结力强，有较好机械强度，可起到加固作用。

应用于有自燃隐患的巷道高冒顶煤的防火地段、对火区进行灭火处理，也可用于松软岩层加固和土封堵涌(流)水裂隙。

第七节 均压防灭火

均压防灭火的实质是，利用风窗、风机、调压气室和连通管等调压设施，改变漏风区域的压力分布，降低漏风压差，减少漏风，从而达到抑制遗煤自燃、惰化火区，或熄灭火源的目的。均压的概念始于20世纪50年代，由波兰学者汉·贝斯特朗提出，60年代一些采煤技术发达的国家竞相采用，多次获得成功。与此同时我国在淮南、开滦、阜新、抚顺、芙蓉和六枝等矿区开始推广应用，并在应用中使这一技术不断完善和发展。开始，这一技术只应用于加速封闭火区内火源的熄灭，以后又应用于抑制非封闭采空区里煤炭的自热或自燃，同时保证工作面正常安全生产。

一、调压设施均压防灭火的原理

（一）调节风窗调压的原理

如图 10-7-1(a)所示，在并联风路 1 分支中安装调节风窗后，由于风路中增加了风阻，使其风量减小。风量变化引起本分支和相邻分支压力分布改变。在图 10-7-1(b)中，aob 和 $a'codb'$ 分别为安装风窗前、后的压力坡度线，对比两者可见：

(1) 风窗上风侧风流压能增加，下风侧风流压能降低；A 点风流压能增加，B 点风流压能降低，其增加和降低的幅度取决于风窗的阻力和该分支在网路中所处的地位。

(2) 因风量减小，风窗前后风路上的压力坡度线变缓(因风量减小)。

由上述分析可见，风窗调压的实质是增阻减风，改变调压风路上的压力分布，达到调压目的。因此，其应用是以本风路风量可以减小为前提条件。

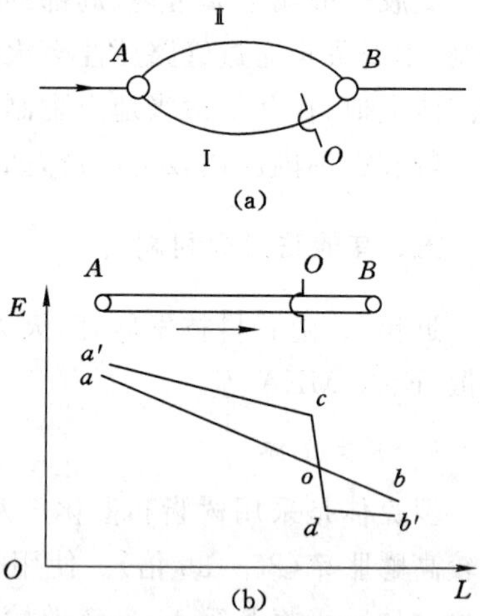

图 10-7-1　调节风窗调压的原理

（二）风机调压的原理

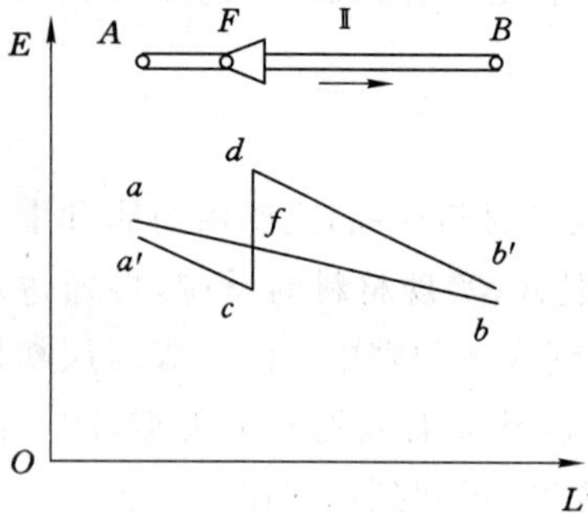

图 10-7-2　风机调压的原理

在需要调压的风路上安装带风门的风机(实质上是辅助通风机)，利用风机产生的增风增压作用，改变风路上的压力分布，达到调压目的。若在图 10-7-1(a)的Ⅱ分支上安装带风门的风机，且使其风量大于原来风量。调压前后Ⅱ分支压力坡度线如图 10-7-2 所示。afb 和 $a'cfdb'$，分别为调压前后的压力坡度线。对比两者可见：

(1) 风机的上风侧(AF 段)风流的压能降低，下风侧(FB 段)风流的压能增加；其降低和增加的幅度随距风机的距离增大而减小。

(2) 因风路上风量增加，故其压力坡度线变陡；在Ⅱ分支上安装风机后，对与其并联的Ⅰ分支将产生下列影响：风量减小，但减小值小于Ⅰ分支的风量增加值，减小程度取决于所安装风机的能力及该分支在网路中的地位；压力坡度线的坡度变缓。

应该指出的是，单独使用调压风机调压是以增加风量为前提。

（三）风窗-风机联合调压的原理

使用风窗和风机联合调压时，有增压调节和降压调节两种。

1. 风窗-风机增压调节

所谓增压调节是指使两调压装置中间的风路上风流的压能增加。为此，风机安装在风窗的上风侧。增压调节又可分为风量不变和风量减小两种。

图 10-7-3(a)、(b)分别表示风量不变和风量减小时的压力分布变化特点。

2. 风窗-风机联合降压调节

做降压调节时,风窗安装在上风侧,风机安装在下风侧。调压前后压能变化规律读者可根据上图做类似分析。

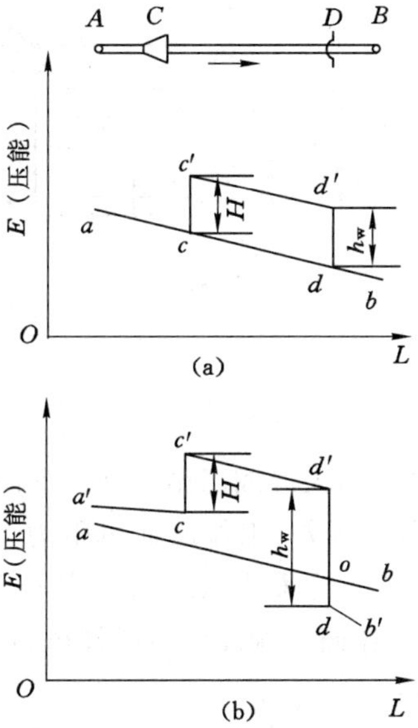

图 10-7-3 风窗-风机联合增压调节

二、生产工作面采空区自燃火源或高温点的调压处理

采空区火源或高温点产生的位置取决于采空区内堆积的遗煤和漏风分布。因此,采用调压法处理采空区的高温点或自燃火源之前,必须首先了解可能产生火源的空间位置及其相关的漏风分布,以便进行有针对性调节。

(一) 采空区的漏风形式

采空区的漏风基本上可分为并联漏风和角联漏风两种。

1. 并联漏风

图 10-7-4(a)是后退式回采 U 形通风系统工作面采空区漏风分布平面示意图。为了便于分析问题,常常把这种漏风简单化成一个始、末端分别为工作面下、上口,与工作面风路相并联的等效风路,如图 10-7-4(b)(虚线)所示。

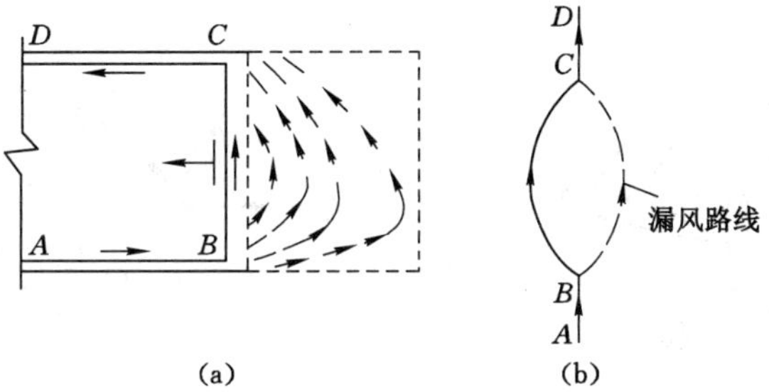

图 10-7-4 采空区并联漏风

2. 角联漏风

采空区内除存在并联漏风外,还有部分漏风与其他风巷发生联系,这种漏风叫角联漏风。图 10-7-5(a)是淮南李一矿同时开采层间距较近两层煤时,因两工作面间的错距较小(20 m 左右),造成上下工作面采空区相互连通,而产生对角漏风。实际上,对角漏风可能发生在采空区的一个条带上,在研究问题时为方便起见,漏风路线简化为对角支路,如图 10-7-5(b)中 2—5 虚线所示。

(二) 并联漏风范围内的高温点或火源的调压处理

在采取调压处理之前,首先应判断高温点或火源在漏风带中的大致位置。

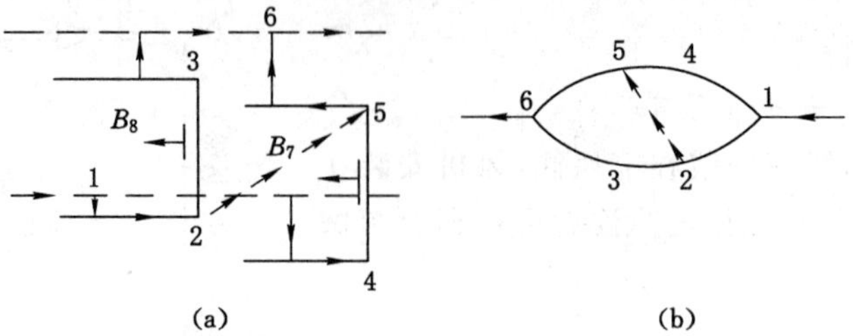

图 10-7-5　采空区角联漏风

(1) 当火源或高温点处于如图 10-3-1 所示的自燃带Ⅱ中后部(靠近窒息带)时,则可用降低漏风压差(工作面通风阻力)的方法,减小漏风带宽度,使窒息带覆盖高温点。其措施有:① 在工作面进风或回风中安设调节风窗,或稍稍启开与工作面并联风路中的风门 d。② 在工作面下端设风障或挂风帘(图 10-7-6)。这种方法对于减少采空区的瓦斯涌出也是有利的。

(2) 高温点位于自燃带的前部(靠近散热带附近)或工作面的下部采空区时,采用减小风量的方法不能使其被窒息带覆盖时,一般也可采用在工作面下端挂风帘的方法来减小火源所在区域内的漏风,同时加快工作面的推进速度,使窒息带快速覆盖高温点。

(三) 角联漏风的调压

调节角联漏风要在风路中适当位置安装风门和风机等调压装置,降低漏风源的压能,提高漏风汇的压能。如图 10-7-7 所示,3—6 和 4—5 为工作面,采空区内漏风通道即为角联分支,漏风方向 3→5。为了消除对角漏风,可改变相邻支路的风阻比,使之保持。

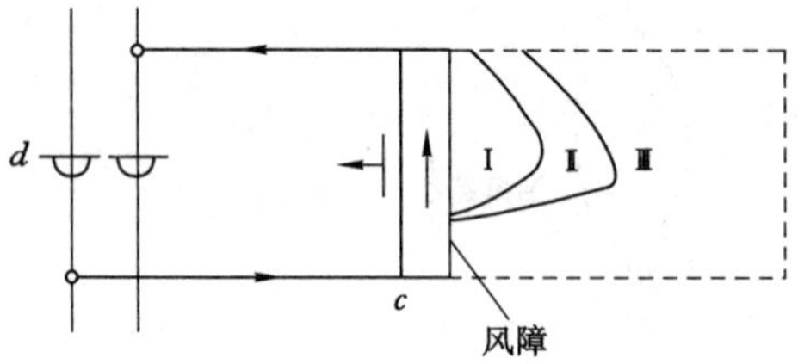

图 10-7-6　工作面下端挂设风帘后“三带”分布

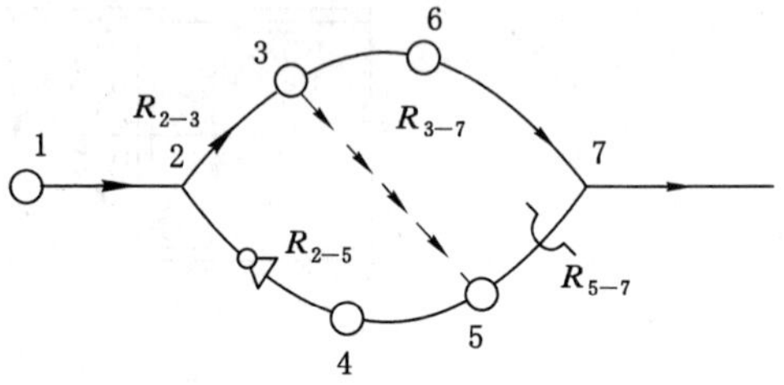

图 10-7-7　角联漏风的调压

据此可实施下列方案:① 在 5—7 分支中安设调节风窗,以增大 R_{57},提高 5 点压能。② 如果要求工作面的风量不变,可在 5—7 分支安设风窗的同时,在 2—4 分支(工作面进风巷)安设调压风机,采用联合调压。③ 在条件允许时,还可在进风巷 2—3 安风窗,在回风巷 5—7 安风机进行降压调节。应该强调指出的是,调压所采用的各种措施应以保证安全生产和现场条件允许为前提。角联漏风的调节要注意调节幅度,防止因漏风汇的压能增加过高、或漏风源的压能降得过低,导致漏风反向。为了防止盲目调节,可在进行阻力测定的基础上,根据调节压力,预先对调节风窗的面积进行估算,并在调压过程中注意火区动态监测,掌握调压幅度。

三、调压气室-连通管调压防灭火的原理与应用

调压气室-连通管调压一般适用于封闭火区灭火。有单气室与双气室调压两种。

(一) 双调压气室-连通管调压原理与应用

1. 布置方式

如图 10-7-8(a)所示，在火区的两侧密闭墙 K_1、K_2 外分别构筑一道辅助密闭墙 F_1 与 F_2，与原密闭墙构成两个调压气室，与此同时在与火区并联的分支中铺一根金属管[有条件时也可以利用巷道代替金属管(图中 b)]把两个调压气室连通，此金属管称为连通管。

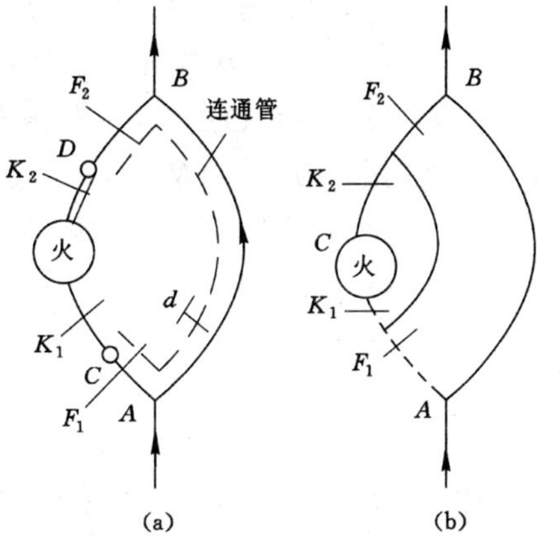

图 10-7-8 双气室-连通管调压原理示意图
(图中虚线表示连通管，以下图同)

2. 调压原理

双气室-连通管调压的原理在于：辅助密闭墙增加火区的漏风风阻，降低火区的漏风压差；连通管与火区并联，起到并联分风和降压的作用。

3. 调压时的火区动态观测

按图 10-7-9 所示的要求，在每个密闭墙上安设测压管和水柱计。其中 1 和 2 水柱计分别测定密闭墙 K_1 和 F_1 的漏风压差，3 和 4 水柱计分别测定密闭墙 K_2 和 F_2 的漏风压差。调压后应使 1 和 3 的示值近似相等，若不相等应设法增大密闭墙的气密性。调压时还应注意连通管的气密性，否则会降低调压效果；注意观测火区回风的气体成分，以了解火区的动态。

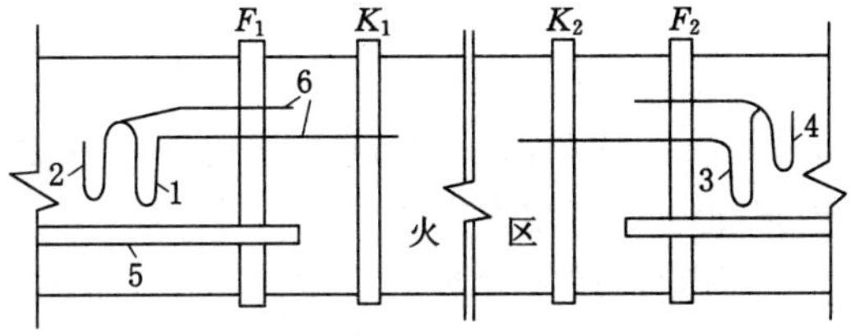

1～4—水柱计；5—连通管；6—测压管。

图 10-7-9 连通管-双气室调压时火区动态观测

(二) 单调压气室-连通管调压原理与应用

1. 布置方式及其调压原理

如图 10-7-10(a)所示，在火区回风侧密闭墙 K_2 外构筑一道辅助密闭墙 M，M 与 K_2 构成调压气室；同时从调压气室内 C 点铺一根装有调节闸门的金属管至火区进风侧 B 点上风侧的 D 点。为了分析其调压原理，应用拓扑变换原理将图 10-7-10(a)变为等效网路图 10-7-10(b)。由图可见，由于连通管接入，使火区变为角联网路中的对角巷道。只要使下式成立，即可消除火区漏风：

$$\frac{R_T}{R_M}=\frac{R_{DA}}{R_{AB}} \tag{10-7-1}$$

式中 R_T——连通管(包括闸门)风阻；

R_M——辅助密闭墙 M 与 CB 巷道风阻之和；

R_{AB}，R_{DA}——巷道 AB 和 DA 的风阻。

为了使式(10-7-1)成立，通常在连通管上安装调节闸门 d，以改变其风阻，满足调节需要。当然式中的 R_{DA} 和 R_M 也可通过伸缩连通管的长度和增加密闭墙的气密性来改变。

调压气室也可构筑在进风侧，两者调压的原理相同。

但是，如果把图 10-7-10(a)中的连通管端口只引至节点 A，将其进行网路等效变化后会发现，此时连通管变为火区的并联分支，故调压原理与双调压气室相同。

2. 火区动态观测

如图 10-7-11 所示，在密闭墙上安设水柱计 1 和 2 分别测定密闭墙 K_2 和 M 两侧压差。当水柱计 1 的示值为零时表示火区漏风消失，否则应根据水柱计两侧液面高低和变化，改变连通管的风阻或增加辅助密闭的气密性，达到调压目的。

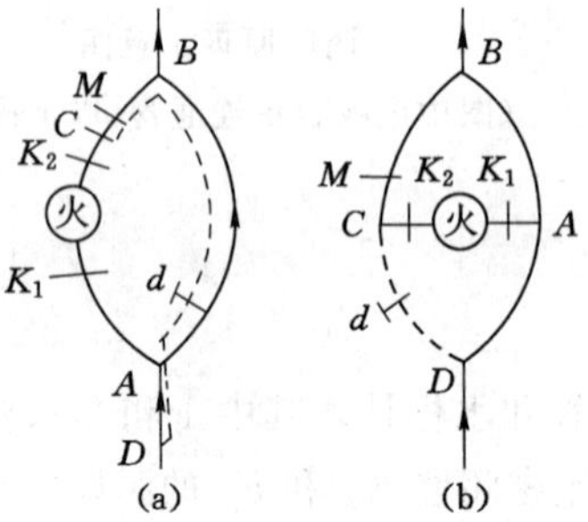

图 10-7-10　单调压气室-连通管调压原理示意图

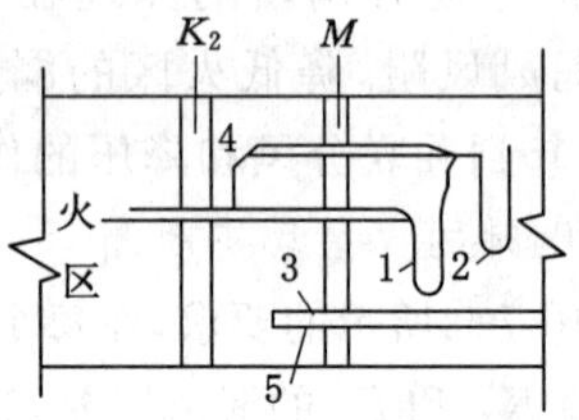

1,2—水柱计；3—调压管；4—测压管；5—连通管。

图 10-7-11　单调压气室-连通管调压时火区动态观测

应用调节风压法平衡封闭火区的漏风压差，除上述的一些方法外，还有其他一些方法，如调压气室与风机相配合，风机与风筒相配合等。

为了避免调压盲目进行，在制订调压方案之前应进行阻力测定和采空区漏风探测等工作，以获得必要的基础资料。

四、调整通风系统调节漏风压差

事实上，不少火区的形成和发展，都与通风系统不合理有一定的联系。因此，在保证采掘工作面按需供风和安全生产的前提下，针对具体情况，合理调整通风系统，也可起到平衡火区漏风压差的作用。

（一）调整通风系统的原则

从有利于防灭火的角度出发，一般应遵循下列原则调整通风系统：

(1) 增加火区或采空区的并联(低风阻)风路；或减小火区并联分支的风阻或风量(不得在该分支增阻)。

(2) 增加火区所在分支或其漏风流经路线上其他分支的风阻；在非漏风流经的路线上减阻。增阻或减阻巷道离火区或采空区越近，效果越好。

(3) 当火区的漏风源与漏风汇分别处于进回风井附近时，应设法降低主要通风机负压。

(4) 降低火区漏风源的压能，增加其漏风汇的压能。调整通风系统有时是局部的，有时是全局的。局部调整时可利用增设或移动风门、调节风窗等通风设施来实现。

调整之前应对通风系统进行调查，分析与火区有关的漏风分布，制定合理的调整措施，并对其后果进行估计。

（二）通风构筑物的合理位置

在有漏风源或漏风汇附近的风路上，设置增阻型通风构筑物时，应遵循的总原则是：既起到应有的风流调节和控制作用，又不增大火区或采空区的漏风压差。具体而言：

(1) 若在有并联漏风的风路上设置风窗等增阻型通风构筑物时，其位置不应选择在漏风的源与汇之间。图 10-7-12 为河南平顶山某矿工作面及其附近巷道的通风系统，采空区内存在角联漏风，其路线为 2 至 C。为了增加工作面的风量，需要在 $ABCD$ 风路上设置调节风窗，由于经采空区的漏风路线 $2\rightarrow C$ 与风路 ABC 呈并联形式，故调节风窗不应设在 ABC 段，而应设在 CD 段和 BE 段(图示状态)。这样能减小采空区的漏风压差。

(2) 在有漏风源或漏风汇附近的风路上安设增阻型通风构筑物时，应将其设在漏风源的上风侧，或漏风汇的下风侧。如图 10-7-13(a)所示，D 点为漏风汇，欲在风路 EDF 上设置调节风窗时，应设在 DE 段风路上，而不应设在 FD 风路上。否则，会降低 D 点压能，增大采空区漏风压差。如图 10-7-13(b)所示，在 ABC 风路上，B 点是漏风源，要在风路上设调节风窗或风门时，应设在 AB 段，而不应该设在 BC 段。这样有利于降低 B 点压能。

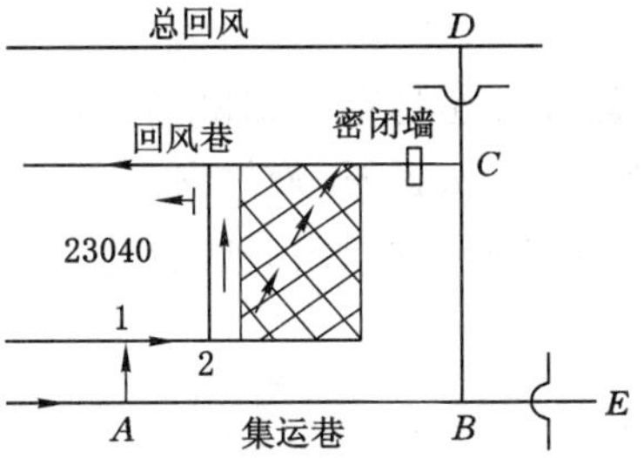

图 10-7-12　有并联漏风时通风构筑物的设置

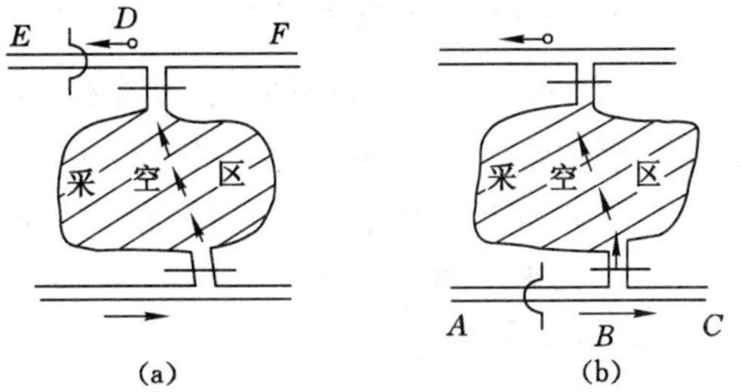

图 10-7-13　漏风源、汇附近通风构筑物设置

(3) 风门、调节风门和密闭墙等控制风流的设施设置后，应使采空区或火区同处于进风或回风侧，以降低其漏风压差。图 10-7-14 是淮北某矿区段巷道布置形式。为避免掘进串联通风和适应分层同采运输的需要，每个阶段均布置两条集中岩石巷道做区段的进、回风巷。工作面停采后用密闭墙 K_1、K_2 封闭采空区的进回风斜巷。在上下阶段的联络巷 3 内用风门使进回风集中岩石巷道隔开。由图可见，若上、下阶段联络巷中的风门分别设在 A[或 B(虚线)]、C[或 D(虚线)]位置时，则采空区同处于进风(或回风)侧，在此两种情况下，采空区的漏风压差一般在 120 Pa 左右。

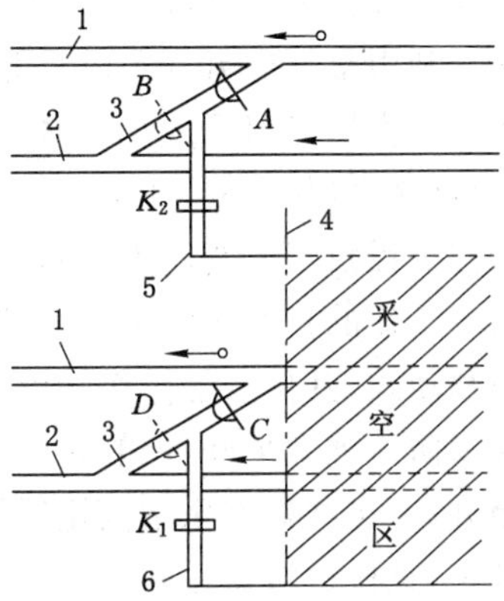

1—集中轨道(回风)巷；2—集中运输(进风)巷；3—联络巷；4—停采线；5—回风斜巷；6—进风斜巷。

图 10-7-14　采空区或火区同处进风或回风侧

若两联络巷的风门分别处于 A（或 B）、D（或 C）位置，则采空区的漏风源和漏风汇便处于进（或回）、回（或进）风侧，采空区漏风的压差在 400 Pa 左右。

第八节　惰气防灭火

惰气系指不可燃气体或窒息性气体，主要包括氮气、二氧化碳以及燃料燃烧生成的烟气（简称燃气）等。

一、氮气防灭火

氮气是一种无毒的不可燃气体。在标准状态下，密度为 1.25 kg/m^3，相对密度为 0.96；无腐蚀性，化学性质稳定，−195.8 ℃可液化成液态氮。液氮与氮气相比，具有体积小（0 ℃时两者体积比为 1/647），运输量小等优点。

氮气既可以迅速有效地扑灭明火，又可以防止采空区遗煤自燃。使用注氮灭火的火区具有恢复工作量小、不损坏设备等优点。因此，注氮防灭火技术引起了国内外煤矿工作者的重视。原联邦德国的氮气灭火技术应用得较为广泛和成功。1974 年 11 月至 1986 年 8 月，共应用氮气灭火 80 次，消耗氮气量 30 亿 m^3，抢救出综采设备 65 套。近年来我国应用氮气防灭火技术发展较快，特别是采用放顶煤综采的工作面，注氮防火已成为一项重要的安全技术措施。

（一）（液）氮气防灭火原理

氮气注入采空区后具有降低氧气浓度的作用。液氮灭火还具有冷却降温作用。在 20 ℃的环境温度下，液氮的汽化热为 423 kJ/kg，直接将液氮注入火区时，液氮汽化，吸收热量，使火区气体、煤层和围岩的温度降低，火区冷却会加速火源熄灭；在封闭火区的过程中，氮气注入火区后，兼有抑爆作用。

（二）氮气制取和输送

氮气制取。目前分离空气制取氧气和氮气有三种工艺方法：一是深冷空分法；二是碳分子筛变压吸附法；三是膜分离法。深冷空分优点是产氮纯度高，可达 99.99%，可同时生产出氮气和氧气。缺点是，从开机到产氮需要时间长，生产液氮需要高压，设备不易维护。膜分离法是利用空气中氧气和氮气等组分对高分子薄膜的渗透率不同，氧气透过膜壁而富集，氮气未透过膜层滞留于原始气体一侧而富集。根据膜分离原理制成的井下移动式制氮装置，运行可靠，操作方便，随机产生的氮气就地注入采空区，进行防灭火，可节省地面地建和井下管路工程投资。变压吸附制氮是 20 世纪 70 年代才开发的一种新技术。它是利用氮氧分子对分子筛的扩散速度不同使其分离。根据此原理制成的制氮装置有地面固定式、地面和井下移动式，其优点是操作简单，易维护。

液氮防灭火效果好，但贮存和运输较困难。用液氮灭火的矿井，发火时用大型槽车将液氮运至井口，在井口汽化站汽化后用管道输送至井下火区；也可在井口将其分装在小槽车中运往井下，直接把液氮注入火区，这样可提高灭火效果。若用管路输送液氮至井下，一般要在井口汽化。其目的是防止在管路中汽化大量吸热而导致管道冻裂。输送气氮的管路可以用专用管路，也可用灌浆管路。输氮压力要克服管道损失和保持输氮管出口有 0.5 MPa 左右的压力。输氮管一般采用无缝钢管，要求不漏气，无堵塞。

（三）生产工作面采空区注氮防火

向采空区注入氮气要根据具体条件确定注氮制度（方式）。在有自燃早期预报时，一般应采用非连续注氮，以降低成本。当高温点出现后，根据其温度或CO浓度大小选择注氮强度、注氮口的位置以及工作面风量等。

注氮方法取决于注氮目的（是防火还是灭火）和注氮方式，一般有两种。一种是压管注氮，即注氮管口由进风平巷压埋在采空区里，借助于漏风将注入的氮气散布在采空区内。这种方法的优点是注氮工艺简单，适用于连续注氮。另一种是在采空区附近的巷道内向采空区打钻，利用钻孔注入氮气。氮气释放口的位置选择合理与否对防火效果影响较大。一般氮气释放口位于进风侧的采空区内；释放口不得向上，罩以金属网并用坚硬的护体（石块或木垛）加以保护，以防砸坏或孔口堵塞。注氮口一般距工作面10～15 m。

（四）注氮处理封闭火区

1. 混合注氮

混合注氮防灭火的原理是“稀释”采空区中氧气浓度。即通过管路将氮气注入封闭的采空区中，使氮气与空间的原有气体组分进行紊流混合，增加自燃空间的惰性气体含量，相对降低氧气浓度至自燃的临界氧气浓度（5%）以下，达到窒息灭火和抑制自燃发展的目的。要求采空区密封，不漏风。

混合注氮方法，是将地面制氮机产生的氮气通过管路输送到采空区，拉入进风侧密闭墙上灌浆管上，向采空区注入氮气。

混合注氮流场特点是，高浓度氮气一般在注氮口附近的一定范围内呈连续分布。随着注氮时间延长，加之采空区瓦斯涌出，采空区中气体压力增加，在距注氮口较远的区域，紊流混合作用减小，注入的氮气与原有气体很难均匀混合，导致采空区中氮气浓度分布不均匀。即有的地方氮气浓度高，有的地方氮气浓度低。混合注氮的防灭火效果取决于较高浓度的氮气区是否能覆盖火源。若能覆盖火源，则效果好，否则效果差。

提高混合注氮效果的途径：适当增加密闭墙的气密性，限制漏风量；增大注氮强度和保持注氮的连续性；选择合适的注氮口位置。

2. 置换注氮

置换注氮就是采用特定方法将氮气注入采空区中，将其原有、含氧浓度较高的气体置换出去。

置换注氮灭火的机理是，用氮气充满采空区、使燃烧因缺氧而窒息。

置换注氮方法。如图10-8-1在采空区中的进风侧设有多个注氮口、回风侧设有多个排气出口。通过选择合适的注氮口和排气口，使氮气在采空区中按设计方向流动。一般是，注氮口和排气口一一对应、逐渐由停采线向采空区深部方向移动。关键技术是使氮气注入采空区后与原有气体不混合或混合程度最小，以层流和扩散的方式形成缓慢移动的“氮气层”和“氮气墙”，由外向内（由停采线向采空区内部）、由下向上（由底板向采空区上部）地将含高氧浓度的气体“排挤”出采空区中，在采空区的中下部形成“氮气湖”，覆盖或“淹没”采空区下部的遗煤或火源，实现置换注氮，以及惰化采空区和防灭火的目的。

另外，采空区中原有气体成分是空气、瓦斯、一氧化碳等气体混合而成，其密度小于氮气密度，因而注入的氮气容易分布在采空区下部，这是在采空区中下部形成“氮气湖”的另一个

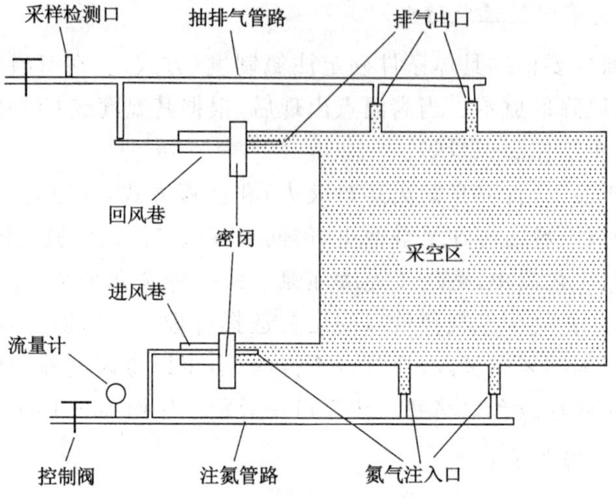

图 10-8-1 采空区置换注氮系统

原因。

置换注氮与混合注氮的不同之处在于：置换注氮可在较短的时间内、用相对较少的氮气完全替换采空区中原有气体。例如，假设注入的氮气与原有气体充分混合、要使原有采空区中氧气浓度由15%降低到5%，用稀释的方法要注入2～3倍空间体积的纯氮气；而采用置换注氮的方法，则只需1倍空间体积的氮气即可。可想而知，当采空区中的体积很大时，采用置换注氮比混合注氮的效益是不言而喻的。

置换注氮曾在淮南张集矿1115(3)工作面封闭采空区应用于灭火，收到显著效果。

3. 提高注氮效果的途径

适当增加密闭墙的气密性，限制漏风量；增大注氮强度和保持注氮的连续性；选择合适的注氮口位置。

二、湿式惰气灭火

湿式惰气是燃料油与一定比例的空气混合在惰气发生装置(机)内经充分燃烧后产生的烟气。由于烟气中基本上是惰性气体或不可燃气体，因此，将其压入火区后，可起到惰化火区、窒息火源的作用；压入正在密闭的火区可起到阻爆作用。

目前，我国矿山救护队装备有用燃油燃烧的惰气发生装置，是灭火的主要装备之一。我国曾用惰气有效地扑灭了多次火灾。惰气发生装置型号及其性能参数如表10-8-1所列。

表 10-8-1 惰气发生装置性能参数表

项 目	DQ-150	DQ-1000
产气量/($m^3 \cdot min^{-1}$)	150	880～1 200
燃油耗量/($kg \cdot min^{-1}$)	3.87	21.78～28.56
耗水量/($m^3 \cdot h^{-1}$)	15	36～40
供水压力/kPa	250	250～300
出水温度/℃	＜90	＜90

表 10-8-1(续)

项　　目		DQ-150	DQ-1000
气体成分/% (按体积计算)	N_2	52	37.8～38.3
	CO_2	6～9	5.85～6.40
	O_2	<2	<1.35
	CO	<0.35	($CO+H_2$)<0.4
	CH_4	无	无
	H_2O(g)	40～50	55

第九节　火灾时期通风

灾变时期通风调度决策正确与否对救灾工作的成败极为重要。高温火灾气体的空气动力效应有两方面作用：一方面是燃烧生成的热能转化为机械能，形成附加的自然风压，即火风压，作用于通风网路；另一方面，在火源点生成大量火灾气体以及风流受热后体积膨胀所产生膨胀压力，对上风侧风流产生阻力作用，即膨胀节流效应，对风流产生动力作用。

一、火风压及其计算方法

火灾时高温烟流流过巷道所在的回路中的自然风压发生变化，这种因火灾而产生的自然风压变化量，在灾变通风中称之为火风压。在如图 10-9-1 所示的模型化的通风系统中，在 F 点发火，由于火源下风侧 3—4 风路的风温和空气成分发生变化，从而导致其密度减小，该回路产生火风压，根据火风压定义可得：

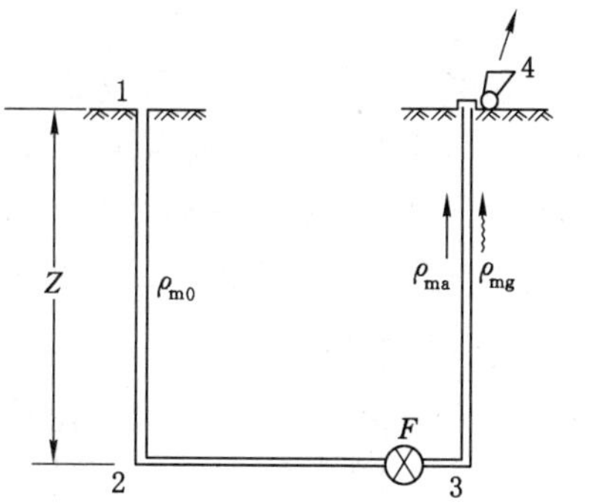

图 10-9-1　简化的通风系统

$$H_f = Zg(\rho_{ma} - \rho_{mg}) \tag{10-9-1}$$

式中　H_f——火灾时 1—2—3—4—1 回路的火风压，Pa；

Z——1—2—3—4—1 回路的高差，m；

ρ_{ma}，ρ_{mg}——分别为 3—4 分支火灾前后空气和烟气的平均密度，kg/m^3。

由式(10-9-1)可见，所谓火风压就是指烟流流经有高差巷道时，由于风流温度升高和空气成分变化等原因而引起该巷道位能差变化值。

二、火风压的特性

(1) 火风压出现的位置。火风压产生于烟流流过的有高差的倾斜或垂直巷道中。

(2) 火风压的作用相当于在高温烟流流过的风路上安设了一系列辅助通风机。

(3) 火风压的作用方向总是向上。因此，当其产生于上行风巷道时，作用方向与主要通风机风压相同；产生于下行风巷道时与主要通风机风压作用方向相反，成为通风阻力，称之为负火风压。

火风压的大小和方向取决于：烟气流过巷道的高度、通过火源的风量、巷道倾角、火源温度和火源产生的位置。鉴于上述分析结果，当井下发生火灾时，应迅速了解火源的位置，根据燃烧物的分布、燃烧规模、火源温度、流经巷道的特征（是上行还是下行）、风量大小，估算火风压大小及其对通风系统的影响，以便采取有效措施，保证矿井通风网路中风流稳定。

三、火灾时期风流紊乱规律及防治

（一）风流的紊乱形式

风流紊乱的形式主要有旁侧支路风流逆转、主干风路烟流逆退和火烟滚退三种形式。

1. 旁侧支路风流逆转

当火势发展到一定的程度时，通风网路中与火源所在排烟主干风路相连的某些旁侧分支的风流可能出现与正常风向相反的流动，在灾变通风中把这种现象叫作旁侧支路风流的逆转。如图 10-9-2(a)所示，设在 2—4 分支内发生了火灾，正常情况下烟气将随风流通过 4—5，5—6 分支排出地面。当火势发展到一定程度时，会使旁侧支路 3—4 分支风流反向，烟流从主干风路流向旁侧风路侵入 4—3、3—5 分支[图 10-9-2(b)]，从而扩大了事故的范围。

2. 主干风路烟流逆退

如图 10-9-3 所示，在分支 2—4 内的一点产生火源，若火势迅猛，烟气生成量大，火源下风侧排烟受阻，烟气一面沿主干风路的回风系统 4—5—6 排出，另一方面充满巷道全断面地逆着主干风路的进风流向 2 节点，这种现象叫烟流逆退。当逆退的烟流达到 2 节点后，将随旁侧分支 2—3、3—5 的风流侵袭更大的范围，从而使危害扩大。下行风或水平巷道中这种风流紊乱现象更为常见。

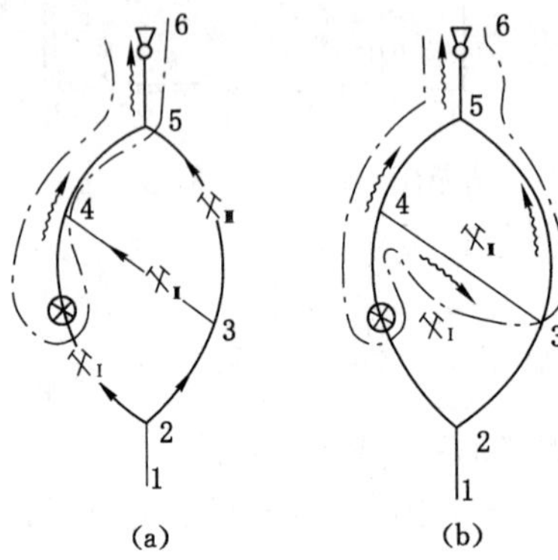

图 10-9-2　旁侧支路风流逆转

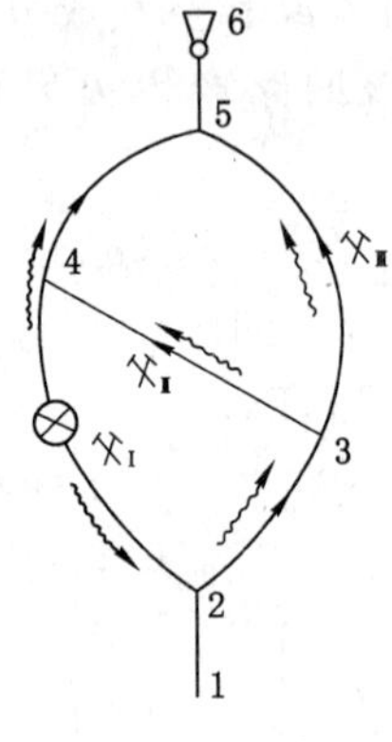

图 10-9-3　主干风路烟流逆退

3. 火烟滚退

在火源上风侧附近的巷道断面上出现两种不同的流向：即巷道上部烟气逆风流动，经过一定的距离后又与下部风流一起按原方向流动，如图 10-9-4 所示。烟气生成量越大、火源温度越高、巷道风速越低，发生滚退的概率越大。烟气的滚退，往往是主干风路风流的逆退和旁侧支路逆转的前兆。

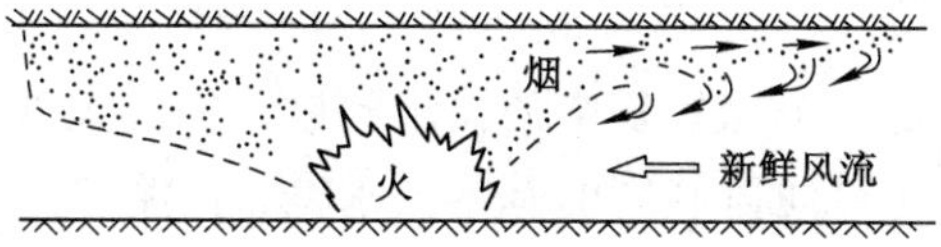

图 10-9-4 火烟滚退

（二）风流紊乱的原因、规律及其防治

1. 上行风路产生火风压

发生风流逆转的原因主要是：① 因火风压的作用使高温烟流流经巷道各点的压能增大；② 因巷道冒顶等原因造成火源下风侧风阻增大，导致主干风路火源上风侧风量减小，沿程各节点压能降低。

风流逆转的规律是，上行风路产生火风压，旁侧支路风流逆转。旁侧支路风流是否发生逆转，与本分支的风阻大小无关。风流逆转的过程一般是，风量先逐渐减小，至停止，到反向。旁侧支路风量减小，则可能是逆转的前兆。

为了防止旁侧风路风流逆转，主要措施有：① 降低火风压；② 保持主要通风机正常运转；③ 采用打开风门、增加排烟通路等措施减小排烟路线上的风阻。

2. 下行风路产生火风压

在下行风路中产生火风压，其作用方向与主要通风机作用风压方向相反。当火风压等于主要通风机分配到该分支压力时，该分支的风流就会停滞；当火风压大于该分支的压力时，该分支的风流就会反向。主干风路风阻及其产生的火风压一定时，风量越小，越容易反向。

防止下行风风路风流逆转的途径有：减小火势，降低火风压；增大主要通风机分配到该分支上的压力。

3. 风流逆退的原因、规律及其防治

由于火源处产生大量烟气以及风流加热后体积膨胀，类似于在火源处增加了一条风路（可称之为虚拟风路）。其体积流量超过原来风量，会导致烟流逆退。

发生逆退的原因是：烟气的增量过大；主要通风机风压作用于主干风路的风压小。

防止逆退措施是：减小主干风路排烟区段的风阻；在火源的下风侧使烟流短路排至总回风；在火源的上风侧、巷道的下半部构筑挡风墙，迫使风流向上流，并增加风流的速度（图 10-9-5）。挡风墙距火源 5 m 左右；也可在巷道中安带调节风窗的风障，以增加风速（图 10-9-6）。

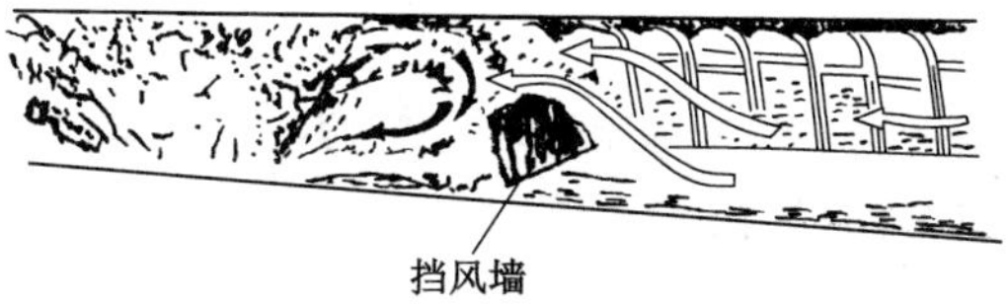

图 10-9-5 挡风墙

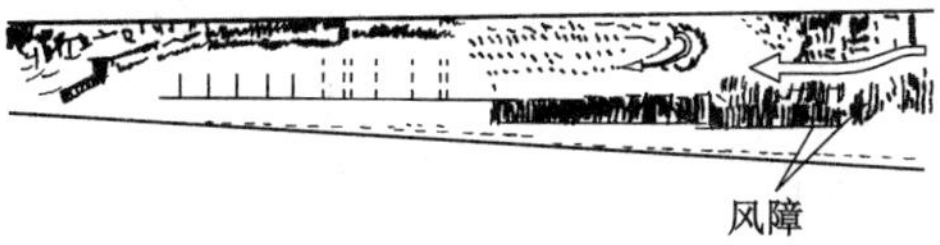

图 10-9-6 风障

四、灾变时期风流控制

矿井火灾时风流控制是一个比较复杂的技术问题。需要灾变通风理论和成功的事故处理经验为指导。矿井发火时对通风制度的基本要求是:① 保护灾区和受威胁区域的职工迅速撤至安全地区或井上;② 有利限制烟流在井巷中发生非控制性蔓延,防止火灾范围扩大;③ 不得使火源附近瓦斯聚积到爆炸浓度,不容许流过火源的风流中瓦斯达到爆炸浓度,或使火源蔓延到有瓦斯爆炸的地区;④ 为救护创造条件。

风流的控制可以是区域性的,也可以是全矿范围内的。控制的方法可以借助于主要通风机、局部通风机以及通风装置;也可以只使用通风设施,如风门、临时密闭和调节风窗等,或者几种结合起来使用。火灾时常用的通风制度有以下几种:

(一) 维持正常通风,稳定风流

这一制度的适用条件是:① 火源位于采区内部,烟流已弥漫较大范围,井下人员分布范围大;② 通风网路复杂的高瓦斯矿井,采用其他通风制度有发生瓦斯和煤尘爆炸危险,或使灾情扩大;③ 火源位于独头掘进巷道内,不能停运局部通风机;④ 火源位于采区或矿井主要回风巷,维持原风向有利于火烟迅速排出;⑤ 减少向火源供风抑制火势发展。但应注意的是,减小风量不要引起瓦斯爆炸;若火源下风侧有人员未撤出,则不能减风。

(二) 停风机

在以下情况下可考虑:① 火源位于进风井口或进风井筒,不能进行反风;② 独头掘进面发火已有较长的时间,瓦斯浓度已超过爆炸上限,这时不能再送风;③ 主要通风机已成为通风阻力时。停止主要通风机时应同时打开回风井的防爆门或防爆井盖。采用这种通风制度应慎重。

(三) 反风

当井下发火时,利用反风设备和设施改变火灾烟流的方向,以使火源下风侧的人员,处于火源"上风侧"的新鲜风流中。按范围分,有全矿反风、区域反风和局部反风三种。

(1) 全矿反风。通过主要通风机及其附属设施实现。

(2) 区域性反风。在多进、多回的矿井中某一通风系统的进风大巷中发火时,调节一个或几个主要通风机的反风设施,实现矿井部分地区风流反向的反风方式,称为区域性反风。

(3) 局部反风。当采区内发生火灾时,主要通风机保持正常运行,调整采区内预设的风门开关状态,实现采区内部局部风流反向,这种反风方式称为局部反风。某矿采区通风系统简化为如图 10-9-7 所示的网路,火源处于对角巷道②—③分支。

正常通风时,1、2 号风门关闭,3、4 号风门启开,风流方向如实线所示。反风时 1、2 号风门启开,3、4 号风门关闭,风流方向如虚线所示。

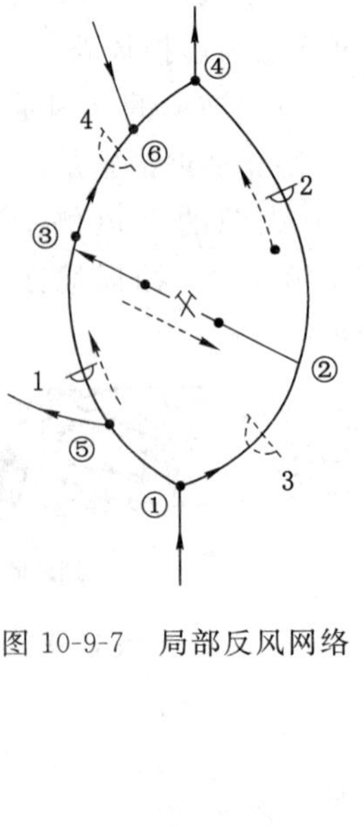

图 10-9-7　局部反风网络

(四) 风流短路

火源位于矿井的主要进风系统,若不能及时进行反风或因条件限制不能进行反风时，可将进、回风井之间联络巷中的风门或密闭打开，使大部分烟流短路，直接流入总回风，减少流入采区烟流，以利人员避难和救护队进行救护。

第十节　矿井火灾处理与控制

一、灭火原理

灭火是破坏燃烧三个条件同时存在和消除燃烧三个条件(之一、之二或全部)的过程。灭火的实质就是把正在燃烧体系内的物质冷却，将其温度降低到燃点之下，使燃烧停止。

灭火原理：① 冷却，把燃烧物质的温度降低到燃点以下。② 隔离和窒息，使燃烧反应体系与环境隔离，抑制参加反应的物质。③ 稀释，降低参加反应物(液、气体)的浓度。④ 中断链反应。现代燃烧理论认为，燃烧反应是由于可燃物分解成游离状态的自由基与氧原子相结合，发生链反应后才能形成的。因此，阻止链反应发生或不使自由基与氧原子结合，就可以抑制燃烧，达到灭火目的。在实际灭火中，是以上几种原理的综合应用。灭火就其方法而言，可分为直接灭火、隔离灭火和联合灭火三大类。

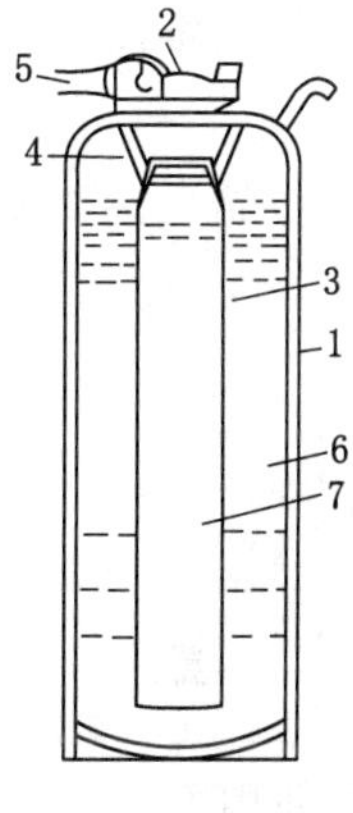

1—机身；2—机盖；
3—玻璃瓶；4—铁架；
5—喷嘴；6—碱性药液；
7—酸性药液。

图 10-10-1　泡沫灭火器结构示意图

二、直接灭火

采用灭火剂或挖出火源等方法把火直接扑灭，称为直接灭火法。无论是井上还是井下所发生的火灾，凡是能直接扑灭的，均应尽快扑灭。

(一) 常用灭火剂及其使用方法

可用于扑灭火源的物质，称为灭火剂。常用的灭火剂有水、泡沫、干粉、二氧化碳、四氯化碳、卤代烷、惰气、沙子和岩粉等。

1. 水

水是不燃液体，是消防上常用的灭火剂之一。一般采用水射流和水幕两种形式。

应注意，以下火灾不宜用水扑灭：① 电气(带电)火灾。② 轻于水和不溶于水的液体和油类火灾。③ 遇水能燃烧的物质(如电石、金属钾和钠等)火灾。④ 精密仪器设备、贵重文物、档案等火灾。⑤ 硫酸、硝酸和盐酸等火灾，因酸遇强大的水流后会飞溅。

2. 泡沫

泡沫是一种体积小，表面被液体围成的气泡群。泡沫的相对密度小($d=0.1\sim0.2$)，且流动性好，可实现远距离立体灭火，具有持久性和抗燃烧性，导热性能低，黏着力大。泡沫覆盖在火源上，形成严密的覆盖层，并能保持一定时间，使燃烧区与空气隔绝，具有窒息作用；覆盖层具有防辐射和热量向外传导作用；泡沫中的水分蒸发可以吸热降温，起到冷却作用。泡沫灭火剂可分为化学灭火剂和空气泡沫灭火剂两类。

(1) 化学泡沫灭火剂

化学泡沫是由两种化学泡沫粉与水混合后发生化学反应而生成的水溶液，经发泡机后形成。化学泡沫灭火剂对扑灭石油和石油产品以及其他油类火灾十分有效。但不宜用于扑灭醇类、醚类和酮类等水溶液的火灾以及电气火灾。化学泡沫灭火剂的性能好,但成本高。

(2) 高倍空气泡沫

空气泡沫可分为普通蛋白泡沫、氟蛋白泡沫、抗溶性泡沫以及中倍泡沫和高倍泡沫多种。高倍泡沫(发泡倍数在 500～10 000 之间)主要用于火源集中、泡沫易堆积场合的火灾,如井下巷道、采掘工作面、室内仓库和机场设施等处火灾。

高倍空气泡沫灭火机,在井下巷道中使用情况如图 10-10-2 所示,目前,我国消防和救护队基本上都装备了这种设备。

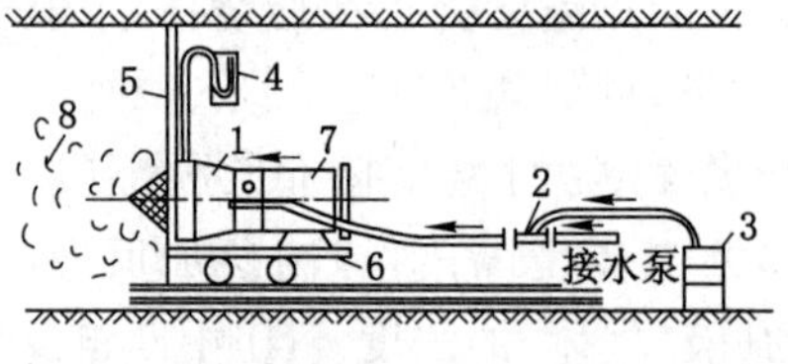

1—泡沫喷射器;2—喷射泵;3—起泡剂;4—水柱计;
5—密闭墙;6—平板车;7—风机;8—泡沫。

图 10-10-2　高倍空气泡沫灭火机在井下应用

其使用方法是:灭火时首先要在火源上风侧的巷道内构筑密闭墙,发泡口安装在密闭墙上,然后发泡,在巷道内形成一个泡沫塞向火源移动,扑灭火源。在盲巷或掘进工作面发火时,可以利用风筒输送泡沫。

3. 干粉

干粉灭火剂应用范围较广。常用的干粉灭火剂有钠盐干粉、氨基干粉以及用磷酸盐为基料的干粉。其中以氨基干粉灭火效果最好,磷酸盐干粉应用最多。

干粉灭火的原理是:干粉靠加压气体的压力从喷嘴内喷出,形成一股雾状气流,射向燃烧物,接触火焰和高温后,受热分解,吸热并放出不燃气体[NH_3 和 $H_2O(g)$],可以稀释火区范围内的氧气浓度;干粉及其热解产物可抑止碳氢自由基生成,破坏燃烧链反应;细的粉末在高温作用下溶化、胶结,形成覆盖层具有良好的“热帐”作用。

干粉灭火剂可以扑灭 A、B、C、D 类和电气火灾,常见的灭火器有:

(1) 灭火手雷。将干粉灭火剂装在成型的容器中,其结构如图 10-10-3 所示。使用时打开护盖,拉开拉火雷管后,立即抛向火源,借助拉火雷管和炸药的爆炸力,将干粉撒在燃烧物上。爆炸安全距离 8 m。抛出后人要躲在临时屏障(如风筒布)后面。

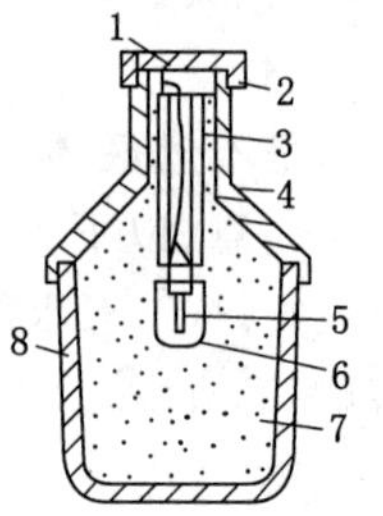

1—护盖;2—拉火环;
3—雷管固定管;
4—外壳盖;5—雷管;
6—炸药;7—药粉;
8—胶木外壳。

图 10-10-3　灭火手雷结构

(2) 喷粉灭火器。其结构如图 10-10-4 所示。这种灭火器以 N_2 或液态 CO_2 为动力,将干粉喷射到燃烧物上。使用方法是,将灭火器提到现场,在离火源 7～8 m 的地方将灭火器直立在地上,然后一手握住喷嘴胶管,另一手打开阀门,并向火源移近,将机内喷出粉末气流射向火源。

干粉灭火剂被广泛应用于自动灭火系统。例如美国针对截煤机上容易产生摩擦火花引燃瓦斯的特点,在截煤机上安装热传感器和以干粉为灭火剂的自动灭火系统。由于干粉灭火时冷却效果不好，所以扑灭燃烧后要立即采取相应的冷却措施，否则可能发生复燃。

4. 卤代烃灭火剂

常用的卤代烃灭火剂是用氟、氯、溴取代甲烷和乙烷中的氢而成，因此也叫卤代烷灭火剂。其种类有二氟一氯一溴甲烷(CF_2ClBr)、三氟一溴甲烷(CF_3Br)等。为了读写方便，根据其原子数用4个阿拉伯数字做它的代号，例如，二氟一氯一溴甲烷可用1211代替，三氟一溴甲烷用1301代替，以此类推。

目前我国常用的卤代烷灭火剂有1211和1301。卤代烷灭火器的构造如图10-10-5所示。用加压的方法使其液化，灌装在有氮气介质的容器中。使用时只要打开开关，在氮气的压力作用下，灭火剂立即成雾状喷出，形成比重大、扩散慢的气体，能在较长时间内滞留在火区内。其作用除了能降低火区氧气浓度之外，还可以中断链反应，阻止燃烧，并兼有一定窒息和冷却作用。适用于扑救油类、带电设备、档案、文物和精密仪器等贵重物品的火灾。除此之外卤代烷还有很好的阻爆作用。

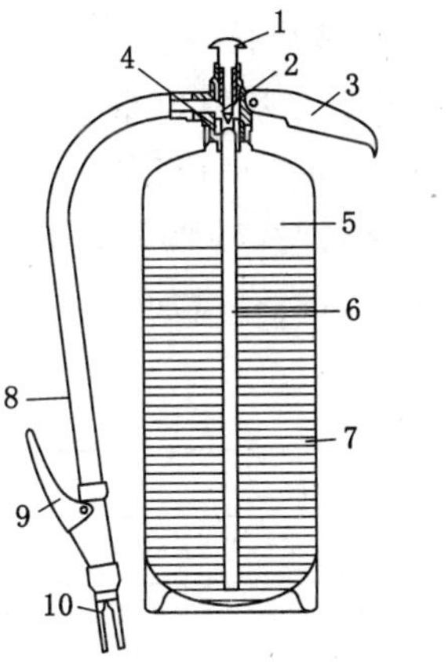

1—撞击按钮；2—锥子；3—携带手柄；
4—密封；5—二氧化碳；6—潜管；
7—干粉；8—软管；9—操作手柄；
10—喷嘴。

图10-10-4 压力储存式干粉灭火器

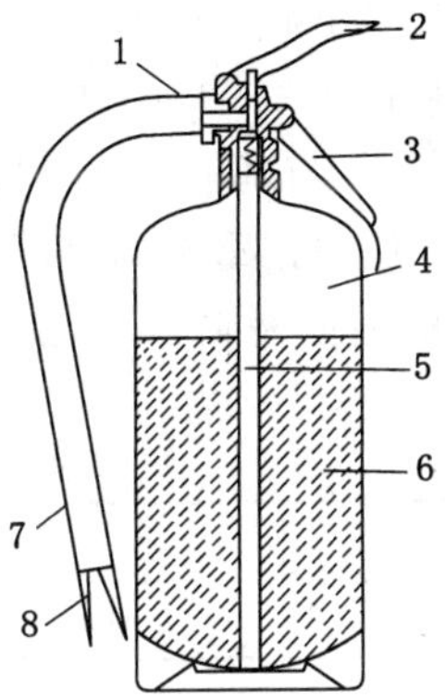

1—封口；2—操作手柄；3—携带手柄；
4—氮气；5—潜管；6—卤代烷；
7—软管；8—喷嘴。

图10-10-5 卤代烷灭火器的构造

需要注意的是，灭火剂所产生的气体略有毒性，体积浓度在4%以下时，人在其内滞留数分钟不致产生严重损害。在室内灭火后要通风换气，以保证人员安全。

除此之外，灭火剂还有二氧化碳(固体二氧化碳叫干冰)灭火剂、酸碱灭火剂、四氯化碳灭火剂等。

5. 沙子和岩粉

沙子和岩粉在煤矿广泛应用于扑灭电气火灾。在井下机电硐室、井上下变电所等地方设有防火沙或岩粉池。

(二) 消除可燃物

直接灭火除了向火源喷射灭火剂以外，在有些条件下还可以清除可燃物。煤矿常用的方法是挖除火源。

(三) 用凝胶处理高温点和自燃火源

凝胶是近年来应用于煤矿井下防灭火较为广泛的材料，由基料[硅酸盐(水玻璃)]+促凝剂(碳酸氢铵等盐类)+水(90%左右)组成。其基料和促凝剂都具有阻化作用，加之含有大量水分，在一定的压力下，注入高温点周围的煤体中。在成胶前凝胶易于流动，能够渗透到煤体碎裂的内部。既可起到阻止氧化作用，又可封堵漏风(裂隙)通道，防止漏风渗入；其内固聚的大量水分，遇高温受热蒸发，还可以起到吸热降温作用。因此，用凝胶处理高温点和自燃火源效果较好。

近年来国内外应用凝胶的主体基料一般为液态水玻璃(俗称泡花碱，化学分子式 $Na_2O \cdot nSiO_2$ 或 Na_2SiO_3)；促凝剂是能快速生成 $Si(OH)_4$ 胶体的物质，可供选择的物质有稀盐酸、稀硫酸、氯化铵、碳酸氢铵、硫酸铵、硫酸铝等。

凝胶的性能指标及其影响因素主要有：

(1) 成胶时间。根据使用条件不同，要求不同的成胶时间。用于灭火和处理高温点，成胶时间控制在喷出后 30～50 s 较好；用于堵漏防火，压注碎裂煤体，要求有较强的渗透性，成胶时间控制在 5～10 min 为宜。影响成胶时间的因素主要有基料比重和浓度；促凝剂化学性质、浓度及其与基料之比。成胶时间随基料的浓度增大而减小；当基料参数一定时，促凝剂浓度及其所占比重增加，成胶时间缩短。基料浓度为 8%时，碳酸氢铵的浓度由 2%增至 8%，成胶时间如表 10-10-1 所列。环境温度增高，成胶时间略有增加。

表 10-10-1 凝胶成胶时间与浓度关系

浓度/%	2.0	3.5	5.0	6.0	8.0
成胶时间	6 分 12 秒	1 分 23 秒	40 秒	27 秒	24 秒

(2) 热稳定性。热稳定性是指在较高温度下维持其胶体状态的性能。试验表明，基料中 SiO_2 浓度越高，其热稳定性越好，防灭火效果越好。

(3) 胶的强度。基料浓度及其中的 SiO_2 浓度是影响胶体强度的主要因素，其浓度越高强度越大。用于防火时，基料浓度在 3%～6%较好；用于灭火浓度在 6%～9%为宜。

以碳酸氢铵为促凝剂制成凝胶，在实施的过程中有氨气生成，对环境有一定的污染，对人体有刺激作用。目前已研制出无氨凝胶。

(四) 灌浆灭火

灌浆灭火是煤矿井下常用的一种灭火方法。灌浆灭火的方法因火源位置而异。常用的方法有：在井下巷道(钻窝)打钻灌浆、在火区密闭墙上插(埋)管灌浆和地面钻孔注浆三种。

灌浆灭火的关键是准确判断火源的位置。对于在生产的采空区火源，判断其大概的位置后通过打钻、插管到火源的上部灌浆；对于封闭采空区的火源，可从封闭墙上预留的管道灌浆，淹没火源所在的空间，实现隔绝-冷却联合灭火；对于巷道顶煤和煤柱等处的高温点和隐蔽火源，首先应判断火源的位置，然后向火源上方(部)打钻，通过钻孔注浆，实现“劈头浇”，浆液覆盖整个火源。

三、隔绝灭火

当不能直接将火源扑灭时，为了迅速控制火势，使其熄灭，可在通往火源的所有巷道内砌筑密闭墙，使火源与空气隔绝。火区封闭后其内惰性气体（如 CO_2 和 N_2 等）的浓度逐渐增加，氧气浓度逐渐下降，燃烧因缺氧而窒息。此种灭火方法称为隔绝灭火。

（一）密闭墙的结构和种类

火区的封闭是靠密闭墙来实现的。按照密闭墙存在的时间长短和作用，可分为临时密闭墙、永久密闭墙和防爆密闭墙三种。

1. 临时密闭墙

其作用是暂时切断风流，控制火势发展，为砌筑永久密闭墙或直接灭火创造条件。对临时密闭墙的主要要求是结构简单，建造速度快，具有一定的密实性，位置上尽量靠近火源。传统的临时密闭墙是木板墙上钉不燃的风筒布，或在木板墙上涂黄泥，如图 10-10-6 所示；也有采用木立柱夹混凝土块板的，如图 10-10-7 所示。

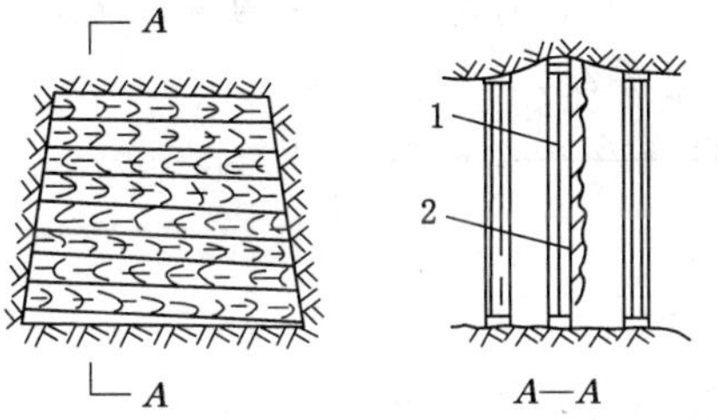

1—立柱；2—木板。

图 10-10-6 木板密闭墙

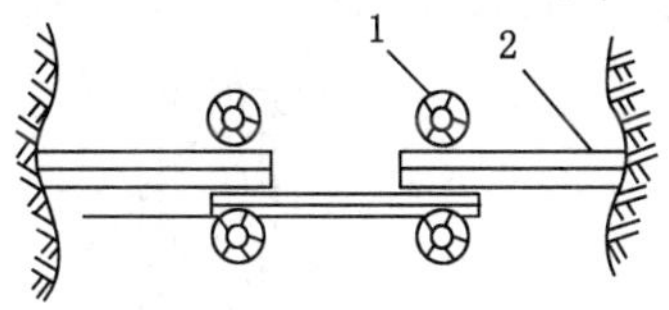

1—混凝土块板；2—木立柱。

图 10-10-7 混凝土块板密闭墙

随着科学技术的发展，目前已研制出多种轻质材料结构、能快速建造的密闭墙，例如泡沫塑料密闭墙、伞式密闭墙和充气式密闭墙等。

2. 永久密闭墙

较长时间地（至火源熄灭为止）阻断风流，使火区因缺氧而熄灭。其要求是具有较高的气密性、坚固性和不燃性，同时又要求便于砌筑和启开。密闭墙的结构如图 10-10-8 所示。材料主要有砖、片（料）石和混凝土，砂浆作为黏结剂。为了增加气密性和耐压性，一般要求在巷道的四周挖 0.5～1.0 m 厚的深槽（使墙与未破坏的岩体接触），并在墙与巷道接触的四周涂一层黏土或砂浆等胶结剂。在矿压大、围岩破坏严重的地区设置密闭墙时，采用两层砖之间充填黄土的结构，以增加密闭墙的气密性。在密闭墙的上中下适当位置应预埋相应的铁管，用于检查火区的温度、采集气样、测量漏风压差、灌浆和排放积水，平时这些管口应用木塞或闸门堵塞，以防止漏风。

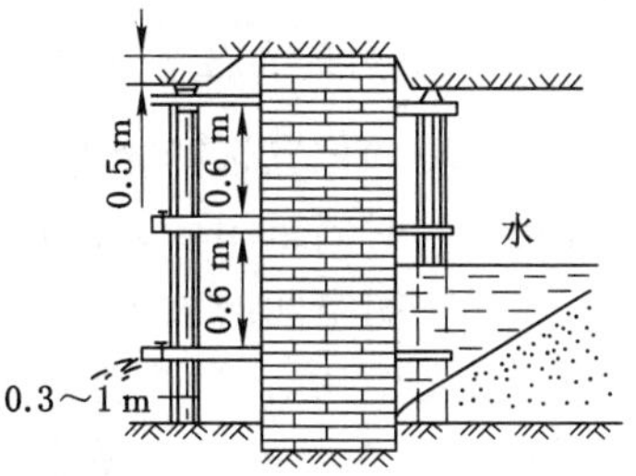

图 10-10-8 砖石密闭墙

3. 防爆密闭墙

在有瓦斯爆炸危险时，需要构筑防爆密闭，以防止封闭火区时发生瓦斯爆炸。防爆密闭墙一般是用沙袋堆砌而成，如图 10-10-9 所示。其厚度一般为巷宽两倍。密闭墙间距 5～10

m。目前比较先进的方法是采用石膏快速充填构成耐压防爆密闭墙。

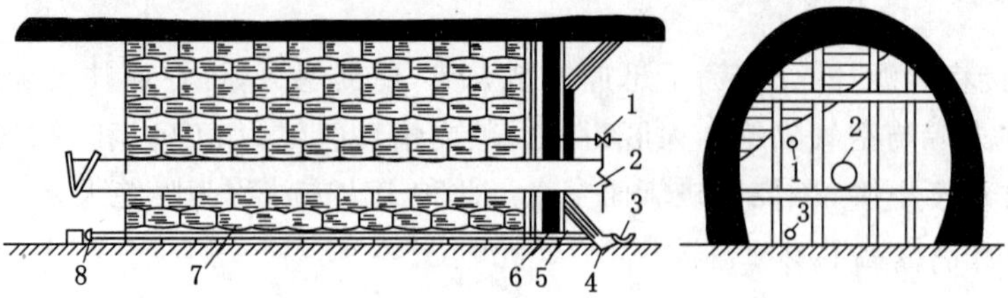

1—采样管；2—通过筒；3—放水管；4—加强柱；
5—木板；6—立柱；7—沙包；8—过滤头。

图 10-10-9 沙袋防爆密闭墙

在构筑沙段或石膏密闭墙时，要安设采样管、放水管和通过筒。通过筒由钢板卷制而成，直径为 800 mm，作用一是在封闭火区时保持送风稀释火区内瓦斯；二是在封闭后的燃烧熄灭过程中，可派救护队员由此进入火区侦察火情。

近年来，国内外研制成多种远距离输送石膏构筑密闭墙的设备，快速构筑石膏防爆密闭墙，以避免形成灾害，图 10-10-10 为湿输灌注密闭工艺系统。

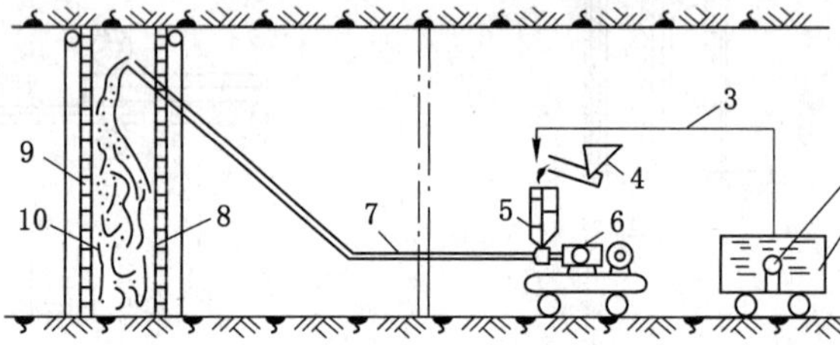

1—水车；2—潜水泵；3—供水管；4—螺旋供料器；5—搅拌桶；
6—注浆泵；7—输浆管；8—外侧模板；9—内侧模板；10—石膏墙体。

图 10-10-10 湿输灌注密闭工艺系统

（二）密闭墙的位置选择

密闭墙的位置选择合理与否不仅影响灭火效果，而且决定施工安全性。过去曾有不少火区在封闭时因密闭墙的位置选择的不合适而造成瓦斯爆炸。灭火的效果取决于密闭墙的气密性和密闭空间的大小。封闭范围越小，火源熄灭得越快。但密闭墙距离火源近，封闭过程中万一发生瓦斯爆炸，会造成多人伤亡。如 2013 年 3 月 28 日吉林八宝煤矿在封闭和加固密闭时，发生 2 次瓦斯爆炸造成 53 人死亡和 20 人受伤。所以，要在安全位置构筑进、回风密闭。

（三）封闭火区的顺序

火区封闭后必然会引起其内部压力、风量、氧气浓度和瓦斯等可燃气体浓度变化，一旦高浓度的可燃气体流过火源，就可能发生瓦斯爆炸。因此，正确选择封闭顺序，加快施工速度，对于防止瓦斯爆炸、保证救护人员的安全至关重要。

封闭具有多条进、回风通道的火区，应当同时封闭各条通道；不能实现同时封闭的，应当先封闭次要进回风通道，后封闭主要进回风通道。

只有一条风路时，进回风同时建墙。

四、封闭火区安全管理

封闭火区的原则是：安全、密实、空间小、漏风少、速度快。

（1）确保施工过程安全。施工前，评估封闭突然间瓦斯爆炸可能性，对于具有爆炸危险的火区，先采取注入惰性气体等抑爆措施；进、回风密闭墙选择安全的位置。

（2）封闭过程中，密闭墙预留通风孔，封孔时进、回风巷同时封闭；封闭完成后，所有人员必须立即撤出。

（3）检查或者加固密闭墙等工作，应当在火区封闭完成 48 h 后实施。

（4）当封闭火区发生爆炸造成密闭墙破坏时，严禁短时间内调派救护队侦察或者加固密闭墙；应当采取安全措施，实施远距离封闭。

（5）封闭进回风侧密闭墙的顺序，根据现场的条件和安全性而定。

五、扑灭和控制不同地点火灾的方法

（一）井口和井筒火灾

（1）进风井口建筑物发生火灾时，应采取防止火灾气体及火烟侵入井下的措施：① 迅速扑灭火源。② 立即反转风流或关闭井口防火门，必要时停止主要通风机运转。

（2）进风井筒中发生火灾时，为防止火灾气体侵入井下巷道，必须采取反风或停止主要通风机运转的措施。

（3）回风井筒发生火灾时，风流方向不应改变。为了防止火势增大，应减小风量。其方法是控制入风防火门，打开通风机风道的闸门，停止通风机或执行抢救指挥部决定的其他方法（以不能引起可燃气体浓度达到爆炸危险为原则）。必要时，撤出井下受危及的人员。

当停止主要通风机运转时，应注意火风压可能造成的危害。

多风井通风时，发火灾区所在的回风井的主要通风机不得停止运转。

（4）竖井井筒发生火灾时，不管风流方向如何，应用喷水器自上而下地喷洒。只有在能确保救护队员生命安全时，才允许派遣救护队进入井筒从上部灭火。

（二）井底火灾

（1）当进风井井底车场和毗连硐室发生火灾时，必须进行反风或风流短路，不让火灾气体侵入工作区。

（2）回风井井底发生火灾时，应保持正常风向，在可燃性气体不会聚集到爆炸限度的前提下，可减少流入火区的风量。

（3）为防止混凝土支架和砌碹巷道上面木垛燃烧，可在碹上打眼或破碹，设水幕。

（三）井下硐室火灾

（1）着火硐室位于矿井总进风道时，应反风或使风流短路。

（2）着火硐室位于矿井一翼或采区进回风所在的两巷道的连接处时，则在可能的情况下，采取短路通风，条件具备时也可采用局部反风。

（3）爆炸材料库着火时，应首先将雷管运出，然后将其他爆炸材料运出，如因高温运不出时，则关闭防火门，退往安全地点。

（4）绞车房着火时，应将火源下方的矿车固定，防止烧断钢丝绳，造成跑车伤人。

(5) 蓄电池机车库着火时，为防止氢气爆炸，应切断电源，停止充电。加强通风并及时把蓄电池运出硐室。

(6) 无防火门的硐室发生火灾时，应采取挂风障控制入风，积极灭火。

(四) 通风巷道火灾

(1) 倾斜进风巷道发生火灾时，必须采取措施防止火灾气体侵入有人作业的场所，特别是采煤工作面。为此可采取风流短路或局部反风、区域反风等措施。

(2) 火灾发生在倾斜上行回风风流巷道，则保持正常风流方向。在不引起瓦斯积聚的前提下应减少供风。

(3) 扑灭倾斜巷道下行风流火灾，必须采取措施增加入风量，减少回风风阻，防止风流逆转，但决不允许停止通风机运转。

(4) 在倾斜巷道中，需要从下方向上灭火时，应采取措施防止冒落岩石和燃烧物掉落伤人，如设置保护吊盘、保护隔板等护身设施。

(5) 在倾斜巷道中灭火时，应利用中间联络巷和行人巷接近火源。不能接近火源时，则可利用矿车、箕斗，将喷水器下到巷道中灭火，或发射高倍数泡沫、惰气进行远距离灭火。

(6) 位于矿井或一翼总进风道中的平巷、石门和其他水平巷道发生火灾时，要选择最有效的通风方式(反风、风流短路、多风井的区域反风和正常通风等)以便救人和灭火。在防止火灾扩大采取短路通风时，要确保火灾有害气体不致逆转。

(7) 在采区水平巷道中灭火时，一般保持正常通风，根据瓦斯情况增大或减少火区供风量。

(五) 采煤工作面火灾

一般要在正常通风的情况下进行灭火，且必须做到：

(1) 从进风侧进行灭火，要有效地利用灭火器和防尘水管。

(2) 急倾斜煤层采煤工作面着火时，不准在火源上方灭火，防止水蒸气伤人；也不准在火源下方灭火，防止火区塌落物伤人；要从侧面(即工作面或采空区方向)利用保护台板和保护盖接近火源灭火。

(3) 采煤工作面瓦斯燃烧时，要增大工作面风量，并利用干粉灭火器、沙子、岩粉等喷射灭火。

(4) 在进风侧灭火难以取得效果时，可采取局部反风，从回风侧灭火，但进风侧要设置水幕，并将人员撤出。

(5) 采煤工作面回风巷着火时，必须采取有效方法，防止采空区瓦斯涌出和积聚。

(6) 用上述方法无效时，应采取隔绝方法和综合方法灭火。

(六) 独头巷道火灾

(1) 要保持独头巷道的通风原状，即风机停止运转的不要随便开启，风机开启的不要盲目停止。

(2) 如发火巷道有爆炸危险，则不得入内灭火，而要在远离火区的安全地点建筑密闭墙。

(3) 扑灭独头巷道火灾时，必须遵守下列规定：

① 火灾发生在煤巷迎头、瓦斯浓度不超过2%时，可在通风的情况下采用干粉灭火器、

水等直接灭火。灭火后，必须仔细清查阴燃火点，防止复燃。如瓦斯浓度超过2%且仍在继续上升，要立即把人员撤到安全地点，远距离进行封闭。

② 火灾发生在煤巷的中段时，灭火过程中必须检测流向火源的瓦斯浓度，防止瓦斯经过火源点，如果情况不清应远距离封闭。若火灾发生在上山中段时，不得直接灭火，要在安全地点进行封闭。

③ 上山煤巷发生火灾时，不管火源在什么地点，如果局部通风机已经停止运转，在无须救人时，严禁进入灭火或侦察，而要立即撤出附近人员，远距离进行封闭。

④ 火源在下山煤巷迎头时，若火源情况不清，一般不要进入直接灭火，应进行封闭。

复习思考题

10-1 什么叫矿井火灾？它分哪几类？各有何特点？主要研究内容是什么？

10-2 试述防火技术对策的主要内容。

10-3 试述煤炭自燃的充要条件。

10-4 试述煤炭自燃的影响因素。

10-5 煤炭自燃发展过程有哪几个阶段？各阶段有何特征？

10-6 我国煤的自燃倾向性分哪几个等级？它们是如何确定的？

10-7 试述自燃火灾预报的方法、要求及注意事项。

10-8 采取哪些措施能预防采空区煤炭自燃？

10-9 从防火角度考虑，增阻型通风构筑物设置的位置应遵循哪些原则？

10-10 试述利用风压调节法防火的具体措施。

10-11 试述灌浆防火机理和灌浆方法。

10-12 阻化剂溶液防火的作用是什么？试说明喷洒阻化剂的工艺系统。

10-13 直接灭火法有哪些？试述高倍数空气机械泡沫灭火的工艺流程及其灭火原理。

10-14 试述火风压的概念及特性；如何计算火风压？

10-15 火灾发生在上行风流和下行风流中时，风流逆转的地点有何不同？

10-16 采取哪些措施能防止风流逆转和逆退？

10-17 试述发生火灾时风流调度方法及其适用条件。

10-18 防火密闭墙有哪几种？各用什么材料建筑？

10-19 试述封闭火区的顺序和封闭时的安全措施。

10-20 试述调风压法灭火的具体措施及其作用原理。

10-21 试述氮气灭火的作用原理、注氮方法及注意事项。

10-22 试述火灾时的行动原则及不同位置火灾的处理方法。

10-23 封闭火区内火灾熄灭的标志有哪些？试述分段逐步打开火区的步骤。

第十一章 矿尘防治

第一节 矿尘及其性质

一、矿尘的产生及分类

矿尘是指在矿山生产和建设过程中所产生的各种煤、岩微粒的总称。

在矿山生产过程中，如钻眼作业、炸药爆破、掘进机及采煤机作业、顶板垮落、矿物的装载及运输等各个环节都会产生大量的矿尘。而不同矿井由于煤、岩地质条件和物理性质的不同，采掘方法、作业方式、通风状况和机械化程度的不同，矿尘的生成量有很大的差异；即使在同一矿井里，产尘的多少也因地因时发生着变化。一般来说，在现有防尘技术措施的条件下，各生产环节产生的浮游矿尘比例大致为：采煤工作面产尘量占45%～80%；掘进工作面产尘量占20%～38%；锚喷作业点产尘量占10%～15%；运输通风巷道产尘量占5%～10%；其他作业点占2%～5%。各作业点随机械化程度的提高，矿尘的生成量也将增大，因此防尘工作也就更加重要。

矿尘除按其成分可分为岩尘、煤尘等多种无机粉尘外，尚有多种不同的分类方法，下面介绍几种常用的分类方法。

（一）按矿尘粒径划分

(1) 粗尘。粒径大于40 μm，相当于一般筛分的最小颗粒，在空气中极易沉降。

(2) 细尘。粒径为10～40 μm，肉眼可见，在静止空气中做加速沉降。

(3) 微尘。粒径为0.25～10 μm，用光学显微镜可以观察到，在静止空气中做等速沉降。

(4) 超微尘。粒径小于0.25 μm，要用电子显微镜才能观察到，在空气中做扩散运动。

（二）按矿尘的存在状态划分

(1) 浮游矿尘。悬浮于矿内空气中的矿尘，简称浮尘。

(2) 沉积矿尘。从矿内空气中沉降下来的矿尘，简称落尘。

浮尘和落尘在不同环境下可以相互转化。浮尘在空气中飞扬的时间不仅与尘粒的大小、重量、形式等有关，还与空气的湿度、风速等大气参数有关。矿山除尘研究的直接对象是悬浮于空气中的矿尘，因此一般所说的矿尘就是指这种状态下的矿尘。

（三）按矿尘的粒径组成范围划分

(1) 全尘（总粉尘）。各种粒径的矿尘之和。对于煤尘，常指粒径为1 mm以下的尘粒。

(2) 呼吸性粉尘。主要指粒径在5 μm以下的微细尘粒，它能通过人体上呼吸道进入肺区，是导致尘肺病的病因，对人体危害甚大。

（四）按矿尘中游离二氧化硅含量划分

（1）硅尘。硅尘是指含游离二氧化硅在10%以上的矿尘。它是引起矿工硅肺病的主要因素。煤矿中的矿尘一般多为硅尘。

（2）非硅尘。非硅尘是指含游离二氧化硅在10%以下的矿尘。煤矿中的煤尘一般多为非硅尘。

（五）按粉尘成分分类

按粉尘成分分为煤尘、岩尘、水泥尘等。

二、矿尘的危害

矿尘具有很大的危害性，表现在以下几个方面：

（1）污染工作场所，危害人体健康，引起职业病。

工人长期吸入矿尘后，轻者会患呼吸道炎症、皮肤病，重者会患尘肺病，而尘肺病引发的矿工致残和死亡人数在国内外都十分惊人。据国内某矿务局统计，尘肺病的死亡人数为工伤事故死亡人数的 6 倍；德国煤矿死于尘肺病的人数曾比工伤事故死亡人数高 10 倍。因此，世界各国都在积极开展预防和治疗尘肺病的工作，并已取得较大进展。

（2）某些矿尘（如煤尘、硫化尘）在一定条件下可以爆炸。

煤尘能够在完全没有瓦斯存在的情况下爆炸，对于瓦斯矿井，煤尘则有可能参与瓦斯同时爆炸。煤尘或瓦斯煤尘爆炸，都将给矿山以突然性的袭击，酿成严重灾害。例如，1906 年 3 月 10 日法国柯利尔煤矿发生的煤尘爆炸事故，死亡 1 099 人，造成了重大的灾难。

（3）加速机械磨损，缩短精密仪器使用寿命。

随着矿山机械化、电气化、自动化程度的提高，矿尘对设备性能及其使用寿命的影响将会越来越突出，应引起高度的重视。

（4）降低工作场所能见度，增加工伤事故的发生。

在某些综采工作面割煤时，工作面煤尘浓度高达 5 000～10 000 mg/m^3，有的甚至更高，这种情况下，工作面能见度极低，往往会导致误操作，造成人员的意外伤亡。

三、含尘量的计量指标

（一）矿尘浓度

单位体积内矿井空气浮尘的颗粒数或浮尘的质量称为矿尘浓度，其表示方法有以下两种：

（1）计重法。单位体积内矿井空气所含浮尘的质量，单位为 g/m^3 或 mg/m^3。计重法表示的是矿尘的质量浓度。

（2）计数法。单位体积内矿井空气所含浮尘的颗粒数，单位为粒/cm^3。计数法表示的是矿尘的数量浓度。

我国规定采用质量法来计量矿尘浓度。计数法因其测定复杂且不能很好地反映矿尘的危害性，因而在国外使用也越来越少。矿尘浓度的大小直接影响着矿尘危害的严重程度，是衡量作业环境的劳动卫生状况和评价防尘技术效果的重要指标。因此《煤矿安全规程》对井下有人工作的地点和人行道的空气中粉尘(总粉尘、呼吸性粉尘)浓度标准做了明确规定,见表 11-1-1。同时还规定煤矿必须对生产性粉尘进行监测,并遵守下列规定:

(1) 总粉尘浓度,井工煤矿每月测定 2 次;露天煤矿每月测定 1 次。粉尘分散度每 6 个月测定 1 次。

(2) 呼吸性粉尘浓度每月测定 1 次。

(3) 粉尘中游离 SiO_2 含量每 6 个月测定 1 次,在变更工作面时也必须测定 1 次。

(4) 开采深度大于 200 m 的露天煤矿,在气压较低的季节应当适当增加测定次数。

表 11-1-1　作业场所空气中粉尘浓度要求

粉尘种类	粉尘中游离 SiO_2 含量/%	时间加权平均容许浓度/($mg \cdot m^{-3}$)	
		总尘	呼 尘
煤尘	<10	4	2.5
矽尘	10～50	1	0.7
	50～80	0.7	0.3
	≥80	0.5	0.2
水泥尘	<10	4	1.5

注:时间加权平均容许浓度是以时间加权数规定的 8 h 工作日、40 h 工作周的平均容许接触浓度。

(二) 产尘强度

产尘强度是指生产过程中,采落煤中所含的粉尘量,常用的单位为 g/t。

(三) 相对产尘强度

相对产尘强度是指每采掘 1 t 或 1 m^3 矿岩所产生的矿尘量,常用的单位为 mg/t 或 mg/m^3。凿岩或井巷掘进工作面的相对产尘强度可按每钻进 1 m 钻孔或掘进 1 m 巷道计算。相对产尘强度使产尘量与生产强度联系起来,便于比较不同生产情况下的产尘量。

(四) 矿尘沉积量

矿尘沉积量是指单位时间在巷道表面单位面积上所沉积的矿尘量,单位为 $g/(m^2 \cdot d)$。这一指标用来表示巷道中沉积粉尘的强度,是确定岩粉撒布周期的重要依据。

四、矿尘性质

了解矿尘的性质是做好防尘工作的基础。矿尘的性质取决于其构成的成分和存在的状态,矿尘与形成它的矿物在性质上有很大的差异,这些差异隐藏着巨大的危害,同时也决定着矿井防尘技术的选择。

(一) 矿尘中游离 SiO_2 的含量

矿尘中游离 SiO_2 的含量是危害人体的决定因素,其含量越高,危害越大。因此《煤矿安全规程》规定生产作业点粉尘中游离 SiO_2 含量,每 6 个月测定 1 次,在变更工作面时也必须测定 1 次。游离 SiO_2 是许多矿岩的组成成分,如煤矿上常见的页岩、砂岩、砾岩和石灰岩等岩石中游离 SiO_2 的含量通常多在 20%～50%,煤尘中的含量一般不超过 5%。

（二）矿尘的粒度与比表面积

矿尘粒度是指矿尘颗粒的平均直径，单位为 μm。

矿尘的比表面积是指单位质量矿尘的总表面积，单位为 m^2/kg 或 cm^2/g。

矿尘的比表面积与粒度成反比，粒度越小，比表面积越大，因而这两个指标都可以用来衡量矿尘颗粒的大小。煤岩破碎成微细的尘粒后，首先其比表面积增加，因而化学活性、溶解性和吸附能力明显增加；其次更容易悬浮于空气中，表 11-1-2 所示为在静止空气中不同粒度的尘粒从 1 m 高处降落到底板所需的时间；另外，粒度减小容易使其进入人体呼吸系统，据研究，只有 5 μm 以下粒径的矿尘才能进入人的肺内，是矿井防尘的重点对象。

表 11-1-2　尘粒沉降时间

粒度/μm	100	10	1	0.5	0.2
沉降时间/min	0.043	4.0	420	1 320	5 520

（三）矿尘的分散度

分散度是指矿尘整体组成中各种粒级尘粒所占的百分比。分散度有两种表示方法：

① 重量百分比：各粒级尘粒的重量占总重量的百分比称为重量分散度；

② 数量百分比：各粒级尘粒的颗粒数占总颗粒数的百分比称为数量分散度。

粒级的划分是根据粒度大小和测试目的确定的，我国工矿企业将矿尘粒级划分为 4 级：小于 2 μm、2～5 μm、5～10 μm 和大于 10 μm。

矿尘分散度是衡量矿尘颗粒大小构成的一个重要指标，是研究矿尘性质与危害的一个重要参数。矿尘总量中微细颗粒多，所占比例大时，称为高分散度矿尘；反之，如果矿尘中粗大颗粒多，所占比例大，就称作低分散度矿尘。矿尘的分散度越高，危害性越大，而且越难捕获。《煤矿安全规程》规定粉尘分散度，每 6 个月测定 1 次。

（四）矿尘的湿润性

矿尘的湿润性是指矿尘与液体亲和的能力。湿润性决定采用液体除尘的效果，容易被水湿润的矿尘称为亲水性矿尘，不容易被水湿润的矿尘称为疏水性矿尘。对于亲水性矿尘，当尘粒被湿润后，尘粒间相互凝聚，尘粒逐渐增大、增重，其沉降速度加速，矿尘能从气流中分离出来，可达到除尘目的。矿井常用的喷雾洒水和湿式除尘器就是利用矿尘的湿润性使其沉降的。对于疏水性矿尘，一般不宜采用湿式除尘器，而多采用水中添加湿润剂，增加水滴的动能等方法进行湿式除尘。

（五）矿尘的荷电性

矿尘是一种微小粒子，因空气的电离以及尘粒之间的碰撞、摩擦等作用，使尘粒带有电荷，可能是正电荷，也可能是负电荷，带有相同电荷的尘粒，互相排斥，不易凝聚沉降；带有异电荷时，则相互吸引，加速沉降，因此，有效利用矿尘的这种荷电性，也是降低矿尘浓度，减少矿尘危害的方法之一。

（六）矿尘的光学特性

矿尘的光学特性包括矿尘对光的反射、吸收和透光强度等性能。在测尘技术中，常常用到这一特性。

第二节　矿山尘肺病

一、尘肺病及其发病机理

尘肺病是工人在生产中长期吸入大量微细粉尘而引起的以纤维组织增生为主要特征的肺部疾病。它是一种严重的矿工职业病，一旦患病，目前还很难治愈。因其发病缓慢，病程较长，且有一定的潜伏期，不同于瓦斯、煤尘爆炸和冒顶等工伤事故那么触目惊心，因此往往不被人们所重视。而实际上由尘肺病引发的矿工致残和死亡人数，在国内外都远远高于各类工伤事故的总和。

（一）尘肺病的分类

煤矿尘肺病按吸入矿尘的成分不同，可分为三类：

（1）硅肺病(矽肺病)。由于吸入含游离 SiO_2 含量较高的岩尘而引起的尘肺病称为硅肺病。患者多为长期从事岩巷掘进的矿工。

（2）煤硅肺病(煤矽肺)。由于同时吸入煤尘和含游离 SiO_2 的岩尘所引起的尘肺病称为煤硅肺病。患者多为岩巷掘进和采煤的混合工种矿工。

（3）煤肺病。由于大量吸入煤尘而引起的尘肺病多属煤肺病。患者多为长期单一的在煤层中从事采掘工作的矿工。

我国煤矿工人工种变动较大，长期固定从事单一工种的很少，因此煤矿尘肺病中以煤硅肺病比重最大，约占 80%，单纯的硅肺、煤肺病较少。

作业人员从接触矿尘开始到肺部出现纤维化病变所经历的时间称为发病工龄。上述三种尘肺病中最危险的是硅肺病。其发病工龄最短(一般在 10 年左右)，病情发展快，危害严重。煤肺病的发病工龄一般为 20～30 年，煤硅肺病介于两者之间但接近后者。

（二）尘肺病的发病机理

尘肺病的发病机理至今尚未完全研究清楚。关于尘肺病的形成的论点和学说有多种。

进入人体呼吸系统的粉尘大体上经历以下四个过程：

（1）在上呼吸道的咽喉、气管内，含尘气流由于沿程的惯性碰撞作用使大于 10 μm 的尘粒首先沉降在其内。经过鼻腔和气管黏膜分泌物黏结后形成痰排出体外。

（2）在上呼吸道的较大支气管内，通过惯性碰撞及少量的重力沉降作用，使 5～10 μm 的尘粒沉积下来，经气管、支气管上皮的纤毛运动，咳嗽随痰排出体外。

因此，真正进入下呼吸道的粉尘，其粒度均小于 5 μm，目前比较一致的看法是：空气中 5 μm 以下的矿尘是引起尘肺病的有害部分。

（3）在下呼吸道的细小支气管内，由于支气管分支增多，气流速度减慢，使部分 2～5 μm 的尘粒依靠重力沉降作用沉积下来，通过纤毛运动逐级排出体外。

（4）粒度为 2 μm 左右的粉尘进入呼吸性支气管和肺内后，一部分可随呼气排出体外；另一部分沉积在肺泡壁上或进入肺内，残留在肺内的粉尘仅占总吸入量的 1%～2%以下。残留在肺内的尘粒可杀死肺泡，使肺泡组织形成纤维病变出现网眼，逐步失去弹性而硬化，无法担负呼吸作用，使肺功能受到损害，降低了人体抵抗能力，并容易诱发其他疾病，如肺结核、肺心病等。在发病过程中，由于游离的 SiO_2 表面活性很强，加速了肺泡组织的死亡。因此硅肺病是各种尘肺病中发病期最短、病情发展最快也最为严重的一种。

二、尘肺病的发病症状及影响因素

（一）尘肺病的发病症状

尘肺病的发展有一定的过程，轻者影响劳动生产力，严重时丧失劳动能力，甚至死亡。这一发展过程是不可逆转的，因此要及早发现，及时治疗，以防病情加重。从自觉症状上，尘肺病分为三期：

第一期，重体力劳动时，呼吸困难、胸痛、轻度干咳。

第二期，中等体力劳动或正常工作时，感觉呼吸困难，胸痛、干咳或带痰咳嗽。

第三期，做一般工作甚至休息时，也感到呼吸困难、胸痛、连续带痰咳嗽，甚至咯血和行动困难。

（二）影响尘肺病的发病因素

(1) 矿尘的成分。能够引起肺部纤维病变的矿尘，多半含有游离 SiO_2，其含量越高，发病工龄越短，病变的发展程度越快。

对于煤尘，引起煤肺病的主要是它的有机质(即挥发分)含量。据试验，煤化作用程度越低，危害越大，因为煤尘的危害和肺内的积尘量都与煤化作用程度有关。

(2) 矿尘粒度及分散度。尘肺病变主要是发生在肺脏的最基本单元即肺泡内。矿尘粒度不同，对人体的危害性也不同。5 μm 以上的矿尘对尘肺病的发生影响不大；5 μm 以下的矿尘可以进入下呼吸道并沉积在肺泡中，最危险的粒度是 2 μm 左右的矿尘。由此可见，矿尘的粒度越小，分散度越高，对人体的危害就越大。

(3) 矿尘浓度。尘肺病的发生和进入肺部的矿尘量有直接的关系，也就是说，尘肺的发病工龄和作业场所的矿尘浓度成正比。国外的统计资料表明，在高矿尘浓度的场所工作时，平均 5～10 年就有可能导致硅肺病，如果矿尘中的游离 SiO_2 含量达 80%～90%，甚至 1.5～2 年即可发病。空气中的矿尘浓度降低到《煤矿安全规程》规定的标准以下，工作几十年，肺部吸入的矿尘总量仍不足达到致病的程度。

(4) 个体方面的因素。矿尘引起尘肺病是通过人体而进行的，所以人的机体条件，如年龄、营养、健康状况、生活习性、卫生条件等，对尘肺的发生、发展有一定的影响。

尘肺病在目前的技术水平下尽管很难完全治愈，但它是可以预防的。只要领导重视，增加资金投入，积极开展尘肺病预防及治疗方面的研究，完善技术措施，推广综合防尘，就可以达到降低尘肺病的发病率及死亡率的目的。

第三节　煤尘爆炸及预防

煤尘爆炸同瓦斯爆炸一样都属于矿井中的重大灾害事故。我国历史上最严重的一次煤尘爆炸发生在 1942 年日本侵略者统治下的本溪煤矿，死亡 1 549 人，伤残 246 人，死亡的人员中大多为 CO 中毒，事故发生前，巷道内沉积了大量煤尘，是电火花点燃局部聚积的瓦斯而引起的重大煤尘爆炸事故。

一、煤尘爆炸的机理及特征

（一）煤尘爆炸的机理

煤尘爆炸是在高温或一定点火能的热源作用下，空气中氧气与煤尘急剧氧化的反应过程，是一种非常复杂的链式反应。一般认为其爆炸机理及过程如下：

（1）煤本身是可燃物质，当它以粉末状态存在时，总表面积显著增加，吸氧和被氧化的能力大大增强，一旦遇见火源，氧化过程迅速展开。

（2）当温度达到 300～400 ℃时，煤的干馏现象急剧增强，放出大量的可燃性气体，主要成分为甲烷、乙烷、丙烷、丁烷、氢气和 1%左右的其他碳氢化合物。

（3）形成的可燃气体与空气混合在高温作用下吸收能量，在尘粒周围形成气体外壳，即活化中心，当活化中心的能量达到一定程度后，链反应过程开始，游离基迅速增加，发生了尘粒的闪燃。

（4）闪燃所形成的热量传递给周围的尘粒，并使之参与链反应，导致燃烧过程急剧地循环进行，当燃烧不断加剧使火焰速度达到每秒数百米后，煤尘的燃烧便在一定临界条件下跳跃式地转变为爆炸。

（二）煤尘爆炸的特征

（1）形成高温、高压、冲击波。煤尘爆炸火焰温度为 1 600～1 900 ℃，爆源的温度达到 2 000 ℃以上，这是煤尘爆炸得以自动传播的条件之一。

在矿井条件下煤尘爆炸的平均理论压力为 0.7～0.8 MPa，但爆炸压力随着离开爆源距离的延长而跳跃式增大。爆炸过程中如遇障碍物，压力将进一步增加，尤其是连续爆炸时，后一次爆炸的理论压力将是前一次的 5～7 倍。煤尘爆炸产生的火焰速度可达 1 120 m/s，冲击波速度为 2 340 m/s。

（2）煤尘爆炸具有连续性。由于煤尘爆炸具有很高的冲击波速，能将巷道中落尘扬起，甚至使煤体破碎形成新的煤尘，导致新的爆炸，有时可如此反复多次，形成连续爆炸，这是煤尘爆炸的重要特征。

（3）煤尘爆炸的感应期。煤尘爆炸也有一个感应期，即煤尘受热分解产生足够数量的可燃气体形成爆炸所需的时间。根据试验，煤尘爆炸的感应期主要决定于煤的挥发分含量，一般为 40～280 ms，挥发分越高，感应期越短。

（4）挥发分减少或形成“黏焦”。煤尘爆炸时，参与反应的挥发分占煤尘挥发分含量的 40%～70%，致使煤尘挥发分减少。根据这一特征，可以判断煤尘是否参与了井下的爆炸。对于气煤、肥煤、焦煤等黏结性煤的煤尘，一旦发生爆炸，一部分煤尘会被焦化，黏结在一起，沉积于支架和巷道壁上，形成煤尘爆炸所特有的产物——焦炭皮渣或黏块，统称“黏焦”。“黏焦”也是判断井下发生爆炸事故时是否有煤尘参与的重要标志。

（5）产生大量的 CO。煤尘爆炸时产生的 CO，在灾区气体中的浓度可达 2%～4%，甚至高达 8%～10%。爆炸事故中受害者的大多数（70%～80%）是由于 CO 中毒造成的。

二、煤尘爆炸的条件

煤尘爆炸必须同时具备三个条件：煤尘本身具有爆炸性；煤尘悬浮于空气中并达到爆炸

浓度(达 30～2 000 g/m^3);有引起煤尘爆炸的火源温度(达 650～900 ℃)。

(一) 煤尘的爆炸性

煤尘具有爆炸性是煤尘爆炸的必要条件。煤尘爆炸的危险性必须经过试验确定。

(二) 悬浮煤尘的浓度

井下空气中只有悬浮的煤尘达到一定浓度时,才可能引起爆炸,单位体积中能够发生煤尘爆炸的最低和最高煤尘量称为下限浓度和上限浓度。低于下限浓度或高于上限浓度的煤尘都不会发生爆炸。煤尘爆炸的浓度范围与煤的成分、粒度、引火源的种类和温度及试验条件等有关。一般说来,煤尘爆炸的下限浓度为 30～50 g/m^3,上限浓度为 1 000～2 000 g/m^3。其中爆炸力最强的浓度范围为 300～400 g/m^3。

一般情况下,浮游煤尘达到爆炸下限浓度的情况是不常有的,但是爆破、爆炸和其他震动冲击都能使大量落尘飞扬,在短时间内使浮尘量增加,达到爆炸浓度。因此,确定煤尘爆炸浓度时,必须考虑落尘这一因素。

(三) 引燃煤尘爆炸的高温热源

煤尘的引燃温度变化范围较大,它随着煤尘性质、浓度及试验条件的不同而变化。我国煤尘爆炸的引燃温度在 610～1 050 ℃之间,一般为 700～800 ℃。煤尘爆炸的最小点火能为 4.5～40 mJ。这样的温度条件,几乎一切火源均可达到,如爆破火焰、电气火花、机械摩擦火花、瓦斯燃烧或爆炸、井下火灾等。根据 20 世纪 80 年代的统计资料,由于爆破和机电火花引起的煤尘爆炸事故分别占总数的 45%和 35%。

三、影响煤尘爆炸的因素

(一) 煤的挥发分

煤尘爆炸主要是在尘粒分解的可燃气体(挥发分)中进行的,因此煤的挥发分数量和质量是影响煤尘爆炸的最重要因素。一般说来,煤尘的可燃挥发分含量越高,爆炸性越强,即煤化作用程度低的煤,其煤尘的爆炸性强,随煤化作用程度的增高而爆炸性减弱。

(二) 煤的灰分和水分

煤内的灰分是不燃性物质,能吸收能量,阻挡热辐射,破坏链反应,降低煤尘的爆炸性。煤的灰分对爆炸性的影响还与挥发分含量的多少有关,挥发分小于 15%的煤尘,灰分的影响比较显著,大于 15%时,天然灰分对煤尘的爆炸几乎没有影响。水分能降低煤尘的爆炸性,因为水的吸热能力大,能促使细微尘粒聚结为较大的颗粒,减少尘粒的总表面积,同时还能降低落尘的飞扬能力。煤的天然灰分和水分都很低,降低煤尘爆炸性的作用不显著,只有人为地掺入灰分(撒岩粉)或水分(洒水)才能防止煤尘的爆炸。

(三) 煤尘粒度

粒度对爆炸性的影响极大。粒径 1 mm 以下的煤尘粒子都可能参与爆炸,而且爆炸的危险性随粒度的减小而迅速增加,75 μm 以下的煤尘特别是 30～75 μm 的煤尘爆炸性最强,因为单位质量煤尘的粒度越小,总表面积及表面能越大,粒径小于 10 μm 后,煤尘爆炸性增强的趋势变得平缓。煤尘粒度对爆炸压力也有明显的影响。煤炭科学研究总院重庆分院的试验结果表明:在同一煤种不同粒度条件下,爆炸压力随粒度的减小而增高,爆炸范围也随之扩大，即爆炸性增强。粒度不同的煤尘引燃温度也不相同。煤尘粒度越小，所需引燃温度越低，且火焰传播速度也越快。

（四）空气中的瓦斯浓度

瓦斯参与使煤尘爆炸下限降低。瓦斯浓度低于4%时，煤尘的爆炸下限可用下式计算：

$$\delta_m = k\delta \tag{11-3-1}$$

式中 δ_m——空气中有瓦斯时的煤尘爆炸下限，g/m^3；

δ——煤尘的爆炸下限，g/m^3；

k——系数，见表11-3-1。

表11-3-1 瓦斯浓度对煤尘爆炸下限的影响系数

空气中的瓦斯浓度/%	0	0.50	0.75	1.0	1.50	2.0	3.0	4.0
k	1	0.75	0.60	0.50	0.35	0.25	0.10	0.05

随着瓦斯浓度的增高，煤尘爆炸浓度下限急剧下降，这一点在有瓦斯煤尘爆炸危险的矿井应引起高度重视。一方面，煤尘爆炸往往是由瓦斯爆炸引起的；另一方面，有煤尘参与时，小规模的瓦斯爆炸可能演变为大规模的煤尘瓦斯爆炸事故，造成严重的后果。

（五）空气中氧的含量

空气中氧的含量高时，点燃煤尘的温度可以降低；氧的含量低时，点燃煤尘云困难，当氧含量低于17%时，煤尘就不再爆炸。煤尘的爆炸压力也随空气中含氧的多少而不同。含氧高，爆炸压力高；含氧低，爆炸压力低。

（六）引爆热源

点燃煤尘云造成煤尘爆炸，就必须有一个达到或超过最低点燃温度和能量的引爆热源。引爆热源的温度越高，能量越大，越容易点燃煤尘云。而且煤尘初爆的强度也越大；反之温度越低，能量越小，越难以点燃煤尘云，且即使引起爆炸，初始爆炸的强度也越小。

四、煤尘爆炸性鉴定

《煤矿安全规程》规定：新建矿井或者生产矿井每延深一个新水平，应当进行一次煤尘爆炸性鉴定工作，鉴定结果必须报省级煤炭行业管理部门和煤矿安全监察机构。煤矿企业应当根据鉴定结果采取相应的安全措施。

煤尘爆炸性的鉴定方法有两种：一种是在大型煤尘爆炸试验巷道中进行，这种方法比较准确可靠，但工作繁重复杂，所以一般作为标准鉴定用；另一种是在实验室内使用大管状煤尘爆炸性鉴定仪进行，方法简便，目前多采用这种方法。

大管状煤尘爆炸性鉴定仪如图11-3-1所示，它的主要部件有：内径为75～80 mm的燃烧管1，长为1 400 mm的硬质玻璃管，一端经弯管与排尘箱8连接，在另一端距入口400 mm处径向对开的两个小孔装入有铂丝加热器2，加热器是长为110 mm的中空细瓷管（内径1.5 mm，外径3.6 mm），铂丝11缠在直径0.3 mm的管外；两端由燃烧管的小孔引出，接在变压器T上；铂铑热电偶10，它的两端接上铜导线构成冷接点置于冷瓶3中，然后连到高温计4以测量火源温度；铜制试料管5，长100 mm，内径9.5 mm，通过导管6与电磁气筒 7 连接，排尘管内装有滤尘板，并和小风机 9 连接。试验的程序是：将粉碎后全部通过 75 μm 筛孔的煤样在 105 ℃时烘干 2 h，称量 1 g 尘样放在试料管中；接通加热器电源，调节可变电阻 R 将加热器的温度升至(1 100±5) ℃；按压电磁气筒开关 K_2，煤尘试样呈雾状喷入燃烧管，同时观察大管内煤尘燃烧状态，最后开动小风机排除烟尘。

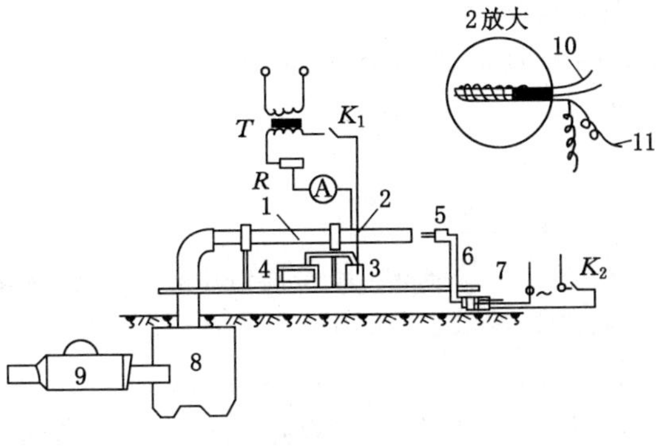

1—燃烧管；2—铂丝加热器；3—冷瓶；4—高温计；5—试料管；6—导管；
7—电磁气筒；8—排尘箱；9—小风机；10—铂铑热电偶；11—铂丝。

图 11-3-1　煤尘爆炸性鉴定仪示意图

煤尘通过燃烧管内的加热器时，可能出现下列现象：① 只出现稀少的火星或根本没有火星；② 火焰向加热器两侧以连续或不连续的形式在尘雾中缓慢地蔓延；③ 火焰极快地蔓延，甚至冲出燃烧管外，有时还会听到爆炸声。

同一试样应重复进行 5 次试验，其中只要有一次出现燃烧火焰，就定为爆炸危险煤尘。在 5 次试验中都没有出现火焰或只出现稀少火星，必须重做 5 次试验，如果仍然如此，定为无爆炸危险煤尘，在重做的试验中，只要有一次出现燃烧火焰，仍应定为爆炸危险煤尘。

对有爆炸危险的煤尘，还可进行预防煤尘爆炸所需岩粉量的测定。具体做法是将岩粉按比例和煤尘均匀混合，用上述方法测定它的爆炸性，直到混合粉尘由出现火焰刚转入不再出现火焰，此时的岩粉比例，即为最低岩粉用量的百分比。

矿井中只要有一个煤层的煤尘有爆炸危险，该矿井就应定为有煤尘爆炸危险的矿井。根据煤尘爆炸性试验，我国有 80%左右的煤矿属于开采有煤尘爆炸危险煤层的矿井。

五、预防煤尘爆炸的技术措施

预防煤尘爆炸的技术措施主要包括减、降尘措施，防止煤尘引燃措施及隔绝煤尘爆炸措施等三个方面。

(一) 减、降尘措施

减、降尘措施是指在煤矿井下生产过程中，通过减少煤尘产生量或降低空气中悬浮煤尘含量以达到从根本上杜绝煤尘爆炸的可能性。为达到这一目的，煤矿上采取了以煤层注水为主的多种防尘手段。本节将重点介绍煤层注水。

1. 煤层注水实质

煤层注水是采煤工作面最重要的防尘措施之一。在回采之前预先在煤层中打若干钻孔，通过钻孔注入压力水，使其渗入煤体内部，增加煤的水分，从而减少煤层开采过程煤尘的产尘量。煤层注水的减尘作用主要有以下三个方面：

① 煤体内的裂隙中存在着原生煤尘，水进入后，可将原生煤尘湿润并黏结，使其在破碎时失去飞扬能力，从而有效地消除这一尘源。

② 水进入煤体内部，并使之均匀湿润。当煤体在开采中受到破碎时，绝大多数破碎面均有水存在，从而消除了细粒煤尘的飞扬，预防了浮尘的产生。

③ 水进入煤体后使其塑性增强，脆性减弱，改变了煤的物理力学性质，当煤体因开采而破碎时，脆性破碎变为塑性变形，因而减少了煤尘的产生量。

2. 影响煤层注水效果的因素

(1) 煤的裂隙和孔隙的发育程度

对于不同成因及煤岩种类的煤层来说，其裂隙和孔隙的发育程度不同，注水效果差异也较大。煤体的裂隙越发育则越易注水，可采用低压注水(根据煤炭科学研究总院抚顺分院建议：低压小于 2 743 kPa，中压为 2 743～9 810 kPa，高压大于 9 810 kPa)，否则需采用高压注水才能取得预期效果，但是当出现一些较大的裂隙(如断层、破裂面等)，注水易散失于远处或煤体之外，对预湿煤体不利。

煤体的孔隙发育程度一般用孔隙率表示，系指孔隙的总体积与煤的总体积的百分比。根据实测资料，当煤层的孔隙率小于 4%时，煤层的透水性较差，注水无效果；孔隙率为 15%时，煤层的透水性最高，注水效果最佳；而当孔隙率达 40%时，煤层成为多孔均质体，天然水分丰富则无需注水，此多属于褐煤。

(2) 上覆岩层压力及支承压力

地压的集中程度与煤层的埋藏深度有关，煤层埋藏越深则地层压力越大，而裂隙和孔隙变得更小，导致透水性能降低，因而随着矿井开采深度的增加，要取得良好的煤体湿润效果，需要提高注水压力。在长壁工作面的超前集中应力带以及其他大面积采空区附近的集中应力带，因承受的压力增高，其煤体的孔隙率与受采动影响的煤体相比，要小 60%～70%，减弱了煤的透水性。

(3) 液体性质的影响

煤是极性小的物质，水是极性大的物质，两者之间极性差越小，越易湿润。为了降低水的表面张力，减小水的极性，提高对煤的湿润效果，可以在水中添加表面活性剂。阳泉一矿在注水时加入 0.5%浓度的洗衣粉，注水速度比原来提高 24%。

(4) 煤层内的瓦斯压力

煤层内的瓦斯压力是注水的附加阻力。水压克服瓦斯压力后才是注水的有效压力，所以在瓦斯压力大的煤层中注水时，往往要提高注水压力，以保证湿润效果。

(5) 注水参数的影响

煤层注水参数是指注水压力、注水速度、注水量和注水时间。注水量或煤的水分增量是煤层注水效果的标志，也是决定煤层注水除尘率高低的重要因素，如图 11-3-2、图 11-3-3 所示。通常，注水量或煤的

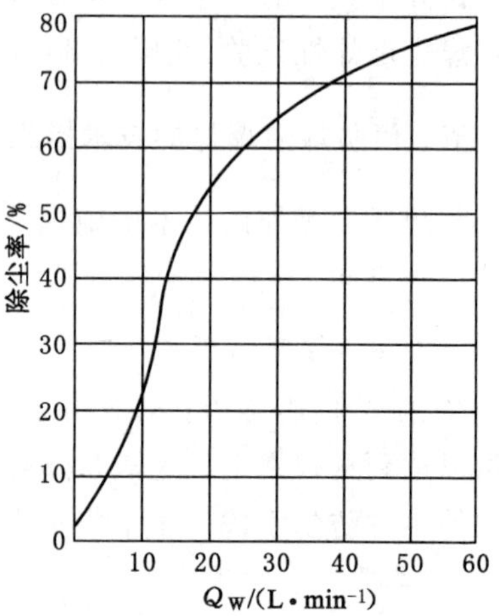

图 11-3-2　除尘率与注水量的关系图

水分增量变化在50%到80%之间,注水量和煤的水分增量都和煤层的渗透性、注水压力、注水速度以及注水时间有关。

3. 煤层注水方式

注水方式是指钻孔的位置、长度和方向。按国内外注水状况,有以下四种方式:

(1) 短孔注水

短孔注水是在采煤工作面垂直煤壁或与煤壁斜交打钻孔注水,注水孔长度一般为3~5 m。如图11-3-4中*a*所示。此种注水方式适用于煤层厚度小于1.3 m,或煤层倾角变化较大,或煤的孔隙率小于4%的缓倾斜煤层,特别适用于透气性极差的各种倾角、厚度的煤层。

(2) 深孔注水

它是在采煤工作面垂直煤壁打钻孔注水,孔长一般为5~15 m。此种注水方式适用于煤层赋存条件较稳定的煤层,如图11-3-4中*b*所示。

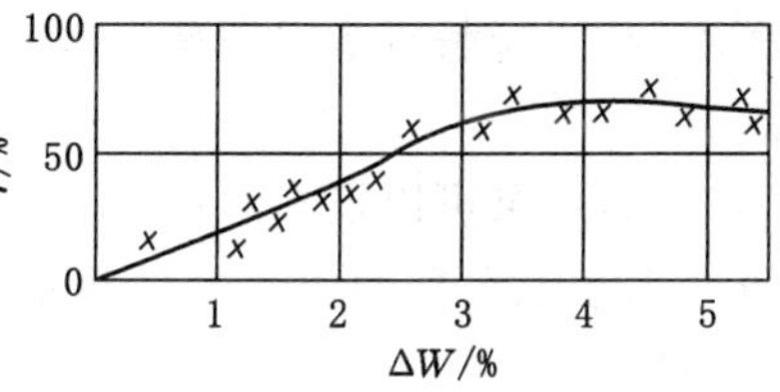

图11-3-3 除尘率与煤水分增量的关系

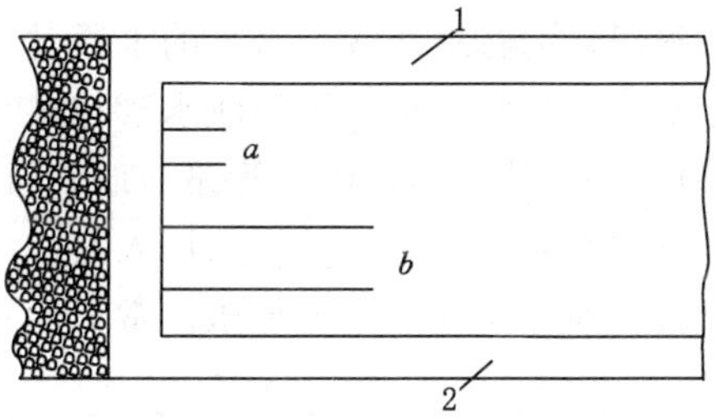

a—短孔;*b*—深孔;1—回风巷;2—运输巷。

图11-3-4 短孔、深孔注水方式示意图

(3) 长孔注水

它是从采煤工作面的运输巷或回风巷,向上、下打平行于工作面煤壁的长钻孔进行注水(图11-3-5),孔长60~100 m,此种注水方式适用于煤层赋存稳定、没有较大走向断层、厚度大于1.3 m、孔隙率大于4%的工作面。

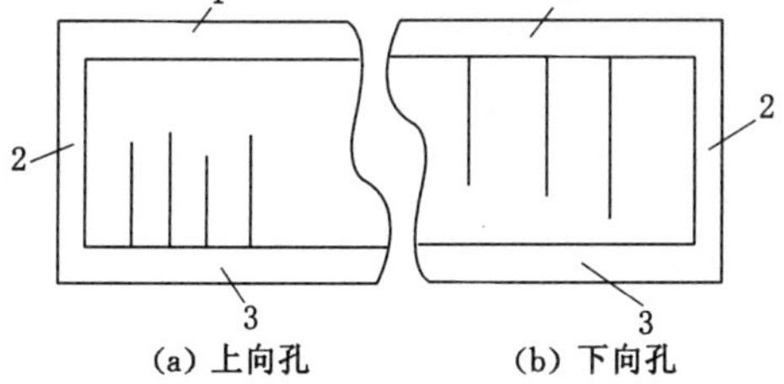

1—回风巷;2—开切眼;3—运输巷。

图11-3-5 单向长钻孔注水方式示意图

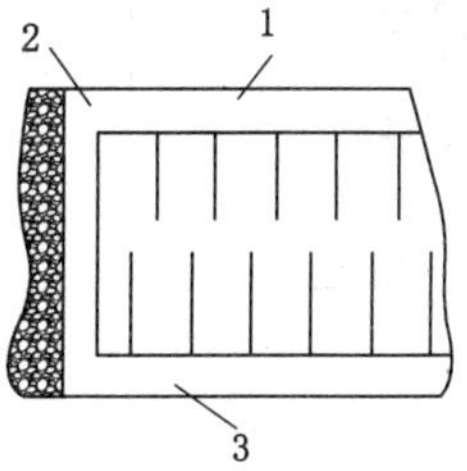

1—回风巷;2—工作面;3—运输巷。

图11-3-6 双向长钻孔注水方式示意图

(4) 巷道钻孔注水

即由上邻近煤层的巷道向下煤层打钻注水或由底板巷道向煤层打钻注水,如图11-3-7中(a)(b)所示。在一个钻场可打多个垂直于煤层或扇形布置方式的钻孔。巷道钻孔注水采用小流量、长时间的注水方法,湿润效果良好;但打岩石钻孔不经济,而且受条件限制,所以极少采用。

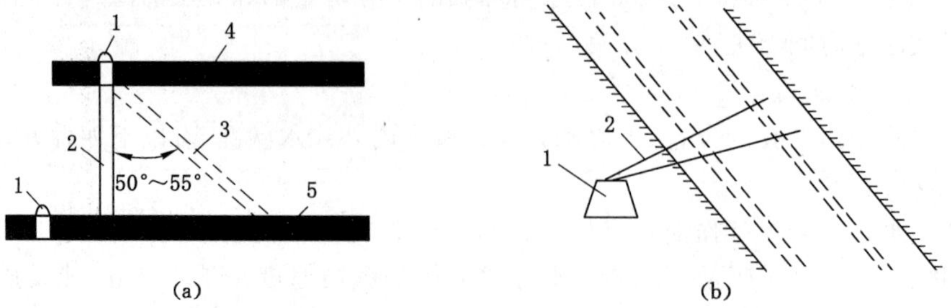

1—巷道;2,3—钻孔;4—上层煤;5—下层煤。

图 11-3-7 巷道钻孔注水法示意图

4．注水系统

注水系统分为静压注水系统和动压注水系统。

利用管网将地面或上水平的水通过自然静压差导入钻孔的注水叫静压注水。静压注水采用橡胶管将每个钻孔中的注水管与供水干管连接起来,其间安装有水表和截止阀,干管上安装压力表,然后通过供水管路与地表或上水平水源相连。

利用水泵或风包加压将水压入钻孔的注水叫动压注水,水泵可以设在地面集中加压,也可直接设在注水地点进行加压。常见的井下加压动压注水系统布置如图 11-3-8 所示。

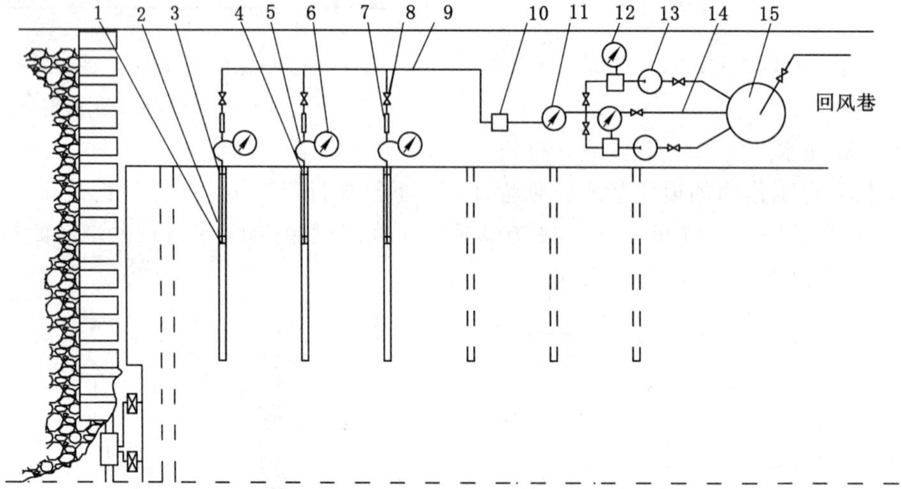

1—棉纱条;2—塑料水管;3—钢注水管;4—木堵(头);5—钢编胶管;6—压力表;
7—分流器;8—闸门;9—注水干管;10—单向阀;11—高压水表;12—安全阀;
13—煤层注水泵;14—回水管;15—自控供水箱。

图 11-3-8 煤层动压注水系统图

5．注水设备

煤层注水所使用的设备主要包括钻机、水泵、封孔器、分流器及水表等。

(1) 钻机

我国煤矿注水常用的钻机如表 11-3-2 所列。

表 11-3-2 常用煤层注水钻机一览表

钻机名称	功率/kW	最大钻孔深度/m
KHYD140 型钻机	5.5	120
MYZ-150 型注水钻机	15	150
MYZ-200 型钻机	22	200
ZDY-2300 型煤层注水钻机	37	300

(2) 煤层注水泵

煤矿常用煤层注水泵技术特征见表 11-3-3。

表 11-3-3 煤层注水泵型号及其主要技术特征

项目	单位	型号							
		5BZ-2/16	5BZ-1.2/25	7BZ-4.5/16	7BZ-6.3/16	7BZ-6.3/20	7BZ-8.0/20	7BZ-8.0/20	7BZ-75/16
工作压力	MPa	16	25	16	16	20	20	20	16
额定流量	m^3/h	2	1.2	4.5	6.3	6.3	8	8	4.5
柱塞直径	mm	25	25	25	25	25	25	25	25
缸数	个	5	7	7	7	7	7	7	
吸水管径	mm	31.5	32	32	51	51	51	51	
排水管径	mm	20	19	19	25	51	25	51	
电机功率	kW	11	11	30	37	45	55	55	30
整机质量	kg	320	320	670	710	820	920	920	868
外形尺寸	mm×mm×mm	1 400×400×600	1 450×300×600	1 700×450×780	1 840×500×950	1 930×500×1 000	1 990×500×1 000	1 990×500×1 000	1 650×440×875
生产商		邹城华煤机械设备有限公司	济宁市顺源机械设备有限公司	山东中煤工矿物资集团有限公司	济宁翔达机械设备有限公司	济宁翔达机械设备有限公司	山东中煤工矿物资集团有限公司	济宁翔达机械设备有限公司	山东中煤工矿物资集团有限公司

(3) 封孔器

我国煤矿长钻孔注水多采用 YPA 型水力膨胀式封孔器和 MF 型摩擦式封孔器。YPA 型在使用时，将封孔器与注水钢管连接起来送至封孔位置，通过高压胶管与水泵连通，开泵后压力水进入封孔器，水流从封孔器前端的喷嘴流出进入钻孔，产生压力降，膨胀胶管内的水压升高，将胶管膨胀，封住钻孔。注水结束后，封孔器胶筒将随压力下降而恢复原状，可取出复用。

MF 型在使用时，将封孔器与注水钢管连接起来送至钻孔内的封孔位置，顺时针旋动注水管使其向前移动，这时橡胶密封筒被压缩而径向胀大，封住钻孔。注水结束后，逆时针旋转注水管，密封胶管卸压，胶筒即恢复原状，可取出复用。

(4) 分流器

分流器是动压多孔注水不可缺少的器件，它可以保证各孔的注水流量恒定。煤炭科学研究总院重庆分院研制的ZF-Ⅲ型分流器，其额定压力范围为0.49～18 MPa，节流范围0.5 m^3/h、0.7 m^3/h、1.0 m^3/h，分流误差≤5%。

(5) 水表及压力表

当注水压力大于1 MPa时，可采用DC-4.5/200型注水水表，耐压20 MPa，流量4.5 m^3/h；注水压力小于1 MPa时，可采用普通自来水水表。注水压力表为普通压力表，选择时要求压力表量程应为注水管中最大压力的1.5倍，水泵出口端压力表的量程应为泵压的1.5～2倍。

6. 注水参数

(1) 注水压力

注水压力的高低取决于煤层透水性的强弱和钻孔的注水速度。通常，透水性强的煤层采用低压（小于3 MPa）注水，透水性较弱的煤层采用中压（3～10 MPa）注水，必要时可采用高压注水（大于10 MPa）。如果水压过小，注水速度太低，水压过高，又可能导致煤岩裂隙猛烈扩散，造成大量窜水或跑水。适宜的注水压力是：通过调节注水流量使其不超过地层压力而高于煤层的瓦斯压力。

国内外经验表明，低压或中压长时间注水效果好。在我国，静压注水大多属于低压，动压注水中压居多。对于初次注水的煤层，开始注水时，可对注水压力和注水速度进行测定，找出两者的关系，根据关系曲线选定合适的注水压力。

(2) 注水速度（注水流量）

注水速度是指单位时间内的注水量。为了便于对各钻孔注水流量进行比较，通常以单位时间内每米钻孔的注水量来表示。注水速度是影响煤体湿润效果及决定注水时间的主要因素，在一定的煤层条件下，钻孔的注水速度随钻孔长度、孔径和注水压力的不同而增减。

实践表明，有些煤层（如阳泉二矿）在注水压力不变的情况下，注水流量随时间延长出现不同程度的降低。为了增加注水流量，可适当提高注水压力，例如把原来的静压注水在短时间内改为动压注水（将煤层裂隙扩张一下，以增强煤层透水性），然后再恢复静压注水。

一般来说，小流量注水对煤层湿润效果最好，只要时间允许，就应采用小流量注水。静压注水速度一般为0.001～0.027 $m^3/(h \cdot m)$，动压注水速度为0.002～0.24 $m^3/(h \cdot m)$。若静压注水速度太低，可在注水前进行孔内爆破，提高钻孔的透水能力，然后再进行注水。

(3) 注水量

注水量是影响煤体湿润程度和降尘效果的主要因素。它与工作面尺寸、煤厚、钻孔间距、煤的孔隙率、含水率等多种因素有关。确定注水量首先要确定吨煤注水量，各矿应根据煤层的具体特征综合考察。一般来说，中厚煤层的吨煤注水量为0.015～0.03 m^3/t；厚煤层为0.025～0.04 m^3/t。机采工作面及水量流失率大的煤层取上限值，炮采工作面及水量流失率小或产量较小的煤层取下限值。

(4) 注水时间

每个钻孔的注水时间与钻孔注水量成正比，与注水速度成反比。在实际注水中，常把在预定的湿润范围内的煤壁出现均匀“出汗”（渗出水珠）的现象，作为判断煤体是否全面湿润的辅助方法。“出汗”后或在“出汗”后再过一段时间便可结束注水。通常静压注水时间长，动压注水时间短。为了对注水参数有个总体了解，表11-3-4列出了我国部分煤矿长孔注水参数，供参考。

表 11-3-4　部分煤矿煤层注水参数表

矿井	加压方式	钻孔长度/m	钻孔间距/m	封孔深度/m	注水压力/MPa	单孔注水时间/h	吨煤注水量/($m^3 \cdot t^{-1}$)	单孔注水量/m^3
桑树坪煤矿	动压	8	5	>3	3～8	0.75		6.09
段王煤矿	动压	80～90	12	>3	4～6	48		
陈蛮庄煤矿	动压	90～100	6～10	10	10～15	78	0.03	43～71
台东山煤矿	动压	160	25	5	5	248		993
单县能源	静压	80	20	20	4.5	120	0.04	382
东荣二矿	静压	100	13	10	5～20	144		
晓南矿	静压	100	10	15	0～12	85.3		174.02
蒋庄煤矿	动、静压结合	79～92	10	1.8	7	10		4.26
协庄煤矿	动、静压结合	96	20	6～12	8～12	413		82.61
柳林煤矿	动、静压结合	100	20	12	0～7	>60		>45
毛家庄煤矿	动、静压结合	220	15	12	6	72		

（二）防止煤尘引燃的措施

防止煤尘引燃的措施与防止瓦斯引燃的措施大致相同，可参看第九章瓦斯爆炸及其预防一节。同时特别要注意的是，瓦斯爆炸往往会引起煤尘爆炸。此外，煤尘在特别干燥的条件下可产生静电，放电时产生的火花也能自身引爆。

（三）隔绝煤尘爆炸的措施

防止煤尘爆炸危害，除采取防尘措施外，还应采取降低爆炸威力、隔绝爆炸范围的措施。

1. 清除落尘

定期清除落尘，防止沉积煤尘参与爆炸可有效地降低爆炸威力，使爆炸由于得不到煤尘补充而逐渐熄灭。

2. 撒布岩粉

撒布岩粉是指定期在井下某些巷道中撒布惰性岩粉，增加沉积煤尘的灰分，抑制煤尘爆炸的传播。

惰性岩粉一般为石灰岩粉和泥岩粉。对惰性岩粉的要求是：

① 可燃物含量<5%；

② 游离 SiO_2 含量<5%；

③ 不含有毒、有害的混合物；

④ 色淡白、鲜明，通常用石灰石制作；

⑤ 潮湿巷道应使用抗湿性岩粉；

⑥ 岩粉必须全部通过 50 号筛（筛径<0.2 mm），其中 70%以上应通过 200 号筛（筛径<0.074 mm）。

撒布岩粉时要求把巷道的顶、帮、底及背板后侧暴露处都用岩粉覆盖；岩粉的最低撒布量在做煤尘爆炸鉴定的同时确定，但煤尘和岩粉的混合煤尘，不燃物含量不得低于80%；撒布岩粉的巷道长度不小于300 m，如果巷道长度小于300 m时，全部巷道都应撒布岩粉。对巷道中的煤尘和岩粉的混合粉尘，每三个月至少应化验一次，如果可燃物含量超过规定含量时，应重新撒布。

3. 设置水棚

水棚包括水槽棚和水袋棚两种，设置应符合以下基本要求：

① 主要隔爆棚组应采用水槽棚，水袋棚只能作为辅助隔爆棚组；

② 水棚组应设置在巷道的直线段内，其用水量按巷道断面计算，主要隔爆棚组的用水量不小于400 L/m^2，辅助水棚组不小于200 L/m^2；

③ 相邻水棚组中心距为0.5～1.0 m，主要水棚组总长度不小于30 m，辅助水棚组不小于20 m；

④ 首列水棚组距工作面的距离，必须保持在60～200 m范围内；

⑤ 水槽或水袋距顶板、两帮距离不小于0.1 m，其底部距轨面不小于1.8 m；

⑥ 水内如混入煤尘量超过5%时，应立即换水。

4. 设置岩粉棚

岩粉棚分轻型和重型两类。结构如图11-3-9所示，它是由安装在巷道中靠近顶板处的若干块岩粉台板组成，台板的间距稍大于板宽，每块台板上放置一定数量的惰性岩粉，当发生煤尘爆炸事故时，火焰前的冲击波将台板震倒，岩粉即弥漫于巷道中，火焰到达时，岩粉从燃烧的煤尘中吸收热量，使火焰传播速度迅速下降，直至熄灭。

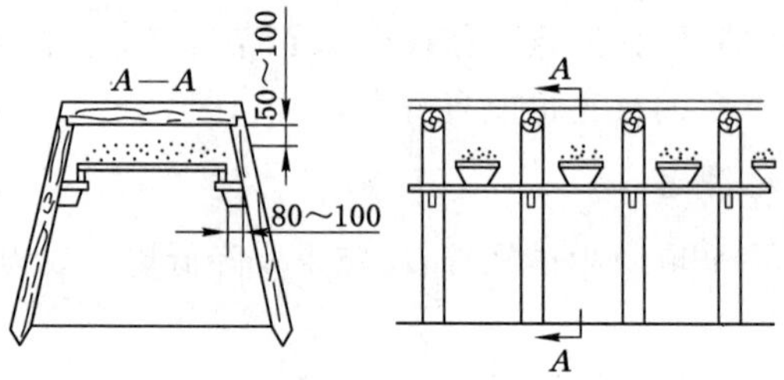

图11-3-9　岩粉棚

岩粉棚的设置应遵守以下规定：

① 按巷道断面积计算，主要岩粉棚的岩粉量不得少于400 kg/m^2，辅助岩粉棚不得少于200 kg/m^2；

② 轻型岩粉棚的排间距1.0～2.0 m，重型为1.2～3.0 m；

③ 岩粉棚的平台与侧帮立柱（或侧帮）的空隙不小于50 mm，岩粉表面与顶梁（顶板）的空隙不小于100 mm，岩粉板距轨面不小于1.8 m；

④ 岩粉棚距可能发生煤尘爆炸的地点不得小于60 m，也不得大于300 m；

⑤ 岩粉板与台板及支撑板之间，严禁用钉固定，以利于煤尘爆炸时岩粉板有效地翻落；

⑥ 岩粉棚上的岩粉每月至少检查和分析一次，当岩粉受潮变硬或可燃物含量超过20%时，应立即更换，岩粉量减少时应立即补充。

5. 设置自动隔爆棚

自动隔爆棚是利用各种传感器，将瞬间测量的煤尘爆炸时的各种物理参量迅速转换成电信号，指令机构的演算器根据这些信号准确计算出火焰传播速度后选择恰当时机发出动作信号，让抑制装置强制喷撒固体或液体等消火剂，从而可靠地扑灭爆炸火焰，阻止煤尘爆炸蔓延。

目前许多国家正在研究自动隔爆装置，并在有限范围内试验应用。美国、俄罗斯、波兰、德国等主要国家都建立了不同规模的大型地下爆炸实验巷道，研制了各种动作灵敏、成雾效果良好的自动隔爆装置。我国研制有 ZGB-Y 自动隔爆装置和 GD 隔爆水袋、GPS 隔爆水槽和 FPY 型防爆岩粉棚等系列被动式隔爆棚，针对被动式隔爆措施不能有效地隔绝弱爆炸且保护范围仅为 60～200 m 的不足，又研制了动作更为灵敏、保护范围为 40～240 m 的 XGS 型隔爆棚，安装移动方便，可适应工作面的快速推进，实现了对工作面的被动保护。

第四节　矿山综合防尘

矿山综合防尘是指采用各种技术手段减少矿山粉尘的产生量、降低空气中的粉尘浓度，以防止粉尘对人体、矿山等产生危害的措施。

根据我国矿山几十年来积累的丰富的防尘经验，大体上将综合防尘技术措施分为通风除尘、湿式作业、密闭抽尘、净化风流、个体防护及一些特殊的除、降尘措施。

一、通风除尘

通风除尘是指通过风流的流动将井下作业点的悬浮矿尘带出，降低作业场所的矿尘浓度，因此搞好矿井通风工作能有效地稀释和及时地排出矿尘。

决定通风除尘效果的主要因素是风速及矿尘密度、粒度、形状、湿润程度等。风速过低，粗粒矿尘将与空气分离下沉，不易排出；风速过高，能将落尘扬起，增大矿内空气中的粉尘浓度。因此，通风除尘效果是随风速的增加而逐渐增加的，达到最佳效果后，如果再增大风速，效果又开始下降，如图 11-4-1 所示。排除井巷中的浮尘要有一定的风速。我们把能使呼吸性粉尘保持悬浮并随风流运动而排出的最低风速称为最低排尘风速。同时，我们把能最大限度排除浮尘而又不致使落尘二次飞扬的风速称为最优排尘风速。一般来说，掘进工作面的最优风速为 0.4～0.7 m/s，机械化采煤工作面为 1.25～2.5 m/s。

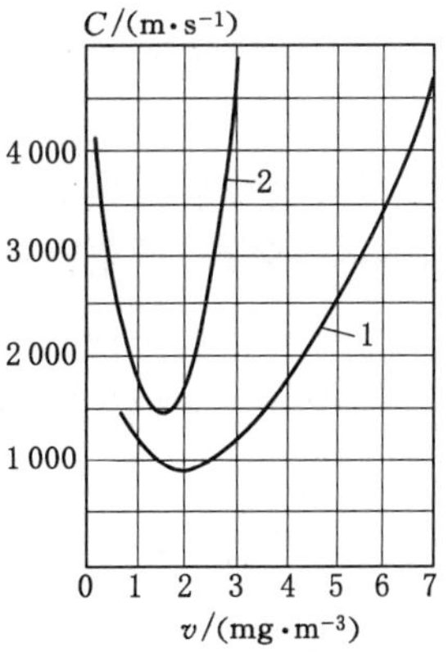

1—刨煤机工作时；
2—联合采煤机工作时。
图 11-4-1　矿尘浓度与风速的关系

《煤矿安全规程》规定的采掘工作面最高容许风速为 4 m/s，不仅考虑了工作面供风量的要求，同时也充分考虑到煤、岩尘的二次飞扬问题。

二、湿式作业

湿式作业是利用水或其他液体，使之与尘粒相接触而捕集粉尘的方法，它是矿井综合防尘的主要技术措施之一，具有所需设备简单、使用方便、费用较低和除尘效果较好等优点。缺点是增加了工作场所的湿度，恶化了工作环境，能影响煤炭产品的质量。除缺水和严寒地区外，一般煤矿应用较为广泛。我国煤矿较成熟的经验是采取以湿式凿岩为主，配合喷雾洒水、水封爆破和水炮泥以及煤层注水等防尘技术措施。

（一）湿式凿岩、钻眼

该方法的实质是指在凿岩和打钻过程中，将压力水通过凿岩机、钻杆送入并充满孔底，以湿润、冲洗和排出产生的矿尘。

在煤矿生产环节中，井巷掘进产生的粉尘不仅量大，而且分散度高，据统计，煤矿尘肺患者中95%以上发生于岩巷掘进工作面，煤巷和半煤岩巷的煤尘瓦斯燃烧、爆炸事故发生率也占较大的比重。而掘进过程中的矿尘又主要来源于凿岩和钻眼作业。据实测：干式钻眼产尘量占掘进总产尘量的80%～85%；而湿式凿岩的除尘率可达90%左右，并能提高凿岩速度15%～25%。因此，湿式凿岩、钻眼能有效降低掘进工作面的产尘量。

（二）洒水及喷雾洒水

洒水降尘是用水湿润沉积于煤堆、岩堆、巷道周壁、支架等处的矿尘。当矿尘被水湿润后，尘粒间会互相附着凝集成较大的颗粒，附着性增强，矿尘就不易飞起。在炮采炮掘工作面爆破前后洒水，不仅有降尘作用，而且还能消除炮烟、缩短通风时间。煤矿井下洒水，可采用人工洒水或喷雾器洒水。对于生产强度高、产尘量大的设备和地点，还可设自动洒水装置。

喷雾洒水是将压力水通过喷雾器（又称喷嘴），在旋转或（及）冲击的作用下，使水流雾化成细微的水滴喷射于空气中（图11-4-2），它的捕尘作用有：① 在雾体作用范围内，高速流动的水滴与浮尘碰撞接触后，尘粒被湿润，在重力作用下下沉；② 高速流动的雾体将其周围的含尘空气吸引到雾体内湿润下沉；③ 将已沉落的尘粒湿润黏结，使之不易飞扬。苏联的研究表明，在掘进机上采用低压洒水，降尘率为43%～78%，而采用高压喷雾时达到75%～95%；炮掘工作面采用低压洒水，降尘率为51%，高压喷雾达72%，且对微细粉尘的抑制效果明显。

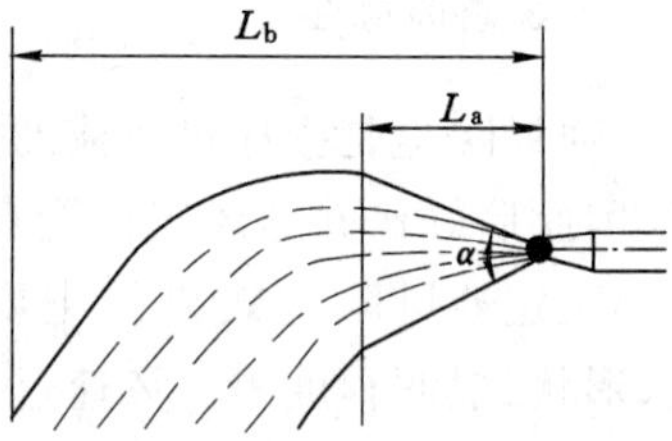

L_a—射程；L_b—作用长度；α—扩张角。

图11-4-2 雾体作用范围

1. 掘进机喷雾洒水

掘进机喷雾分内喷雾和外喷雾两种。外喷雾多用于捕集空气中悬浮的矿尘，内喷雾则通过掘进机切割机构上的喷嘴向割落的煤岩处直接喷雾，在矿尘生成的瞬间将其抑制。较好的内外喷雾系统可使空气中含尘量减少85%～95%。

掘进机的外喷雾采用高压喷雾时，高压喷嘴安装在掘进机截割臂上，启动高压泵的远程控制按钮和喷雾开关均安装在掘进机司机操纵台上。掘进机截割时，开动喷雾装置；掘进机停止工作时，关闭喷雾装置。喷雾水压控制在10～15 MPa范围内，降尘效率可达75%～95%。

2. 采煤机喷雾洒水

采煤机的喷雾系统分为内喷雾和外喷雾两种方式。采用内喷雾时，水由安装在截割滚筒上的喷嘴直接向截齿的切割点喷射，形成“湿式截割”；采用外喷雾时，水由安装在截割部的固定箱上、摇臂上或挡煤板上的喷嘴喷出，形成水雾覆盖尘源，从而使粉尘湿润沉降。喷嘴是决定降尘效果好坏的主要部件，喷嘴的形式有锥形、伞形、扇形、束形，一般来说内喷雾多采用扇形喷嘴，也可采用其他形式；外喷雾多采用扇形和伞形喷嘴，也可采用锥形喷嘴。国产采煤机配套喷嘴主要技术特征见表 11-4-1。

表 11-4-1 国产采煤机配套喷嘴的技术特征

喷嘴形状	系列型号	喷嘴型号	喷口直径/mm	扩散角/(°)	水压/MPa 1.0	水压/MPa 1.5	连接尺寸
					耗水量/(L·min⁻¹)		
锥形	PZ	PZA-1.2/45	1.2	45±8	2.0	2.4	m14×1.5
		PZA-1.5/45	1.5	45±5	3.1	3.8	m16×1.5
		PZA-2/55	2.0	55±5	6.0	7.4	g1/4-11
		PZA-2.5/55	2.5	55±8	8.9	11.2	g3/8-11
		PZA-2.5/70	2.5	70±10	8.8	10.3	m20×1.5
		PZB-3.2/70	3.2	70±5	13.7	16.2	g1/2-11
		PZB-4/70	4.0	70±8	19.9	24.5	
		PZC-2/55	2.0	55±5	6.0	7.4	g1/4-11
		PZC-2.5/55	2.5	55±8	8.9	11.2	g3/8-11
伞形	PA	PAA-1.2/60	1.2	60±8	1.6	2.0	m14×1.5
		PAA-1.6/60	1.6	60±8	2.6	3.2	m16×1.5
		PAA-2/60	2.0	60±8	3.6	4.4	g1/4-11
		PAA-2.5/60	2.5	60±8	5.3	6.6	g3/8-11
		PAB-3.2/75	3.2	75±10	7.9	9.7	m20×1.5
		PAB-4/75	4.0	75±10	11.9	15.0	g1/2-11
扇形	PS	PAS-1.2/45	1.2	45±8	2.6	3.1	
		PSA-1.6/60	1.6	60±10	4.9	6.2	扣压式
束形	Pg	PgA-1.6	1.6	5.5～6.0(m)	4.6	5.8	m14×1.5
		PgA-2.0	2.0	5.1～6.5(m)	6.4	8.0	m16×1.5
							g1/4-11,
		PgA-2.5	2.5	5.1～6.5(m)	10.6	13.7	g3/8-11
锥形	PU	PU-1 PU-2	4.5	55	30.7	37.3	板式 座式

3. 综放工作面喷雾洒水

综放工作面具有尘源多、产尘强度高、持续时间长等特点。因此，为了有效地降低产尘量，除了实施煤层注水和采用低位放顶煤支架外，还要对各产尘点进行广泛的喷雾洒水。

(1) 放煤口喷雾

放顶煤支架一般在放煤口都装备有控制放煤产尘的喷雾器，但由于喷嘴布置和喷雾形式不当，降尘效果不佳。为此，可改进放煤口喷雾器结构，布置为双向多喷头喷嘴，扩大降尘范围；选用新型喷嘴，改善雾化参数；有条件时，水中添加湿润剂，或在放煤口处设置半遮蔽式软质密封罩，控制煤尘扩散飞扬，提高水雾捕尘效果。

(2) 支架间喷雾

支架在降柱、前移和升柱过程中产生大量的粉尘，同时由于通风断面小、风速大，来自采空区的矿尘量大增，因此采用喷雾降尘时，必须根据支架的架型和移架产尘的特点，合理确定喷嘴的布置方式和喷嘴型号。如图 11-4-3 所示为某综放工作面支掩式支架喷嘴位置的设置。前喷雾点设有两个喷嘴，移架时可以对支架前半部空间的粉尘加以控制，同时还可以作为随机水幕；后喷雾点设有两个喷嘴，分别设于支架两前连杆上，位于前连杆中部，控制支架后侧空间的粉尘。

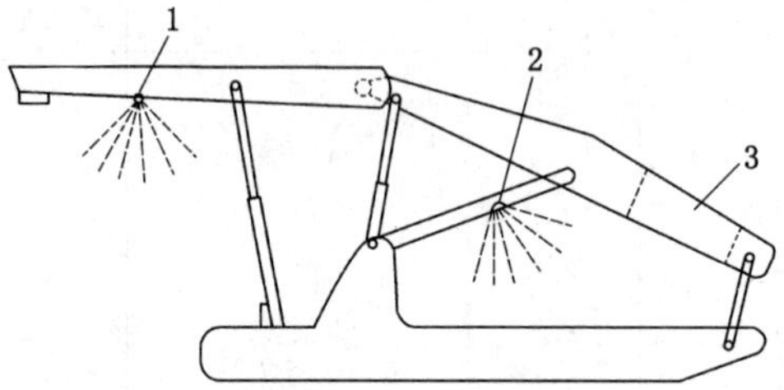

1—前喷雾点；2—后侧喷雾点；3—放煤口。

图 11-4-3　支掩式支架喷嘴布置图

(3) 转载点喷雾

转载点降尘的有效方法是封闭加喷雾。通常在转载点(即采煤工作面输送机与平巷输送机连接处)加设半密封罩，罩内安装喷嘴(图 11-4-4)，以消除飞扬的浮尘，降低进入采煤工作面的风流含尘量。为了保证密封效果，密封罩进、出煤口安装半遮式软风帘，软风帘可用风筒布制作。

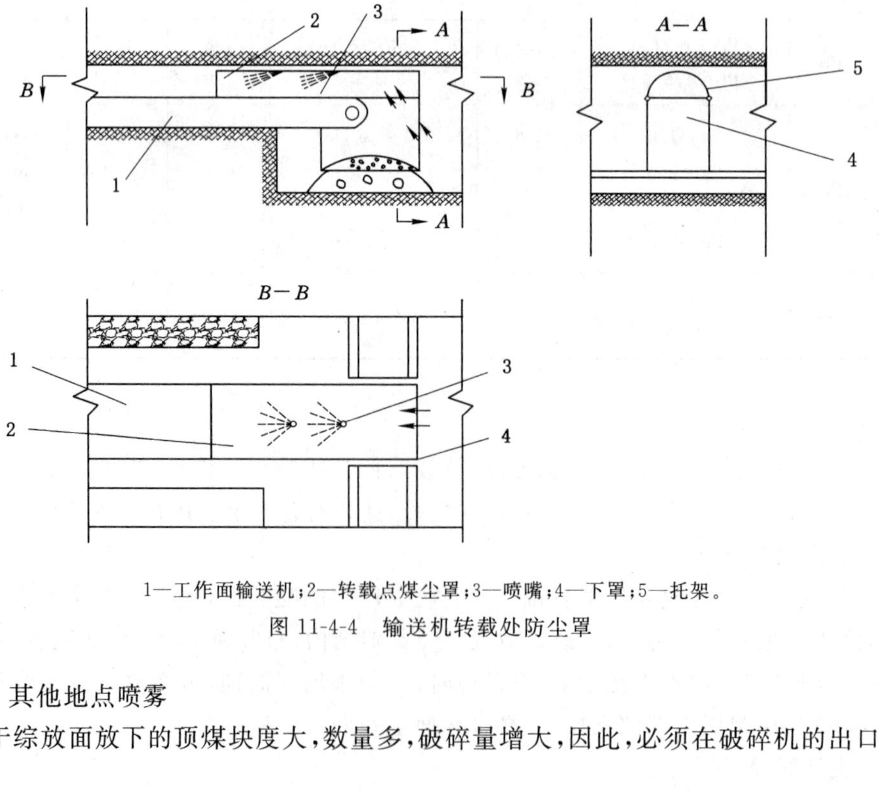

1—工作面输送机；2—转载点煤尘罩；3—喷嘴；4—下罩；5—托架。

图 11-4-4　输送机转载处防尘罩

(4) 其他地点喷雾

由于综放面放下的顶煤块度大，数量多，破碎量增大，因此，必须在破碎机的出口处进行喷雾降尘。

除此，尚需对煤仓的放煤眼及煤炭运输过程等产生的粉尘实施喷雾洒水。

（三）水炮泥和水封爆破

水炮泥就是将装水的塑料袋代替一部分炮泥，填于炮眼内，如图 11-4-5 所示。爆破时水袋破裂，水在高温高压下汽化，与尘粒凝结，达到降尘的目的。采用水炮泥比单纯用土炮泥时的矿尘浓度低 20%～50%，尤其是呼吸性粉尘含量有较大的减少。除此之外，水炮泥还能降低爆破产生的有害气体，缩短通风时间，并能防止爆破引燃瓦斯。

水炮泥的塑料袋应难燃，无毒，有一定的强度。水袋封口是关键，目前使用的自动封口水袋如图 11-4-6 所示。装满水后，能将袋口自行封闭。

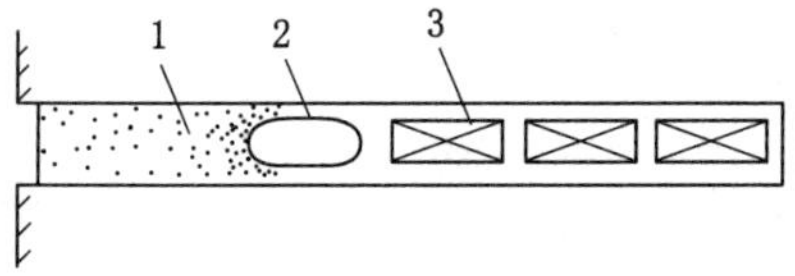

1—黄泥；2—水袋；3—炸药包。

图 11-4-5 水炮泥布置图

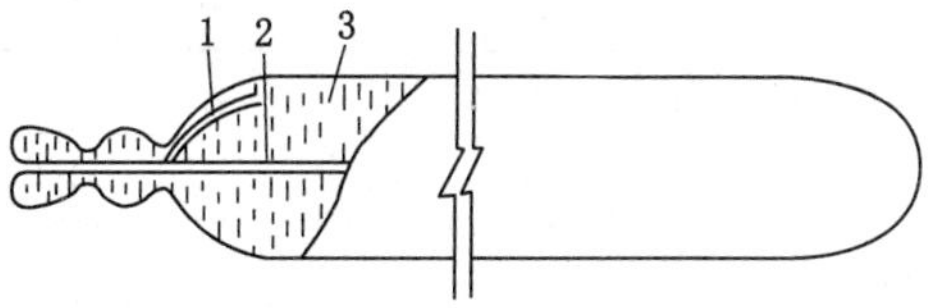

1—逆止阀注水后位置；

2—逆止阀注水前位置；3—水。

图 11-4-6 自动封口炮泥

水封爆破是将炮眼的爆药先用一小段炮泥填好，然后再给炮眼口填一小段炮泥填好，两段炮泥之间的空间，插入细注水管注水，注满后抽出注水管，并将炮泥上的小孔堵塞。

三、净化风流

净化风流是使井巷中含尘的空气通过一定的设施或设备，将矿尘捕获的技术措施。目前使用较多的是水幕和湿式除尘装置。

（一）水幕净化风流

水幕是在敷设于巷道顶部或两帮的水管上间隔地安上数个喷雾器喷雾形成的，如图 11-4-7 所示。喷雾器的布置应以水幕布满巷道断面、尽可能靠近尘源为原则。① 井工煤矿采煤工作面回风巷应当安设风流净化水幕。② 喷射混凝土作业时，距离喷浆作业点下风流 100 m 内，应当设置风流净化水幕。③ 在产尘量较大的输送机巷转载点下风侧 10～20 m 的合适位置处应设置一道电控自动水幕。④ 其他产尘量较大、其回风进入下作业点前应通过水幕净化风流。

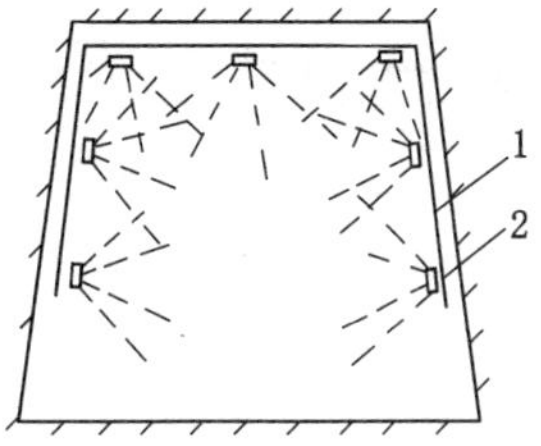

1—水管；2—喷雾器。

图 11-4-7 巷道水幕示意图

水幕的控制方式可根据巷道条件，选用光电式、触控式或各种机械传动的控制方式。选用的原则是既经济合理又安全可靠。

水幕是净化入风流和降低污风流矿尘浓度的有效方法。徐州董庄矿在距掘进工作面 20 m、40 m 和 60 m 处各设了一道水幕，工作面含尘风流经第一道水幕后降尘率为 59%～60.5%，经第二道水幕后降尘率为 78.2%～80%，经第三道水幕后，矿尘浓度只有 0.78 mg/m^3，降尘率达到 98.6%。

（二）湿式除尘装置

所谓除尘装置（或除尘器）是指把气流或空气中含有的固体粒子分离并捕集起来的装置，又称集尘器或捕尘器。根据是否利用水或其他液体，除尘装置可分为干式和湿式两大类。煤矿一般采用湿式除尘装置。

目前我国掘进工作面常用的除尘风机有 KCS 系列、KGC 系列、TC 系列、MAD 系列及奥地利 AM-50 型、德国 SRM-330 型等。表 11-4-2 所示为常用除尘风机的技术性能。

表 11-4-2　常用除尘风机技术性能表

技术指标	KCS 系列			TC-1	MAD-1	KGC-1	AM-50
	KCS-150D	KCS-200D	KCS-300D				
处理风量/($m^3 \cdot s^{-1}$)	2.5	3.3	5.0	2.5～3.88	2.5～5.0	2.5～3.0	3.0
阻力/kPa	0.50	0.40	0.40	1.47	0.29～0.49	1.76	6.85
吸风口直径/mm	490	490	590	600	380～480	600	600～800
主机功率/kW	11	18.5	22	18.5	11 kW 局部通风机	18.5	111
外形尺寸 /mm×mm×mm	2 900×750 ×1 000	3 000×800 ×1 020	3 100×900 ×1 100	3 000×800 ×1 400	600×1000 ×266	4×780 ×1 075	9 400×1 200 ×1 400
质量/kg	640	670	780	250	45	1 200	7 800
除尘效果：全尘/%	≥96	≥96	≥96	80～95	95～98	80～96	95
除尘效果：呼尘/%	≥90	≥90	≥90	90～98	80	85～90	98
生产厂	山东威特立邦矿山设备有限公司			中煤科工集团重庆研究院有限公司	佳木斯市矿山配件厂		奥地利

根据我国井下的不同条件，可以参照表 11-4-3 选用不同型号掘进工作面的除尘风机。

表 11-4-3　掘进机除尘器适用条件

作业条件	粉尘浓度 /($mg \cdot m^{-3}$)	处理风量 /($mg \cdot min^{-1}$)	选用型号	通风方式	配套设备
锚喷巷道风流净化及爆破巷道工作面	100～600	100～150	KCS-150D	长抽短压	ϕ500 mm 伸缩风筒长 800～1 000 m
岩巷打眼爆破工作面	100～600	100～150	JTC-Ⅱ	长压短抽	ϕ500 mm 伸缩风筒长 150 m
8～14 m^2 机掘工作面	1 000～2 000	150～200	KCS-200D	长压短抽	ϕ500 mm 伸缩风筒
8 m^2 以下掘进工作面	1 000～2 000	100～150	JTC-Ⅱ	长压短抽	ϕ500 mm 伸缩风筒长 100 m
8～14 m^2 掘进工作面	1 000～2 000	150～200	JTC-Ⅰ	短距离抽出式 长抽短压	ϕ600mm 伸缩风筒

四、个体防护

个体防护是指通过佩戴各种防护面具以减少吸入人体粉尘的最后一道措施。因为井下各生产环节虽然采取了一系列防尘措施，但仍会有少量微细矿尘悬浮于空气中，甚至个别地点不能达到卫生标准，因此个体防护是防止矿尘对人体伤害的最后一道关卡。

个体防护的用具主要有防尘口罩、防尘风罩、防尘帽、防尘呼吸器等，其目的是使佩戴者能呼吸净化后的清洁空气而不影响正常工作。

（一）防尘口罩

矿井要求所有接触粉尘作业人员必须佩戴防尘口罩，对防尘口罩的基本要求是：阻尘率高，呼吸阻力和有害空间小，佩戴舒适，不妨碍视野。普通纱布口罩阻尘率低，呼吸阻力大，潮湿后有不舒适的感觉，应避免使用。

目前我国煤矿井下主要使用的是 KN90、KN95、KN100 等级口罩，市场上满足要求的 KN100 等级硅胶防尘口罩有宝顺安、3M 等，这些品牌的 KN100 防尘口罩都是适合煤矿环境使用的。

（二）防尘安全帽（头盔）

煤炭科学研究总院重庆分院研制出 AFM-1 型防尘安全帽（头盔）或称送风头盔（图 11-4-8）与 LKS-7.5 型两用矿灯匹配，在该头盔间隔中，安装有微型轴流风机 1、主过滤器 2、预过滤器 5，面罩可自由开启，由透明有机玻璃制成，送风头盔进入工作状态时，环境含尘空气被微型风机吸入，预过滤器可截留 80%～90%的粉尘，主过滤器可截留 99%以上的粉尘。经主过滤器排出的清洁空气，一部分供呼吸，剩余气流带走使用者头部散发的部分热量，由出口排出。其优点是与安全帽一体化，避免佩戴口罩的憋气感。

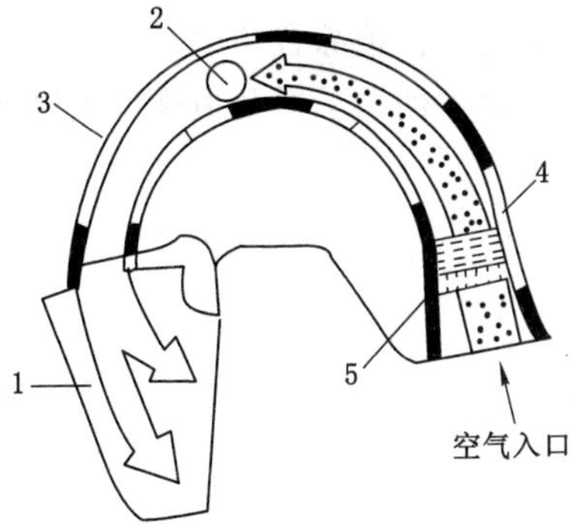

1—轴流风机；2—主过滤器；
3—头盔；4—面罩；5—预过滤器。
图 11-4-8 AFM-1 型防尘送风头盔

AFM-1 型送风头盔的技术特征：LKS-7.5 型矿灯电源可供照明 11 h、同时供微型风机连续工作 6 h 以上，阻尘率大于 95%；净化风量大于 200 L/min；耳边噪声小于 75 dB(A)；安全帽（头盔）、面罩具有一定的抗冲击性。

（三）AYH 系列压风呼吸器

AYH 系列压风呼吸器是一种隔绝式的新型个人和集体呼吸防尘装置。它利用的矿井压缩空气在经离心脱去油雾、活性炭吸附等净化过程中，经减压阀同时向多人均衡配气供呼吸。目前生产的有 AYH-1 型、AYH-2 型、AYH-1A 型和 AYH-2A 型四种型号。

个体防护不可以也不能完全代替其他防尘技术措施。防尘是首位的，鉴于目前绝大部分矿井尚未达到国家规定的卫生标准的情况，采取一定的个体防护措施是必要的。

复习思考题

11-1　何谓矿尘？它的危害有哪些？

11-2　表示矿尘颗粒大小的指标有哪些？它们对衡量矿尘的危害性有何影响？

11-3　矿尘的湿润性和荷电性对防尘、降尘有何作用？

11-4　矿山尘肺病分为哪几类？

11-5　粉尘在人体呼吸系统内的运移规律是什么？

11-6　影响尘肺病的发病因素有哪些？

11-7　煤尘爆炸的条件及过程是什么？

11-8　煤尘爆炸与瓦斯爆炸有何异同？

11-9　影响煤尘爆炸的因素有哪些？

11-10　煤层注水的实质是什么？

11-11　撒布惰性岩粉时对岩粉有何要求？

11-12　岩粉棚组和水棚组的限爆作用原理是什么？

11-13　何谓综合防尘？

11-14　何谓最低及最优排尘风速？

第十二章　矿井防治水

凡影响、威胁矿井安全生产、使矿井局部或全部被淹没并造成人员伤亡和经济损失的矿井涌水事故都称为矿井水灾。水灾是矿井主要灾害之一。

煤矿防治水工作应当坚持“预测预报、有疑必探、先探后掘、先治后采”基本原则，采取“防、堵、疏、排、截”综合防治措施。

煤矿突水事故所造成的经济损失也是巨大的。如 1984 年 6 月，开滦矿务局范各庄矿 2171 工作面发生的岩溶陷落柱突水，最大水量达 $1.232\times10^5\ m^3/h$，居世界第一，使范各庄、吕家坨两个现代化矿井相继被淹，林西矿停产，11 人丧生，直接经济损失 5 亿元，损失煤炭产量近 8.5 Mt。

2000 年至 2012 年，全国煤矿共发生透水事故 1 113 起、死亡 4 451 人，其中发生重大及以上透水事故 92 起、死亡 1 706 人，平均每年发生 7 起重大透水事故，发生特别重大透水事故 9 起、死亡 426 人，分别占同期特别重大事故总起数的 14.8%和死亡人数的 12.3% 。

第一节　矿井水灾事故预防对策

一、矿井水灾的水源

矿井水灾的水源主要有地面水源、井下水源两大类。地面水源有大气降水和地表水；井下水源主要有：老空水、地下含水岩层水（可分为松散岩孔隙充水、基岩裂隙充水、可溶岩岩溶充水）和断层水。

（一）地面水源

1. 大气降水

大气降水是地下水的主要补给来源，所有矿床充水都直接或间接地与大气降水有关。大气降水形成的水灾典型案例有：2006 年受第 4 号强台风“碧利斯”影响，湖南省先后有 200 多家煤矿被淹或局部被淹；2007 年“8・17”一次死亡 181 人的山东华源矿业有限公司透水矿难；2007 年“7・29”河南陕县支建煤矿因急降暴雨，洪水经充填不严实的废弃铝土矿井涌入支建煤矿井下，发生 69 人被困事故。

2. 地表水源（海洋、湖泊、河流、水池、沼泽和水库等）

地表水与松软的沙砾岩层相通，当井筒掘进穿透冲积层含水层时，地表水将顺着砂砾岩层的裂隙涌入井下造成淹井；地表水经过裂隙与断层、煤层顶底板的含水层相连，当开采冒顶或出现底板裂隙时，便发生水灾事故。2006 年 7 月 2 日平煤集团新峰一矿发生水库溃堤倒灌井下，部分大巷被淹。

（二）井下水源

不同矿井有不同的水源。井下水源主要有：

1. 采空区（老窑）水

因过去和现代开采形成（老窑）采空区与水源之间存在导水通道时，逐渐形成积水。一旦采掘工作面与其连通，便会发生透水，造成工作面停产和人身伤亡事故，此类事故占比例较高。如2005年"8·7"大兴矿水灾事故，就是因降雨向老空区充水，在水淹区下采煤，冒顶使防水煤柱破坏，透水淹井，导致121人遇难。2006—2010年，全国范围内老空水害共发生129起、死亡971人。

2. 地下含水岩层水

地下含水岩层水源比较复杂，不同矿区有不同的含水层。依据充水含水层介质特征可划分为松散岩孔隙充水水源、基岩裂隙充水水源、可溶岩岩溶充水水源。

(1) 松散岩孔隙充水：冲积层中富水性强的含水层，如流砂、砂石层水在煤矿开采过程中溃入矿井而造成的灾害。受此类水害威胁比较严重的有淮南、淮北、徐州、大屯、永城、鹤岗、辽源、陕北神府等矿区。当防水煤柱留设不足，垮落带直接进入松散强含水层造成溃水甚至溃泥砂事故。

(2) 基岩裂隙水：一般赋存于煤系砂岩裂隙中，对煤矿安全生产影响较大，基岩裂隙水是我国分布最为广泛的地下水类型之一。2011年5月30日，陕北侏罗纪煤田东北部神府矿区的柠条塔矿南翼S1210首采工作面回采至切眼61 m处，顶板初次来压，发生垮落后工作面大范围涌水，涌水量最大达1 157 m^3/h。经分析，突水水源为煤层上覆风化基岩裂隙含水层水。

(3) 可溶岩岩溶水：这类水源是我国分布面积最广，危害最为严重，主要存在于煤层的顶底板中。如北方有开滦、峰峰、焦作、鹤壁、淮北、徐州、肥城、淄博、南票、通化等矿区；南方有南桐、丰城、萍乡等矿区。如1984年6月开滦矿务局范各庄矿2171工作面发生的水灾就是岩溶陷落柱突水。

（三）断层水

处于断层破碎带中的水，断层往往与多个含水层沟通，所以断层水实际上是含水层水，不过流至并贮存于断层中。

二、矿井水灾发生的原因

首先客观上存在矿井水灾的三个必要条件，其次是主观因素是人的不安全行为，最后是技术水平和装备落后。

（一）矿井水灾的充要条件

矿井水灾发生的必要条件是：有一定水量的水源、导水通道和突水点；充分条件是存在突水的诱导因素，打通导水通道，使水源与突水点连通，便发生矿井突水。采掘活动、地面突降暴雨、溃堤等都是诱导因素。因此，防止矿井水灾的关键是：① 查清水源和排除水源；② 消除或堵塞导水通道；③ 控制诱导因素，避免水源与突水点之间连通。

（二）人的不安全行为

现有矿井水灾的事故案例表明，人的不安全行为是矿井水灾的重要原因之一。产生人的不安全行为的原因：

(1) 缺少突水征兆知识。其原因有无知者，也有“生产第一”思想忽视了突水征兆。如2010年3月28日山西王家岭煤矿北翼盘区20101工作面回风巷发生透水事故就是典型案例。3月25日发现水文数据异常，未向领导汇报；3月27日巷道里出现雾气；3月28日10时30分发现巷道壁面渗水，向项目部领导汇报，领导前往渗水点查看后让工人注意水情；11时10分下令停止掘进，改支护；11时50分项目部开会进行技术会诊，推测是小构造出水，不会对施工生产构成威胁。13时12分发生透水事故，153人被困井下。虽经9天全力抢救，井下115人获救，但最终还是造成38人死亡、直接经济损失近5 000万元。管理者因缺乏水灾征兆知识而付出了沉重的代价。

(2) 管理层忽视防水工作。管理人员由于利益的驱动对水害的认识不足，安全生产意识淡薄，对防治水工作管理松懈。比如2000年5月发生的辽宁凤祥煤矿“5·4”重大透水事故，主要原因是矿主长期违法组织生产，明知已在水体下采煤，在既没有划定出积水预测区，又无安全措施的情况下采煤，导致10人死亡。

(3) 违规开采。超层越界开采，破坏防、隔水煤柱；乱采乱掘，破坏防隔水煤柱，造成透水事故。

(4) 设计缺陷。不能根据不同地层、含水层等地质条件，因地制宜地对井筒进行设计。比如潘一矿东风井的井壁结构未考虑水文地质条件复杂性，凭经验设计，采用现浇钢筋混凝土，致使井筒及井底车场支护承压能力不足，发生井筒破裂出水、出砂，最终造成井筒及全部巷道被淹。

(三) 防治水技术和装备水平不能满足防治水的需求

(1) 测量数据存在误差。由于仪器精度和操作技术引起测量误差，不能准确掌握老空积水区、充水导水断层、陷落柱、富含水层的准确位置和充水量，导致决策失误、误采误掘，造成水灾事故。

(2) 由于钻机性能落后或操作技术失误导致探水钻孔不能准确定向、定位，获得的水源信息不准确；在接近水源时，未执行探放水措施，盲目施工，或者虽然进行了探放水，但由于制定的措施不严密、执行不严格而造成的水灾事故。

(3) 开采、支护技术失误或违规，发生冒顶，产生裂隙等导水通道，引发突水。

(4) 大型矿用功率大、扬程高、流量大、安装快捷方便的潜水泵以及安装快捷的管道不能满足救灾需要，因此延误救援时机。2007年“7·29”河南陕县支建煤矿水灾和2010年“3·28”山西王家岭煤矿水灾事故中因缺少高强度、大能力排水设备拖延救援时间，造成巨大伤亡。

地面大直径救生钻机和井下轻型救生钻机也不能满足要求。

(5) 防排水设施故障：防水闸门失修或未及时关闭，供电、水泵、电机、水管发生故障，不能及时排水造成水灾事故。

三、矿井水灾预防对策

矿井水灾预防主要是提高对防水工作认识，扎实做好矿井水文基础工作；做好水源调查和数据分析；提高对透(突)水危险预兆的有效辨识水平与能力；建立健全防治水管理制度和隐患排查制度；加强对现有水灾隐患的治理；加强职工技术培训和水灾事故救援演练；防水必要装备和物质存储;等等。

第二节　地面防治水

地面防水是指在地表修筑各种防排水工程,防止或减少大气降水和地表水涌入矿井。地面防治水是矿井防水的第一道防线。

一、慎重选择井筒位置

井口(平硐口)和工业广场内主要建筑物的标高应高于当地历年最高洪水位,否则,应当修筑堤坝、沟渠或者采取其他防排水措施。如果在山区,除符合上述规定外,还应当避开可能发生泥石流、滑坡的地段。

二、建立灾害性天气预警和预防机制

矿井应当与气象、水利、防汛等部门进行联系,建立灾害性天气预警和预防机制。及时掌握可能危及煤矿安全生产的暴雨洪水和水情信息,加强雨季前的防汛工作;加强与周边相邻矿井信息沟通,发现矿井出现异常情况时,立即向周边相邻矿井进行预警。

三、河流、水渠改道和堵漏

在矿井范围内有与矿井充水含水层直接相连的常年性河流、水渠时,最好应将其改道,远离矿区;有困难时可采取铺整河底措施防河水渗漏到井下及含水层中。地面采取措施代价太高时,可加强井下防水措施。

四、填堵漏水通道

矿区范围内,因采掘活动引起地面沉降、开裂、塌陷而形成的矿井进水通道,应用黏土或水泥予以填堵。对较大的溶洞或塌陷裂缝,其下部充填碎石和砂浆,上部盖以黏土分层夯实,且略高出地面以防积水。

五、挖沟排(截)洪

地处山麓或山前平原区的矿井,因山洪或潜水流渗入井下构成水害隐患或增大矿井排水量,可在井田上方垂直来水方向布置排洪沟、渠,拦截、引流洪水,使其绕过矿区。

第三节　井下防治水

一、做好矿井水文观测与水文地质工作

水文地质工作是防治水工作的基础和依据。矿井应收集、观测下列防治水基础数据,并应用计算机数据库进行管理,开展水文动态预测分析。

(1) 地面气象资料、降水量、地表水体的分布和河流水文资料(流速、流量、水位变化规律)。

(2) 矿井应当对主要含水层进行长期水位、水质动态观测，设置矿井和各出水点涌水量观测点，建立涌水量观测数据等防治水基础台账，并开展水位动态预测分析工作。

(3) 掌握老窑和近年开采小窑的开采范围、采空区的积水及分布状况，观测因回采而造成的塌陷带、裂隙带、沉降带的高度及采动对涌水量的影响；矿井和周边煤矿采空区相关资料。

(4) 查明矿井水源和可能涌水的通道，编制下列防治水图件，并至少每半年修订一次：

① 矿井充水性图。

② 矿井涌水量与相关因素动态曲线图。

③ 矿井综合水文地质图。

④ 矿井综合水文地质柱状图。

⑤ 矿井水文地质剖面图。

二、井下探水

在矿井受水害威胁的区域，在巷道掘进前，应采用钻探、物探和化探等方法查清水文地质条件。地测机构应当提出水文地质情况分析报告，并提出水害防范措施，经矿井总工程师组织生产、安监和地测等有关单位审查批准后，方可进行施工。

矿井工作面采煤前，应当采用物探、钻探、巷探和化探等方法查清工作面内断层、陷落柱和含水层(体)富水性等情况。地测机构应当提出专门水文地质情况报告，经矿井总工程师组织生产、安监和地测等有关单位审查批准后，方可进行回采。发现断层、裂隙和陷落柱等构造充水的，应当采取注浆加固或者留设防隔水煤(岩)柱等安全措施。否则，不得回采。

“有疑必探、先探后掘、先治后采”是采掘工作必须遵循的原则，也是防止井下水害事故发生的重要方法。当采掘工作面接近充水的小窑、老空、含水量大的断层等水体时，必须采用探放水方法，查明采掘工作面前方的水情，并将水有控制地放出，以保证采掘工作面安全生产。遇下列情况之一者时，必须探水：① 接近水淹井巷、老空、老窑或小窑时；② 接近含水层、导水断层、陷落柱时；③ 接近可能出水钻孔和各类防水煤柱时；④ 接近可能与地表水体相通的断裂破碎带或裂隙发育带时；⑤ 上层采空区积水，在两层间垂直距离小于采高40倍或巷高10倍的下层采掘工作以及采掘工作面有明显出水征兆时。

(一) 探水起点的确定

为了保证采掘工作和人身安全，防止误穿积水区，在距积水区一定距离划定一条线作为探水的起点，此线即为探水线。通常将积水及附近区域划分为三条线，即积水线、探水线和警戒线，并标注在采掘工程图上。

① 积水线：即积水区范围线。在此线上应标注水位标高、积水量等实际资料。

② 警戒线：积水线外推 60 m 即为警戒线，一般用红色表示。进入警戒线后必须进行超前探水、边探边掘。

③ 探水线：应根据积水区的位置、范围、地质及水文地质条件及其资料的可靠程度、采空区和巷道受矿山压力破坏等因素确定。进入此线后必须停止掘进，进行探放水。

对探水线有如下规定：

(1) 对本矿井采掘工作造成影响的老空、老巷、硐室等积水区如边界确定，水文地质条件清楚，水压不超过 1 MPa 时，探水线至积水区最小距离：煤层中不小于 30 m；岩层中不小于 20 m。

（2）对本矿井的积水区，虽有图纸资料，但不能确定积水区边界位置时，探水线至推断积水区边界的最小距离不得小于 60 m。

（3）对有图纸资料的小窑，探水线至积水区边界的最小距离不得小于 60 m；对没有图纸资料可查的小窑，必须坚持“有疑必探、先探后掘”的原则，防止发生透水事故。

（4）掘进巷道附近有断层或陷落柱时，探水线至最大摆动范围预计煤柱线时的最小距离不得小于 60 m。

（5）石门揭开含水层前，探水线至含水层最小距离不得小于 20 m。

（二）探水钻孔的布置方法

探水钻孔布置原则是它既要保证安全生产，又要确保不遗漏积水区，还要求探水工程量最小。

1. 探水钻孔的超前距离、允许掘进距离、帮距和密度确定

（1）超前距。探水时从探水线开始向前方打钻孔，常是探水—掘进—再探水—再掘进，循环进行。而探水钻孔终孔位置应始终超前掘进工作面一段距离，该段距离称超前距。如图 12-3-1 所示。

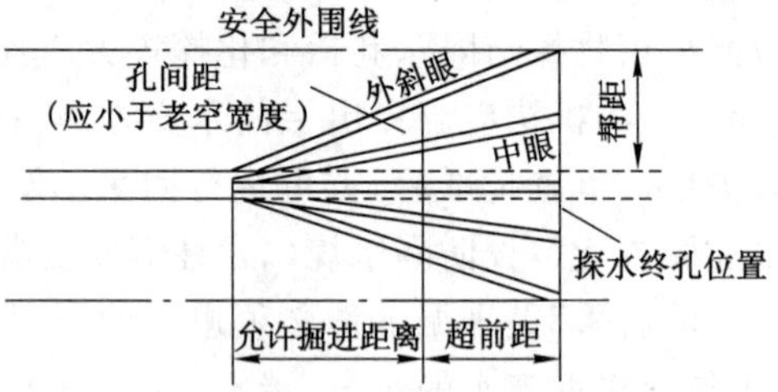

图 12-3-1　探水钻孔的超前距、帮距、密度和允许掘进距离示意图

（2）允许掘进距离。经探水证实无水害威胁，可安全掘进的长度称允许掘进距离。

（3）帮距。为使巷道两帮与可能存在的水体之间保持一定的安全距离，即呈扇形布置的最外侧探水孔所控制的范围与巷道帮的距离。其值应与超前距相同。超前距一般采用 20 m，在薄煤层中可缩短，但不得小于 8 m。

（4）钻孔密度（孔间距）。它指允许掘进距离终点横剖面上，探水钻孔之间的间距。一般不超过 3 m，以免漏掉积水区。

2. 探水孔布置方式

探放水孔布置视巷道类型、矿层厚度不同而有所差别。总的原则是：巷道掘进时所占空间均应有钻孔控制，且钻孔之间距应保证小于巷道高度、宽度或薄煤层的厚度。对于位于生产区上部的老空区，按巷道类型和矿层的厚薄情况，有如下的布置方式：

（1）平巷钻孔布置。主要是探巷道上帮小窑老空水，钻孔呈半扇形布置在巷道上帮。依据煤层厚薄及巷道沿底、顶掘进不同，布孔方式也不一样。薄煤层（厚度＜2 m），一般布置 3 组，每组 1～2 个孔；对厚煤层，一般布置 3 组，每组不少于 3 个孔。见图 12-3-2。而沿顶巷道探水钻孔，每组至少应有一孔见底，沿底巷道至少有一孔见顶。钻孔之间的水平夹角

有大夹角与小夹角之分，前者夹角为 7°～15°，后者为 1°～3°，视小窑老空的规模而定，规模大者取大夹角，小者取小夹角。

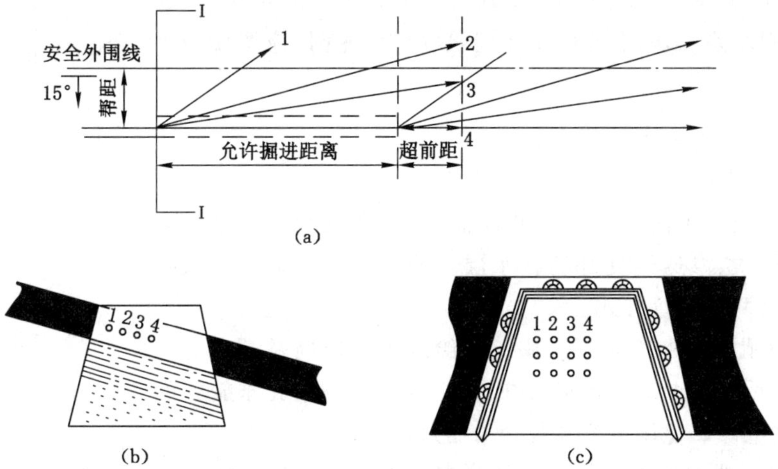

图 12-3-2　煤层平巷探水钻孔布置示意图

（2）上山巷道钻孔布置。钻孔呈扇形布置于巷道前方，薄煤层布置 5 组，每组 1～2 个孔；厚煤层布置 5 组，每组不少于 3 个孔，且每组钻孔至少有一孔见顶或底，钻孔水平夹角及倾斜角要求与平巷钻孔相同。具体布置方式见图 12-3-3。

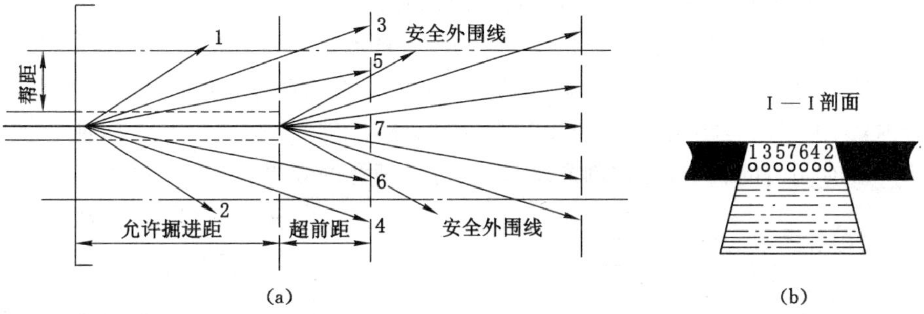

图 12-3-3　薄煤层上山巷道探水钻孔布置示意图

三、放水(疏干)

有计划地将威胁性水源全部或部分地疏放掉，是消除水患的有效措施之一。根据不同类型的水源，可采取不同的疏放水方法与措施。

（一）疏放老空水

（1）直接放水。当水量不大，不超过矿井排水能力时，可利用探水钻孔直接放水。

（2）先堵后放。当老空区与溶洞水或其他巨大水源有联系，动力储量很大，一时排不完或不可能排完，这时应先堵住出水点，然后排放积水。

（3）先放后堵。如老空水或被淹井巷虽有补给水源，但补给量不大，或在一定季节没有补给。在这种情况下，应选择时机先行排水，然后进行堵漏、防漏施工。

(4) 用煤柱或构筑物暂先隔离。如果水量过大，或水质很坏，腐蚀排水设备，这时应暂先隔离，做好排水准备工作后再排放；如果放水会引起塌陷，影响上部的重要建筑物或设施时，应留设防水煤柱永久隔离。

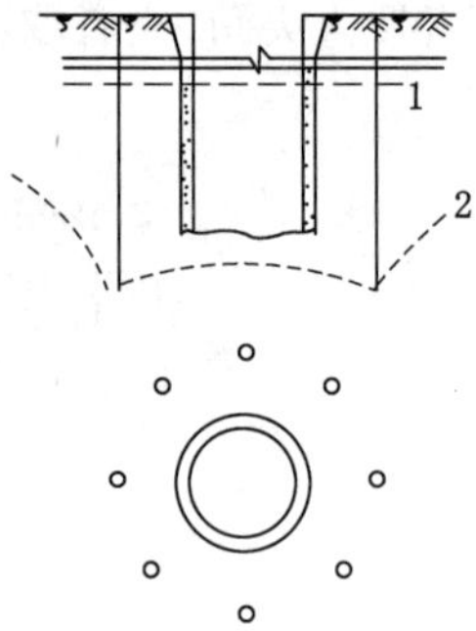

1—疏水前水位；
2—疏水后水位。
图 12-3-4　环状孔群

(二) 疏放含水层水

1. 地面打钻抽水

在地面打钻利用潜水泵或深井泵抽排，以降低地下水位。它适合于埋藏较浅、渗透性良好的含水层。抽水钻孔可采取环状孔群和排状孔群两种布置方式：

(1) 环状孔群(图 12-3-4)。用于补给水来自四周及开凿立井井筒时，达到预先疏干待掘含水层的目的，为凿井创造无水施工的条件，徐州大屯煤矿建设指挥部曾经采用过这种方法。

(2) 排状孔群(图 12-3-5)。当补给方向来自一侧或有集中的补给通道时，可在进水地段垂直水流方向布置排状孔群抽水拦截。广东茂名金塘露天矿曾采用排状抽水孔群与疏水巷道结合的方法，如图 12-3-5 所示。

2. 用井下疏水巷道疏水

需要先行探水，摸清水情，预算出涌水量，准备好疏放水泵及防水闸门后，掘进疏水巷道，使其顶板含水层的水通过孔隙或裂隙疏放出来。在掌握水压、水量的情况下，可提前掘进采区巷道作为疏水巷道(图 12-3-6)，也可将疏水巷道直接布置在被疏干的含水层中，以提高疏放效果。例如焦作矿务局的朱村、李封等矿，均将疏水巷道直接布置在煤层顶板 L8 灰岩内疏水降压，效果良好。湖南涟邵矿务局斗笠山煤矿香花台井，也将疏水巷道直接布置在茅口灰岩内，该茅口灰岩溶洞发育，出水量大，所以还在巷道揭露的出水点因地制宜地预埋各种形状的装有阀门的管子，以控制放水量，取得了满意的效果。

图 12-3-5　排状孔群

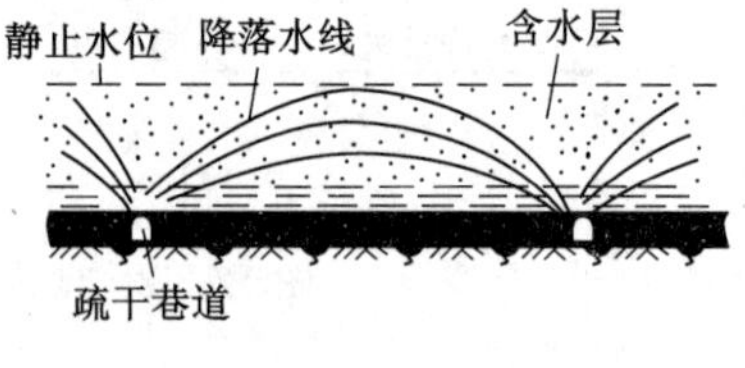

图 12-3-6　巷道疏水

3. 用井下钻孔疏水

可在计划疏放降压的不突水部位先掘巷道，然后在巷道中每隔适当距离向含水层打钻。其布置方式有如下几种：

(1) 丛状(放射状)布置(图 12-3-7)。它可超前一定距离疏放，也可从构造完好的稳定地段向构造破碎带打钻。

(2) 排状或不规则布置(图 12-3-8)。

(3) 立井泄放孔。建井期间，如有一个井筒已到底，并开凿了车场、硐室，有一定的排水能力，另一井筒尚在掘进，涌水量大、施工困难，这时可从掘进中的井筒向下打泄放钻孔穿透已掘井筒的井底硐室，进行泄放。当孔壁可能塌陷堵塞时，应下筛管，泄放孔上口应设过滤罩。

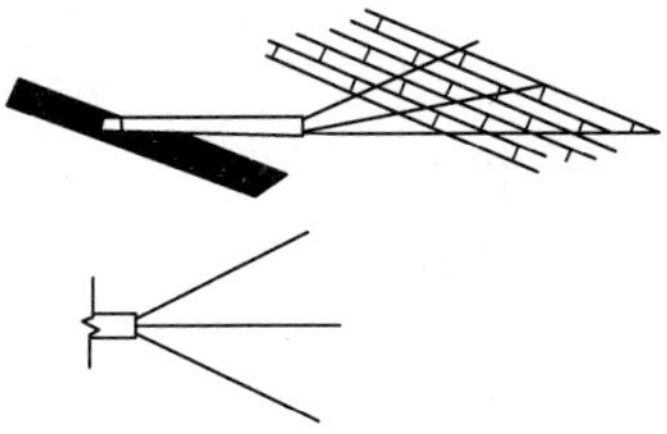

图 12-3-7　丛状布置钻孔

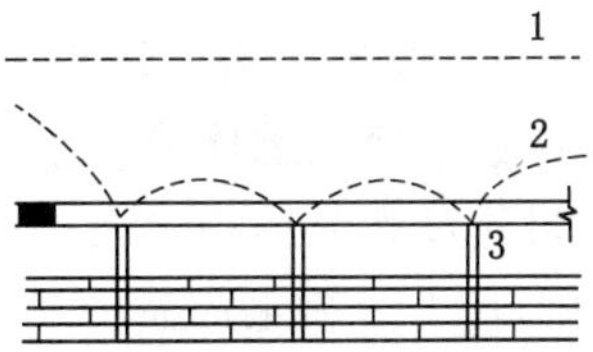

1—静水位；2—降落曲线；3—疏水孔。

图 12-3-8　排状布置钻孔

（三）疏放水时的安全注意事项

（1）探到水源后，在水量不大时，一般可用探水钻孔放水；水量很大时，需另打放水钻孔。放水钻孔直径一般为 50～75 mm，孔深不大于 70 m。

（2）放水前应进行放水量、水压及煤层透水性试验，并根据排水设备能力及水仓容量，拟定放水顺序和控制水量，避免盲目性。

（3）放水过程中随时注意水量变化，出水的清浊和杂质，有无有害气体涌出，有无特殊声响等，发现异状应及时采取措施并报告调度室。

（4）事先定出人员撤退路线，沿途要有良好的照明，保证路线畅通。

（5）为防止高压水和碎石喷射或将钻具压出伤人，在水压过大时，钻进过程应采用反压和防喷装置，并用挡板背紧工作面以防止套管和煤（岩）壁突然鼓出，挡板后面要加设顶柱和木垛，必要时还应在顶、底板坚固地点砌筑防水墙，然后才可放水。防喷装置有多种，用于垂直钻孔的有孔口防喷帽和防喷接头；用于水平或倾斜钻孔的有盘根密封防喷器等。反压、防压装置有垂直钻孔用反压装置及水平或倾斜钻孔用防压控制器。

四、截水

截水是利用水闸墙、水闸门和防水煤（岩）柱等物体，临时或永久地截住涌水，将采掘区与水源隔离，使某一地点突水不致危及其他地区，减轻水灾危害的重要措施。

（一）防水煤（岩）柱的留设

在水体下、含水层下、承压含水层上或导水断层附近采掘时，为防止地表水或地下水溃入工作地点，在可能发生突水处的外围保留最小宽度的矿柱不采，以加强岩层的强度和增加其重量阻止水突入矿井，这种保证地下采矿工程地段的水文地质条件不致明显变坏的最小宽度的矿柱叫作防水煤（岩）柱。

《煤矿安全规程》规定：在相邻矿井的分界处，必须留隔离煤柱；如果矿井是以断层为界，也必须在断层两侧留隔离煤柱。隔离煤柱的尺寸应根据相邻两矿的地质构造、水文地质条件、煤层赋存条件、围岩性质、开采方法以及岩层移动等因素，在矿井设计中规定。留设的隔离煤柱需要变动时，必须编制设计，报省（区）煤炭工业管理部门批准。严禁本矿或小煤矿开采隔离煤柱。

井田内有与河流、湖泊、溶洞、含水层等有水力联系的导水断层、裂隙、陷落柱时，必须找出破裂面的确切位置，并按规定留设防水煤（岩）柱。如果巷道必须穿过破裂面，则必须探水前进。如果前方有水,应超前预注浆封堵加固,切断水源,防止滞后透水,必要时可预筑防水闸门。

此外在下列情况下需留设隔离煤(岩)柱:

① 煤层位于地表水体或含水层下,而上部水源又无法疏干时;

② 在被淹没井巷的积水面以下进行采掘,在有水或稀泥的灌浆区、有淤泥的旧巷或洞穴附近采掘,而上述积水或淤泥又难以排出时。

防水煤(岩)柱计算:

(1) 当煤层直接与含水层或充水断层接触,仅考虑抵抗水压力时,防水煤柱宽度可按下式计算:

$$B_C = 0.5 \cdot m \sqrt{\frac{3P}{K_{pt}}} \tag{12-3-1}$$

式中 B_C——防水煤柱宽度,m;

m——煤层厚度或采高,m;

P——煤层所承受的水压,MPa;

K_{pt}——煤层的允许抗拉强度,MPa;

$$K_{pt} = \frac{K_t}{\delta}$$

K_t——极限抗拉强度,MPa;

δ——安全系数(取 2～10)。

式(12-3-1)是把隔离煤柱视作材料力学中的均质简支梁,略去煤柱自重,承受均布荷载(水压),按其最大弯曲拉应力计算而得出的理论公式。适用于侧边或前方受水压作用时,见图 12-3-9。

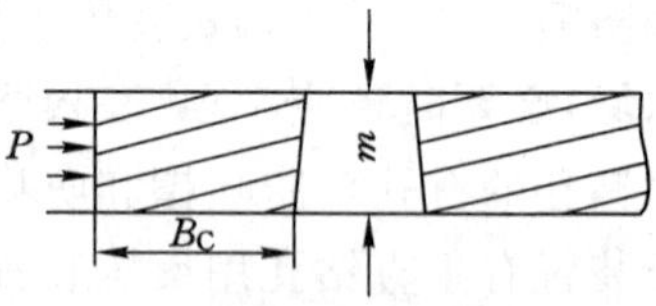

图 12-3-9

安全系数的取值要考虑下列因素:对断层位置、煤柱厚度的控制程度、断层带充填情况及两侧导水羽状裂隙带的了解程度、下部开采时对煤柱的破坏作用。当充水一侧存在裂隙带时,煤柱宽度按式(12-3-1)计算后应加上裂隙带厚度。在开采下部煤层时,要根据煤层倾角、厚度、煤层层间距、垮落带高度及岩石移动角等确定下部煤柱的边界。

(2) 顶底板隔水层或断层带隔水层的最小安全岩柱厚度 B_R(m)可按下式计算:

$$B_R = b\,\frac{\sqrt{\rho_r^2 b^2 + 80\,000 K_{pt} \cdot P} \pm \rho_r b}{400 K_{pt}} \tag{12-3-2}$$

式中 b——巷道宽度或工作面控顶距,m;

ρ_r——隔水层岩石密度,t/m^3;

P——煤层所承受的水压,MPa;

K_{pt}——隔水层的允许抗拉强度,MPa。

当采掘工作在隔水层之上进行时,隔水层自重抵消掉一部分水压,故式(12-3-2)中取“－”号;反之,在隔水层之下时取“＋”号。

当计算的安全厚度 B_R 小于实际隔水层厚度时,可不留防水煤柱;否则需按计算的 B_R 值确定工作面停采位置与煤柱尺寸。

《〈煤矿安全规程〉执行说明》规定，掘进巷道与积水体之间的隔离煤（岩）柱，其最小垂距不得小于巷道掘凿高度的 10 倍。

井田边界隔离煤柱最小值不应小于 20 m，断层各侧的隔离煤柱也不应小于 20 m。

防水煤（岩）柱厚度系指最小垂直距离，如图 12-3-10 所示。(a)表示与岩柱厚度 B_R 相应的露头煤柱宽度 B_C；(b)表示断层上盘为含水层时，按 B_C、h、β 确定的煤柱宽度 B_C；(c)表示断层下盘有采空区时，按 B_R、h、β 确定的煤柱宽度 B_C；(d)表示断层下盘为含水层时，按 B_R、h、β 确定的煤柱宽度 B_C。当按岩柱厚度 B_R、裂隙带高度 h 和岩层移动角 β 所定出的煤柱宽度与按煤柱强度算出的煤柱宽度不等时，取其大者。

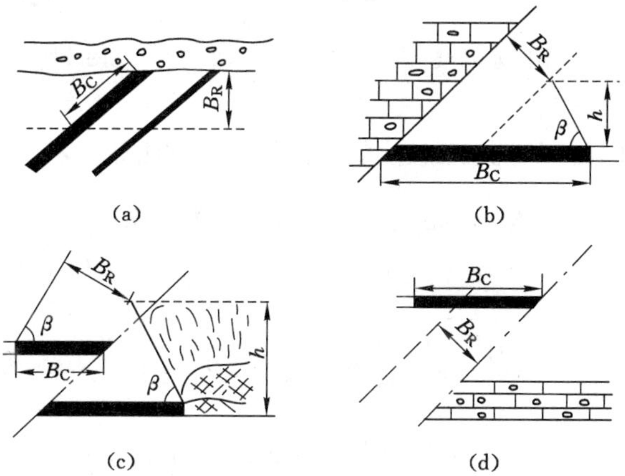

B_C—隔水煤柱宽度；B_R—隔水岩柱厚度；

β—岩石移动角；h—裂隙带高度。

图 12-3-10　不同条件下的隔水煤柱参数示意图

（二）水闸墙（防水墙）

水闸墙是用不透水材料构成的永久性构筑物，用于隔绝有透水危险的区域。水闸墙应符合下列要求：

(1) 筑墙地点的岩石应坚固，没有裂缝，必要时必须将风化松软或有裂隙的岩石除去，然后筑墙。为避免围岩在掏槽时产生裂缝，要用手镐或风镐掏槽而不用炸药。

(2) 要有足够的强度，能承受涌水压力。为此，应有足够的厚度，选用耐腐蚀的材料。为了防止墙体内因受硫酸钙、碳酸钙或氧化钙反应的影响而遭到破坏，可用铝钙水泥构筑水闸墙与水接触的那部分（厚约 2 m）。而且要尽量选择在小断面巷道中筑墙，以减少费用和工时。

(3) 不透水、不变形、不位移。为此，墙基与围岩要紧密结合。筑墙时应预插注浆管，砌墙后可由注浆管向四周连接处灌入水泥浆，墙基掏槽要呈楔形，如图 12-3-11 所示，以耐水压。水压 P 特大时，应掏多重截槽，各截槽间隔一定距离，以保持岩石的坚固性和稳定性，并在来水方向伸出锥形混凝土护壁 a，如

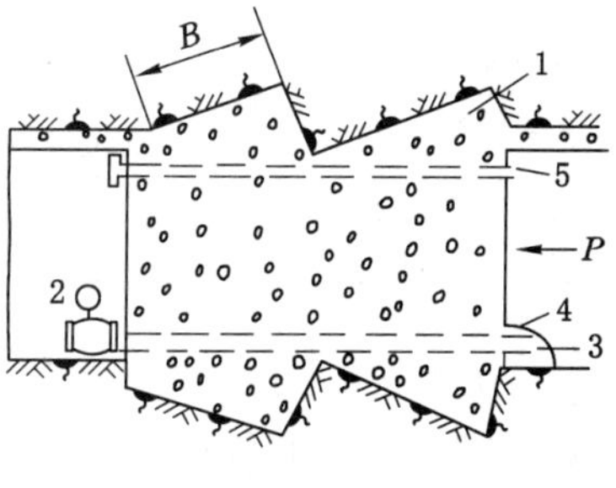

1—截槽；2—水压表；3—放水管；

4—保护栅栏；5—细管。

图 12-3-11　水闸墙示意图

图 12-3-12 所示，将水压通过护壁传给围岩，以减少渗水的可能性。

平面形水闸墙在水压的反面可能产生拉力，而料石墙是不可能承拉的，故料石平面水闸墙之厚一般不得小于巷道宽度一半。弧形水闸墙厚度按圆柱面承水压力计算，如施工时为避免制作弧形而砌成平板形，必须将弧形体内切于平板体之中，如图 12-3-13 所示。

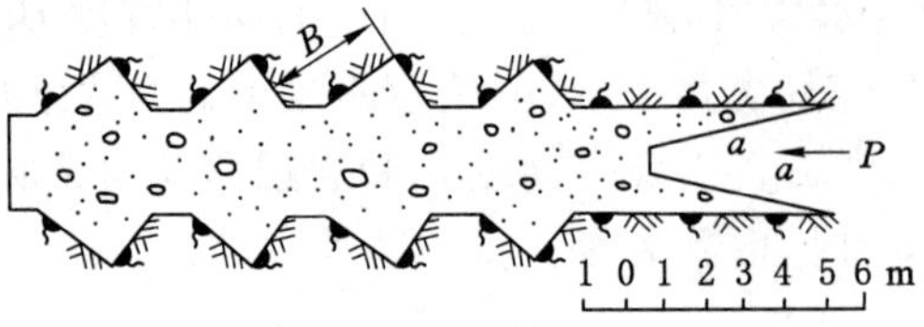

图 12-3-12　多段水闸墙

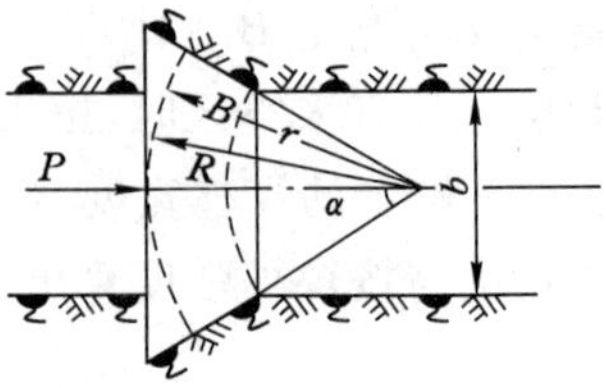

图 12-3-13　圆柱形水闸墙

根据截槽处墙体或岩体的抗压强度，墙厚 B 的计算方法如下：

$$BK_{pc} \cdot \sin\alpha = P \cdot (r + B) \cdot \sin\alpha$$

故得

$$B = \frac{r \cdot P}{K_{pc} - P} = \frac{r}{(K_{pc}/P) - 1} \qquad (12\text{-}3\text{-}3)$$

式中　B——防水墙厚度，m；

r——水闸墙圆柱内半径，m；它随围岩及巷道宽度 b 而定。围岩坚实时，$r = b(\alpha = 30°)$，否则取 $r = 1.5 \cdot b(\alpha = 20°)$；

K_{pc}——建筑材料或巷道围岩的临界抗压强度，MPa；当围岩允许抗压强度低于墙体时，则 K_{pc} 表示围岩的允许抗压强度值；几种常用材料及围岩的 K_{pc} 参见表 12-3-1；

P——预计的最大水压值，MPa。

表 12-3-1　一些建筑材料与岩石的允许抗压强度

材料或岩石种类	允许抗压强度 K_{pc}/MPa	备　注
用水泥砂浆砌砖	1.0～1.2	混凝土的允许抗压强度(MPa)
用纯水泥砌优质砖	2.0～2.4	由混凝土标号而定：
好的混凝土	1.5～3.0	C11# 混凝土取 1.5
砂　　岩	2.0～3.0	C14# 混凝土取 2.0
泥质页岩	1.0～2.5	C17# 混凝土取 2.5
极硬的煤	2.0～2.5	C20# 混凝土取 3.0
硬　　煤	1.0～2.0	
软　　煤	0.3～1.0	

当水压很高，水压 P 大于围岩或建筑材料的允许抗压强度 K_{pc} 时，需设置两段以上的水闸墙，如图 12-3-11 和图 12-3-12 所示。这时每段有一截槽，如共设 n 个截槽，则每个截槽的厚度 B'，为

$$B' = \frac{r}{(n \cdot K_{pc}/P) - 1} \qquad (12\text{-}3\text{-}4)$$

截槽的总厚度 $B=n\cdot B'$。

以上算得的墙厚 B，还要用建筑材料的抗剪强度 K_{pc} 验算，即按抗剪强度计算所需厚度。设这时所得墙厚为 B_S，在 B_S 与 B 中取大值作为墙厚。

$$B_S=\delta\cdot F/(U\cdot K_S) \tag{12-3-5}$$

式中　F——水闸墙所受总压力，为水压 P 与水闸墙断面积的积，MN；

δ——安全系数，可取 5 左右；

U——水闸墙周长，m；

K_S——材料抗剪强度极限值(近似地可取抗压强度的 10%～15%)，MPa。

(三) 防水闸门

防水闸门一般设置于井下运输巷内，正常生产时防水闸门敞开着，当突然发生水患时，闸门关闭将水阻挡于闸门之外。

(1) 防水闸门的位置的选择适当与否，是水闸门能否起到应有作用的关键，一般应考虑以下几方面问题：

① 防水闸门应设置在对水害具有控制作用的部位和井下重要设施部位(如井底车场出入口处)，能使水害控制在尽可能小的范围内，并考虑即使水害发生后能恢复生产及绕过事故地点开拓新区。

② 防水闸门应设置在不受邻近采动影响的地点，以免破坏防水闸门的结构和修筑地点围岩的隔水性和稳定性，防止水闸门关闭后高压水通过裂缝外泄。

③ 尽量避免在较弱岩层或煤层内砌筑，应建在围岩稳定性与隔水性好的地段，要求围岩硬度系数必须大于 4；若必须在煤层中砌筑时，必须掏槽，使闸门身的混凝土结构和基岩结合一体。防水闸门硐室前、后两端，应分别砌筑不小于 5 m 的混凝土护碹，碹后用混凝土填实，不得有空帮、空顶；防水闸门来水一侧 15～25 m 处，应加设一道挡物箅子门。防水闸门和箅子门之间不得停放车辆或堆放杂物。来水时先关箅子门，后关防水闸门。如果采用双向防水闸门，应在两侧各设一道箅子门。

④ 闸门应尽量修筑在单轨巷道内，以减少掘进量和控制水闸门的规模。

(2) 防水闸门的分类。从使用的角度出发，防水闸门可分为临时性和永久性两种。若预计突水量不大，水头压力较小时可修筑临时水闸门，一旦出水可起缓冲作用，争取撤出人员和进一步采取必要措施，当水情加大时及时加固封堵；永久水闸门投资大，施工要求高，只有在保证施工质量前提下，当关闭水闸门后起到封堵水害的作用。防水闸门是由人工启闭的弧形铁门，四周用混凝土加固，并能承受设计水压力，墙内镶有放水管及电缆、电话线管路等。水管一端进水并挖有水池，出水口设有阀门与压力表，放水时可观察水压和调整水量，闸门是向来水方向打开。水压高时，需用高压水闸门，构筑时需对四周岩层注浆，并做耐压试验。目前我国矿井所用的防水闸门均为钢制材料，从门扇数量上有单扇门和双扇门之分。从闸门的结构分有平板矩形、圆弧拱形和球面拱形等，如图 12-3-14～图 12-3-16 所示。其中球面拱形水闸门是根据膜型扁壳理论设计的，具有门扇重量轻，抗压能力大，结构合理，技术先进等优点深受矿山欢迎。

五、矿井注浆堵水

注浆堵水就是将配制的浆液压入井下岩层空隙、裂隙或巷道中，使其扩散、凝固和硬化，

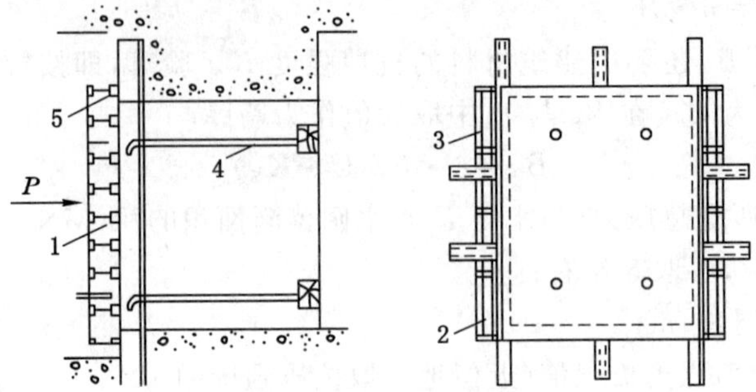

1—门扇；2—门框；3—门铰；4—拉杆；5—止水橡皮。

图 12-3-14　平板矩形水闸门

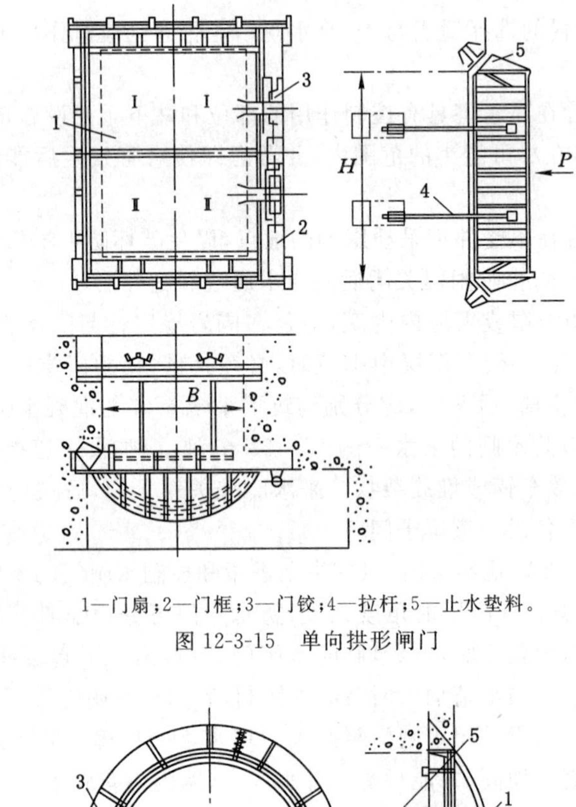

1—门扇；2—门框；3—门铰；4—拉杆；5—止水垫料。

图 12-3-15　单向拱形闸门

1—门扇；2—门框；3—门铰；4—拉杆；5—止水垫料。

图 12-3-16　球面拱形闸门

使岩层具有较高的强度、密实性和不透水性而达到封堵截断补给水源和加固地层的作用，是矿井防治水害的重要手段之一。当多个钻孔注浆形成隔水帷幕带时，称帷幕注浆。矿井注浆堵水，一般在下列场合使用：

（1）当涌水水源与强大水源有密切联系，单纯采用排水的方法不可能或不经济时。

（2）当井巷必须穿过一个或若干个含水丰富的含水层或充水断层，如果不堵住水源将给矿井建设带来很大的危害，甚至不可能掘进时。

（3）当井筒或工作面严重淋水时，为了加固井壁、改善劳动条件、减少排水费用等，可采用注浆堵水。

（4）某些涌水量特大的矿井，为了减少矿井涌水量，降低常年排水费用，也可采用注浆堵水的方法堵住水源。

（5）对于隔水层受到破坏的局部地质构造破坏带，除采用隔离煤柱外，还可用注浆加固法建立人工保护带；对于开采时必须揭露或受开采破坏的含水层，对于沟通含水层的导水通道、构造断裂等，在查明水文地质条件的基础上，可用注浆帷幕截流，建立人工隔水带，切断其补给水源。

在注浆堵水工作中，合理选择注浆材料十分重要。它关系到注浆工艺、工期、成本和效果。注浆材料很多，可分为硅酸盐类和化学类浆液两大类。硅酸盐类浆液有单纯水泥浆与水泥-水玻璃（硅酸钠）浆液两种。水泥由于其来源广、价格便宜、强度高，是应用量最大的材料。但水泥浆的初凝时间太长、结石率低，在动水条件下易被冲走。水泥-水玻璃混合浆液的初凝时间可准确控制在几秒钟到十几分钟，结石率可达 100%，结石体抗压强度可达 10～20 MPa。化学类浆液按其主剂品种的不同可分为脲醛树脂类、丙烯酰胺类、聚氨酯类、糠醛树脂类、铬木素类。化学浆液的黏度小，渗透能力强，凝结时间可以控制在几秒到几十分钟，在凝胶前黏度不变。选用浆液应根据堵水的水文地质条件以及施工的要求而定。从水文地质条件考虑，常用的注浆材料选择见表 12-3-2。

表 12-3-2　注浆材料选择一览表

<table>
<tr><th colspan="3">地质条件</th><th>堵　水</th><th>加固</th><th>充填</th><th>备　注</th></tr>
<tr><td rowspan="2">岩石层</td><td colspan="2">裂隙</td><td>单液水泥浆、水泥-水玻璃浆</td><td colspan="2" rowspan="2">—</td><td>细小裂隙用化学浆</td></tr>
<tr><td colspan="2">孔隙</td><td>MG-646、铬木素类</td><td></td></tr>
<tr><td colspan="3">松散砂岩</td><td>MG-646、水玻璃类脲醛树脂、
聚氨酯、糠醛树脂、铬木素类</td><td colspan="2">—</td><td>砾石、卵石层
可用水泥浆</td></tr>
<tr><td colspan="3">特殊地层
（破碎带、断层）
溶洞</td><td colspan="3">骨料＋单液水泥浆
骨料＋水泥-水玻璃浆
骨料＋水泥黏土浆</td><td>骨料的品种与粒径
可视具体情况而定</td></tr>
<tr><td rowspan="3">混凝土
结构物</td><td colspan="2">壁　内</td><td colspan="3">MG-646、铬木素类、聚氨酯类、
水泥-水玻璃浆</td><td>大缝用水泥浆
小缝用化学浆</td></tr>
<tr><td rowspan="2">壁后</td><td>砂层</td><td>MG-646、铬木素类、聚氨酯类</td><td colspan="2">—</td><td></td></tr>
<tr><td>岩石</td><td>单液水泥浆、水泥-水玻璃浆</td><td colspan="2">水泥、黏土浆</td><td></td></tr>
</table>

在一般情况下，凡是水泥浆能解决问题的尽量不用化学浆，化学浆用于弥补水泥浆的不

足，解决一些水泥浆难以解决的问题。在基岩裂隙条件下，进行地面预注浆或井筒工作面预注浆时，由于需要的浆液量多且要求浆液有较高的抗压强度，一般采用水泥浆或水泥-水玻璃混合浆。当进行井筒壁后注浆时，需要浆液量小，而且要求凝胶时间快并能准确控制，一般可用水泥-水玻璃浆液、铬木素等。在冲击层注浆时，对于粗砂、中砂可用水泥-水玻璃浆液；对于细砂、粉砂、砂质黏土以及细小裂隙，宜采用可灌性好、渗透能力强的各种化学类浆液。对于溶洞、断层、破碎带和突水事故的处理等，目前采用的方法是，先灌注惰性材料，如砂子、炉渣、砾石、锯末等，以充填过水通道，缩小过水断面，增加浆液流动阻力，减少跑浆，然后再灌注速凝水泥-水玻璃浆液，或采用强度较高的化学类浆液。

六、建立矿井地下水动态监测预警系统

在矿井安全监控系统的基础上建立矿井地下水动态监测和预警系统，监测突水点的动态（水位、水质、水温等），获取反映其充水水源信息，若发现监测数据异常和数据变化，满足预警指标和条件，立即进行预警，撤离受威胁作业点人员；若发生突水事故，抢险救援人员可确定突水点位置；透水后水淹范围的扩大，位于透水点外围的传感器也会依次出现数据变化，受灾区的传感器在被水淹没后会停止正常的数据传送。整个监控系统各工作的传感器数据对于抢险救援人员和事故调查人员分析推演灾变发生过程、影响范围以及分析早期透水强度等都有参照意义。

第四节　矿井水灾应急救援

矿井水灾应急救援应做到：牢记征兆、响应迅速、决策科学、安全施救、指挥有力、组织有序、救援有效；生命至上、没有条件要创造条件救人。

一、矿井突水征兆

矿井在发生水灾时一般都有孕育过程，这个过程从数小时到一两天或更长时间。在此过程中突水点（采掘工作面或者其他地点）可能有：巷道壁面变湿、挂红、挂汗；巷道中空气变冷、出现雾气、听到水叫、有臭味；采掘面的顶板来压、片帮、底板鼓起、淋水加大或者裂隙渗水；打钻的钻孔喷水、井筒淋水增大；煤壁溃水、水色发浑等各种透水征兆。

如山西王家岭煤矿“3·28”水灾（老空水），在 3 月 24 日水文钻孔数据异常，27 日巷道出现雾气，28 日巷道壁面出现水珠，然后透水。峰峰一矿 1532 工作面于 1960 年 6 月 2 日发现工作面有底鼓和张裂现象，之后矿压逐渐增大，6 月 4 日底板破裂涌水。

二、矿井水灾应急救援预案

矿井应当根据本单位的主要水害类型和可能发生的水害事故，制订水害应急预案和现场处置方案。应急预案内容应当具有针对性、科学性和可操作性。处置方案应当包括发生不可预见性水害事故时，人员安全撤离的具体措施，每年都应当对应急预案修订完善并进行一次救灾演练。

矿井管理人员和调度室人员应当熟悉水害应急预案和现场处置方案。

三、矿井水灾时应急处置

1. 处理水灾事故的行动原则

(1) 报告。现场发现有明显的透水征兆时，应立即报告调度室，并提交相关领导确认。

(2) 启动矿井水灾应急预案。成立救灾指挥部，与此同时，要向上级领导部门汇报，并向毗邻单位通报事故情况，必要时召请救护队、向有关单位发出救援请求。

(3) 通知。当征兆被确认后，应立即利用井下广播系统或通过电话通知受威胁人员停止作业、撤离现场。

(4) 撤人(自救、互救)。迅速指导受水灾威胁人员按水灾应急预案规定的撤离路线安全撤离灾区，撤离有困难应到避难硐室避险或到位置高、安全的地方紧急避险待救。

(5) 救人。在保障救护人员安全的条件下，积极组织救援队伍抢救被水灾围困人员。

(6) 堵水和排水。在确认人员全部撤离后，应立即关闭相关防水闸门，堵截透水涌向有人的井巷和淹井；利用现有排水设备和加装排水设备强力排水。

(7) 矿井应根据突水的影响程度，及时调整井下通风系统，避免风流紊乱、有害气体超限。

(8) 排水巷道应保持通风、加强气体检测，防止有害气体中毒。

(9) 排水后应进行巷道状况侦察，并注意防止冒顶和二次突水事故的发生。

2. 制订科学救援方案

(1) 发生水灾事故后迅速成立救灾指挥部和专家工作组。

(2) 迅速了解和分析水灾的水源和水量、水的流动路线、突水点、影响范围；排水设备是否正常、是否要增加排水能力?

(3) 了解被困和受水灾威胁人员分布、具有生存条件的地点及其进入的通道等情况。

(4) 根据被困人员所在地点的空间、氧气、有害气体以及救出被困人员所需的大致时间制订相应救灾方案。

(5) 当被困人员的位置高于突水的水面封闭空间、突水不能在短时间排出时，立即实施向被困人员所在空间打钻，送风，补给食物和饮用水等营养物质。

四、水害时的自救互救

(1) 迅速撤离现场。发现透(突)水事故时现场人员应立即按照矿井水灾应急救援预案所规定的撤退路线撤出。若既定路线撤退受阻，可选择其他安全路线，或到避难硐室或位置高的地方避险。

(2) 向调度室通报灾情，并将灾情告知毗邻地区人员。

(3) 在避难硐室或在封闭空间避难人员，一定要立即启动积极主动的自救互救预案；充分利用有限的避灾空间保持必要的体力，采取必要的自救互救措施，心情平静，适量呼吸，禁止活动，躺卧待救，相互鼓励。

(4) 利用管道等设备向外界传递求救信号。

(5) 防止有害气体的中毒和窒息，必要时利用压风自救设备或佩戴自救器。

五、特别注意问题

(1) 如果遇险人员的被困地点高于透水水位时，可利用钻机向人员空间打钻孔、管道向他们供给新鲜空气、饮料和食物。

(2) 如果人员被困地点低于透水水面位置，人员生存在压缩空气的空间时，则禁止打钻孔，防止泄压灾情扩大。

(3) 排水过程中及抢救人员时，要注意观察巷道情况，防止冒顶和掉底，防止有害气体中毒。

(4) 防止二次透水。

六、矿井水灾成功救援案例——王家岭煤矿"3·28"透水事故

2010年3月28日13时40分左右，华晋焦煤公司王家岭煤矿北翼盘区20101回风平巷发生透水事故，造成153人被困。这次救援的成功之处在于：

(1) 经过192个小时奋战，成功救出115名矿工，不幸遇难38人，创造了中国救援史上的奇迹。

(2) 救援方案科学。在制订抢险救灾方案的过程中，发挥各方面专家作用，为抢险救灾取得成功奠定了基础。在救灾过程中，根据水源、水情(量)、灾害范围、救灾装备和人员数量、素质等情况，分别组建了救灾排水组、通风瓦斯监测监控组、水文地质组、环境监测监控组、医疗救护组、治安稳定与交通保障组、后勤保障组等专业技术小组。各专业技术小组根据各自的职责范围，结合救灾现场的相关信息，及时准确地制定、调整相应的抢险救灾方案和安全技术措施，为指挥部决策提供了及时、准确、科学、可靠的依据。这次参加救援的专家和技术人员达450多人，参与救援的总人数达3 000多人。

(3) 调动山西省11支矿山救护大队300余名救护指战员参加救援，救援队伍规模之大前所未有，这反映了指挥和联合多个救援队伍的组织、协调能力。

(4) 被困人员自救、互救的意识和能力强，自救措施有效为获救起到了决定性的作用。被困矿工在老工人和值班队长的带领下，稳定思想情绪，因地制宜进行自救。有的矿工爬上被水冲过来的空矿车上避灾，有的矿工则紧紧抱住巷道内的棚子不松手，水头过去水流稳定后，将自己的灯带、腰带解下，再把自己的工作服撕成条把自己捆吊在棚梁子上等待救援，避免被水浸泡和消耗体力。更值得称赞的是有一个掘进队的值班领导，在退路被水封堵后，带领员工利用现有装备和材料打出了一条生命通道。

(5) 根据现场情况，制订从地面打钻救人方案。3月29日，地面打钻成功，4月2日，向被困人员输送了氧气、营养液与食品。被困者依靠这些物品得以保持良好的体征。

这次救援不足之处是：应急救援预案与现场灾情救援有较大差距。矿山救护队的水灾救援装备不能满足大型水灾事故救援要求，如缺少橡皮艇、具有潜水功能的探查机器人、便于安装和运输的功率较大的(排水量300～350 m^3/h，扬程350～400 m)排水泵和配套轻型大直径管道。

复习思考题

12-1　煤矿防治水工作应当坚持的基本原则是什么？应采取哪些综合防治措施？

12-2　简述地面防治水的主要措施。

12-3　简述井下防治水的主要措施。

12-4　简述积水线、警戒线、探水线位置及对探水线位置的确定。

12-5　简述不同井下水源的疏放方法。

12-6　在哪些情况下必须设置防水煤柱？

12-7　在哪些情况下必须设置水闸墙？在设计和修筑水闸墙时有哪些要求？

12-8　在哪些情况下必须设置水闸门？在设计和修筑水闸门时有哪些要求？

12-8　注浆堵水材料有哪些？各有什么特点？

12-9　矿井突水征兆有哪些？

12-10　简述恢复被淹矿井的方法及安全措施。

12-11　矿井水灾发生的主要原因有哪些？

第十三章 矿山应急救援

矿山应急救援是国内外广泛关注的一项防灾、减灾工作，既涉及通风安全基础理论和应用技术，也涉及设计、计划和管理等部门。针对我国矿山重大事故频繁发生的严峻形势，为改善和提高企业和个人应对矿山灾害的紧急处理和管理的能力，必须掌握矿山重大事故应急救援体系、矿山灾害预防与预警、应急预案的编制、矿山应急救援行动，了解紧急避险、救援队伍及救援仪器装备、自救、互救和现场急救方面知识。

第一节 矿山应急救援体系

一、应急救援组织管理体系

矿山应急救援组织管理一般分为 4 个层次：

国家安全生产应急救援中心。在国家应急管理部领导下，负责全国安全生产应急救援体系建设，指导、协调地方及有关部门安全生产应急救援工作。下设矿山救援指挥中心，负责矿山事故救援工作。近年来，我国依托大型企业建立了 7 支国家矿山应急救援队和 14 支区域矿山应急救援队。

省级矿山救援指挥中心。在国家矿山救援指挥中心的指导下，协调、指挥辖区矿山事故的应急救援工作。

区域矿山救护大队。是区域内矿山抢险救灾组织、技术支持、物资保障中心，也可利用其救护资源、根据矿井的分布特点和灾害程度，扩大服务范围。

矿山救护队。业务属区域矿山救护大队指导，行政由所属矿山管理，主要为所属矿山救护服务。

二、矿山应急救援体系

矿山应急救援体系是以组织、资源、技术、行动等应急要素组合而成的有机系统。其任务是将防灾、减灾、救灾和灾后恢复工作做到尽善尽美。

矿山应急救援体系由组织指挥体系、政策法规体系、技术支撑体系、资源保障体系和管理运作体系五大部分组成。

（一）矿山应急救援组织指挥体系

矿山应急救援组织指挥体系由各级指挥系统和救护队伍组成。

各级指挥系统主要由国家矿山救援指挥中心、省级矿山救援指挥中心、市和县矿山救援指挥部门及矿山企业救援指挥部组成。

矿山应急救援队伍分为救护队伍和医疗队伍，救护队伍分为三级，即区域矿山救护队、重点矿山救护队和矿山救护队。区域矿山救护队是区域内矿山救灾的骨干力量，是救护设备储备和演习训练中心。区域矿山救护队在救援矿山重大事故时，接受国家矿山救援指挥中心的协调、指挥。

（二）技术支撑体系

建立信息网络系统，成立专家组、矿山救援技术研究实验中心和矿山救援技术培训中心等组织机构，并利用高校和相关院所，研究矿山种类重大灾害成因、防治技术、处理技术、鉴定技术等，在重特大事故抢险救灾时，提供科学与技术支持。

（三）资源保障体系

包括救护与医疗队伍，救护与医疗装备，检测、探测、通信仪器设备，资金保障等部分。

（四）管理运作体系

包括应急救援体系的运行机制、人财物等资源的管理机制、技术培训、演练、正常时期运行管理和事故时期管理。

第二节　矿山灾害预防和处理计划及应急救援预案

居安思危，防患于未然，是每个处于高危行业的智者应有的思维方式和行为准则。

如何防止事故发生？事故发生后如何安全、迅速、有效地抢救灾区人员，尽可能地减少人员伤亡和事故损失、防止事故扩大、进行安全施救？按照《煤矿安全规程》规定，煤矿认真编制年度灾害预防和处理计划（以下简称《计划》）、科学制订应急救援预案（以下简称《预案》）即可达到此目的。

《计划》和《预案》各有侧重。前者重点是矿井灾害的分析、预测和预防，后者重点是灾后事故现场的应急救援。

一、矿山灾害预防和处理计划

（一）编制《计划》的目的

通过编制、培训、实施灾害预防和处理计划，认真进行危险源排查，使煤矿管理者和作业者认识、了解可能发生的灾害或危险及其发生的原因和征兆，以便采取有效的预防措施，杜绝或减少灾害及危险的发生；在灾害或危险发生后能迅速、有序、有效地进行灾害处理，实现现场安全施救和自救，减少人员伤亡和经济损失。

（二）《计划》的主要内容

(1) 预测可能发生事故。根据矿井各采掘工作面所处的地质条件、自然安全因素，预测其发生瓦斯爆炸、煤（岩）与瓦斯（二氧化碳）突（喷）出、火灾、水害、冲击地压等事故的可能性，明确发生事故前的各种预兆。

(2) 制定预防措施。一面一策。针对各工作面的条件，制定有针对性、可操作性、有效和切实可行的预防措施。

(3) 明确事故时的救灾、避灾、自救和互救对策。针对各采掘工作面发生事故的类型和特点，制定相应的安全避灾路线。制定发生事故后的救援方案和现场人员的自救、撤离、抢救等措施。

(4) 落实《计划》必需的工程、物质和装备。明确为实现以上计划、目标所必须的工程、设备、仪表、器材、工具、标识的数量,以及这些物质的管理办法和使用制度等。

(5) 制定处理事故的组织领导和有关单位、部门及其负责人的任务、职责、通知方法和顺序。

(6) 应急救援必备的技术资料:

① 救灾通风系统图、网路图。图上有标高,标明局部通风机、通风设施的位置、风向、风量;电话的安装地点;避灾路线及避灾硐室;图上有供水管路、压风管路、抽采瓦斯管路系统;井下消防材料库的位置。

② 供电系统图。

③ 井上下对照图。图中应标明井口位置和标高、地面铁路、公路、钻孔、水井、水管、储水池等。

④ 技术资料。反风试验报告、储备救灾的材料、设备、工具的品名和数量登记表等。

(三)《计划》编制、审批与落实程序

(1)《计划》的编制、修改方法和审批程序:《计划》必须由矿总工程师负责组织通风、采掘、机电、地测、技术等单位的有关人员编制,并有矿山救护队参加;在每年一月份报矿长批准;在每季度开始前 15 天,矿总工程师组织有关部门根据矿井自然条件和采掘工程的变化进行修改和补充。

(2) 已批准的《计划》(含所附工程图和表册)应分别送交矿长、副矿长、矿总工程师,调度、生产、地测、机电、通风、运输、安全、救护等业务部门及驻矿安全机构。有上级企业的,还应当报上级企业的技术负责人和调度室、安全、计划等相关部门。

(3)《计划》的贯彻执行:已批准的《计划》由矿长负责贯彻执行,及时组织相关人员(包括全体矿山救护队员)学习。不掌握《计划》有关内容的人员,不得下井作业。企业的上级单位负责人和分管部门应当经常或定期检查《计划》的贯彻执行情况。

(4) 必须按照《煤矿安全规程》规定,每年至少组织一次应急演练。对演练中发现的问题,必须采取措施,立即修改。

二、应急救援预案

编制矿山应急救援预案可规范应急管理、提高应对和处置灾害事故能力;在矿井发生事故时使应急救援行动有序、快速和有效,可最大限度地减少事故造成的损害。

过去,因没有可操作性应急救援预案,在发生事故时因时间紧急、依靠"拍脑袋"仓促制定救援方案和处置措施,导致灾害事故扩大的案例举不胜举。2013 年 3 月 28 日吉林八宝煤矿一416 采区的工作面采空区发生煤炭自燃,因构筑密闭墙的位置选择不当,分别于 3 月 29 日和 4 月 1 日在加固和构筑密闭墙过程发生多次瓦斯爆炸,导致 53 人死亡 20 人受伤,其中有多名矿级管理干部和救护队指战员,教训深刻。

(一) 编制应急预案的原则

制订预案应坚持"以人为本、生命至上、安全施救"的原则;以《生产经营单位生产安全事故应急预案编制导则》(GB/T 29639—2013)为依据;制订应急预案应充分利用现代信息技术，如建立矿山应急指挥平台、建立矿井危险源数据库、应急资源数据库（包括应急救援方案、救援队伍、救援物资及装备、专家数据库），并做到及时更新。

预案应具有科学性、预见性、针对性和可操作性。根据易发生的灾害特点、安全环境因素，预测可能发生灾情变化，制订相应的现场处置方案供选择。

（二）预案主要内容

应急救援预案有综合预案和专项预案两种。专项预案是针对各种灾害制订的预案，如火灾、瓦斯爆炸、煤与瓦斯突出、冲击地压等专项应急救援预案。

矿山应急救援预案由总则、组织指挥体系及职责、预警和预防机制、应急响应和应急结束及后期处置等部分组成。

（1）矿山应急救援预案的总则。包括编制目的、法律和法规依据、适用灾害范围等。

（2）组织指挥体系及职责。包括指挥部与指挥部办公室设置与职责、事故现场指挥部及其组成与职责、现场救援专业组（伤员救护组，现场救援组，安全警戒和疏散组，物资供应组，通信保障组和专家咨询组等）与职责。

（3）各类事故的专项应急救援预案，一灾一案。逐一对采掘工作面可能发生的事故类型进行预测和分析，分析其发生条件、影响因素、影响范围、可能导致的后果等，形成各类事故的专项应急救援预案。

（4）制定预警机制。对火灾、瓦斯爆炸、煤与瓦斯突出、冲击地压和水灾等事故的参数进行监测、制定各类事故的预警指标，明确预警信息传送与发布机制（权限与范围）等。

（5）制订应急救援预案。结合事故发源地具体环境，对火灾、瓦斯爆炸、煤与瓦斯突出、冲击地压和水灾等事故制订多种可选的救援和避险预案；并指出事故可能产生的次生、衍生事故，提出防范措施。

（6）应急响应。事故、险情和预警信息报告和处理，分级响应程序，指挥和协调，现场紧急处置，救援人员的撤离、安全防护，信息发布等。

（7）应急结束及后期处置。包括应急结束、善后处理、调查评估。矿山事故应急结束后，应组织有关人员对事故起因、性质、影响、后果、责任和应急处理情况进行调查评估，提出改进建议。

（8）保障措施。实现应急救援的保障措施主要有救援使用的物质、设备；通信与信息保障；应急支援与保障；技术支持与保障。宣传、贯彻、培训和演习，监督检查等。

（9）附则。响应分级标准，预案管理与更新，奖励与责任，预案解释部门，预案实施时间。

（三）应急预案的管理运作

为了使发生事故时能做到快速响应、实现事故初期有效地进行应急处置，矿山企业要实行预案牌板化管理，将预案主要内容写在牌板上，设置在调度室，牌板内容应包括：应急指挥机构，通知程序，联系方式，瓦斯、水灾、火灾、冲击地压等重特大事故的处置程序等。有能力的矿井应建立应急救援和预案管理系统、决策支持系统，应用专家智慧进行救灾决策。

加强矿井事故预防、应急救援知识培训和建立应急演练制度。矿井应每年至少组织一次综合演练和专项演练，以检验应急预案、磨合机制、锻炼队伍、培训员工。应急演练计划、方案、记录和总结评估报告等资料保存期限不少于2年。

对预案应进行动态管理，采掘工作面和自然灾害环境如有变化应及时修改预案，以使预案更符合实际。

第三节　矿山救护队

矿山救护队是处理矿井火灾、瓦斯、煤尘、水、冲击地压、顶板等灾害的专业性应急救援队伍。

实践证明，矿山救护队在矿山灾害事故应急救援中发挥了重要作用。2010 年山西华晋焦煤公司王家岭矿“3・28”重大透水事故救援中，紧急调动 3 000 余名矿山救援人员、携带近 700 套排水、医疗等设备千里驰援，经过 8 天 8 夜连续奋战，成功救出 115 名矿工，创造了我国矿山救援史上的奇迹；在 2011 年河南省义马煤业集团千秋煤矿“11・3”冲击地压事故应急救援中，矿山救援队经过连续 41 小时的全力抢救，成功救出 67 名被困矿工；在 2012 年贵州安利来煤矿“7・26”冒顶事故救援中，由于矿山救援队处置得当、抢救及时，58 名遇险矿工全部获救，避免了一起特别重大事故发生。据统计，2011—2015 年，全国矿山救援队参加各类事故救援 5 853 起，遇险矿工 2 960 人获救生还。

一、矿山救护组织与任务

（一）矿山救护队的组织与管理

《煤矿安全规程》规定，井工煤矿企业应当设立矿山救护队，不具备设立矿山救护队条件的煤矿企业，所属煤矿应当设立兼职救护队，并与就近的救护队签订救护协议。

矿山救护队一般由省（区）应急管理厅（省级矿山救援指挥中心）统一调度和指挥。近年来，我国依托大型企业建立了 7 支国家矿山应急救援队和 14 支区域矿山应急救援队。截至 2015 年 10 月底，全国共有专业矿山救护队 404 支，专职矿山救护指战员 26 553 人。另建有兼职矿山救护队 2 854 个，兼职救护队员 27 868 名。

矿山救护队组织管理体制为大队、中队、小队和兼职救护队。大队由 2 个以上中队组成，是完备的联合作战单位；中队是独立作战的基层单位，由 3 个以上的小队组成，其服务矿井一般不超过 10 km 或行车时间一般不超过 15 min；小队是执行救援任务的最小单位，由 9 人以上组成；兼职救护队应根据矿井的生产规模、自然条件、灾害情况确定编制，原则上应由 3 个以上的小队组成，直属矿长领导，业务上受矿总工程师（或技术负责人）和矿山救护队领导。

矿山救护队实行专业化、标准化和军事化管理。

（二）矿山救护队的任务

矿山救护队的任务是：

（1）救护井下遇险遇难人员；

（2）处理井下火灾、瓦斯爆炸、煤尘爆炸、透水和冲击地压等灾害事故；

（3）参加排放瓦斯、启封火区、反风演习和其他需要佩用氧气呼吸器的安全技术工作；

（4）参加审查矿井应急救援预案和灾害预防和处理计划，做好矿井安全生产预防性检查，参与矿井安全生产检查和消除事故隐患的工作；

（5）负责辅助救护队的培训和业务领导工作；

(6) 协助矿山企业搞好职工自救、互救知识的普及教育。

二、矿山救护工作原则

矿山救护队应坚持“加强战备,严格训练,主动预防,积极抢救”的原则,时刻保持高度的警惕,并做到“召之即来,来之能战,战之能胜”。

“以人为本,安全施救”是救护人员救灾的宗旨。在救灾过程中防止伴生和二次灾害发生;根据救灾工作进展和灾情变化及时调整救灾方案和救灾行动。

三、工作流程

(1) 接警与出警。矿山救护队接到事故召请电话时,应问清事故地点、类别、通知人姓名,立即发出警报,迅速集合队员。必须在接到电话 1 min 内出动,不需乘车出动时,不得超过 2 min 出动,尽快赶到事故矿井。

(2) 井下设置基地。选择绝对安全、灾区附近的进风巷设立井下基地、指挥部,其内装设通往地面指挥部和灾区的电话、备用救护器材和装备,有医疗人员和药物;有明显的灯光标志。根据事故处理情况变化,救护基地可向灾区推移,也可撤离灾区。

(3) 现场侦察。是矿山救护的第一步,查明灾情是救援成败与否的关键。主要任务是探明现场的受灾范围、通风系统状况、遇险遇难人员分布,瓦斯、火情及有毒有害气体等情况,为指挥部制订救灾方案提供可靠依据。

(4) 制订救灾方案。应针对事故类型、严重程度制订救灾方案,遵循的原则是:如有被困和遇险人员应围绕抢救遇险人员制订方案;创造安全的救援环境;以最安全路线、最快的速度进入灾区,抢救遇险人员,步步为营;先抢救最有生存希望的人;确保安全施救;建立灾区的主要通风安全参数监测系统和检测制度;确保信息畅通。

(5) 现场施救。首先采用先进的技术手段和有效的工程措施控制危险源,防止事故扩大和发展;迅速、有序、安全地实施现场抢救和转送伤员;救灾工作需要果断、勇敢和科学性相结合,不能有侥幸心理和蛮干行为。指挥人员应在准确掌握事故情况的基础上,分析研究,根据《矿山救护规程》中处理各类事故时救护队的行动原则,制订出切实可行的作战方案。并抓住战机,组织力量,尽快地抢救人员和处理事故。

进入灾区侦察或作业的小队人员不得少于 6 人,并根据事故性质的需要,携带必要的技术设备。救护小队在窒息区内工作时,小队长应使队员保持在彼此能看到或听到音响信号的范围以内,任何情况下都严禁指战员单独行动,严禁通过口具或摘掉口具讲话。事故处理结束,经抢救指挥部同意后,救护队才能整理装备带队返回。

(6) 清理现场。抢救人员结束、彻底消除灾害和安全隐患后,应清理事故现场,恢复、建立正常、可靠的通风系统。

四、矿山救护队的主要技术装备

矿山救护队应配的装备和器材有:

(一) 个人防护装备

1. 氧气呼吸器

氧气呼吸器是一种与外界空气隔绝的个体防护装置,目前主要使用正压氧气呼吸器,其呼吸循环系统内始终处于正压状态。在面罩不严密的情况下，外界的有毒有害气体不能进入到呼吸循环系统内。所以，佩用正压氧气呼吸器的安全性比负压呼吸器大。负压呼吸器逐步被淘汰。

目前，救护队装备的正压氧气呼吸器，国产的主要有 HYZ4/2 和 HYZ2 型等型号，国外产品有德国 Drager-BG4 型、美国 BIOPAK-240 型呼吸器等。

2. 自动苏生器

自动苏生器是一种自动进行正负压人工呼吸的急救装置，它适于抢救如胸部外伤、中毒、溺水、触电等原因造成的呼吸抑制或窒息的伤员。我国救护队现用的是 ASZ-30 型自动苏生器。

3. 氧气充填泵

氧气充填泵是将大储量氧气瓶中的氧气充入小氧气瓶内，使后者压力提高到 20～30 MPa 的设备。它主要用于矿山救护队，也广泛用在消防、航空、医疗和化工部门。

4. 氧气呼吸器校验仪

氧气呼吸器校验仪可检查呼吸器的整机及其组件的安全性能：如呼吸器在正、负压情况下的气密程度；自动排气阀和自动补给阀的启闭动作压力；呼吸器定量供氧流量；自动补给氧气流量；清净罐装药后的阻力等。

（二）灭火装备

灭火装备主要有：高倍泡沫灭火机、惰气（惰泡）或二氧化碳发生器、高扬程水泵、快速密闭装备等。

（三）检测仪器装备

气体分析化验设备、多种气体检测仪、热成像仪（本质安全或防爆型）等。

（四）设施、器具

演习巷道设施与系统、处理各种事故的专用设备和器材、医疗器材、训练器材和交通工具等。

（五）矿山救护通信设备

矿山救护通信设备（俗称灾区电话），是矿山救护队在抢险救灾过程中不可缺少的通信设备。目前使用的设备有：视频指挥系统（双向可视、可通话）、移动电话（指挥员 1 人 1 部）、便携式对讲机、录音电话和紧急呼救器等。

（六）生命探测仪

在救灾过程中，利用探测仪确定遇险遇难人员的方位，发现遇险遇难人员，以便尽快地进行抢救。其原理分为红外生命探测仪、雷达生命探测仪和声波生命探测仪。

1. 红外生命探测仪

其工作原理是：任何物体只要温度在绝对零度以上都会产生红外辐射，人体也是天然的红外辐射源。但人体的红外辐射特性与周围环境的红外辐射特性不同，红外生命探测仪就是利用它们之间的差别，以成像的方式把要搜索的目标呈现在屏幕上。

2. 雷达生命探测仪

雷达生命探测仪是以生物医学工程技术与雷达技术相融合形成的生命探测设备，主要利用电磁波的反射原理制成，由雷达天线定向集中地发射电磁波、穿透冒顶碎石等障碍物，与人体接触后，反射电磁波的波形产生变化，波形变化程度受人的身体移动、呼吸运动和心脏跳动的影响；波形畸变的反射电磁波被接收器接收，再经过滤波、解调、积分、放大等信号处理，排除周围环境对探测系统的干扰，可得到与被测人体生命特征相关的参数；最后把特有频段的波形在显示器上显示，就可判断被探测区域是否有被困人员。

3．声波生命探测仪

声波生命探测仪探测生命信息主要是通过探测被困幸存者的呼救、心跳等声音信号对幸存者进行定位。在探测时声音传感器将声音信号转换为电信号，电信号经过前放、陷波、滤波处理后将信号放大送入监视耳机，然后通过营救人员监听被困者发出的各种声音。营救人员通过监听到的被困者发出的声音对被困者进行定位，进而采取相应的营救措施对其进行营救。

第四节　救援避险系统建设与应急救援能力提升

一、紧急避险系统建设

救援、避险系统是生命工程。建设应急救援和紧急避险系统是减少事故伤亡的重要举措之一。《煤矿安全规程》规定，矿井必须建立井下安全撤离和紧急避险设施，并与监测监控、人员位置监测、通信联络等系统结合，构成井下安全避险系统。安全避险系统应当随采掘工作面的变化及时调整、完善和有效性评估。

紧急避险系统由避灾路线、避险设施[永久或临时避灾硐室（移动救生舱）]、自救设备（自救器、压风自救装置等）和应急广播系统等组成。

（一）避灾路线

从实际出发对可能发生水灾、火灾、冲击地压、煤与瓦斯突出和爆炸等不同性质灾害采区，设置相应避灾路线；路线上有照明设备、路标、自救器及临时避难硐室；避灾路线上的巷道要求支护良好、畅通无阻。避灾路线应当随采掘工作面的变化及时调整和完善，并定期开展有效性评估。

（二）避灾硐室

有长久性或临时性两种类型。其功能是，在井下突发事故不能安全逃生情况下，为遇险人员提供一个安全密闭空间，抵御高温、隔离有害气体，对内为遇险人员提供生存基本条件，并为应急救援创造条件、赢得时间。

（1）在避灾路线上构建安全可靠的长久或临时避难硐室；当避灾路线较长时应设置自救器补给站。长久性避难硐室一般设置在矿井多条避灾路线的交汇点上。

（2）突出矿井必须构建采区避难硐室。采区避难硐室必须接入矿井压风管路和供水管路，满足避险人员的生存条件，额定防护时间不低于 96 h。

（3）突出煤层的掘进巷道长度及采煤工作面推进长度超过 500 m 时，应当在距离工作面 500 m 范围内构建临时避难硐室或者其他临时避险设施。临时避难硐室必须设置向外开启的密闭门，接入矿井压风管路，设置与矿调度室直通的电话，配备足量的饮用水及自救器。

避难硐室内应有性能先进、适用的救生装备，为避险人员提供基本的生存条件和环境，如供氧(或新鲜空气)、水、食品、医疗急救用品、排泄物处理设施；防高温、高压的隔离设施；通信联络设备；照明的供电和备用电源；空气净化和温度调节设施；环境监测系统；有条件时，可有钻孔直通地面，提高抗灾变能力。

避难硐室大小应能满足采掘工作面等相关区域全部人员安全避险的要求。

紧急避险设施应有醒目标识。矿井避灾路线图中应当明确标注紧急避险设施的位置、规格和种类，井巷中应当有紧急避险设施方位指示。

井下是否设置移动式救生装置，应经过论证确定。

2010 年 8 月 5 日智利圣何塞铜矿发生严重塌方事故，33 名矿工被困井下 632 m 深处，井下避难装置为矿工的生存 17 天发挥了决定性作用。17 天后从地面打通救援钻孔，提供生存的物资补给，经过 69 天科学救援，至 10 月 13 日被困的 33 名矿工全部获救升井，创造了世界救援史上奇迹。这再次说明建设避难硐室的必要性。

(三) 压风自救系统

确保在井下发生灾变时，避险人员有充分的氧气供应，防止发生中毒和窒息事故，在避险硐室和避灾路线需要安装压风自救装置。压风自救系统由地面空压机、井下压风管路、阀门、汽水分离器、压风自救装置(减压、节流、过滤、消噪声防护袋或面罩等)等部件组成。

有煤与瓦斯突出、冲击地压危险的采掘工作面应按《煤矿安全规程》规定设置压风自救系统。

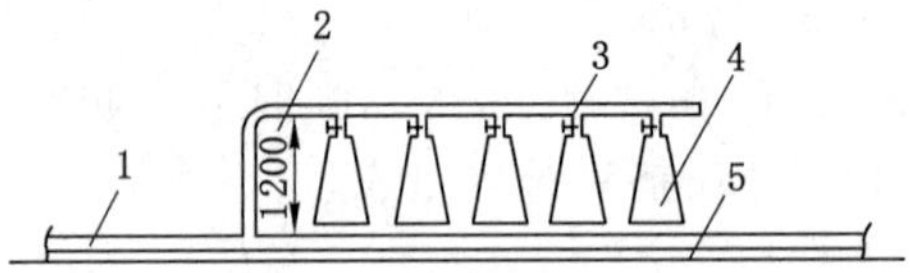

1—压风管路；2—压风自救装置支管；
3—减压阀；4—防护袋；5—巷道底板。
图 13-4-1　压风自救装置示意图

(四) 应急广播系统

当煤矿井下发生重大事故时，调度室可通过矿井广播通信系统，将事故类别、事故地点、逃生和撤离路线等通知井下作业人员。保证井下人员能够清晰听见应急指令，实现灾区人员安全撤离和避险。

二、应急救援水平提升

(一) 应急救援现状

近年来，我国应急救援技术水平、装备有较大发展，取得了较好的成绩。据统计，2011—2015 年，全国矿山救护队参加各类事故救援 5 853 起，抢救生还遇险矿工 2 960 人。

但失败的案例也令人痛心。典型救援致伤亡案例是，2013 年吉林八宝煤矿“3·29”和“4·1”两次因处理采空区自燃火灾的措施不当引发瓦斯爆炸，共造成 53 名救援人员死亡，其中矿级管理人员 5 人、救护队员 26 人，也是我国救援史的惨痛悲剧。

导致救援人员伤亡的主要原因有：

（1）客观因素。事故发生、发展过程中的救援环境复杂、未知和不确定因素较多、目前尚没有获取事故现场信息的装备和技术手段，如引爆火源特别是采空区内火源的确切位置、火源附近瓦斯涌出和分布状态等。

（2）主观因素。决策指挥者的灾变和通风理论知识欠缺，不能正确判断灾情演化趋势，不能制订符合实际、科学和安全的救灾方案；违规指挥和违规操作。

（二）提高应急救援水平的对策

（1）提升决策、指挥者和救援队伍对“以人为本、科学决策、安全施救和积极行动”理念的理解和执行力。

（2）应急救援的决策、指挥者应掌握相关的通风和灾变的理论知识。

① 通风系统压能分布理论。如，火风压的概念及其形成和风流逆转条件与影响因素；处理火灾和爆炸灾害时可采用的反风、增风、减风和停风等风流调度措施的适用条件；通风系统中增设增阻型调节装置后引起通风压能分布的变化和灾区气体流动规律（在增阻设施的下风侧风流压能降低、上风侧压能升高）；等等。

② 瓦斯爆炸三角形知识的全面理解与应用。三角形周围区域划分以及气体状态点向爆炸三角形内移动条件和影响因素，掌握、分析一次爆源（火源）附近（区域）瓦斯和氧气组分变化趋势和速度，预测采取处理措施后状态点的变化趋势和方向。

③ 掌握封闭火区，特别是封闭采空区火区时发生瓦斯连续爆炸的规律与发生条件，以选择合适的时间和位置构筑和加固密闭。a. 瓦斯爆炸和连续爆炸一般发生在封闭采空区的进风侧。b. 采空区煤炭自燃引发瓦斯连续爆炸的时间规律是，相邻两次爆炸之间有一段的间隔时间（用于瓦斯再积聚），且时间间隔逐渐减小。如上述八宝煤矿前 4 次连续爆炸的时间间隔分别是 22 h、6.5 h、2.5 h。c. 发生瓦斯爆炸之后存在一个“安全期”，“安全期”的长短取决于火源附近氧气浓度、瓦斯积聚速度（瓦斯浓度上升至爆炸下限的时间），如图 13-4-2 所示，爆炸后瓦斯浓度按曲线 1 增大，至时间 T_1 时达爆炸下限，进入爆炸危险区。往后，发生爆炸与否取决于此空间的氧气浓度：氧气浓度＞12％，则可能发生爆炸；若氧气浓度＜12％，则爆炸可能性小；若氧浓度按图中曲线下降，则 T_1～T_2 区间

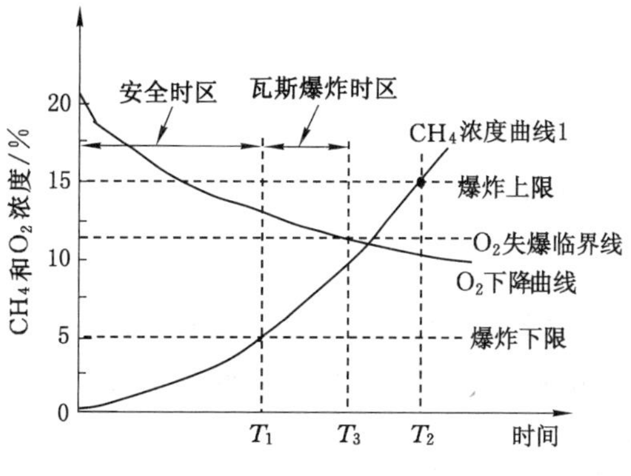

T_1—爆炸下限时间；T_2—爆炸上限时间；T_3—O_2 失爆时间。

图 13-4-2　瓦斯爆炸后“安全期”

为爆炸危险期。

欲封闭爆炸之后的火区，首先要迅速利用“安全期”；其次要分析并判断火源附近氧气浓度、瓦斯的来源及其积聚速度。

预防封闭火区发生瓦斯爆炸，最好的措施是工作面收作后在构筑密闭墙时预埋注氮系统，注氮惰化采空区（火）区。注氮时，在回风侧保持少量漏风，以利氮气扩散和覆盖火源，提高注氮效果；注氮结束加固密闭，并监测采空区气体组分。

④ 学习救援案例中成功的经验和失败教训，避免决策失误、违章指挥、违规操作、盲目施救，提高救援水平。

（3）利用现代信息技术建立应急决策支持系统。

① 建立危险源数据库。分析采空区的瓦斯涌出、遗煤分布和漏风状况以及可能产生自燃火源的位置；预测可能产生瓦斯爆炸的位置及其条件；预测可能产生煤与瓦斯突出的位置及其条件；预测可能产生冲击地压煤层的位置及其条件等。

② 建立救援方案数据库。针对不同区域、不同安全环境建立不同事故类型的救援方案，供决策支持系统调用。

③ 开发、应用智能救援决策支持系统，对多种可选救援方案进行优选，提高决策时效，以克服因时间仓促导致的盲目决策的缺点，使救援方案更科学。

第五节　矿工自救

大量事实证明，当矿井发生灾害事故后，矿工在万分危急的情况下，依靠自己的智慧和能力，积极、正确地采取救灾、自救、互救和安全避险，是减少事故伤亡的重要环节。

一、掌握矿山事故征兆

最理想的自救是在事故发生前撤离危险区，但这前提是准确地掌握各类事故的征兆。

火灾、煤与瓦斯突出、透水、冲击地压等事故在发生前，一般都有较明确的征兆。若能准确识别这些征兆，迅速撤离现场，可避免发生重大伤亡。因此，现场作业人员，都应熟知透水、自燃火灾、煤与瓦斯突出、冲击地压等灾害的初期征兆。当事故出现确定性征兆后应立即撤离现场。

二、发生事故时在场人员的行动原则

对于不同事故应采取不同的行动原则。

（一）积极抢救

当发生火灾事故初期，波及范围和危害程度都比较小，这是处理事故、减少损失的最有利时机。在保证自身安全的前提下，现场人员要尽可能召集附近人员、利用现有的设备和工具材料将其消除在萌芽阶段。

在抢救时，必须保持统一的指挥和严密的组织，严禁冒险蛮干和惊慌失措，严禁各行其是和单独行动；要采取防止灾区条件恶化和保障救灾人员安全的措施，特别要提高警惕，避免中毒、窒息、爆炸、触电、二次突出、顶帮二次垮落等再生事故的发生。

（二）及时报告灾情

发生灾变事故后，若不能就地及时或无力消除事故，应立即利用最近处的电话向矿调度室汇报：事故类型、发生地点、时间和灾害程度，非现场人员将看到的异常现象（火烟、飞尘等）、听到的异常声响、感觉到的异常冲击等如实汇报，不能凭主观想象判定事故性质，以免给领导造成错觉，影响救灾。

（三）安全撤离

当受灾现场不具备事故抢救的条件，或可能危及人员的安全时，由在场负责人或有经验的班组长、老工人带领，根据矿井灾害应急救援预案和灾害预防和处理计划中规定的避灾路线和当时当地的实际情况，佩戴好自救器冷静地撤离灾区；撤离时尽量选择安全条件最好、距离最短的路线，迅速撤离危险区域到安全地方。如井下发生透水事故时，应避开水头冲击（手扶支架或多人手挽手），然后撤退到上部水平。不要进入透水地点附近的平巷或下山独头巷道中；当独头上山下部唯一出口被淹没无法撤退时，可在独头上山迎头暂避待救；独头上山水位上升到一定位置后，上山上部能因空气压缩增压而保持一定的空间。若是采空区或老窑涌水，要防止有害气体中毒或窒息。

灾区人员撤出路线选择的正确与否决定了自救的成败。

在撤退时，要服从领导，听从指挥，根据灾情使用防护用品和器具；遇有溜煤眼、积水区、垮落区等危险地段，应探明情况，谨慎通过。

（四）安全避灾

如无法撤退（通路被冒顶阻塞、在自救器有效工作时间内不能到达安全地点等）时，应迅速进入预先筑好的或就近地点快速建筑的临时避难硐室，妥善避灾，等待矿山救护队的援救，切忌盲动。

事故现场实例表明：遇险人员在采取合适的自救措施后，是能够坚持较长时间而遇救的。例如：1983 年 1 月 23 日某煤矿掘进巷道发生火灾后，除 3 名工人及时冲出火源脱离危险外，还有 23 名工人被堵在灾区里面。他们迅速撤退到平巷迎头，并用竹笆、风筒很快建造了一道临时密闭，又在这个密闭内 8 m 处，用溜槽、工作服、竹笆、风筒等物建造了更严密的第二道临时密闭。然后，派一个人在密闭附近监视，其他人员躺下休息。5 h 后，由救护队救出。相反，如果自救措施不当，则可能造成死亡。例如，1961 年某矿井下配电室发生火灾，53 名遇险人员中有 45 人所处的地点、环境相似，但是在事故发生 18 h 后，只有 18 人还活着，现场勘察和被救人员介绍表明：① 凡避难位置较高的均死亡，位置较低的绝大部分人保住了生命。② 俯卧在底板上并用沾水毛巾堵住嘴的人保住了生命。与此相反，特别是迎着烟雾方向逃生的人均死亡。③ 事故发生后，恐慌乱跑，大哭大叫的人大部分死亡。

三、矿工自救设备

自救器是一种随身携带的呼吸保护性器具，佩用者的呼吸气路与外界空气完全隔离。《煤矿安全规程》规定："每一入井人员必须随身携带自救器"。当入井工作人员遇到火灾或瓦斯爆炸事故、身处有毒、有害气体环境中，应立即佩戴、并打开自救器，可保护人员正常呼吸，并安全撤离逃离灾区。

目前使用的自救器有化学氧和压缩氧两种隔离式自救器。

(一) 隔离式化学氧自救器

隔离式化学氧自救器按其自生氧原理分有碱金属超氧化物型和氯酸盐氧烛型两种。工作原理是：

利用生氧剂(NaO_2 或 KO_2)与人呼出的二氧化碳和水汽结合发生化学反应生成氧气供给人呼吸。

(二) 隔离式压缩氧自救器

压缩氧自救器实际上是一种小型氧气呼吸器，其氧气来源于自救器中的高压氧气瓶。每次使用后只需更换吸收二氧化碳的氢氧化钙吸收剂和重新充装氧气即可重复使用。从而克服了化学氧自救器因化学药品反应引起的吸气温度升高过快和只能使用一次的缺点。目前，矿山救护队使用较普遍。

(三) 自救器的佩戴注意事项

(1) 戴上自救器后，在未到达安全地点前，决不能因某种不适或不舒服而把自救器取下。

(2) 化学氧自救器佩戴初期生氧剂放氧速度慢，如条件允许，应缓慢行走，等氧足够呼吸时再加快速度。撤退时最好按每小时 4～5 km 速度行走，呼吸要均匀，千万不要奔跑。

(3) 佩戴过程中口腔产生的唾液，可以咽下，也可任其自然流入口水盒降温器，严禁拿下口具往外吐。

第六节　现场急救

矿井发生水灾、火灾、爆炸、冒顶等事故后，可能会出现中毒、窒息、外伤等伤员。在场人员对这些伤员应根据伤情进行合适的处理与急救。救护指战员在灾区工作时，只要发现遇险受伤人员，都要把救人放在第一位。

一、对中毒、窒息人员的急救

在井下发现有害气体中毒者时，一般可采取下列措施：

(1) 立即将伤员抢运到新鲜风流中，安置在安全、干燥和通风正常的地点。

(2) 立即清除患者口、鼻内的污物，解开上衣扣子和腰带，脱掉胶鞋，并用衣被等物盖在伤员身上以保暖。

(3) 根据心跳、呼吸、瞳孔、神志等方面，判断伤情的轻重。正常人每分钟心跳 60～80 次、呼吸 16～18 次，两眼瞳孔是等大等圆的，遇光线后能迅速收缩变小，神志清醒。而休克伤员的两瞳孔不一样大，对光线反应迟钝。可根据表 13-5-1 所列情况判断休克程度。对呼吸困难或停止者，应及时进行人工呼吸。当出现心跳停止现象时，除进行人工呼吸外，还应同时进行心脏挤压法急救。

表 13-5-1　休克程度分类表

休克分类	轻度	中度	重度
神志	清楚	淡漠、嗜睡	迟钝或不清
脉搏	稍快	快而弱	摸不着
呼吸	略速	快而浅	呼吸困难
四肢温度	无变化或稍发凉	湿而凉	冰凉
皮肤	发白	苍白或出现花纹斑	发紫
尿量	正常或减少	明显减少	尿极少或无尿
血压	正常或偏低	下降显著	测不到

(4) 人工呼吸持续的时间以伤员恢复自主性呼吸或真正死亡时为止。当救护队员到达现场后，应转由救护队用苏生器苏生。对重度 CO 中毒和 SO_2、NO_2 中毒者只能进行口对口的人工呼吸或用苏生器苏生，不能采用压胸或压背法的人工呼吸，以免加重伤情。

现场急救常用的人工呼吸和恢复心跳的方法介绍如下。

(一) 口对口吹气法

此法效果好、操作简单、适用性广。操作前使伤员仰卧，救护者跪在伤员头部一侧，一手托起伤员下颌，并尽量使头部后仰，另一手将其鼻孔捏紧，以免吹气时从鼻孔漏气；救护者深吸一口气，然后紧对伤员的口将气吹入，造成吸气(图 13-5-1)，并观察伤员的胸部是否扩张，确定吹气是否有效和适当；吹气完毕，松开捏鼻的手，并用一手压其胸部以帮助呼气。如此有节律地均匀地反复进行，每分钟吹气 14～16 次。

(a)

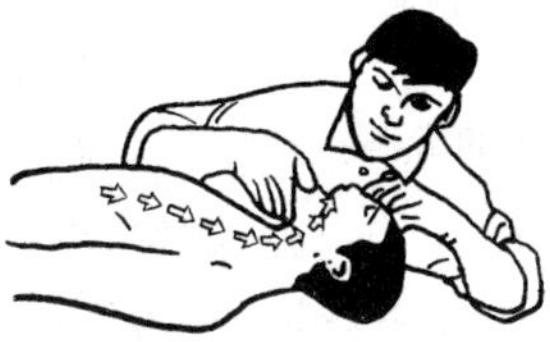

(b)

(a) 紧贴吹气；(b) 放松呼气。

图 13-5-1　口对口吹气人工呼吸法

(二) 仰卧压胸法

让伤员仰卧，救护者跨跪在伤员大腿两侧，两手拇指向内，其余四指向外伸开平放在伤员胸部两侧乳头之下，借上身重力压伤员的胸部，挤出肺内空气；然后，救护者身体后仰除去压力，伤员胸部依其弹性自然扩张，使空气吸入肺内。如此有节律地进行，每分钟 16～20 次(图 13-5-2)。

(三) 俯卧压背法

让伤员俯卧，救护者跨跪在伤员大腿两侧，其操作方法与仰卧压胸法大致相同(图 13-5-3)。

(四) 心脏挤压法

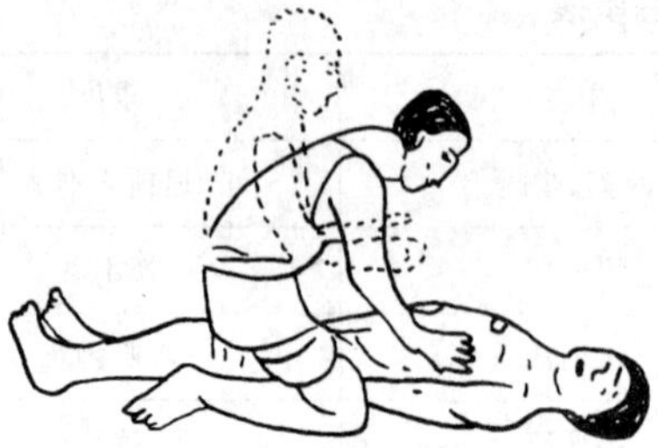

图 13-5-2　仰卧压胸法

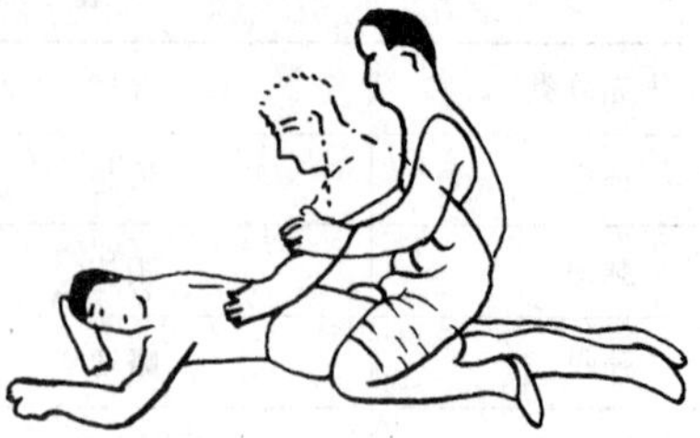

图 13-5-3　俯卧压背法

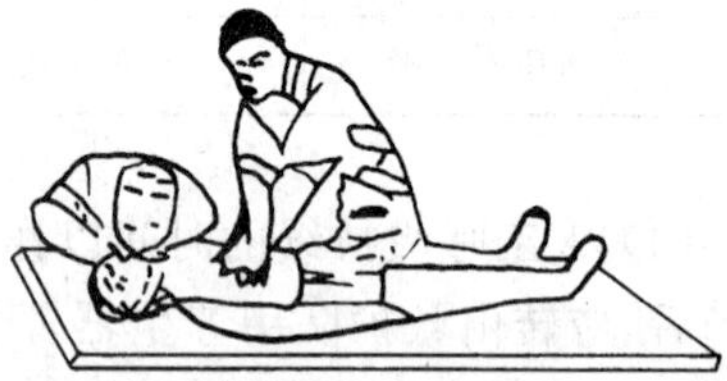

图 13-5-4　心脏挤压法

体外心脏挤压是用于对各种原因造成心跳骤停的伤员进行抢救的一种有效方法。将伤员仰卧平放在硬板或地面上，救护者站着或跪在伤员一侧，两手相叠，掌根放在伤员胸骨下三分之一部位，中指放在颈部凹陷的下边缘，借自己的体重用力向下按压(图 13-5-4)，使胸骨压下 3～4 cm，每次下压后应迅速抬手，使胸骨复位，以利于心脏的舒张。按压次数，每分钟 60～80 次。

体外心脏挤压与口对口人工呼吸应同时进行，密切配合，心脏按压 5 次，吹气 1 次。按压时，加压不宜太大，以防肋骨骨折及内脏损伤。按压显效时，可摸到伤员颈总动脉、股动脉搏动，散大的瞳孔开始缩小，口唇、面色转红润，血压复升。急救者应有耐心，除非确定伤员已真正死亡，否则，不可中途停止。

二、对外伤人员的急救

（一）对烧伤人员的急救

（1）尽快扑灭伤员身上的火，缩短烧伤时间。

（2）检查伤员呼吸和心跳情况，查是否合并有其他外伤、有害气体中毒、内脏损伤和呼吸道烧伤等。

（3）要防止休克、窒息和疮面污染。伤员发生休克或窒息时，可进行人工呼吸等急救。

（4）用较干净的衣服把伤面包裹起来，防止感染。在现场除化学烧伤可用大量流动的清水冲洗外，对疮面一般不做处理，尽量不弄破水泡以保护表皮。

（5）把重伤员迅速送往医院。搬运伤员时，动作要轻柔，行进要平稳。

（二）对出血人员的急救

对出血伤员抢救不及时或不恰当，就可能使伤员流血过多而危及生命。出血的种类有：① 动脉出血，血液鲜红，随心跳频率从伤口向外喷射。② 静脉出血，血液暗红，血流缓慢均匀。③ 毛细血管出血，表现为创面渗血，像水珠似地从伤口流出。出血较多者，一般表现为脸色苍白，出冷汗、手脚发凉，呼吸急促。对这类伤员要尽快有效地止血，然后再进行其他急救处理。

止血的方法随出血种类的不同而不同。对毛细血管和静脉出血，用纱布、绷带（无条件时，可用干净布条等）包扎伤口即可；大的静脉出血可用加压包扎法止血；对于动脉出血应采用指压止血、加压包扎止血或止血带止血法。常用的暂时性动脉止血方法有：

（1）指压止血法。在伤口的上方（近心脏一端），用拇指压住出血的血管以阻断血流。根据出血位置，采用不同的压迫部位，如图 13-5-5 所示。采用此法，不宜过久。在指压止血的同时，应寻找材料，准备换用其他止血方法。

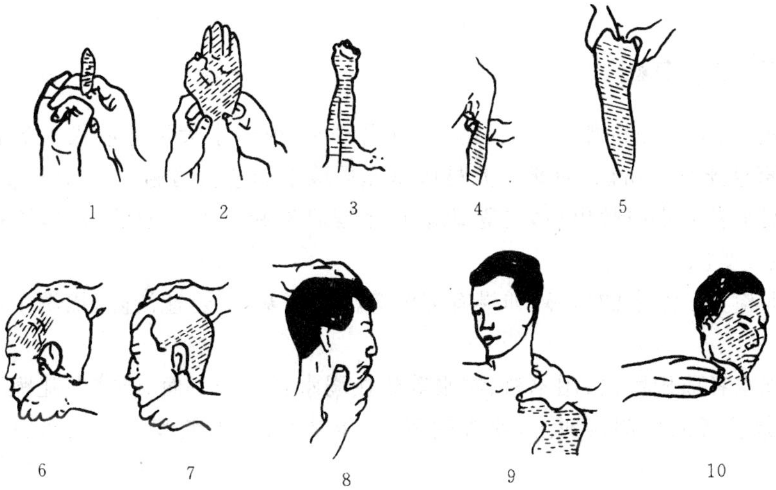

1—手指；2—手掌；3—前臂；4—肱骨动脉；5—下肢股动脉；
6—前头部；7—后头部；8—面部；9—锁骨下动脉；10—颈动脉。

图 13-5-5 指压止血法的止血压点及其止血区域

（2）加压包扎止血法。如图 13-5-6 所示，它是先用消毒纱布（或干净毛巾）敷在伤口上，再用绷带（或布带、三角巾）紧紧包扎起来。对小臂和小腿的止血，也可在肘窝或膝窝内加垫，然后使关节弯曲到最大限度，再用绷带（或布带）将其固定，以利用肘关节或膝关节的弯曲压迫血管达到止血的目的。

图 13-5-6 加压包扎止血法

（3）止血带止血法。用橡皮止血带（或三角巾、绷带、布胶带等）把血管压住，达到止血目的，如图 13-5-7 所示。扎止血带的部位距出血点不宜过远，松紧要适宜。止血时间不宜过长，每 30～60 min 放松一次，若仍然出血，可压迫伤口，过 3～5 min 再缚好。

（三）对骨折人员的急救

对骨折人员首先用毛巾或衣服作衬垫，然后根据现场条件用木棍、木板、竹笆等材料做成临时夹板，对受伤的肢体临时固定后，抬运升井，送往医院。

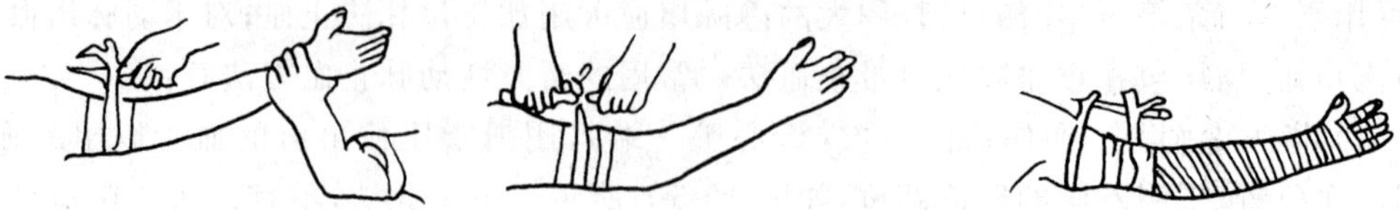

图 13-5-7 止血带止血法

三、对溺水者的急救

发生水灾后，应首先抢救溺水人员。人员溺水时，由于水大量地灌入人的肺部，可造成呼吸困难而窒息死亡。所以，对溺水人员应迅速采取下列急救措施：

(1) 把溺水者从水中救出后，要立即送到比较温暖和空气流通的地方，脱掉湿衣服，盖上干衣服，不使受凉。

(2) 立即检查溺水者的口鼻，如果有泥沙等污物堵塞，应迅速清除，擦洗干净，以保持呼吸道通畅。

(3) 使溺水者取俯卧位，用木料、衣服等垫在溺水者肚子下面；或将左腿跪下，把溺水者的腹部放在救护者的右侧大腿上，使头朝下，并压其背部，迫使其体内的水由气管、口腔里流出。

(4) 上述方法控水效果不理想时，应立即做俯卧压背式人工呼吸或口对口吹气式人工呼吸，或体外心脏挤压。

四、对触电者的急救

(1) 立即切断电源。

(2) 迅速观察伤员的呼吸和心跳情况。如发现已停止呼吸或心音微弱，应立即进行人工呼吸或体外心脏挤压。若呼吸和心跳都已停止时，应同时进行人工呼吸和体外心脏挤压。

(3) 对触电者，如发现有其他损伤(如跌伤、出血等)，应做相应的急救处理。

复习思考题

13-1 矿山救护队的任务有哪些？

13-2 矿山灾害预防和处理计划主要内容有哪些？

13-3 矿山应急救援预案的主要内容有哪些？

13-4 发生事故时，在场人员的行动原则是什么？

13-5 井下发生爆炸、火灾、水灾事故时，人员应怎样撤出灾区？

13-6 紧急避险系统由哪几部分组成？避难硐室设置在什么位置较好？避难硐室应满足哪些要求？

13-7 什么是压风自救装置？

13-8 提高应急救援水平的对策有哪些？

13-9 火区发生连续爆炸的规律有哪些？如何预防封闭火区发生连续爆炸？

13-10　自救器有哪些类型？佩戴自救器时应注意哪些事项？

13-11　试述对中毒、窒息人员的急救方法。

13-12　简述口对口吹气人工呼吸法。

13-13　试述对溺水者的急救方法。

第三编

通风安全检测与现代化管理

第十四章 通风安全参数检测与监控

准确、实时进行矿井通风安全参数检测与监控是通风安全管理的重要内容，熟悉通风安全检测仪器与安全监控系统，是准确检测通风安全参数的前提，是实现矿山安全生产的基本保证。

第一节 风速测量仪表

目前常用的风速测量仪表有机械叶轮式风速计、数字风表和超声波风速仪。

一、机械叶轮式风速计

机械叶轮式风速计又叫风表，按其结构有叶轮式和杯式两种，如图 14-1-1 所示，两者内部结构相似。叶轮式风表主要由叶轮、传动蜗轮、蜗杆、计数器、指针及回零杆、离合闸板、护壳底座等构成。离合闸板能使计数器与叶轮轴连接和分开，用来开关计数器。回零杆的作用是能够使风表指针回零。风表的叶轮由铝合金叶片组成，叶片与旋转轴的垂直平面成一定角度。当风流吹动叶轮时，通过传动机构将运动传给计数器，指示出叶轮的转速，称为表速 v_a。再按风表校正曲线查得真实风速 v_t，即为测风断面上的风速。如图 14-1-2 所示为某叶轮式风表的校正曲线，图中 1 部分为非线性区，2 部分为线性区。在线性区内 v_t 与 v_a 的关系可用式(14-1-1)表示：

$$v_t = a + bv_a \tag{14-1-1}$$

式中 a——常数，取决于风表转动部件的惯性和摩擦力；

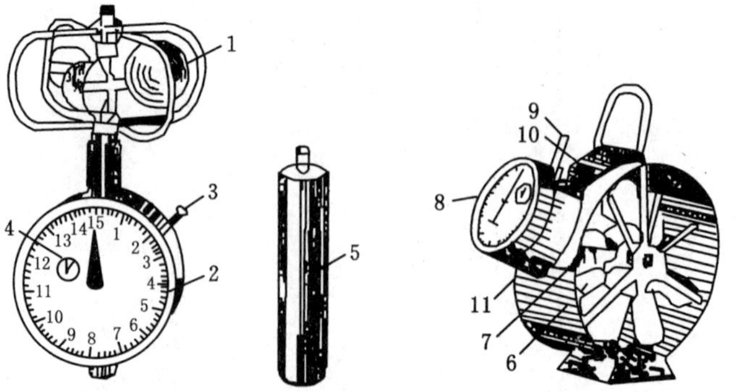

(a) 杯式风表　　(b) 叶轮式风表

1—旋杯；2—计数器；3—启动杆；4—计时指针；5—表把；6—叶轮；
7—蜗杆轴；8—计数器；9—开关；10—回零杆；11—外壳。

图 14-1-1 风表

b——校正系数，取决于风表的构造和尺寸；

v_a——风表的指示风速，即表速，m/min 或 m/s。

风表又分为高速风表（1～30 m/s）、中速风表（1～10 m/s）、低速风表（0.1～0.5 m/s）。不同井巷中风速大小不等，有时要携带几种风表，比较麻烦。为此，在原中速风表上加一个扩速装置（即高速风罩），如图 14-1-3 所示。其结构是在风表的进风侧套上一个开若干小孔的圆形罩，使通过叶轮的流速下降，中速风表能在高速气流中使用，使用时将测得的风表读数乘以系数后，即为表速 v_a，再查扩速后的校正曲线（图 14-1-4）即得实际风速。

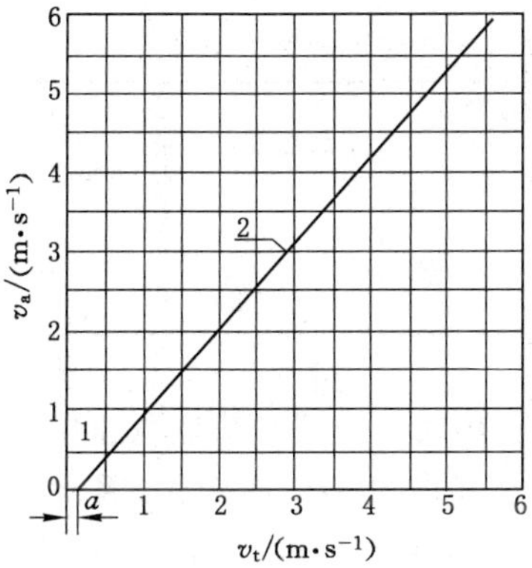

图 14-1-2　风表校正曲线图

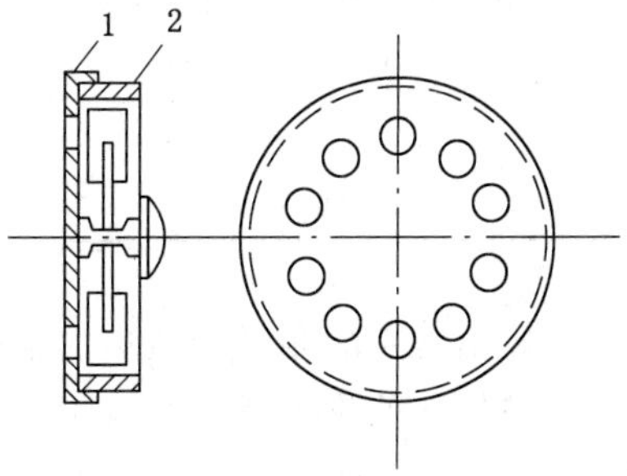

1—扩速装置；2—风表。

图 14-1-3　扩速装置示意图

操作方法：① 测定前先打开离合闸板，风表转动而指针不动；然后按一下回零杆，使大小指针回零；同时准备好一块秒表，并使秒表回零。② 为了克服风表的运转部件的惯性抵抗力，让风表空转 20～30 s，风表的叶轮面尽量与风流方向垂直。③ 测风时，风表和秒表同时动作，并按一定的测定路线均匀地移动风表。当到达测定时间后，同时制动风表和秒表，从风表的表盘上读取表速 v_a。

使用风表注意以下几个问题：① 风表要远离人体；② 所用风表的测量范围要与所测风速相适应；③ 风轮平面要与风流垂直，风表度盘一侧背向风流，按线路法测风时，移动风表速度要均匀；④ 秒表和风表的开关要同步；⑤ 同一断面测定 3 次，3 次测值之差不应超过 5%，然后取其平均值。

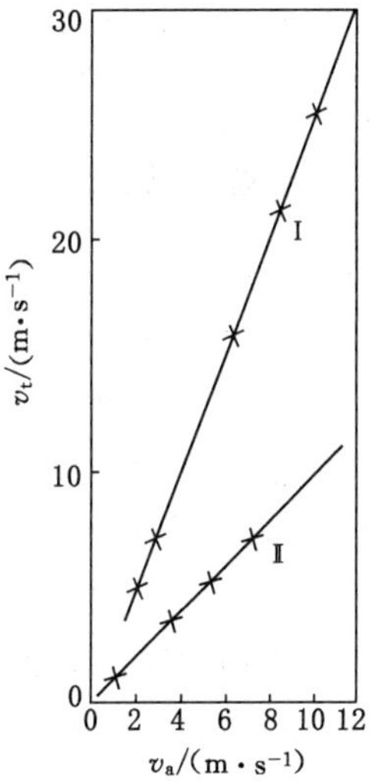

Ⅰ—安有扩速装置的校正曲线；
Ⅱ—未安扩速装置的校正曲线。

图 14-1-4　风表校正曲线

二、数字风表

叶轮式数字风表感受元件仍是叶轮，只是在叶轮上安装一些附件，根据光电、电感和干簧管等原理把物理量转变为电量，利用电子线路实现自动记录和检测数字化。如 XSF-1 型数字风表，叶轮在风流作用下连续不断转动，带动同轴上的光轮做同步转动。当光轮上的孔正对红外光电管时，发射管发出的脉冲信号被接收管接收，光轮每转动一次，接收管接收到2个脉冲信号。由于风轮的转动与风速呈线性关系，接收管接收到的脉冲与风速也呈线性关系。脉冲信号经整形、分频和1 min计数后，LED数码管显示1 min的平均风速值。

KDF9403型矿用电子计算式风速计也是采用机械光电原理，以单片微机为核心的矿用智能测风仪表，使用时不必查对校正曲线，通过预置表头修正系数和常数，可测量1 s、1 min、2 min时间内的平均风速，并具有风量计算、数据储存、保护和调用等功能。XSF-1型数字风表和KDF9403型风速计的主要技术参数见表14-1-1。

表14-1-1　XSF-1型数字风表和KDF9403型风速计的主要技术参数

型号	测量范围 $/(m\cdot s^{-1})$	测量误差 $/(m\cdot s^{-1})$	显示方式	启动风速 $/(m\cdot s^{-1})$	防爆形式	外形尺寸 /(mm×mm×mm)
XSF-1	0.4～15	<±0.3	3位LED	0.4	IbI(+150 ℃)	140×40×25
KDF9403	0.4～20		8位LED	0.4	IbI(+150 ℃)	50×150×40

另外，矿山常用的测量微风速的仪表有热球风速仪、热线风速仪。热球风速仪的测风原理是，一个被加热的物体置于风流中，其温度随风速大小和散热多少而变化，因此测量物体在风流中的温度便可测量风速。如QDF-2A型和QDF-2B型，前者测量范围为0.05～10 m/s，后者为0.05～5 m/s，误差不大于测量值的±0.5%。

第二节　压力测量仪器

压力测量包括绝对压力测量和压差测量。矿井中常用的测压仪器主要有空盒气压计、精密气压计、各类压差计以及与安全生产监测系统相配套的压力传感器。

一、空盒气压计

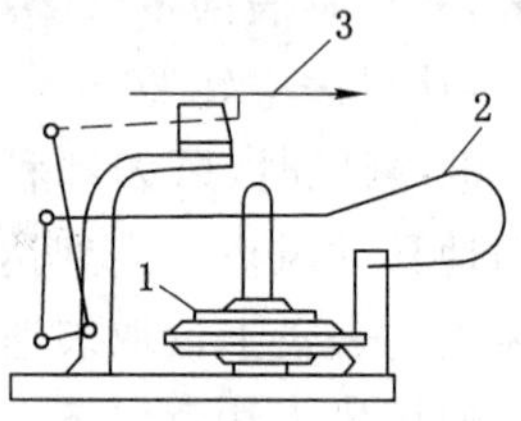

1—波纹真空膜盒；2—传动机构；3—指针。

图14-2-1　空盒气压计工作原理图

空盒气压计用于测量大气压和风流的绝对静压力，其工作原理如图14-2-1所示。它主要由感受压力的波纹真空膜盒1、传动机构2、指针3及刻度盘组成。空气压力发生变化时，膜盒收缩或膨胀，产生轴向变形，通过拉杆和传动机构2使指针偏转，指示空气压力值。其测压范围一般为80 000～108 000 Pa。

使用时，气压计水平放在测点处，并轻轻敲击仪器外壳，以消除传动机构的摩擦误差；由于该仪器有滞后现象，因此在测压地点一般要放置3～5 min(从一点移到另一点，若两点压差为2 668～5 337 Pa，则需放置20 min)方可读数；读数时，视线与刻度盘平面保持垂直。

为了提高测定精度，读数值应按厂方提供的校正表(或曲线)进行刻度、温度和补偿校正。每台仪器出厂检定书中均附有这三个校正值。其中温度校正值 P_t 用式(14-2-1)计算：

$$P_t=\Delta P_t\cdot t,\quad \text{Pa} \tag{14-2-1}$$

式中　ΔP_t——温度变化1 ℃时的气压校正值，Pa/℃；

　　　t——读数时仪器的温度，℃。

例如，空盒气压计的读数为 101 658 Pa，温度为 18.5 ℃。仪器检定书内的刻度校正值表中规定：101 325 Pa 时，刻度校正值为 0.0，102 657 Pa 时为 −40 Pa；温度变化 1 ℃时的气压校正值为 +4 Pa/℃；补偿校正值为 −80 Pa。用内插法求得刻度校正值为 −10 Pa，温度校正值 $\Delta P_t = +4 \times 18.5 = +74$ (Pa)，故得实际大气压力为：$P = 101\ 658 - 10 + 74 - 80 = 101\ 642$ (Pa)。

二、水银气压计

常用的水银气压计有动槽式和定槽式两种，其中以动槽式（福廷式）气压计最为常见。

（一）动槽式气压计

动槽式气压计结构如图 14-2-2 所示。它是用一支长 90 cm 的玻璃管封闭上端，管中装满水银，然后将开口端倒插入下部汞槽中，管中的汞由于重力作用而下降，因而在封闭的玻璃管上部出现一段真空，汞槽与大气相通。盛汞的玻璃管装在黄铜管中，黄铜管上部刻有主标尺并在相对两边开有长方形小窗，在窗内装一可上下滑动的游标尺，通过转动调节游标螺旋可使游标尺上下移动。汞槽底部为一羊皮袋，可以借助下端的螺旋调节其中汞面的高度，汞面的高度应正好与固定在汞槽顶端的象牙针尖接触，这个汞面就是测定汞柱高度的“零点”，也就是铜管上主标尺的“零点”。

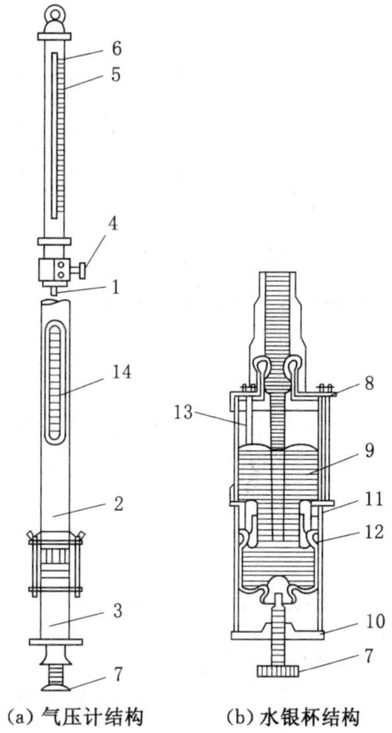

1—水银柱玻璃；2—保护铜管；3—水银杯；4—调游标旋钮；5—游标尺；6—观测孔；7—调水银面旋钮；8—铜盖；9—玻璃筒；10—保护铜管的底部；11、12—水银内杯；13—象牙针；14—温度计。

图 14-2-2　动槽式水银气压计

气压计必须垂直安装，如果偏离垂直位置 1°时，在 1 个大气压（101.325 kPa）条件下，就会造成 13.33 Pa 的误差。

动槽式气压计的使用方法：

(1) 读取温度。首先从气压计所附温度计上读取温度。

(2) 调节汞槽中汞面的高度。慢慢旋转底部螺旋 7，使汞槽中的汞面与象牙针尖恰好接触。调节时可利用汞槽后面白瓷板的反光来观察汞槽的高度，调节动作要轻而慢，汞面调节好以后，稍待 30 s 再次观察汞面与象牙针尖接触的情况，没有变化后继续下一步操作。

(3) 调节游标尺。转动调节游标螺旋使游标尺的下沿高于汞柱面，然后缓慢下降直至游标尺下沿与汞柱的凸面相切，此时观察者的眼睛与游标尺的下沿及汞柱的凸面在同一水平面上。

(4) 读取气压计数值。先从主标尺上读出靠近游标尺下端且在其下面的刻度，即为大气压的整数部分，再从游标尺上找出一根与主标尺上某一刻度线相吻合的刻线，其刻度值即为大气压的小数部分，单位是 kPa[老式气压计的单位是 mmHg(毫米汞柱)]。

（二）定槽式气压计

定槽式气压计与动槽式气压计大同小异，不同之处在于前者的汞槽中汞面无须调节，它的水银是装在体积固定的槽内的。当大气压力发生变化时，玻璃管内水银柱的液面和水银槽内水银液面的高度差也相应变化。在计算气压计的标尺时已经补偿了水银槽内液面的变化量。其使用方法除槽中汞面无须调节，其他均与动槽式气压计相同，气压计读数的校正方法二者也完全相同。

三、压差计

（一）U 形压差计

U 形压差计（又称 U 形水柱计）如图 14-2-3 所示，分为垂直型(a)和倾斜型(b)两类。U 形压差计是把一根等直径的玻璃管弯成 U 形，装入蒸馏水或酒精，中间放置一个刻度尺。测压前，U 形管的两个液面处于同一水平。测压时，在压差作用下，较大压力液面下降，较小压力液面上升，U 形压差计两端压差为：

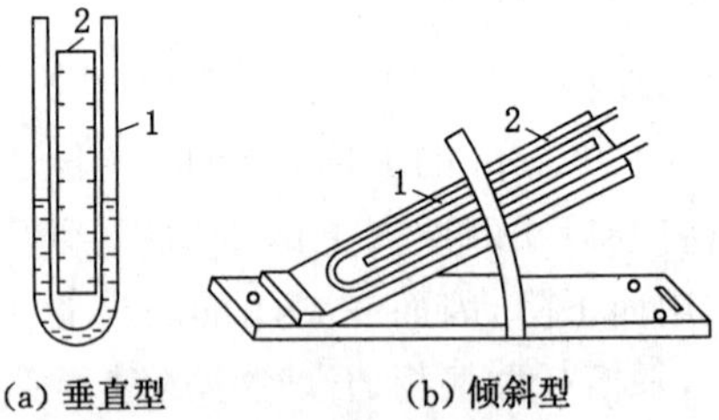

1—U 形玻璃管；2—刻度尺。

图 14-2-3 U 形压差计

$$h=\rho gL\sin\alpha \tag{14-2-2}$$

式中 α——U 形管倾斜的角度，垂直 U 形压差计倾角 $\alpha=90°$；

h——两液面垂直高差，即压差，Pa；

L——两液柱面长度差，mm；

ρ——液体密度，kg/m^3。

（二）单管倾斜压差计

1. 仪器结构与测压原理

单管倾斜压差计结构与工作原理如图 14-2-4 所示。它由大断面的容器 10（面积为 F_1）和小断面的倾斜测量管 8（断面为 F_2）及标尺等组成。大容器装在有三个定位螺钉 9 和一个水准指示器 2 的底板 1 上，底板上还装有弓形支架 3，用它可把倾斜测量管固定在五个不同的位置上，刻在支架上的数字即为校正系数。两断面之比（F_1/F_2）一般为 250～300。F_1 容器面承受大压力，倾斜测量管 F_2 承受小压力，其两侧压力差 h 按式(14-2-3)计算：

$$h=\rho gLK \tag{14-2-3}$$

式中 K——校正系数（也叫常数因子），由实验标定，它包含倾斜管的倾角、工作液的密度和大容器液面下降值等因素的影响；

L——测压管读数，mm；

ρ——工作液体密度，一般用工业酒精和蒸馏水配成密度为 0.81 kg/m^3 的工作液。

2. 单管倾斜压差计的使用

(1) 使用前准备：

① 加工作液。旋开大容器 10 上的加液盖 4，缓缓地加入密度为 0.81 kg/m^3 的工作液，使其液面在倾斜测量管上的刻线零点附近，然后盖紧加液盖。将多向阀门中间的接头和倾斜测量管上端的接头用胶皮管连通，再分别用胶皮管接在多向阀的“－”和“＋”接头上。

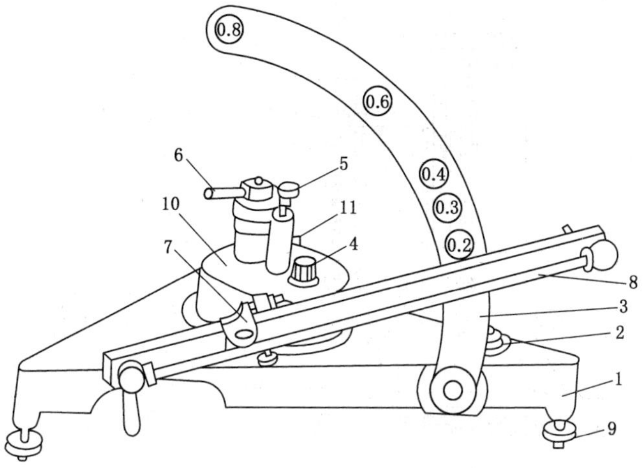

1—底板；2—水准指示器；3—弓形支架；4—加液盖；5—零位调整旋钮；6—阀门柄；
7—游标；8—倾斜测量管；9—定位螺钉；10—大容器；11—多向阀门。

图 14-2-4　YYT-200 型单管倾斜压差计结构

② 将阀门柄 6 拨到“测压”处，用嘴轻吹，使酒精液面沿测压管慢慢上升，查看有无气泡，如有气泡，应反复吹多次，直至气泡完全消失为止。

③ 调平。调整仪器底板下的两个定位螺钉 9，使仪器处于水平(即水准管内的气泡应居中)。

④ 校准。顺时针转动控制阀门柄 6 到“校正”位置，使容器和测定管与“＋”和“－”接管隔断，而与大气相通。旋动零位调整旋钮 5，使测压管内的液面对准零点。

⑤ 检漏。将倾斜管固定在 K 值为 0.8 的系数上，轻吹接在“＋”接头上的胶皮管，测压管液面上升，卡死胶皮管，观察液面是否下降。若液面不下降，说明不漏气；否则漏气，要检查各部分是否旋紧和接头是否接紧，直至不漏气。

(2) 测定：

① 在测定地点，同(1)②、③、④、⑤步。

② 把测压管固定在相应的校正系数 K 上，并把压力较大的胶皮管接到仪器“＋”接头上，压力较小的胶皮管接到仪器“－”接头上。转动控制阀门柄 6 拨至“测压”位置上。读取液面长度 L，按式(14-2-3)计算所测压力值。

(三) 补偿式微压计

1. 原理与结构

它由充满水的小容器 1 和大容器 2 间用胶皮管连通，如图 14-2-5(a)所示。在无压差时，两容器液面处于同一水平面上。大压力作用在小容器 1 上时，其液面下降。为了恢复其原液位，转动固定于丝杆上的读数盘 3，大容器 2 沿丝杆上升。在小容器 1 内装有光学设备，可在反射镜 6 内看到水准器 7 的尖端同它自己的像互相接触，如图 14-2-5(b)所示，从而由大容器液面新的平衡位置来确定大小容器所受到的压力差。

2. 操作方法

(1) 测前准备。转动读数盘 3，使读数盘 3 及位移指针 4 均处于零点。打开螺盖 5，注入蒸馏水直到从反射镜 6 中观察到水准器 7 中的正倒影像近似相接。盖好螺盖 5，缓慢转

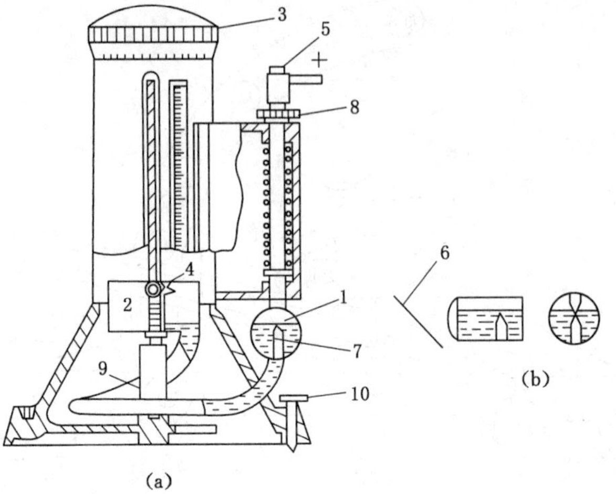

1—小容器；2—大容器；3—读数盘；4—指针；5—螺盖；
6—反射镜；7—水准器；8—螺母；9—胶皮管；10—调平螺钉。
图 14-2-5　补偿式微压计结构示意图

动读数盘 3，使大容器 2 上下移动数次，以排除大、小容器间连接胶皮管内的气泡。用调平螺钉 10 将仪器调平，慢慢转动调节螺母 8 使小容器 1 微微移动，水准器 7 中的正倒影像尖端恰好相接触。如不能相接，两个影像重叠，表明水量不足，则应加水；若两尖端分离，表明水过多，则应减水。

（2）测定：

① 调平、调零。转动读数盘 3，使读数盘 3 及位移指针 4 均处于零点。调平螺钉 10 将仪器调平，慢慢转动调节螺母 8 使小容器 1 微微移动，使水准器 7 中的正倒影像尖端恰好相接触。

② 测压。将被测压力较大的胶皮管接到螺盖 5 附近的"＋"接头上，压力较小的胶皮管接到指针 4 附近的"－"接头上。小容器 1 中的液面下降，反射镜 6 中观察到的水准器 7 正倒影像消失或重叠，此时顺时针缓慢转动读数盘 3，直至恢复两影像尖端再次刚好相接。指针 4 位移后所指的整数与读数盘 3 所指的小数之和，即为所测压力差。

这类仪器有 DJM9 型、YJB-150/250-Ⅰ型等，DJM9 型和 YJB-150 型测量范围为 0～1 500 Pa，YJB-250-Ⅰ型测量范围为 0～2 500 Pa，最小分度值为 0.1 Pa。此种仪器精度高，可用于微小压差测量；缺点是当压力波动时，水准针尖很难调整到恰好相接。

第三节　粉尘浓度检测仪器

一、滤膜采样测尘仪器

（一）测尘原理

测定时，抽取一定体积的含尘空气，将粉尘阻留在已知质量的滤膜上，由采样器采样后滤膜的增量来求出单位体积空气中粉尘的质量（mg/m^3）。按式（14-3-1）计算粉尘质量浓度：

$$C=\frac{m_1-m_2}{Q t}\times 1\ 000 \qquad (14\text{-}3\text{-}1)$$

式中　C——粉尘质量浓度，mg/m^3；

m_1——采样前的滤膜质量，mg；

m_2——采样后的滤膜质量，mg；

Q——采样器采样流量，L/min；

t——采样器采样时间，min。

（二）粉尘采样器

粉尘采样器由采样头（内装滤膜）、流量计（稳流电路）、抽气泵、计时器（或可编制自动计时控制电路）和电源等组成。粉尘采样器可分为呼吸性粉尘采样器和全（总）尘采样器。呼吸性粉尘采样器与全尘采样器差别在于呼吸性粉尘采样器增设了一个前置预捕集器。前置预捕集器用以捕集非呼吸性粉尘，能对危害人体的呼吸性粉尘和非呼吸性粉尘进行分离，分离效果达到国际公布的“BMRC”曲线标准。预捕集器主要有水平淘析器、旋风分离器和惯性冲击器。水平淘析器、旋风分离器（旋风器）和惯性冲击器截留某一区段粒度能力与它的采样流量有关，因此，在采样过程中，应严格恒定所要求的采样流量。

滤膜的作用是捕获粉尘，有 ϕ40 mm 和 ϕ75 mm 两种规格，分别适用于采集浓度小于和大于 200 mg/m^3 的粉尘。国内几种粉尘采样器的主要技术参数如表 14-3-1 所列，AFQ-20A 型矿用粉尘采样器的工作原理及外形分别如图 14-3-1 和图 14-3-2 所示。

表 14-3-1　国内几种粉尘采样器主要技术参数表

型　号	主要技术指标									
	采样流量 /($L\cdot min^{-1}$)	抽气负压 /kPa	采尘范围	采样时间 /min	定时范围 /min	防爆型式	工作噪声 /dB	质量 /kg	温度 /℃	湿度 /%
AFQ-20A 型	20	>5	全尘，呼吸性粉尘	>100	0～90	本质安全	<70	2	0～35	≤95
KBC 型	0～40	<2	全尘	≥100		隔爆兼本质安全		5		
ACX-1 型	10～40	1.5	全尘			安全火花		2.0	0～35	
AQF-1 型	15～20	>1.5	全尘	>100		本质安全		3.5		
AKFC-92A 型	20	>3	全尘，呼吸性粉尘	>120	0～90	本质安全	≤70	1.8	−5～35	≤95
ACGT-2 型	2	>5	全尘，呼吸性粉尘	>480		本质安全	<65	0.35		
AQH-1 型	2.5	>1.5	呼吸性粉尘	>480		本质安全		4.5		

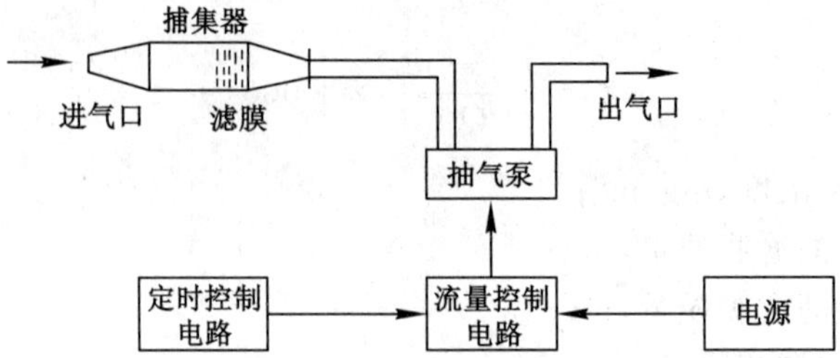

图 14-3-1　AFQ-20A 型矿用粉尘采样器工作原理框图

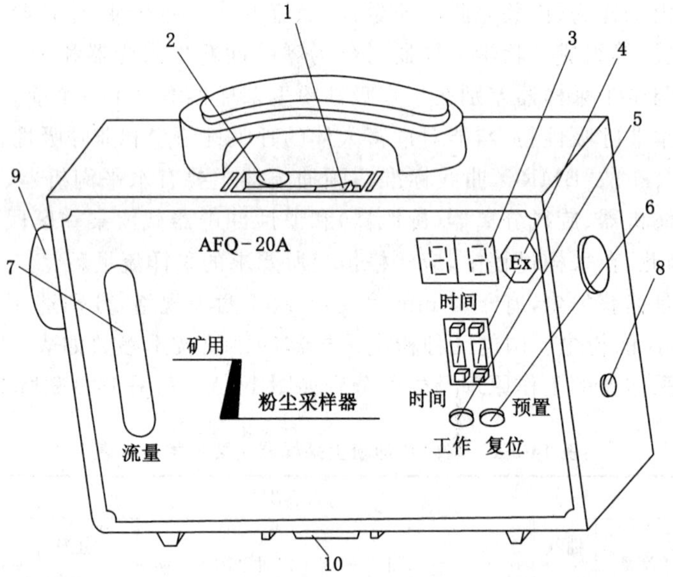

1—电源开关；2—流量调节电位器；3—时间显示；4—时间预置；5—工作(启动)按钮；
6—复位(停止)按钮；7—流量观察(流量计)；8—充电插座；9—捕集器连接器；10—三脚架固定螺母。

图 14-3-2　AQF-20A 型矿用粉尘采样器外形图

（三）使用方法

1. 采样前的准备

(1) 滤膜安装。先用镊子取下滤膜两面的夹衬纸，用 0.000 1 g 精度的分析天平称取滤膜的初重 m_1，然后按滤膜的安装方法(ϕ40 mm 的滤膜用平铺安装法，ϕ75 mm 的滤膜用漏斗状安装法)安装好滤膜，放入采样头或滤膜盒内，同时对采样头或滤膜盒进行编号。

(2) 选择采样头，用冲击式预捕集器时，需在玻璃片上涂上硅油；用旋风式预捕集器时，需在下部底盒中放上滤膜。

(3) 对采样器充电。

2. 采样

(1) 采样前。应选择所用的采样头，装上已称初重的滤膜夹，然后安装到仪器上，并将顶盖拧紧，防止漏气。

(2) 采样。对于有定时器的采样器,应根据需要,通过键盘在 0～99 min 任意预置采样时间。采样时间预置后,打开电源,显示为 00,再启动工作按钮,开始采样。同时调节采样流量,使采样流量在 20 L/min。只要时间到,仪器就自动停止。对于没有定时器的采样器,打开电源要同时计时,并调节流量到所需的流量。采样时间一到,立即停止计时。取下采样头中的滤膜夹放入原滤膜盒内,要注意样品的保存。

(3) 记录。每次采样结束,用记录簿记下采样日期、采样地点、滤膜盒的编号、采样流量、采样时间、工序、工具类型与数量、采样地点的风速和风量、干湿温度、防尘措施等。

3. 采样后称重

称重前,打开滤膜盒,置于干燥器中,2 h 后用镊子小心地将滤膜从滤膜盒中取出称重;称重后,放入干燥器中再干燥 30 min,再称重。当相邻两次的质量差不超过 0.1 mg 时,取其较小值。但要注意,称采样前后的滤膜,应使用同一天平和砝码。

二、快速测尘仪(直读式测尘仪)

快速测尘仪大多采用光电测尘原理,即滤膜集尘消光原理和光电效应来实现粉尘浓度的测定,其原理如图 14-3-3 所示。合上电源开关,微电动机启动,带动气泵抽气,含尘气体经过采样孔,透过滤膜,粉尘被吸附在滤膜上。当气体采样达到规定时间时,延时开关自动关断,采样结束。进行直接测尘时,小电珠光束透过透镜变为近似平行光束,穿透滤膜,射向硅光电池,使硅光电池产生光电流通过微安表,指示光敏电流值。通过采样前后干净滤膜与含尘滤膜的光电流 I_0 与 I 以及采样流量、时间,由式(14-3-2) 计算出被测粉尘的质量浓度:

$$C=\frac{\ln I_0-\ln I}{KQt}\times 10^3 \tag{14-3-2}$$

式中 C——粉尘质量浓度,mg/m^3;

I_0——采样前的光电流,μA;

I——采样后的光电流,μA;

K——粉尘的消光系数(由试验确定),μA/mg;

Q——采样流量,L/min;

t——采样时间,min。

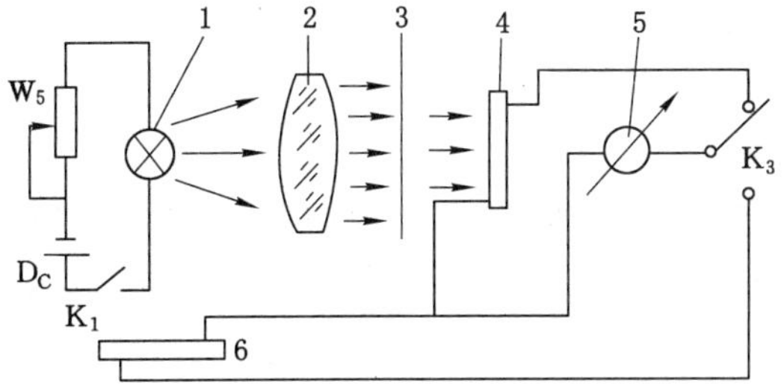

1—小电珠;2—透镜;3—滤纸;4—检测硅光电池;5—指示电表;

6—校正硅光电池;K_1—电源开关;K_3—校正开关;W_5—调整电位器;D_C—电池组。

图 14-3-3　光电测尘原理图

可根据式(14-3-2)专门制造直接读取粉尘浓度的刻度盘。校正硅光电池是用来对小电珠光强进行监测,并通过调整电位器 W_5 的阻值,使采样前后的小电珠光强保持一致。

快速测尘仪除采用光电检测原理外,还可采用红外光吸收法、光折射、β射线和光散射法等检测原理,由于采用检测原理不同,测尘仪种类也不同,如 GCG1000 型(GCC-1000 型)粉尘浓度传感器、CCHZ-1000 全自动粉尘测定仪、CCD1000-FB 安全型防爆便携式微电脑粉尘仪、CCHG1000(CCZ-1000)型直读式粉尘浓度测量仪等。

第四节　温度、湿度检测仪表

一、热电偶

两种不同的导体如图 14-4-1 中 A、B 组成闭合回路,当 A、B 相接的两个节点温度不同时($t \neq t_0$),则在回路中产生热电势。A、B 组件称为热电偶,导体 A 或 B 称为热电极。一端为工作端,称测量端或热端;另一端为自由端,称参比端或冷端。

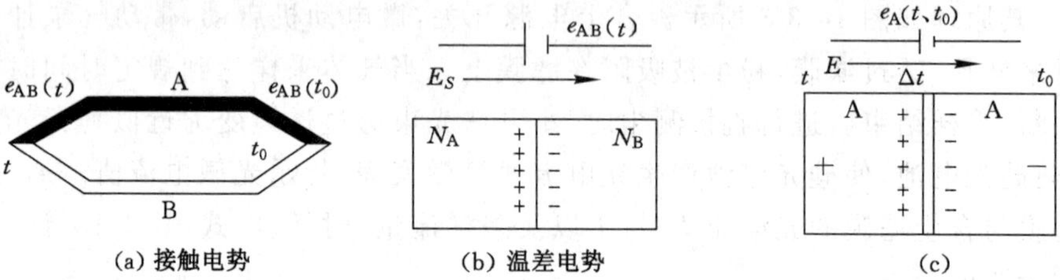

图 14-4-1　热电偶

热电偶的热电势由接触电势和温差电势两部分组成。接触电势就是两种不同性质导体 A、B 相互接触时产生的电势。接触电势的大小取决于两种不同导体的性质和接触点的温度,与材料几何形状和尺寸无关。而温差电势是同一导体的两端因其温度不同而产生的一种热电势。

热电势的大小只与材料和节点温度有关,与尺寸、形状及沿电极温度分布无关。在测量时,热电偶与毫伏表或电位差计连接,组成热电温度计,通过标定可得:

$$T = KE_{AB} + T_L \tag{14-4-1}$$

式中　K——标定系数,不同的温度段 K 值不一样,℃/mV;

T_L——冷端温度,℃;

E_{AB}——热电势,mV。

如把热电偶的冷端放在装满冰水混合物的保温容器中,使冷端保持恒定的 0 ℃,$T_L = 0$。也可利用不平衡电桥产生的电动势来补偿热电偶因冷端温度变化所引起的热电势的变化值。

利用热电偶测温时,热电势大小与热冷端温度差有关,当测点环境温度较高时,其灵敏度也较高。矿山主要用热电偶测量煤岩体或工作面采空区的温度。

二、红外温度探测仪

它是一种非接触式测温仪表，其原理如图 14-4-2 所示。图中 R_b 是红外敏感元件，接收红外辐射能；R_c 是补偿元件，被罩壳隐蔽起来，不吸收红外辐射能；E_b 和 E_c 组成偏压电源。R_b 接收红外辐射能，其阻值下降，电桥失去平衡，输出电压信号耦合到前置放大器放大，经处理和转换环节，由显示器显示，或送到报警电路进行报警。R_b 阻值下降或输出电压信号的强弱由红外辐射能量决定，而接收的红外辐射能量多少与被测点温度高低有关，仪器显示的数据就直接反映被测点温度值及其变化状态。

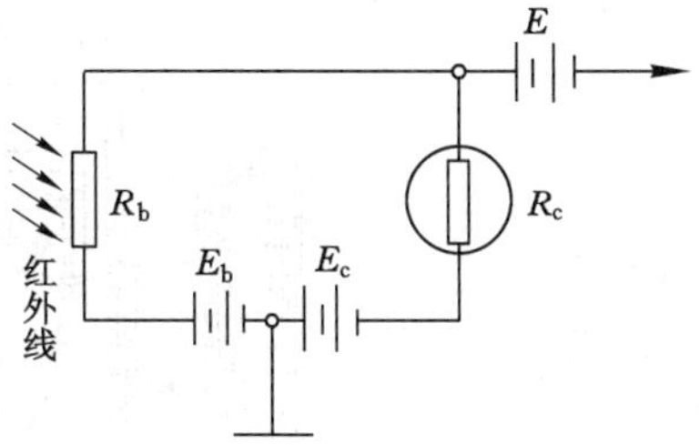

图 14-4-2　红外温度探测仪原理图

三、湿度测量仪表

矿井空气湿度的测定通常采用风扇湿度计，又称通风干湿表，如图 14-4-3 所示，主要由两支相同的温度计和一个通风器组成。水银温度计 1 为干球温度计；水银温度计 2 的水银球上裹有一层湿的棉纱布 3，为湿球温度计；水银温度计的外面均罩着内外表面光亮的双层金属保护管 4 和 5，以防热辐射的影响；通风器 6 内有发条和风扇，风扇在发条作用下工作，以在风管 7 中产生稳定的气流，使温度计的水银球处于同一风速下，测定流动状态下的空气温度。使用时，先湿润纱布，然后上紧发条，小风扇转动，空气由金属保护管 4 和 5 吸入，经中间管从上部排出。由于湿球表面的水分蒸发要吸热，因而湿球温度计的示数低于干球温度计的示数，空气的相对湿度越小，蒸发吸热作用越显著，干湿温度差也就越大。根据干、湿球温度计读值的差值（Δt）和湿球温度计读值（t），由附表三即可查出空气的相对湿度（φ）。

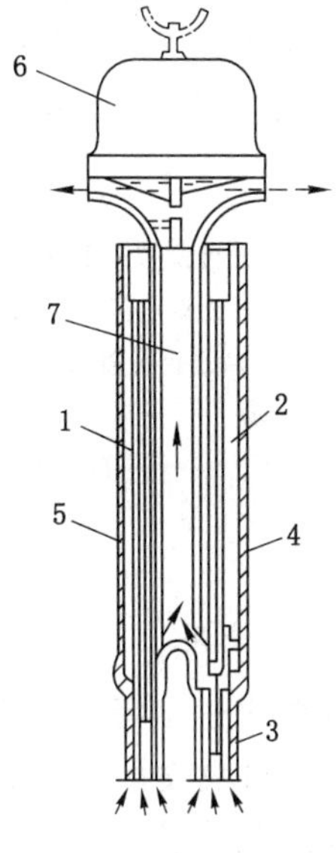

1—干球温度；2—湿球温度；
3—棉纱布；
4、5—双层金属保护管；
6—通风器；7—风管。
图 14-4-3　DHM2 型
风扇湿度计

例　在井下某巷道用风扇湿度计测得风流的干球温度 t 为 25.6 ℃，湿球温度 t' 为 23.5 ℃。求算风流的相对湿度。

解　$\Delta t = t - t' = 25.6 - 23.5 = 2.1$（℃）

根据 Δt、t' 和附表三，并利用内插法求得相对湿度 $\varphi = 84\%$。

第五节　气体检测仪器与仪表

一、光学甲烷检定器

（一）结构

光学甲烷检定器是利用光干涉原理，测定甲烷和二氧化碳等多种气体的一种便携式检测仪器。图 14-5-1 为国产的 AQG-1 型光学甲烷检定器外部和内部结构图。

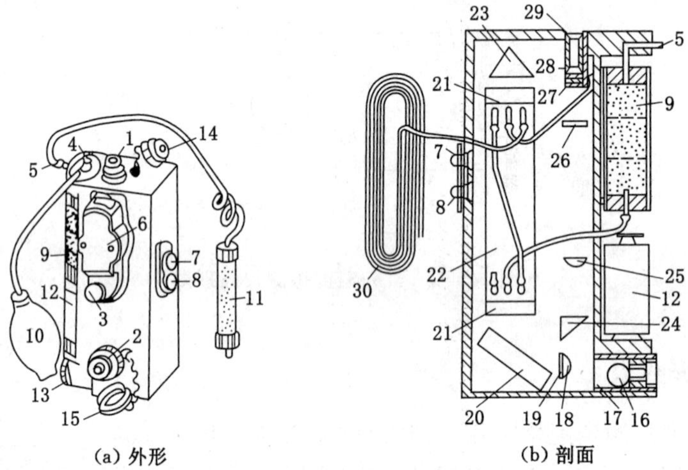

1—目镜；2—主调螺旋；3—微调螺旋；4—吸气孔；5—进气孔；6—微读数观察孔；7—微读数电门；8—光源电门；9—水分吸收管；10—吸气橡皮球；11—二氧化碳吸收管；12—干电池；13—光源盖；14—目镜盖；15—主调螺旋盖；16—灯泡；17—光栅；18—聚光镜；19—光屏；20—平行平面镜；21—平面玻璃；22—气室；23—反光棱镜；24—折射棱镜；25—物镜；26—测微玻璃；27—分划板；28—场镜；29—目镜保护玻璃；30—毛细管。

图 14-5-1　AQG-1 型光学甲烷检定器结构图

（二）使用

光学甲烷检定器的使用步骤如下：

（1）对吸收管内的干燥剂等药品进行检查。

水分吸收管 9 内的干燥剂可以用氯化钙或变色硅胶。变色硅胶为蓝色颗粒状，吸湿后变为粉红色。吸湿变色后的硅胶经过干燥处理后可以复用。氯化钙（$CaCl_2$）是极强的干燥剂。

二氧化碳吸收管 11 内装的钠石灰又名碱石灰，即氢氧化钙与氢氧化钠（或氢氧化钾）的混合物，吸收二氧化碳后由粉红色颗粒变为淡黄色。

（2）对仪器进行气密性检查。

先检查吸气橡皮球 10 是否漏气。检查的方法是一只手捏扁吸气球压出球内气体，另一手压住球上的胶皮管，如球不膨胀还原，就证明不漏气，否则可以从气球是否损坏、活塞芯子是否清洁等方面来找原因。

然后对仪器的气样通道进行检查。检查方法与检查吸气球一样，只是把压住吸气球上的胶皮管改为堵住仪器的进气孔 5。有条件的可在气样入口与出口处加上约 6 864 Pa 的压差，若在 1 min 内压力不下降，说明不漏气，否则应对各连接部分分别检查，找出原因进行检修。

(3) 检查干涉条纹是否清晰。

把电池装入仪器，按下光源电门 8 由目镜 1 观察，旋转保护玻璃 29 调整视度直到数字最清晰，再看干涉条纹是否清晰。如不清晰，可将光源灯泡盖打开，调整其位置来改善条纹清晰度。

(4) 调零。

测定前，首先在与待测定地点温度相近的地点，捏吸气球数次进行“换气”，以免因温差过大而出现零点飘移。其次，微数对零，按下微读数电门 7，反时针转动微数读数盘，使其零位对准指示线。再次，基线对零，按光源电门 8，观看目镜 1，转动主调螺旋 2，使干涉条纹中最明显的一条黑线(常称黑基线)对准零位，最后盖好主调螺旋盖 15。

(5) 测定。

将进气胶管伸入测点，捏吸气球 5～6 次，吸入待测气体。按下光源电门 8，由目镜 1 读出黑基线在刻度板上所处的位置。如黑基线处于刻度板两个整数之间，如 1%～2%，则顺时针方向转动微调螺旋 3，同时观看黑基线退到较低的数值 1%上，然后按下微读数电门 7，读出微数读数盘上的读数为 0.5，则测定的甲烷浓度为 1%＋0.5%＝1.5%，最后将微数读数盘退回零位。

测定二氧化碳时，先用上述方法测定甲烷浓度，再取下二氧化碳吸收管，然后在同一测点测定甲烷和二氧化碳的混合气体浓度，从混合气体浓度中减去甲烷浓度，再乘以系数 0.955，即为测点的实际二氧化碳浓度。

光干涉式甲烷检定器是根据甲烷折射率，在温度为 20 ℃和标准大气压下标定刻度值的，用它测定其他气体时，都要做相应的校正。其校正系数为：

$$K=\frac{n_m-n_a}{n-n_a} \tag{14-5-1}$$

式中　n_m，n_a，n——分别为甲烷、空气和待测气体的折射率。

煤矿内常见气体在 20 ℃和标准大气压下的折射率如表 14-5-1 所列，几种常见气体的校正系数如表 14-5-2 所列。

表 14-5-1　某些气体的折射率

气体名称	空气	CO_2	CH_4	H_2	H_2S	SO_2	CO	O_2
折射率	1.000 272	1.000 418	1.000 411	1.000 129	1.000 576	1.000 671	1.000 311	1.000 253

表 14-5-2　几种气体的校正系数

气体名称	CH_4	CO_2	H_2	C_2H_4	H_2O
K	1	0.955	−0.986	0.349	−4.088

对于温度和大气压的校正，可用式(14-5-2)校正系数：

$$K'=\frac{1\ 033}{293}\times\frac{T}{P}=3.526\ \frac{T}{P} \tag{14-5-2}$$

式中　T,P——分别为测点的绝对温度(K)与大气压力($\times10^2$ Pa)。

二、甲烷遥测报警断电仪

甲烷遥测报警断电仪除具有连续监测甲烷浓度的功能外，还具有报警、断电、输出标准信号和探头断线自检功能，实现了由"间断"到"连续"、由"就地"到"远距离"检测的飞跃，为矿山安全监测系统的发展奠定了基础。

(一) 甲烷遥测报警断电仪

甲烷遥测报警断电仪种类较多，常见的如表 14-5-3 所列。但是它们的功能、基本原理和线路基本相同。仪器主要由井上和井下两部分组成，井下部分由传感器、主机和声光箱组成；地面部分主要由接收机和记录仪组成。井上下均是由电缆连接。图 14-5-2 为甲烷遥测仪的原理框图。探头是采用黑白元件组成的电桥电路，将甲烷浓度变成电信号送给放大器进行放大，放大信号分为 4 路：第一路送给本身电表就地显示甲烷浓度；第二路送给报警电子开关，当甲烷浓度达到报警点时，报警电子开关动作，发出声光报警；第三路送给断电电子开关，当甲烷浓度达到断电点时，即信号达到断电开关的触发电压时，则电路翻转，继电器吸合，使外控磁力启动器的控制绕组断电，从而达到切断井下电气设备电源的目的；第四路送给电压/频率转换电路，将直流电压信号转换成频率信号、去调制载波信号向地面发送。地面接收机接收到井下发送的被调制信号，经过接收、放大和检波后，转变成与井下主机内电压频率转换输出的方波个数相同的脉冲信号，再进行频率/电压转换，又将频率信号转换成电压信号，一路送给地面主机电表显示井下被测地点甲烷浓度；另一路送给报警电路，在地面发出声光报警；第三路送给地面记录仪，实现地面对井下甲烷浓度连续检测。

表 14-5-3　甲烷遥测报警断电仪主要型号及主要技术参数

仪器型号	WJC-100 型	AYJ-2 型	ABD-21 型	AGD-12 型
主机容量	一对线传输 10 个模拟量	一对线传输 5 个模拟量	一对线传输 6 个模拟量	一对线传输 6 个模拟量
监测范围	0～4%	0～4%	0～3%	0～4%
报警方式	声光	声光	声光	声光
断电范围	0.5%～2%	0～4%	0.5%～1.5%	0.5%～2%
传输方式	频分制	频分制	频分制	频分制
传输距离	10 km	10 km	10 km	2 km

(二) 甲烷断电仪

甲烷断电仪有固定型(用于控制固定型电气设备)、车载型(用于控制电机车)和机载型(用于控制采掘机械)。它主要是由主机、探头和声光箱三部分组成的固定式监测仪器。它可装在采掘工作面、电机车和固定设备硐室内，实现对甲烷连续检测，同时在甲烷超限时能发出声光报警及自动切断被控设备的电源，并可与风电-瓦斯闭锁系统配合使用。它与甲烷遥测仪的区别就是不能远距离发送。AWD-3 型甲烷断电仪的原理框图如图 14-5-3 所示。

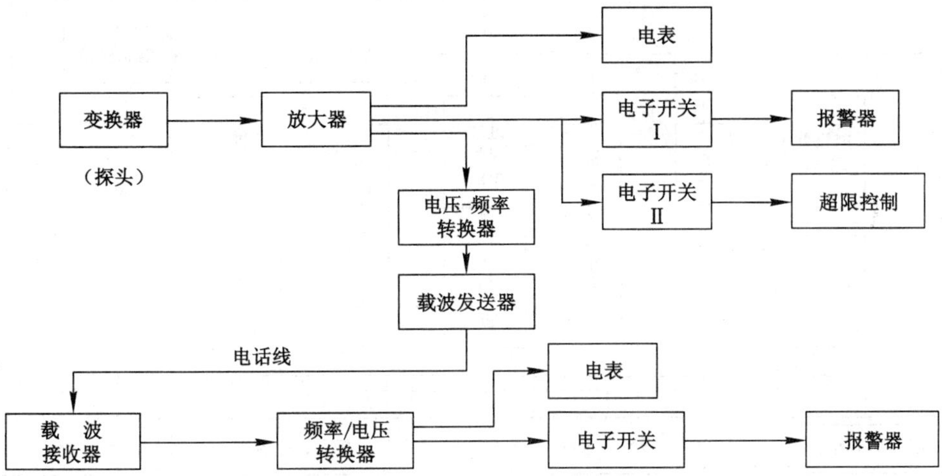

图 14-5-2　甲烷遥测仪原理框图

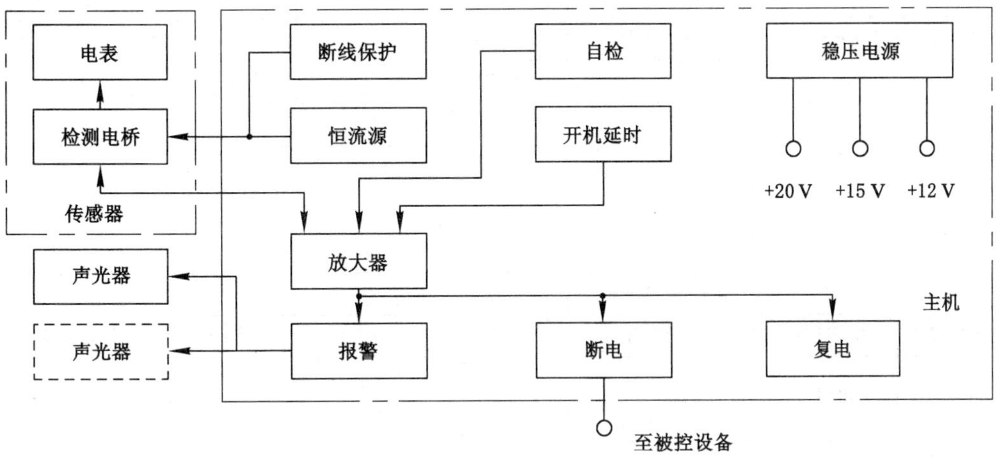

图 14-5-3　AWD-3 型甲烷断电仪工作原理框图

三、甲烷检测报警便携仪

目前国内外利用载体热催化原理元件生产的甲烷检测报警便携仪的型号较多，表 14-5-4 仅列出了部分型号，但它们的检测原理和结构基本一样，采用载体热催化元件作为检测元件，通过电桥电路输出电信号，经放大后，分别送给报警电路和 A/D 转换电路。A/D 转换电路将模拟信号转换为数字信号，由液晶显示出甲烷浓度大小。当甲烷浓度达到报警设定值时，通过比较器输出一高电平，驱动报警电路实现声光报警。为了保证仪器使用的可靠性，多数仪器均设有欠压报警(或指示)及传感器故障等自检电路。图 14-5-4 为 JJ-4 型甲烷便携仪原理框图。

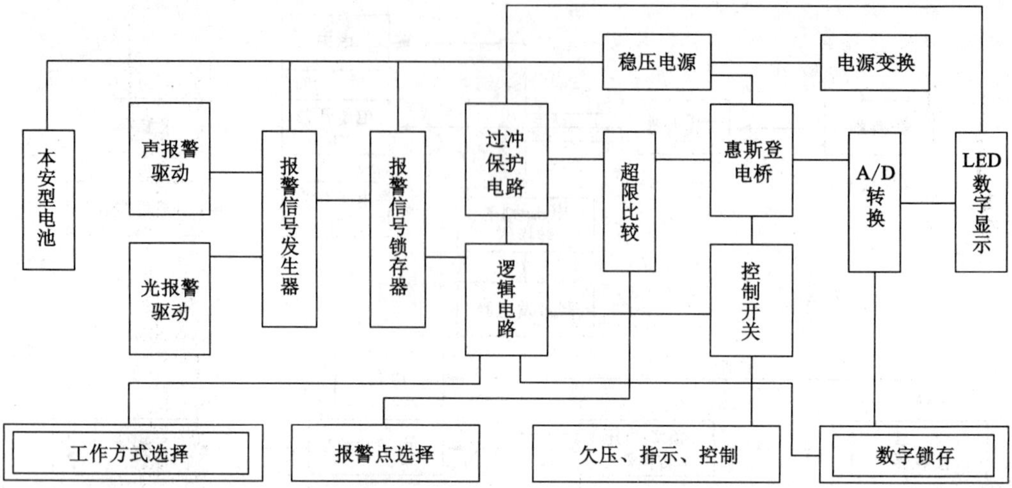

图 14-5-4　JJ-4 型甲烷便携仪原理框图

表 14-5-4　载体热催化型甲烷检测便携仪型号及主要技术参数

仪器名称	AW6 型	SWJ-2 型	AXZ-1B 型	JJ-4 型	AWJ-1 型	SJ-1 型
测量范围	0～4%CH_4	0～4%CH_4	0～5%CH_4	0～4%CH_4	0～4%CH_4	0～4%CH_4
测量误差	0～1%	0～1%	0～2%	0～1%	0～2%	0～1%
	±0.1%	±0.1%	±0.1%	±0.1%	±0.1%	±0.1%
	1%～2%	>1%～2%	2%～5%	1%～2%	2%～4%	1%～2%
	±0.2%	±0.2%	±0.2%	±0.2%	±0.3%	±0.2%
	2%～4%	>2%～4%		2%～4%		2%～4%
	±0.3%	±0.3%		±0.3%		±0.3%
显示方式	数字显示	数字显示	数字显示	数字显示	数字显示	数字显示
报警设定及方式	无报警功能	≥1%CH_4 声光断续	无报警功能	任意设定 声光断续	无报警功能	任意设定 声光断续
反应时间	<15 s	<15 s	<15 s	<30 s	<15 s	<30 s
使用温度	−20～40 ℃	−20～40 ℃		0～40 ℃	0～40 ℃	
相对湿度	≤98%	≤98%	≤98%	≤98%	≤98%	

这类仪器的特点是体积小、结构简单、功耗低、性能较稳定及使用寿命长。测定低浓度甲烷时，输出信号较大（1%CH_4 时，输出电压可达 150 mV 以上），信号处理和显示较简便、直观，易于实现超限报警、遥测。其缺点是催化剂与硫、铅、磷、氯等化合物接触时，催化性能逐渐降低，使仪器的灵敏度降低。

四、一氧化碳检定器

检测一氧化碳浓度的仪器按其工作原理分为检知管、电化学、气敏半导体、红外线、气相色谱分析等，按其结构形式分为便携式和固定式两类。

检知管是一支 $\phi 4 \sim 6$ mm×150 mm(长)的玻璃管,内装活性载体,载体吸附化学试剂,管口熔封。使用时先打开管口,待测气体以一定的速度通过检知管,与管内的化学试剂进行化学反应,产生变色圈,根据变色圈的长度来测定待测气体的浓度。一氧化碳检知管是活性硅胶吸附了发烟硫酸和五氧化二碘(I_2O_5),当含有 CO 的气体通过时,发生如下反应:

$$5CO + I_2O_5 \xrightarrow{H_2SO_4} 5CO_2 + I_2(\text{棕色}) \tag{14-5-3}$$

形成棕色变色圈,变色圈的长度与通过的 CO 浓度成正比,由检知管上的刻度可直接读出 CO 的浓度。这种检知管称为比长式检知管。我国用于煤矿的检知管还有 CO_2 检知管、H_2S 检知管、NO_2 检知管等。它们的性能如表 14-5-5 所列。

表 14-5-5　几种检知管性能表

检知管类型	载体	吸附化学试剂	变色
CO 检知管	活性硅胶	发烟 H_2SO_4 和 I_2O_5	由白色变成棕色
CO_2 检知管	活性氧化铝	NaOH	由蓝色变为白色
H_2S 检知管	活性硅胶	$Pb(COO)_2$	由白色变成褐色

五、气相色谱仪

虽然色谱仪的型号繁多,功能技术指标相差很大,但构成仪器的基本部分是相同的,主要由主机、电器部分和数据处理三大部分组成,包括储气瓶、压力指示和流量控制仪器、色谱柱、检测器、电器设备(电信号放大器、温度控制器)、数据处理与记录仪等。图 14-5-5 为气相色谱仪基本流程示意图。

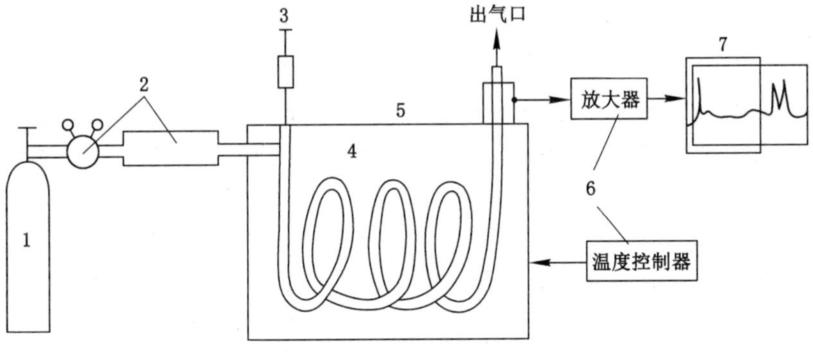

1—储气瓶;2—压力指示与流量控制仪器;3—样品注入;4—色谱柱;
5—检测器;6—电子部件(放大器、温度控制器);7—数据处理与记录仪。

图 14-5-5　气相色谱仪基本流程示意图

检测原理是混合气体在载气(流动相)带动下,经色谱柱完成混合气体的分离,然后送给检测器;而检测器将分离的每种待测气体转化为电信号,由记录仪记录出色谱峰或计算机采样进行数据处理,根据色谱峰位置和峰面积(峰高)或计算机采集信息先后顺序和大小进行定性和定量分析。

色谱柱和检测器是色谱仪的关键部件。分析不同的混合气体，应选用不同的色谱柱。如分析CO、CO_2、CH_4混合气体，一般选用直径为3～5 mm、长度为0.5～0.7 m的螺旋不锈钢管柱，柱内装TDX-01或TDX-02(60～80目)的吸附剂。目前应用较多的检测器主要有以下几种：一是热导检测器，它用于常量分析，如分析大气中的氧气和氮气等。二是氢火焰检测器，它主要用于对可燃气体进行微量分析，如分析井下的一氧化碳气体、碳氢类气体等。而一氧化碳和二氧化碳气体必须通过镍触媒做催化剂，在350～380 ℃温度条件下转化为甲烷，才能用氢火焰检测器检测。三是电子捕获检测器，它主要用于分析电负性物质，如氧气和含卤族元素的化合物。

气相色谱仪是一种通用型气体分析仪器，它可完成多种气体的定性和定量分析。色谱分析操作条件对仪器的工作性能影响较大，操作也较复杂，技术要求较高。因此，色谱仪多用在实验室。它的特点是分析精度高，定性准确，分析速度快，一次进样可以同时完成数种气体的分析即所谓"全分析"，是目前矿山气体分析的理想设备。

第六节　煤矿安全监控系统

煤矿安全监控系统在煤矿安全生产，预防瓦斯、火灾等重特大事故，应急救援和事故调查中发挥着重要作用，是井下六大安全避险系统之一。《煤矿安全规程》规定，所有矿井必须装备安全监控系统。

安全监控正在向综合智能监控发展，可实现煤与瓦斯突出预报、火灾监测与预报、水灾监测与预报、矿山压力监测与预报等功能，并可实现多系统联动，从而使煤矿安全性大大提升。

一、系统组成

安全监控系统由硬件和软件组成，如图14-6-1所示。

（一）硬件

监控系统一般由地面中心站、井上下通信接口、防雷装置、井下监控分站、各类传感器、断电控制器和配套的辅助设备等组成，并满足和保证运行稳定可靠、可维护性、开放性和可拓展性等要求。

(1) 地面中心站。主要由主机、服务器、传输接口、打印机、UPS电源、多屏信息显示墙、声光报警设备等组成，通过通信接口与井下环网交换机构成数据传输。

主机：一般选用工业控制计算机，采用双机热备自动切换工作方式，主要用于数据采集、控制、网络管理等。

服务器：用于数据处理和保存。

中心站具有数据采集、处理、分析、报表图形编辑打印、数据查找、信息发布及上传网络等功能，向分站发送各种命令(如断电控制命令)。

(2) 监控分站。井下分站主要由各类传感器、报警器、断电器等组成。采用普通电缆连接环网交换机，构成与中心站数据传输。

监控分站接收中心站下发的各种命令、接收传感器监测信息及电源箱供电信息，对数据信息预处理并暂存，保存中心站下发的配置定义参数；当监测值超过断电值时，向断电控制器输出控制信号，实现瓦斯超限断电控制。

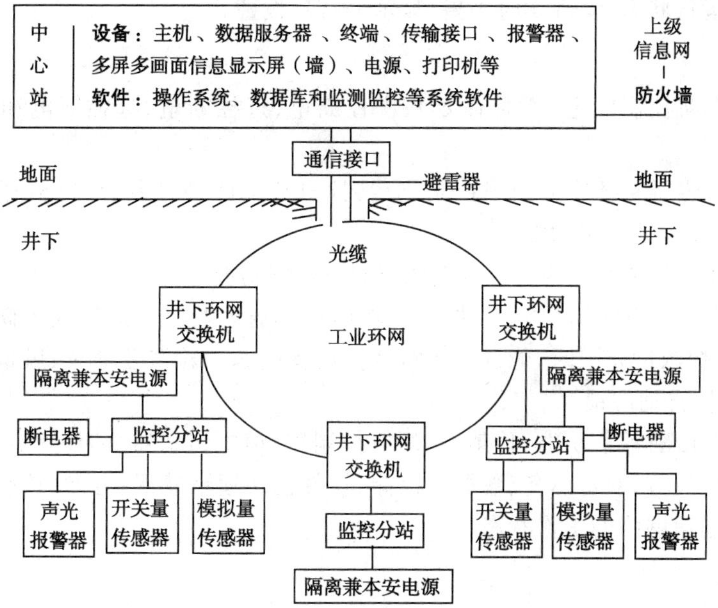

图 14-6-1　监控系统组成结构图

(3) 传感器。传感器分为模拟量传感器和状态量(开关量)传感器,它是将被测物理量转换为电信号,经电路处理后实现与监控分站传送实时监测数据或状态量。模拟量传感器输出信号制式有 RS485 数字信号和 200～1 000 Hz 频率信号,开关量传感器输出信号制式有 RS485 数字信号或±5 mA、1～5 mA 等。

(4) 断电控制器。控制馈电开关或电磁启动器的装置。断电控制器有的采用分站无源接点驱动控制,有的采用有源驱动控制,有的还具备被控开关状态监测功能(馈电监测)。

(5) 电源箱。将井下交流电源转换为系统所需的本质安全型直流电源,并具有维持电网停电后正常供电不小于 4 h 的蓄电池,向分站传输供电信息等。

(6) 传输网络。传输介质主要有电缆和光缆。网络结构采用复合(环网＋现场总线)结构,连接环网交换机。目前系统主传输采用标准 1 000 Mb 工业以太网,构建分站与中心站之间通信传输通道。

(二) 软件

主要有操作系统、数据库和监测监控等系统软件。这些软件除完成系统的功能外,还应具有操作权限管理功能,对参数设置、控制等必须使用密码操作;具有容错、数据加密存储、可靠性高、开放性好、易操作、易维护、安全等特点;符合《煤矿安全监控系统通用技术要求》(AQ 6201—2019)标准。

二、系统功能

(一) 监测

系统通过传感器监测甲烷浓度、风速、风压、一氧化碳浓度、氧气浓度、粉尘浓度、烟雾、温度等环境参数和瓦斯抽采(放)量,监测机电设备的馈电状态以及风机开停、风筒状态、风门开关等设备运行状态，实现实时采集、显示、预警、报警。

（二）控制

（1）具有手动控制断电（手控命令）、程控断电、近控断电、远控断电和异地控制断电功能。

（2）具有传感器断线故障闭锁控制、分站掉电故障闭锁控制、断电器掉电故障闭锁控制、通信中断故障闭锁控制功能。

（3）具有井下分站及环网交换机电源充放电控制功能。

（4）具有甲烷风电闭锁功能：当掘进工作面局部通风机停止运转或风筒风量低于规定值、或空气中甲烷浓度超限时，能自动切断被控设备电源。若恢复通风、风量正常或甲烷浓度低于1.0%时，自动解锁。

（5）具有自诊断评估功能：传感器、断电控制器（馈电传感器）的设置定义；模拟量传感器维护定期标校提醒；双机热备、数据库存储、软件模块通信状况；分站、传感器、控制器、电源箱等设备及通信网络的工作状态。

（三）数据应用功能

（1）具有应急联动功能：安全监控系统预警、报警、异常信息与矿井广播系统和井下作业人员管理系统融合联动，实现系统联动发布安全监控异常信息。

（2）具有数据加密存储功能。

（3）具有监测信息的综合分析及预警、预测，及时向煤矿管理人员提供决策支持功能。

（4）具有逻辑报警及断电控制，区域报警及断电控制，瓦斯突出（瓦斯梯度）预警、火灾预警提示功能。

（5）具有网络数据信息共享功能和异常信息自动发布功能。

（6）具有实时数据、历史数据查询功能，日报表、图形动态编辑打印功能等。

三、主要传感器工作原理

（一）甲烷传感器

甲烷传感器目前有热导式、载体热催化式、红外和激光式四种。

1. 热导式甲烷传感器

热导式甲烷传感器采用电阻温度系数较大的金属丝（铂丝或钨丝）或半导体热敏电阻作为敏感元件。把性能相同的一对热导元件分别接在电桥电路的两个臂上，一支放置在与被测气体相通的气室中，叫测量元件；另一支放置在充满地面标准大气的密闭气室中，叫补偿元件，如图14-6-2所示。工作时，当测量元件与补偿元件输入同样的电流后，产生的热量相同，但由于散热介质不同，两元件存在一定温差，两元件产生一个与温差相适应的热态电阻差，破坏电桥平衡，电桥输出一个与甲烷浓度变化成比例关系的电信号。

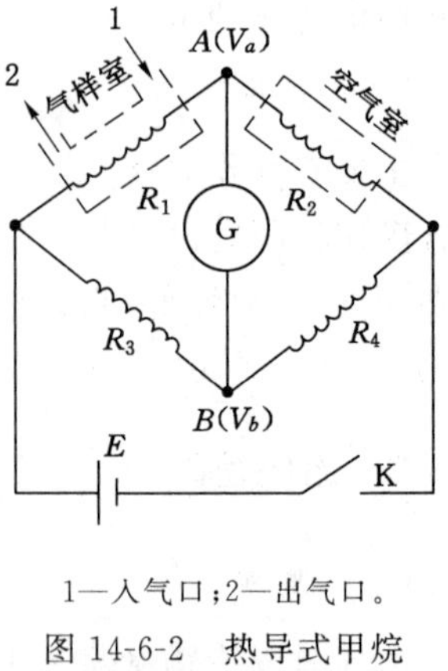

1—入气口；2—出气口。

图14-6-2　热导式甲烷传感器原理图

由于纯甲烷或高浓度甲烷的热导率与空气的热导率相差较大，所以测量高浓度甲烷时精度高。如果甲烷浓度较低，其热导率与空气的热导率相近，输出信号较弱，其灵敏度和分辨力就很小，因此，这类传感器不适用于在低浓度下使用。

目前，热导式甲烷传感器型号繁多，有我国生产的 LRD-1 型甲烷检定器和与煤矿安全生产监测系统相配接的 KG3001 型甲烷传感器，波兰生产的 CKA 型高浓度甲烷传感器和德国生产的 BD 甲烷传感器等。

2. 载体热催化型甲烷传感器

(1) 载体热催化元件及检测原理

载体热催化元件结构如图 14-6-3 所示，主要由铂丝线圈、载体和催化剂组成。其检测原理是甲烷等可燃气体在催化剂(铂、铑、钯)的作用下，在元件的表面发生氧化反应，生成二氧化碳和水，同时放出热量。其氧化反应式为：

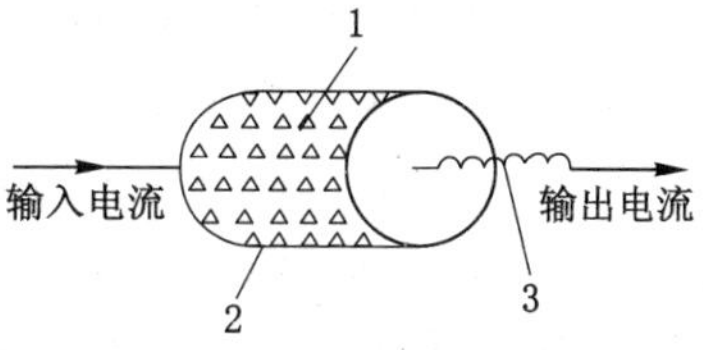

1—载体；2—催化剂；
3—铂丝线圈。
图 14-6-3　载体热催化元件结构

$$CH_4 + 2O_2 \longrightarrow CO_2 + 2H_2O + Q\uparrow \quad (14\text{-}6\text{-}1)$$

释放出的热量 Q 使元件的温度上升，造成铂丝的阻值变化。铂丝的电阻在 0～630.74 ℃内与可燃气体浓度成正比。

(2) 载体热催化型甲烷传感器

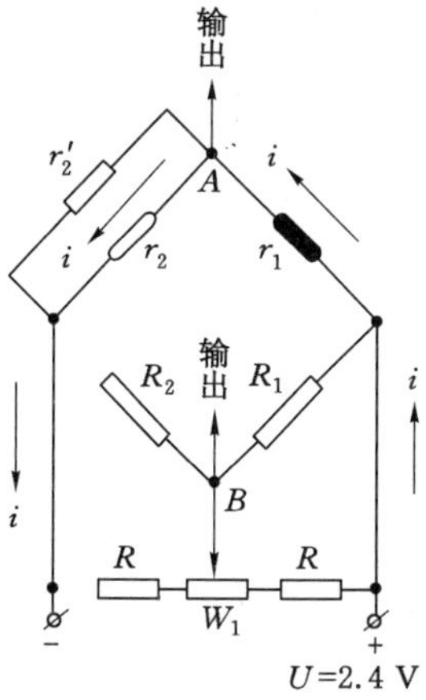

图 14-6-4　载体热催化元件测量原理图

利用载体热催化元件制成传感器的结构如图 14-6-4 所示，主要有黑(热催化元件)和白(补偿元件)两种元件，其阻值分别为 r_1 和 r_2，与固定电阻 R_1 和 R_2 组成电桥电路。为使电桥在无甲烷状态下处于平衡状态，桥路内装有调零电位器 W_1。电阻 r'_2 并联在白元件 r_2 上，补偿黑白元件热学性质差异，以改善电桥的零点飘移。

传感器工作时，在恒流源作用下，有电流流过电桥 4 个臂。无甲烷气体时，电桥输出平衡。有甲烷时，一方面，甲烷与氧气在黑元件表面进行无焰燃烧，放出热量被元件吸收引起元件温度升高，使铂丝电阻增大；另一方面，白元件上无催化剂，甲烷在其表面不进行氧化燃烧，但它处在与黑元件相同的工作环境，起着对非甲烷气体变化(环境温度变化、湿度变化、风速变化以及电源电流电压变化)而引起的催化元件阻值变化的补偿作用，这样就破坏了原来的电桥平衡，输出一个与甲烷浓度成正比的电信号，将此信号送入放大电路放大，再送至显示、报警或其他单元，实现对甲烷浓度的检测。

3. 红外甲烷传感器

红外甲烷传感器是利用甲烷对 3.33 μm 波长的红外光有一极强的吸收峰，而杂质气体中影响较大的水蒸气和二氧化碳则并无明显吸收这个光谱特性，来实现甲烷气体检测。该传感器克服了催化原理传感器标定周期短、容易中毒、受高瓦斯冲击易损坏等缺点，测量不受风速影响、抗干扰能力强，检测精度不受水蒸气等杂质气体影响，调校周期达 1 个月以上，响应时间快于催化原理传感器。

红外甲烷传感器主要技术指标为：

测量范围：0～10.0%CH_4 或 0～100%CH_4。

分辨率：0.01%CH_4。

测量精度：甲烷浓度为 0～1.00%时测量精度≤±0.10%CH_4、甲烷浓度为 1.00%～2.00%时测量精度≤±0.20%CH_4、甲烷浓度为 2.00%～4.00%时测量精度≤±0.30%CH_4、甲烷浓度为 4.00%～10.00%时测量精度≤±8.00%真值(相对误差)。

元件检测反应时间：≤20 s。

4. 激光甲烷传感器

图 14-6-5(a)、(b)分别为激光甲烷传感器的结构和工作原理图。其基本原理是：光线穿过充满甲烷的吸收池后，对应甲烷吸收波长的光强度会因吸收而衰减，衰减量与光线在甲烷吸收池内经历的路径成正比。根据朗伯-比尔定律，每种具有极性分子结构的气体都有对应的特征吸收波长，在光程和反射系数不变的情况下气体浓度与吸收率具有符合朗伯-比尔定律的对应关系。

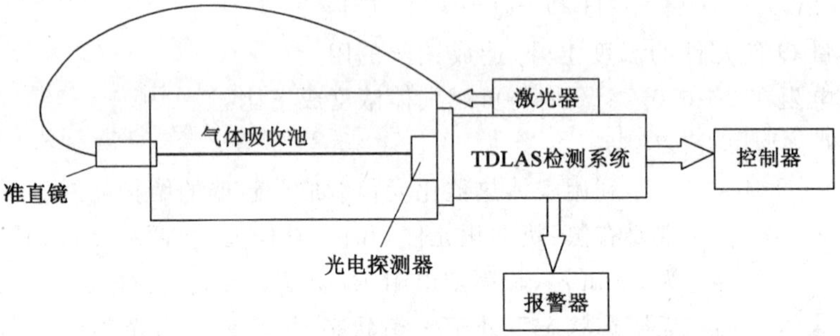

(a) 激光甲烷传感器结构

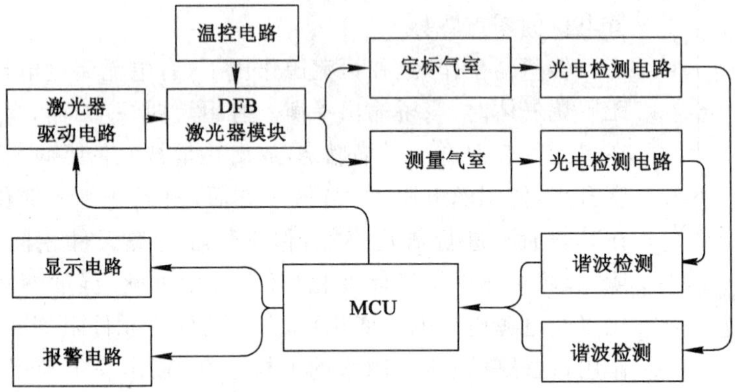

(b) 激光甲烷传感器工作原理

图 14-6-5　激光甲烷传感器结构与工作原理图

传感器输出标准的频率信号或 RS485 数字信号，可以与监控分站等其他控制器联机使用，适用于煤矿井下有瓦斯、煤尘爆炸危险的环境。

(二) 一氧化碳传感器

图 14-6-6 是一氧化碳传感器的电化学池结构及工作原理示意图。其内是一个装有三个电极的电池，W 为工作极，C 为对极，R 提供恒定电位。该电池在恒定电位器产生

0.9～1.1 V 的恒定电位作用下，在恒电位电池场中通入 CO 气体并扩散至工作极时，CO 气体发生氧化反应生成 CO_2；同时，气体中的氧扩散到对极 C 处发生还原反应。在反应中，工作极 W 放出电子，对极 C 获得电子，从而在工作极 W 与对极 C 之间形成电解电流，其电流的大小与 CO 浓度成正比。输出电流信号经放大、A/D 转换，以数字形式显示出 CO 浓度。

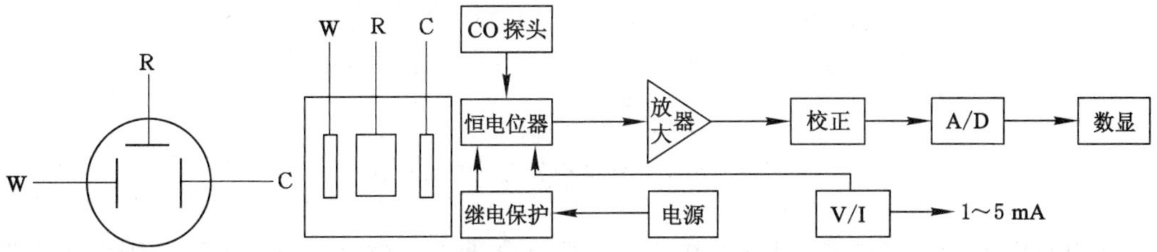

图 14-6-6　一氧化碳传感器电化学池结构及工作原理示意图

我国生产的 KG3013、KG3013A、KG3002 型一氧化碳传感器，日本生产的 EC-109、CM-550 型，德国生产的 Comgtron2030i 型，美国生产的 Ecolyzer 型等都是采用电化学原理。利用该原理制成的各种便携仪也较多，例如我国生产的 JB-3 型和 MINIPAC190 型一氧化碳检测报警仪。这类仪器或传感器抗干扰性差，除 CH_4 和 CO_2 基本不参加反应外，NO_2、H_2、SO_2、C_2H_4、H_2S 均参加反应，因此，使用时应在其前端加过滤剂，以便对干扰气体加以吸收，提高检测精度。

（三）矿用压差传感器

1. 差动变压器式负压（压差）传感器

矿用差动变压器式负压（压差）传感器，是应用了差动变压器原理。其探头是由差压膜盒和差动变压器组成的差压变换器，并将差压膜盒和差动变压器封装在一个容器内，容器上留有两个压力输入孔以传递压力，其工作原理如图 14-6-7 所示。

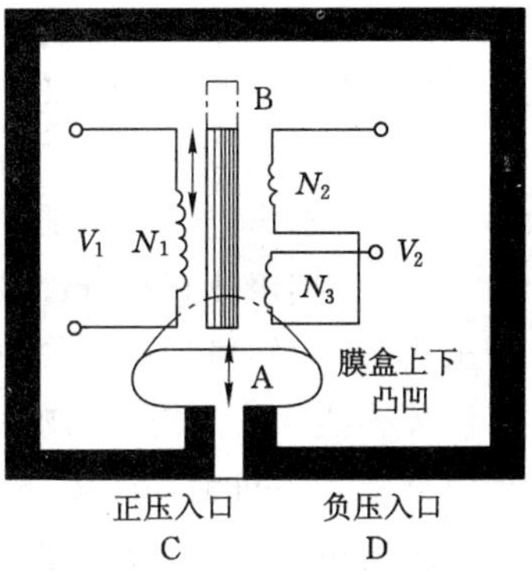

图 14-6-7　差压变换器工作原理示意图

差动变压器由一个可移动的铁芯 B、一个初级线圈 N_1 和两个次级线圈 N_2、N_3 组成。差动变压器的活动铁芯是串联在膜盒 A 中心的硬芯部分，当压力发生变化，压差膜盒产生轴向位移，其位移量的大小正比于外加压力。这样，膜盒 A 便带动了铁芯 B 上下移动，引起差动变压器的次级电压的变化，从而实现了压力/电量的转换。

这类传感器有 KG4003 等，其测量范围有 0～±500 Pa、0～±5 kPa、0～±20 kPa、信号输出形式有 0～5 mA DC、200～1 000 Hz、5～155 Hz。

2. 固态压阻式负压（压差）传感器

KG4092 型、KGY3 型和 KG3033 型等负压（压差）传感器就是利用半导体的固态压阻效应来实现压力测量的。半导体材料（硅晶体）在压力作用下，晶格发生变化，导致其电阻率发生变化，即产生压阻效应。其传感元件结构示意图如图 14-6-8(a)所示，在硅膜片上按照一定的晶向位置扩散一个间隔的长 L、宽 W 的长条形四端力敏电阻，力敏电阻示意图如图 14-6-8(b)所示。

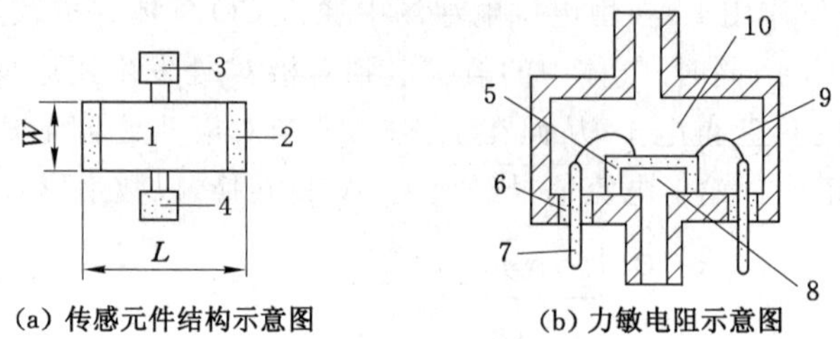

1、2、3、4—力敏电阻；5—硅膜片；6—绝缘子；7—引线；8—低压腔；9—金丝；10—高压腔。

图 14-6-8　传感元件结构和力敏电阻示意图

在力敏电阻 1、2 端加电压 V 时，在 3、4 两端有电压 V_{out} 输出。当气体压差作用在硅膜片上时，膜片弯曲变形，产生应力。由于半导体材料的压阻效应，在压力的作用下力敏电阻率发生变化，从而使其电阻值变化，电压 V 也随之变化，检测电压 V 就得到所对应的气体压差值。

（四）超声波旋涡风速传感器

该传感器是应用卡曼涡街理论来实现风速检测的。所谓卡曼涡街理论，就是在无限流场中，垂直流体流向插入一根无限长的非流线型阻挡体（旋涡发生体），在雷诺数为 200～50 000 范围内，阻挡体的下游将产生内旋的、互相交替的旋涡列，其旋涡频率 f 与流体流速 v 成正比，与阻挡体直径 d 成反比，即：

$$f = S_t \frac{v}{d} \tag{14-6-2}$$

式中　S_t——常数，在雷诺数 $Re=200\sim2\times10^5$ 范围内，对于圆柱体 $S_t=0.21$；

f——卡曼旋涡频率，次/s；

v——流体流速，m/s；

d——挡阻体直径，m。

由式(14-6-2)可知，只要准确测出旋涡频率 f，就可以确定出流体流速的大小。

该传感器探头为矩形的塑料筒，其内有旋涡发生体(d)，两侧分别有超声波发射器(F)和接收器(S)，主机为一防爆外壳体，内有电子信号接收处理线路，图 14-6-9(a)、(b)分别为超声波风速传感器结构和工作原理图。图中超声波发射器产生连续等幅振荡信号，经放大后加到发射器(F)上，转换成等幅连续的超声波信号并发射到流体中。接收器(S)接收到的是经旋涡调制的超声波信号，并转换成电信号，送到选频放大器。选频放大器把经旋涡调制了的微弱信号放大送到检波器，检出旋涡信号，经低频放大和电路整形，输出脉冲计数信号，其中一部分由显示电路显示风速，另一部分送给频率/电压变换电路，转换成模拟信号，与各种监测系统配套使用，也可以配上专用电源单独使用。

目前，这类传感器型号有 FC-1 型、FC-2 型、KG5002 型、VA216 型、CW-1 型等。CW-1 型主要技术指标为：本安电源：12～24 V(＜300 mA)；输出信号：0～150(200～1 000)Hz，1～5 mA；测量范围：0.3～15 m/s；测量误差：±1%F. S。

（五）粉尘浓度传感器

粉尘浓度传感器利用暗室里的浮游粉尘在照射光时，粉尘性质一定的条件下粉尘的散

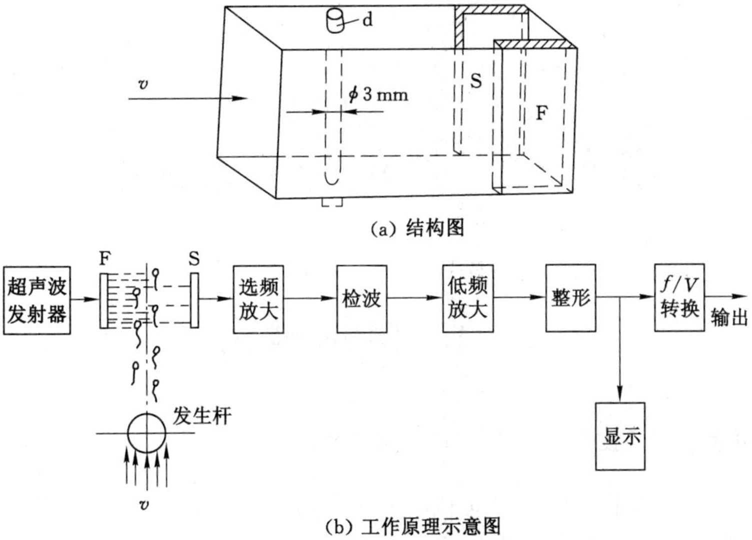

图 14-6-9　超声波风速传感器结构和工作原理示意图

射光强度正比于质量浓度的原理，将散射光强度转换成电信号从而计算出粉尘的相对质量浓度。粉尘浓度传感器原理如图 14-6-10 所示，检测器外部空气在风扇的吸引下进入吸引口，经导流装置(遮掉外部光线)进入检测器暗室，暗室内的平行光与受光部的视野成直角交叉构成敏感区(图中斜线部分)。粉尘通过敏感区时，其 90°方向散射光透过狭缝射进精密光探测器转换成光电流，经光电流积分电路转换成与散射光成正比的电信号，通过放大电路与 A/D 转换电路计算出粉尘的质量浓度。

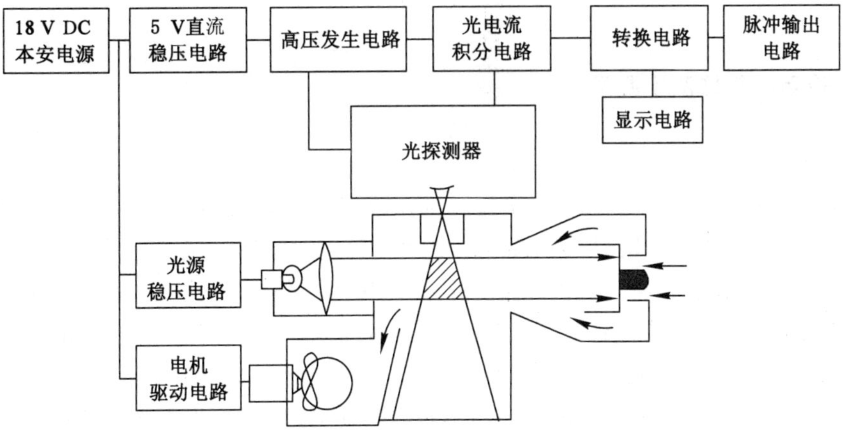

图 14-6-10　粉尘浓度传感器原理图

第十五章　通风安全技术测定

第一节　漏风测定

一、利用风表或利用皮托管配合压差计测量漏风

如图 15-1-1 所示，井巷 AB 段中间有风漏入。用风表分别测量 A、B 断面的平均风速和断面积，并计算 A、B 断面风量，B、A 断面的风量之差，即为漏入巷道 AB 内的风量。也可以利用皮托管配合压差计测算出 A、B 断面平均风速，进而算出漏风量。此种方法适用于漏风量较大且 A、B 断面风速也较大($v>5$ m/s)的条件下。

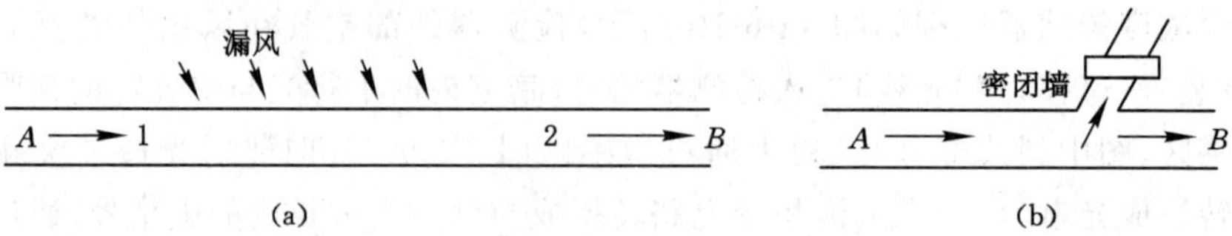

图 15-1-1　巷道漏风测算原理

二、利用示踪气体测定漏风

(一) 测定原理

利用示踪气体技术检测井巷风量和漏风量在国内外已应用多年。该法选择具有一定特性的气体作为标志气体，利用风流和漏风作为载气，在压能高的位置释放一定量的标志气体，在其可能出现的位置采样，通过气体分析，确定标志气体的流动轨迹和浓度，据此可计算出风量或漏风量。这种标志气体称为示踪气体。目前煤矿广泛使用六氟化硫(SF_6)作为示踪气体。如图 15-1-1(a)所示的一段巷道，图中 1、2 为采样点。设通过 1 断面的风量为 Q，漏风区间中的 1、2 两断面间漏风量为 ΔQ，1、2 两断面间气样中的示踪气体浓度分别为 C_1 和 C_2，则由质量守恒定律可得：

$$C_1 Q = C_2 (Q + \Delta Q) \tag{15-1-1}$$

整理可得：

$$\Delta Q = \frac{Q(C_1 - C_2)}{C_2} \tag{15-1-2}$$

（二）测定步骤

示踪气体检测技术一般有释放量和释放地点确定、采样、分析和资料整理等步骤。

1. 释放量

释放量取决于漏风量和检测浓度，以保证检测的浓度在分析仪器的检测线性范围内（如对 SF_6 来说为 $10^{-9}\sim10^{-11}$）为原则。释放量可近似按下式估算：

$$q = kQC\tau \times 10^{-6} \tag{15-1-3}$$

式中 q——预估释放量，mL；

Q——释放点的漏风量（估计），m^3/min；

C——检测仪器的适宜检测浓度，$C\approx10^{-8}$；

τ——示踪气样释放后扩散至整个风流中需要的时间，视漏风的脉动程度而定，可取 10～20 min（漏风量大取小值，反之取大值）；

k——系数，考虑示踪气体在采空区内滞留和其他漏风影响的系数，$k=1.3\sim2$。

2. 释放示踪气体

示踪气体的释放方法可分为脉冲释放、定量脉冲释放和连续定量释放三种。若定性地检测漏风通道可选用前两种；如检测漏风量则选择连续定量释放法。连续定量释放法需要采用连续定量释放装置释放，如安徽理工大学研制的稳流微量释放装置就可以使释放的流量和压力保持稳定。示踪气体释放点距采样点要有一定的距离，以保证采样点断面上的示踪气体的浓度分布均匀和能检测到浓度的变化并具有足够的精度为宜。

3. 采样

一般采用医用玻璃注射器采取气样并注入密封良好的聚乙烯（不吸附 SF_6）塑料袋中，然后用胶带纸将针孔封严。

4. 气样分析

采用装有电子捕获检测器的气相色谱仪分析。其检测精度应达 10^{-11} 以上。

三、巷道断面积测量

（一）规则巷道断面积（S）测算

测量规则巷道断面积，只需要测量出巷道的净高和相应的巷道宽度，即可用下面有关公式计算。

矩形和梯形巷道：

$$S = H \cdot B \tag{15-1-4}$$

三心拱巷道：

$$S = B(H - 0.07B) \tag{15-1-5}$$

半圆形巷道：

$$S = B(H - 0.11B) \tag{15-1-6}$$

式中 H——巷道净高，m；

B——梯形巷道为半高处宽度，拱形巷道为净宽，m。

（二）不规则巷道断面积（S）测算

形状不规则的锚喷巷道可以用网格法精确测量其断面积，方法如下：在巷道的中心立一标尺，每隔 200～250 mm 测量一个水平宽度值，用类似方法测量巷道高度，然后把结果按比例画在方格纸上，计算其面积，如图 15-1-2 所示。

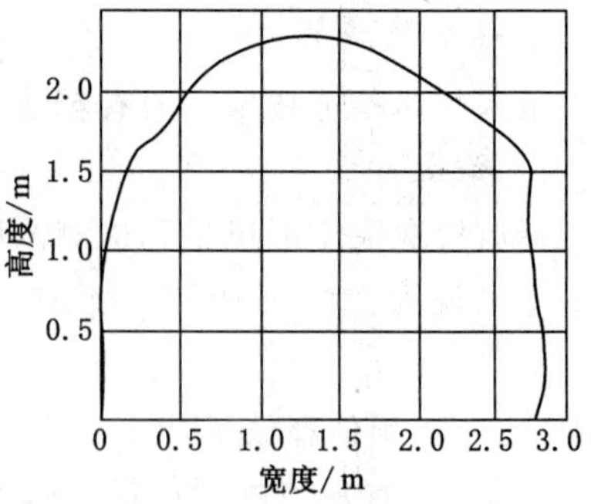

图 15-1-2　不规则巷道断面积测定

（三）周长测算

井巷的周长可以直接测量，也可以根据已知的断面积，按下式计算：

$$U = c\sqrt{S} \tag{15-1-7}$$

式中　c——巷道的断面形状系数，可参考下列近似值选取：梯形 $c=4.16$；三心拱 $c=4.10$；半圆拱 $c=3.84$；圆形 $c=3.54$。

第二节　矿井通风阻力测定

一、通风阻力 h_R 测算

矿井通风阻力测定是通风技术管理工作的重要内容之一。其目的主要有：① 了解通风系统中阻力分布情况，以便降阻增风；② 提供实际的井巷摩擦阻力系数和风阻值，为通风设计、网络解算、通风系统改造、调节风压法控制火灾提供可靠的基础资料。

（一）测定路线选择和测点布置

如果测定目的是了解通风系统的阻力分布，其测定路线必须选择通风系统的最大阻力路线，因为最大阻力路线决定通风系统的阻力。如果路线上有难以通过的巷道，可选择其并联分支进行测量。

如果测定目的是获得摩擦阻力系数和分支风阻，则应选择不同支护形式、不同类型的典型巷道，如平巷、立井、工作面等进行测量。除此之外，还应考虑选择风量较大、人员易于通过的井巷。测定的结果应能满足网络解算要求。

测点布置应考虑测点间的压差不小于 10～20 Pa，应尽量避免靠近井筒和风门，选择在风流比较稳定的巷道内。在进行井巷通风阻力系数测定时，要求测段内无风流汇合、分岔点，测点前后 3 m 的地段内巷道支护完好，没有堆积物。

（二）一段巷道的通风阻力 h_R 测算

1. 压差计法

用压差计法测定通风阻力的实质是测量风流两点间的势能差和动压差，计算出两测点间的通风阻力。如图 15-2-1 所示，压差计两侧用胶皮管与固定于 1、2 断面的皮托管的静压接口（一）相连，则压差计两侧液面所受压力分别为 $P_1+\rho'_{m1}g(Z_1+Z_2)$ 和 $P_2+\rho'_{m2}gZ_2$，其中 ρ'_{m1} 和 ρ'_{m2} 分别为两胶皮管中空气的平均密度，故压差计所示测值为：

$$h = P_1 + \rho'_{m1}g(Z_1+Z_2) - (P_2 + \rho'_{m2}gZ_2)$$

设 $\rho'_{m1}(Z_1+Z_2) - \rho'_{m2}Z_2 = \rho'_m Z_{12}$，且 ρ'_m 与 1、2 断面间巷道中空气平均密度 ρ_m 相等，则：

$$h = (P_1 - P_2) + Z_{12}\rho_m g \tag{15-2-1}$$

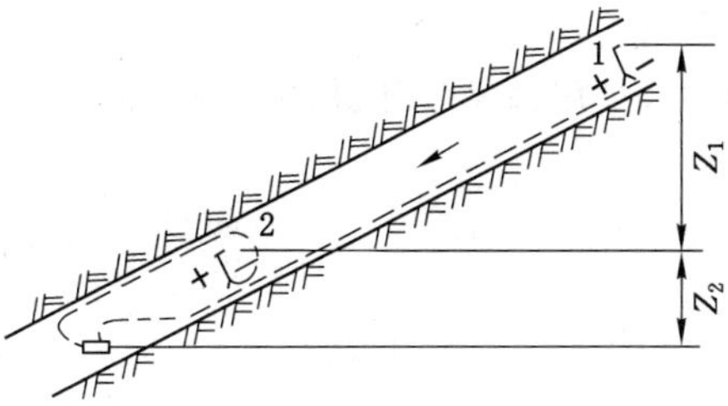

图 15-2-1　压差计法测定通风阻力测点布置(一)

式中 Z_{12} 为 1、2 断面高差，h 值即为 1、2 两断面压能与位能和的差值。根据能量方程，则 1、2 巷道段的通风阻力 h_{R12} 为：

$$h_{R12}=h+\frac{\rho_1}{2}v_1^2-\frac{\rho_2}{2}v_2^2 \tag{15-2-2}$$

式(15-2-2)成立的前提是胶皮管内的空气平均密度 ρ'_m 与井巷中的空气平均密度 ρ_m 相等。为此，测定前应将胶皮管放置在巷道相应位置上保存一定时间，使胶皮管中的气温与外界气温平衡，必要时可用唧气筒换气，把巷道中的空气置换到胶管中，以缩短气温平衡时间。这在测段高差较大的巷中测定阻力时尤为重要。

如果采用图 15-2-2 布置方式，即把压差计放在 1、2 断面之间，测值是否变化？

如图 15-2-2 所示，压差计右侧液面承压为 $P_1+Z_1\rho'_{m1}g$，左侧液面承压为 $P_2-Z_2\rho'_{m2}g$，压差计测值为：

$$h=(P_1-P_2)+(Z_1\rho'_{m1}+Z_2\rho'_{m2})g$$

同理，设 $Z_1\rho'_{m1}+Z_2\rho'_{m2}=(Z_1+Z_2)\rho'_m$，且 ρ'_m 与井巷测段中空气平均密度 ρ_m 相等，则 $h=(P_1-P_2)+(Z_1+Z_2)\rho_m g$。式中$(Z_1+Z_2)$为 1、2 断面的高差。

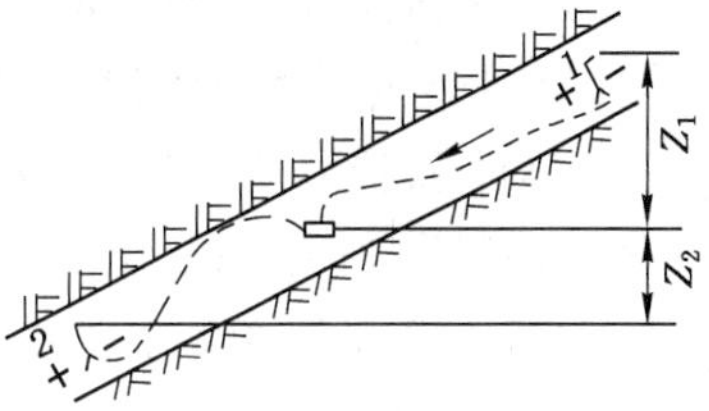

图 15-2-2　压差计法测定通风阻力测点布置(二)

由此可见，压差计所在位置对测值没有影响。但是在实际测定时，一般不把压差计放在两断面之间，以防使测值增大而导致误差增大。

在进行通风阻力测定时，巷道断面的平均风速常用风表测定。

井下通风阻力测定的具体做法是，从第 1 个测点开始，在 1、2 两个测点处各设置一个皮托管(或静压管)。在 2 测点的下侧 6～8 m 处安设压差计。皮托管应设置在风流正常稳定的地点，其尖端正对风流。两测点压差测定后，为节省时间，可以把 2 测点的皮托管(或静压管)和压差计暂时不动，只将 1 测点的皮托管连同胶皮管移到 3 测点，就可进行第二段的测量。这时仪器位于两测点之间，为减少人体挡风对测值的影响，只需一人测压读数。依次顺序前进，直到全部路线测定完毕。

一条通风系统路线的通风阻力要求一次性测完全程，对于通风路线较长的系统，可分两组同时测定，一般一组测进风路线，从进风井口开始向回风系统测定；另一组测回风路线，从回风井口(或井底)开始向进风系统测定，直到两组相遇为止。

在进行通风系统阻力测定的同时，每隔一定时间(一般 10～20 min)读取该系统通风机房水柱计的示数一次。

2. 气压计法

用气压计法测定通风阻力，是用精密气压计测出测点间的绝对静压差，再加上动压差和位能差，以计算出通风阻力。

由能量方程知：

$$h_{R12}=(P_1-P_2)+\left(\frac{\rho_1}{2}v_1^2-\frac{\rho_2}{2}v_2^2\right)+\rho_m gZ_{12} \tag{15-2-3}$$

对于1、2两断面，用一台精密气压计分别测出其绝对静压 P_1、P_2；用风表测出平均风速 v_1、v_2；用干、湿温度计测出气温 t_1、t_2 和相对湿度 φ_1、φ_2。然后根据各断面的 P、t、φ 值求出各断面的空气密度 ρ。若两断面标高差不大，式中1、2两断面间空气柱的平均密度 ρ_m 可近似取为 $\frac{\rho_1+\rho_2}{2}$；若两断面标高差很大，则应分段测算空气密度，精确求出两断面的位能差。能量方程右端各基础数据测得后，即可求出测段的通风阻力。

若用一台精密气压计分别测定 P_1、P_2 时，由于两点测定不同时，在这一段时间内，地面大气压力可能发生变化，通风系统中风门的开启也可能使各地点的风压发生变化，这些因素会严重影响测值精度。目前，通常使用两台温度漂移特性基本一致的精密气压计，采用逐点测定法或双测点同时测定法测定，可以基本上消除上述因素的影响。

双测点同时测定法的测定步骤为：

(1) 将№1、№2两台仪器放在测点1，待仪器读值稳定后同时读数，分别记为 $P_{1,1}$、$P_{1,2}$；

(2) №1仪器原地不动，作为基点气压变化监测仪，将№2仪器移至测点2，约定时间在1、2测点同时分别读取两台仪器的读数，读值为 $P'_{1,1}$、$P'_{2,2}$；

(3) 按下式求算两测点的绝对静压差 (P_1-P_2)：

$$P_1-P_2=(P_{1,2}-P'_{2,2})-(P_{1,1}-P'_{1,1}) \tag{15-2-4}$$

上式右端第一项为№2仪器在1、2测点的测值差；第二项为№1仪器在1测点不同时间的测值差，它是前后两次读数时地面大气压变化(认为基点的气压变化与地面大气压变化是同步而且同幅度的)和通风系统内风压变化的修正值。如果此修正值很大，说明测定时通风系统不正常(风量也发生了变化)，测定无效；如果修正值很小，可认为是地面大气压力的影响，予以修正。

设在测点1，№1、№2两台仪器测出的相对气压分别为 $\Delta P_{1,1}$ 和 $\Delta P_{1,2}$。以№1仪器为监测仪，将№2仪器移至测点2后，同时测出在测点1的№1仪器的读值 $\Delta P'_{1,1}$ 和在测点2的№2仪器的读值 $\Delta P'_{2,2}$，则两测点的静压差 (P_1-P_2) 可按下式计算：

$$P_1-P_2=(\Delta P_{1,2}-\Delta P'_{2,2})-(\Delta P_{1,1}-\Delta P'_{1,1}) \tag{15-2-5}$$

将式(15-2-5)代入式(15-2-3)，即可求算测段通风阻力。

(三) 摩擦阻力系数 α 值的测算

根据通风阻力定律，若已测得巷道的摩擦阻力 h_f、风量 Q 和该段巷道的几何参数，参阅第二章有关公式，即可求得巷道的摩擦阻力系数 α。现场测定时应注意以下几点：

(1) 必须选择支护形式一致、巷道断面不变和方向不变(不存在局部阻力)的巷道。

(2) 准确测算 R_f 和摩擦阻力系数 α 值的关键是要测准 h_f 和 Q 值。测定断面应选择在风流较稳定的区段。在局部阻力物前布置测点，距离不得小于巷宽的3倍；在局部阻力物后布置测点，距离不得小于巷宽的8～12倍。测段距离和风量均较大，压差不低于20 Pa。

(3) 用风表测断面平均风速时应和测压同步进行，防止各种原因(风门开闭、车辆通过等)使测段风量变化产生的影响。

一般用压差计法测定 R_f 和 α 值。

二、局部通风阻力 h_l、风阻 R_l 和阻力系数 ξ 测定

根据矿井通风阻力的基本理论，局部通风阻力 h_l 的计算公式为：

$$h_l = \xi \frac{\rho}{2S^2} Q^2 \tag{15-2-6}$$

令 $\xi \frac{\rho}{2S^2} = R_l$，此称为局部风阻，$kg/m^7$。

故：

$$h_l = R_l Q^2 \tag{15-2-7}$$

现以测算转弯的局部阻力参数 h_l、R_l 和 ξ 值为例说明局部阻力的测定方法。如图 15-2-3 所示，用压差计法测出 1—2 段的摩擦阻力 h_{R12} 和 1—3 段的通风阻力 h_{R13}。h_{R13} 中包括 1—3 段的摩擦阻力和巷道拐弯的局部阻力。因摩擦阻力是与测段长度成正比的，故可按下式求出单纯巷道拐弯的局部阻力：

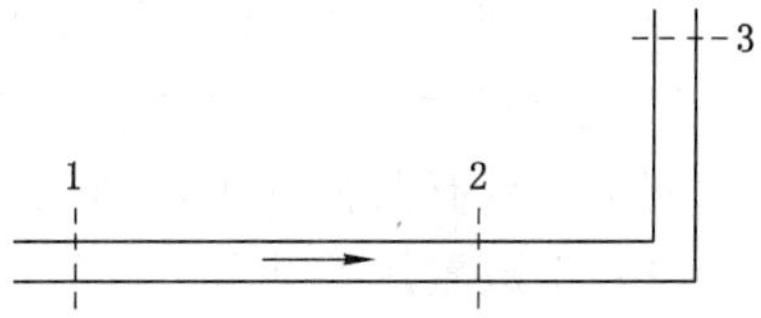

图 15-2-3　局部阻力测定布置

$$h_l = h_{R13} - h_{R12} \frac{L_{13}}{L_{12}} \tag{15-2-8}$$

式中　L_{12},L_{13}——分别为 1—2、1—3 两测段长度。

由式式(15-2-6)和式(15-2-7)，拐弯的局部风阻 R_l 和阻力系数 ξ 为：

$$R_l = \frac{h_l}{Q^2} \tag{15-2-9}$$

$$\xi = \frac{2S^2}{\rho} R_l = \frac{2S^2 h_l}{\rho Q^2} \tag{15-2-10}$$

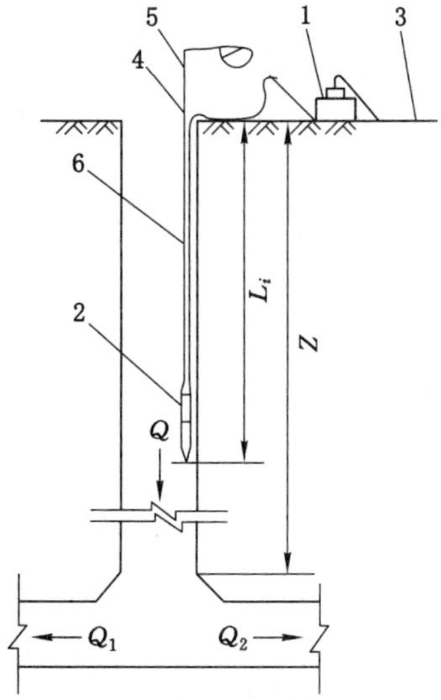

1—单管压差计；2、3—静压管；
4—井筒；5—测绳；6—胶皮管。

图 15-2-4　进风立井通风阻力测定测点布置

三、立井通风阻力测定

立井通风阻力的测定原理和井下水平或倾斜巷道一样，测定方法可用压差计法，也可以用气压计法。

(一) 压差计法

1. 进风立井通风阻力测定

整个井筒的通风阻力包括井口、井底局部阻力和井筒全长的摩擦阻力三部分。当井筒较深且不能下入铺设胶管时，可采用吊测法测定，其方法是：

(1) 测定系统。由压差计、胶皮管、静压管和测绳等部件组成。其布置如图 15-2-4 所示。静压管是特制的，是感受风流的绝对静压的探头，一般要求具有一定质量(约 2 kg)，防止风流吹动，同时又要防止淋水堵塞静压孔，其结

构如图 15-2-5 所示。

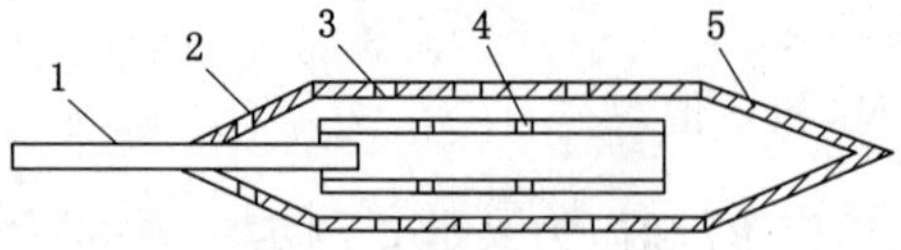

1—接管；2—系绳孔；3—外传压孔；
4—内传压孔；5—排水孔。
图 15-2-5　静压管结构

（2）测定方法。为了缩短测定时间，测定前应根据测定深度，预先将胶皮管与测绳绑扎好。连接好胶皮管、静压探头和压差计后，将静压管缓慢放入井筒中，开始每隔 5～10 m 作为一个测点，读一次压差计示值，放下 30 m 后，每 20～30 m 读一次压差计示值，直至放到预定深度为止。测定各断面与地面的势能差的同时，还应测定井筒的进风量。此外，测试人员还应乘罐笼测定井筒内空气压力和干、湿球温度，以便计算井筒内的空气密度。

2. 回风立井通风阻力测定

测定系统有两种方式，一种是在防爆盖上开个孔，供下放静压管；另一种是在风硐内的井口平台上放置压差计和下放静压管进行测定。

回风立井上部井筒与风硐连接段风流不稳定，测定时首先确定井筒与风硐交接位置（标高）。测定系统布置如图 15-2-6 所示。对于抽出式通风的矿井，压差计的低压端（－）与主要通风机房水柱计传压管相连接；压差计的高压端（＋）与连接静压管的胶皮管相接。测定时静压管穿过防爆盖放入井筒，慢慢下放静压管，记录其下放的深度，同时观察压差计液面变化，当静压管下放至风硐口处即可开始读数，以后每下放 20～30 m 读取一次压差计的示数。一般静压管下放 100～150 m，即可推算出回风井和风硐的通风阻力。

当一个井筒担负多水平通风任务时，可采用上述方法分水平测定，即先测算第一水平的井筒通风阻力，然后将仪器移至下水平进行测定。这样即可测算整个井筒的通风阻力。

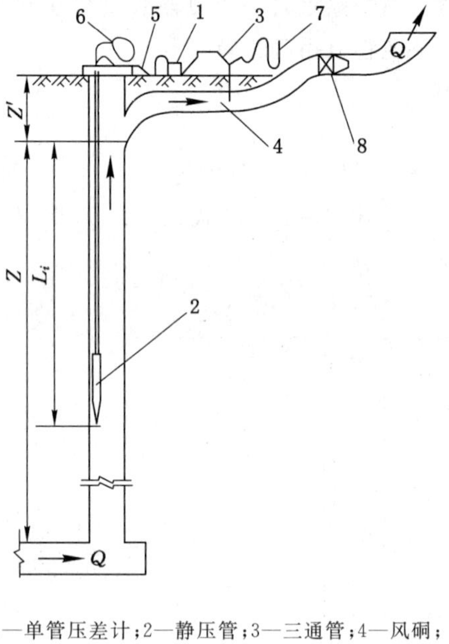

1—单管压差计；2—静压管；3—三通管；4—风硐；
5—胶皮管；6—测绳；7—U 形水柱计；8—风机。
图 15-2-6　回风立井通风阻力测定测点布置

3. 测定数据处理

首先根据测定数据确定井口的局部阻力影响范围，在局部阻力影响区间以外的数据，采用线性回归方法确定摩擦阻力计算式 $h_{Rf}=a+bH$ 式中的系数 a 和 b（H 为井深），然后计算出井筒全长的摩擦阻力，再根据井口受局部阻力影响段的吊测数据即可确定井口的局部阻力 h_1。井底局部阻力可按前述的局部阻力测定方法进行。

（二）气压计法

用气压计法测定立井通风阻力一般采用基点法。基点设在井口外无风流流动的地方。用两台仪器同时在基点读数后，一台留在基点（图 15-2-4 中压差计处），另一台移至井底风流比较稳定的地方。使用气压计时，井筒内的空气密度的测量精度对测量结果影响甚大，为了获得准确的结果，一般是乘罐笼分段（段长 50 m 左右）测量井筒内的大气压力 P 和干、湿球温度 t_d、t_w，然后计算各段的空气密度，求其平均值。同时测量井筒的总进（回）风量。最后按式（15-2-3）计算立井井筒的通风阻力。

四、测定结果可靠性检查

由于仪表精度、测定技术的熟练程度以及风流状态的变化等因素的影响，测定结果不免会产生一些误差。如果相对误差在允许范围之内，那么测定结果可以应用；否则应进行检查，必要时进行局部重测。通风系统阻力测定的相对误差（检验精度）可按下式计算：

$$e=\left|\frac{h_{Rs}-h_{Rm}}{h_{Rm}}\right|\times 100\% \tag{15-2-11}$$

$$h_{Rm}=h_w-\frac{\rho}{2}v^2\pm H_N \tag{15-2-12}$$

式中　e——测定结果的相对误差，$e\leqslant 5\%$时结果可以应用，否则应检查原因或进行局部重测；

h_{Rs}——全系统测定阻力累计值，Pa；

h_{Rm}——全系统计算阻力值，Pa；

h_w——风机房水柱计读数，Pa，取该系统整个测定过程中读数的平均值；

v——风硐内安装水柱计感压孔断面的平均风速，m/s；

H_N——测定系统自然风压（测算方法参见本章第三节），Pa；自然风压与风流同向取“+”，反之取“－”；

ρ——风硐内风流的空气密度，kg/m³。

在一个系统中若测量两条并联路线，结果可互相检验。如果通风状态没有大的变化，并联路线的测定结果则应相近。

在测定的过程中，应及时对风量进行闭合检查。在无分岔的线路上，各测点的风量误差不应超过 5%。

第三节　自然风压测定

在矿井通风设计、日常通风管理和通风系统调整中，为了确切地考虑自然风压的影响，必须对自然风压进行定量分析，为此需要掌握自然风压的测算方法。

一、平均密度测算法

自然风压可根据式（4-1-2）进行测算。

为了测定通风系统的自然风压，以最低水平为基准面（线），将通风系统分为两个高度均

为 Z 的空气柱，一个称之为进风空气柱，一个称之为回风空气柱（有时也含有部分进风段）。为了准确地求得高度 Z 内空气柱的平均密度，应在密度变化较大的地方，如井口、井底、倾斜巷道的上下端及风温变化较大和变坡的地方布置测点，并在较短的时间内测出各点风流的绝对静压力(P)、干湿球温度(t_d、t_w)、湿度(φ)。两测点间高差不宜超过 100 m(以 50 m 为宜)。若各测点间高差相等，可用算术平均法求各点密度的平均值，即：

$$\rho_m = \frac{1}{n}\sum_{i=1}^{n}\rho_i \tag{15-3-1}$$

若高差不等，则按高度加权平均求其平均值，即：

$$\rho_m = \frac{1}{Z}\sum_{i=1}^{n}Z_i\rho_i \tag{15-3-2}$$

式中 ρ_i——i 测段的平均空气密度，kg/m^3；

Z_i——i 测段高差，m；

Z——总高差，m；

n——测段数。

此方法一般配合矿井通风阻力测定进行，也是目前普遍使用的方法。

例 如图 15-3-1 所示的通风系统，在利用气压计法测定该系统通风阻力的同时，测得了图中各测点的空气密度如表 15-3-1 所列，求此系统自然风压 H_N。

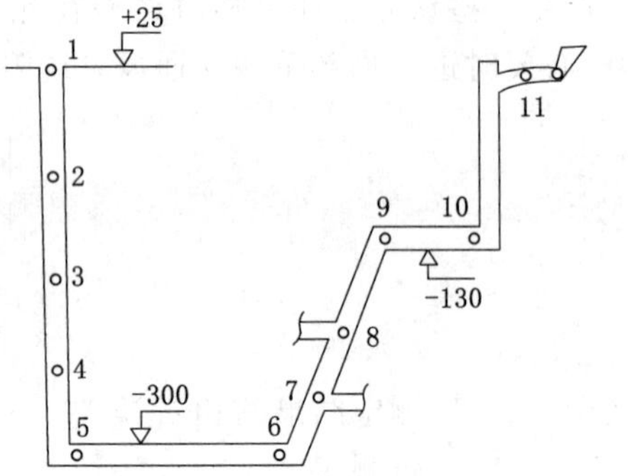

图 15-3-1 某矿测定自然风压测点布置图

表 15-3-1 某通风系统不同标高处空气密度测算结果

测 点	1	2	3	4	5	6	7	8	9	10	11
标高/m	+25	−60	−150	−220	−300	−300	−250	−200	−130	−130	+25
密度/(kg·m^{-3})	1.215	1.229	1.243	1.275	1.299	1.287	1.246	1.231	1.201	1.199	1.177

解 根据式(15-3-2)，计算进、回风侧平均空气密度 ρ_{m1-5}、ρ_{m6-11}：

$$\begin{aligned}\rho_{m1-5} &= \frac{1}{Z}\sum_{i=1}^{5}Z_i\rho_i \\ &= \frac{1}{325}\Big(85\times\frac{1.215+1.229}{2}+90\times\frac{1.229+1.243}{2}+ \\ &\quad 70\times\frac{1.243+1.275}{2}+80\times\frac{1.275+1.299}{2}\Big) \\ &= 1.250\ (\text{kg/m}^3)\end{aligned}$$

同理求得：

$$\rho_{m6-11} = 1.213\ \text{kg/m}^3$$

由式(4-1-2)计算出该系统的自然风压 H_N：

$$H_N = gZ(\rho_{m1-5} - \rho_{m6-11}) = 9.8 \times 325 \times (1.250 - 1.213) = 117.8\ (Pa)$$

二、直接测定法

当主要通风机的风硐中安有闸门且水柱计安装在闸门靠井筒一侧时，风机停止运转后放下闸门，水柱计示值，即通风系统的自然风压，如图 15-3-2 所示。也可采用在通风系统的总进风系统或总回风系统某处设置密闭墙隔断总风流，用压差计测出密闭墙两侧的压差，此值即为该回路的自然风压。这种测算要求密闭墙尽可能严密，否则读数偏低。密闭墙的位置可以任意选定，但要能完全隔断总风流。

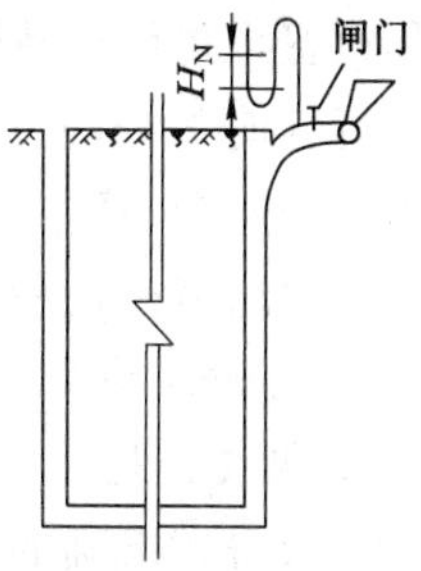

图 15-3-2　闸门法测定自然风压示意图

应用上述方法测定时既要等风流停滞（停风后等待 10～15 min），又要动作迅速，防止因停风时间过长空气的密度发生变化，影响测定精度。

三、停主要通风机时测定自然通风的风量计算自然风压

利用正常通风时通风系统参数计算出通风系统的总风阻 R，停止运行通风机时测定系统的总进（或回）风量，则通风系统的自然风压为：

$$H_N = RQ^2 \tag{15-3-3}$$

四、简略计算法

对于新设计或延深、扩建矿井的自然风压仍可用式（15-3-1）计算，但式中两侧空气柱平均密度值需进行估算。由气体状态方程，近似地可得：

$$\rho_{m1} = \frac{P}{RT_{m1}},\rho_{m2} = \frac{P}{RT_{m2}} \tag{15-3-4}$$

式中　P——矿井最高点与最低水平间的平均气压，Pa；

T_{m1}、T_{m2}——进、回风侧空气柱的平均气温，K；

R——空气的气体常数，J/(kg · K)。

将式（15-3-4）代入式（4-1-2），则得：

$$H_N = gZ\frac{P}{R}\left(\frac{1}{T_{m1}} - \frac{1}{T_{m2}}\right) \tag{15-3-5}$$

T_{m1} 和 T_{m2} 可参考本矿或附近矿井的资料确定，也可按下述方法估算：

① 以该地区最冷或最热月份的月平均气温作为该矿最冷或最热时期进风井口气温；

② 井底气温可按比该处原岩温度低 3～4 ℃考虑；

③ 回风井风流温度按每上升 100 m 降低 1 ℃估算平均值。

若专门考察矿井的自然风压而进行的测定，其测定时间应选择在冬季最冷或夏季最热以及春、秋有代表性的月份，一个回路的测定时间应尽量短，并选择在地面气温变化较小的时间内进行。

第四节　主要通风机性能测定

由于风机的制造与安装质量以及增加外扩散器等原因，矿井主要通风机的实际运转特性与风机厂提供的特性曲线（大型风机是模型试验曲线）有一定出入，因此新风机投产之前应进行性能鉴定，而且以后每五年至少进行一次性能测试，以获得风机的实际性能，为主要通风机的安全、经济运行提供依据。

主要通风机性能鉴定需要测定的参数有风机转速 n、风机工作风压 H、风机工作风量 Q、电动机输入功率 N。测出在管网风阻不同条件下的上述数值，即可绘出风机的 H-Q、N-Q、η-Q 曲线。此外，在测定各工况点的同时，还应测定通风机装置的噪声。

为获得较准确的实际运行性能，关键是选择风流稳定的测风量、风压的断面以及合理的工况点调节方法和调节断面（位置）。测定前要因地制宜地制订测试方案，其内容包括：确定风量、风压测定断面的位置及测定方法；确定调节风阻的地点及调阻方式；测定前的准备与测试中的组织工作。

一、各参数的测定

（一）风量测定

1. 风量测量方法

目前常用的有两种，一种是测量动压法，另一种是测量静压差法。

（1）测量动压法

根据选定测风断面的大小和流速分布情况，适当地把测风断面等分成若干个小面积块（或环），在每个小面积块（或环）的面积中心布置皮托管，测各点速压，求断面的平均风速，然后求算风量。

测定时将各皮托管所有静压端相连、所有全压端相连后，集中用一压差计测平均动压。联合测定法测得的平均动压为 $\frac{1}{n}\sum_{i=1}^{n}h_{vi}$，则断面的平均风速为：

$$v'_{m}=\sqrt{\frac{2}{\rho}}\sqrt{\frac{1}{n}\sum_{i=1}^{n}h_{vi}} \tag{15-4-1}$$

采用多点并联测压的误差大小与串联各点的胶皮管长度及其内径有关，因此为了减小误差，应用此法时，应尽量使连接各测点的胶皮管长度和内径相等。

（2）测量静压差法

此方法适用于风机入口有一段平直的风道，且断面收缩均匀。具有这类条件的风机主要有 GAF、BDK 等系列。如图 15-4-1 所示是 GAF 主要通风机性能测定布置图。入口有一段近 20 m 的平直进风道，在 1、2 断面的风机外壳均匀地布置了 8 个静压管，并用环形钢管连接在一起。两个断面相距 1～2 m。

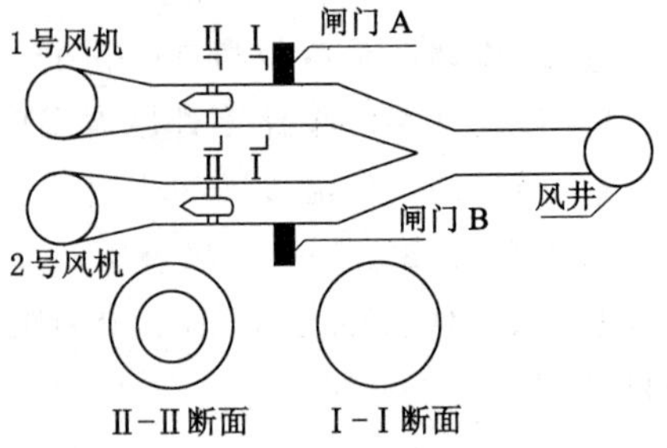

图 15-4-1　GAF 主要通风机性能测定布置图

其测风原理是，若 1、2 两断面相距很近且在同一水平，根据能量方程和1、2两断面的能量转换关系，并略去1、2两断面间的通风阻力，则推得主要通风机的风量计测公式为：

$$Q = \alpha \sqrt{\Delta h_{s12}} \tag{15-4-2}$$

$$\alpha = k \sqrt{\frac{2gS_1^2 S_2^2}{\rho(S_1^2 - S_2^2)}} \tag{15-4-3}$$

式中　Δh_{s12}——1、2两断面间的静压差，Pa；

α——系数，根据现场标定，也可以通过式(15-4-3)近似计算；

ρ——空气密度，kg/m^3；

S_1,S_2——1、2两断面的面积，m^2；

k——因断面变化而产生的压力损失系数，可近似取为0.99。

可见，只要测得两断面的面积和两断面的静压差，根据式(15-3-2)即可求算出风机的风量。

2. 测风断面选择

测风断面要求速度分布均匀、流场稳定和风速较大。

采用测定动压法时，测风断面一般选择进风侧，如轴流式风机的集风器与一级叶片之间筒体的平直段的环形断面上。在风机进风侧确实没有合适的测风断面时，也可选择在出风侧，测风断面可布置在环形扩散器出口断面。离心式风机可布置在风机出口扩散器内平直段上。

静压差法一般选择在风机入口前平直的风道中。

（二）风压测定

抽出式通风时，在工况调节装置的下风侧、靠近风机的入口处，选择风流稳定的断面测定风流的相对静压 h_s，则通风机装置静压 H_s 为：

$$H_s = h_s - h_v \tag{15-4-4}$$

式中　h_v——测压断面的平均动压，通常按测得的风量求断面平均风速后算得。

通风机装置全压 H_{td} 为：

$$H_{td} = h_s - h_v + h_{vd} \tag{15-4-5}$$

式中　h_{vd}——扩散器出口断面动压，按风量和扩散器出口断面求得。

为了通风管理使用方便，抽出式通风矿井主要通风机鉴定时，习惯绘制通风机装置静压曲线，平时只要测得 h_s 和 Q 就可由曲线查知风机工况，压入式通风矿井则使用通风机装置全压特性曲线较为方便。

（三）功率测定

用功率表测出电动机输入功率 N_m，按下式求通风机轴功率 N：

$$N = N_m \eta_m \eta_{tr} \tag{15-4-6}$$

式中　η_m——电动机效率，直接测定或根据电动机性能曲线查得；无性能曲线时，在0.90～0.94间选取，大功率电动机取大值；

η_{tr}——传动效率。

也可测出电动机的电流 I、电压 V 和功率因数 $\cos\varphi$，求电动机输入功率：

$$N_m = \sqrt{3} IV\cos\varphi \times 10^{-3} \tag{15-4-7}$$

还可以用专用仪器，如上海隆昌仪表厂和上海电器科学研究所生产的 DZFC-1 型电能综合分析测试仪，测定电动机的输入功率。

（四）通风机转速的测定

通风机转速可直接用转速计测定。

转速计一般有机械式转速计和激光转速仪。激光转速仪使用方便，操作简单。电机启动前在电机（或风机动轮）的轴表面贴好激光反射纸，测定每个工况时将仪器激光束照在反射纸上，仪器的显示值即是转速。同步电动机拖动的风机还可用频闪（闪影）法测算转速。

（五）大气物理参数的测定

测定的参数有气压 P、气温 t、相对湿度 φ，根据测值可求算空气的密度 ρ。

（六）噪声测定

用声级计测风机噪声。

二、工况调节

用调节风阻的方法来获得风机的不同工况。抽出式通风时调阻的地点应选择在风机进风侧，离风压、风量测定断面较远处，以保证测定地点的风流比较稳定，同时还要使调阻方便、安全。调节次数一般不少于 8～10 次，以获得完整的特性曲线，曲线驼峰附近工况点要加密。

可以用改变临时修筑的风门开度或在框架上加木板控制风流通过断面的方法来调节工况。离心式风机性能鉴定时还可利用风硐中原有的闸门或反风闸门进行调节工况，如图 15-4-2 所示。根据轴流式和离心式风机功率曲线的不同特点，调节工况时，轴流式风机应由小风阻逐步增加到大风阻，离心式风机则相反。

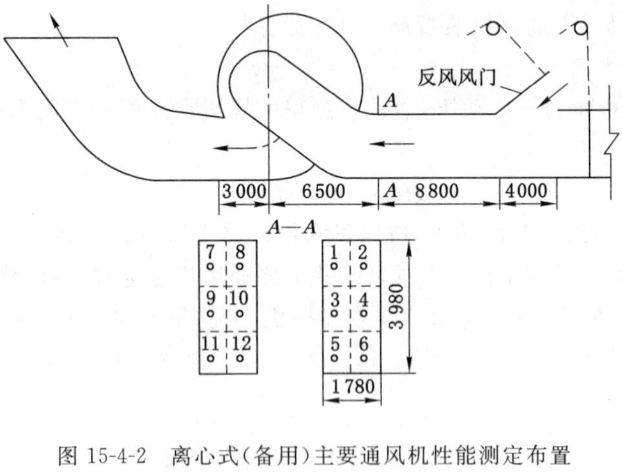

图 15-4-2　离心式（备用）主要通风机性能测定布置

停产条件下测定主要通风机性能时，工况调节断面往往比较容易选择。而不停产条件下备用风机性能测定时，工况调节往往较复杂，不宜采用。

图 15-4-2 是双吸离心式（备用）风机性能实测布置的一例。因风机出风侧不好布置测点，动压和静压的测点（如图中 1,2,…,12）均布置在 A—A 断面，用反风门调节工况。在不停产条件下，由于测试条件限制，精度不如停产测定高，但基本能掌握风机的性能，可满足通

风管理要求。

图 15-4-3 是轴流式风机性能实测布置示例，首先将风门 7 打开，开动风机，测定最小风阻工况；逐渐减小风门开度即可获得若干工况；风门全关时即为矿井总风阻条件下运行工况；大于矿井总风阻的工况可在 $A—A$ 断面增阻调节。

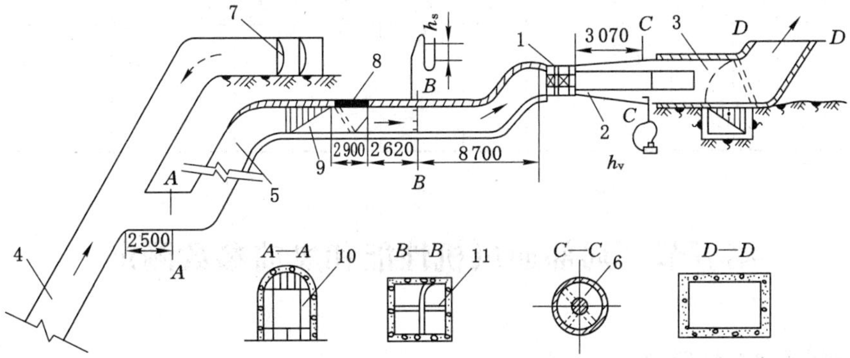

1—风机；2—圆锥形扩散器；3—外接扩散器；4—回风斜井；5—风硐；6—测点；7—风门；8—反风装置；9—反风道；10—调节风窗框架；11—测静压管。

图 15-4-3　停产条件下备用主要通风机性能测定布置

三、数据的整理与特性曲线的绘制

（1）根据测定的原始记录按公式计算测试条件下通风机装置的风压 H'_s 或全压 H'_t、风量 Q'、轴功率 N' 和效率 η'（η'_s 或 η'_t）。

（2）把上述所得参数换算至标准状态下的参数 H、Q 和 N，为此需要计算下列校正系数：

① 转速校正系数 k_{ni}：

$$k_{ni}=\frac{n_0}{n_i} \tag{15-4-8}$$

式中　n_0——通风机铭牌转速，r/min；

n_i——i 工况时的转速，r/min。

② 空气密度校正系数 $k_{\rho i}$：

$$k_{\rho i}=\frac{1.2}{\rho_i} \tag{15-4-9}$$

式中　1.2——在矿井标准状态下的空气密度，kg/m³；

ρ_i——i 工况时的空气密度，kg/m³。

③ 计算校正后的 H、Q、N：

$$\begin{cases} Q_i=Q'_i k_{ni} \\ H_i=H'_i k_{\rho i} k_{ni}^2 \\ N_i=N'_i k_{\rho i} k_{ni}^3 \end{cases} \tag{15-4-10}$$

（3）绘制曲线。根据校正计算后的数据，以 Q 为横坐标，H、N、η 分别为纵坐标，将与 Q_i 相对应的点 H_i、N_i 和 η_i 描在图上，即可得各个工况点，然后用光滑的曲线将同名参数点连接起来，便是通风机装置在矿井标准状态下的个体特性曲线。

通风机性能试验数据整理汇总表如表 15-4-1 所列。

表 15-4-1　通风机性能试验数据整理汇总表

工况	测定参数			空气密度校正系数 k_ρ	转速校正系数			校正后数值			效率	风机房水柱计读数/daPa
	Q'	H'	N'		k_n	k_n^2	k_n^3	Q	H	N	η	
1												
2												
⋮												

第五节　局部通风机性能和风筒参数测定

一、局部通风机性能测定

（一）测试系统与测试仪表

对于需要进行大批量试验的固定场所，可采用国家标准《工业通风机用标准化风道性能试验》(GB/T 1236—2017)进行布置。在现场，可根据具体条件和对测值精度的要求，采用如图 15-5-1 所示的两种布置方式，进行局部通风机性能测定。

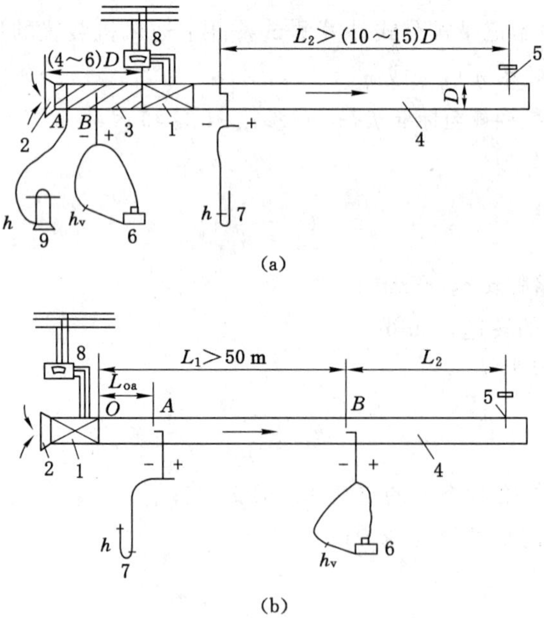

1—局部通风机；2—集风器；3—进风段风筒；4—出风段风筒；5—调节闸板；
6—单管倾斜压差计；7—垂直 U 形水柱计；8—三相功率表；9—补偿式微压计。

图 15-5-1　局部通风机性能测定

测定需要的设备和仪表除图中标示出的外，还应准备皮尺、干湿球温度计、空盒气压计等。

（二）工况调节

通常在风筒的出风口接一节铁风筒并安设调节闸板，调节闸板用来改变局部通风机工况点；对于柔性风筒也可以用细绳结扎风筒来改变风阻。一般情况下，每台局部通风机做8～12个测点，即可绘出完整的特性曲线。

工况调节的步骤和启动原则与主要通风机基本相同，即轴流式局部通风机在调节闸门全开时启动；离心式局部通风机在闸门全封闭时启动。

（三）风量测算

测风方法与测风断面选择合理与否，直接影响风量测定精度。目前常用的测风方法如下。

1. 测定动压计算风量

此方法要求测定断面上的速度场比较稳定。在图15-5-1(a)所示的布置系统中，进风侧为一段铁风筒，可选择在进风侧 B 断面测风；在图15-5-1(b)所示的系统中进风侧无铁风筒，可在风机出风侧的 B 断面测风。实测表明，风流以螺旋状高速流出风机，造成风机出口风筒相当长度的范围内风流不稳定。一般局部通风机出口风筒中风流不稳定长度可达50 m以上，图15-5-2所示是距局部通风机出口不同距离(L)断面上的速度分布图。由图可见，测风断面距风机出口应大于50 m，否则影响测风精度。

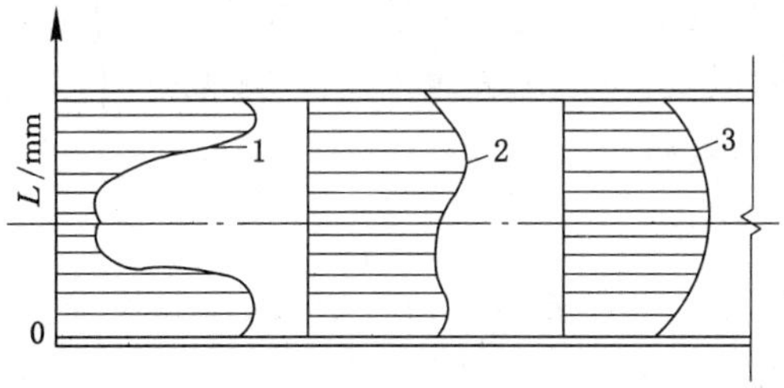

1—L＝8.52 m；2—L＝47.5 m；3—L＝87.35 m。

图15-5-2　距风机出口不同距离(L)时的速度分布

测风断面的测点布置与风量求算参阅本章第二节。

2. 测集风器断面相对静压求算风量

如图15-5-1(a)所示的布置系统，测定断面布置在 A 断面上，同一断面的风筒壁上均匀布置4个静压孔，孔径约2.5 mm，在孔上垂直壁面焊接4个金属管，然后用内径和长度相等的胶皮管将其并联后接在补偿式微压差计上。

这种方法测值精度高。局部通风机的风量可按下式计算：

$$Q_f = S_A\sqrt{\frac{2}{\rho}Kh} \tag{15-5-1}$$

$$K = \frac{\rho}{2}v_m^2/h \tag{15-5-2}$$

式中　Q_f——局部通风机的风量，m^3/s；

S_A——A 断面的风筒面积，m^2；

h——A 断面的相对静压，Pa；

K——集风器系数，表明入口风流能损失的情况，与集风器的形状有关；

v_m——A 断面的平均风速，因 A、B 断面相同，可由在 B 断面测定的各点动压按式(15-5-1)求算出来，m/s。

K 值事先要进行标定。测定时，只要读取相对静压 h，即可根据已标定的 K 值，求算出局部通风机的风量。

据开滦矿实测，佳木斯电机厂生产的 11 kW 局部通风机(JBT-52-2)的集风器系数 $K=0.92\sim0.93$。

(四) 静压测量断面

理论上静压测量断面应布置在风机的出口，但因出口风流极不稳定，一般测压断面布置在出口 5 倍风筒直径处。该处风流虽然未完全稳定，但只要在该断面上多布置几个测点，取平均值，即可代表该断面上的相对静压，此值近似为局部通风机的工作静压。相对静压一般采用皮托管(或静压管)与 U 形水柱计相配合进行测定。

(五) 局部通风机转速、电气参数和大气物理参数测定及数据整理

此部分内容参见本章第四节。

二、风筒参数测定

风筒测定的主要任务是测定风筒的阻力系数、测算出不同压力和不同形式接头情况下的漏风率、接头风阻和百米风阻，以供掘进通风设计、选型时用，并为合理使用风筒和加强掘进通风管理提供可靠的技术资料。

(一) 测定系统与测试仪表

布置方式如图 15-5-3 所示。有条件时，在风机入口和风筒的出口处安一段铁质风筒[图 15-5-3(a)]。在风机入口的风筒内测动压，以计算风量，在出口的铁质风筒内安设闸门，调节风阻，以获得不同压力下的性能参数；用微压计测算两断面间的通风阻力，计算风阻和摩擦阻力系数。此种布置方式测值精度较高。

没有铁质风筒时，可参考图 15-5-3(b)所示方式布置。这种布置方式适用于在现场分段测定漏风率和风阻，以掌握整列风筒沿程漏风率、风阻与压力之间的关系。

测定需要的设备与仪表有：11 kW 或 28 kW 局部通风机 1 台；长度大于 200 m 的待测风筒；单管倾斜压差计 1～2 台；皮托管 2～3 支；干、湿球温度计和空盒气压计各 1 台；2 m 钢尺 1 把；胶皮管；等等。

(二) 风量测定

由于风筒存在漏风，故应分别在测段的两端 A、B 两断面上布置测点。

测风断面选择应满足图 15-5-3 的尺寸要求。一般采用测定动压 h_{vi} 计算点风速 v_i，即：

$$v_i=\sqrt{\frac{2h_{vi}}{\rho}} \tag{15-5-3}$$

式中 ρ——空气密度，kg/m^3。

这种方法只能测出断面上一点的风速，而一般情况下断面上的风速分布是不均匀的。因此，为了准确测定断面上的平均风速，必须在同一断面上布置多个测点。

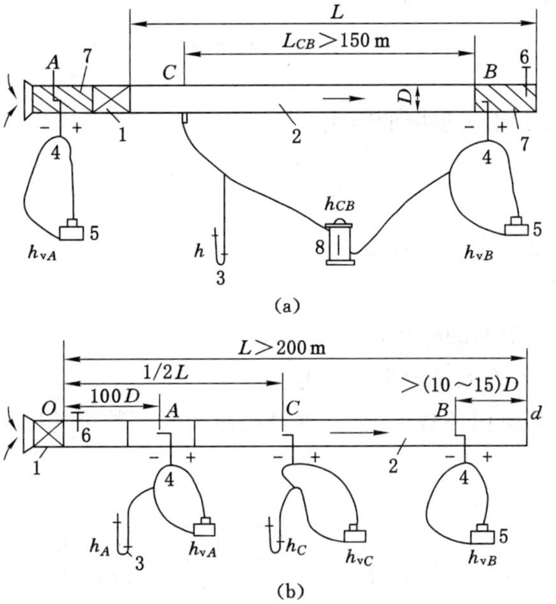

1—局部通风机；2—柔性风筒；3—垂直U形水柱计；4—皮托管；

5—单管倾斜压差计；6—调节闸板；7—铁质风筒；8—补偿式微压计。

图 15-5-3　风筒性能测定系统布置图

对于圆形或环形断面的风道，一般划分若干等面积环，沿水平和垂直方向在每个面积环的面积平分线上布置测点，如图 15-5-4 所示。如果速度场分布均匀，也可以只在一个方向上布置测点。等面积环的数目与管道直径有关，可按表 15-5-1 所列数目划分。

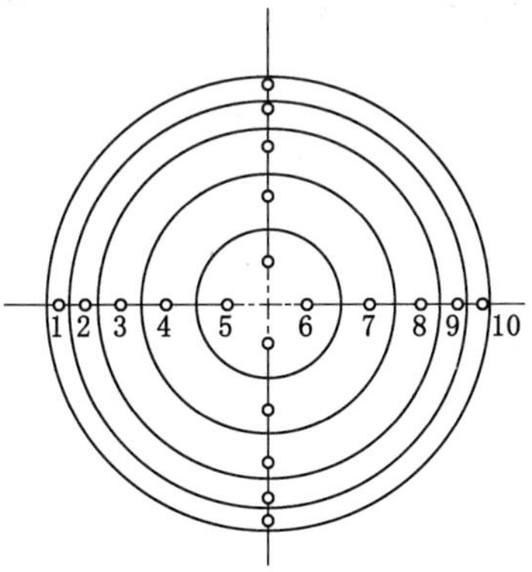

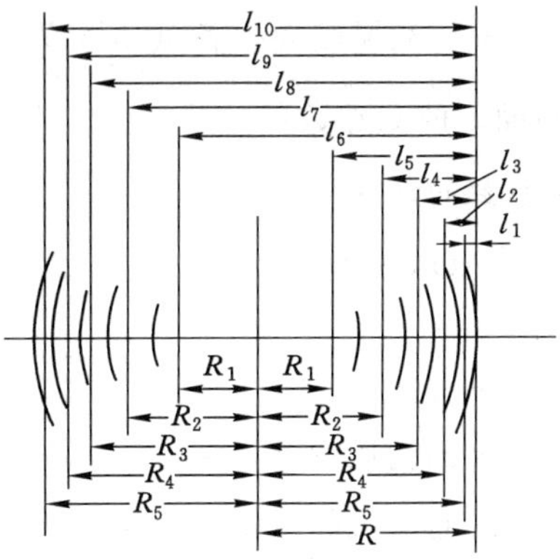

图 15-5-4

表 15-5-1　断面直径 D 与圆环数 n 之间的关系

D/m	<1.6	2.2	2.6	2.8	3.0
n	5	6	7	8	10

各测点至圆心距离 R_i 可按下式计算：

$$R_i = D\sqrt{\frac{2i-1}{8n}} \tag{15-5-4}$$

或按下式计算各测点距风道壁的距离：

$$l_i = R \pm D\sqrt{\frac{2i-1}{8n}} \tag{15-5-5}$$

式中 i——从中心算起等面积环的编号；

R——断面半径，m；

l_i——i 环中心至壁面的距离，m。

$l_i > R$ 时取"＋"号；$l_i < R$ 时取"－"号。

对于环形断面，其等面积环数可用内、外径决定的圆环数之差决定。各测点的位置可按下式计算：

$$R_i = R\sqrt{\left(\frac{d}{D}\right)^2 + \frac{2i-1}{2n}\left[1-\left(\frac{d}{D}\right)^2\right]} \tag{15-5-6}$$

应用皮托管测风时，管嘴应与风流平行，管身垂直风流方向。在动压波动较大时，应连续读3次值，然后取平均值。则 A、B 两断面的风量可按下式计算：

$$Q = S\sqrt{\frac{2}{\rho}} \cdot \frac{\sum_{i=1}^{n}\sqrt{h_{vi}}}{n} \tag{15-5-7}$$

式中 S——测风断面的面积，m^2；

$\sum_{i=1}^{n}\sqrt{h_{vi}}$——测风断面上各点动压平方根之和；

n——断面上的测点数。

（三）风筒参数的计算

（1）风筒的有效风量率 P：

$$P = \frac{Q_B}{Q_f} \tag{15-5-8}$$

式中 Q_B——B 断面的风量，m^3/s；

Q_F——局部通风机的风量，m^3/s。

（2）A、B 测定断面间风筒的漏风率 K_1：

$$K_1 = \frac{Q_A - Q_B}{Q_A} \tag{15-5-9}$$

式中 Q_A——A 断面的风量，m^3/s。

柔性风筒的漏风率与风筒内的风压、接头种类、风筒布加工质量、风筒的节长等多种因素有关。而铁、玻璃钢等刚性风筒与胶布风筒的漏风规律是不相同的。刚性风筒的漏风主要发生在接头部位，接头部位的漏风与风筒内的压力和接头的严密性有关。

(3) 风筒通风阻力测算。

若风筒不是水平放置的，要测定 AB 段阻力，可分别测定 A、B 两断面中心点的相对静压 h_A、h_B，或用胶皮管直接测定 AB 段的静压差 h_{AB}，用下式计算测段通风阻力 h_{RAB}：

$$h_{RAB}=h_A-h_B+h_{vA}-h_{vB}=h_{AB}+h_{vA}-h_{vB} \tag{15-5-10}$$

式中　h_{vA}，h_{vB}——A、B 断面的平均动压，Pa。

当漏风分布均匀时，AB 段总风阻 R_{AB} 可按下式计算：

$$R_{AB}=\frac{h_{AB}}{Q_AQ_B},\quad \text{kg/m}^7 \tag{15-5-11}$$

(4) 包括摩擦阻力和接头局部阻力在内的风筒百米风阻 R_{100} 可按下式计算：

$$R_{100}=\frac{100R_{AB}}{L_{AB}},\quad \text{kg/m}^7 \tag{15-5-12}$$

式中　L_{AB}——AB 段风筒长度，m。

(5) 风筒摩擦阻力(包括接头)系数 α 为：

$$\alpha=\frac{R_{AB}D^5}{6.5L_{AB}},\quad \text{kg/m}^3 \tag{15-5-13}$$

式中　D——风筒直径，m。

刚性风筒(如铁质风筒)的风阻只与风筒本身的材质、直径、新旧程度、接头质量等因素有关；而柔性风筒除受上述因素影响外，还与风筒内风压大小有关，其风压增高，风筒就要胀粗，壁面变得光滑，摩擦风阻变小。图 15-5-5 所示是直径为 450 mm、节长为 10 m 的胶皮风筒风阻测定资料。由图可见，接头风阻 ΔR 随风压增大而增大；摩擦风阻 R_f 随风压增大而减小；总风阻随风压增大而减小。因此，不同接头方式、不同直径的风筒的百米风阻不能相互推算。

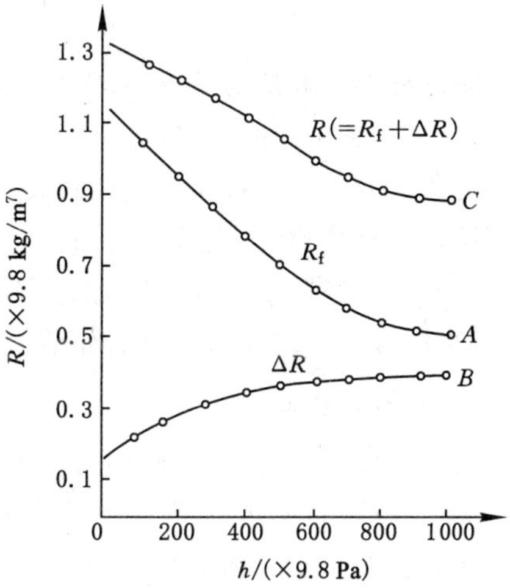

R_f—摩擦风阻；ΔR—接头风阻。

图 15-5-5　柔性风筒风阻与风压的关系

第六节　煤层瓦斯压力测定

测定煤层瓦斯压力的关键技术是选择钻孔位置和正确封孔。测压钻孔应选择在坚硬、稳定的岩石中。影响封孔质量的因素主要有三个：一是钻孔所在煤岩层特征，软、裂隙发育的岩层及煤层内钻孔比较难封；二是封孔材料或封孔仪器适用性；三是操作人员的封孔技术。目前，使用固体材料封孔方法在我国还广泛使用着。近些年来一些矿井也开始使用胶圈或胶囊黏液封孔。

一、固体材料封孔测定瓦斯压力

在距测压煤层一定距离的岩巷打钻孔，钻孔穿入煤层，孔径一般不小于 50 mm；然后清除孔内钻屑，放入一根刚性导气管；最后进行封孔，如图 15-6-1 所示。

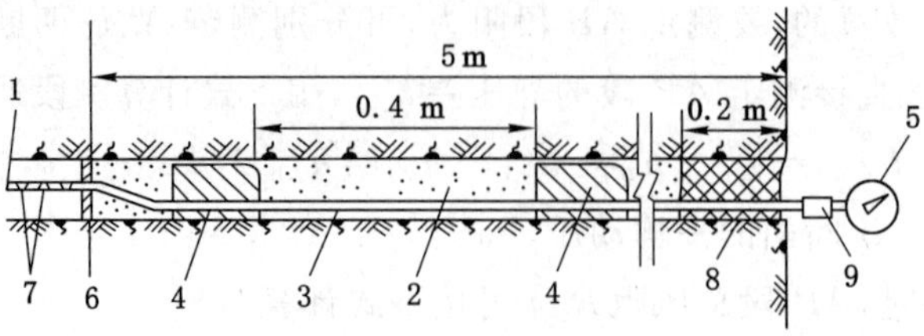

1—测压室；2—封孔固体材料；3—测压导气管；4—木楔；5—压力表；6—挡盘；7—导气孔；8—水泥；9—压力表接头。

图 15-6-1　固体材料封孔测定瓦斯压力示意图

固体材料一般是指黏土、水泥砂浆、胶圈、胶囊等。使用黏土时，应每隔 0.4 m 打入一木楔，以提高紧密程度，孔口填堵 0.2～0.5 m 的水泥，以紧固强化孔口。

封孔长度决定于封孔段岩性及其裂隙性：岩石硬而无裂隙时，可缩短，但不能小于 5 m；岩石松软或有裂隙时，应适当增加。

导气管一般用 ϕ5～12 mm 的紫铜管或钢管，如果兼测煤层透气性系数时，管径应加大，可采用 ϕ10～13 mm 的镀锌钢管，以保证测定流量时不致产生过大的压力损失。

（一）黏土封孔

封孔操作要 2～4 人共同用力打紧木楔。黏土条软硬要适当（现场多使用黄泥），太软时容易黏在孔壁上，泥送不到位，形成空腔与裂缝使测压失败，过硬时出现裂缝也会漏气。所以要预先把黏土水分调配好，制成稍小于孔径的黏土泥条备用。测压导气管位于测压孔中心时，所用的泥条与木楔中心要有孔，这种有孔泥条要用模子压成，比较费工。也可以使导气管贴靠孔壁，为了防止出现漏气沟缝，应在封孔操作时，多次改变导气管贴靠孔壁方位。在向孔内放黏土时，边放边捣实。

该法简便易行，如果认真细致操作，测值较准确。封孔后即可上压力表，不需等待固化时间。封孔管不能回收，费工费时，体力劳动强度较大。这种方法适宜封各种倾角的孔。

（二）水泥砂浆封孔

为了克服黏土封孔费工费时劳动强度较大的缺点，国内外不少矿井采用以压缩空气为动力，将水泥砂浆压入钻孔的封孔工艺。这种方法适用于封孔倾角超过 45°、深度大于 15 m 的钻孔。封孔作业时，孔内除测气管外，还要置入一根直径 12.7 mm、长约 1 m 的注浆管和一根直径 12.7 mm、长度等于封孔长度的检查管。先把测压管送入孔内，再送入几条黏土至挡板处轻轻捣实，把测压导管固定住；然后送入注浆管与检查管，并在孔口用土与木楔固牢，见图 15-6-2。把封孔用的水泥砂浆预先在注浆器调制好，用压缩空气把水泥砂浆压入钻孔，当检查管流出砂浆时，封孔作业终止。注浆器结构见图 15-6-3。封孔完工后 2～3 d，待水泥固化达到一定强度后才能上压力表测压。注浆封孔对周围岩体的裂隙也有一定的封堵作用，加之封孔长度大，所以测压的效果较好。测压器材不能回收。

二、胶圈黏液封孔测定瓦斯压力

胶圈黏液封孔器结构如图 15-6-4 所示。它的封孔测压原理是用膨胀着的胶圈封高压

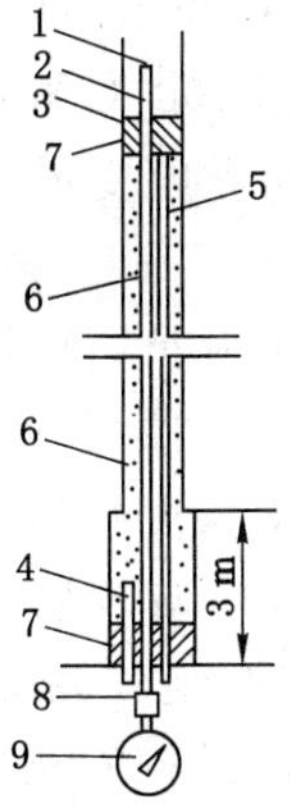

1—测压室；2—测压导管；
3—挡板；4—注浆管；5—检查管；
6—水泥砂浆；7—黏土；
8—压力表接头；9—压力表。

图 15-6-2　注浆封孔测压示意图

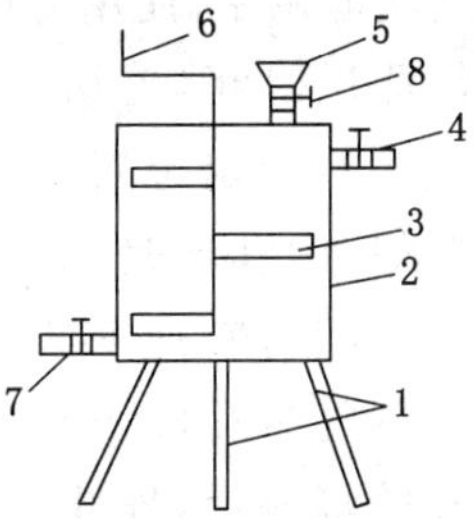

1—支架；2—外壳；3—搅拌叶片；
4—压缩空气入口阀门；
5—进料漏斗；6—搅拌摇把；
7—水泥砂浆出口阀门；8—进料阀门。

图 15-6-3　注浆器结构示意图

黏液，再由高压黏液封高压瓦斯，由压力表测定瓦斯压力。这种测压方法的要点是在测压过程中要始终保持黏液的压力大于瓦斯压力，从而消除瓦斯向外泄漏，能比较准确地测定瓦斯压力。为了缩短测压时间，测定时可向孔内注气。停止注气后数日，压力表指示的稳定值就是所测的瓦斯压力。

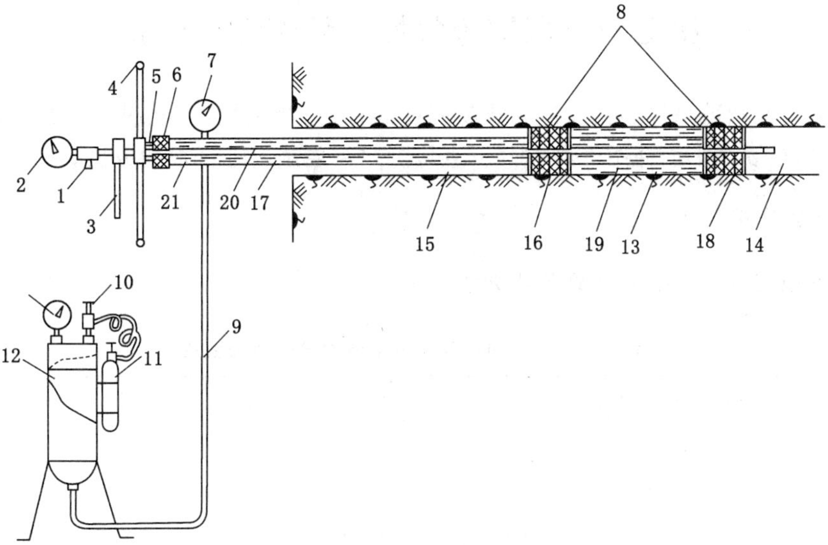

1—向测压室注气入口；2—瓦斯压力表；3—手把；4—对胶圈加压手轮；5—推力轴承；
6—胶圈(阻止黏液外漏)；7—黏液压力表；8—封孔胶圈；9—高压黏液软管；10—阀门；
11—高压 CO_2 或 N_2 瓶；12—黏液缸；13—黏液封孔段；14—测压室；15—钻孔；16—黏液连通管；
17—高压黏液；18—测压导气管挡盘；19—支撑胶圈筛管；20—测气导管；21—外管。

图 15-6-4　胶圈黏液封孔器结构示意图

黏液可采用淀粉或化学糊精调制。用山芋粉调制时，山芋粉与水的质量比应视所需黏度而定，一般为8%左右，为了增大黏度可略加一点碱，调制时用100 ℃的开水冲制山芋粉，冷却到常温后，加入2%的工业甲醛，以防黏液受微生物分解而黏度变稀。用化学糊精时，可在封孔地点就地调制，使用冷的井下清水即可。

为了缩短测压时间，当钻孔见煤时应停止钻进，通知测压人员，待其到达现场后，恢复钻进。钻孔到达预定位置后，用水冲洗钻孔，清除钻屑。封孔器可在煤层打钻时在巷道内预先装配好，封孔器是活节管连接而成，其长度与封孔段长度可以根据钻孔实际条件进行调节。装配时在所有密封胶圈处的内管外抹上黄油，以减少胶圈移动时的摩擦力。当把封孔器的封孔段送到预定位置时，转动加压手轮，使两组胶圈受压膨胀，当感到胶圈膨胀与孔壁接触后，停止加压，向黏液缸倒入黏液，倒满后，打开黏液缸上的注气阀门，加1.0 MPa的压力，将黏液压入钻孔的封孔段，并把封孔段的空气排出，压入后再向黏液缸补充黏液到缸口。这时拧紧加压手轮，并在手轮上挂上10～12 kg的重物(以防手轮松劲)，拧上瓦斯压力表，并向黏液缸注入高压气体，气体压力控制到比预计的瓦斯压力略大，然后关闭气瓶阀与黏液缸的进气阀。如预计瓦斯压力超过5.0 MPa，应在孔口打上防滑楔，确保安全。为了加速瓦斯压力的上升，缩短测压时间，可向测压室注入高压气体(CO_2 或 N_2)，注气压力控制在预计的瓦斯压力值左右，注气完毕后，关闭进气阀门，封孔作业完成，之后定时观察记录瓦斯压力和黏液压力。如黏液压力低于瓦斯压力，应向黏液缸充气，以保持黏液压力大于瓦斯压力。如瓦斯压力连续三天无变化，则可以认为这个稳定的压力就是煤层的瓦斯压力值。

第七节　煤层透气性系数测定与计算

煤层透气性系数是煤层瓦斯流动难易程度的标志，测定煤层透气性系数与测定瓦斯压力、流量一样重要。下面介绍一种在井下直接测定煤层透气性系数的方法。

一、计算公式

径向不稳定流动参数的计算公式如表15-7-1所列。

表15-7-1　径向不稳定流动参数的计算公式表

流量准数 Y	时间准数 $F_0=B\lambda$	系数 a	指数 b	煤层透气性系数 λ	常数 A	常数 B
$Y=aF_0^b=\dfrac{A}{\lambda}$	$10^{-2}\sim1$	1	−0.38	$\lambda=A^{1.61}B^{1/1.64}$	$A=\dfrac{qr_1}{P_0^2-P_1^2}$	$B=\dfrac{4tP_0^{1.5}}{ar_1^2}$
	$1\sim10$	1	−0.28	$\lambda=A^{1.39}B^{1/2.56}$		
	$10\sim10^2$	0.93	−0.20	$\lambda=1.1A^{1.25}B^{0.25}$		
	$10^2\sim10^3$	0.588	−0.12	$\lambda=1.83A^{1.14}B^{1/7.3}$		
	$10^3\sim10^5$	0.512	−0.10	$\lambda=2.1A^{1.11}B^{1/9}$		
	$10^5\sim10^7$	0.344	−0.065	$\lambda=3.14A^{1.07}B^{1/14.4}$		

二、测定与计算步骤

(1) 从岩巷向煤层打钻孔，孔径不限，钻孔与煤层的夹角尽量接近 90°。记录钻孔的方位角、仰角和钻孔在煤层的长度。记录钻孔见煤和打完煤层的时间(年、月、日、时、分)，取这两个时间的平均值作为钻孔开始排放瓦斯时间的起点。终孔后应清除孔内的煤屑。

(2) 封孔，要求封孔严密不漏气，岩孔封孔长度不小于 3 m，以便测得煤层的真实瓦斯压力值。测压导管直径不应过小，可使用内径大于 10 mm 的钢管。上压力表之前要测定钻孔瓦斯流量，并记录流量与测定流量的时间(年、月、日、时、分)。

(3) 压力表指示出煤层的真实瓦斯压力或值稳定后，即可进行煤层透气性系数的测定。

(4) 卸下压力表排放瓦斯，测定钻孔瓦斯流量。在测定时要记录时间(年、月、日、时、分)，即卸表大量排放瓦斯时间与每次测定瓦斯流量的时间，两者的时间差即为时间准数中的值。为了安全卸表与排气，可使用带有排气孔的压力表丝扣逐渐退出压力表接头，使测压导气管与排气孔沟通而控制排气量。对于风量不大的测压巷道，卸表时有大量瓦斯排放出，会造成巷道瓦斯浓度超限，为了安全起见，在压力表接头的排气孔上焊一段胶管，用胶管将排出的瓦斯引入瓦斯管路或回风巷中。

测量流量的仪表，当流量大时可用小型孔板流量计或浮子流量计；而流量小时可用 0.5 m^3/h 的湿式气体流量计(煤气表)，也可以用排水集气法测气体的流量。

封孔后上表前测得的流量也可用来计算透气性系数。

(5) 计算透气性系数时，因表 15-7-1 中的公式较多，可采用试算法选择公式，即先用其中任何一个公式计算出 λ 值，再将这个 λ 值代入 $F_0=B\lambda$ 中校验 F_0 的值是否在原选用公式的范围内，如 F_0 值在原选用公式的范围内结果正确；如不在所选公式范围，则根据算出的 F_0 值，选其所在范围的公式进行计算。一般 $t<1$ d 时选用 $F_0=1\sim10$ 的公式；$t>1$ d 时选用 $F_0=10\sim10^3$ 的公式。

例　某矿 214 钻孔，测算得：$P_0=4$ MPa，$a=13.27$ $m^3/(m^3\cdot MPa^{0.5})$，$r_1=5\times10^{-2}$ m，1974 年 9 月 18 日 12 时钻孔穿 9 号煤层，10 月 29 日 12 时测钻孔流量 $Q=3.53$ m^3/d，由于排放瓦斯时间长，钻孔煤孔长度取煤厚 3.5 m。算得 $q=3.21$ $m^3/(m^2\cdot d)$，$t=41$ d，$P_1=0.1$ MPa。计算煤层透气系数。

解　根据表 15-7-1 中的算式，则：

$$A=\frac{qr_1}{P_0^2-P_1^2}=\frac{3.21\times5\times10^{-2}}{4^2-0.1^2}=0.01$$

$$B=\frac{4P_0^{1.5}t}{ar_1^2}=\frac{4\times4^{1.5}\times41}{13.27\times5^2\times10^{-4}}=3.954\ 78\times10^4$$

由于时间较长，选用 $F_0=10^3\sim10^5$ 公式 $\lambda=2.1A^{1.11}B^{1/9}$，得：

$$\lambda=2.1\times0.01^{1.11}\times(3.954\ 78\times10^4)^{1/9}=0.041\ [m^2/(MPa^2\cdot d)]$$

代入校验公式 $F_0=B\lambda=3.954\ 78\times10^4\times0.041=1\ 622$，$F_0$ 在 $10^3\sim10^5$ 范围内，公式适用，结果正确。

第八节　煤的坚固性系数和瓦斯放散指数测定

一、煤的坚固性系数 f 测定

（一）测定原理

煤的坚固性用坚固性系数的大小来表示。其测定方法较多，这里介绍常用的落锤破碎测定法，简称落锤法。所测结果用一种假定指标来表示，称为 f 值。

这个测定方法建立在脆性材料破碎遵循面积力能说的基础上。这个学说是雷延智在1867年提出的，他认为“破碎所消耗的功(A)与破碎物料所增加的表面积(ΔS)的 n 次方成正比”，即：

$$A \propto (\Delta S)^n$$

最近实验表明，n 一般为 1[137]。

以单位质量物料所增加的表面积而论，则表面积与粒子的直径 D 成反比：

$$S \propto \frac{D^2}{D^3} = \frac{1}{D} \tag{15-8-1}$$

设 D_b 与 D_a 分别表示物料破碎前后的平均尺寸，则面积就可以用下式表示：

$$A = K\left(\frac{1}{D_a} - \frac{1}{D_b}\right) \tag{15-8-2}$$

式中　K——比例常数，与物料的强度（坚固性）有关。

式(15-8-2)可改写为：

$$K = \frac{AD_b}{i-1} \tag{15-8-3}$$

式中 $i = \dfrac{D_b}{D_a}$，i 称为破碎比，$i > 1$。

从式(15-8-3)可知，当破碎功 A 与破碎前的物料平均直径为一定值时，与物料坚固性有关的常数 K 与破碎比有关，即破碎比 i 越大，K 值越小，反之亦然。这样，物料的坚固性可用破碎比来表示。

（二）测定方法与步骤

在现场采下煤样，从中选取块度为 10～15 mm 的小煤块分成 5 份，每份 40 g，各放在测筒内进行落锤破碎试验，测筒由落锤（质量 2.4 kg）、圆筒及捣臼组成。测料及量具如图 15-8-1 所示。量柱刻度为 mm，零点位置，当量柱接触底座时量筒上边缘对齐量柱零点。

测定时，将各份煤样依次倒入圆筒 8 及捣臼 9 内，落锤自距捣臼 600 mm 高度自由下落，撞击煤样，每份试样落锤 1～5 次，可由煤的坚固程度决定。5 份煤样全部捣碎后，倒入 0.5 mm 筛子内，小于 0.5 mm 的筛下物倒入直径 23 mm 的筒内，测定粉末的高度 h，试样的坚固性系数按下式求得：

$$f_{10\sim15} = 20\,\frac{n}{h} \tag{15-8-4}$$

式中　$f_{10\sim15}$——煤样粒度 10～15 mm 的坚固性系数测定值；

n——落锤撞击次数；

h——量筒测定粉末的高度，mm。

如果煤软，所取煤样粒度达不到 10～15 mm 时，可以采取粒度 1～3 mm 煤样进行测定，并按下式进行换算：

当 $f_{1\sim3}>0.25$ 时：

$$f_{10\sim15}=1.57f_{1\sim3}-0.14 \tag{15-8-5}$$

当 $f_{1\sim3}\leqslant0.25$ 时：

$$f_{10\sim15}=f_{1\sim3} \tag{15-8-6}$$

式中　$f_{1\sim3}$——煤样粒度 1～3 mm 的坚固性系数测定值。

二、瓦斯放散指数 ΔP 测定

（一）测定仪器

瓦斯放散指数 ΔP 测定仪器的构造如图 15-8-2 所示。仪器两侧有两个筒形玻璃杯 1，其内径 18 mm，高 60 mm，上端内部磨口，杯 1 内煤样 3.5 g。2 是水银压力计，高 220～250 mm，从标尺 3 测得读数。管口 4、5 分别与真空泵和瓦斯罐相接，管口的直径为 6 mm。玻璃管 7 是盛煤样杯子与真空泵相通的管路，内径为 5 mm。6 是玻璃球形腔，内径为 30 mm。在杯子 1 的上部和套管 9 的内部安有磨口玻璃塞 8，塞内有弯曲通道，顶部有把手，可以左右转动来变换煤样与真空泵或与瓦斯罐相通。

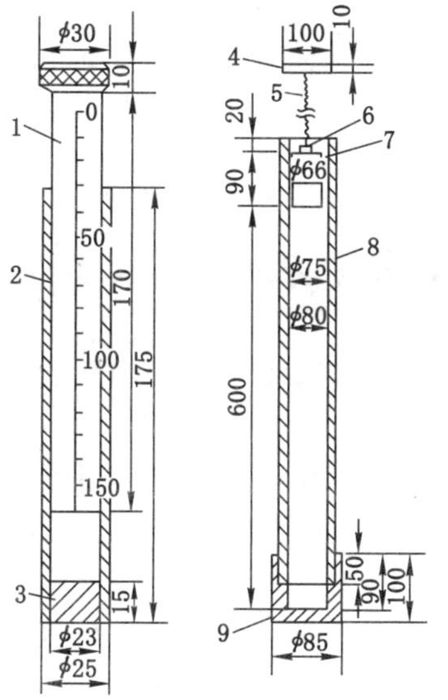

1—量柱；2—量筒（硬铝）；3—底座（硬铝）；
4—手柄（木）；5—绳索（尼龙绳）；
6—销子（45 号钢）；7—落锤（质量 2.4 kg）；
8—圆筒（45 号钢）；9—捣臼（45 号钢）。

图 15-8-1　煤的坚固性系数测定装置图

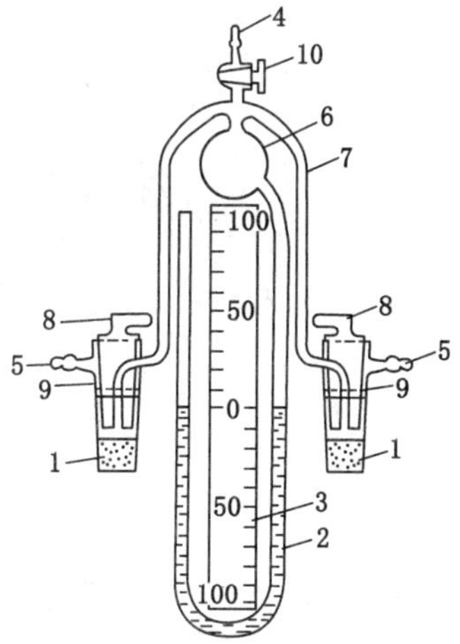

1—玻璃杯；2—水银压力计；3—标尺；
4、5—管口；6—玻璃球形腔；
7—玻璃管；8—玻璃塞；
9—套管；10—开关。

图 15-8-2　瓦斯放散指数 ΔP 测定仪结构图

(二) 测定步骤

当仪器接好真空泵和瓦斯罐,而且玻璃塞的磨口上涂好真空油后,即可工作。

首先把 3.5 g 煤样装入杯内,煤样的粒度决定于煤的牌号,对于无烟煤粒度为 2～3 mm,其他煤种为 0.25～0.5 mm。煤样上放入一个小棉花团,将装好试样的杯口涂真空油并安装在玻璃塞上。

① 煤样脱气。打开开关 10,扭转测杯的玻璃塞,使内部通路与管口 4 相通,开动真空泵,抽吸煤样中的气体 1.5 h。

② 煤样充气。扭转测杯玻璃塞,使内部通路与管口 5 相通,甲烷从瓦斯罐经气表流入测杯内,使煤样在 0.1 MPa 条件下充甲烷 1.5 h。

③ 测定瓦斯放散指数。测定前检查水银压力计的两个水银柱面是否在同一水平上,若不在同一水平上,应把开关 10 打开数秒钟,把自由空间和水银压力计空间抽真空后再关上。

④ 依次测定两个测杯煤样。扭转玻璃塞 8 使测杯内煤样与水银压力计相通。当水银柱面开始变化时立刻开动秒表,10 s 时把玻璃塞扭至中立位置(即切断测杯与水银压力计的通路),但不停秒表,记录水银压力计两汞面之差 P_1(mmHg);玻璃塞保持中立位置 35 s,即第 45 秒时再把玻璃塞扭转到使测杯与水银压力计相通位置 15 s,在第 60 秒时停止秒表,把玻璃塞拧到中立位置,再次读出水银压力计两汞面之差 P_2(mmHg)。这样该煤样的瓦斯放散指数为:

$$\Delta P = P_2 - P_1 \tag{15-8-7}$$

煤样一般要求 1.5～2.0 kg,其中一部分作工业分析、坚固性系数以及煤的孔隙率测定用。欲做 ΔP 测定的煤样在过筛取得合乎要求的粒度后,用蜡封保存、备用,以防煤样氧化改变 ΔP 的参数指标。试验温度要求 20 ℃。

第九节　煤层瓦斯含量测定

煤层瓦斯包含煤体中游离瓦斯和吸附瓦斯两部分。其含量测定方法分为直接测定法和间接测定法两类。前者通过采集煤样、解吸、脱气等步骤求解瓦斯含量;后者通过测定瓦斯压力、吸附常数(a,b)、孔隙率等参数后计算瓦斯含量,较前者复杂。根据应用范围又可分为地质勘探钻孔法和井下测定法两类。这里主要介绍煤层瓦斯含量的直接测定法。

直接测定法就是利用打钻采集煤芯,在专用煤层瓦斯解吸和脱气的仪器上,将煤中瓦斯解吸和抽吸出来,计算煤层的瓦斯含量,主要包括采样、解吸、脱气和计算等步骤。

一、煤样采取

当采样钻孔见煤层时,可采用特制的密封采样装置,减少瓦斯损失,提高精度。

若用普通岩芯管采取煤芯(长度大于 0.4 m,质量为 300～400 g),则从钻管中取出煤芯后应立即装入结构如图 15-9-1 所示的密封罐中。在采样过程中,记录提升煤芯及其在空气中的暴露时间。应注意:

(1) 在提取钻具时应保持冲洗液充满钻孔(如钻孔严重漏水应在记录中注明)、时间尽量缩短，否则记录时间。

(2) 记录提钻开始时间 T_1、钻具提到孔口时间 T_2、煤样装入密封罐拧紧上盖时间 T_3、开始解吸时间 T_4(按图 15-9-2 连好测定系统后，以打开弹簧夹时间计算)。从 T_3 到 T_4 不得超过 2 min。

(3) 煤芯中不得含矸石、泥皮及研磨烧焦部分。不得用水清洗。

(4) 保持原状装罐，不可压实，罐口留有 1 cm 左右间隙。

二、煤样瓦斯解吸量 V_2 测定

(一) 瓦斯解吸仪器与设备

所需仪器与器材包括：瓦斯解吸速度测定仪，如图 15-9-2 所示，量管体积为 800 cm^3；温度计 0～50 ℃；空盒气压计；秒表；密封罐的内径＞煤芯直径 10 mm、容积可装煤样 400 g 以上，在 1.5 MPa 气压下保持气密性，密封罐应编号。

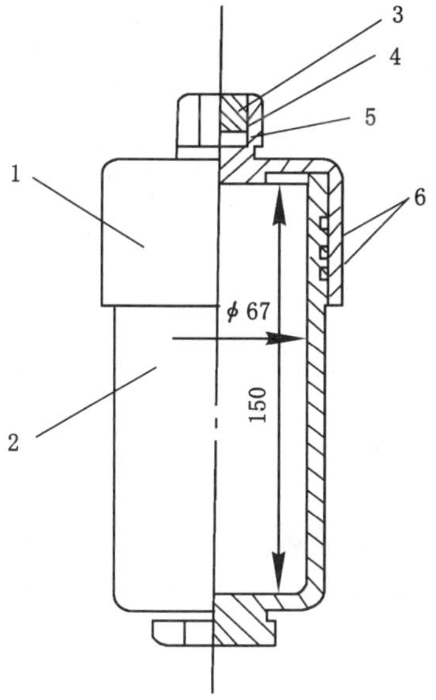

1—罐帽；2—罐体；
3—压紧螺丝；4—垫圈；
5—胶垫；6—O 形密封口。

图 15-9-1　密封罐

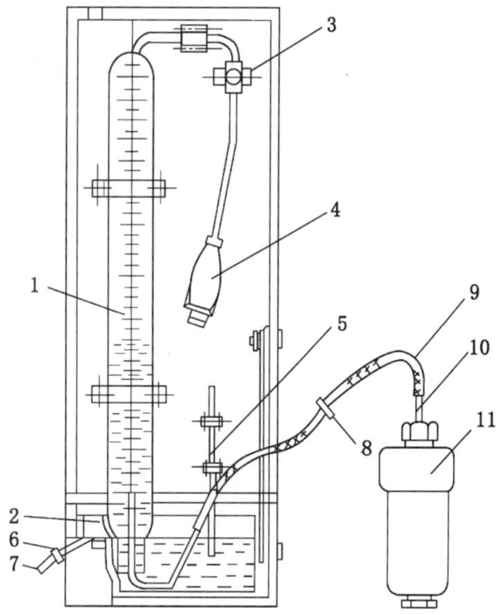

1—量管；2—水槽；3—螺旋夹；
4—吸气球；5—温度计；6,8—弹簧夹；
7—放水管；9—排气管；10—针头；11—煤样罐。

图 15-9-2　煤芯瓦斯解吸速度测定仪

(二) 瓦斯解吸操作

用排水集气法将解吸瓦斯收集在量管内，解吸瓦斯通过针头 10、排气胶管 9 进入量管 1 内，测定时水槽放水管 7 上弹簧夹 6 打开。瓦斯解吸速度测定共进行 2 h，在第 1 小时内，第一次测定间隔是 2 min，以后每隔 3～5 min 读一次数，在第 2 小时内，每隔 10～20 min 读一次数。如果量管体积不足以容纳煤样的解吸瓦斯，可以中途用弹簧夹 6 将排气胶管夹紧，握吸气球 4，重新将液面提升至量管零点，同时向水槽补足清水，然后再打开弹簧夹，继续测

定。测定值记录在表中，然后计算累计的解吸瓦斯体积 V_{20}。

上述测定应在气温比较稳定的地点进行，并记录气温、水温与气压。上述测定完成后，拔出针头，稍加拧紧压紧螺帽。

三、损失瓦斯量 V_2 推算

（一）煤样装罐前解吸瓦斯时间 t_0 的计算

t_0 用式(15-9-1)计算：

$$t_0 = t_1 + t_2 \tag{15-9-1}$$

式中 t_1——煤样在钻孔内解吸瓦斯时间，$t_1 = (T_2 - T_1)/2$，min；

t_2——煤样在地面空气中解吸瓦斯时间，$t_2 = T_4 - T_3$，min；

T_1——提钻开始时间；

T_2——钻具提到孔口时间；

T_3——煤样装入密封罐拧紧上盖时间；

T_4——开始解吸时间（按图 15-9-2 连好测定系统后，以打开弹簧夹时间计算）。

煤样的解吸瓦斯时间 T_0 是装罐前的解吸瓦斯时间 t_0 与装罐后的解吸瓦斯时间 t 之和，即 $T_0 = t_0 + t$。求出每个观测点的时间 $T_i = \sqrt{t_0 + t_i}$，并将其与观测值填写在记录表中[参见《地勘时期煤层瓦斯含量测定方法》(GB/T 23249—2009)中的附录 A]。解吸时间从 T_3 算起。

（二）瓦斯损失量的计算

瓦斯损失量可用图解法或回归分析法求得。此法建立在煤样在罐中初期的瓦斯解吸量 V 与 $\sqrt{t_0 + t}$ 呈直线关系的基础上。

1. 图解法

见图 15-9-3，即以 V_2 为纵坐标，以 $\sqrt{t_0 + t}$ 为横坐标，将全部测点[V_{2i}，$\sqrt{t_0 + t_i}$]绘在坐标纸上，将测点的直线关系线延长与纵坐标轴相交，直线在纵坐标上的截距即为所求的瓦斯损失量。

2. 解析法

设煤样在罐中的初期解吸瓦斯量 V_{2i} 与 $T_i = \sqrt{t_0 + t_i}$ 的直线方程为：

$$V_2 = a + bT$$

式中，a，b 为待定常数，当 $T = 0$ 时，$V_{20} = a$。

a 值即是所求的瓦斯含量。系数 a，b 可利用 Office excel 软件求得。具体方法是，先在软件中建立观测数据(V_{2i}，T_i)表，然后利用“图像向导”工具，画出以 T 为横坐标、V_2 为纵坐标的散点图，在图上“添加趋势线”，在“选项”中选择公式和相关系数 R 平方值，即可得到回归方程和系数 a，b。

提高测定准确度的措施是：要缩短在罐内开始解吸的观测时间间隔；数据处理时要保证结果的相关系数 $R > 0.9$，为此，用于作线性回归分析计算的实验数据点要分布在直线上，如图 15-9-3 所示，此可通过增、删数据点方法满足要求。

四、剩余瓦斯含量确定

煤样剩余瓦斯含量用脱气法求得。经过瓦斯解吸仪解吸测定后，煤样在密封状态下应尽快送实验室进行加热，在图 15-9-4 所示的真空脱气系统中脱气。所用仪器与材料有大量管(900 mL)两只(最小刻度 4 mL)、小量管(300 mL)一只(最小刻度 2 mL)、球磨机(球磨罐 4 个)、气相色谱仪、托盘天平(称重 1 000 g，感量 1 g)、超级恒温器(最高工作温度 95 ℃)、16 号胸骨穿刺针头等。

脱气分为两次，第一次是对解吸后煤样在脱气装置上脱气，脱气量减小到一定程度后再将煤样粉碎，进行第二次脱气。

测定步骤如下：

(1) 将装有待测煤样的密封罐装入恒温槽 1 中，进行真空脱气，脱气时恒温 95 ℃，直到每半小时泄出瓦斯量小于 10 mL、煤芯所含的水分大部分蒸发出来为止。这一阶段脱气所需的时间约为 5 h，之后测量脱出气体体积 V_3。

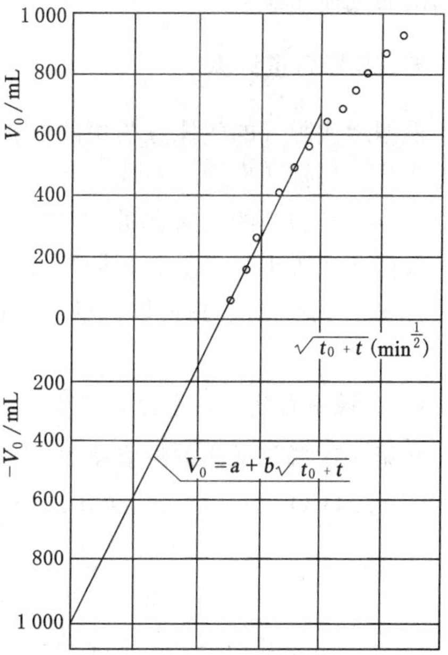

V_0—解吸瓦斯量；

$-V_0$—损失瓦斯量。

图 15-9-3　瓦斯损失量计算曲线图

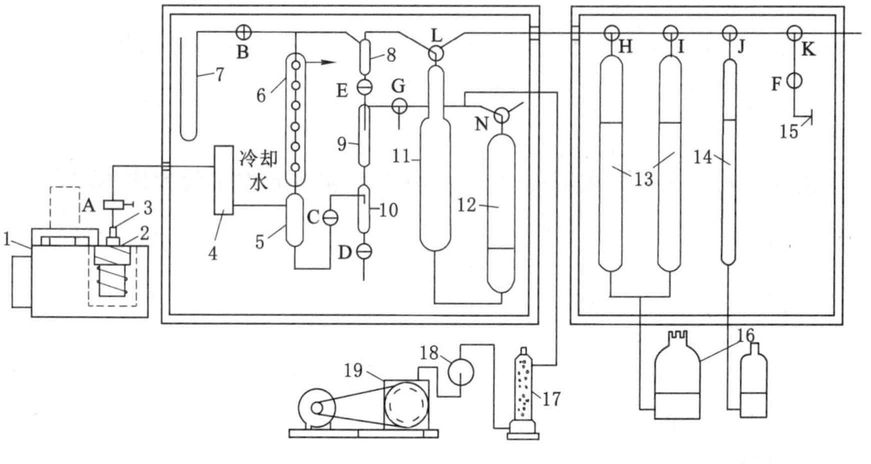

1—超级恒温器；2—密封罐；3—穿刺针头；4—滤尘管；5—集水瓶；6—冷却管；7—水银真空计；8—隔水瓶；9—吸水管；10—排水瓶；11—吸气瓶；12—真空瓶；13—大量管；14—小量管；15—取气支管；16—水准瓶；17—干燥管；18—分隔球；19—真空泵；A—螺旋夹；B、C、D、E、F—单向活塞；G、H、I、J、K—三通活塞；L、N—120°三通活塞。

图 15-9-4　真空脱气装置

(2) 煤样第一次脱气后，打开煤样密封罐，取出煤样，放入密封球磨罐粉碎 4～5 h，要求粉碎后煤样的粒度在 0.25 mm 以下，然后进行第二次脱气，脱气方法同粉碎前。第二次脱气大约需要 5 h，一直进行到无气体泄出、真空计的水银柱趋于稳定为止。用同样的方法计

量抽出的气体体积 V_4。

五、瓦斯含量计算

根据两次脱气的气体分析中的氧含量，扣除混入的空气成分，即可求出无空气基的煤的气体成分。根据两次脱气的体积和瓦斯组分、煤样质量和工业分析结果，即可计算出单位质量煤(或可燃物)中的瓦斯含量，即煤的残存瓦斯含量。

根据两次脱出气体量和瓦斯组分，求出煤样粉碎前后脱出的瓦斯量即残存瓦斯含量。

对脱出气体，用气相色谱仪进行气体成分分析。用式(15-9-2)～式(15-9-5)计算各组分浓度。

(一) 煤中自然瓦斯成分计算

将第一次脱气采集的混有空气的气体通过气相色谱仪分析，得到气体浓度为 $C(N_2)$、$C(CH_4)$、$C(CO_2)$、C(重烃)，再用式(15-9-2)～式(15-9-5)换算到无空气基的浓度：

$$A(N_2)=100\times\frac{C(N_2)-3.57C(O_2)}{100-4.57C(O_2)} \tag{15-9-2}$$

$$A(CH_4)=100\times\frac{C(CH_4)}{100-4.57C(O_2)} \tag{15-9-3}$$

$$A(CO_2)=100\times\frac{C(CO_2)}{100-4.57C(O_2)} \tag{15-9-4}$$

$$A(\text{重烃})=100\times\frac{C(\text{重烃})}{100-4.57C(O_2)} \tag{15-9-5}$$

式中 $A(N_2)$、$A(CH_4)$、$A(CO_2)$、A(重烃)分别为扣除气体各种气体组分的浓度，即作为煤层自然瓦斯成分，%。

(二) 标准状态气体体积计算

将两次脱气得到的气体体积用式(15-9-6)换算到标准状态下的气体体积：

$$V=\frac{273.15}{101\,335\times(273.15+t_w)}(P_a-9.81h_w-P_s)V_0 \tag{15-9-6}$$

式中 V——标准状态下的气体体积，mL；

V_0——实验室环境下储气瓶内的气体体积，mL；

P_a——大气压力，Pa；

t_w——量管内水温，℃；

h_w——量管内水柱高度，mm；

P_s——t_w 下饱和水蒸气压力，Pa(见附录二)。

(三) 实验各阶段气体体积计算

将各阶段含空气的瓦斯体积换算到无空气的瓦斯体积：

$$V''_i=\frac{V'_i[100-4.57C(O_2)]}{100} \tag{15-9-7}$$

式中 V''_i——扣除空气后标准状态下的各阶段瓦斯体积($i=1,2,3,4$)，mL；

V'_i——扣除空气前标准状态下的各阶段瓦斯体积($i=1,2,3,4$)，mL；

其余符号同前。

（四）各阶段气体体积计算

已知煤样解吸瓦斯及损失瓦斯的体积，先按式(15-9-2)～式(15-9-5)算出自然瓦斯成分，然后按式(15-9-8)计算煤层中各种气体的体积：

$$V''_i = \frac{V'_0 C(X)}{100} \tag{15-9-8}$$

式中　V''_i——标准状态下的各阶段某种气体体积($i=1,2,3,4$)，mL；

$C(X)$——煤层中某种气体的浓度($X=N_2$，或 CH_4，或 CO_2)，%；

其余符号同前。

（五）煤的可燃基质量计算

煤样可燃基质量 G_r 可按下式进行换算：

$$G_r = G\frac{100 - M_{ad} - A_{ad}}{100} \tag{15-9-9}$$

式中　G——煤样质量(空气干燥基和干燥无灰基)，g；

M_{ad}，A_{ad}——煤样水分和灰分含量，%。

（六）煤层瓦斯含量计算

煤层瓦斯含量按下式计算：

$$X_1 = \frac{V_1 + V_2 + V_3 + V_4}{G_r} \tag{15-9-10}$$

式中　X_1——煤层瓦斯含量，m^3/t；

G_r——煤样可燃基质量，t；

V_1，V_2，V_3，V_4——用式(15-9-7)计算的瓦斯损失量、解吸瓦斯量、破碎前真空脱气瓦斯量和破碎后真空脱气瓦斯量，mL。

第十六章　矿井通风安全管理

矿井安全管理是一门科学，是管理学和管理工程的一个分支，有深厚的基础理论和丰富的工程实践。

安全的科学管理不是凭经验办事和拍脑袋决策，而是应运用科学管理的理论和方法，从实际出发，按客观规律办事；不断地总结经验和教训，使人-机-环境系统达到最佳安全状态所进行的有组织、有目的的行动，是实现矿井安全生产的重要保证。

安全管理内容十分丰富，一般可分为安全行政和组织管理、技术管理、设备管理、制度管理、现场管理和信息管理等。本章主要论述矿井通风安全技术管理和现场管理。

第一节　通风安全管理概论

安全管理的主要任务是：培育科学的安全理念，贯彻执行国家、行业和企业的安全生产管理规定，增强安全责任，强化安全意识，建立科学与合理的管理制度，培养和规范人的安全行为，创造安全的生产环境，创建和保持物的安全状态，提高安全措施的执行力，以最大限度地获得安全效益。

一、安全管理理念

安全管理不仅意味着完善的体系、严密的制度，它更为重要的是培育科学的安全理念和企业安全文化，并融入生产和职工的工作和生活习惯。

矿井应树立“以人为本，生命为天”的核心安全管理理念，贯彻“安全第一，预防为主，综合治理”的安全生产方针，构建“科学合理，因地制宜，与时俱进”的管理模式，创造“科学、系统和100%的安全保障体系”。

安全理念代表的是企业的基本价值观和安全原则，是企业安全文化的核心要素，得到员工的认同、理解和接受，根植于企业员工的内心，成为员工行为的先导。通过安全理念的传播，让安全成为每个员工的工作和生活方式，不断提高企业职工的安全修养，提升员工的安全责任意识，实现“人人对安全负责，个个是安全屏障”的安全管理目标。

煤矿企业应结合实际，设计具有企业特色的安全理念。“人人对安全负责，个个是安全屏障”的理念可大大增强员工对安全生产的责任感和自主安全行为，提高员工的安全觉悟。

二、通风安全管理体系

在政府转变职能和企业转换经营机制的过程中，要继续强调“管生产必须管安全”的原则，企业要切实负起搞好安全生产的责任。企业法定代表人应是安全生产的第一责任人。各企业应建立安全生产责任制。安全生产作为企业管理的重要组成部分，发挥着极大的保障作用。企业应自觉贯彻“安全第一，预防为主，综合治理”的安全生产方针，必须遵守安全生产的法律、法规和标准，根据国家有关规定，制定本企业安全生产规章制度；必须设置安全机构，配备安全管理人员，对企业的安全工作进行有效的管理；还应负责提供符合国家安全生产要求的工作场所、生产设施，加强对有毒有害、易燃易爆等危险品和特种设备的管理，对从事危险物品管理和操作的人员都要严格培训。

通风安全管理体系是为实现矿井安全生产目标服务，由多层机构组成、具有有机联系、相互作用的系统。为了有效地开展通风管理工作，研究解决生产过程中不断出现的不安全问题，并有一个畅通、高效的管理信息传输渠道，局、矿必须建立必要而合理的通风管理体系，配备数量足、素质高的管理和专业技术人员，负责矿井通风安全管理工作，这是进行矿井通风科学管理和安全生产的组织保证。

（一）组织机构

通风安全管理机构健全，组织结构合理，才能适应科学管理需要。管理机构的组成和规模视矿井井型和灾害种类及其严重程度而定。由于通风安全管理工作比较复杂，管理机构的设置一般采用直线职能制，即各级领导可直接向下级下达指令，各部门也可根据既定方针和职能向下级下达指令，下级职能部门听从上级职能部门的指挥。对于年生产能力大于 90 万 t 的大型矿井和灾害严重、管理复杂的矿井可参考图 16-1-1 所示的设置。图中各级领导以及各部门之间的连线即为指令和信息传输的渠道。各局、矿的通风安全管理体系的形式应根据矿区（井）的具体条件而定，当井型和安全条件变化时，可适当改变。

（二）通风安全管理体系的管理原则

为了使通风安全管理组织高效运行，通风安全管理体系必须遵守下列原则。

1. 层级原则

这要求各层管理机构要分工和责任明确，即体系中每个人员应明确自己的岗位、任务、职责和权限；上级是谁，对谁负责；自己的工作程序和信息渠道，如何取得需要的决策和指令，从何处取得需要的合作。层级原则是管理体系高效运行的基础。

2. 统一指挥原则

一个工作人员只能接受同一指令或指挥，如果需要两个以上部门或领导人同时指挥时，在下达命令之前这些部门或领导人应相互沟通，这样才不会让下级无所适从。如果一个领导在下达命令时由于情况紧急，来不及同其他领导人沟通，事后必须及时把情况向其他领导讲清楚，以形成统一意见，避免出现多头指挥；当下级发现指挥矛盾时，应及时向上级反映，要求协调与更正，同时下级也要增强适应性，善于将不同的要求协调起来。

3. 责权一致原则

在委以责任的同时，必须委以完成任务所需要的相应的权力。有责无权不能充分发挥管理人员的积极性和主动性，使责任制形同虚设，无法完成任务；有权无责必然助长官僚主义和瞎指挥。

4. 适当授权原则

在组织机构大、业务复杂时，领导可将部分事情的决定权由高层转至下一层，某些职能转交给下级，也可把某一项特殊任务的处理权交给下级，完成任务后再收回。在授权时，责任不能下授，出了问题领导还要承担责任，以免授权者撒手不管。

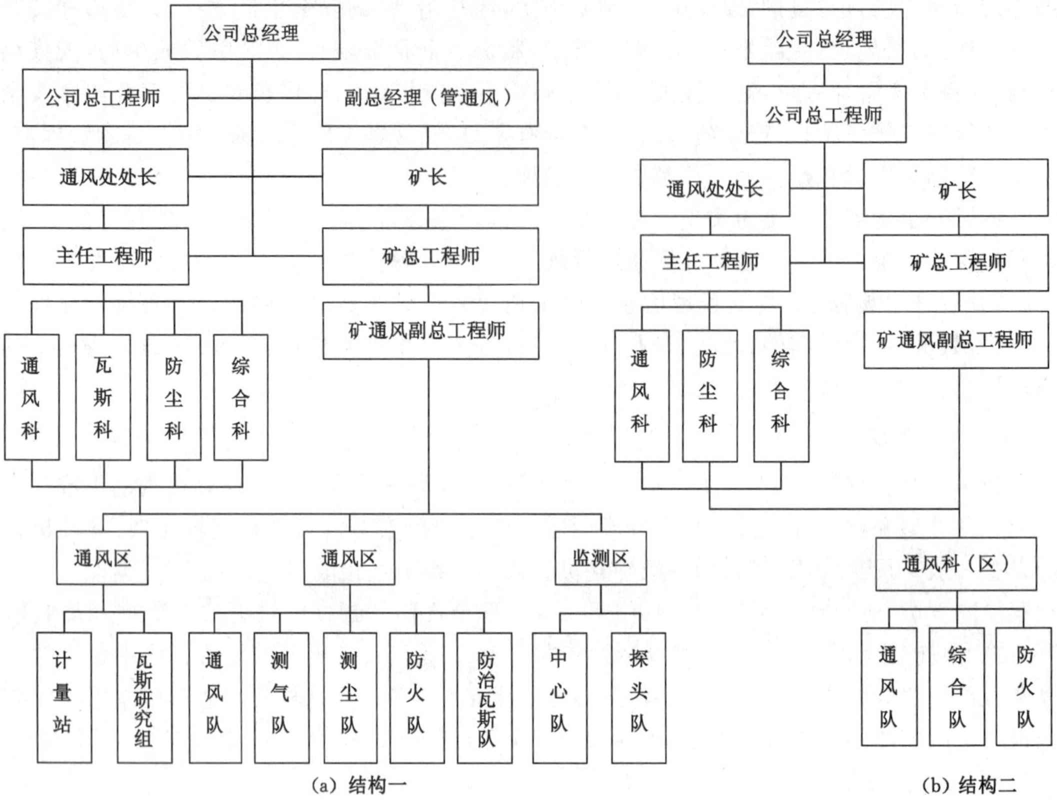

图 16-1-1　矿井通风管理组织结构设置

5．分工与协作原则

为了提高工作效率，必须把通风管理工作中的各项任务和目标分配给各层机构和各个人，通过分工可使人们专心从事某一方面的工作，对工作的程序、方式、方法更加熟练，有利于提高工作效率；协作是与分工相联系的，是体系完成目标所必需的一种工作方式，两者是相辅相成的。

6．动态组织原则

组织的形式应能根据安全条件的变化及时做出相应的改变，以适应安全生产发展的需要。

（三）管理人员的素质和职责

安全方针的贯彻以及所制定的各项安全技术措施和管理制度的贯彻执行，不仅有赖于有效而合理的组织机构，而且也有赖于慎重选人。通风安全管理是一项技术性复杂、政策性较强的工作，因此管理体系要求有较高的个人素质和集体素质。个人素质包括政治思想水平、政策水平和文化水平，智能和专业知识，业务能力、决策能力和领导（或管理）能力，工作作风，年龄和健康状况等，主要领导人的素质尤其重要。集体素质包括管理体系内各层机构中人员配备的年龄和专业知识结构，机构的凝聚力、团结合作和民主风气等。各级通风安全管理机构中要选拔和配备一些既精通通风安全理论又懂采掘技术、有一定管理经验的技术和管理人员。

公司总经理、矿长对通风安全工作负全面责任。其主要任务是：贯彻执行上级有关规定，制定落实方法，健全通风安全专业机构、选定通风安全管理干部，并确定其职责，安排通风安全工程、组织施工力量，落实资金和设备，组织检查通风安全工作，在灾变时负责指挥救灾，审阅通风安全报表。

公司、矿总工程师对通风安全工作负技术领导责任。其主要任务是：贯彻《煤矿安全规程》以及上级有关技术政策，制订通风安全规划，从开采设计、生产布局、技术装备等方面为通风安全创造条件，组织审批通风、作业规程和安全技术措施，负责通风安全科研和新技术推广应用，组织通风安全专业会议，审阅通风安全报表，检查通风安全工作，在灾变时协助矿长指挥救灾，制订通风安全技术人员的培养计划。在高瓦斯矿井、有煤与瓦斯突出的矿井以及年产 90 万 t 的矿井设通风安全副总工程师，协助总工程师工作。

公司通风处和矿通风科（区）是负责矿井通风日常管理和施工的基层单位，下设若干专业队，专业队设置因矿井灾害种类而异。高瓦斯矿井和有煤与瓦斯突出的矿井应设立抽采区和瓦斯研究小组，负责瓦斯抽采和防治瓦斯突出工作。有监测系统的矿井应成立监测队，负责安全监测系统的安设、维修和日常管理工作。

各级组织机构的人员配备因工作任务而定。为保证通风安全专业干部的素质和队伍的稳定，原则上，通风区（科）正、副区（科）长、工程技术人员、测气员、测风员、测尘员和研究人员的调动应征求公司通风处的同意。

机构和专业要保持相对稳定。一个人要有效而熟练地从事某项工作需要相当长的时间，保持机构和工作人员的相对稳定是提高管理水平的重要条件之一。但当实践证明机构不适应管理需要、个别人员不能胜任本职工作时，也应及时进行调整与更换。

管理机构要求办事效率高。机构中指令和信息传递渠道要合理和畅通。在正常时，信息应按组织机构逐级传递；在关键时刻，例如有可能出现危险时，为了避免逐级传递而延误处理时间，可越级将任务直接布置到执行者，这即是法约尔的“跳板”管理原则。

三、管理制度

通过建立健全通风安全管理制度，可以明确各级领导、各级管理部门、有关管理人员的工作职责。规章制度是煤矿安全生产长期经验和事故教训的总结，应具有科学强制性、规范性和稳定性，不能随意改动；文字要明确，规定要具体，不能似是而非；不搞表面文章，不烦琐，便于执行。

（一）建立严格的通风安全检查制度、定期进行通风检查

(1) 定期化验井下空气成分，检查用风地点的进风空气成分是否符合新鲜风流标准，检查回风流空气中是否有火灾的指标气体等；

(2) 检查其上各分支分路是否有堵塞、支护（断面）变形，若有应及时处理；

(3) 测定井下风量和风速；

(4) 局部通风检查按国家规定的质量标准及检查评比办法每月检查一次；

(5) 定期（至少每月）检查通风构筑物的质量和漏风量，看其安设位置是否合理。

（二）建立调度制度

调度是及时掌握现场情况的高效灵敏的信息、指令的传输和反馈系统，通风安全部门应

设专人，配备必要的通信工具，成立调度站。公司每天一调度，矿要班调度，区要一班三调度；调度要有记录，公司、矿领导要审阅通风调度记录，对重大事故隐患的批示意见要当天反馈到现场。调度(或记录)的重点内容是：现场重大事故、上级领导或调度布置的专项任务应按要求的时间、内容和方式进行汇报；现场重大事故隐患(如高温点、瓦斯超限、局部通风机停风和通风设施破坏等)的处理情况；瓦斯排放、巷道贯通等事故多发点的治理工程和重点安全技术措施的进展、落实和完成情况；贯彻上级规定和指示情况等。要做到上令下达、下情上报，信息传递及时，横向到边、纵向到底，促使现场问题及时解决。

(三) 建立定期进行通风安全管理大检查制度

通风安全大检查是实施行为督促、技术督促及安全评价的重要手段，能为科学决策提供依据，也是对职工进行教育的过程，内容包括管理措施检查和技术检查。检查中要抓重点工程、关键部位和带有普遍性的问题，查领导、查思想、查制度、查措施、查隐患，边查边改，对于检查出来的重大隐患要限期解决，检查结果要向主管部门报告。

(四) 建立事故分析制度

每一次事故虽然都带来惨重的损失和牺牲，但也为人类预防同类事故发生提供了经验、教训。如果我们以科学的实事求是的态度正视事故，认真调查，客观总结事故发生的因素和规律，并将有关治理措施在实际生产中进行贯彻落实，那么事故发生率将大为减小。因此，应大力提倡建立公司总经理、矿长直接参与的、严谨科学的事故分析制度，并将其列入有关领导的政绩考核内容。

四、通风安全质量标准化

通风安全质量标准化是煤炭企业管理最基础性的工作，是实现安全生产、文明生产，全面提高安全管理水平的一项长效机制和根本性战略措施。其目的是使企业各安全生产与管理环节和生产工作环境达到和保持较高的标准，并始终处于良好状态。

通风安全质量标准化的关键是有明确的指导思想，制定科学、严谨、合理的指标体系，建立监督检查、考核评比和激励约束机制，成立负责安全质量标准化工作的部门或机构，实现全员、全过程、全方位的安全管理。

制定标准的依据是国家煤矿安全生产法律、法规以及国家安全管理部门制定的规范和文件，并结合矿区的实际。标准体系应包括企业安全管理标准化、安全技术标准化、安全装备标准化、环境安全标准化和安全作业标准化五要素。其内容涵盖采煤、掘进、机电、运输、通风、地测、防治水和安全管理等八个专业项目。安全管理专业项目主要包括机构设置、人员配备、安全规章制度建立、安全费用提取及使用、隐患排查治理、应急预案制定、安全培训、调度通信等专项内容。

通风安全质量标准化工作要体现“以人为本，科学发展”的核心理念，强化煤矿企业安全生产主体责任，促使各类煤矿逐步建立起自我约束的安全生产长效机制，形成一套行之有效的安全质量管理体系和方法，并在实施过程中不断完善。

在煤矿实施通风安全质量标准化工作过程中要鼓励煤矿企业推广应用新技术、新设备以及通风、治理瓦斯、防火、防尘、防水等新技术；广泛应用信息化、自动化及监测监控等先进技术；提高煤矿机械化开采水平；针对矿井的主要灾害开展科学研究，解决制约煤矿安全水平的瓶颈问题，发挥科学技术对提升煤矿安全保障水平的作用，不断地改善煤矿安全生产条件和生产环境。

通风安全标准化建设是一项长期、持久的工作，要注意对不同类型、不同等级和不同灾害类型的矿井实施分类管理，如高瓦斯和有煤与瓦斯突出危险的矿井要把瓦斯治理作为安全质量达标的重点之一，自然发火严重的矿井要将预防煤炭自燃作为重点等；要把工作的重点放在现场，注重过程控制；重点是事故多发点、管理薄弱点；可针对煤矿安全质量标准化工作存在的突出问题和薄弱环节，适当调整和合理确定各专业项目的评级权重；防止重考评、轻建设，重结果、轻过程；要防止走形式、走过场、做表面文章。

在通风安全质量标准化建设的过程中，注重宣传教育，提高员工的安全素质和技术素质。

第二节　通风安全管理业务及其信息化管理

一、日常通风安全管理业务

日常通风安全管理业务可根据矿井的地质条件、安全和开采技术条件的不同而有所不同，一般说来有如下内容。

(一) 计划管理

在通风安全科学管理工作中预先的计划管理处于首要位置，其内容包括计划编制、计划落实、计划检查和计划调整等部分。

(1) 计划编制。编制计划的主要依据是国家安全生产方针、矿井生产发展计划、技术装备技术水平及通风安全技术资料(主要包括在生产过程中统计、积累的资料和未来安全状况预测的资料)。计划可分为长期(长远)计划、年度计划、月计划和班计划。

各单位在编制年度和月生产计划的同时，必须根据矿井的实际条件，编制保证安全生产的通风、防治瓦斯、防火、防尘和降温等工作计划。内容应包括通风系统调整和改造，专用通风巷道的掘进、维修，抽采钻场和钻孔工程，“一通三防”的管路铺设工程，开采保护层和各种防突工程，防灭火工程，防尘注水工程等。

(2) 计划落实。根据计划要求合理分配资金、人力、物力，认真贯彻落实，无特殊条件变化时应确保计划实现。

(3) 计划检查、分析和总结。每期计划执行中和结束时要进行检查、分析和总结，对隐患和问题及时解决，并对下期计划进行全面安排，提出保证计划完成的措施。

(4) 计划调整。如果计划在实施的过程中遇到地质条件变化，资金或设备不能落实，采取措施后仍不能解决时，可适当调整，但必须满足安全生产需要。

(二) 技术管理

(1) 技术文件和技术资料管理：

① 图纸齐全、正确，能反映实际情况。每个矿井必须有通风系统图、通风网络图和防尘管路布置图，对于有监测系统、防火灌浆和瓦斯抽采系统的矿井，还应有监测系统图、防火灌浆和瓦斯抽采管路系统图等。各类图纸均应定期修改和及时补充，做到规范化，且与实际情

况相符。

② 技术数据齐全。需要收集、储存的数据有:主要井巷的通风参数,如长度、断面、摩擦阻力系数;煤层瓦斯含量,瓦斯相对涌出量,瓦斯绝对涌出量,瓦斯地质资料,煤层的自燃倾向性鉴定资料,自然发火期统计资料,煤层的最短自然发火期等;主要通风机的性能曲线,局部通风机型号及其性能参数。各种报表应数据齐全、正确可靠、上报及时。

③ 技术文件齐全。施工应有安全技术措施;各工种有岗位责任制和技术操作规程;所有仪器应有说明书。

④ 建立技术档案。各种报表应存档;各类台账(密闭墙台账、火区台账、局部通风机台账、盲巷台账、注水台账等)健全;各种检查记录(通风设施检查记录、反风设施检查记录、瓦斯检查记录和瓦斯涌出异常检查记录等)齐全。

(2) 制定符合本公司、矿的风量计算办法,矿井和采掘工作面配风合理。

(3) 定期进行主要通风机性能测定和矿井通风系统阻力测定,以获得主要通风机性能实测曲线和关键阻力路线的阻力分布等资料。

(4) 推广新技术和先进经验,开展通风安全的科学研究工作。

(三) 通风系统管理

井下一切通风设施,例如风门、风眼、风窗、密闭墙、栅栏等必须有专人维修管理,使其保持完好状态;随工作面推进和迁移应及时进行通风系统调整和风量调节;在改变通风系统时应预先制定计划和安全技术措施,严格履行审批手续。

(四) 通风仪表管理

矿井必须配备适量的通风安全检查仪表,并定期进行校准和维修,其完好率应达90%以上,下井仪器、传感器的合格率必须达100%。

二、通风安全信息化建设

开展煤矿安全信息化建设,实现煤矿安全信息化管理,有助于管理者对安全隐患进行科学的评价和决策,对危险源和事故进行有效预防和预警,是提高煤矿安全管理水平的重要举措之一。矿井安全信息化建设和管理一般有以下三个方面。

(一) 建立通风安全数据库

建立通风安全数据库、图库、模型库是矿井通风安全管理和煤矿企业管理现代化的标志,是利用信息化技术定期进行通风系统模拟和分析及进行现代化管理的依据。

通风安全数据库主要有通风系统、安全隐患及危险源、事故管理、安全评价指标、瓦斯管理、防火和防尘管理等。

(二) 通风安全计算机辅助决策

借助DSS或专家系统(例如火灾防治专家系统),可实现对矿井灾害的救灾方案预演、优化和科学决策。

(三) 通风安全信息化和智能化技术

在矿井通风设计、通风系统改造和进行风量调节时,可借助计算机进行通风网络解算、通风系统方案模拟、预测和优化,也可利用人工智能技术自动绘制通风系统平面图、立体图和通风网络图等，大大提高工作效率和经济效益。

安徽理工大学与淮北芦岭煤矿、西安科技大学与攀枝花矿务局和兖州矿务局、中国矿业大学与平顶山、枣庄等矿协作，开发了“矿井管理信息系统”“通风安全管理信息系统”“矿井救灾决策专家系统”等软件；山西潞安集团王庄煤矿建立了煤矿安全管理通风数字化调度室与安全通风调度系统，实现煤矿通风动态管理与监管；徐州矿务局建立了图形与数据库相关联的系统，实现了矿井通风系统图形数据的网络可视化管理，取得了较好的效果。

总之，通风安全管理信息系统是用系统思维的观点，基于现代安全管理理论，以计算机和现代通信技术为基本信息处理手段和传输工具的、能为管理决策提供信息服务的信息系统。它是由人与计算机组成的，能进行通风安全管理信息的收集、传递、储存、加工、分析和利用的系统。

需要说明的是：任何较大的软件开发及应用都是一项系统工程，系统运行应用的好坏，不仅要看系统开发水平，还取决于操作系统运行的人员素质及管理水平的高低，只有每一环节都达到了较高要求，“系统”才能发挥正常和充分的效益。

第三节　掘进通风管理

在新建、扩建或生产矿井中，要经常开掘大量的井巷工程。掘进工作面是矿井事故多发地点，掘进通风管理不善等造成的瓦斯事故发生次数和死亡人数占整个瓦斯事故的80%左右。因此，对掘进通风及安全进行科学管理不仅是提高掘进通风效果的重要环节，而且是防止瓦斯、煤尘爆炸事故的重要措施。

一、掘进通风管理的一般要求和措施

(1) 巷道掘进之前必须编制有关局部通风机和风筒的选择、安装及使用等的专门通风设计，报矿总工程师批准。掘进巷道不得采用扩散通风；在突出煤层中不得采用混合式通风。

(2) 局部通风机的安装和使用必须符合《煤矿安全规程》和《矿井通风质量标准与检查评定办法》的要求，杜绝不合理的串联通风。对于通风距离超过 500 m 且停风不致形成瓦斯积聚的掘进工作面，应把过去按最远距离一次设计的方法改为分两次或三次设计，分期选择局部通风机，但所需要的风筒的规格按最远距离一次选定，这样有利于提高经济效益。

(3) 局部通风机必须指定专人进行管理，不得随意停开。在高瓦斯矿井、煤与瓦斯突出矿井，所有掘进工作面的局部通风机都应装设“三专两闭锁”设施(“三专”：专用变压器、专用开关、专用供电电缆；“两闭锁”：风、电、瓦斯闭锁即停风或瓦斯超限时均要切断掘进工作面电气设备电源)，保证局部通风机连续可靠运转。在低瓦斯矿井中，掘进工作面与采煤工作面的电气设备可分开供电。

(4) 局部通风机应装在专用台架上或采取吊挂，距巷道底板高度应大于 0.3 m，以防底板杂物粉尘飞扬起来，并提高入口流场的均匀性，减小入口局部阻力。掘进工作面的风筒吊挂必须符合通风质量要求，责任到人，严格管理，采掘工作面的生产班组要管好用好局部通风设备。

(5) 局部通风机和启动装置要安设在进风巷中，距回风流不得小于 10 m；局部通风机的吸风量要小于矿井总风压所供给该处的风量，以免发生循环风。

(6) 使用局部通风机的掘进工作面，不准无故停风。如因检修、停电等原因停风时，都要撤出人员，切断电源。在恢复通风工作前，必须检查瓦斯，压入式局部通风机和开关地点附近 10 m 内，风流中瓦斯浓度不超过 0.5%时，方可开动局部通风机。

二、特殊情况下的通风管理

(1) 巷道贯通时的掘进通风管理。掘进巷道贯通时，采取安全技术措施不及时容易造成瓦斯爆炸、爆破崩人或冒顶事故，因而应注意：接贯通书面通知后，通风区要编制调整通风系统计划，做好通风设施与调风准备工作。贯通时通风部门指派主管通风人员统一指挥，贯通后按规定立即调整通风系统防止瓦斯积聚。瓦斯浓度保持在 1%以下时，方可恢复工作。

(2) 在瓦斯浓度大、无安全措施，又不能形成全负压通风系统，未采用局部通风机通风时，坚决禁止扩散通风、老塘通风等不安全的通风方式。

(3) 无特殊情况中途不得停止巷道掘进，非停不可的，短时间的停掘不得停风，长时间停掘的巷道要及时封闭。

(4) 煤巷机械化掘进通风安全管理。综合机械化掘进煤巷时，除尘任务非常重要。采用喷雾洒水等综合防尘措施不能适应综合机械化掘进的防尘要求，要采用混合式除尘通风。采用长压短抽掘进通风布置方式时，应注意下列问题：

① 保证工作面的风速大于最低排尘风速 0.15 m/s。

② 压入式风筒出口应在机组转载点后面一定距离，以减少二次煤尘飞扬。当采用小直径风筒辅助通风时，其出风口距工作面不超过 5 m，抽出式的风筒吸入口距工作面不超过 5 m，而且吸入的风量要大，并配备除尘装置，以便及时吸入含尘风流，经除尘器降尘后再排出。

③ 加强风筒重叠段的瓦斯管理，在风筒重叠段巷道风速很小，在顶板附近易形成瓦斯层，故通常规定此处风速应大于 0.5 m/s，或采用康达风筒。应安装瓦斯浓度的监测装置。

(5) 风筒安装与管理。我国煤矿在长距离独头巷道掘进通风技术管理方面积累了丰富的经验，可归纳如下：

① 适当增加风筒节长，减少接头数目，降低风筒的局部风阻和漏风。

② 改进接头连接方式。淮北沈庄煤矿用铁圈压板接头代替插接方式，送风距离达 3 033 m，工作面风量为 63.2 m^3/min，风筒百米漏风率减少了 75%。枣庄矿使用的螺圈接头，内壁光滑，接头局部风阻小，漏风也小，送风距离达 3 795 m。

③ 风筒悬吊要平、直、稳、紧，逢环必吊，缺环必补，防止急拐弯。风机稳装、悬吊也要与风筒保持平直。风机与风筒直径不同时，要用异径缓变接头连接。

④ 采用有接缝的柔性风筒时，应黏补或灌胶封堵所有的缝合针眼，防止漏风。

⑤ 在每隔一定距离风筒上安装放水嘴，随时放出风筒中凝结的积水。

⑥ 实行定期巡回检查制，加强维护，发现破漏及时修补，悬吊不平直及时调整。

⑦ 局部通风机启动时，要开停几次，以防止因突然升压而使风筒胀裂或脱节。

第四节 瓦斯管理

众所周知，瓦斯事故(如瓦斯爆炸事故等)是煤矿各类重大、特大事故中所占比重最大、死亡率最高、损失最严重的一种灾害事故。据统计，1950 年至 2009 年全国煤矿共发生 25

起一次死亡百人以上的矿难，其中 22 起是瓦斯事故，占 88%。可见，瓦斯事故是煤矿安全的主要威胁。因此，加强矿井的瓦斯管理，有效地控制瓦斯事故，方可使矿井安全状况根本好转。

一、矿井瓦斯管理的基本原则

(1) 矿井瓦斯分级管理原则。矿井瓦斯分级管理是矿井瓦斯管理的首要原则。所谓分级管理是指依据矿井瓦斯等级不同对矿井进行有区别的瓦斯管理，高瓦斯等级管理高要求。

(2) 消除矿井瓦斯致灾条件原则。采取必要的组织、技术和管理措施消除矿井瓦斯造成灾害的条件，即从防止瓦斯积聚、引燃、突出和瓦斯灾害事故扩大等方面采取必要的措施消除瓦斯灾害条件，是矿井瓦斯管理的根本原则和主要目的。

(3) 矿井瓦斯分源治理原则。根据矿井瓦斯来源在矿井(采区)瓦斯涌出量中所占比重及其涌出规律而采取相应的技术管理措施。

(4) 矿井瓦斯综合治理原则。从通风管理、机电设备防爆管理、火药和爆破管理、火区管理、隔爆设施管理、瓦斯监测、抽采及排放管理、瓦斯防灾减灾设备和技术开发等多方面和多环节上，对矿井瓦斯实行系统全面治理，能有效地防治瓦斯灾害，是矿井瓦斯管理的重要举措和发展方向。

二、矿井瓦斯的基础管理

(1) 生产矿井必须全面掌握煤层的瓦斯情况和变化规律，如瓦斯地质、煤层的瓦斯含量、煤层的突出危险性等。

(2) 定期进行瓦斯鉴定，掌握煤层的相对和绝对瓦斯涌出量。

(3) 进行瓦斯来源分析。测算采空区、采面、掘进工作面和巷道瓦斯涌出所占的比例。

(4) 对待开采煤层进行瓦斯涌出量预测和突出危险性预测。

三、矿井瓦斯的分级管理

在采矿历史上有许多起瓦斯爆炸事故是矿井瓦斯浓度低而忽视管理造成的，因而要严格按照《煤矿安全规程》规定，对不同瓦斯等级的矿井进行相应的管理。依据矿井不同瓦斯等级，在矿井瓦斯检查制度及人员配备、通风安全监测装置配置、电气设备选用、掘进工作面安全技术装备系列化标准、矿用安全炸药选用要求和爆破管理等方面，采取不同的管理制度、管理措施和管理手段。

突出矿井：防治煤与瓦斯突出的基本策略是“四位一体”的综合防突措施，即采取以防治突出措施为主，同时进行突出危险性预测、防治突出技术措施的效果检验以及采取避免人身事故的安全防护措施，而且以上四项措施必须按一定的管理程序实施。

据统计，1970 年至 1979 年部属煤矿所发生的 87 次瓦斯事故中，有 72 次是空班漏检造成的，因此，严格瓦斯检查制度和管理对防止瓦斯事故至关重要。主要有：① 加强瓦斯检查队伍建设，应选拔高素质和责任心强的瓦斯检查员，并实行严格的奖惩制度。② 建立区域巡回检查和连续监测双重的瓦斯检查系统。凡属高瓦斯和突出矿井的煤和半煤巷的掘进工作面都要配专职瓦斯检查员，并安设瓦斯自动报警断电装置。③ 瓦斯检查员应在井下工作岗位上交接班。井下瓦斯检查必须按规定的地点、路线和时间(次数)进行检查并向调度室汇报，严格履行检查员岗位责任。④ 所有高瓦斯和突出矿井应装备全矿井安全监测系统，并充分发挥监测设备的效能；低瓦斯矿井的采掘工作面必须配备便携式瓦斯检查仪。

四、矿井瓦斯综合管理

实践证明，必须在煤矿安全生产工作的多方面、多环节对瓦斯采取综合治理和管理措施，才能达到控制井下瓦斯涌出、消除瓦斯灾害条件、基本控制瓦斯煤尘重大事故的目的。

（一）系统综合治理的一般管理

（1）加强对通风、瓦斯防治业务工作的领导，建立各级领导责任制。集团公司总经理、矿长、区（队）长是安全生产的第一责任人，对防治瓦斯事故负有全面责任。集团公司总经理、矿长和总工程师必须每日审阅通风瓦斯日报，发现问题要及时解决。

（2）采取得力措施防止瓦斯积聚。预防瓦斯积聚，一是加强通风管理；二是加强瓦斯检查，及时发现生产空间瓦斯超限和积聚，并及时处理；三是对非生产空间（盲巷等）及时封闭，临时停工掘进工作面要保持正常通风。

（3）加强矿井瓦斯监测，建立健全瓦斯报表、瓦斯台账和瓦斯记录制度。

（4）加强矿井通风管理，改善矿井通风系统，要保证矿井有足够的风量，通风系统合理；通风设施的位置合理，质量合格。

（5）加强井下火源管理，消除引爆瓦斯的条件。

① 加强机电设备管理，保证电气设备的防爆性能。采掘面电气设备检修维护坚持执行包机、包片和定期检修制度。严禁带电作业。杜绝不合格的电缆接头。凡检修搬迁电气设备时，都必须检查瓦斯。

② 加强爆破工作管理。必须配齐专职爆破工，严格按规定装药、填泥，进行“一炮三检”。掘进不准一次装药逐次爆破，严禁放糊炮。在突出煤层的掘进工作面必须设专职爆破工。严格执行“三人连锁爆破”制。

③ 加强井下烧焊、点火作业的管理。

（6）搞好矿井隔爆设施的管理。要加强对隔爆水棚、岩粉棚等隔爆设施的管理，充分发挥其作用，以防止瓦斯煤尘爆炸事故的扩大，隔绝爆炸的传播。

要大力推广使用瓦斯报警矿灯、便携式瓦斯检查仪、移动式瓦斯抽采泵站和对旋式局部通风机等新型设备。

（7）要加强对低瓦斯矿井地质变化和高瓦斯矿井的瓦斯管理，严格按瓦斯矿井瓦斯管理的各项规定要求进行管理。各项制度要落实到位，纵向到底，横向到边。

（8）认真贯彻《防治煤与瓦斯突出细则》，树立防突新理念、应用防突新技术和新装备，坚持“区域综合防突措施先行、局部综合防突措施补充”的防突原则，建立两个“四位一体”综合防突措施为核心的防突体系，使我国的防突技术和管理体系更加完善，进一步提升全国煤矿突出防治工作水平。

（9）为防止采掘衔接过程中发生特大瓦斯、煤尘事故，要严格劳动组织和现场管理，要及时调整风流，要统一指挥，协调工作。

（二）排放瓦斯的安全技术及组织措施

停电停风的采掘面，施工单位或通风部门必须编制排放瓦斯的安全技术措施。措施的具体要求是：

(1) 估算排瓦斯量、供风量和排放时间，采用正确的排放方法，严禁“一风吹”。确保排出风流和全风压风流混合处瓦斯浓度不超过1.5%。

(2) 确定排放瓦斯的流经路线和方向及影响范围，必须绘制有关通风系统图和供电系统图，标明电气、通信、探头、通风设施的位置，做到文图齐全。

明确停电撤人范围。凡排瓦斯影响地点，必须停电撤人，停止作业，并指定警戒人员的位置，禁止其他人员进入。切断电源要专人看管。

(3) 排完瓦斯后，指定专人检查瓦斯，供电系统、电气设备必须完好，只有排放瓦斯的巷道瓦斯浓度不超过1%时，方准指定专人恢复供电。

(三) 瓦斯排放要实行分级管理

(1) 临时停风时间短，瓦斯浓度不超过3%的采掘工作面，由通风区和瓦斯检查员负责就地排放。

(2) 巷道瓦斯浓度超过3%，排放瓦斯风流途经路线短，直接进入回风系统，安全措施必须由矿总工程师组织会审后批准，报集团公司备案。

(3) 巷道瓦斯积聚或贯通已经封闭的停风区，瓦斯浓度超过3%，排放瓦斯路线长，影响范围大，排放瓦斯风流切断采掘面的安全出口时，排放措施由矿总工程师组织会审，报集团公司总工程师批准，省煤炭管理局(厅)备案。

(4) 贯彻落实与监督检查。措施由矿总工程师组织贯彻落实到人。安全监察人员要现场监督检查排放工作。严禁违章排放。

(5) 掘进巷道排放瓦斯的方法：有分段排放方法和一次排放方法两种。分段排放方法适用于瓦斯积聚浓度较高，长度较长的巷道。一次排放方法适用于瓦斯积聚浓度不大，积聚巷道不长的条件。还可以使用自动瓦斯排放装置来排放瓦斯。

(四) 盲巷管理

井下凡是没有利用局部通风设备或其他手段进行通风，其长度超过6.0 m的独头巷均称为盲巷。它是引发瓦斯爆炸、窒息事故的严重隐患，必须加强管理。

(1) 必须把好设计、计划、施工关。要做到巷道设计和施工程序合理、准确，尽量杜绝出现盲巷。

(2) 一旦出现盲巷，通风部门应按《煤矿安全规程》立即设置栅栏及时封闭。不得把带电设备、电缆封闭在盲巷内。栅栏位置应设在距巷道口5 m范围内。

(3) 当临时停工区内的瓦斯或二氧化碳浓度达到3.0%，或其他有害气体浓度超过《煤矿安全规程》规定不能立即处理时，必须在24 h内封闭完毕。

(4) 凡封闭或打开栅栏的盲巷，都要编号并建立台账，填入通风系统图或采掘平面图。要定期检查完好情况。井下停风地点栅栏外风流中的瓦斯浓度每天至少检查一次。贯通盲巷要严格按《煤矿安全规程》规定执行，只有采取措施并确认盲巷中瓦斯浓度小于1.0%后方可贯通。

安监部门要加强盲巷的管理，实行严格的监督和检查制度。

(五) 矿井瓦斯监测监控设备和仪表管理

从以下几方面加强管理：

(1) 矿井应建立通风安全监测队，负责对矿井瓦斯监测监控设备和仪表的管理、安装、调试和维修，以提高设备、仪表的使用率。

(2) 各类传感器的工作地点、安装数量、位置、报警范围必须符合设计说明要求和《煤矿安全规程》有关规定，并加强对传感器在井下的检查、更换、维修、迁移的管理。要建立仪器设备台账，做好记录、报表和绘制监测监控系统图。

(3) 装备有监测监控系统的矿井应设置中心室、设备维修室、库房、仪器发放室，以便开展日常监测监控、维修和仪器发放工作。

(4) 监测监控设备应该经常检修，必须保持设备显示、打印、报警、存储等各项功能的正常运行，仪器设备的完好率、待修率要符合要求。其他管理参见本书第十四章。

第五节 火区管理

矿井火源被封闭后形成火区。火区的存在对矿井仍是一个重大的威胁。所谓火区管理是指以恢复火区正常、消灭火灾为目的而采取的一些管理措施。其内容包括火区控制及启封。

一、火区控制

火区封闭后，应加强控制管理，以使火源及早熄灭。要经常观测火区情况，判断火源是否熄灭。

(一) 火区基础管理

每一个火区都要建立火区管理卡片。绘制火区关系位置图；标明发火地点、时间及性质；简述火区地质、开采情况、火区范围和灭火措施等。充分利用束管检测系统、安全监测监控系统等，保存好日常检查测定数据，供处理火灾和研究参考。火区管理卡片应包括火区登记表、火区灌浆注砂记录表、防火墙记录表。这些都是防灭火的基础资料，也是安排生产必不可少的资料，应安排专人完成和保管。

(二) 防火墙的管理

为了掌握火区漏风情况，最好在每一个防灭火墙上都安设简易的水柱计，随时观察其压差的变化。对于《煤矿安全规程》规定检查的火区气体成分、气温、水温等，最好把观测和分析得来的数据按时间作出连续的曲线，以便更明晰地表示出变化趋势与过程。所有测定和检查结果都必须记入防火记录簿中，矿通风区长应按时审查，发现封闭不严等密闭防火墙缺陷及火区有异常变化时，必须采取措施，及时处理，并报告矿总工程师。

防火墙的严密性在很大程度上决定着封闭火区灭火的成效。火区防火墙一定要定期检查，要采用石灰刷白，以便及时发现漏风裂隙。如果防火墙的顶部和两帮的煤(岩)体内出现明显的漏风裂隙，应采用打钻注入泥浆、凝胶等方法予以加固密封。

(三) 火区观测

取得大量系统的火区观测数据，有利于对火情作出科学判断和控制。缺乏对火区系统的观测就不能及时了解火情，容易导致火源外燃事故的发生，尤其在邻近进风井或进、回风大巷的火区更易发生此类事故。

对封闭火区的观测项目、熄灭条件，《煤矿安全规程》有明确的规定：① 火区内的空气温度下降到 30 ℃以下，或者与火灾发生前该区的日常空气温度相同；② 火区内空气中的氧气浓度降到 5.0%以下；③ 火区内空气中不含有乙烯、乙炔，一氧化碳浓度在封闭期间内逐渐下降，并稳定在 0.001%以下；④ 火区的出水温度低于 25℃，或者与火灾发生前该区的日常出水温度相同；⑤ 上述 4 项指标持续稳定 1 个月以上。这是火区熄灭的基本条件。但是在有些情况下实际并非如此简单。例如在封闭的盲巷火区和采取了均压措施杜绝了漏风的火区，火源虽然已经熄灭但 CO 却仍然长时间存在。在未采取均压措施，而且受主要通风机作用影响较大的火区，如果 CO、CH_4、H_2、C_xY_x 以及 CO_2 气体浓度均在下降的同时，O_2 浓度却在上升，说明前面几种气体在火区内产生的速度低于透过出风侧防火墙涌出的速度。高瓦斯煤层火区，有时可以遇到 CH_4 浓度迅速增长的现象，但 CH_4 并非来自煤的干馏或自燃而是火区瓦斯自然涌出。自然涌出的瓦斯有时能将其他气体从火区挤出而造成火源已经熄灭的假象。在某些特厚煤层由于煤吸附氧气的能力很强，火区封闭之后常常会出现 O_2 浓度迅速下降，而 N_2 浓度上升，超过 78%甚至高达 96%。煤的自热或自燃的范围愈大，火区漏风与煤炭的接触愈充分，煤的吸氧能力愈强，火区内气体的氧浓度愈低，所以有时在火区出风侧密闭的取样分析氧浓度虽然为零，但也不能作为判定火区已经熄灭的根据，要做系统综合分析判定。

从火区采取气样时，应选在大气压力正常或下降的时间内。每一个防火墙在取样时是进风还是排风都应判断清楚，予以注明。总之，要力求气样能够真实地反映火区内部情况。

二、火区启封

对于启封火区应遵循的原则，《煤矿安全规程》第二百八十条有明确的规定，要严格执行。启封火区是一项危险的工作，一定要谨慎进行。事先要制定安全措施和计划报集团公司总工程师批准。启封前，要做好一切应急的准备，要有万一启封失败、老火复燃而必须重新封闭的思想准备与物质准备。启封火区时瓦斯燃烧或爆炸的事故也时有发生，要严格执行防止瓦斯爆炸的有关规定。启封火区工作一般由救护队完成。

启封火区的方法一般有两种。

（一）通风启封火区法

火区范围不大，确认火源已经熄灭，可以采用此法。启封前要预先确定火区有害气体的排放路线，撤出排放路线上的工作人员。然后选择一个出风侧防火墙首先打开，过一定时间再打开入风侧防火墙。待火区有害气体排放一段时间，无异常现象后，可以相继打开其余的防火墙。打开第一个防火墙时，应先开一个小孔，然后逐渐扩大。严禁一次将防火墙全部扒开。

进风侧防火墙一般处于火区的下部，容易有 CO_2 积存，开启前要注意查明，开启时也要检查，防止 CO_2 逆风流动造成危害。

打开进、回风防火墙之后的短时间内，应采用强力通风。为防止万一发生瓦斯爆炸事故而伤人，这时应要求工作人员撤离一段时间，待 1～2 h 之后，再派人进入火区进行清理工作，喷水降温，挖除发热的煤炭等。

（二）锁风启封火区法

火区范围较大，火源是否已经完全熄灭难以确认。高瓦斯火区，有可能积存大量可燃性气体，一旦与残留的火源接触，有发生爆炸的危险，这时就要采取锁风启封的方法。所谓锁风启封火区就是先在原有的火区进风防火墙外面5～6 m的地方筑一道带门的防火墙。救护队员进入，风门关闭，形成一个封闭的空间，储备一定的材料(水泥、砂石、坑木等)，再将原来的火区防火墙打开。救护队员进入火区探查后，确认在一段距离范围内无火源，可选择适当地点重新建立临时防火墙，恢复通风，逐段逼近发火地点。只有当新的防火墙建立后，才能打开第一个防火墙的风门。启封期间火区始终处于封闭、隔绝状态。

无论采用哪种启封火区的方法，在工作过程中都要经常检查火区气体，切实落实防爆措施，如果发现有CO等火灾复燃征兆时，必须立即停止向火区送风，并重新封闭火区。

第六节　安全技术措施计划及矿井灾害预防和处理计划

从安全管理学的角度看，安全技术措施计划及矿井灾害预防和处理计划是矿井安全生产的基础和重要保证，认真编制和贯彻安全技术措施计划及矿井灾害预防和处理计划，具有非常重要的意义。《煤矿安全规程》在总则中对此也做了明确要求。

一、安全技术措施计划

《煤矿安全规程》规定：煤矿企业在编制生产建设长远发展规划和年度生产建设计划时，必须编制安全技术与职业病防治发展规划和安全技术措施计划。安全技术措施与职业病防治所需的费用、材料和设备等必须列入企业财务、供应计划。集团公司总经理、矿长应定期检查安全技术与职业病防治发展规划和安全技术措施计划的执行情况。在试验新技术、新工艺、新设备和新材料时，必须制定安全措施，报上级批准。

(一) 安全技术措施的编制原则

编制安全技术措施应坚持以下原则：

1. 领导负责的原则

编制和执行安全技术措施计划，应纳入企业的重要议事日程，并由负责生产的各级领导具体负责落实。

2. 员工参与的原则

充分发动群众，依靠群众，贯彻领导和群众相结合，让群众参与的原则。

3. 效益原则

依据国家劳动保护法规和政策、方针，结合企业具体情况，做到安全可靠、经济合理、技术可行，力求企业经济效益最佳。

4. 关键原则

编制计划应着重解决对职工安全和健康威胁最大的问题。

5. 根本解决的原则

在选择措施方案时，要从改善劳动条件的根本途径着眼，如改革工艺设备，开展技术革新，采用新技术、新安全技术措施等。

(二) 安全技术措施计划的项目范围

安全技术措施计划的项目范围，包括以改善企业劳动条件防止工伤事故和职业病为目的的一切技术措施，大致可分为安全技术措施、职业安全健康措施、辅助房屋及设施、宣传教育措施四类。

1. 安全技术措施计划

地面安全技术措施计划包括的内容有：机器、机车、提升设备、机床、电气设备等传动部分和防护装置；各种快速自动开关；电刨、电锯、砂轮、剪床、冲床及锻压机器上的防护装置；升降机和起重机械上各种防护装置及保险装置；锅炉、受压容器、压缩机械及各种有爆炸危险的机器设备的保险装置和信号装置；各种运转机械上的安全启动和迅速停车设备；在工人可能到达的洞、坑、沟、升降器、漏斗等处安设的防护装置；在生产区域内，工人经常过往的地点，为安全而设置的通道及便桥；在高空作业时，为避免铆钉、铁片、工具等坠落伤人而设置的工具箱和防护网等。

井下安全技术措施计划包括的内容还有：通风系统改造、完善设施、更新通风设备、改善矿井通风条件的措施；防治瓦斯，建立瓦斯抽采系统和监测系统以及防治瓦斯突出的措施等；防治矿尘危害，建立降尘系统，实行煤体注水以及采取其他防治措施等；防灭火，建立消防系统、防火灌浆系统及购置防灭火设备、仪器仪表；防治水害，地面修排水沟渠、排涝工程、井下设水泵房、疏水巷道、探水钻孔、防水墙、水闸门等工程及设备；防暑降温、防寒防冻设施；防治冲击地压和其他顶板事故的措施；防止机电、提升、运输事故的措施以及消灭重大灾害隐患所采取的安全技术措施等。

2. 职业安全健康措施

对于地面工厂，为保持空气清洁或使温度合乎劳动保护要求而安设的通风换气装置；合理安装车间、通道及厂院的照明；产生有害气体、粉尘或烟雾等生产过程的机械化、密闭化及空气净化设施；防止辐射热危害的装置及隔热防暑设施；为减轻或消除工作中噪声及振动的设施等。

3. 辅助房屋及设施

在有高温或有粉尘、易脏的工作和有关化学物品或毒物的工作中，为工人设置淋浴设备和盥洗设备；增设或改善车间附近的厕所；更衣室或存衣箱；工作服的洗涤、干燥或消毒设备；车间或工作场所的休息室等。

4. 宣传教育措施

购置或编印劳动保护参考书、刊物、宣传画、标语、幻灯及音像制品等，举办劳动保护展览会、设立陈列室、教育室等；安全操作方法的教育培训及座谈会、报告会等；安全科学技术的研究和试验工作等。

（三）安全技术措施计划编制方法

1. 编制安全技术措施计划的依据

安全技术措施的编制主要根据下列几个方面：

（1）国家颁布的劳动保护法规、方针政策和各产业部门公布的有关劳动保护的各项标准、指示；

（2）在安全生产检查中发现但尚未解决的问题；

（3）对造成伤亡事故和职业病、职业中毒的主要原因所应采取的措施；

（4）因发展的需要所应采取的安全技术和劳动卫生技术措施；

（5）安全技术革新的项目和职工提出的有关安全生产、职业安全健康方面的合理化建议。

2. 安全技术措施计划中应包括的内容

(1) 单位或工作场所;

(2) 安全技术措施名称;

(3) 安全技术措施的内容及目的;

(4) 经费预算及其来源;

(5) 负责设计、施工单位或负责人;

(6) 开工日期及竣工日期;

(7) 措施执行情况及其效果。

3. 安全技术措施计划的编制步骤

企业一般在每年的第三季度编制下年度的安全技术措施计划。编制方法和步骤如下:

(1) 企业领导根据企业的情况,分别向各矿、区队、各车间提出具体要求,进行布置。

(2) 区队长会同有关单位和人员订出本区队的具体措施计划,经群众讨论,送通风安全科(安技科)审查汇总,技术科编制,计划科综合后,由企业领导召开有关科室、区队等负责人参加的会议,确定项目,明确设计施工负责人,规定完成日期,经企业领导批准后,报上级核定。

(3) 根据上级核定的结果,与生产计划同时下达到区队贯彻执行。

(4) 在编制和贯彻执行安全技术措施计划中,必须树立安全与生产统一的思想,把安全技术措施计划和生产计划同等看待。

(5) 发动群众,把安全技术措施计划的编制和贯彻执行建立在广泛的群众参与的基础上。

(6) 要建立检查和验收制度。安全劳动保护专管机构定期或经常检查计划执行情况,措施项目竣工后,应会同有关部门鉴定验收,作为生产设施的一部分,纳入企业设备维修管理计划中,统一管理维护。

实践证明,凡是认真编制并贯彻执行安全技术措施的企业,安全生产、劳动保护工作就主动,劳动条件就能不断改善,工伤事故和职业病、职业中毒事故逐渐减少;反之,劳动保护工作就会处于被动之中,不能有计划地改善劳动条件,不能合理地使用资金、使资金发挥最大的作用,工伤事故和职业病也会不断发生。因此,企业各级领导必须认真重视编制和执行安全技术措施计划。

(四) 安全技术措施计划的实施

(1) 企业各级领导和有关职能部门必须把安全技术措施计划与生产计划同等看待,不能一手软一手硬。

(2) 要把执行安全技术措施计划与生产作业计划结合起来。

(3) 要建立检查制度,加强对措施计划执行情况的检查。

(4) 安全技术措施竣工后,专职机构应会同有关部门进行鉴定验收。

二、矿井灾害预防和处理计划

鉴于矿井灾害的危险性和复杂性,《煤矿安全规程》规定每一矿井每年必须由矿总工程师组织编制矿井灾害预防和处理计划,报集团公司总工程师批准。矿井灾害预防和处理计划由矿长负责贯彻实施。

（一）编制矿井灾害预防和处理计划的目的及要求

（1）贯彻执行预防为主和防治结合的原则，采取预防措施防止可能发生的灾害，保障矿井安全生产。

（2）预先做好准备，在预防无效的情况下，以便能及时采取措施，消灭已经发生的事故，或控制事故扩大蔓延，以减轻事故造成的损失。

为了使矿井灾害预防和处理计划能充分发挥作用，在实施矿井灾害预防和处理计划的过程中，应该做到以下几点：

① 随着矿井开采情况的变化，每季度应对矿井灾害预防和处理计划给予补充和修订。

② 为了发现实施矿井灾害预防和处理计划时可能出现的缺陷和问题，应该每年进行一次救灾演习。

③ 经过批准的矿井灾害预防和处理计划，要组织职工学习讨论，掌握可能发生的灾害的性质、征兆、处理方法、自救互救方法，熟悉撤退路线。

（二）矿井灾害预防和处理计划的内容

矿井灾害预防和处理计划的内容包括六个部分：

（1）评价和确定矿井重大灾害；

（2）预防矿井重大灾害的措施；

（3）组织灾区人员撤离和自救的措施；

（4）处理矿井重大事故的措施；

（5）处理事故所必须的技术资料；

（6）处理事故时各有关人员的职责等。

有关各种灾害的发生规律、预防安全技术措施和具体技术管理要求在本书的其他章节已经叙述，此处不再赘述。

第七节 安全隐患管理

安全隐患是指作业场所及其周围空间环境存在的危险源、设备及设施存在的不安全状态、人存在的不安全行为和管理上存在的缺陷。

安全隐患是引发生产安全事故的直接原因。加强对重大事故隐患的控制管理，对于预防各类事故发生有重要的意义。1995 年原劳动部颁布了《重大事故隐患管理规定》，对重大事故隐患的评估、组织管理、整改等要求做了具体规定；原国家安全生产监督管理总局分别于 2005 年和 2008 年颁布实施了《煤矿重大安全隐患认定办法（试行）》和《安全生产事故安全隐患排查治理暂行规定》。安全隐患管理是安全管理的主要内容之一。

在煤矿生产过程中，安全隐患是客观存在的，它伴随煤矿生产而产生和存在。隐患虽然不是事故，但它是导致事故的根源。如果能及时发现，并进行及时、有效治理，就可能避免事故发生和发展。因此，及时、全面的辨识安全隐患，并采取有效的治理措施，消除安全隐患，是预防事故的前提。《国务院关于预防煤矿生产安全事故的特别规定》中第九条规定：煤矿企业应当建立健全安全生产隐患排查、治理和报告制度。从而把煤矿安全隐患排查治理工作提高到法律层面。

安全隐患与危险源既有区别也有联系。危险源是指一个系统中具有潜在能量、在一定的触发因素作用下可释放、转化为事故的物质、设备、设施、生产工艺及其存在的空间、环境等。危险源存在于确定的系统中。一般来说，危险源可能存在安全隐患。安全隐患除危险源之外，还包括其他要素，如人的不安全行为和管理上的缺陷等。把安全生产管理的重点由事故处理转到安全隐患治理上。安全隐患治理要建立“检查、辨识(发现)、报告、制订治理方案、处理(整改)、验收、备案存档”的闭合管理机制。

一、隐患分类

安全隐患按危害程度分，可分为一般安全隐患和重大安全隐患。一般安全隐患，是指危害和整改难度较小，发现后能够立即整改排除的隐患。重大安全隐患，是指可能导致人身伤亡或者重大经济损失的安全隐患。

按其形成事故类型分，安全隐患可分为，瓦斯、火、煤尘、水、顶板、机电、运输等灾害事故安全隐患。

安全隐患应实施“分级、分类”管理。对于危害和整改难度较大的安全隐患，若不能及时处理应停止受影响范围的作业。

二、安全隐患辨识与排查

安全隐患辨识的主要依据是现行的法律、法规、规章、标准和规程，以及安全管理的经验和事故的教训。企业据此，结合本企业的生产特点、工作环境、生产工艺、设备设施的状况和人员操作内容等，制定安全隐患认定标准，编制安全隐患分类及其特征表，作为辨识操作的依据。安全隐患辨识方法主要是现场检查。

矿井要建立程序化、规范性排查机制。生产区队和班组每班应对作业范围安全隐患进行排查，煤矿各专业每旬组织对本专业的安全隐患排查，矿每月组织一次重大安全隐患的专项排查，排查结果筛选后报告隐患管理部门进行登记建档，按程序处理。

较为常见的安全隐患主要有：

矿井采掘工作面等主要用风地点风量不足；

采掘工作面违反规定的串联通风；

开采自燃煤层的工作面不能及时封闭且未采取有效的防火措施；

在未采取有效防突措施的突出危险煤层中进行采掘活动；

在瓦斯超限环境进行作业，以及不按规定检查瓦斯，存在漏检、假检；

开采有自然发火危险的煤层时，未采取有效防火措施；

开采有冲击地压危险煤层时，未采取有效的预防措施；

风门、密闭等通风设施构筑质量不符合标准、设置不能满足通风安全需要的；

煤巷、半煤岩巷和有瓦斯涌出的岩巷的掘进工作面未装备瓦斯风电闭锁装置；

煤矿“三违”作为行为隐患纳入安全隐患排查治理的工作范围，等等。

三、安全隐患管理

成立安全隐患管理部门，并有专职人员负责安全隐患的具体工作，安全监管监察部门负责对安全隐患治理的全过程进行监督。

建立安全隐患报告和举报奖励制度，任何单位和个人发现安全隐患，均有权向安全监管监察部门和有关部门报告。

按照安全隐患的等级进行登记，建立安全隐患信息档案，并按照职责分工实施监控和跟踪治理。重大安全隐患档案内容包括：

（1）隐患的现状及其产生原因。

（2）隐患的危害程度和整改难易程度分析。

（3）隐患的治理方案。

（4）安全隐患治理完成后，编写报告和统计分析。

在安全隐患治理过程中，要有管理人员和安全检查员跟班作业，采取相应的安全防范措施，防止事故发生。安全隐患排除前或者排除过程中无法保证安全的，应当从危险区域内撤出作业人员，并疏散可能危及的其他人员，设置警戒标志，暂时停产停业或者停止使用；对暂时难以停产或者停止使用的相关生产储存装置、设施、设备，应当加强维护和保养，防止事故发生。

有条件时应建立和使用煤矿安全隐患管理系统，全面、准确地搜集各类安全隐患信息，以对隐患进行统计分析，提高安全隐患的管理和治理水平。

复习思考题

16-1　矿井通风安全管理的主要内容是什么？其基本任务是什么？

16-2　如何理解质量标准化对推动安全生产的意义？为什么说安全和质量是企业管理的两项最基础的工作？

16-3　为什么掘进工作面容易发生瓦斯事故？

16-4　矿井瓦斯管理的主要内容有哪些？

16-5　矿井瓦斯管理的基本原则是什么？

16-6　火区熄灭的条件是什么？

16-7　火区启封的主要方法有哪些？

16-8　安全技术措施计划主要有哪些？它对企业改善劳动卫生条件，保障安全生产有何意义？

16-9　矿井灾害预防和处理计划主要内容有哪些？煤矿为什么必须编制矿井灾害预防和处理计划？

16-10　通风安全计算机管理信息系统主要内容有哪些？其发展方向是什么？

16-11　什么是安全管理？煤矿安全管理的基本任务是什么？

16-12　为什么要大力倡导建立向事故学习的制度？

第十七章　矿山安全生产方针与法规

中华人民共和国成立以来，特别是近年来，为了保证矿山建设和生产过程中的安全，国家逐步制定了一系列方针、政策和法规，并在生产实践中贯彻落实，取得了显著的成绩，使矿山安全生产面貌有了根本性的变化。解决矿山安全生产问题归纳起来有三种途径：一是强人，二是法治，三是技治。

强人就是通过培训和自我学习，提高管理人员对安全生产认识、素质和操作人员的技术水平，不断总结安全生产经验和吸取事故教训，筑牢安全生产的基础。

法治就是把国家对矿山安全工作的要求，用法律或法规形式固定下来，并在生产实践中强制性贯彻执行，对违反法规的行为，给予必要的教育或惩罚，以保障职工安全和健康，促进生产发展。

技治就是通过科研和实践，掌握矿井灾害的性质、发生条件和发展规律，并采取各种行之有效的技术措施，从根本上防治各种灾害。

由于有强制力的国家法律保证，我国的矿山安全工作纳入了法制轨道，矿山安全面貌发生了根本性的变化。

第一节　安全生产方针

一、安全生产方针

我国的安全生产工作应当“以人为本”，坚持安全发展，坚持“安全第一，预防为主，综合治理”的方针。

“以人为本”是安全生产的核心。在生产过程中要千方百计地保障劳动者的生命安全、劳动者身心不受伤害，这是安全发展的首要任务，是“以人为本，安全发展”的一个本质特征。

“安全第一”是指在处理安全与生产的关系时，要强调安全，突出安全，把安全放在一切工作的首要位置。当生产与安全发生矛盾时，生产必须服从安全。在计划、布置和实施各项工作时，预先采取有力措施搞好安全；“安全第一”意味着必须把安全生产作为衡量企业工作好坏的一项最基本的考核指标，并具有否决权；“安全第一”，还包含着在矿山生产建设中人是最宝贵的思想，即在一切工作中把职工的生命和健康放在第一位。

“预防为主”是实现“安全第一”的前提条件，要实现“安全第一”必须做到“预防为主”。只有预防为主，才能防微杜渐、防患于未然，把事故和职业病防治于形成之前，消灭在萌芽之中。“预防为主”，要求预知并掌握矿山自然灾害和危险因素，预测各种灾害或事故发生的可能性及其时空分布，制订矿井灾害预防和处理计划，制订事故应对预案，并采取有效的防治措施；同时必须搞好科学管理、文明生产，为职工创造安全、卫生、无害的劳动生产条件，消除危及人身安全和健康的一切不良条件和行为。

“综合治理”是一种新的安全管理模式，它是从法制建设、监督监察、安全投入、安全培训等方面，创造有利于安全生产的环境，保证“安全第一”目标的实现。

为了更好地贯彻落实“安全第一，预防为主，综合治理”的方针，煤炭企业结合煤炭行业的实际，提出了坚持“技术、管理、装备和培训并重”的原则；以“综合治理，整体推进”作为安全工作的指导思想。

二、落实安全生产方针的标准

安全生产方针，是我国的基本国策之一，是生产建设和各项工作的指导方针。它要求企业各级领导在生产建设中，要把安全与生产看成一个完整的概念，有机的统一体。始终坚持“生产必须安全，安全促进生产”、“管生产必须管安全”、“安全第一，预防为主”和“安全具有否决权”的原则，切切实实保护劳动者的安全和健康，促进我国现代化建设。

1985 年全国煤矿工作会议提出全面贯彻落实安全生产方针的十条标准是：

① 企业管理的全部内容和生产的整个过程都要把安全工作放在首位。任何决定、办法、措施都必须有利于安全生产。

② 把是否坚持“安全第一”方针作为考核、选拔、任用干部的重要标准之一。

③ 把安全工作、安全技术、技措工程、安全培训等列入年度、月份的生产和工作计划。

④ 建立健全安全生产责任制，层层落实，尽职尽责，并以履行职责好坏定奖惩。

⑤ 人、财、物优先保证安全生产需要。安全人员配备齐全，安全物资保证供应，安全资金保证到位。

⑥ 严肃认真、一丝不苟地执行安全规程、指令和文件。

⑦ 党、政、工、团一起抓安全生产，思想政治工作贯穿安全生产的全过程。

⑧ 正确处理安全与生产之间出现的矛盾，坚持不安全不生产。

⑨ 安全教育和安全培训制度化。

⑩ 坚持文明生产、矿井安全状况良好，有安全感。

第二节　矿山法律法规体系

矿山法律法规体系主要由《中华人民共和国安全生产法》（以下简称《安全生产法》）（2014 年修正）、《中华人民共和国矿山安全法》（以下简称《矿山安全法》）（2014 年第 2 次修正）和《中华人民共和国煤炭法》（以下简称《煤炭法》）（2016 年修正）构成。

法的生命力在于执行。

自 1986 年《中华人民共和国矿产资源法》（以下简称《矿产资源法》）和 1992 年《矿山安全法》的相继颁布实施，加快了矿山法制建设。1996 年颁布了《煤炭法》，这标志着煤炭工业进入了一个有法可依的新的历史阶段。但是要真正做到有法必依、执法必严、违法必究，还要进一步完善各种配套法规和部门规章，不断提高广大矿山职工的法律意识，不断理顺关系，加大执法力度。

一、我国煤炭工业的法律法规体系

按照我国社会主义法规的形式，煤炭工业的法律法规体系由国家法律和行政法规、地方性法规和部门行政规章四个层次组成。

（1）第八届全国人民代表大会常务委员会第21次会议审议通过的《中华人民共和国煤炭法》是煤炭工业法律体系的主体。

（2）国务院审议通过并颁布的与煤炭行业有关的各种行政法规，如1994年12月20日发布的《煤炭生产许可证管理办法》和《乡镇煤矿管理条例》及《煤炭法》的其他配套行政法规。

（3）省（区）直辖市人民代表大会结合地方的特点制定的关于煤炭的地方性法规，如各省、区、直辖市人民代表大会制定的《煤炭法实施办法》、《乡镇煤矿管理条例的实施细则》以及关于煤炭营销、市场管理、煤矿生产与安全等方面的规范性文件。

（4）国务院煤炭行业主管部委和地方县级以上人民政府行业主管部门为执行《煤炭法》、国务院有关煤炭的行政法规和地方人民代表大会颁布的地方性法规而制定的一系列规范性的行政规章，包括各种规程、办法、指令、规定、细则、通知、决定等，这些行政规章都具有法律效力。

二、矿山安全法规的分类

（一）矿山安全法规

国家为了保护矿山职工在生产建设中的安全和健康，保证安全生产的顺利进行，根据《中华人民共和国宪法》、《矿产资源法》、《矿山安全法》、《煤炭法》等法律规定，由国务院、省（区）、直辖市人民代表大会和国务院矿山行业主管部门及县以上人民政府行业主管部门制定的有关矿山安全与卫生的各种条例、规程、办法 、细则、标准、决定、指令等规范性法律文件的总体叫矿山安全法规。矿山安全法规是矿山法律法规体系的一部分。这些强制性的行为规范是煤矿安全生产的行为准则。

（二）矿山安全法规的分类

（1）安全管理法规（以安全管理规定为主）

《煤炭工业安全监察暂行规定》、《煤矿职工安全技术培训规定》、《煤矿局、矿长安全培训考核发证的规定》、《煤炭工业企业职工伤亡事故报告和统计规定》、《关于实行安全生产黄牌警告制度的通知》、《关于矿井区队长、班组长安全职责的指令》等，为安全管理法规。

（2）安全技术法规（以安全技术政策规定为主）

已颁布的《煤矿安全规程》、《煤炭工业矿井设计规范》、《矿井瓦斯抽放工作暂行规定》、《煤炭工业部掘进安全技术装备系列化标准》、《关于防止瓦斯煤尘事故的若干规定》、《矿井防灭火规范》、《矿井通风质量标准及检查评比办法》、《煤矿救护规程》和《防治煤与瓦斯突出细则》等，为安全技术法规。

（3）安全卫生法规（以卫生、保健和劳动保护上的规定为主）

《加强煤矿防尘工作，消除粉尘危害》、《关于加强防尘防毒工作的决定》、《煤矿企业职工个人防护用品暂行办法 》、《全国煤矿卫生工作条例》等关于卫生保健和劳动保护方面的法律规范性文件，为安全卫生法规。

（三）矿山安全法规的作用

（1）具体体现了国家对矿山安全工作的各项要求。

（2）作为矿山职工在安全生产和管理方面一切行为的准则。法规具体调整人与人之间、人与自然之间的关系，使矿山生产建设有法可依、有章可循，以保障矿山的安全生产和正常的工作秩序。

（3）用来加强矿山职工的法制观念，限制违章、惩罚犯罪，教育人们吸取教训，鼓励职工自觉遵纪守法，以达到最大限度的防治灾害，把事故消灭在萌芽状态，做到防患于未然。

第三节　矿山安全法规简介

自 1986 年以来，我国颁布的矿山法律主要有：《安全生产法》、《矿山安全法》、《煤炭法》及其与矿山安全有关的其他的法律和法规。

一、《煤炭法》

《煤炭法》1996 年 8 月 29 日经第八届全国人民代表大会常务委员会第 21 次会议审议通过，自 1996 年 12 月 1 日起施行，之后于 2009 年、2011 年、2013 年和 2016 年进行过四次修正。

（一）《煤炭法》的立法目的

《煤炭法》总则第一条指出："为了合理开发利用和保护煤炭资源，规范煤炭生产、经营活动，促进和保障煤炭行业的发展，制定本法。"具体说来，有以下三点：

（1）以法律手段来解决煤炭开发利用方面存在的办矿失控、乱采滥挖、煤炭资源破坏严重、浪费触目惊心的问题，以保证煤炭的合理开发和保护煤炭资源。

（2）以法律手段解决煤炭生产混乱、安全管理薄弱和事故频繁发生以及煤炭经营无序的局面，用法律来规范煤炭生产行为和经营行为，使其规范化和法制化。

（3）以法律的形式确立发展煤炭工业的大政方针，解决好煤炭工业发展中遇到的困难和问题，维护煤炭行业和煤炭企业、煤矿职工的合法权益。

（二）《煤炭法》涉及安全生产的主要内容

《煤炭法》包括总则（13 条）、煤炭生产开发规划与煤矿建设（8 条）、煤炭生产与煤矿安全（19 条）、煤炭经营（9 条）、煤矿矿区保护（5 条）、监督检查（4 条）、法律责任（10 条）、附则（1 条）共 8 章 69 条 。

第一章　总则　主要内容涉及本法的立法目的、适用范围、煤炭资源国家所有、煤炭开发方针、国家保护煤炭资源、禁止乱采滥挖、国家保障投资者合法权益、国家对乡镇煤矿的十字方针、安全生产方针、矿工劳动保护、煤矿科技政策、经营管理、矿区保护、环境保护及行业主管部门和监督部门等根本规定。

第三章　煤炭生产与煤矿安全　主要内容涉及煤炭生产许可证的有关规定；煤矿生产的保护性开采、开采顺序、回采率、产品质量监督、越界、越层开采、复垦、煤炭综合利用和煤矿的多种经营等有关煤矿生产的规定；煤矿安全监督、责任制、安全教育与安全培训、工会对安全的职责、劳动保护、安全器材及装备等有关煤矿安全的规定。

第八章　附则　规定了本法开始实施的日期为1996年12月1日。

(三)《煤炭法》的9项法律制度

《煤炭法》的核心是规定了我国煤炭工业的9项法律制度,涉及安全生产的有:

(1) 安全管理制度。第一章第7条规定了安全生产方针、安全责任制和群防群治制度。第三章明确了各级政府煤炭管理部门及有关部门的职责、局矿长负责制、各级安全生产责任制,以及对安全教育和培训、紧急避险、工会对安全的监督、矿工保护等做了一系列规定,与《矿山安全法》相衔接。

(2) 矿工特殊保护制度。第一章第8条规定了加强劳动保护、保障职工安全与健康、对井下作业的职工采取特殊保护措施的方针。第三章第38、第39条规定,煤矿企业必须为职工提供保障安全生产所需的劳动保护用品,对井下作业的职工办理意外伤害保险。

(3) 监督管理制度。第三章第32条规定,各级政府及其煤炭管理部门和其他有关部门应当加强对煤矿安全生产的监督管理。

二、《矿山安全法》

《矿山安全法》于1992年11月7日经第七届全国人民代表大会常务委员会第28次会议审议通过,自1993年5月1日起施行。这是中华人民共和国成立以来第一部矿山安全方面的法律。2009年进行第一次修正。

(一) 立法的目的

为了保障矿山生产安全,防止矿山事故,保护矿山职工人身安全,促进采矿业的发展。

《矿山安全法》以坚持保护矿工生命安全为宗旨,从实际出发,做到安全监察部门监督与矿山企业主管部门的结合、国家监督和民众监督结合起来,建立健全各级生产和管理人员的生产责任制。

(二) 主要内容(8章50条)

第一章　总则　共6条,主要说明矿山安全法制定的目的、适用范围、矿山企业必备条件,并规定了劳动行政主管部门对矿山安全工作实行统一的监督、矿山企业的主管部门对矿山安全进行具体管理。总则还规定了国家鼓励矿山安全科学技术研究,推广先进技术,改进安全设施和提高矿山安全水平以及对从事安全工作人员和单位进行奖励。

第二章　矿山建设的安全保障　共6条,主要规定矿山基本建设的安全设施和设计必须符合矿山安全规程和行业技术规范,同时规定了由劳动行政主管部门负责审查。规定每个矿井必须有两个以上安全出口以及必须有与外界联系的通讯系统和符合安全要求的运输系统。此外还规定了对矿山工程设计、施工的审批和竣工的验收制度。

第三章　矿山开采的安全保障　共7条,主要是对矿井开采作业的安全规定,如保安煤柱问题;对矿山特殊安全要求的设备、器材的规定;对机电设备及其安全装置的检查维修的规定;对有毒有害物质及含氧量的规定;对各种事故隐患和有可能引起的各种危害采取预防措施的规定等。

第四章　矿山企业的安全管理　共13条,主要是对矿山安全管理作出的各项规定,如建立健全安全责任制;职代会的作用;矿山职工对安全的义务和权利;工会在安全方面的工作和要求；矿山职工的安全教育和培训；此外，还规定了劳保用品的发放；未成年工、女职工不得下井；矿山企业必须制定矿山事故的防范措施；建立救护和医疗组织以及从矿产品销售中提取安全技措费用。

第五章　矿山安全的监督和管理　共 3 条，主要规定了县级以上各级人民政府劳动行政主管部门对安全工作行使监督职责，以及县以上各级人民政府管理矿山企业的主管部门对矿山安全行使管理职责。劳动行政主管部门的安全监督人员有权进入矿山企业检查安全状况和对紧急险情向矿方提出停产立即处理的权力。第 34 条明确规定，管理矿山的行业主管部门负责对矿长和安全工作人员的培训工作。

第六章　矿山事故处理　共 4 条，主要规定了矿山事故的抢救、报告、调查和处理制度，以及对伤亡人员的抚恤和补偿、事故现场恢复生产的前提和要求。

第七章　法律责任　共 9 条，规定了对违反本法的各种行政处罚和行政处分以及刑事处理，如罚款、责令改正、责令限期改正、吊销采矿许可证和营业执照直至追究刑事责任。当事人对行政处罚决定不服可申请复议直至向人民法院起诉。对重大责任事故罪和玩忽职守罪也做了明确的规定。

第八章　附则　共 2 条，规定由劳动行政主管部门为本法制定实施条例，报国务院批准施行。

（三）《中华人民共和国矿山安全法实施条例》

1996 年 10 月 11 日经国务院批准由劳动部发布的《中华人民共和国矿山安全法实施条例》共 8 章 59 条，内容包括总则、矿山建设的安全保障、矿山开采的安全保障、矿山企业的安全管理、矿山安全的监督和管理、矿山事故处理、法律责任和附则。

三、《煤矿安全规程》

《煤矿安全规程》是我国煤矿安全生产技术、管理等方面最全面、最具体、最权威的一部技术规章，是国家关于煤矿安全生产方面的方针政策及法律、法规的具体化，也是实现煤矿安全生产的技术保障。

(1) 制定依据。《煤矿安全规程》以国家有关法律、法规、政策、标准为依据，是我国煤矿安全生产历史经验和惨痛教训的科学总结，也是各级煤炭管理部门、煤矿企业广大职工集体智慧的结晶；是《煤炭法》、《矿山安全法》和《煤矿安全监察条例》等法律法规明确规定必须遵守的规程，具有不容置疑的法律地位。

(2) 定期修订。随着煤炭工业的不断发展，科学技术的不断进步，安全装备得到不断更新和安全生产状况的变化，以及事故教训的积累，为了不断适应新形势的需要，《煤矿安全规程》应定期进行修订。一般规定，每五年修订一次，煤炭行业管理部门和煤矿安全监察机构自 1951 年第一次颁布《煤矿技术保安试行规程》后，分别于 1955 年 12 月、1961 年 10 月、1972 年 4 月、1980 年 2 月、1986 年 7 月、1992 年 10 月、2001 年 9 月、2005 年 1 月、2009 年 1 月和 2010 年 3 月 1 日对《煤矿安全规程》进行了 9 次修订，2016 年 3 月 1 日对《煤矿安全规程》进行了第 10 次修订。

《煤矿安全规程》对规范煤矿安全生产、提升安全保障水平起到了重要作用；“以人为本”“生命至上”的理念得到坚决的贯彻和践行。具体体现在：一是强化红线意识、体现安全发展理念；二是贯彻落实依法治安、强化企业主体责任；三是做好与专业规章、标准的衔接；四是推进新工艺、新技术、新装备、新材料的应用；五是总结事故教训、体现预防为主。

(3) 贯彻落实。《煤矿安全规程》的贯彻实施，直接关系到我国煤矿安全生产形势的稳定好转，关系到煤炭行业的可持续发展，关系着广大煤矿职工的生命安全和身体健康，意义深远、责任重大。应对照《煤矿安全规程》找差距、查隐患、订措施，提高煤矿安全管理水平，预防和减少事故发生。

《煤矿安全规程》是贯彻落实"安全第一，预防为主，综合治理"方针，贯彻落实《安全生产法》《煤炭法》《煤矿安全监察条例》《安全生产许可证条例》等安全生产法律法规的具体体现，是各类煤矿进行设计、建设、生产和管理必须遵循的安全准则，是各级煤矿安全监察机构开展安全监察和行政执法的依据，同时也是各级人民政府及其管理部门开展安全检查和行政执法的依据。

(一)《煤矿安全规程》的性质

《煤矿安全规程》是煤矿安全法规体系中一部最重要的法规。它是煤炭工业贯彻执行党和国家安全生产方针和国家有关矿山安全法规的具体规定，是保障煤矿职工安全与健康，保护国家资源和财产不受损失，促进煤炭工业现代化建设必须遵循的准则。全国所有煤矿企业、事业单位及其主管部门，无论地质、计划、设计、基建、生产、制造、供应、财务、劳资、干部、科研、教育、卫生等部门都必须严格执行《煤矿安全规程》。

《煤矿安全规程》有以下特点：

(1) 强制性。违反《煤矿安全规程》要视情节或后果给予经济和行政处分。造成重大事故和严重后果者要进一步按有关法律和法规规定追究行政责任和刑事责任，由特定的行政机关和司法机关强制执行 。

(2) 科学性。《煤矿安全规程》的每一项规定都是经验和教训的总结，都是以科学实验为依据、以生产实践为基础，科学和准确地对煤矿的各种行为作出的规定。

(3) 规范性。《煤矿安全规程》的每一条规定都是在某种特定条件下可以普遍适用的行为规则，它明确规定了煤矿生产建设中哪些行为被禁止，哪些行为被允许。

(4) 稳定性。《煤矿安全规程》一旦颁布执行，不得随时修改，有一段相对的稳定性，经过一段实践，经过一定的程序由国务院煤炭行业的主管部门负责修改。

(二)《煤矿安全规程》的主要内容

2016 年版的《煤矿安全规程》共六编、32 章、721 条。第一编总则 21 条；第二编地质保障 11 条；第三编井工煤矿 476 条，其中矿井建设 52 条，开采 49 条，通风、瓦斯和煤尘爆炸防治 54 条，煤(岩)与瓦斯(二氧化碳)突出防治 36 条，冲击地压防治 21 条，防灭火 36 条，防治水 44 条，爆炸物品和井下爆破 48 条，运输、提升和空气压缩机 61 条，电气 52 条，监控与通信 23 条；第四编露天煤矿(略)；第五编职业病危害防治 35 条，其中职业病危害管理 3 条，粉尘防治 15 条，热害防治 2 条，噪声防治 3 条，有害气体防治 3 条，职业健康监护 9 条；第六编应急救援 48 条，其中一般规定 11 条，安全避险 10 条，救援队伍 6 条，救援装备与设施 4 条，救援指挥 5 条，灾变处理 12 条；附则，2 条。

四、《中华人民共和国职业病防治法》(以下简称《职业病防治法》)

《职业病防治法》于 2001 年 10 月 27 日颁布，2002 年 5 月 1 日正式实施，之后于 2011

年、2016 年、2017 年和 2018 年进行 4 次修正。该法共 7 章 88 条：总则 13 条，前期预防 6 条，劳动过程中的防护与管理 23 条，职业病诊断与职业病病人保障 19 条，监督检查 7 条，法律责任 16 条，附则 4 条。

《职业病防治法》立法宗旨：预防、控制和消除职业病危害，保护劳动者健康及其相关权益；保障劳动力资源的可持续发展，进而促进经济发展。

《职业病防治法》确定的职业病防治工作基本法定制度是：职业卫生监督制度，用人单位职业病防治责任制，职业病病人保障制度，职业病危害项目申报制度，职业卫生管理制度，工作场所职业病危害因素监测及评价制度，职业病诊断质量管理制度等。

明确职业病防治的三大对策体系：

(1) 前期预防对策体系。设立职业病防治机构及专业人员，落实职业病防治经费投入；建设项目职业病危害评价；对职业病危险源进行识别和预控，对作业场所有害因素监测与评价、防护设施和警示标识、个人防护用品等。

(2) 建立事故中应急救援体系，制定职业病事故应急救援预案。

(3) 事故后处理对策系统。职业病事故的调查处理与报告制度，职业病病人待遇保障，职业病事故责任追究制度。

《职业病防治法》的颁布实施，体现了宪法关于改善劳动条件、加强劳动保护的基本要求；体现了国家依法治国的基本方略。

五、《煤炭生产许可证管理办法》

1994 年 12 月 20 日，中华人民共和国国务院第 168 号令，发布《煤炭生产许可证管理办法》，自发布之日起施行。国家第一次以行政法规的形式将煤炭生产许可证制度法律化。

国有煤矿生产许可证条件涉及安全内容的有：① 矿井提升、运输、通风、排水、供电等生产系统，符合《煤矿安全规程》和有关技术规范的规定，经上级煤炭工业主管部门依法验收合格。② 有矿山建设工程安全设施竣工验收合格证明文件。③ 有符合国务院煤炭工业主管部门规定的《通风系统图》《井下避灾路线图》。④ 有按《煤矿安全规程》规定的审批权限批准的水、火、瓦斯、煤与瓦斯突出、煤尘、顶板、边坡等重大灾害预防措施。⑤ 取得煤炭生产许可证的煤矿矿长、瓦斯检验工、采煤机司机等特种作业人员，必须经国务院煤炭工业主管部门委托的专业培训机构进行专业培训，并按国务院煤炭工业主管部门的规定进行考核，合格后取得上岗资格证书，方可上岗。培训教学大纲由国务院煤炭工业主管部门统一编写，安全培训是其中的重要内容。

六、《安全生产法》

《安全生产法》2002 年颁布，2009 年第一次修正，2014 年第二次修正。共七章 114 条，其中总则 16 条，生产经营单位的安全生产保障 31 条，从业人员的安全生产权利义务 10 条，安全生产的监督管理 17 条，生产安全事故的应急救援与调查处理 11 条，法律责任 26 条，附则 3 条。

《安全生产法》的出台，是我国安全生产法制建设的一个里程碑。它规范了生产经营单位的安全生产行为，明确了生产经营单位主要负责人的安全责任，确立了安全生产基本管理制度，为保障人民群众生命和财产安全，依法强化安全生产监督管理提供了法律依据。同时，也为依法惩处违法行为，强化安全生产责任追究，减少和防止生产安全事故，促进经济发展，提供了法律保证。《安全生产法》是各级安全生产监督管理部门、煤矿安全监察机构及其监督检查人员对安全生产实施监督监察的法律依据。

《安全生产法》的立法宗旨，一是规范生产经营单位的安全生产行为，明确生产经营单位主要负责人的安全生产责任，依法建立安全生产管理制度；二是明确从业人员在安全生产方面的权利和义务，规范从业人员安全作业行为，依法保护从业人员的合法权益，保障人民群众的人身安全和健康；三是明确各级人民政府的安全生产责任，依法加强安全生产监督管理，减少和防止生产安全事故；四是规范从事安全评价、咨询、检测、检验中介机构的行为，加强安全生产社会舆论媒体监督；五是依法建立生产安全事故应急救援体系，强化责任追究。

《安全生产法》确立了安全生产的基本法律制度，适用于矿山、建筑、铁路、公路、民航、交通等行业。

七、与矿山安全相关的其他法规

与矿山安全相关的法规包括国务院、各部委和地方政府颁发的与矿山安全有关的规定、规程、规范、细则、制度、安全批令、操作规程和作业规程等。

煤炭工业部以及国家安全生产监督管理总局、国家煤矿安全监察局先后颁布的规程、条例还有：《矿山救护规程（AQ 1008—2007）》、《关于加强顶板管理工作的若干规定》、《矿井防灭火规范》、《防治煤与瓦斯突出细则》、《国有重点煤矿事故隐患排查制度》、《煤矿井工开采通用技术条件（AQ 1028—2006）》、《煤矿安全监控系统通用技术要求（AQ 6201—2006）》、《国务院关于预防煤矿生产安全事故的特别规定》、《煤矿防治水规定》（2009 年 12 月 1 日施行）、《国有煤矿瓦斯治理安全监察规定》（2005 年 1 月 6 日）、《煤矿瓦斯抽放规范（AQ 1027—2006）》、《矿井瓦斯等级鉴定规范（AQ 1025—2006）》、《煤与瓦斯突出矿井鉴定规范（AQ 1024—2006）》、《煤矿安全监控系统通用技术要求（AQ 6201—2006）》、《煤矿瓦斯抽采基本指标（AQ 1026—2006）》、《煤矿在用主通风机系统安全检测检验规范（AQ 1011—2005）》、《矿井压风自救装置技术条件（MT 390—1995）》等。

复习思考题

17-1　矿山的安全方针及其含义是什么？

17-2　矿山法律法规体系由哪几部分组成？

17-3　取得煤炭生产许可证的条件和程序是什么？

17-4　《煤矿安全规程》的性质和特点是什么？

附　录

附录一　通风中常用单位换算

（一）压力单位及其换算（见附表 1-1）

附表 1-1　压力单位换算表

单位名称	帕斯卡 (Pa)	巴 (bar)	公斤力/米^2 (mmH_2O)	公斤力/厘米^2 (工程大气压)(at)	毫米汞柱 (mmHg)	标准大气压 (atm)
帕斯卡(Pa)	1	10^{-5}	0.101 972	$1.019\ 72\times10^{-5}$	$7.500\ 62\times10^{-3}$	$9.869\ 23\times10^{-6}$
公斤力/米^2 (mmH_2O)	9.806 65	$9.806\ 65\times10^{-5}$	1	1×10^{-4}	$7.355\ 59\times10^{-2}$	$9.678\ 41\times10^{-5}$
毫米汞柱 (mmHg)	133.322	$1.333\ 22\times10^{-3}$	13.595	$1.359\ 5\times10^{-3}$	1	$1.315\ 79\times10^{-3}$
标准大气压 (atm)	101 325	1.013 25	10 332.3	1.033 23	760	1

注：英制压力单位采用磅力/英寸^2(lbf/in^2)，1 lbf/in^2＝6 894.7 Pa。1 kPa＝10^3 Pa；1 atm＝101.325 kPa；1 at＝98.066 5 kPa；1 bar＝1 000 mbar。

（二）通风中常用的国际单位制导出单位（见附表 1-2）

附表 1-2　通风中常用的国际单位制导出单位

量的名称	单位名称	单位符号	其他表示示例
动力黏度	帕[斯卡]秒	Pa·s	$m^{-1}\cdot kg\cdot s^{-1}$
力矩	牛[顿]米	N·m	$m^2\cdot kg\cdot s^{-2}$
热流密度	瓦[特]每平方米	W/m^2	$kg\cdot s^{-3}$
热容、熵	焦[耳]每开[尔文]	J/K	$m^2\cdot kg\cdot s^{-2}\cdot K^{-1}$
比热容、比熵	焦[耳]每千克开[尔文]	J/(kg·K)	$m^2\cdot s^{-2}\cdot K^{-1}$
比能、比焓	焦[耳]每千克	J/kg	$m^2\cdot s^{-2}$
导热系数	瓦[特]每米开[尔文]	W/(m·K)	$m\cdot kg\cdot s^{-3}\cdot K^{-1}$
能量密度	焦[尔]每立方米	J/m^3	$m^{-1}\cdot kg\cdot s^{-2}$

（三）国际单位制与其他单位制换算表（见附表 1-3）

附表 1-3　功、能、热量单位换算表

单位名称	千焦 (kJ)	千卡 (kcal)	公斤力·米 (kgf·m)	千瓦·时(度) (kW·h)	马力·时 (ps·h)	英热单位 (Btu)
千焦(kJ)	1	0.238 8	101.972	2.777×10^{-4}	$3.777\ 7\times10^{-4}$	0.947 8
千卡(kcal)	4.186 8	1	426.94	1.163×10^{-3}	1.581×10^{-3}	3.968 2
公斤力·米 (kgf·m)	9.807×10^{-3}	2.342×10^{-3}	1	2.724×10^{-6}	3.703×10^{-6}	9.294×10^{-3}
千瓦·时 (kW·h)	3 600	860	367 098	1	1.359 6	3 412.14
马力·时 (ps·h)	2 647.8	632.53	270 000	0.735 5	1	2 509.63
英热单位(Btu)	1.055 056	0.252 0	107.586 2	$2.930\ 7\times10^{-4}$	3.985×10^{-4}	1

功率单位换算：

1 ps≈735.5 W＝75 kgf·m/s＝0.735 5 kJ/s

1 kW＝102 kgf·m/s＝1 kJ/s；1 kcal/h＝1.163 W

附录二　不同温度下饱和水蒸气分压(见附表 2-1)

附表 2-1　不同温度下饱和水蒸气分压　　单位:hPa

温度/℃	0	0.1	0.2	0.3	0.4	0.5	0.6	0.7	0.8	0.9
−4	4.37	4.33	4.29	4.27	4.23	4.20	4.16	4.12	4.08	4.05
−3	4.76	4.72	4.68	4.64	4.60	4.56	4.53	4.49	4.45	4.41
−2	5.17	5.13	5.09	5.05	5.01	4.96	4.92	4.88	4.84	4.80
−1	5.63	5.59	5.53	5.49	5.44	5.40	5.36	5.31	5.27	5.21
−0	6.11	6.05	6.01	5.96	5.92	5.87	5.81	5.77	5.72	5.68
0	6.11	6.16	6.20	6.25	6.29	6.35	6.39	6.44	6.48	6.52
1	6.57	6.63	6.67	6.72	6.76	6.81	6.87	6.91	6.96	7.00
2	7.05	7.13	7.16	7.21	7.27	7.32	7.36	7.41	7.47	7.52
3	7.57	7.63	7.68	7.75	7.80	7.85	7.91	7.96	8.03	8.08
4	8.13	8.19	8.25	8.31	8.37	8.43	8.48	8.55	8.60	8.67
5	8.72	8.79	8.84	8.91	8.97	9.03	9.09	9.16	9.23	9.28
6	9.35	9.41	9.48	9.55	9.61	9.68	9.75	9.81	9.88	9.95
7	10.01	10.08	10.16	10.23	10.29	10.37	10.44	10.51	10.57	10.65
8	10.72	10.80	10.87	10.95	11.03	11.09	11.17	11.25	11.33	11.40
9	11.48	11.56	11.64	11.72	11.80	11.88	11.96	12.04	12.12	12.20
10	12.28	12.36	12.45	12.53	12.61	12.69	12.79	12.87	12.95	13.04
11	13.12	13.21	13.29	13.39	13.48	13.57	13.65	13.75	13.87	13.92
12	14.01	14.11	14.20	14.31	14.40	14.49	14.59	14.68	14.79	14.88
13	14.97	15.08	15.17	15.28	15.37	15.48	15.57	15.68	15.77	15.88
14	15.97	16.08	16.19	16.29	16.40	16.51	16.61	16.72	16.82	16.93
15	17.04	17.14	17.26	17.37	17.48	17.60	17.70	17.81	17.93	18.04
16	18.14	18.26	18.38	18.52	18.64	18.76	18.88	19.00	19.13	19.25
17	19.37	19.49	19.62	19.74	19.88	20.00	20.12	20.25	20.37	20.50
18	20.62	20.76	20.89	21.02	21.16	21.29	21.42	21.56	21.69	21.82
19	21.96	22.10	22.24	22.38	22.52	22.66	22.81	22.94	23.09	23.22
20	23.37	23.52	23.66	23.82	23.97	24.12	24.26	24.41	24.57	24.72
21	24.86	25.02	25.17	25.33	25.49	25.65	25.74	25.96	26.12	26.26
22	26.42	26.60	26.76	26.93	27.09	27.26	27.42	27.60	27.76	27.93
23	28.09	28.26	28.44	28.61	28.78	28.97	29.14	29.32	29.49	29.66
24	29.84	30.02	30.20	30.38	30.57	30.76	30.93	31.12	31.30	31.48
25	31.66	31.86	32.05	32.25	32.44	32.64	32.82	33.02	33.22	33.41
26	33.61	33.81	34.02	34.22	34.42	34.64	34.84	35.04	35.24	35.45
27	35.65	35.86	36.08	36.29	36.50	36.73	36.94	37.16	37.37	37.58
28	37.80	38.02	38.25	38.48	38.70	38.93	39.14	39.37	39.60	39.82
29	40.05	40.29	40.52	40.77	41.01	41.25	41.48	41.72	41.96	42.20
30	42.44	42.69	42.93	43.18	43.44	43.54	43.93	44.18	44.44	44.68
31	44.93	45.20	45.45	45.72	45.98	46.24	46.50	46.77	47.04	47.29
32	47.56	47.84	48.10	48.38	48.65	48.93	49.21	49.48	49.76	50.02
33	50.30	50.59	50.87	51.17	51.45	51.74	52.03	52.33	52.62	52.90
34	53.19	53.50	53.81	54.10	54.41	54.71	55.02	55.33	55.62	55.93
35	56.23	56.55	56.87	57.19	57.51	57.83	58.14	58.46	58.78	59.10
36	59.42	59.75	60.09	60.42	60.75	61.09	61.43	61.77	62.10	62.43
37	62.77	63.11	63.46	63.82	64.17	64.51	64.86	65.07	65.57	65.91
38	66.26	66.63	66.99	67.37	67.73	68.09	68.46	68.82	69.19	69.55
39	69.93	70.31	70.70	71.09	71.47	71.85	72.23	72.62	73.01	73.39
40	73.78	74.18	74.58	74.99	75.39	75.79	76.19	76.59	77.01	77.41
41	77.81	78.23	78.65	79.07	79.49	79.91	80.33	80.75	81.18	81.59
42	82.02	82.46	82.90	83.34	83.78	84.22	84.66	85.10	85.54	85.98
43	86.42	86.88	87.34	87.80	88.27	88.74	89.19	89.66	90.12	90.58
44	91.04	91.52	92.00	92.48	92.96	93.46	93.94	94.42	94.90	95.38
45	95.86	96.36	96.87	97.36	97.87	98.38	98.88	99.39	99.88	100.39

附录三　由风扇湿度计读值查相对湿度(见附表 3-1)

附表 3-1　由风扇湿度计读值查相对湿度

湿球示度/℃	干湿球温度计示度差/℃														
	0	0.5	1.0	1.5	2.0	2.5	3.0	3.5	4.0	4.5	5.0	5.5	6.0	6.5	7.0
	相对湿度 φ/%														
0	100	91	83	75	67	61	54	48	42	37	31	27	22	18	14
1	100	91	83	76	69	62	56	50	44	39	34	30	25	21	17
2	100	92	84	77	70	64	58	52	47	42	37	33	28	24	21
3	100	92	85	78	72	65	60	54	49	44	39	35	31	27	23
4	100	93	86	79	73	67	61	56	51	46	42	37	33	30	26
5	100	93	86	80	74	68	63	57	53	48	44	40	36	32	29
6	100	93	87	81	75	69	64	59	57	50	46	42	38	34	31
7	100	93	87	81	76	70	65	60	56	52	48	44	40	37	33
8	100	94	88	82	76	71	66	62	57	53	49	46	42	39	35
9	100	94	88	82	77	72	68	63	59	55	51	47	44	40	37
10	100	94	88	83	78	73	69	64	60	56	52	49	45	42	39
11	100	94	89	84	79	74	69	65	61	57	54	50	47	44	41
12	100	94	89	84	79	75	70	66	62	59	55	52	48	45	42
13	100	95	90	85	80	76	71	67	63	60	56	53	50	47	44
14	100	95	90	85	81	76	72	68	64	61	57	54	51	48	45
15	100	95	90	85	81	77	73	69	65	62	59	55	52	50	47
16	100	95	90	86	82	78	74	70	66	63	60	57	54	51	48
17	100	95	91	86	82	78	74	71	67	64	61	58	55	52	49
18	100	95	91	87	83	79	75	71	68	65	62	59	56	53	50
19	100	95	91	87	83	79	76	72	69	65	62	59	57	54	51
20	100	96	91	87	83	80	76	73	69	66	63	60	58	55	52
21	100	96	92	88	84	80	77	73	70	67	64	61	58	56	53
22	100	96	92	88	84	81	77	74	71	68	65	62	59	57	54
23	100	96	92	88	84	81	78	74	71	68	65	63	60	58	55
24	100	96	92	88	85	81	78	75	72	69	66	63	61	58	56
25	100	96	92	89	85	82	78	75	72	69	67	64	62	59	57
26	100	96	92	89	85	82	79	76	73	70	67	65	62	60	57
27	100	96	93	89	86	82	79	76	73	71	68	65	63	60	58
28	100	96	93	89	86	83	80	77	74	71	68	66	63	59	59
29	100	96	93	89	86	83	80	77	74	72	69	66	64	62	60
30	100	96	93	90	86	83	80	77	75	72	69	67	65	62	60
31	100	96	93	90	87	84	81	78	75	73	70	68	65	63	61
32	100	97	93	90	87	84	81	78	76	73	71	68	66	63	61

附录四　*i-d* 曲线图(P=101 325 Pa,见附图 4-1)

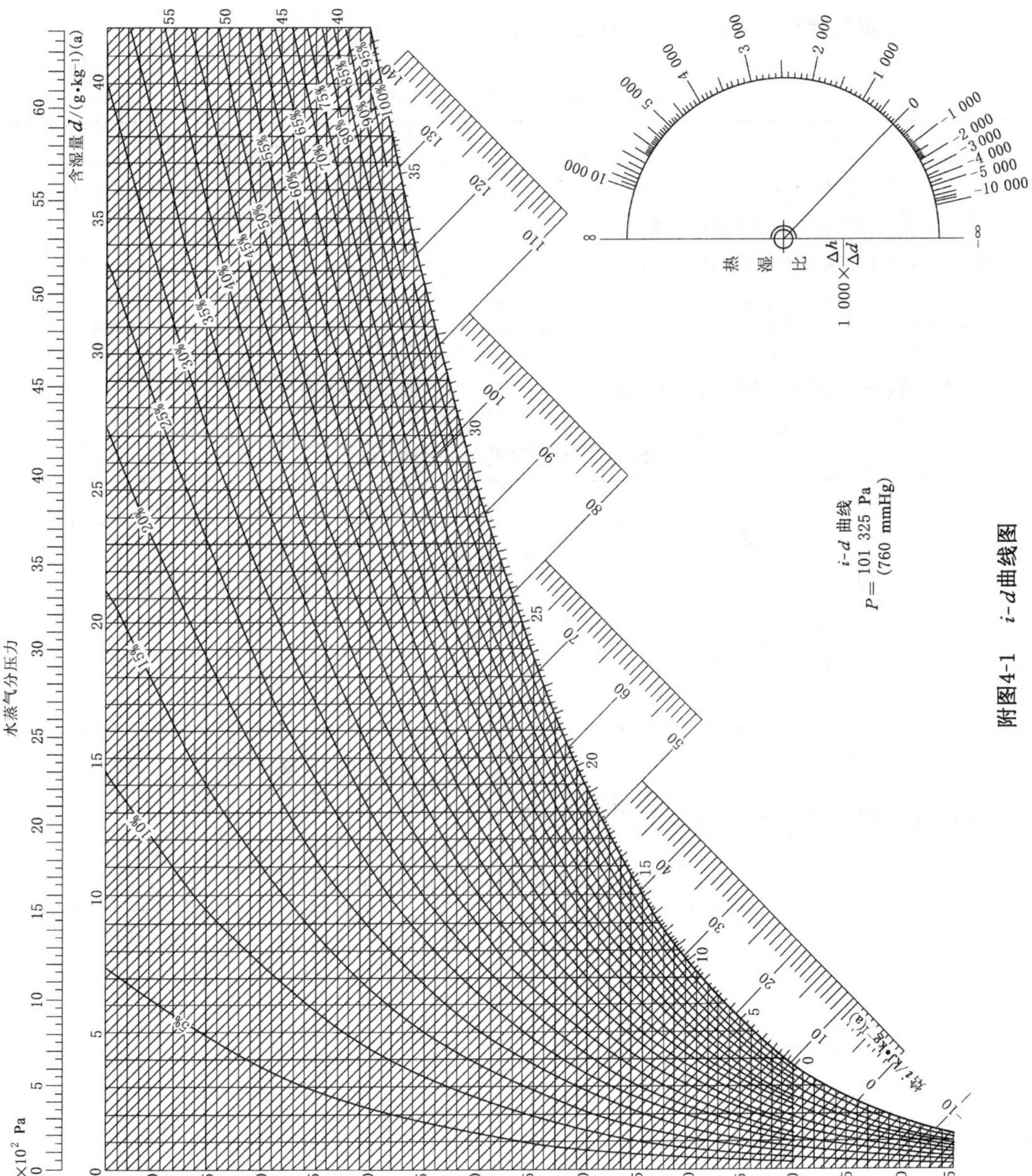

附图4-1　*i-d*曲线图

附录五　井巷摩擦阻力系数 α 值(空气密度 $\rho=1.2\ kg/m^3$)

(一) 水平巷道

(1) 不支护巷道的 $\alpha\times10^4$ 值(见附表 5-1)。

附表 5-1　不支护巷道的 $\alpha\times10^4$ 值

巷道壁的特征	$\alpha\times10^4/(N\cdot s^2\cdot m^{-4})$
顺走向在煤层里开掘的巷道	58.8
交叉走向在岩层里开掘的巷道	68.6～78.4
巷道与底板粗糙程度相同的巷道	58.8～78.4
同上,在底板阻塞情况下	98.0～147.0

(2) 混凝土、混凝土砖及砖、石砌碹平巷的 $\alpha\times10^4$ 值(见附表 5-2)。

附表 5-2　砌碹平巷的 $\alpha\times10^4$ 值

类　　别	$\alpha\times10^4/(N\cdot s^2\cdot m^{-4})$
混凝土砌碹、外面抹灰浆	29.4～39.2
混凝土砌碹、不抹灰浆	49.0～68.6
砖砌碹、外面抹灰浆	24.5～29.4
砖砌碹、不抹灰浆	29.4～30.2
料石砌碹	39.2～49.0

注:巷道断面小者取大值。

(3) 圆木棚子支护巷道的 $\alpha\times10^4$ 值(见附表 5-3)。

附表 5-3　圆木棚子支护巷道的 $\alpha\times10^4$ 值

木柱直径 d_0 /cm	支架纵口径 $\Delta=l/d_0$ 时的 $\alpha\times10^4/(N\cdot s^2\cdot m^{-4})$							按断面校正	
	1	2	3	4	5	6	7	断面/m^2	校正系数
15	88.2	115.2	137.2	155.8	174.4	164.6	158.8	1	1.2
16	90.16	118.6	141.1	161.7	180.3	167.6	159.7	2	1.1
17	92.12	121.5	141.1	165.6	185.2	169.5	162.7	3	1.0
18	94.03	123.5	148.0	169.5	190.1	171.5	164.6	4	0.93
20	96.04	127.4	154.8	177.4	198.9	175.4	168.6	5	0.89
22	99.0	133.3	156.8	185.2	208.7	178.4	171.5	6	0.80
24	102.9	138.2	167.6	193.1	217.6	192.0	174.4	8	0.82
26	104.9	143.1	174.4	199.9	225.4	198.0	180.3	10	0.78

注:表中 $\alpha\times10^4$ 值适合于支架后净断面 $S=3\ m^2$ 的巷道,对于其他断面的巷道应乘以校正系数。

(4) 金属支架巷道的 $\alpha\times10^4$ 值。

① 工字梁拱形和梯形支架巷道的 $\alpha\times10^4$ 值(见附表 5-4)。

附表 5-4　工字梁拱形和梯形支架巷道的 $\alpha\times10^4$ 值

金属梁尺寸 d_0 /cm	支架纵口径 $\Delta=l/d_0$ 时的 $\alpha\times10^4/(N\cdot s^2\cdot m^{-4})$					按断面校正	
	2	3	4	5	8	断面/m^2	校正系数
10	107.8	147.0	176.4	205.4	245.0	3	1.08
12	127.4	166.6	205.8	245.0	294.0	4	1.00
14	137.2	186.2	225.4	284.2	333.2	6	0.91
16	147.0	205.8	254.8	313.6	392.0	8	0.88
18	156.8	225.4	294.0	382.2	431.2	10	0.84

注:d_0 为金属梁截面的高度。

② 金属横梁和帮柱混合支护平巷的 $\alpha\times10^4$ 值(见附表 5-5)。

附表 5-5　金属梁、柱支护平巷的 $\alpha\times10^4$ 值

边柱厚度 d_0 /cm	支架纵口径 $\Delta=l/d_0$ 时的 $\alpha\times10^4/(N\cdot s^2\cdot m^{-4})$					按断面校正	
	2	3	4	5	6	断面/m^2	校正系数
40	156.8	176.4	205.8	215.6	235.2	3	1.08
						4	1.00
						6	0.91
50	166.6	196.0	215.6	245.0	264.6	8	0.88
						10	0.84

注:① “帮柱”是混凝土或砌碹的柱子,呈方形;
　② 顶梁是由工字钢或 16 号槽钢加工的。

(5) 钢筋混凝土预制支架巷道的 $\alpha\times10^4$ 值为 88.2～186.2 $N\cdot s^2/m^4$(纵口径大,取值亦大)。

(6) 锚杆或喷浆巷道的 $\alpha\times10^4$ 值为 78.4～117.6 $N\cdot s^2/m^4$。

对于装有带式输送机巷道的 $\alpha\times10^4$ 值可增加 147～196 $N\cdot s^2/m^4$。

(二) 井筒、暗井及溜道

(1) 无任何装备的清洁的混凝土和钢筋混凝土井筒 $\alpha\times10^4$ 值见附表 5-6。

(2) 砖和混凝土砖砌的无任何装备的井筒,其 $\alpha\times10^4$ 值按附表 5-6 值增大一倍。

(3) 有装备的井筒,井壁用混凝土、钢筋混凝土、混凝土砖及砖砌碹的 $\alpha\times10^4$ 值为 343～490 $N\cdot s^2/m^4$。选取时应考虑到罐道梁的间距、装备物纵口径以及有无梯子间和梯子间规格等。

(4) 木支护的暗井和溜道的 $\alpha\times10^4$ 值见附表 5-7。

附表 5-6　无装备混凝土井筒的 $\alpha\times10^4$ 值

井筒直径/m	井筒断面/m^2	$\alpha\times10^4$/($N\cdot s^2\cdot m^{-4}$)	
		平滑的混凝土	不平滑的混凝土
4	12.6	33.3	39.2
5	19.6	31.4	37.2
6	28.3	31.4	37.2
7	38.5	29.4	35.3
8	50.3	29.4	35.3

附表 5-7　木支护的暗井和溜道的 $\alpha\times10^4$ 值

井筒特征	断　面	$\alpha\times10^4$/($N\cdot s^2\cdot m^{-4}$)
人行格间有平台的溜眼	9.00	460.6
有人行格间的溜道	1.95	196.0
下放煤的溜道	1.80	156.8

（三）矿井巷道 $\alpha\times10^4$ 值的实际资料（据沈阳煤矿设计研究院所编 α 值表）

沈阳煤矿设计研究院根据在抚顺、徐州、新汶、阳泉、大同、梅田、鹤岗 7 个矿务局 14 个矿井的实测资料编制的供通风设计参考的 α 值见附表 5-8。

附表 5-8　井巷摩擦阻力系数 α 值

序号	巷道支护形式	巷道类别	巷道壁面特征	$\alpha\times10^4$/($N\cdot s^2\cdot m^{-4}$)	选取参考
1	锚喷支护	轨道平巷	光面爆破，凸凹度<150 mm	50～77	断面大，巷道整洁，凸凹度<50，近似砌碹的取小值；新开采区巷道，断面较小的取大值。断面大而成型差，凸凹度大的取大值
			普通爆破，凸凹度>150 mm	83～103	巷道整洁，底板喷水泥抹面的取小值，无道砟和锚杆外露的取大值
		轨道斜巷（设有行人台阶）	光面爆破，凸凹度<150 mm	81～89	兼流水巷和无轨道的取小值
			普通爆破，凸凹度>150 mm	93～121	兼流水巷和无轨道的取小值；巷道成型不规整，底板不平的取大值
		通风行人巷（无轨道、台阶）	光面爆破，凸凹度<150 mm	68～75	底板不平，浮矸多的取大值；自然顶板层面光滑和底板积水的取小值
			普通爆破，凸凹度>150 mm	75～97	巷道平直，底板淤泥积水的取小值；四壁积尘，不整洁的老巷有少量杂物堆积的取大值
		通风行人巷（无轨道、有台阶）	光面爆破，凸凹度<150 mm	72～84	兼流水巷的取小值
			普通爆破，凸凹度>150 mm	84～110	流水冲沟使底板严重不平的 α 值偏大
		胶带输送机巷（铺轨）	光面爆破，凸凹度<150 mm	85～120	断面较大，全部喷混凝土固定道床的 α 值为 85 $N\cdot s^2/m^4$，其余的一般均应取偏大值。吊挂胶带输送机宽为 800～1 000 mm
			普通爆破，凸凹度>150 mm	119～174	巷道底平、整洁的取小值；底板不平，铺轨无道砟，胶带输送机卧底，积煤泥的取大值。落地式胶带宽为 1.2 m

附表 5-8(续)

序号	巷道支护形式	巷道类别	巷道壁面特征	$\alpha\times10^4$ /(N·s²·m⁻⁴)	选取参考
2	喷砂浆支护	轨道平巷	普通爆破，凸凹度＞150 mm	78～81	喷砂浆支护与喷混凝土支护巷道的摩擦阻力系数相近,同种类别巷道可按锚喷的选
3	锚杆支护	轨道平巷	锚杆外露 100～200 mm 锚间距 600～1 000 mm	94～149	铺笆规整,自然顶板平整光滑的取小值;壁面波状凸凹度＞150,近似不规整的裸体状取大值;沿煤平巷,底板为松散浮煤,一般取中间值
		胶带输送机巷(铺轨)	锚杆外露 150～200 mm 锚间距 600～800 mm	127～153	落地式胶带宽为 800～1 000 mm。断面小,铺笆不规整的取大值;断面大,自然顶板平整光滑的取小值
4	料石砌碹支护	轨道平巷	壁面粗糙	49～61	断面大的取小值;断面小的取大值。巷道洒水清扫的取小值
		轨道平巷	壁面平滑	38～44	断面大的取小值;断面小的取大值。巷道洒水清扫的取小值
		胶带输送机斜巷(铺轨设有行人台阶)	壁面粗糙	100～158	钢丝绳胶带输送机宽为 1 000 mm,下限值为推测值,供选取参考
5	毛石砌碹支护	轨道平巷	壁面粗糙	60～80	
6	混凝土棚支护	轨道平巷	断面 5～9 m²，纵口径 4～5	100～190	依纵口径、断面选取 α 值。巷道整洁的完全棚,纵口径小的取小值
7	U 型钢支护	轨道平巷	断面 5～8 m²，纵口径 4～8	135～181	按纵口径、断面选取,纵口径大的、完全棚支护的取小值。不完全棚支护的 α 大于完全棚的
		胶带输送机巷(铺轨)	断面 9～10 m²，纵口径 4～8	209～226	落地式胶带宽为 800～1 000 mm,包括工字钢梁 U 型钢腿的支架
8	工字钢、钢轨支护	轨道平巷	断面 4～6 m²，纵口径 7～9	123～134	包括工字钢与钢轨的混合支架。不完全棚支护的 α 大于完全棚的,纵口径＝9 取小值
		胶带输送机巷(铺轨)	断面 9～10 m²，纵口径 4～8	209～226	工字钢与 U 型钢支架混合支护与第 7 项胶带输送机巷近似,单一种支护与混合支护 α 近似
9	综采工作面	掩护式支架	采高＜2 m，德国 WS1.7 双柱式	300～330	系数值包括采煤机在工作面内的附加阻力(以下同)
			采高 2～3 m，德国 WS1.7 双柱式,德国贝考瑞特,国产 OKⅡ型	260～310	分层开采铺金属网和工作面片帮严重、堆积浮煤多的取大值
			采高＞3 m，德国 WS1.7 双柱式	220～250	支架架设不整齐,有露顶的取大值
		支撑掩护式支架	采高 2～3 m，国产 ZY-3,4 柱式	320～350	采高局部有变化,支架不齐,则取大值
		支撑式支架	采高 2～3 m，英国 DT、4 柱式	330～420	支架架设不整齐则取大值

附表 5-8(续)

序号	巷道支护形式	巷道类别	巷道壁面特征	$\alpha\times10^4$ /$(N\cdot s^2\cdot m^{-4})$	选取参考
10	普采工作面	单体液压支柱	采高<2 m	420～500	
		金属摩擦支柱,铰接顶梁	采高<2 m,DY-100 型采煤机	450～550	支架排列较整齐,工作面内有少量金属支柱等堆积物可取小值
		木支柱	采高<1.2 m,木支架较乱	600～650	
11	炮采工作面	金属摩擦支柱,铰接顶梁	采高<1.8 m,支架整齐	270～350	工作面每隔 10 m 用木垛支撑的实测 α 值为 954～1 050
		木支柱	采高<1.2 m,支架整齐	300～350	
			采高<1.2 m,木支架较乱	400～450	

附录六　井巷局部阻力系数 ξ 值

详见附表 6-1 和附表 6-2。

附表 6-1　各种巷道突然扩大与突然缩小的 ξ 值(光滑管道)

S_1/S_2	1	0.9	0.8	0.7	0.6	0.5	0.4	0.3	0.2	0.1	0.01	0
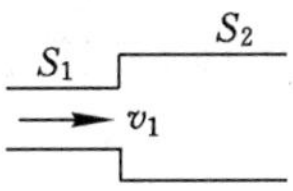	0	0.01	0.04	0.09	0.16	0.25	0.36	0.49	0.64	0.81	0.98	1.00
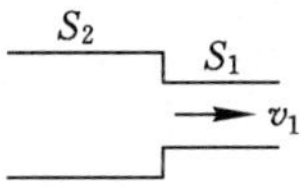	0	0.05	0.10	0.15	0.20	0.25	0.30	0.35	0.40	0.45	0.50	

附表 6-2　其他几种局部阻力的 ξ 值(光滑管道)

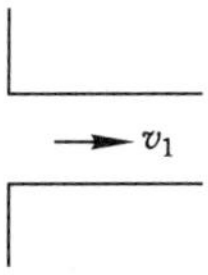	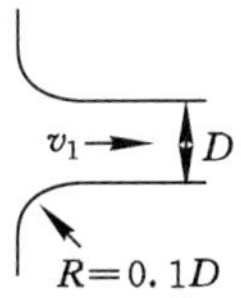	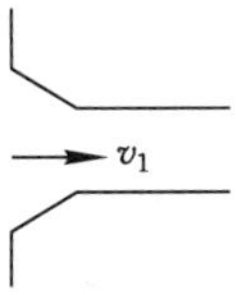	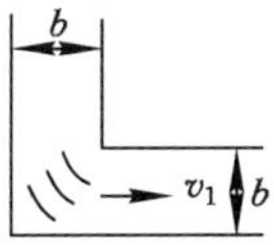	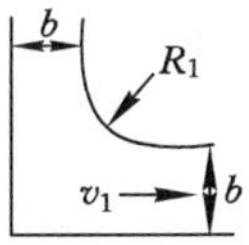	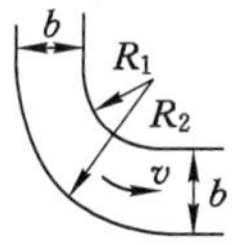
0.6	0.1	0.2	0.2(有导风板) 1.4(无导风板)	0.75($R_1=\frac{1}{3}b$) 0.52($R_1=\frac{2}{3}b$)	0.6($R_1=\frac{1}{3}b$, $R_2=\frac{3}{2}b$) 0.3($R_1=\frac{2}{3}b$, $R_2=\frac{17}{10}b$)
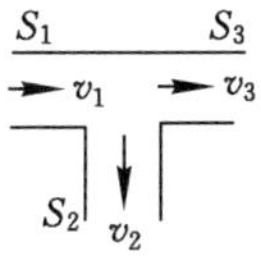	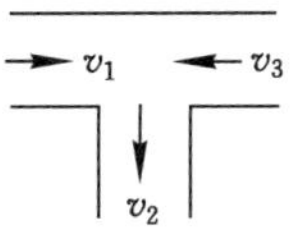	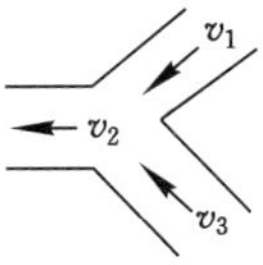	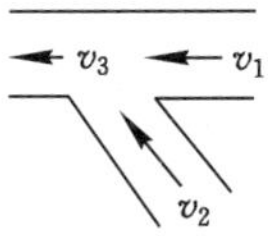	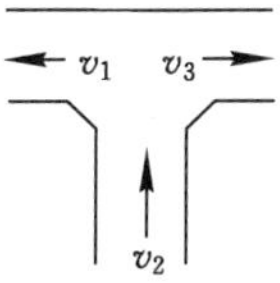	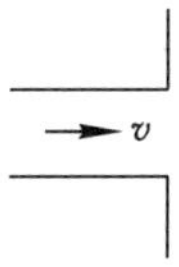
3.6 ($S_2=S_3$, $v_2=v_3$)	2.0 (风速为 v_2)	1.0 ($v_1=v_3$)	1.5 (风速为 v_2)	1.5 (风速为 v_2)	1.0 (风速为 v)

附录七　不同叶轮直径和级数(功率)风机性能参数表(见附表 7-1)

附表 7-1　不同叶轮直径和级数(功率)风机性能参数表

机号	电机功率/kW	风量/($m^3 \cdot min^{-1}$)	全压/Pa	最高全压效率/%	转速/($r \cdot min^{-1}$)
№4.5	2×2.2	220～113	300～1 800	≥75	750
	3×2.2	220～113	420～2 520		
	4×2.2	220～113	540～3 240		
№4.5	2×4	220～150	300～2 300	≥75	750
	3×4	220～150	420～3 220		
	4×4	220～150	540～4 140		
№4.5	2×5.5	240～160	320～3 100	≥75	750
	3×5.5	240～160	440～4 340		
	4×5.5	240～160	580～5 580		
№5.0	2×7.5	300～180	340～3 500	≥75	500
	3×7.5	300～180	480～4 900		
	4×7.5	300～180	610～6 300		
№5.6	2×11	400～200	350～4 000	≥80	500
	3×11	400～200	490～5 600		
	4×11	400～200	630～7 200		
№6.0	2×15	450～250	440～5 100	≥80	500
	3×15	450～250	620～7 100		
	4×15	450～250	790～9 200		
№6.0	2×18.5	500～250	450～5 500	≥80	500
	3×18.5	500～250	630～7 700		
	4×18.5	500～250	810～9 900		
№6.0	2×22	550～250	450～6 000	≥80	500
	3×22	550～250	630～8 400		
	4×22	550～250	810～10 800		
№6.3	2×30	630～260	460～6 300	≥80	500
	3×30	630～260	640～8 820		
	4×30	630～260	830～11 340		
№6.7	2×30	680～310	600～6 400	≥80	500
	3×30	680～310	840～8 900		
	4×30	680～310	1 080～11 500		
№6.7	2×37	730～410	920～6 500	≥80	500
	3×37	730～410	1 200～9 000		
	4×37	730～410	1 480～11 600		
№7.1	2×45	820～550	1 480～6 650	≥80	500
	3×45	820～550	1 480～9 130		
	4×45	820～550	1 850～11 740		
№7.5	2×55	980～630	1 850～6 800	≥80	500
	3×55	980～630	1 850～9 240		
	4×55	980～630	2 200～11 880		
№8.0	2×75	1 250～680	2 200～7 100	≥80	500

（一）BD 系列风机特性曲线（见附图 7-1～附图 7-9）

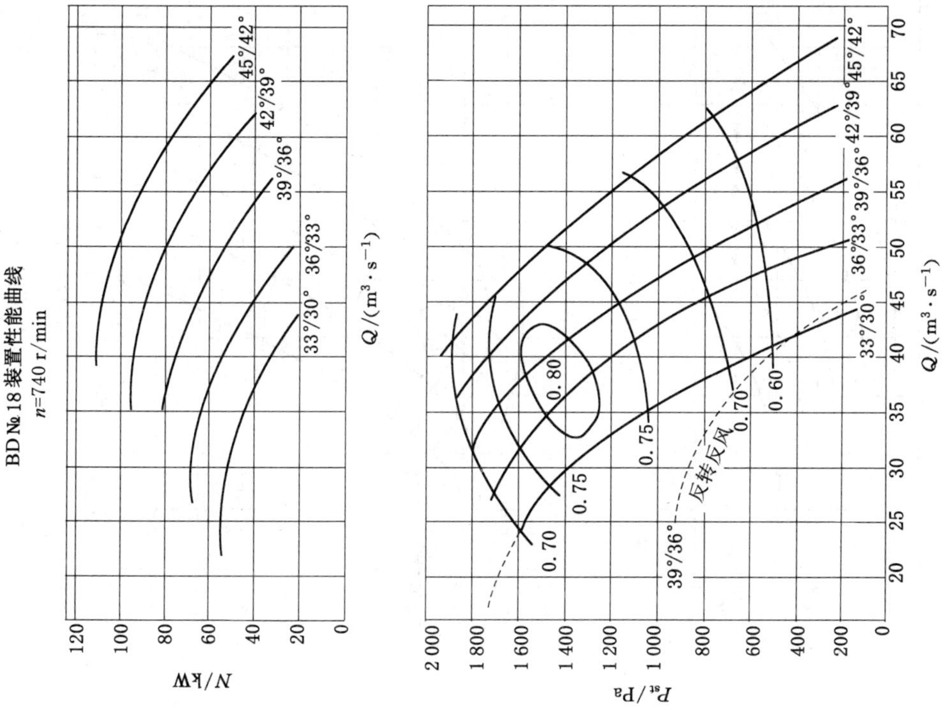

附图 7-1

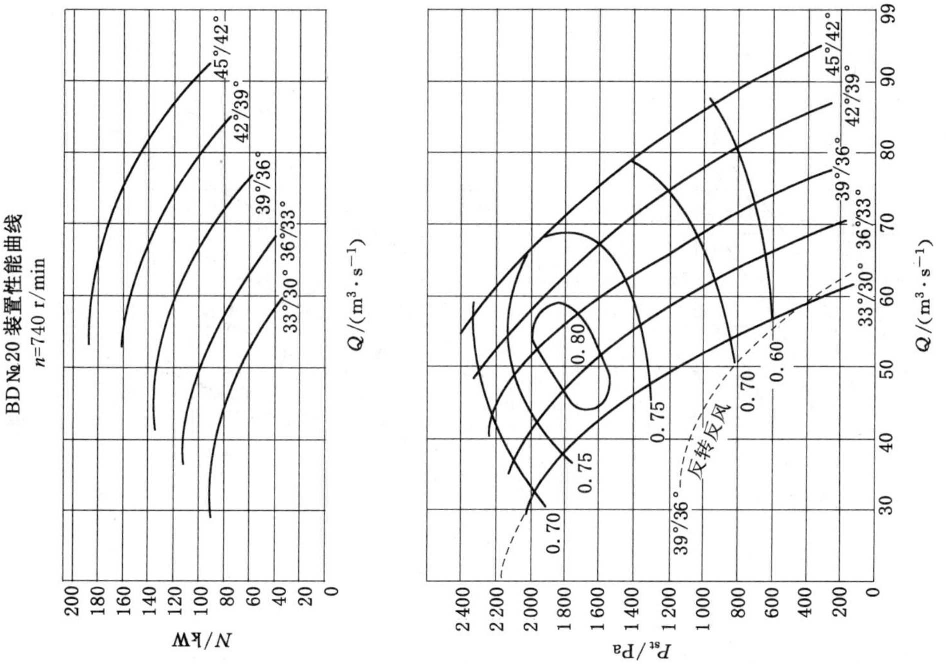

附图 7-2

BD№22装置性能曲线

n=740 r/min

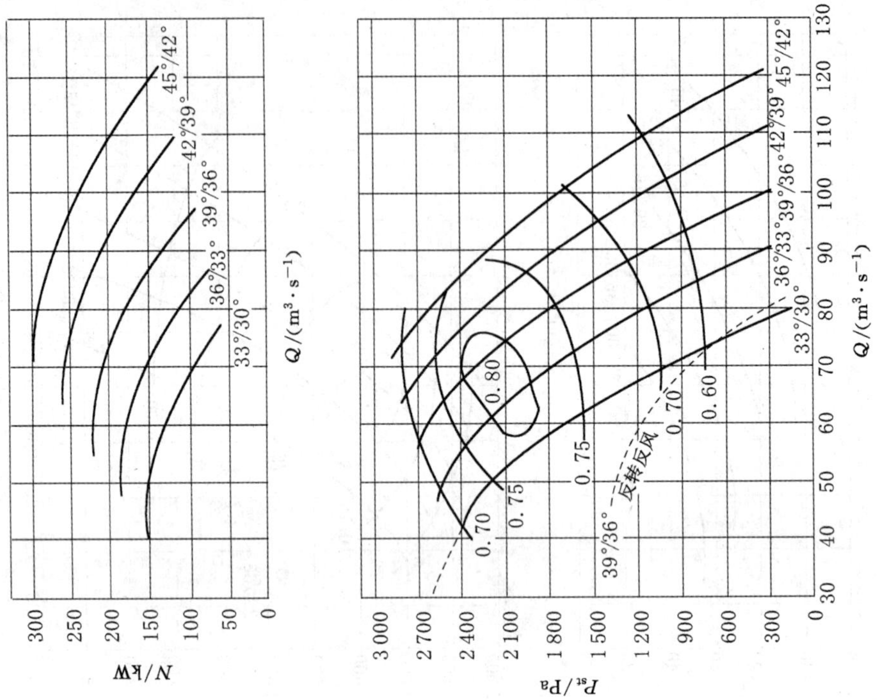

附图 7-3

BD№24装置性能曲线

n=740 r/min

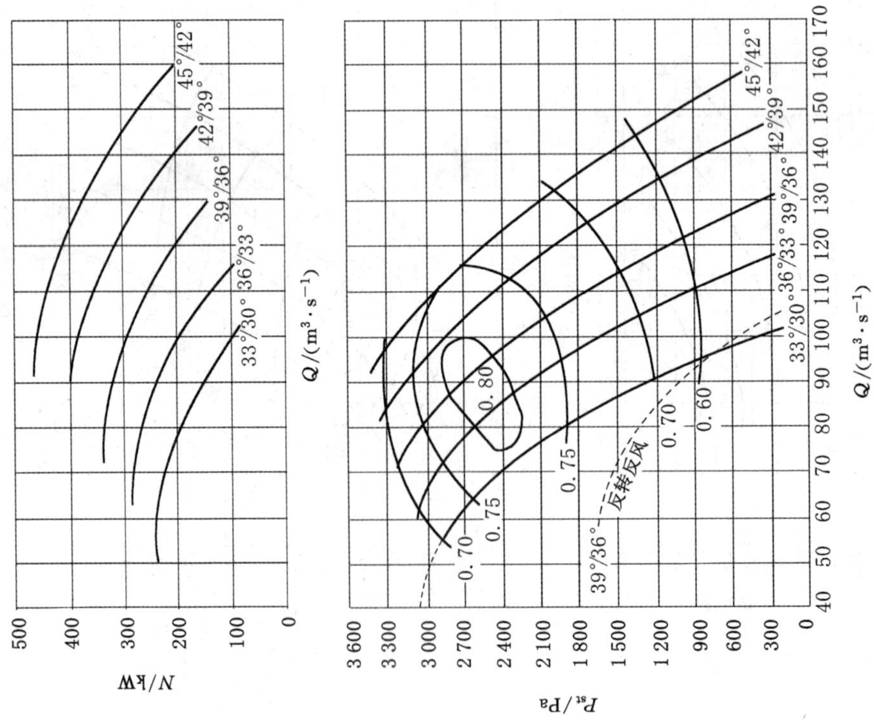

附图 7-4

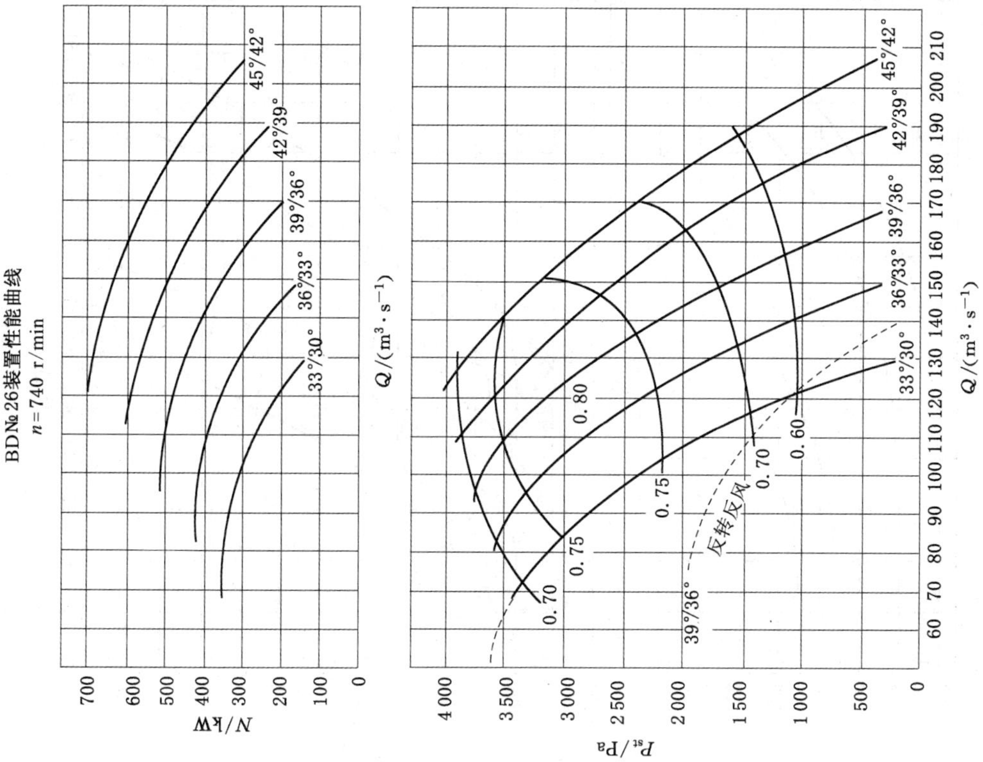
BDN№26装置性能曲线
n=740 r/min
N/kW
45°/42°
42°/39°
39°/36°
36°/33°
33°/30°
P_{st}/Pa
Q/(m³·s⁻¹)
0.80
0.75
0.70
0.60
反转反风
39°/36°

附图 7-5

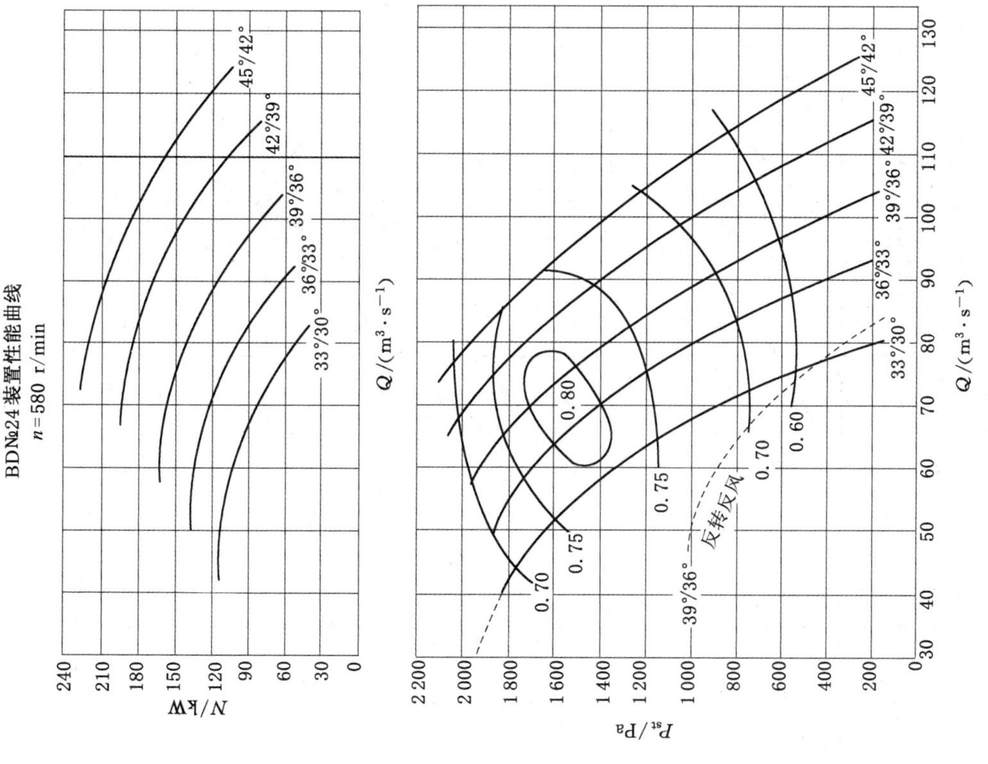
BDN№24装置性能曲线
n=580 r/min
N/kW
45°/42°
42°/39°
39°/36°
36°/33°
33°/30°
P_{st}/Pa
Q/(m³·s⁻¹)
0.80
0.75
0.70
0.60
反转反风
39°/36°

附图 7-6

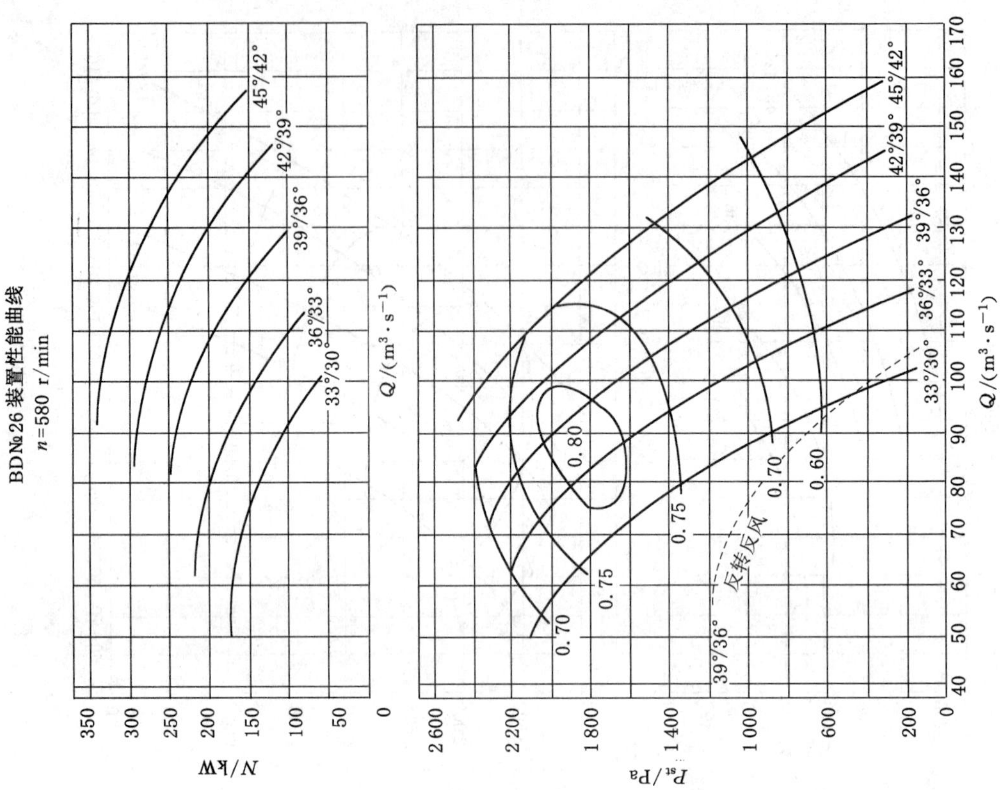
BD№26装置性能曲线
n=580 r/min
N/kW
350
300
250
200
150
100
50
0
45°/42°
42°/39°
39°/36°
36°/33°
33°/30°
Q/(m³·s⁻¹)
P_st/Pa
2 600
2 200
1 800
1 400
1 000
600
200
0
0.80
0.75
0.70
0.60
反转反风
39°/36°
40
50
60
70
80
90
100
110
120
130
140
150
160
170
Q/(m³·s⁻¹)

附图 7-7

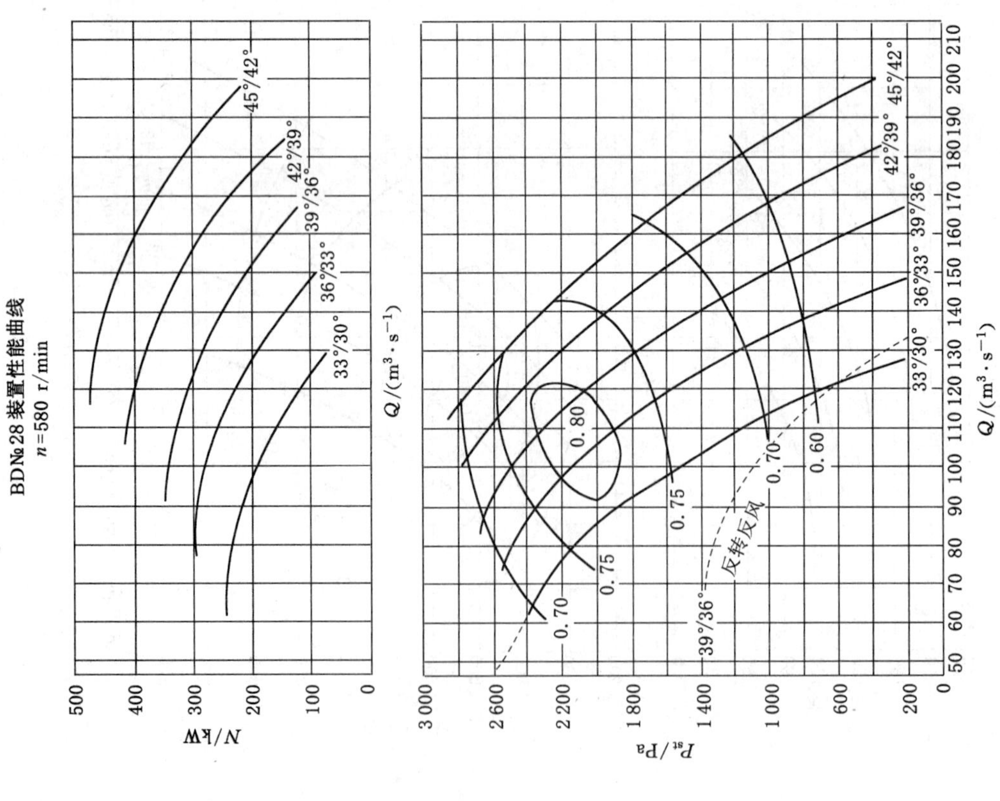
BD№28装置性能曲线
n=580 r/min
N/kW
500
400
300
200
100
0
45°/42°
42°/39°
39°/36°
36°/33°
33°/30°
Q/(m³·s⁻¹)
P_st/Pa
3 000
2 600
2 200
1 800
1 400
1 000
600
200
0
0.80
0.75
0.70
0.60
反转反风
39°/36°
50
60
70
80
90
100
110
120
130
140
150
160
170
180
190
200
210
Q/(m³·s⁻¹)

附图 7-8

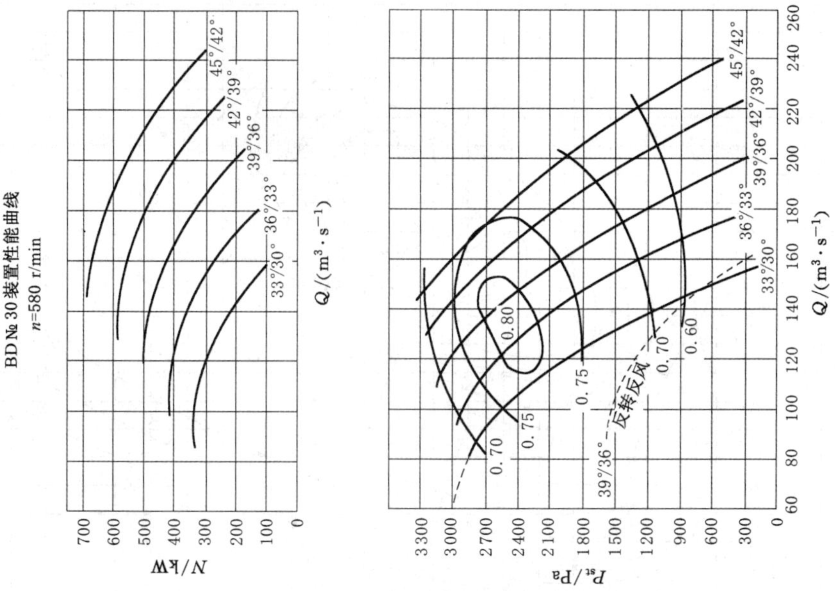

附图 7-9

（二）K_4-73-01 型矿井离心式风机性能曲线（见附图 7-10）

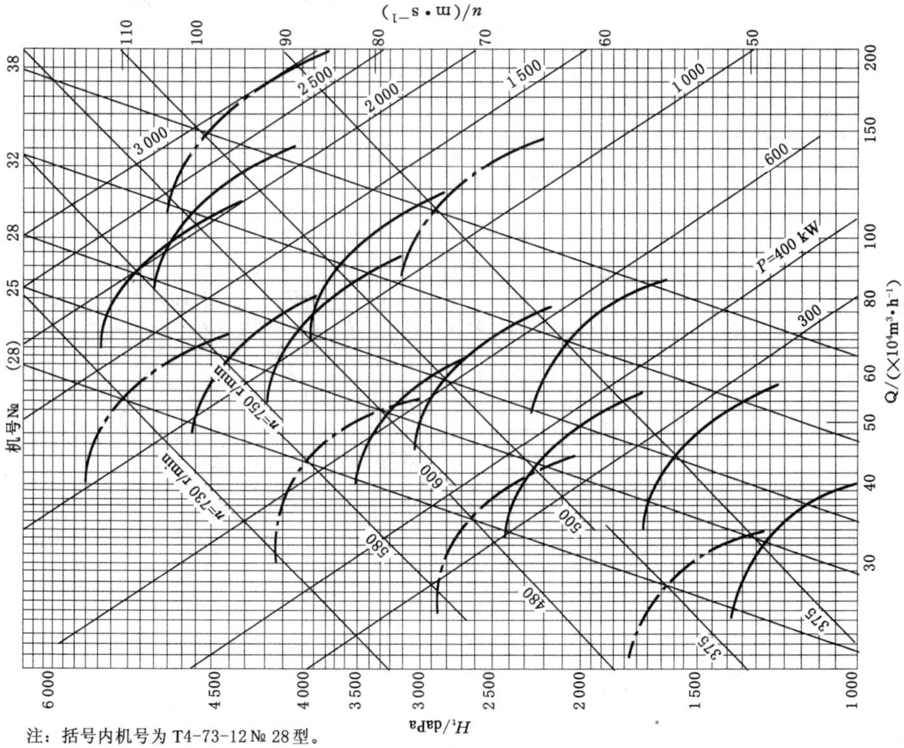

附图 7-10

注：括号内机号为 T4-73-12№28 型。

（三）ANN 系列风机性能曲线（见附图 7-11）

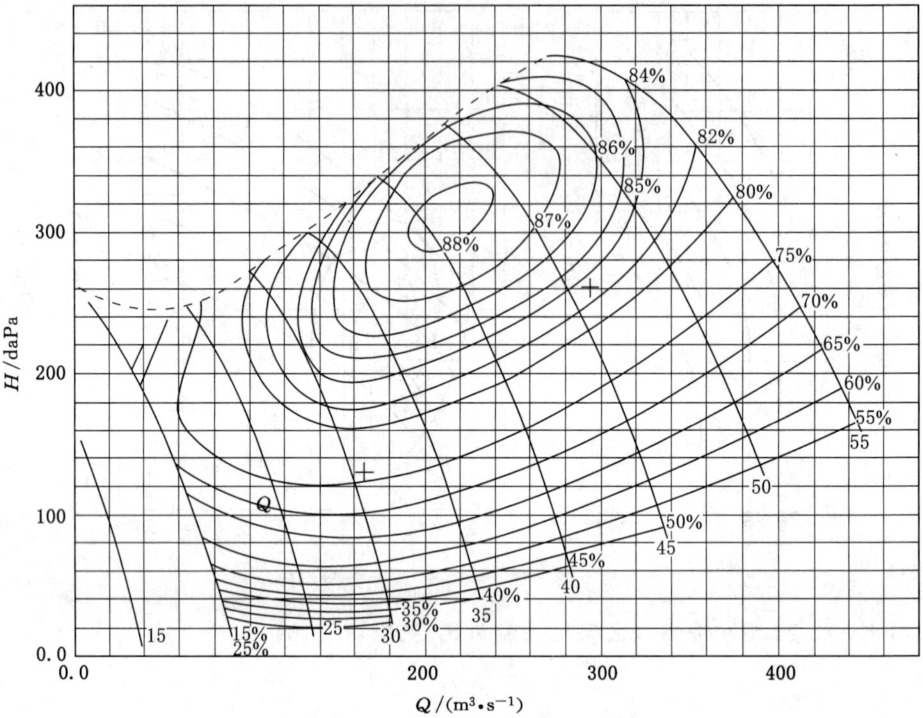

(a) **ANN-2650/1250B/990** r/min

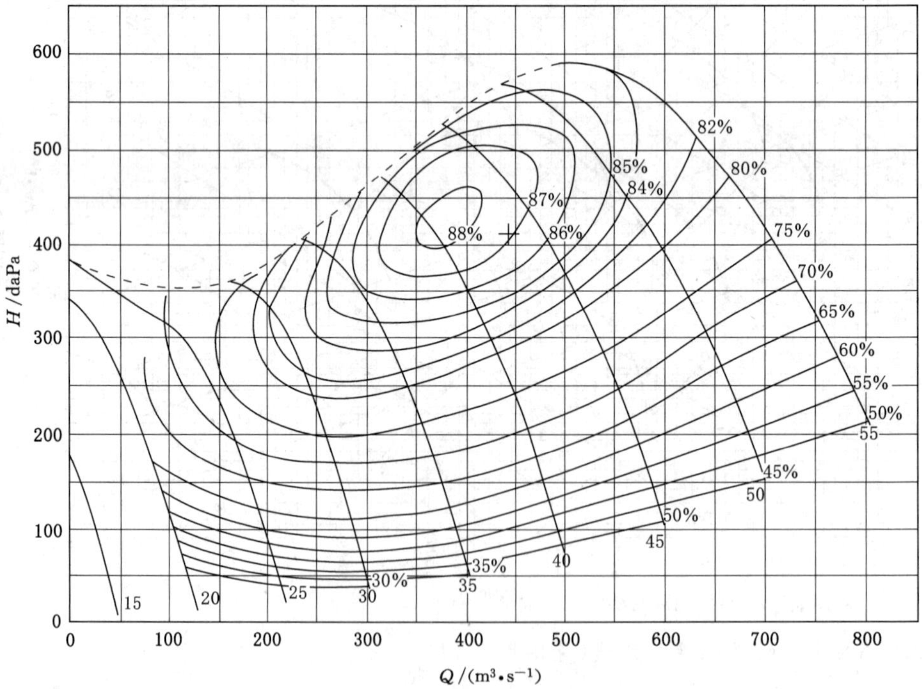

(b) **ANN-3800/2000N/750** r/min

附图 7-11

参考文献

[1]《煤矿矿井采矿设计手册》编写组.煤矿矿井采矿设计手册(下)[M].北京:煤炭工业出版社,1984.

[2]《煤矿通风与安全》编写组.煤矿通风与安全[M].北京:煤炭工业出版社,1979.

[3]《煤矿总工程师工作指南》编委会.煤矿总工程师工作指南(中)[M].北京:煤炭工业出版社,1990.

[4]《中国古代煤炭开发史》编写组.中国古代煤炭开发史[M].北京:煤炭工业出版社,1986.

[5]《中国煤炭报》编辑部.冒顶、透水、火灾、瓦斯爆炸……煤矿自救互救知识点整理[N].中国煤炭报,2018-11-07.

[6] 安全生产、劳动保护政策法规系列专辑编委会.煤矿安全质量标准化标准及考核评级办法(试行)[M].北京:中国劳动社会保障出版社,2006.

[7] 北川彻三.安全工程学基础[M].北京:劳动人事部劳动保护科学研究所,1984.

[8] 彼得罗祥 A Э.煤矿沼气涌出[M].宋世钊译.北京:煤炭工业出版社,1983.

[9] 别拉维杰夫 Л П.矿井煤炭自燃火源产生[J].张国枢,译.煤炭科技资料,1987(1):77-80.

[10] 布德雷克 W.矿井通风学[M].王省身译.北京:中国工业出版社,1964.

[11] 蔡周全,夏自柱,廖继卿.ZYB-S型实时产气式自动抑爆器的研究[J].煤炭工程师,1997,26(4):9-12.

[12] 岑衍强,侯祺棕.矿内热环境工程[M].武汉:武汉工业大学出版社,1989.

[13] 柴兆喜.煤炭工业安全监察与管理:修订本[M].北京:煤炭工业出版社,1997.

[14] 仇九子,杨戍,李春华.王家岭"3·28"煤矿透水事故救援分析[J].中国应急救援,2010,5(5):27-29.

[15] 储方健,张凯,孙铁霞.新型泡沫防灭火材料在新集一矿的应用[J].煤矿安全,2004,35(9):20-21.

[16] 从善本.矿井通风系统分析:电子计算机的应用[M].北京:冶金工业出版社,1981.

[17] 崔应涓,刘永明.采用喷雾爆破技术防止炮掘工作面瓦斯煤尘爆炸的研究[J].煤矿安全,1997,28(9):2-6.

[18] 抚顺煤炭研究所防火组.利用阻化剂预防采煤工作面自然发火[J].煤矿安全,1983,14(2):1-15.

[19] 公安部天津消防研究所,公安部四川消防研究所.建筑设计防火规范:GB50016—2014

(2018年版)[S]. 北京:中国计划出版社,2018.

[20] 国家安全生产监督管理总局,国家煤矿安全监察局,国家发展和改革委员会,等. 关于加强国有重点煤矿安全基础管理的指导意见. [EB/OL]. (2006-06-07)[2006-06-13]. http://www.gov.cn/zwgk/2006-06/13/content_308422.htm.

[21] 国家安全生产监督管理总局,国家煤矿安全监察局. 关于建设完善煤矿井下安全避险"六大系统"的通知. [EB/OL]. (2010-08-24)[2010-08-26]. http://www.gov.cn/gzdt/2010-08/26/content_1688935.htm.

[22] 国家安全生产监督管理总局,国家煤矿安全监察局. 煤矿安全规程[M]. 北京:煤炭工业出版社,2016.

[23] 国家安全生产监督管理总局,国家煤矿安全监察局. 煤矿井下紧急避险系统建设管理暂行规定. [EB/OL]. (2011-01-25)[2011-02-11]. http://www.gov.cn/gzdt/2011-02/11/content_1801362.htm.

[24] 国家安全生产监督管理总局. 安全生产事故隐患排查治理暂行规定. [EB/OL]. (2007-12-28)[2017-06-22]. http://aqks.net/aqfg/8.html.

[25] 国家安全生产监督管理总局. 矿山事故灾难应急预案. [EB/OL]. (2006-10-31)[2006-11-08]. http://www.emc.gov.cn/xxgk/200611/t20061108_226887.shtml.

[26] 国家安全生产监督管理总局. 煤层自然发火标志气体色谱分析及指标优选方法:AQ 1019—2006[S]. 北京:煤炭工业出版社,2006.

[27] 国家安全生产监督管理总局. 煤矿安全质量标准化标准及考核评级办法(试行). 2013.

[28] 国家安全生产监督管理总局. 煤矿重大安全隐患认定办法(试行). [EB/OL]. (2005-09-26)[2015-03-03]. http://www.mkaq.org/html/2015/03/03/293988.shtml.

[29] 国家安全生产监督管理总局. 生产安全事故应急预案管理办法. [EB/OL]. (2016-07-01)[2019-02-18]. http://www.emc.gov.cn/xxgk/201902/t20190218_227278.shtml.

[30] 国家煤矿安全监察局. 防治煤与瓦斯突出细则. [M]. 北京:应急管理出版社,2019.

[31] 国家煤矿安全监察局. 煤矿防治水细则[S]. 北京:煤炭工业出版社,2018.

[32] 国务院安委会. 国务院安委会关于进一步加强生产安全事故应急处置工作的通知. [EB/OL]. (2013-11-15)[2013-11-19]. http://www.gov.cn/gzdt/2013-11/19/content_2530152.htm.

[33] 国务院办公厅. 国务院办公厅关于进一步加强煤矿安全生产工作的意见. [EB/OL]. (2013-10-02)[2013-10-12]. http://www.gov.cn/zwgk/2013-10/12/content_2505239.htm.

[34] 何学秋. 含瓦斯煤岩流变动力学[M]. 徐州:中国矿业大学出版社,1995.

[35] 淮南煤炭学院通风安全教研室. 矿井通风技术测定及其应用[M]. 北京:煤炭工业出版社,1980.

[36] 黄元平,李湖生. 矿井通风网络优化调节问题的非线性规划解法[J]. 煤炭学报,1995,32(1):14-20.

[37] 黄元平.矿井通风[M].徐州:中国矿业学院出版社,1986.
[38] 霍尔C J.矿井通风工程[M].侯运广,等译.北京:煤炭工业出版社,1988.
[39] 姬建虎,王长元,陆伟,等.JTJ煤矿防灭火胶体材料的研制[J].矿业安全与环保,2008,35(2):19-21.
[40] 江在成,袁树来.井下新型凝胶防火材料的应用[J].化工矿物与加工,2001,30(2):21-23.
[41] 兰州化学工业公司职工医院职业病防治所.窒息性气体中毒的防治[M].北京:化学工业出版社,1979.
[42] 李红霞,田水承,常心坦.安全之经济学分析[J].西安矿业学院学报,1997,17(3):225-228.
[43] 李红霞,田水承.煤矿安全经济效益分析与煤矿经营对策[J].煤炭经济研究,1998,18(3):3-5.
[44] 李湖生,黄元平.多风机通风系统各子系统的通风总阻力和总自然风压[J].煤矿安全,1995,26(4):2-6.
[45] 李湖生,黄元平.矿井火灾时期风流控制方案的优化计算[J].煤炭学报,1996,33(4):73-76.
[46] 李湖生.计算机自动形成独立回路的"快速双通路法"[J].煤矿安全,1991,22(8):28-30.
[47] 李湖生.矿井按需分风优化调节的研究进展[J].煤炭工程师,1997,26(1):8-11.
[48] 李湖生.矿井通风网络图CAD软件的研制[J].煤矿安全, 1996,27(10):1-4.
[49] 李湖生.矿井通风系统的敏感性和风流稳定性[J].淮南矿业学院学报,1997,17(3):32-37.
[50] 李湖生.用电子计算机绘制矿井通风网络图[J].煤矿安全,1988,19(3):27-30,40.
[51] 李湖生.由矿井通风系统图自动生成通风网络图[J].西安矿业学院学报,1997,17(2):127-130.
[52] 李湖生.由通风网络结构数据自动生成曲线网络图[J].煤矿安全,1998,29(1):9-11.
[53] 李恕和,王义章.矿井通风网络图论[M].北京:煤炭工业出版社,1984.
[54] 李新东,许波云,田水承.矿山粉尘防治技术[M].西安:陕西科学技术出版社,1995.
[55] 李新东.矿山安全系统工程[M].北京:煤炭工业出版社,1995.
[56] 李学诚,王省身.中国煤矿通风安全工程图集[M].徐州:中国矿业大学出版社,1995.
[57] 李学诚.中国煤矿安全大全[M].北京:煤炭工业出版社,1998.
[58] 林明清,何泽民.通风除尘[M].北京:化学工业出版社,1982.
[59] 刘建荣,付建华,王震宇.用井下定向钻孔工艺抽放瓦斯可行性探讨[J].煤矿安全,1996,27(2):28-31.
[60] 刘亮.有自燃危险的厚煤层的无煤柱开采[J].煤炭科学技术,1981,9(2):5-8.
[61] 刘守强,武强,曾一凡.《煤矿防治水细则》修订要点解析[J],煤 炭 工 程,2019,51(3):1-4.

[62] 刘泽功.测算立井通风阻力的简便方法[J].煤矿安全,1988,19(7):22-26,65.

[63] 刘泽功.通风安全工程计算机模拟与预测[M].北京:煤炭工业出版社,1996.

[64] 煤矿区队长岗位培训教材编审委员会.区队安全管理[M].北京:煤炭工业出版社,1992.

[65] 煤炭工业部安全监察局.煤矿通风安全技术(下)[M].北京:煤炭工业出版社,1985.

[66] 煤炭科学研究总院抚顺分院.煤自燃倾向性色谱吸氧鉴定法的研究试验报告[R].抚顺:煤炭科学研究总院抚顺分院,1987.

[67] 煤炭科学研究总院重庆分院.防火灌浆代用材料的探讨[J].煤矿安全技术,1988.

[68] 煤炭行业煤矿安全标准化技术委员会.煤自燃倾向性色谱吸氧鉴定法: GB/T 20104—2006[S].北京:中国标准出版社,2006.

[69] 孟斌成,田得雨.矿山救护培训教材[M].北京:[出版者不详],1997.

[70] 潘兆云.新型高分子材料在矿井防灭火中的应用[J].煤炭技术,2006,25(4):76-78.

[71] 彭本信.煤的自然发火阻化剂及其阻化机理[J].煤炭学报,1980,17(3):38-48.

[72] 平松良雄.通风学[M].刘运洪,等译.北京:冶金工业出版社,1981.

[73] 戚颖敏.矿井火灾灾变通风理论及其应用[M].北京:煤炭工业出版社,1978.

[74] 钱汝鼎.工程流体力学[M].北京:北京航空航天大学出版社,1989.

[75] 秦波涛,王德明,陈建华,等.高性能防灭火三相泡沫的实验研究[J].中国矿业大学学报,2005,34(1):11-15.

[76] 清华大学.空气调节[M].2版.北京:中国建筑工业出版社,1986.

[77] 邱信立.工程热力学[M].2版.北京:中国建筑工业出版社,1988.

[78] 全国安全生产标准化技术委员会.生产经营单位生产安全事故应急预案编制导则:GB/T 29639—2013[S].北京:煤炭工业出版社,2013.

[79] 全国安全生产标准化技术委员会煤矿安全分技术委员会.矿井密闭防灭火技术规范:AQ1044—2007[S].北京:煤炭工业出版社,2009.

[80] 全国安全生产标准化技术委员会煤矿安全分技术委员会.矿井瓦斯等级鉴定规范:AQ1025—2006[S].北京:煤炭工业出版社,2006.

[81] 全国安全生产标准化技术委员会煤矿安全分技术委员会.矿山救护规程:AQ1008—2007[S].北京:煤炭工业出版社,2008.

[82] 全国安全生产标准化技术委员会煤矿安全分技术委员会.煤尘爆炸鉴定规范:AQ 1045—2007[S].北京:煤炭工业出版社,2007.

[83] 全国安全生产标准化技术委员会煤矿安全分技术委员会.煤矿安全监控系统通用技术要求:AQ 6201—2006[S].北京:煤炭工业出版社,2006.

[84] 全国安全生产标准化技术委员会煤矿安全分技术委员会.煤矿井工开采通风技术条件:AQ 1028—2006[S].北京:煤炭工业出版社,2007.

[85] 全国安全生产标准化技术委员会煤矿安全分技术委员会.煤矿通风能力核定标准:AQ 1056—2008[S].北京:煤炭工业出版社,2009.

[86] 全国安全生产标准化技术委员会煤矿安全分技术委员会.煤矿瓦斯抽放规范:AQ

1027—2006[S].北京:煤炭工业出版社,2007.
[87] 全国安全生产标准化技术委员会煤矿安全分技术委员会.煤与瓦斯突出矿井鉴定规范:AQ1024—2006[S].北京:煤炭工业出版社,2006.
[88] 全国人民代表大会常务委员会.中华人民共和国安全生产法[S].北京:中国法制出版社,2014.
[89] 全国人民代表大会常务委员会.中华人民共和国矿山安全法[S].北京:法律出版社,2014.
[90] 全国人民代表大会常务委员会.中华人民共和国煤炭法[S].北京:法律出版社,2016.
[91] 全国人民代表大会常务委员会.中华人民共和国消防法[S].北京:中国法制出版社,2019.
[92] 日本安全工学协会.安全技术手册(上)[M].武汉市安全环保咨询公司,译.[出版地不详:出版者不详],1986.
[93] 山西矿业学院,阳方口煤矿.采用调压和注水抑制煤炭自燃[J].煤矿安全,1986,17(9):25-29.
[94] 舍尔巴尼 A H,等.矿井降温指南[M].黄翰文,译,北京:煤炭工业出版社,1982.
[95] 沈阳煤矿设计研究院.矿井巷道通风摩擦阻力系数表(试行)[R].沈阳:沈阳煤矿设计研究院,1985.
[96] 斯科钦斯基矿业研究所,等.煤矿防尘手册[M].宋世钊,等译.北京:煤炭工业出版社,1986.
[97] 斯阔成斯基 A A,奥吉耶夫斯基 B M.矿内火灾[M].北京矿业学院编译室,东北工学院通风安全教研室,译.北京:煤炭工业出版社,1958.
[98] 孙继平.矿井安全监控系统[M].北京:煤炭工业出版社,2006.
[99] 孙尚勇.流体力学与流体机械[M].北京:煤炭工业出版社,1991.
[100] 谭国运.矿井通风网络分析及电算方法[M].北京:煤炭工业出版社,1991.
[101] 谭允祯.矿井通风系统管理技术理论[M].北京:煤炭工业出版社,1998.
[102] 田水承,景国勋.安全管理学[M].北京:机械工业出版社,2009.
[103] 田水承,李红霞,田大龙.重要度因果分析在安全管理中的应用[J].工业安全与防尘,1995,25(7):27-30.
[104] 田水承,李红霞.煤层开采自燃危险性预先分析与经济防灭火决策[J].煤炭学报,1998,35(5):40-44.
[105] 田水承,李红霞.煤矿安全成本分析与煤矿安全投入对策[J].煤炭科研参考资料,1996(1-2).
[106] 田水承,李新东,李红霞.对煤矿安全班组管理建设的几点浅见[J].煤矿安全,1996,27(9):46-47.
[107] 王德明,李永生.矿井火灾救灾决策支持系统[M].北京:煤炭工业出版社,1996.
[108] 王根卿,张银振,付保山.新型防灭火材料在八矿的应用[J].煤矿安全,2006,37(5):17-18.

[109] 王惠宾,胡卫民,李湖生.矿井通风网络理论与算法[M].徐州:中国矿业大学出版社,1996.

[110] 王魁军,王建国,许昭泽.提高本煤层瓦斯抽放的新方法[J].煤矿安全,1996,27(2):38-41.

[111] 王兰云,蒋曙光,邵昊,等.气控无压风门连杆机构参数的解析法设计[J].煤矿机械,2008,29(5):3-5.

[112] 王启晋,刘冠姝,朱平和.矿井可控循环通风[M].徐州:中国矿业大学出版社,1996.

[113] 王省身,张国枢.矿井火灾防治[M].徐州:中国矿业大学出版社,1990.

[114] 王省身,张国枢.中国煤矿火灾防治技术的现状与发展[J].火灾科学,1994,3(2):1-6.

[115] 王省身.矿井灾害防治理论与技术[M].徐州:中国矿业学院出版社,1986.

[116] 王英敏.矿井通风与安全[M].北京:冶金工业出版社,1979.

[117] 翁中杰,程惠尔,戴华淦.传热学[M].2版.上海:上海交通大学出版社,1987.

[118] 渥图库瑞 V S,兰马 R D.采矿环境工程学[M].戚宜欣,马跃龙,译.徐州:中国矿业大学出版社,1991.

[119] 吴中立.矿井通风与安全[M].徐州:中国矿业大学出版社,1989.

[120] 武强,管恩太.煤矿水害应急救援预案探讨[J].煤炭学报,2006,31(4):409-413.

[121] 武强,赵苏启,董书宁,等.《煤矿安全规程》(防治水部分)修改技术要点剖析[J].中国煤炭地质,2012,24(7):34-37,47.

[122] 武强,赵苏启,孙文浩,等.中国煤矿水文地质类型划分与特征分析[J].煤炭学报,2013,38(6):901-905.

[123] 武正晨,熊化云.无煤柱开采防治自然发火[J].煤矿安全,1985,16(2):39-46.

[124] 徐瑞龙.通风网络理论[M].北京:煤炭工业出版社,1993.

[125] 许英威,杜子健.用长钻孔控制松动爆破防治综采工作面煤与瓦斯突出[J].煤炭工程师,1997,26(5):1-4.

[126] 杨明军.王家岭煤矿"3·28"透水事故救援措施与分析[J].神华科技,2013,11(3):42-45.

[127] 杨应迪,张国枢,秦汝祥,等.基于矿井通风系统图的网络信息交互式采集技术[J].煤炭科学技术,2008,36(6):79-82.

[128] 叶钟元.矿尘防治[M].徐州:中国矿业大学出版社,1991.

[129] 尹国勋,邓寅生,李栋臣.煤矿环境地质灾害与防治[M].北京:煤炭工业出版社,1997.

[130] 余恒昌.矿山地热与热害治理[M].北京:煤炭工业出版社,1991.

[131] 俞启香.矿井瓦斯防治[M].徐州:中国矿业大学出版社,1992.

[132] 袁亮.煤与瓦斯共采[M].徐州:中国矿业大学出版社,2016.

[133] 张福旺,张国枢.矿井瓦斯灾害防控体系[M].徐州:中国矿业大学出版社,2009.

[134] 张国枢,戴广龙,刘泽功.矿井"以风定产"的模型与方法研究[J].安徽理工大学学报

（自然科学版），2005，25(3)：17-20.
[135] 张国枢，刘泽功.《通风安全学》课程建设与改革[J]. 淮南工业学院学报（社会科学版），2001(3)：84-85.
[136] 张国枢，王省身. 火风压的计算及其影响因素分析[J]. 中国矿业学院学报，1983，29(3)：69-82.
[137] 张国枢，王省身. 中国煤矿火灾防治技术的现状、发展与对策[J]. 矿业科学技术，1993(4)：15-21.
[138] 张国枢，吴中立，邵辉，等. 煤炭自燃指标气体实验优选与应用[J]. 淮南矿业学院学报，1995，15(1)：42-45，50.
[139] 张国枢，吴中立，邵辉，等. 注氮熄灭煤炭燃烧的最大氧浓度指标试验研究[J]. 矿业科学技术，1994(4)：8-11.
[140] 张国枢，吴中立. 芦岭矿采空区自然发火与开采技术关系的试验研究[J]. 淮南矿业学院学报，1993，13(4)：56-65.
[141] 张国枢. 调压气室与连通管相配合调压防火机理[J]. 煤炭科学技术，1989，17(11)：28-31，61.
[142] 张国枢. 矿井实用通风技术[M]. 北京：煤炭工业出版社，1992.
[143] 张国枢. 矿井通风设计与主扇经济运行[J]. 煤矿设计，1993，40(10)：28-31.
[144] 张国枢. 矿井通风系统总风阻的影响因素及其降低途径[J]. 淮南矿业学院学报，1993，13(3)：40-45.
[145] 张国枢. 煤层自然发火期的估算方法及其延长途径[J]. 煤矿安全，1990，21(6)：61-63.
[146] 张国枢. 一次火灾风流逆转的原因及教训[J]. 煤矿救护，1986(3).
[147] 张齐尧. 煤矿安全管理学[M]. 成都：电子科技大学出版社，1994.
[148] 张玉贵，唐修义，何萍. 煤的分子结构与煤的自燃倾向性[J]. 煤矿安全，1992，23(5)：1-4.
[149] 赵全福，等. 煤矿安全手册[M]. 北京：煤炭工业出版社，1990.
[150] 赵全福，金百考. 煤矿安全手册：第十四篇[M]. 北京：煤炭工业出版社，1992.
[151] 赵书田. 煤矿粉尘防治技术[M]. 北京：煤炭工业出版社，1987.
[152] 赵以蕙. 矿井通风系统的评价方法[J]. 中国矿业学院学报，1985，31(3)：76-82.
[153] 赵以蕙. 矿井通风与空气调节[M]. 徐州：中国矿业大学出版社，1990.
[154] 赵益芳. 矿井防尘理论及技术[M]. 北京：煤炭工业出版社，1995.
[155] 郑希文. 安全生产管理[M]. 北京：冶金工业出版社，1997.
[156] 中国矿业学院瓦斯组. 煤和瓦斯突出的防治[M]. 北京：煤炭工业出版社，1979.
[157] 中国煤炭工业协会. 地勘时期煤层瓦斯含量测定方法：GB/T23249—2009[S]. 北京：煤炭工业出版社，2009.
[158] 中国煤炭工业协会. 煤层瓦斯含量井下直接测定方法：GB/T23250—2009[S]. 北京：煤炭工业出版社，2009.

[159] 中国煤炭建设协会. 煤炭工业矿井设计规范:GB 50215—2015[S]. 北京:中国计划出版社,2015.

[160] 中华人民共和国国务院. 国务院关于预防煤矿生产安全事故的特别规定. [EB/OL]. [2005-09-03]. http://www.safehoo.com/Laws/Statute/201106/186779.shtml.

[161] 钟继宁,林贤锦,郭福庆. 压风自救系统的设计与使用[J]. 中州煤炭,1992,14(4):36-37.

[162] 仲维仁,李凤泽. 应用格拉哈姆系数(G)进行自然发火点预测预报[J]. 煤矿安全,1987,18(10):21-25,65.

[163] 周亨达. 工程流体力学[M]. 2 版. 北京:冶金工业出版社,1988.

[164] 周谟仁. 流体力学泵与风机[M]. 3 版. 北京:中国建筑工业出版社,1994.

[165] 周廷奎. 对矿井煤层自然发火问题的探讨[J]. 煤矿安全,1984,15(1):46-52.

[166] 朱一锟. 流体力学基础[M]. 北京:北京航空航天大学出版社,1990.

[167] 朱银昌,侯贤文. 煤矿安全工程设计[M]. 北京:煤炭工业出版社,1994.

[168] 朱振明,等. 矿山救护工[M]. 北京:煤炭工业出版社,1995.

[169] 朱志坚. "压风自救装置系统"简介及应用[J]. 中州煤炭,1988,10(3):10-22.

[170] 邹在邦,史惠昌. 建井通风与安全[M]. 北京:煤炭工业出版社,1986.

[171] 邹忠有,姜文忠,白铁刚. 大直径钻孔抽放瓦斯技术的研究[J]. 煤矿安全,1997,28(10):2-5.

[172] HARTMAN H L. Mine ventilation and condition[M]. 2nd ed. New York: John Wiely & Sons, 1982.

[173] JAMES D W. Fire prevention handbook[M]. Butter Worths:[s. n.],1986.

[174] MCPHERSON M J. Ventilation surveys[M]// Subsurface ventilation and environmental engineering. Dordrecht: Springer Nethelands,1993:175-208.

[175] PICKERING A J, ALDRED R. Controlled recirculation of ventilation:A means of dust control in face advance headings[J]. The mining engineer,1977.

[176] RI,Bure Au of mine reports investigations[R]. [S. l. :s. n.],1985.

[177] ROBINSON R, PICKERING A J. Applications of controlled air recirculation to auxiliary ventilation systems and mine district ventilation circuits[C]//Mine ventilation third international congress. Harrogate:[s. n.]1984:315-322.

[178] ROBINSON R. Trials with a controlled recirculation system in an advance heading. [C]//Symposium environmental engng. London:[s. n.],1972:9.

[179] STRANG J. A manual on mines rescue and gas detection[M]. [S. l. :s. n.],1985.

[180] TAKASHIGE H. 测定岩石采掘性质的新捣碎试验方法[C]//李先炜等. 国际岩石力学会议论文选集. 北京:煤炭工业出版社,1987.

[181] TATES. Auxiliary and district recirculation of air in British coal mines[R]. Washington,D. C. :IMF,1992.

[182] VUTUKURI V S. Environmental engineering in mine[M]. Cambrige:[s. n.],1986.

[183] WANG W J. Ventilation network theory[M]// HARTMAN H L. Mine ventilation and air conditioning. New York: John Wiley & Sons, 1982.

[184] WANG W J. A non-linear programming formulation for mine ventilation networks with natural splitting[J]. International journal of rock mechanics and mining science & geomechanics abstract, 1984,21(1):43-45.

[185] ВЕСЕЛОВСКИЙ В С,идр. Пргнози Профилактики Эндогенный Пожаров[M]. [S. l. :s. n.],1975.

[186] ВЕСЕЛОВСКИЙ В С,идр. Хиэический Основы Самовоэгорание Угляи Друв[S. l. : s. n.],1978.

[187] КОВАЛЕНО М И, идр. Профилактика Пожарови Вэрывовв Уголвный Шахтах Недра[M]. [S. l. :s. n.],1983.

[188] САРАЧУНК В И,идр. Окислениеи Самовозгорание Угля[M]. [S. l. :s. n.],1982.

[189] УШАКОВ К Э, идр. Аэрология Горных Предприятий[M]. Москоа:[s. n.],1987.

[190] УШАКОВ К Э, идр. Справочиник по Рудникой Ветиляций[M]. Москоа: [s. n.],1974.

[191] УШАКОВ К Э, идр. Справочник по Рудничой Вентиляций [M]. Москоа, Недра,1979.